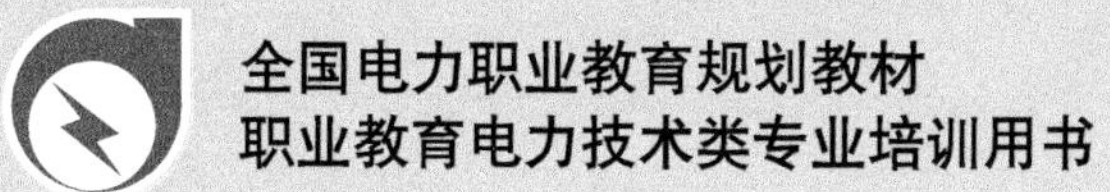

电力系统继电保护

主　编　王海波　王宏伟
副主编　崔海文
编　写　李　俊　李玉珍
主　审　邵玉槐

中国电力出版社
CHINA ELECTRIC POWER PRESS

内 容 提 要

本书为全国电力职业教育规划教材。

全书分为13章，主要内容有继电保护的基本知识，继电保护装置的基础元件，微机保护基础知识，电网相间短路的电流、电压保护，相间短路的方向电流保护，电网的接地保护，电网的距离保护，电网的纵联保护，线路保护配置原则与实例，电力变压器保护，发电机保护，母线保护，电动机和并联电容器组保护。

本书可作为高职高专院校电力技术类专业的继电保护课程教材，也可作为中等职业及函授教材，同时可供从事电气运行及继电保护工作的工程技术人员参考使用。

图书在版编目（CIP）数据

电力系统继电保护/王海波，王宏伟主编. —北京：中国电力出版社，2010.12（2020.1 重印）
全国电力职业教育规划教材
ISBN 978-7-5123-1231-9

Ⅰ.①电… Ⅱ.①王… ②王… Ⅲ.①电力系统—继电保护—职业教育—教材 Ⅳ.①TM77

中国版本图书馆 CIP 数据核字（2010）第 250815 号

中国电力出版社出版、发行
（北京市东城区北京站西街19号 100005 http：//www.cepp.sgcc.com.cn）
北京九州迅驰传媒文化有限公司印刷
各地新华书店经售
*
2010年12月第一版 2020年1月北京第六次印刷
787毫米×1092毫米 16开本 22.75印张 552千字
定价 **49.00** 元

前言

为适应电力高职高专院校的教学改革要求，更好地实现电力高职高专院校电力类专业人才培养与职业岗位的零距离对接而编写了本书。本书编写的主要目的是使电力高职高专院校电力技术类专业毕业生成为能够从事发电厂及供配电系统继电保护与自动装置，从事发电厂及电力系统的运行、安装、检验、调试和技术管理等工作的高等技术专业型人才。

本书总结了哈尔滨电力职业技术学院及其他电力高职高专院校长期讲授电力系统继电保护课程的教学经验，并按三年制高职高专电力类专业对电力系统继电保护所需要的专业知识与技能进行编写，重点体现继电保护的技术性、适用性和实践性，结合继电保护的发展历程，突出基本原理、基本技能的介绍；并通过对电力行业的深入调研，从电力工程实际中继电保护人员技能培养的需求入手，内容上涵盖了继电保护的构成原理、电网与主设备保护的选型及对各保护定值的合理整定等方面的知识，做到了内容适度、够用、合理，且应用性强。

本书体现了职业教育的性质、任务和培养目标，符合职业教育的课程教学基本要求和有关岗位资格和技术等级要求，具有思想性、科学性和教学适应性，符合职业教育的特点和规律，具有明显的职业教育特色，符合国家有关部门颁发的技术质量标准。本书既可以作为学历教育教学用书，也可作为职业资格和岗位技能培训教材。

本书由东莞职业技术学院王海波老师、哈尔滨电力职业技术学院王宏伟老师任主编，哈尔滨电力职业技术学院崔海文老师任副主编、哈尔滨电力职业技术学院李俊老师、李玉珍老师参与了编写，王海波老师负责全书统稿。书中第 3、4、7、9、10 章由王海波老师编写，第 5、6、8、11 章由王宏伟老师编写，第 1、13 章由崔海文老师编写，李俊老师编写第 2 章，李玉珍老师编写第 12 章。另外，本书的编写工作得到了黑龙江省绥化电业局继电保护专工刘欣荣工程师和哈尔滨电力职业技术学院的乔明老师、杨海娇老师的大力支持和帮助，在此表示衷心的感谢。

书稿由太原理工大学邵玉槐教授主审，并提出了许多宝贵意见，在此表示诚挚的感谢。

由于时间紧迫，编者的水平有限，书中如有错误及不妥之处，恳请读者批评指正。

编　者

2010 年 11 月

目 录

第三篇　元件继电保护

第一篇 继电保护基础

第1章 继电保护的基本知识

【要 求】熟悉继电保护的任务及“四性”基本要求。

【知识点】继电保护的构成原理及保护的判据；电力系统的故障及不正常方式；继电保护的发展和继电保护目前的技术现状；继电保护的任务；电力系统对继电保护的“四性”要求。

【重点和难点】继电保护的构成原理；继电保护的“四性”要求。

1.1 电力系统继电保护的作用

1.1.1 电力系统的故障及异常运行状态

电力系统由很多设备组成，在电力系统运行过程中，由于各种因素的存在，如自然条件(雷击、鸟兽害等)、设备质量、运行维护及人为误操作等，可能出现各种形式的故障和异常运行（工作）状态，而一旦设备出现故障或异常运行状态，即将对设备及设备所在系统产生种种不良影响甚至是严重的后果。因此，为了保护设备及系统的安全，电力系统中所有投入运行的设备，都必须配置有相应的继电保护装置。

一、电力系统的故障

电力系统故障的种类有很多，根据其归类方法的不同，有各种不同形式，如瞬时性故障和永久性故障，横向故障和纵向故障，短路故障、断线故障及复故障，金属性短路故障和经过渡电阻短路故障等。其中，最常见、最危险的故障是各种类型的短路故障，本书中若无特别指出，则所提的故障都默认为金属性短路故障。

1. 短路故障的形式

短路故障分为三相短路 $k^{(3)}$、两相短路 $k^{(2)}$、两相接地短路 $k^{(1.1)}$、单相接地短路 $k^{(1)}$ 以及电机、变压器绕组的匝间短路等。其中三相短路、两相短路又称相间短路，两相接地短路、单相接地短路又称接地短路，并以三相短路最为危险，以单相接地短路最为常见。

2. 短路故障的危害

如图1-1所示，在系统正常运行时，流过各个设备的电流为负荷电流 I_L，其数值比较小，设备的工作电压为额定电压 U_N，其数值比较大；当设备如线路L2发生故障时，则将由电源向故障点提供一个比正常运行时大得多的短路电流 I_k，因此可能造成以下后果。

(1) 故障点的电弧将故障设备烧坏。

(2) 短路电流的热效应和电动力效应使故障回路的设备受到损伤，降低使用寿命。

(3) 系统电压损失增大使设备工作电压下降，离故障点越近则所受影响越大，用户的正常工作条件遭到破坏。

(4) 破坏电力系统运行的稳定性，严重时引起系统振荡甚至使整个电力系统瓦解，导致大面积停电。

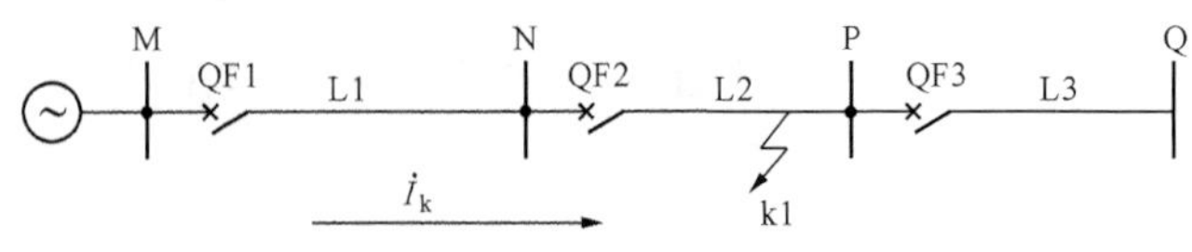

图 1-1 短路电流分布图

3. 短路故障时对继电保护装置的要求

短路故障时对继电保护装置的要求是快速、自动且有选择地借助断路器跳闸，以切断短路电流回路切除故障。

二、电力系统的异常运行状态（又称不正常运行状态）

1. 定义

电力系统的正常工作遭到破坏但还未形成故障，可继续运行一段时间的情况，称之为异常运行状态。

2. 形式

电力系统异常运行状态的形式有很多，常见的有过负荷、中性点非直接接地系统的单相接地、发电机突然甩负荷引起的过电压、电力系统振荡等。

3. 异常运行状态的影响

以过负荷为例，所谓的电气设备过负荷指的是设备工作电流超过其额定电流的这种情况。长时间的过负荷运行将引起设备过热，加速绝缘老化，轻者降低设备使用寿命，严重时绝缘击穿引发短路。而当发电机突然甩负荷造成过电压时，将直接威胁电气绝缘安全；电力系统振荡时，导致电流、电压周期性摆动，严重影响系统的正常运行。电力系统其他异常运行状态的影响也与此有相似特征，即允许短时间运行，长时间运行将产生不良影响。

4. 异常运行状态时对继电保护装置的要求

通常情况下，要求保护带一定延时自动发信号通知运行值班人员，以便及时处理，消除不正常工作状态，严重时也可直接自动跳闸。

三、故障、异常运行状态与事故的关系

所谓事故是指出现人员伤亡、设备损坏、电能质量下降到不能允许的程度、对用户少供电或停止供电的情况。故障和异常工作情况若不能及时处理，将引起事故。因此，继电保护是电力系统一种很重要的反事故措施。

1.1.2 继电保护装置的任务及作用

继电保护装置，就是指能反映电力系统中电气元件发生故障或不正常运行状态，并动作于断路器跳闸或发出信号的一种自动装置。它的基本任务有以下两个方面。

（1）在电力系统电气设备出现故障时，自动、快速且有选择地借助断路器跳闸将故障设备从系统中切除，以避免故障设备继续遭到破坏，保证系统其余非故障部分能继续运行。

（2）当电力系统电气设备出现异常运行状态时，自动、及时、有选择地发出信号，让值班人员进行处理，或切除继续运行会引起故障的设备。

可见，在电力系统出现异常运行状态时，继电保护装置就能预先发信号通知值班人员进行处理，因而可起到预防故障发生的作用；而一旦故障发生，继电保护装置通过快速跳闸，又可以起到把故障影响限制在最小范围的作用。因此，继电保护对保证系统安全运行和电能质量、防止故障扩大和事故发生，起着极其重要的作用，是电力系统必不可少的组成部分。

常规的继电保护装置是由单个继电器或继电器与其附属设备的组合构成的，而微机继电保护装置是由计算机取代了单个的继电器，它的特性主要由程序决定。微机保护装置的出现很好地解决了常规继电保护装置难于解决的诸多难题。因此，目前微机保护在电力系统中得到了普遍应用，极大地提高了电力系统的安全性，并保证了供电的可靠性。

在电力系统中，常用“继电保护”一词泛指继电保护技术或由各种继电保护装置组成的系统。

1.2　继电保护的基本原理和保护装置的组成

为完成继电保护所担负的任务，显然应该要求它能够正确地区分系统正常运行与发生故障或不正常运行状态之间的差别，以实现保护功能。

1.2.1　继电保护的基本原理

利用正常运行与区内外短路故障电气参数变化的特征构成保护的判据，根据不同的判据就构成不同原理的继电保护。

如图 1-2（a）所示的网络接线，在电力系统正常运行时的特点有以下几方面。

（1）每条线路上都流过由它供电的负荷电流 I_L。

（2）各变电所母线上的电压，一般都在额定电压±（5%～10%）的范围内变化，且靠近于电源端母线上的电压较高。

（3）线路始端电压与电流之间的相位角取决于由它供电的负荷的功率因数角和线路的参数。由电压与电流之比值所代表的测量阻抗，则是在线路始端所感受到的、由负荷所反映出来的一个等效阻抗，其值一般很大。

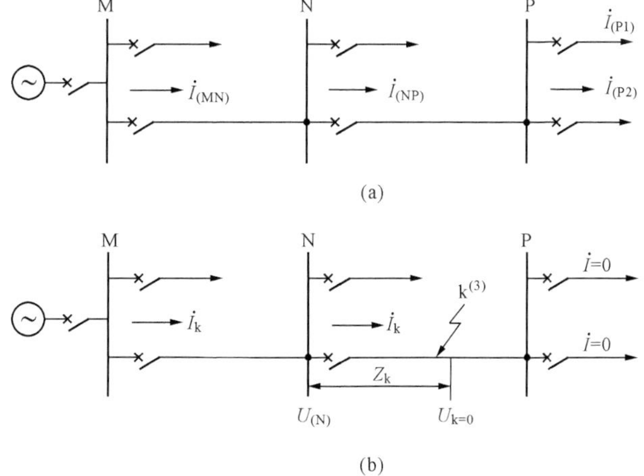

图 1-2　单侧电源网络接线

（a）正常运行情况；（b）k 点三相短路情况

当系统发生故障时，其状况如图 1-2（b）所示。假定在线路 NP 上发生三相短路，其特点有以下三方面。

（1）各变电所母线上的电压也将在不同程度上有很大的降低，短路点的电压 U_k 降低到零。

（2）从电源到短路点之间均将流过很大的短路电流 I_k。

（3）设以 Z_k 表示短路点到变电所 N 母线之间的阻抗，则母线上的残余电压应为 $\dot{U}_N=\dot{I}_kZ_k$，此时，在保护安装处母线电压与电流之比的阻抗，即测量阻抗就是 Z_k，此测量阻抗的大小正比于短路点到变电所 N 母线之间的距离。

在一般的情况下，发生短路之后，总是伴随有电流的增大、电压的降低、线路始端测量阻抗的减小，以及电压与电流之间相位角的变化。因此，利用正常运行与故障时这些基本参数的区别，便可以构成各种不同原理的继电保护，例如：

（1）反映电流增大而动作的过电流保护；

（2）反映电压降低而动作的低电压保护；

（3）反映短路点到保护安装地点之间的距离（或测量阻抗的减小）而动作的距离保护（或低阻抗保护）等。

此外，对于双电源的线路，如图 1-3 中的线路 MN，正常运行时，在某一瞬间负荷电流总是从一侧流入而从另一侧流出，如图 1-3（a）所示。若规定电流的正方向是从母线流向线路（图 1-3 中所示电流方向是实际的方向，不是假定的正方向），则按所规定的正方向，线路 MN 两侧电流的大小相等，而相位相差 180°。当在线路 MN 范围以外的 k1 点短路时，如图 1-3（b）所示，由电源 I 所供给的短路电流 $\dot{I}'_{k1}$ 将流过线路 MN，此时线路 MN 两侧的电流仍然是大小相等、相位相反，其特征与正常运行时一样。如果短路发生在线路 MN 的范围以内的 k2 点，如图 1-3（c）所示，由于两侧电源均分别向短路点 k2 供给短路电流 $\dot{I}'_{k2}$ 和 $\dot{I}''_{k2}$，因此，在线路 MN 两侧的电流都是由母线流向线路，此时两个电流的大小一般都不相等，在理想情况下（两侧电动势同相位且全系统的阻抗角相等），两个电流同相位。

在双电源线路中利用每个电气元件在内部故障与外部故障（包括正常运行情况）时，两侧电流相位或功率方向的差别，就可以构成各种差动原理的保护，如纵联差动保护、方向高频保护等。差动原理的保护只能在被保护元件的内部故障时动作，而不反映外部故障，因而被认为具有绝对的选择性。

在按照上述原理构成各种继电保护装置时，可以使它们的参数反映各相中的电流和电压（如相电流、相或线电压），也可以使之仅反映其中的某一个对称分量（如负序、零序或正序）的电流和电压。由于在正常运行情况下，负序和零序分量不会出现，而在发生不对称接地短路时，它们都具有较大的数值；在发生不接地的不对称短路时，虽然没有零序分量，但负序分量却很大。因此，利用这些分量构成的保护装置，一般都具有良好的选择性和灵敏性，这正是这种保护装置获得广泛应用的原因。

除上述反映各种电气量的保护以外，还有根据电气设备的特点实现反映非电量的保护。例如，当变压器油箱内部的绕组短路时，反映油被分解所产生的气体而构成的瓦斯保护；反映电动机绕组的温度升高而构成的过负荷或过热保护等。

以上各种原理的保护，可以由继电保护装置来实现。

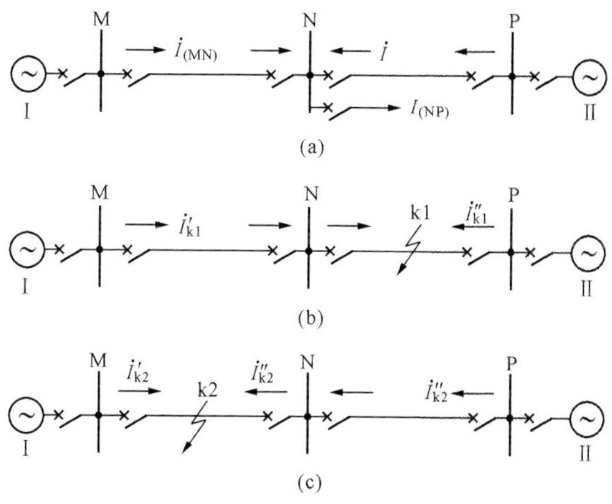

图 1 - 3　双电源网络接线图

(a) 正常运行情况；(b) k1 点短路的电流分布；(c) k2 点短路的电流分布

1.2.2　继电保护装置的组成

通常继电保护装置由测量部分、逻辑部分和执行部分组成，其原理结构如图 1 - 4 所示，现分述如下。

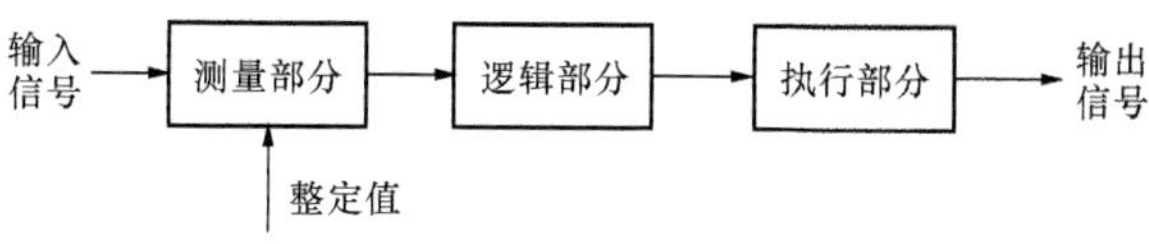

图 1 - 4　继电保护装置原理结构图

1. 测量部分

测量部分是测量被保护对象输入的有关电气量，并与已给定的整定值进行比较，根据比较的结果，从而判断保护是否应该起动。

2. 逻辑部分

逻辑部分是根据测量部分各输出量的大小、性质、输出的逻辑状态、出现的顺序或它们的组合，使保护装置按一定的逻辑关系工作，最后确定是否应该使断路器跳闸或发出信号，并将有关命令传给执行部分。继电保护中常用的逻辑回路有或、与、非、“延时起动”、“延时返回”以及“记忆”等回路。

3. 执行部分

执行部分是根据逻辑部分输出的信号，最后完成保护装置所担负的任务。如故障时，动作于跳闸；不正常运行时，发出信号；正常运行时，不动作等。

1.2.3　继电保护装置的工作回路

要完成继电保护的任务，除需要继电保护装置外，必须通过继电保护工作回路可靠的正确地工作，才能最后完成跳开故障元件的断路器、对系统或电力元件的不正常运行状态发出报警、正常运行时不动作的任务。

在继电保护的工作回路中一般包括：将通过一次电力设备的电流、电压线性地传变为适合继电保护等二次设备使用的电流、电压，并使一次设备与二次设备隔离的设备，如电流、电压互感器及其与保护装置连接的电缆等；断路器跳闸线圈及与保护装置出口间的连接电缆，指示保护装置动作情况的信号设备；保护装置及跳闸、信号回路设备的工作电源等。图1-5以过电流保护为例，给出了一个简单的保护工作回路的原理接线。

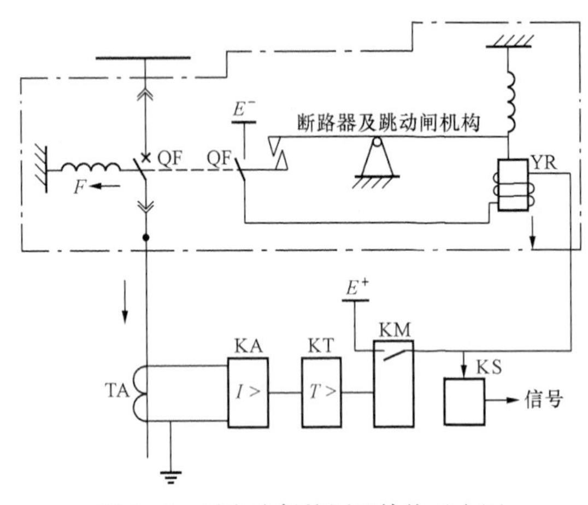

图1-5　过电流保护原理接线示意图

电流互感器TA将一次额定电流变换为二次额定电流5A或1A，送入电流继电器KA（测量比较元件），当流过电流继电器的电流大于其预定的动作值（整定值，可调整）时，其输出起动时间继电器KT（逻辑部分），经预定（可整定）的延时（逻辑运算）后，时间继电器的输出起动中间继电器KM（执行输出）并使其触点闭合，接通断路器的跳闸回路，同时使信号继电器KS发出动作信号。

在正常运行时，由于负荷电流小于电流继电器的整定电流，电流继电器不动作，整套保护不动作。当被保护的线路发生短路后，线路中流过的短路电流一般是额定负荷电流的数倍至数十倍，电流互感器二次侧输出的电流线性增大，电流继电器因流过的电流大于整定电流而动作，起动时间继电器，经预定的延时后，时间继电器的触点闭合起动中间继电器，中间继电器的触点瞬时闭合，当断路器QF处于合闸位置时，其位置触点QF是闭合的，使断路器的跳闸线圈YR带电，在电磁力的作用下使脱扣机构释放，断路器在跳闸弹簧力F的作用下跳开，故障设备被切除，短路电流消失，电流继电器返回，整套保护装置复归，做好下次动作的准备。

可见，为安全可靠地完成继电保护的工作任务，继电保护回路中的任一个元件及其连线都必须时刻正确工作。

1.2.4　电力系统继电保护的工作配合

每一套保护都有预先严格划定的保护范围（有时也称保护区），只有在保护范围内发生故障，该保护才动作。保护范围划分的基本原则是任一个元件的故障都能可靠地被切除，并且使造成的停电范围最小，或对系统正常运行的影响最小，一般借助于断路器实现保护范围的划分。

图1-6给出了一个简单电力系统部分电力元件的保护范围的划分，图中每个虚线框表示一个保护范围。由图可见，发电机保护与低压母线保护、低压母线保护与变压器保护等上、下级电力元件的保护区间必须重叠，这是为了保证任意处的故障都置于保护区内。同时重叠区越小越好，因为在重叠区内发生短路时，会造成两个保护区内所有的断路器跳闸，扩大停电范围。

为了确保故障元件能够从电力系统中被切除，一般每个重要的电力元件配备两套保护，一套称为主保护，一套称为后备保护。如图1-6所示的是各电力设备主保护的保护区。实践证明，保护装置拒动、保护回路中的其他环节损坏、断路器拒动、工作电源不正常乃至消失等时有发生，造成主保护不能快速切除故障，这时需要后备保护来切除故障。

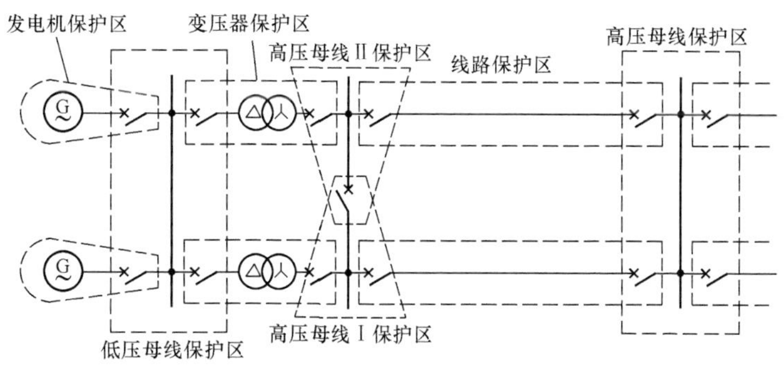

图1-6　保护范围和配合关系示意图

一般下级电力元件的后备保护安装在上级（近电源侧）元件的断路器处，称为远后备保护。当多个电源向该电力元件供电时，需要在所有电源侧的上级元件处配置远后备保护。远后备保护动作将切除所有上级电源侧的断路器，造成事故扩大。同时，远后备保护的保护范围覆盖所有下级电力元件的主保护范围，它能解决远后备保护范围内所有故障元件任何原因造成的不能切除问题。远后备保护的配置、配合需要一定的系统接线条件，在高压电网中往往不能满足灵敏度的要求因而采用近后备附加断路器失灵保护的方案。近后备保护与主保护安装在同一断路器处，当主保护拒动时，由后备保护起动断路器跳闸；当断路器失灵时，由失灵保护起动跳开所有与故障元件相连的电源侧断路器。

由后备保护动作切除故障，一般会扩大故障造成的影响。为了最大限度的缩小故障对电力系统正常运行产生的影响，应保证由主保护快速切除任何类型的故障，一般后备保护都延时动作，等待主保护确实不动作后才动作。因此，主保护与后备保护之间存在动作时间和动作灵敏度的配合。

应当指出，远后备的性能是比较完善的，它对相邻元件的保护装置、断路器、二次回路和直流电源所引起的拒绝动作，均能起到后备作用，同时实现起来简单、经济，因此，在电压较低的线路上应优先采用，只有当远后备不能满足灵敏度和速动性的要求时，才考虑采用近后备的方式。根据以上分析在继电保护的配置上有以下几个基本概念。

（1）主保护：尽可能快速（符合要求）地切除被保护元件内部故障的保护。

（2）后备保护：当被保护元件主保护拒动时利用该保护切除相应断路器的保护。后备保护分近后备和远后备。

（3）辅助保护：为补充主保护某种性能的不足（如方向元件的电压死区）或加速切除某部分故障而装设的简单保护，如无时限电流速断保护。

由上述可见，电力系统中的每一个重要元件都必须配备至少两套保护，电力系统的每一处都在保护范围的覆盖下，系统任意点的故障都能被自动发现并切除。现代电力系统离开完善的继电保护系统是不能运行的，没有安装保护的电力元件，是不允许接入电力系统工作的。在由成千上万个电力元件组成的现代电力系统中，每一个电力元件如何配置保护、配备几套继电保护，以及各电力元件继电保护之间怎么配合，需要视各元件的重要程度及其对电力系统影响的重要程度等因素决定，根据多年的科学研究和运行经验，GB 14285—1993《继电保护和安全自动装置技术规程》中对此已作出明确规定。

1.3 对电力系统继电保护的基本要求

动作于跳闸的继电保护，在技术上一般应满足4个基本要求，即选择性、速动性、灵敏性和可靠性，现分述如下。

1.3.1 选择性

选择性要求的内容是：在系统发生故障时，首先由故障设备（或线路）的保护切除故障，当其保护或断路器拒动时，才允许由相邻设备（或线路）的保护或断路器失灵保护切除故障。即保护装置的动作应只切除故障设备，或使故障的影响范围限制在最小。

如图1-7所示的网络中，假设各设备上都装设有电流保护。当k1点短路时，由于短路电流总是由电源流向故障点，因此保护1、2、3、4均有短路电流流过，均可能动作，但根据选择性的要求，应该是由保护1、2分别动作于跳开断路器QFl和QF2，将故障切除。

同理，当k2点短路时，根据短路电流的分布情况，保护1、2、3、4、5、6均有短路电流流过均可能动作，但只有保护6动作于断路器QF6跳闸才认为是有选择性的。

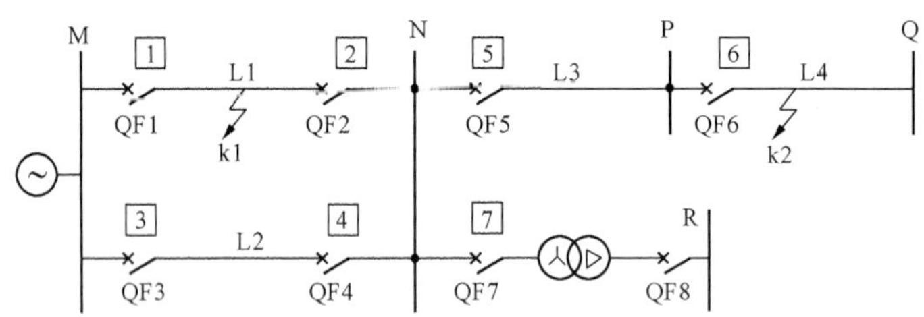

图1-7 电网保护选择性动作说明图

由于保护和断路器都存在有拒动的可能性，而短路故障又是电力系统最危险的故障，因此对于短路保护，还应配置有相应的后备保护。在k2点短路时，如果保护6或断路器QF6拒动，则保护5动作于断路器QF5跳闸也认为是有选择性的动作。因为在这种情况下，保护5的动作虽然扩大了停电范围，但仍起到了使故障的影响范围限制在最小的作用，而如果保护5不动作于断路器QF5跳闸，则故障将一直持续着，其影响范围将更广。保护5的这种作用，就是前面介绍的远后备保护的作用。

顺便指出，在发电机、变压器及电压等级较高的输电线路中，其后备保护一般采用近后备的形式。此时应根据具体情况，考虑配置断路器失灵保护。

对于保护装置的选择性要求，可通过选择合理的保护方案、正确地进行整定计算以及精确的调整试验来保证。

1.3.2 速动性

速动性又称迅速性、快速性。速动性要求保护装置应尽可能快地切除短路故障。有关保护的速动性要求应注意以下两个问题。

（1）切除故障的时间为继电保护的动作时间和断路器的跳闸时间之和。因此，要缩短故障切除时间，不仅要求保护动作速度要快，与之配套使用的断路器跳闸时间也应尽可能短。

（2）保护的速动性要求是相对的，不同电压等级的电网，要求不同。如，同样的保护动作时间 $t_{act}=0.5s$，在 110kV 及以下电压等级电网中被认为是迅速的，而在 220kV 及以上电压等级电网中则被认为是不够迅速的。

继电保护的速动性应根据被保护设备和系统运行的要求确定，并非越快越好，否则，势必带来保护装置其他性能的降低，或者增加保护的复杂性，而且经济上也不合理。例如：对 220kV 及以上电压等级的输电线路，要求保护的动作时间在 0.02～0.04s；而对于某些低压线路，则允许 1～2s，甚至更长；对大容量发电机和变压器，要求保护的动作时间约 0.03～0.05s；对于后备保护的动作时间，则应大于主保护的动作时间。

显然，满足保护装置的速动性不仅能减轻故障设备的损坏程度，还可以使系统电压快速恢复，从而减小对用户的影响，提高自动重合闸和备用电源的投入效果，更重要的是提高了 220kV 及以上电压等级电网运行的稳定性。目前，保护最快的动作速度只需 4～10ms，一般约为 20ms，即一个周波。故障切除时间（包括灭弧）最快可以不超过 100ms。

为了满足对保护装置速动性的要求，可通过选择合理的保护方案及实现保护的技术手段来保证。

1.3.3 灵敏性

灵敏性要求保护装置对于其保护范围内所发生的各种金属性短路故障，应具有足够的反应能力。保护装置的灵敏性要求与选择性要求关系密切，在电力系统故障时，故障设备的保护必须先能够灵敏地反应故障，才可能有选择性地切除故障，因此能有选择切除故障的保护，必须同时具备灵敏性。

保护装置的灵敏性通常用灵敏系数 K_{sen}（又称灵敏度）的大小来衡量。灵敏系数越高，表示保护装置对故障的反应能力越强，反之，则越弱。因此，过量保护和欠量保护对于灵敏系数的定义是不同的。对于过量保护，其灵敏系数的定义为

$$K_{sen}=\frac{\text{短路时故障参数的计算值}}{\text{保护装置的动作值}} \tag{1-1}$$

而对于欠量保护，其灵敏系数的定义则为

$$K_{sen}=\frac{\text{保护装置的动作值}}{\text{短路时故障参数的计算值}} \tag{1-2}$$

对保护装置的灵敏性要求，通常是通过对其最不利情况下的灵敏度即灵敏系数进行校验来保证的。为了保证保护装置对其保护范围内所发生的各种金属性短路故障都能够反应，可按最不利的工作情况进行校验，因为若在最不利情况下保护装置都能够满足灵敏性要求，则在其他情况下保护装置就更能满足灵敏性要求。过量保护灵敏系数的校验公式一般为

$$K_{sen}=\frac{\text{保护区末端金属性短路时故障参数的最小计算值}}{\text{保护装置的动作值}} \tag{1-3}$$

欠量保护灵敏系数的校验公式一般为

$$K_{sen}=\frac{\text{保护装置的动作值}}{\text{保护区末端金属性短路时故障参数的最大计算值}} \tag{1-4}$$

在最不利情况下保护装置的灵敏系数应大于1，一般为1.2～2.0。各类保护灵敏系数的详细要求可参照部颁DL 400—1991《继电保护和安全自动装置技术规程》中的规定，而对于各种保护灵敏系数的校验方法，则在以后有关章节中加以详细讨论。

1.3.4 可靠性

可靠性要求保护装置应处在良好的工作状态下，在保护装置不该动作时应可靠地不动作，而在保护装置该动作时应可靠地动作。前者在一些书中也称为“安全性”，若保护装置发生误动，误发了信号或者误将某运行中的设备切除，则保护装置非但未起到保护的作用，反而由于其误动作而造成了电力系统的不安全；后者也有“可信性”或者“可依赖性”之称，若保护装置发生拒动，则保护装置就没有起到保护作用，即该保护装置是不可信赖的。保护装置的误动或拒动是电力系统发生事故的根源之一，因此，保护装置必须满足可靠性的要求。

可靠性与保护装置本身的制造、安装质量有关，同时也与运行维护水平有关。一般说来，保护装置组成元件的质量好、接线简单、元器件的数量和触点少并有必要的抗干扰措施，保护装置的可靠性就高。除此之外，正确的整定计算、安装、调整试验及良好的运行维护、严谨的工作作风，对提高保护可靠性都起着重要作用。但必须说明的是，虽然继电保护装置的拒动或误动都将给电力系统造成严重后果，但在实现提高保护装置可靠性的目的上，防止保护误动与防止保护拒动往往是相互矛盾的，需要权衡利弊。如采用两套保护以或方式作用于同一出口跳闸回路，有利于防止保护拒动，但增加了误动的可能性；而若以与方式，则有利于防止误动，却不利于防止拒动。又如，对于单母线或双母线接线的母线保护，通常把安全性放在重要的位置，因为一旦母线保护误动作，母线上所有连接元件都得停电，影响范围很大。而对于一个半断路器母线，如果母线保护误动作，只是改变了母线上各连接元件的潮流分布，并不影响它们的继续运行，而如果母线发生故障而其保护拒动，则故障只能由各连接元件对侧的后备保护来切除，这将严重影响到电力系统的稳定运行。因此，对于一个半断路器母线保护，与安全性相比，其可信性更重要。

以上分析的是对于动作于断路器跳闸保护的四个基本要求，它们应同时满足，但是这种满足只能是相对的。因为在这四个基本要求之间，既有相互紧密联系的一面，也有互相矛盾的一面。例如：为保证选择性，有时就要求保护动作带上延时；为保证灵敏性，有时就允许保护非选择性动作，再由自动重合闸装置来纠正；而为保证速动性和选择性，有时需采用较复杂的保护装置，因而降低了可靠性。因此，在确定继电保护方案时，需从电力系统的实际情况出发，分清主次，以求得最优情况下的统一。这种辩证统一关系和分析处理问题的方法，在学习时都应注意吸取和运用。

此外，在选用继电保护装置时，尚需注意保护的经济性和简单性。在保证电力系统安全运行的前提下，尽量采用投资少、维护费用较低和简单的保护装置。同时，对于那些次要的而又数量很多的电气设备（如电动机），也不应装设昂贵而复杂的继电保护装置。

对于动作于信号的保护装置，其基本要求只有3个，即选择性、灵敏性及可靠性。对继电保护的基本要求将一直贯穿于本课程中的每一套保护，评价一套继电保护装置性能的优劣，即视其对基本要求的满足情况而定。

1.4　继电保护的发展简史

1.4.1　继电保护原理的发展

继电保护技术随着电力系统的发展而发展，同时也随着通信、信息、电子、计算机等相关技术的发展而不断创新。为保护电机免受短路电流的破坏，首先出现了反应电流超过一预定值而动作的过电流保护，而熔断器就是最早的、最简单的过电流保护方式。这种保护方式至今仍广泛应用于低压线路和用电设备中。熔断器的特点是融保护装置与切断电流的装置于一体，其结构也最为简单。

由于电力系统的发展，用电设备的功率、发电机的容量不断增大，电力网的接线也日益复杂，熔断器已不能满足选择性和快速性的要求，于 1890 年后出现了直接装于断路器上反映一次电流增大而动作的电磁型过电流继电器。19 世纪初，随着继电器被广泛地应用于电力系统的保护中，因此被认为是继电保护技术发展的开端。

1901 年出现了感应型过电流继电器。1908 年提出了比较被保护元件两端电流的大小和方向的电流差动保护原理。1910 年方向性电流保护开始应用，并出现了将电流与电压相比较的保护原理，从而，1920 年后出现了距离保护装置。随着电力线载波技术的发展，在 1927 年前后，出现了利用高压输电线载波传送输电线两端功率方向或电流相位的高频保护装置。在 1950 年稍后，就提出了利用故障点产生的行波实现快速保护的设想，在 1975 年前后诞生了行波保护装置。随着光纤通信的出现便有了光纤保护的广泛应用，如光纤差动保护、光纤距离保护等。1980 年左右反映工频故障分量（或称工频突变量）原理的保护被大量研究，1990 年后，该原理的保护装置被广泛应用。

1.4.2　继电保护装置硬件的发展

构成继电保护装置的组件、材料、保护装置的结构型式和制造工艺随继电保护的原理也发生了巨大的变革。20 世纪 50 年代以前的继电保护装置都是由电磁型、感应型或电动型继电器组成的。这些继电器都具有机械转动部件，统称为机电式继电器。由机电式继电器组成的继电保护装置称为机电式保护装置。这种保护装置体积大、消耗功率大、动作速度慢、机械转动部分和触点容易损坏或粘连，调试维护比较复杂，不能满足超高压、大容量电力系统的要求。目前正逐渐被淘汰。

20 世纪 50 年代，开始出现了晶体管式继电保护装置。这种保护装置体积小、功率消耗小、动作速度快、无机械转动部分，称之为电子式静态保护装置。随着大规模集成电路的发展，80 年代后期，集成电路继电保护装置很快取代了晶体管继电保护装置，成为静态继电保护装置的主要型式。

在 20 世纪 60 年代末，电子计算机一问世，便进行了对继电保护计算机算法的大量研究，为今天微型计算机式继电保护（以下简称微机继电保护）的发展奠定了理论基础。随着微处理器技术的迅速发展及其价格急剧下降，在 70 年代后期，出现了比较完善的微机保护样机，并投入到电力系统中试运行。80 年代微机保护在硬件结构和软件技术方面已趋成熟。微机保护具有巨大的计算、分析和逻辑判断能力，有存储记忆功能，因而可用以实现任何性能完善且复杂的保护原理。微机继电保护可连续不断地对本身的工作情况进行自检，其工作可靠性很高。此外，微机继电保护可用同一硬件实现不同的保护原理，这使保护装置的制造大为简化，也容易实行保护装置的标准化。微机继电保护除了具有保护功能外，还有故障录波、故障测距、事件顺序记录，以及与调度计算机交换信息等辅助功能，这对于简化保护的调试、事故分析和事故后的处理等都有重大意义。进入20世纪90年代以来，微机继电保护装置在我国得到大量应用，已成为继电保护装置的主要型式，是当今电力系统保护、控制、运行调度及事故处理的综合自动化系统的重要组成部分。

随着计算机技术、微电子技术、网络通信技术、信息技术的不断发展，最新研制的微机继电保护的体积更小，功能更强，性能更优，如硬件结构方面，采用具有强大数据处理功能的DSP微处理芯片，低功耗可编程逻辑芯片（CPID）和高集成度专用芯片（ASIC）后，使装置的体积、功耗、可靠性等方面得到很大提升。

此外，由于计算机网络提供的数据信息共享的优越性，微机保护可以占有全系统的运行数据和信息，应用自适应原理和人工智能等方法，这使保护原理、性能和可靠性得到进一步的发展和提高，使继电保护技术沿着网络化、智能化、自适应和保护、测量、控制、数据通信一体化的方向不断前进。

继电保护是电力学科中最活跃的分支，在20世纪50年代至20世纪90年代的40年时间里走过了机电式、整流式、晶体管式、集成电路式和微机式5个发展阶段。电力系统的快速发展为继电保护技术提出艰巨的任务，电子技术、计算机技术、通信技术又为继电保护技术的发展不断注入新的活力，因此可以预计，继电保护学科必将不断发展，达到更高的理论和技术高度。

小　　结

电力系统中所有投入运行的设备，都必须配置有相应的继电保护装置。由继电保护的两个任务可知，所谓的继电保护装置，是一种能在被保护设备发生故障或异常运行时动作于断路器跳闸或发出信号的自动装置。

继电保护装置要能正确工作，必须具备有识别被保护设备工作状态的能力，这就是保护装置的基本工作原理，即通过测量被保护设备的各种运行参数与正常运行时是否发生变化以实现不同原理的保护。因此，无论是哪一种保护装置，都可以看成是由测量、逻辑及执行三个部分组成。

电力系统中所有设备的继电保护装置必须满足四个基本要求，即选择性、速动性、灵敏性和可靠性。各种原理的保护如何实现“四性”的要求贯穿全书，不断推进继电保护原理和继电保护技术的发展。

继电保护的学科和技术的发展随电力系统的发展而发展，包括继电保护原理的发展和装置硬件的发展。原理的发展主要是指所测量的被保护设备的运行参数由简单到复杂；装置硬件的发展经历了机电式保护装置、静态继电保护装置和数字式继电保护装置三个发展阶段。目前，数字式继电保护装置已广泛应用于电力系统中，而前两种保护装置已基本被淘汰。

复 习 思 考 题

1-1　继电保护装置的任务有哪些？

1-2　对继电保护有哪些基本要求？何谓选择性、灵敏性？

1-3　在继电保护装置中何谓主保护、后备保护？

第 2 章

继电保护装置的基础元件

【要　求】掌握电流、电压互感器及各种变换器的用途、工作特点；继电器的动作特性。

【知识点】电流互感器极性、参考方向及误差；电压互感器使用、零序电压的获得；零序电流的获得；变换器种类、用途；继电保护交流插件构成；继电器的作用、种类、图形符号；电磁型继电器的工作原理、动作过程、参数。

【重点和难点】电流互感器极性与参考方向；电流互感器误差；交流插件构成。

2.1 电压互感器

电压互感器（TV）是隔离高电压，供继电保护、自动装置和测量仪表获取一次电压信息的传感器。

电压互感器也是一种特殊型式的变换器，其二次电压正比于一次电压，近似为一个电压源，正常使用时电压互感器的二次负载阻抗一般较大。在二次电压一定的情况下，阻抗越小则电流越大。当电压互感器二次回路短路时，二次回路的阻抗接近于零，二次电流将变得非常大，如果没有保护措施，将会烧坏电压互感器，所以电压互感器的二次回路不能短路。

正确地选择和配置电压互感器型号、参数，严格按技术规程与保护原理连接电压互感器二次回路，对降低计量误差，确保继电保护等设备的正常运行，确保电网的安全运行具有重要意义。

2.1.1 电压互感器的极性与一、二次侧电气量的参考方向

互感器的极性问题与继电保护装置能否正确工作有直接的关系，因此，对于互感器一、二次绕组的同极性端子应注明标记。电压互感器的极性，按“减极性”原则标注。当交流电流从一次绕组的极性端流入时，在二次绕组回路中感应的电流将从极性端流出，若从两侧的同极性端观察时，则一、二次电流的方向相反，故这种标注称为“减极性”标注。通常以L1、K1和L2、K2分别表示一、二次绕组的同极性端子，在只需标示相对极性关系时，可在同极性端子标注以“·”（或“*”）号。由此，习惯上当继电保护用电压互感器一次正方向规定从“·”（或“*”）端指向无“·”（或“*”）端时，电压互感器的二次电压正方向也是规定从“·”（或“*”）端指向无“·”（或“*”）端。在这种习惯规定的正方向下，如果忽略互感器励磁电流及一、二次侧绕组电阻和漏抗等因素的影响，即在理想情况下，则TV的二次电压 $\dot{U}_2$ 与经折算后的一次电压 $\dot{U}'_1$，其大小相等、相位相同，因而好像是保护装置直接接入一次系统，从而使分析问题时能更加直观方便。上述内容，可用图 2-1 表示，也可用式（2-1）表示为

$$\dot{U}_2 \approx \dot{U}_1' = \frac{\dot{U}_1}{n_{TV}} \tag{2-1}$$

式中：n_{TV}为电压互感器变比。

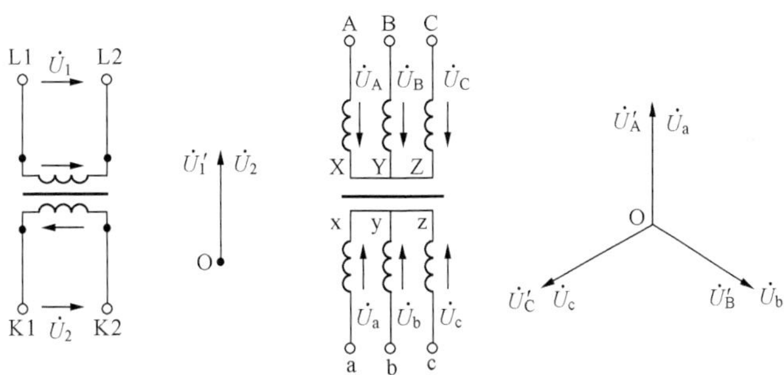

图 2-1　电压互感器的极性标注及相量图

2.1.2　电压互感器的基本参数

1. 一次（一次绕组）额定电压

电压互感器一次额定电压的选择主要是满足相应电网电压的要求，其绝缘水平能够承受电网电压长期运行，并承受可能出现的雷电过电压、操作过电压及异常运行方式下的电压，如小接地电流方式下的单相接地。

对于三相电压互感器和用于单相系统或三相系统间的单相电压互感器，其额定一次电压应符合 GB 156—1993《额定电压》所规定的某一标称电压，即 6、10、15、20、35、60、110、220、330、500kV。对于接在三相系统相与地之间或中性点与地之间的单相电压互感器，其额定一次电压为上述额定电压的 $1/\sqrt{3}$。

2. 二次（二次绕组）额定电压

二次额定电压即电压互感器的二次电压标准值。接于三相系统相间电压的单相电压互感器，其二次额定电压为 100V。即系统正常运行时电压互感器二次线电压为 100V，相电压为 57.7V。

接成开口三角形的电压绕组额定电压与系统中性点接地方式有关。大接地电流系统的接地电压互感器二次额定电压为 100V，小接地电流系统的接地互感器二次额定电压为$\frac{100}{3}$V。

3. 二次额定输出容量

电压互感器额定的容量输出标准值是 10、15、25、30、50、75、100、150、200、250、300、400、500VA。三相式电压互感器的额定输出容量是指每相的额定输出，电压互感器二次承受负载功率因数为 0.8（滞后），能够确保其电压变换精度（幅值精度、相位精度）时互感器的最大输出容量。

除额定输出外，电压互感器还有一个极限输出值。其含义是在 1.2 倍额定一次电压下，互感器各部位温升不超过规定值，二次绕组能连续输出的视在功率值（此时互感器的误差通常超过限值）。

在选择电压互感器的二次输出时，首先要进行电压互感器所接的二次负荷统计。计算出各台电压互感器的实际负荷，然后再选出与之相近并大于实际负荷的标准的输出容量，并留有一定的裕度。

4. 电压互感器的误差

电磁式电压互感器由于励磁电流、绕组的电阻及电抗的存在，当电流流过一次及二次绕组时要产生电压降和相位偏移，使电压互感器产生电压比值误差（以下简称变比误差）和相位误差（以下简称相位差）。

变比误差为

$$\Delta U\% = \frac{n_{TV}U_2 - U_1}{U_1} \times 100 \tag{2-2}$$

式中：n_{TV}为电压互感器变比；U_2 为二次电压值；U_1 为一次电压值。

相位误差为

$$\delta = \arg\frac{\dot{U}_2}{\dot{U}_1} \tag{2-3}$$

电压互感器的相位差，是指一次电压与二次电压相量的相位之差。当二次电压相量超前于一次电压相量时，相位误差为正值。相位差以分（′）或 rad 表示。

对于电容式电压互感器，由于电容分压器的分压误差以及电流流过中间变压器，补偿电抗器产生电压降等也会使电压互感器产生变比误差和相位差。

电压互感器电压的变比误差和相位误差的限值大小取决于电压互感器的准确度级，具体规定如下。

（1）对于测量用电压互感器的标准准确度级有：0.1、0.2、0.5、1.0、3.0 五个等级。各等级的误差限值见表 2-1。满足测量用电压互感器电压误差和相位误差有一定的条件，即在额定频率下，其一次电压为 80%～120%额定电压间的任一电压值，二次负荷的功率因数为 0.8（滞后），二次负载的容量在 25%～100%之间。

表 2-1　　测量用电压互感器的误差限值

准确级	变比误差±（%）	相位误差	
		±（′）	±（$\times 10^{-2}$rad）
0.1	0.1	5	0.15
0.2	0.2	10	0.3
0.5	0.5	20	0.6
1.0	1.0	40	1.2
3.0	3.0	不规定	不规定

（2）继电保护用电压互感器的标准准确度级有 3P 和 6P 两个等级。保护用电压互感器的误差限值见表 2-2。

表 2-2　　保护用电压互感器的误差限值

准确度级	变比误差±（%）	相位误差	
		±（′）	±（$\times 10^{-2}$rad）
3P	3.0	120	3.5
6P	6.0	240	7.0

2.1.3　电压互感器的二次回路接线

为了满足不同的测量要求，以及继电保护及安全自动装置的使用，电压互感器有多种配置与接线方式。

1. 电压互感器的配置

电压互感器一般按以下原则配置。

(1) 对于主接线为单母线、单母线分段、双母线等，在母线上安装三相式电压互感器；当其出线上有电源，需要重合闸检同期或无压，需要同期并列时，应在线路侧安装单相或两相电压互感器。

(2) 对于 3/2 主接线，常常在线路或变压器侧安装三相电压互感器，而在母线上安装单相互感器以供同期并联和重合闸检无压、检同期使用。

(3) 内桥接线的电压互感器可以安装在线路侧，也可以安装在母线上，一般不同时安装。安装地点的不同对保护功能有所影响。

(4) 对 220kV 及以下的电压等级，电压互感器的二次侧一般有两个绕组：一组接为星形，一组接为开口三角形。在 500kV 系统中，为了实现继电保护的完全双重化，一般选用二次侧为 3 个绕组的电压互感器，其中两组接为星形，一组接为开口三角形。

(5) 当计量回路有特殊需要时，可增加专供计量的电压互感器二次侧绕组个数或安装计量专用的电压互感器组。

(6) 在小接地电流系统，需要检查线路电压或同期时，应在线路侧装设两相式电压互感器或装一台电压互感器接线间电压。在大接地电流系统中，线路有检查线路电压或同期要求时，应首先选用电压抽取装置。500kV 线路一般都装设三只电容式线路电压互感器，作为保护、测量和载波通信公用。

2. 继电保护和测量用电压二次回路接线

电压互感器的二次接线主要有单相接线、单线电压接线、V/V 接线、星形连接、开口三角形连接、中性点接有消弧电压互感器的星形连接。各接线的连接方式如图 2-2 所示。

(1) 如图 2-2 (a) 所示单相接线常用于大接地电流系统判线路无压或同期，可以接于任何一相。

(2) 如图 2-2 (b) 所示单线电压接线中一只电压互感器接于两相电压间，主要用于小接地电流系统判线路无压或同期。

(3) 如图 2-2 (c) 所示 V/V 接线主要用于小接地电流系统的母线电压测量，它只要两只接于线电压的电压互感器就能完成三相电压的测量，节约了投资。但是该接线在二次回路无法测量系统的零序电压，当需要测量零序电压时不能使用该接线。

(4) 如图 2-2 (d) 所示星形连接与开口三角形连接应用最多，常用于母线测量三相电压及零序电压。接线见图 2-2 (d)、(e)，星形连接可以获得三相对地电压，开口三角形绕组输出电压为三相电压之相量和即为 $3\dot{U}_0$。

(5) 如图 2-2 (f) 所示为中性点安装有消弧电压互感器的星形连接。在小接地电流系统中，当单相接地时允许继续运行 2h，由于非接地相的电压上升到线电压，是正常运行时的$\sqrt{3}$倍，特别是间隙性接地还要产生暂态过电压，这将可能造成电压互感器铁心饱和，引起铁磁谐振，使系统产生谐振过电压。所以使用在小接地电流系统中的电压互感器均要考虑消弧问题。消弧措施有多种，例如在开口三角形绕组输出端子上接电阻性负载或电子型、微机型消弧器，图 2-2（f）中在星形连接的中性点接一只电压互感器也能起到消弧的作用。所以该电压互感器也称为消弧电压互感器。

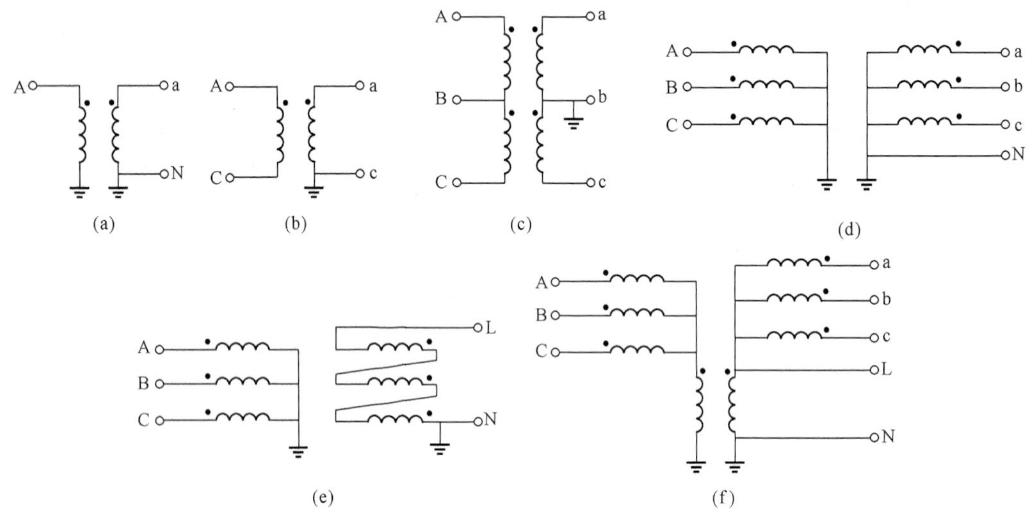

图 2-2 电压互感器 TV 接线方式

（a）单相接线；（b）单线电压接线；（c）V/V 接线；（d）星形连接；
（e）开口三角形连接；（f）中性点接有消弧电压互感器的星形连接

3. 电压互感器二次回路的保护

电压互感器相当于一个电压源，当二次回路发生短路时将会出现很大的短路电流，如果没有合适的保护装置将故障切除，将会使电压互感器及其二次绕组烧坏。

电压互感器二次回路的保护设备应满足：在电压回路最大负荷时，保护设备不应动作；而电压回路发生单相接地或相间短路时，保护设备应能可靠地切除短路；在保护设备切除电压回路的短路过程中和切除短路之后，反映电压下降的继电保护装置不应误动作，即保护装置的动作速度要足够快；电压回路短路保护动作后出现电压回路断线应有预告信号。

电压互感器二次回路保护设备，一般采用快速熔断器或低压断路器。采用熔断器作为保护设备，简单、能满足上述选择性及快速性要求，报警信号需要在继电保护回路中实现。采用自动空气开关作为保护设备时，除能切除短路故障外，还能保证三相同时切除，防止缺相运行，并可利用自动开关的辅助触点，在断开电压回路的同时也切断有关继电保护的正电源，防止保护装置误动作，或由辅助触点发出断线信号。

电压互感器二次侧应在各相回路和开口三角形绕组的试验上配置保护用的熔断器或低压断路器。开口三角形绕组回路正常情况下无电压，故可不装设保护设备。熔断器或自动开关应尽可能靠近二次绕组的出口处装设，以减小保护死区。保护设备通常安装在电压互感器端子箱内，端子箱应尽可能靠近电压互感器布置。

4. 电压互感器二次回路的接地

电压互感器二次回路的接地，主要是防止一次高压窜至二次侧时可能对人身及二次设备造成的威胁。其接地点与二次侧中性点接地方式、测量和保护电压回路供电方式以及电压互感器二次绕组的个数有关。

电压互感器二次回路只能有一点接地。如果有两点接地或多点接地，当系统发生故障，地电网各点间有电压差时，将会有电流从两个接地点间流过，在电压互感器二次回路产生压降，该压降将使电压互感器二次电压的准确性受到影响，严重时将影响保护装置动作的选择性。

线路电压互感器可以在配电装置处一点直接接地，也可以通过小母线接地。当在配电装置处一点接地时，线路电压互感器的二次回路与母线电压互感器的二次回路不能有电的联系，否则会使电压互感器二次回路出现两点接地或多点接地。如果通过小母线（YMN）接地，则应在配电装置处加装放电间隙或氧化锌避雷器，并且注意，在线路保护停用校验时，线路可能仍有旁路代路运行，不能因拆开至小母线的 N600 连线而使线路电压互感器二次侧失去接地点。

2.2 电流互感器

2.2.1 电流互感器的工作原理

电流互感器（TA）就是把大电流按比例降到可以用仪表直接测量的数值，以便用仪表直接测量，并作为各种继电保护的信号源。电流互感器的一次绕组串联在电力线路中，线路电流就是互感器的一次电流，二次绕组外部接有测量仪表和保护装置作为二次绕组的负荷。

电流互感器的一、二次绕组之间有足够的绝缘，从而保证所有低压设备与高电压相隔离。电力线路中的电流各不相同，通过电流互感器一、二次绕组不同匝数比的配置，可以将大小悬殊的线路电流变换成大小相当、便于测量的电流值（二次电流额定值一般为 5A 或 1A）。电流互感器相当于一个工作在短路状态下的变压器。若不计一次电流中的励磁分量，其一、二次电流之比等于匝数比。电流互感器就是利用这一点来测量一次侧的大电流。

运行中的电流互感器二次回路必须接有负荷或直接短路，如果在一次绕组有电流的情况下，二次开路，则二次反磁通势不再存在，一次电流全部用来励磁，铁心中的磁感应急剧增加，二次感应电动势急剧上升。此时因铁心饱和，磁通波形将变成平顶波，二次电压很高，当出现很高的开路电压时，会对二次绕组的绝缘和测量及继电保护装置构成威胁，所以电流互感器运行时，应特别注意防止二次绕组开路。

2.2.2 电流互感器极性与一、二次侧电气量的参考方向

电流互感器极性：电流互感器一次侧“·”（或“*”）端与二次侧“·”（或“*”）端为同极性端。或以 L1、K1 和 L2、K2 分别表示电流互感器的一、二次绕组的同极性端子。参考方向采用“减极性”原则，即继电保护用电流互感器一次电流正方向规定从“·”（或“*”）端指向无“·”（或“*”）端时，其二次电流正方向则规定从无“·”（或“*”）端指向“·”（或“*”）端。在这种规定的正方向理想情况下，电流互感器 TA 的二次电流 $\dot{I}_2$ 与经折算后的一次电流 $\dot{I}_1'$，其大小相等、相位相同，好像是保护装置直接接入一次系统，从

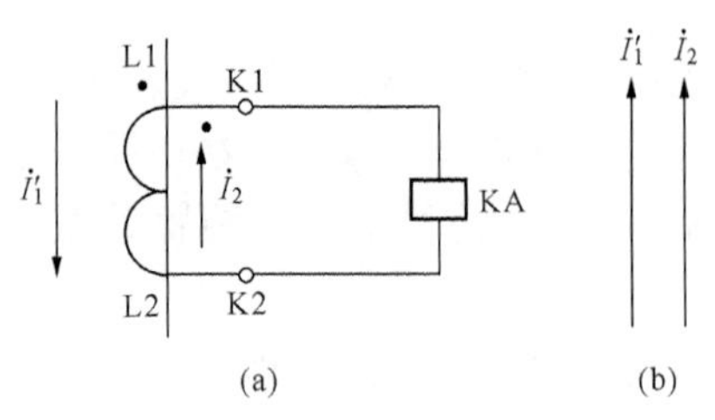

图 2-3 电流互感器极性
(a) 电路示意图；(b) 相量图

而使分析问题时能更加直观方便。可用图 2-3 表示，也可用式（2-4）表示为

$$\dot{I}_2 \approx \dot{I}'_1 = \frac{\dot{I}_1}{n_{TA}} \tag{2-4}$$

式中：n_{TA}为电流互感器变比。

2.2.3 电流互感器的误差

电流互感器符号、等值电路、相量图如图 2-4 所示。

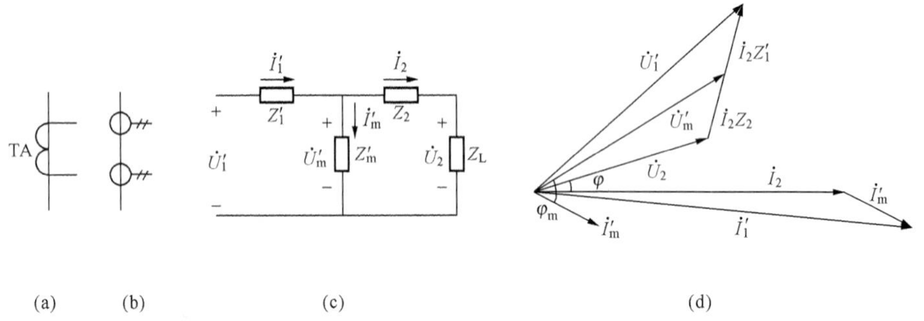

图 2-4 电流互感器符号、等值电路及相量图
(a) 一次符号；(b) 二次符号；(c) 等值电路；(d) 等值电路相量图

可以看出，电流互感器（TA）产生误差的根本原因来自于励磁电流，一次电流中有一部分流入励磁支路而不变换至二次侧。影响电流互感器误差的主要因素是二次负荷及一次电流大小。

二次负荷越大，分流到励磁回路的励磁电流也越大，造成电流互感器误差增大。一次电流增大时，电流互感器铁心趋向饱和，励磁阻抗下降也会导致励磁电流增大，电流互感器误差增大。

继电保护使用的电流互感器误差不允许超过 10%，在误差为 10%情况下二次阻抗与一次电流的关系曲线称为 10%误差曲线，如图 2-5 所示，图中 m 为一次电流倍数，$Z_{L.max}$为允许的最大二次负荷阻抗。

电流互感器的准确度分为测量用电流互感器的准确度级和保护用电流互感器的准确度级。测量用电流互感器的准确度级分为 0.1、0.2、0.5、1、3、5 共 6 个标准。一般的测量用电流互感器的准确度采用 0.5 级，计量回路可采用 0.2 级的电流互感器。

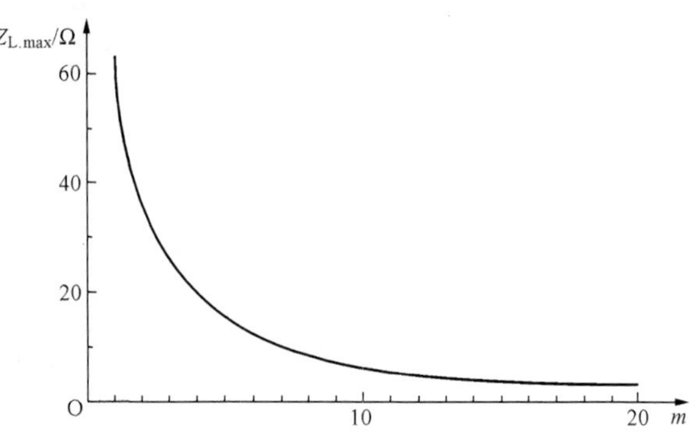

图 2-5 电流互感器 10%误差曲线

电流互感器由于存在电流波形畸变，需采用复合误差来规定其误差特性。GB 1208—1997 规定标准的

保护用电流互感器有 5P 和 10P 两个准确度级，如表 2-3 所示。在表示保护用电流互感器准确度级时，通常也将准确限值系数一并写出，例如，某保护用电流互感器的准确度级为 5P20，其中 20 即为准确限值系数。整个含义是 P 表示该互感器是供保护用的，20 表示在一次侧流过的最大电流为其一次额定电流 20 倍时，5 表示该互感器的综合误差不大于 5%。

表 2-3　IEC 规定 5P、10P 的误差极限

准确度级	比值误差±（%，额定一次电流下）	复合误差±（%，额定准确限值的一次电流下）	额定一次电流下相位差	
			±（′）	±（$\times10^{-2}$rad）
5P	1	5	60	1.8
10P	3	10	—	—

电流互感器二次负荷由二次电缆阻抗，保护、测量设备负荷、接触电阻组成，保护用电流互感器的二次全负荷 Z_2 的计算公式为

$$Z_2 = K_K Z_K + K_L Z_L + Z_C \tag{2-5}$$

式中：Z_2 为电流互感器的全部二次负荷；K_K 为继电器的阻抗换算系数；Z_K 为继电器的内阻；K_L 为连接导线阻抗换算系数；Z_L 为连接导线阻抗；Z_C 为接触电阻，一般为 0.05～0.1Ω。

不同的接线方式以及系统运行情况下 K_K、K_L 见表 2-4。

表 2-4　保护用电流互感器的阻抗换算系数

电流互感器接线方式		阻抗换算系数							
		三相短路		两相短路		单相短路		经 Yd 变压器两相短路	
		K_K	K_L	K_K	K_L	K_K	K_L	K_K	K_L
单相		2	1	2	1	2	1		
三相星形		1	1	1	1	2	1	1	1
两相星形	$Z_{K0}=Z_K$	$\sqrt{3}$	$\sqrt{3}$	2	2	2	2	3	3
	$Z_{K0}=0$	$\sqrt{3}$	1	2	1	2	1	3	1
两相差接		$2\sqrt{3}$	$\sqrt{3}$	4	2				
三角形		3	3	3	3	2	2	3	3

注　1. Z_{K0}为接于零线回路的继电器内阻，单相短路时三相星形连接的继电器内阻为 Z_K+Z_{K0}。
2. 当 A、C 两相电流互感器接负荷时，A、C 两相短路时有 $K_K=1$，$K_L=1$；A、B 或 BC 短路时有 $K_K=2$，$K_L=1$。

2.2.4　电流互感器的接线方式

电流互感器主要接线方式如图 2-6 所示。

（1）图 2-6（a）所示两相不完全星形连接用于 35kV 及以下电压等级小电流接地系统，可以获得 a、c 相电流。图中 KA 为电流继电器或继电保护电流测量元件。

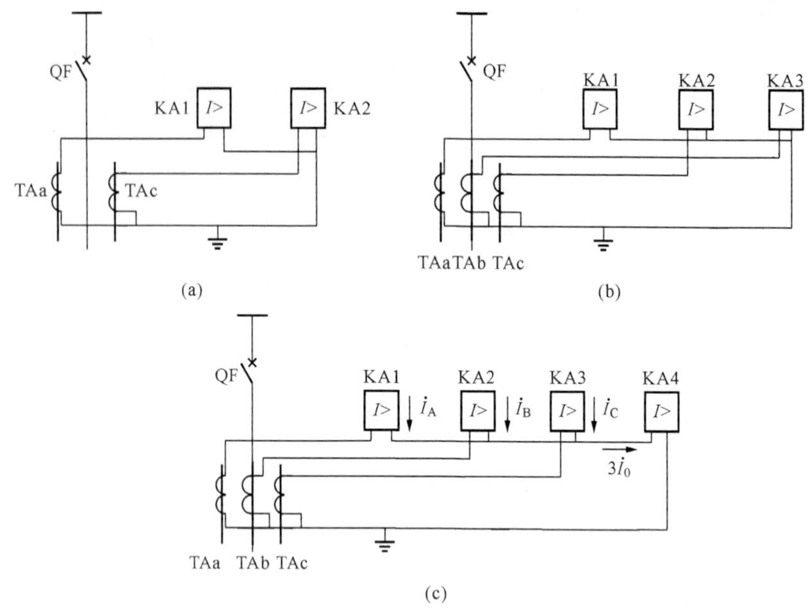

图 2-6 电流互感器接线方式

(a) 两相不完全星形连接；(b) 三相完全星形连接；(c) 零序电流的获得

(2) 图 2-6 (b) 所示三相完全星形连接用于 110kV 及以上电压等级大电流接地系统，可以获得三相相电流。

(3) 图 2-6(c) 所示三相完全星形连接的中线上可以获得三相电流之和，即 3 倍的零序电流，如图 2-6(c) 中 KA4 上流过 $3\dot{I}_0$，反映接地故障时产生的零序电流。

2.3 变 换 器

2.3.1 变换器的作用

保护装置动作判据主要为母线电压（线路电压）、线路电流，因此需要将母线（线路）电压互感器、电流互感器输出的二次电压、电流送入继电保护装置。若测量继电器为机电型继电器，电流或电压互感器二次侧一般直接接到电流继电器、电压继电器的绕组。若保护装置为整流型、晶体管型、微机型的继电器，电流、电压互感器输出的二次电流、电压需要经变换器进行线性变换后，再接入测量电路。变换器的基本作用如下。

(1) 电量变换：将互感器二次电压（额定值 100V）、二次电流（额定值 5A 或 1A），转换成弱电压（数伏），以适应弱电元件的要求。

(2) 电气隔离：电流互感器、电压互感器二次侧的保安、工作接地，是用于保证人身和设备安全的，而弱电元件往往与直流电源连接，直流回路不允许直接接地，故需要经变换器实现电气隔离，如图 2-7 所示。

(3) 调节定值：整流型、晶体管型继电保护可以通过改变变换器一次或二次绕组抽头来改变测量继电器的动作值。

继电保护中常用的变换器有电压变换器 TVM、电流变换器 TAM 和电抗变压器 TX，TVM 作用是电压变换，TAM、TX 的作用是将电流变换成与之成正比的电压。

2.3.2　电压变换器（TVM）

电压变换器原理接线如图 2-8 所示，电压变换器一次侧与电压互感器 TV 相连，电压互感器二次侧有工作接地，电压变换器二次侧的“直流地”为保护电源的 0V，电容 C 容量很小，起抗干扰作用。

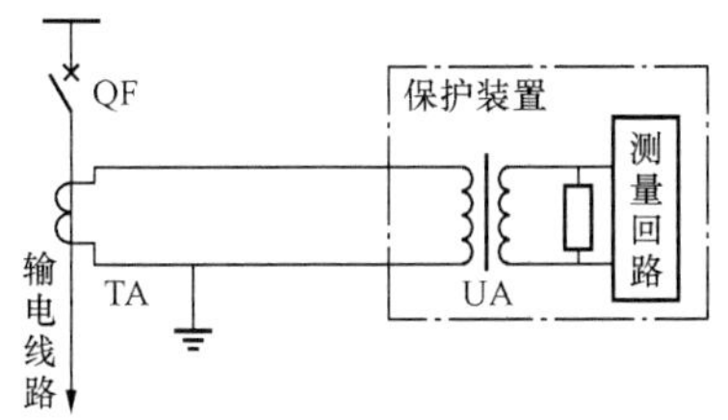

图 2-7　变换器的电气隔离作用示意图

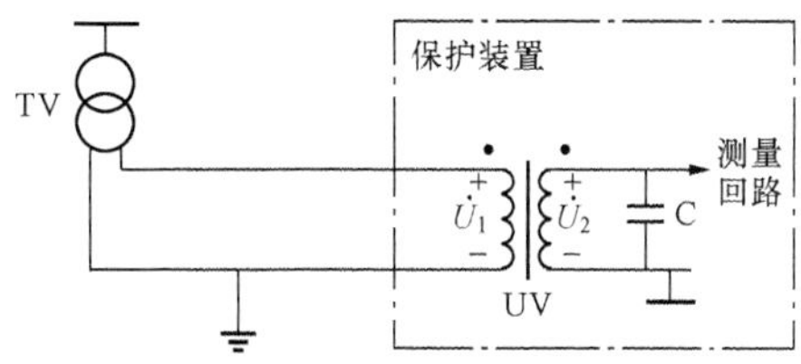

图 2-8　电压变换器应用接线图

从电压变换器一次侧看进去，输入阻抗很大，对于负载而言可以看成一个电压源，电压变换器两侧电压成正比，即 $\dot{U}_2 = K_U\dot{U}_1$。

2.3.3　电流变换器（TAM）

电流变换器与电压变换器不同，从电流变换器 TAM 一次侧看进去，输入阻抗很小，对于负载而言可以看成一个电流源。

电流变换器应用接线如图 2-9 所示。

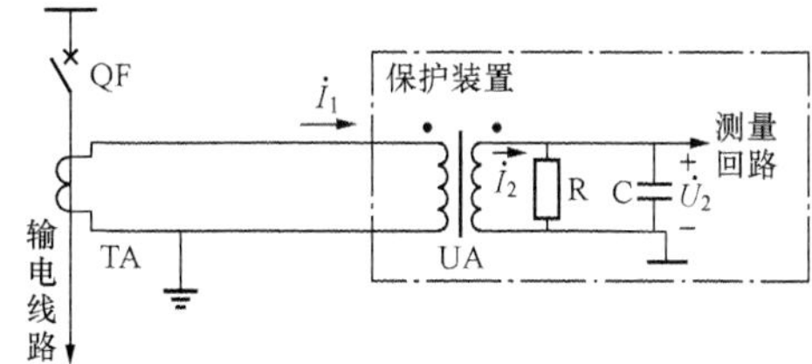

图 2-9　电流变换器应用接线图

电流变换器二次电流（一般为毫安级）与一次电流成正比，二次电流在电阻上形成二次电压，即 $\dot{U}_2 = RK_{TA}\dot{I}_1$，则 K_{TA} 为电流变换器的变比。

2.3.4　电抗变压器（TX）

将电流互感器 TA 输出的二次电流变换为电压还可以采用电抗变压器 TX，其等效电路如图 2-10 所示，电抗变换器输入阻抗很小，串联于电流互感器二次回路；对于负载，电抗变换器近似为电压源。电抗变换器励磁阻抗相对于负载来说很小，可以认为一次电流全部用于励磁，这样二次电压以归算到一次侧的输出 $\dot{U}'_2 = \dot{I}_1 Z_m$，不经归算的 $\dot{U}_2 = \dot{K}_I\dot{I}_1$，$\dot{K}_I$ 称为电抗变换器的转移阻抗。

与电流变换器的电压变换电路不同，电抗变换器输出电压超前输入电流一定相位角，具有“电抗特性”。由于电抗变换器励磁阻抗较小，其铁心一般带有气隙。

电抗变换器转移阻抗 $\dot{K}_I$ 的大小可通过调整铁心气隙及一、二次绕组匝数来改变；转移阻抗的角度通过并于辅助绕组的电阻 R_{ph} 调整。R_{ph} 越大，转移阻抗角越接近 90°；R_{ph} 越小，则转移阻抗角越小，如图 2-11 所示。

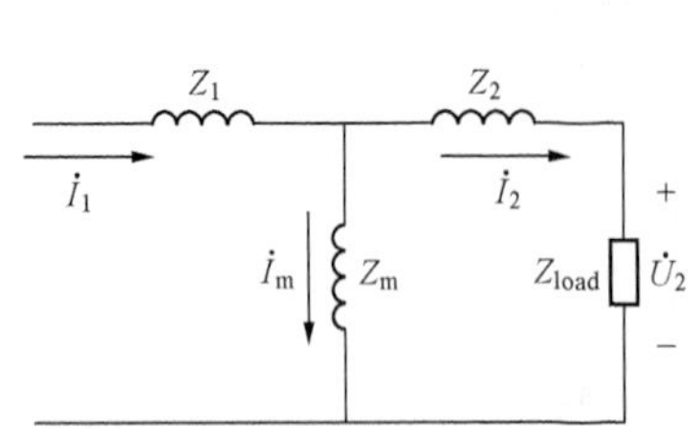

图 2-10 电抗变压器的等效电路

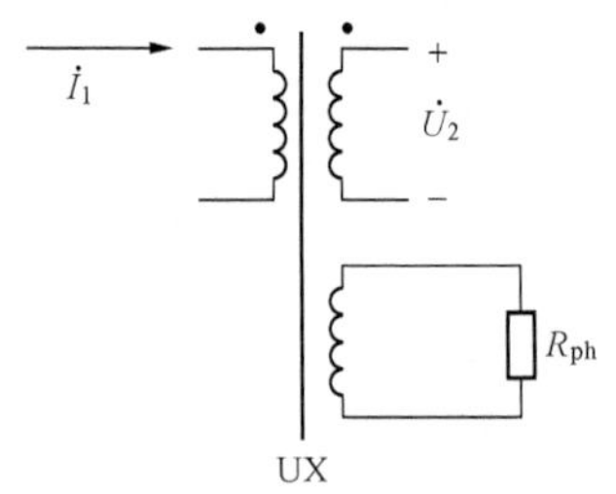

图 2-11 电抗变换器转移阻抗角调整

2.4 继 电 器

2.4.1 继电器的作用、分类及其图形符号

继电器是组成继电保护装置的最基本元件。每一套保护装置，可以是由若干个继电器按一定的性能及要求连接在一起而组成的整体，如常规的机电型、整流型继电保护装置，在常规保护装置中，不同性能的继电器是独立存在的；在晶体管型、集成型及微机保护装置中，继电器通常是抽象的，因为晶体管型、集成型保护装置是由若干个功能元件和基本电路所组成的一个整体，因而一般不再将它分成分散的继电器。在微机保护中，一般保护装置测量部分的继电器的功能是由程序实现的，例如电流、电压、功率方向继电器等，而保护的执行部分所用继电器是独立存在的，如跳闸出口、信号继电器等。本节所介绍的内容主要是针对实物继电器而言。

继电器作为继电保护、自动装置及其他工业控制电路的最基本组成元件，它是一种输入量达到某一给定值，或者加入某一输入量时，其输出量就产生预定跃变的自动器件。

继电器可以按照下述不同方法来分类。

(1) 按动作原理不同归类有电磁型、感应型、整流型、晶体管型（静态型）、集成型及微机型等几种。由电磁型、感应型继电器所构成的保护装置，通称为机电型保护装置。

(2) 按作用不同归类有测量继电器和辅助继电器两大类。其中，测量继电器根据测量参数的不同有电流继电器、电压继电器、功率方向继电器、阻抗继电器、气体继电器等多种；而辅助继电器根据用途的不同有时间继电器、中间继电器及信号继电器三种。

(3) 按反应物理量增大或减小动作归类有过量继电器和欠量继电器两大类。

继电器的表示符号包括文字符号和图形符号两种。图形符号通常采用一个方框上面带有触点的图形，继电器所反应的参数在方框里用一个在电工中通用的字母表示，如电流用 I，电压用 U，时间用 t，阻抗用 Z 等。继电器的文字符号，在旧国标中用汉语拼音字母表示，如用 LJ 表示电流继电器，YJ 表示电压继电器等。在新国标中，继电器的文字符号均以“K”为第一个字母，后面再加上表示该继电器用途的英语词汇字头；或者用其在电工中的单位符号或限定符号，如用 KA 表示电流继电器，KV 表示电压继电器。详见表 2-5。

表 2-5　常用继电器文字符号新旧对照表

文字符号	中文名称	英文名称	旧符号
KA	电流继电器	current relay	LJ
KV	电压继电器	voltage relay	YJ
KW	功率方向继电器	power direction relay	GJ
KR	阻抗继电器	resistance relay	ZKJ
KD	差动继电器	different relay	CDJ
KG	气体（瓦斯）继电器	gas relay	WSJ
KM	中间继电器	medium relay	ZJ
KT	时间继电器	timing relay	SJ
KS	信号继电器	signal relay	XJ
KOM	保护出口继电器	protect out relay	CKJ

触点作为继电器的输出量，继电保护装置实际上是一种控制装置，当输入量达到了预定值，被控制的断路器是否要跳闸，或者信号回路是否要接通，而保护装置的这种控制作用是通过继电器触点断开和闭合这两种状态来实现的。继电器的触点一般分为两类。

（1）动合（常开）触点，继电器输入量达到一定值，触点闭合，故又称动合触点。

（2）动断（常闭）触点，继电器输入量达到一定值，继电器触点断开，故又称动断触点。

触点的图形符号：在二次回路图中，目前的情况是新旧表示符号暂时同时使用。在新国标中，无论是动合触点还是动断触点，其可动触点的表示方法是，在水平布置的电路中其动作方向总是向上，在垂直布置的电路中则一律向右，而在旧国标中，其表示方法刚好相反。详见表 2-6。

表 2-6　继电器常用图形符号

名　称	图　形　符　号	名　称	图　形　符　号
电流继电器	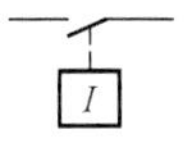 I	时间继电器	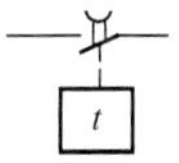 t
电压继电器	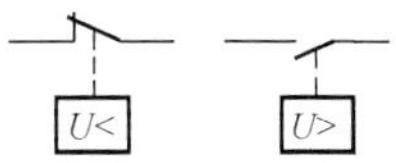 $U<$　$U>$	信号继电器	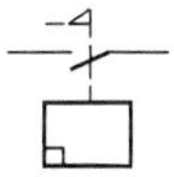
功率方向继电器	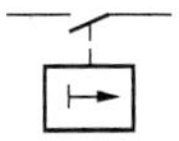	中间继电器	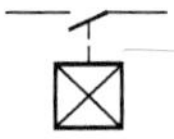
阻抗继电器	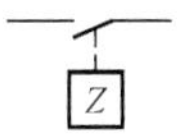 Z	反时限电流继电器	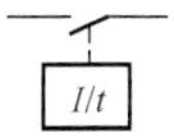 I/t
差动继电器	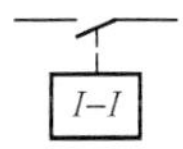 $I-I$	气体（瓦斯）继电器	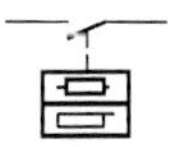

续表

名称	图形符号	名称	图形符号
继电器及接触器线圈		延时闭合的动断触点	
动合触点		信号继电器的动合触点	
动断触点		断路器	
延时闭合的动合触点		隔离开关	

2.4.2 电磁型继电器的工作原理

电磁型继电器主要有三种不同的结构形式，即螺管线圈式、吸引衔铁式和转动舌片式，如图 2 - 12 所示。不论哪种结构形式的继电器，都是由电磁铁 1、可动衔铁 2、线圈 3、触点 4、反作用弹簧 5 和止档 6 所组成。

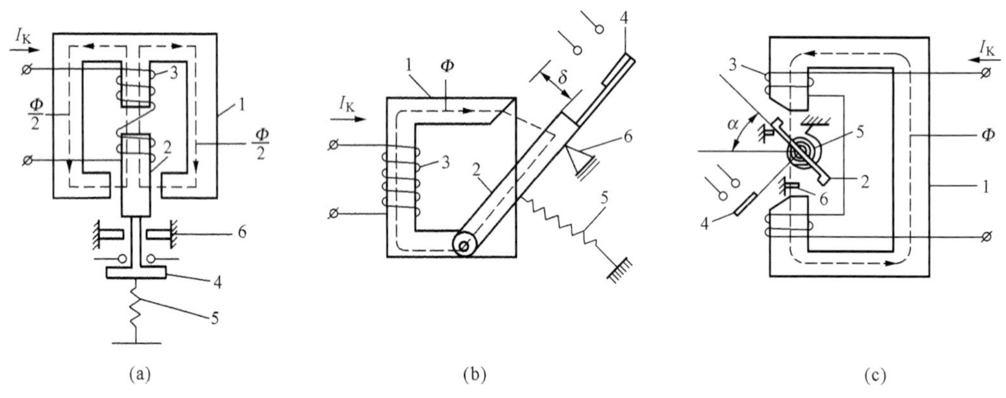

图 2 - 12 电磁型继电器结构原理图

(a) 螺管线圈式；(b) 吸引衔铁式；(c) 转动舌片式

1—电磁铁；2—可动衔铁；3—线圈；4—触点；5—反作用弹簧；6—止档

当在继电器的线圈 3 中通入电流 I_K 时，就在铁心中产生磁通 Φ，铁心、空气隙和衔铁构成闭合磁路。衔铁被磁化后，产生电磁力 F 和电磁力矩 M，当 I_K 足够大时，电磁力矩足以克服弹簧的反作用力矩，衔铁被吸向电磁铁，动合触点闭合，称为继电器动作，这就是电磁型继电器的基本工作原理。

电磁力矩 M_e 与磁通 Φ 的平方成正比，即

$$M_e = K_1\Phi^2 = K_2\frac{I_K^2}{\delta^2} \tag{2 - 6}$$

式中：K_1、K_2 为比例常数；δ 为气隙；I_K 为流入继电器的电流。

式（2-6）说明，电磁力矩与电流平方成正比，与通入线圈中电流方向无关，为一恒定旋转方向力矩。所以，采用电磁原理不仅可构成直流继电器，也可构成交流继电器。交流继电器主要为测量继电器，如电流、电压继电器；直流继电器则用于获得延时或出口、信号，如时间继电器、信号继电器、中间继电器。

2.4.3　电磁型电流继电器

图 2-13 为 DL-12-6 型电磁型电流继电器。

1. 电流继电器动作电流与返回电流

电流继电器多采用转动舌片式结构。有三种力矩作用于舌片：输入电流产生的电磁力矩 M_e、弹簧力矩 M_s、摩擦力矩 M_f。输入电流很小时，电磁力矩无法克服弹簧力矩，继电器处于未动作状态，触点打开。当电流增大、电磁力矩满足式（2-7）时，衔铁转动，继电器动作，触点闭合，则有

$$M_e \geqslant M_s + M_f \qquad (2-7)$$

继电器动作后，将电流减小到电磁力矩不足以反抗弹簧力矩时，继电器返回到初始状态，触点重新断开，称继电器的返回，继电器的返回条件为

$$M_e \leqslant M_s - M_f \qquad (2-8)$$

能使电流继电器动作的最小电流称为动作电流，以 I_{op} 表示；而能使电流继电器返回的最大电流称为返回电流，以 I_r 表示。

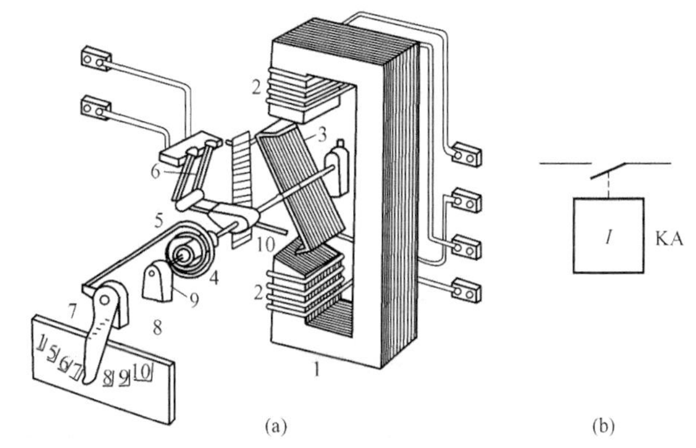

图 2-13　电磁型电流继电器

(a) 原理结构图；(b) 图形符号

1—电磁铁；2—线圈；3—Z 形舌片；4—螺旋弹簧；5—动触点；6—静触点；7—整定值调整把手；8—刻度盘；9—轴承；10—止档

如图 2-14 所示为电磁力矩 M_e、弹簧力矩 M_s、摩擦力矩 M_f 与衔铁转角 α 之间的关系。图 2-14 中 α 为衔铁转角，α_1 对应舌片起始位置，α_2 对应舌片终止位置。弹簧力矩 M_s 与 α 成正比，摩擦力矩 M_f 为常数，电磁力矩 M_e 与输入电流有关。输入电流为动作电流时，电流继电器刚好满足动作条件，即在 α_1 处满足式（2-7）。电流降低到返回电流时，则在 α_2 处满足式（2-8）。由图 2-14 可见：①继电器动作后在 α_2 处电磁力矩大于弹簧力矩，此时产生了一个“剩余力矩”施加在触点上，合理地调整剩余力矩大小可以使继电器动作时触点接触良好；②由于摩擦力矩、剩余力矩的作用，电流继电器返回电流小于动作电流，两者之比称为返回系数，即

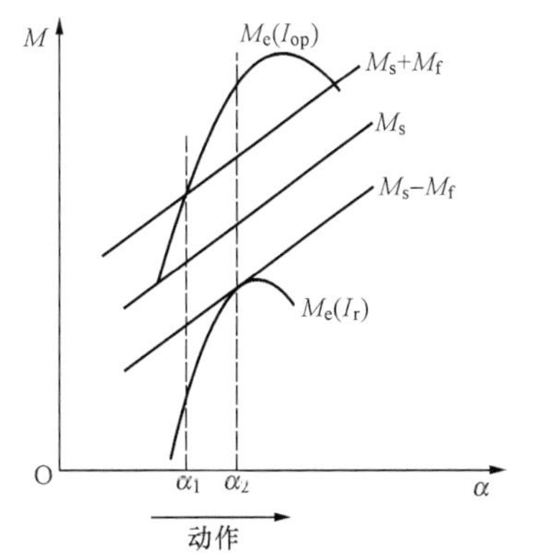

图 2-14　三种力矩与转角 α 的关系

$$K_r = \frac{I_r}{I_{op}} \qquad (2-9)$$

电流继电器返回系数小于1，一般为0.85～0.9。

2. 电流继电器特性

当输入电流 $I_k > I_{op}$ 时，继电器动作，动合触点闭合；若 $I_k < I_r$，继电器返回，触点又断开，其动作特性如图2-16（a）所示。

电流保护的基本原理就是以电流继电器动合触点接通断路器跳闸回路。当发生故障、电流超过设定值时，电流继电器动作，触点闭合，接通断路器跳闸回路，跳开断路器，切除故障。

3. 继电器动作电流调整

继电器动作电流调整有两种方式。

（1）使用整定把手调整弹簧拉力，调紧弹簧，动作电流增大；反之，动作电流减小。

（2）改变线圈连接方式，继电器有两个电流线圈时，串联使用时动作电流为并联情况的$\frac{1}{2}$。

同样大的电流流入电流继电器，线圈串联与并联时总的磁动势（电流乘以线圈匝数）一样大吗？

2.4.4　电磁型电压继电器

电磁型电压继电器亦采用转动舌片式结构，与电磁型电流继电器不同的是线圈所用导线细且匝数多，流入继电器中的电流正比于加在继电器线圈上的电压。

1. 过电压继电器

过电压继电器工作原理与电流继电器相同。当输入电压高于设定值时，电磁力矩克服弹簧力矩及摩擦力矩，继电器动作，动合触点闭合。

2. 低电压继电器

低电压继电器的工作特点是动作、返回时衔铁运动方向与电流继电器相反，结构如图2-15所示。

电力系统正常运行时，电压较高，低电压继电器触点断开，当发生故障，电压低于动作电压时，继电器动作，触点闭合；故障切除后系统电压升高时，继电器返回，触点再次断开。

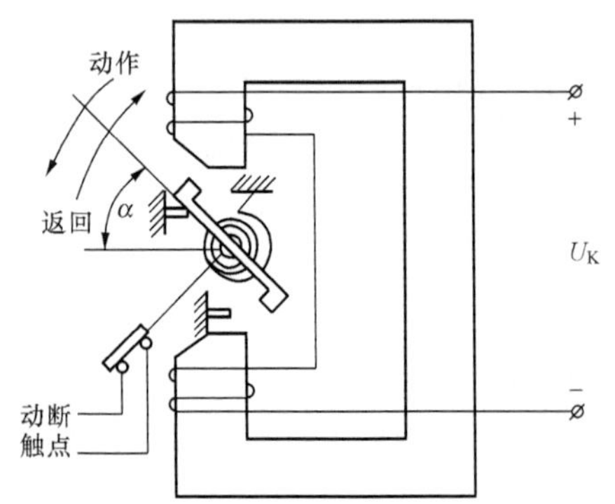

图2-15　低电压继电器结构原理

低电压继电器动作电压定义为能使继电器动作的最大电压，返回电压定义为能使继电器返回的最低电压。低电压继电器的动作条件是电压低于动作电压，而返回条件是电压高于返回电压。由于低压继电器在不加电压时其触点是闭合的，此类触点称为动断触点，也称为常闭触点。

由于低电压继电器动作电压、返回电压之间的大小关系正好与电流继电器相反，其返回系数大于1。如图2-16所示为过电流继电器、过电压继电器、低电压继电器的图形、文字符号及动作过程示意图。

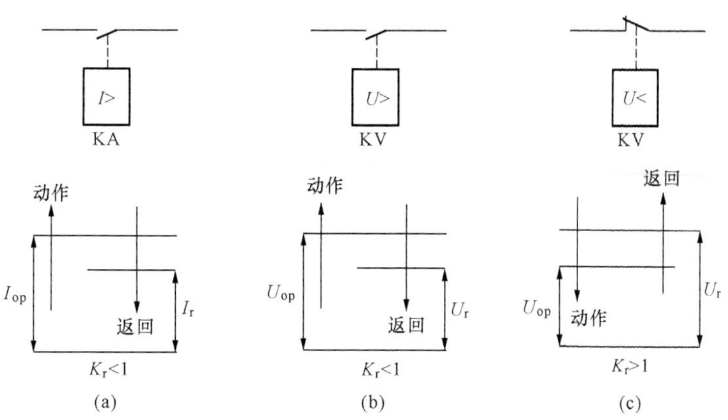

图 2-16　电流、电压继电器符号、动作特性

(a) 过电流继电器；(b) 过电压继电器；(c) 低电压继电器

注意：图 2-16 所示继电器实际上可分为两大类，即过动作量继电器（如过电流继电器、过电压继电器）、欠动作量继电器（如低电压继电器）。两类继电器动作值、返回值定义不同，使用的触点类型不同，返回系数大小也不同。

思考

测电流继电器动作电流时，为什么将电流由零加到继电器刚好动作时的电流记为动作电流？如何测量低电压继电器动作电压？

2.4.5　辅助继电器

在机电型继电保护中，为完成逻辑功能的辅助继电器有时间继电器、中间继电器和信号继电器。

1. 时间继电器

时间继电器的作用是建立保护装置动作时限。它由螺管线圈式电磁型构件和一个钟表机构所组成。图 2-17 为 DS-116 型时间继电器。

当螺管线圈通入电流时，衔铁在电磁力的作用下，立即克服塔形弹簧反作用力而被吸入线圈。衔铁被吸入的同时，上紧钟表机构的发条，钟表机构开始带动可动触点，经整定延时闭合其触点。这种继电器一般多为直流操作。

要求时间继电器计时准确，而且要求其动作时间不随直流操作电压的波动而变化。

国产电磁型时间继电器的型号有 DS-100 系列产品，其动作时间最长为 9s。此外，还有 DS-20A 和 DS-30 系列时间继电器，与 DS-100 系列的相比，只是在延时机构上作了改进，这类继电器的动作时间最长为 20s。

时间继电器的应用如图 2-18 所示，当电流继电器动作时其触点闭合，接通时间继电器线圈正电源，时间继电器得电，经一定延时后 KT 触点闭合。

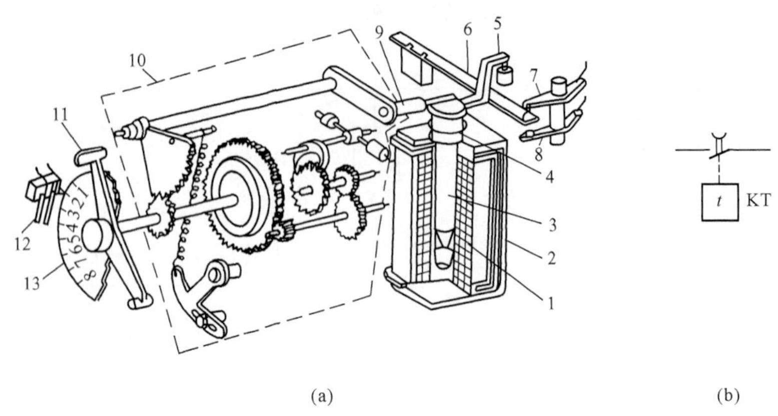

图 2-17 时间继电器

(a) 结构图；(b) 符号图

1—线圈；2—电磁铁；3—衔铁；4—返回弹簧；5—扎头；6—可瞬动部分；

7、8—固定瞬时动断、动合触点；9—曲柄杠杆；10—钟表机构；

11—动触点；12—静触点；13—刻度盘

图 2-18 所示时间继电器工作时是“延时动作，瞬时返回”，即线圈带电持续时间达到整定值时动作（延时触点动作），线圈失电时衔铁立即回到初始位置，继电器返回（延时触点断开）。在静态型保护原理框图中使用如图 2-19 所示的图形符号表示的时间元件的几种功能。

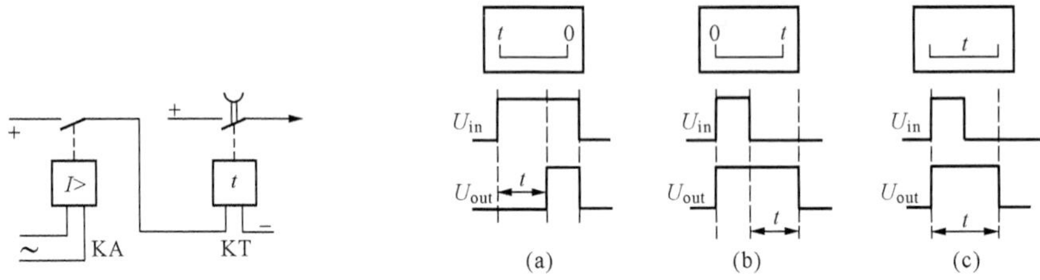

图 2-18 时间继电器的应用

图 2-19 时间元件

(a) 延时动作瞬时返回；

(b) 瞬时动作延时返回；(c) 定宽时间电路

图 2-19 (a) 所示为延时电路，输出较输入延迟时间 t，若输入信号持续时间短于延迟时间，则无输出信号。

图 2-19 (b) 所示为展宽电路，输出信号脉冲宽度总比输入宽。

图 2-19 (c) 所示为定宽时间电路，又称为“固定电路”，只要有输入，立即输出一个固定宽度的信号，输出信号宽度与输入信号无关。

继电保护框图中若时间元件未注明单位，默认单位为 ms。

2. 中间继电器

中间继电器的作用是同时接通或断开几条独立回路或代替小容量触点以及带有不大的延时来满足保护的需要。电流、电压继电器由于需要动作快，可动触点比较轻巧，触点容量较小，因而不能直接接通断路器跳闸电流，只能接通中间继电器线圈回路，由中间继电器触点接通断路器跳闸回路，如图 2-20 所示，当中间继电器用于跳闸回路时，又可称为出口中间继电器，以 KM 表示。

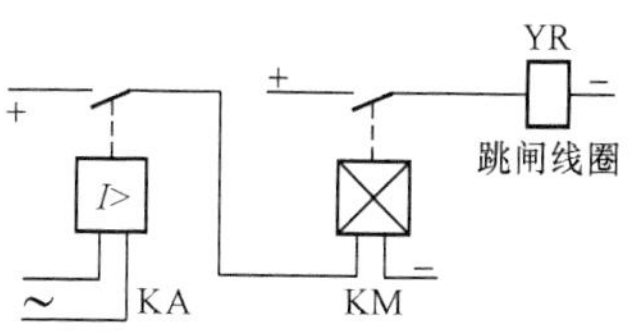

图 2-20　中间继电器的使用

电磁式中间继电器一般采用吸引衔铁式结构。为保证在直流操作电源电压降低时，仍能可靠动作，要求中间继电器可靠动作电压不应大于额定电压的 70%。

国产中间继电器有 DZ 型（一般电磁型中间继电器）、DZB 型（带自保持线圈的中间继电器）。

3. 信号继电器

发生故障时电流继电器动作，触点闭合，接通断路器跳闸回路，跳开故障后流入电流继电器的电流为零，电流继电器返回，需要由信号继电器"记忆"电流保护的跳闸行为。

信号继电器的作用是在保护动作时，发出灯光和音响信号，并对保护装置的动作情况有记忆作用，以便记录保护装置动作情况和分析电力系统故障性质、保护动作的正确性。信号继电器的记忆作用是由机械掉牌或磁保持、手动复归完成的，即运行人员记录保护动作情况后手动将信号继电器复位。国产信号继电器有 DX-11 型等，也采用吸引衔铁式结构。

提示

各类电磁型继电器工作原理可在实验时观察到，实验时请注意观察电磁型继电器动作、返回过程中的机械运动及触点的通断情况。

小　　结

本章介绍了组成继电保护测量回路的基本元件，即电压互感器、电流互感器、各种变换器及继电器的相关知识。

互感器包括电流互感器和电压互感器，是将电力系统一次设备和二次设备联系在一起的"纽带"。保护用的互感器主要考虑其极性，一、二次侧电气量的参考方向，变比，误差要求及接线方式等，这对于继电保护装置至关重要，接线、试验方法不当将直接威胁电力系统的安全运行。

电压互感器（TV）将一次电压变为额定 100V（线电压）的二次电压。

电流互感器（TA）将一次电流变为额定 5A 或 1A 的二次电流。

电压变换器（TVM）、电流变换器（TAM）、电抗变压器（TX）装于继电保护装置内，将二次电压、二次电流按一定比例变为电压（数伏）供保护测量回路使用，同时实现保护装置与电压互感器 TV、电流互感器 TA 二次回路的电气隔离。

电压互感器 TV、电流互感器 TA 采用不同的接线方式可以获得相电压、线电压、线电流以及零序电压、零序电流。

继电器是组成继电保护装置的基本元件，学习中应掌握其分类、不同类型继电器的功能、图形符号及相应的文字符号，为后面的学习打好基础。

复习思考题

2-1 为什么电压互感器二次回路严禁短路?

2-2 为什么电流互感器二次回路严禁开路?

2-3 电流互感器电流参考方向是如何规定的? 规定参考方向下一次电流与二次电流相位关系如何?

2-4 试画出分别采用电流变换器与电抗变压器将保护输入电流变为电压的原理接线图，并比较两种方法获得的电压与输入电流相位关系的不同。

2-5 电抗变压器如何调整转移阻抗角?

2-6 如何获得零序电压?

2-7 如何获得零序电流?

2-8 什么是电流继电器的动作电流、返回电流、返回系数?

2-9 电流继电器与低电压继电器的动作过程、返回过程、返回系数、触点类型有什么区别?

2-10 试说明中间继电器、信号继电器及时间继电器在保护装置中的作用。

第 3 章

微机保护基础知识

【要　求】掌握微机保护装置硬件的构成原理及各部分作用、联系，继电保护的基本算法，保护软件的基本流程。

【知识点】微机保护的硬件组成及各部分作用；两种数据采集系统的工作原理；微机保护 CPU 主系统的组成及各部分作用；典型的微机保护装置各模块的联系及动作过程；微机保护的程序流程；微机保护的基本算法和数字滤波；微机保护的抗干扰措施。

【重点和难点】模数转换原理；典型的微机保护装置各模块的联系及动作过程；保护的算法和数字滤波。

随着电子技术及信息技术的发展，电力系统继电保护技术已进入计算机时代，利用计算机来实现继电保护功能的装置称为微机型继电保护。

微机保护具有如下特点。

（1）可靠性高；

（2）灵活性强；

（3）性能改善，功能易于扩充；

（4）维护调试方便；

（5）有利于实现变电站综合自动化。

本章从微机保护的硬件与软件两个方面来分析微机保护的构成原理，最后结合微机保护的硬件实例阐述如何利用计算机技术来实现电力系统的继电保护功能。

3.1　微机保护的硬件组成及作用

3.1.1　微机保护硬件的一般组成

微机保护装置实际上就是一台具有继电保护功能的微机系统，是一种依靠单片微机智能地实现保护功能的工业控制装置。因此，它具有一般微机系统的硬件结构，同时为了实现继电保护功能也有自己的独特之处。

从功能上说，微机保护装置可以分为模拟量输入系统（或称数据采集系统）、CPU 主系统、开关量输入/输出系统、人机接口、串行通信接口 SIO 以及电源部分 6 部分，如图 3－1 所示。

模拟量输入系统的主要功能是采集由被保护设备的电流、电压互感器输入的模拟信号，将此信号经过滤波，然后转换为所需的数字量。CPU 主系统包括微处理器 CPU、紫外线擦除只读存储器（EPROM）、随机存取存储器（RAM）及定时器（TIMER）等。

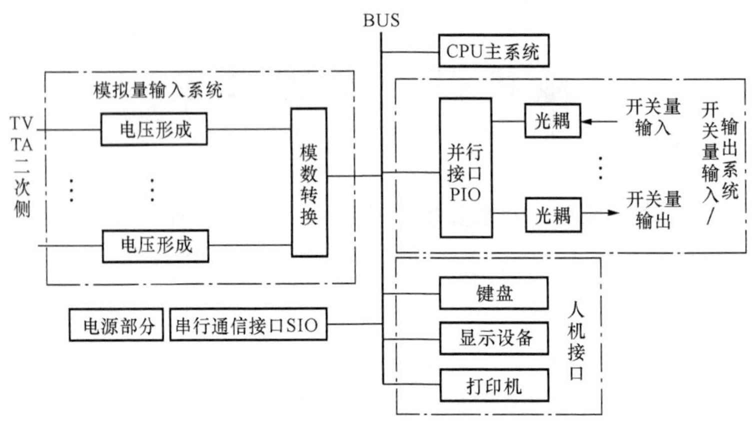

图 3 - 1　微机保护硬件系统构成示意图

3.1.2　微机保护各部分硬件电路的作用

CPU 执行存放在紫外线擦除只读存储器 EPROM 中的继电保护功能程序，对由数据采集系统输入至 RAM 区的原始数据进行分析处理，并与存放于电擦除只读存储器 E^2PROM 中的定值比较，以完成各种保护功能。开关量输入/输出系统由并行接口、光电耦合电路及有触点的中间继电器等组成，以完成各种保护的出口跳闸、信号指示及外部触点输入等工作。人机接口主要包括打印、显示、键盘、各种面板开关等，其主要功能为用于人机对话，如调试、定值调整等。考虑到保护之间通信及远动的要求，还应有通信接口。电源部分采用逆变电源，提供整个装置的直流电源。

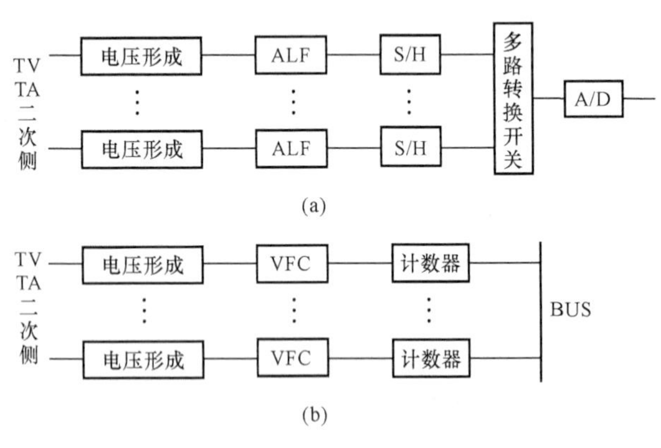

图 3 - 2　模拟量输入模块框图

(a) 逐次逼近式 A/D 转换方式；(b) VFC 式 A/D 转换方式

根据模数转换（亦称 A/D 转换）的原理不同，微机保护装置中模拟量输入有两种方式，一是基于逐次逼近型 A/D 转换方式；二是利用电压/频率变换（VFC）原理进行 A/D 变换的方式。前者包括电压形成回路、模拟低通滤波器（ALF）、采样保持回路（S/H）、模拟多路转换开关电路（MPX）及模数转换回路（A/D）等功能块；后者主要包括电压形成、VFC 回路、计数器等环节，如图 3 - 2 所示。

3.2　数据采集系统

数据采集单元又称模拟量输入系统，它的作用是隔离、规范输入电压，并将模拟输入量转换成微机系统所需的数字量，以便与 CPU 接口。模拟量输入系统是微机保护装置中很重要的电路，保护装置的动作速度和测量精确度等性能都与该电路密切相关。

目前微机保护产品中的数据采集单元一般采用逐次逼近式的A/D（ADC）、电压频率变换式的V/F（VFC）两种类型，这两种变换方式从原理到结构均不相同。A/D是直接将模拟量转变为数字量的变换方式，而VFC是将模拟量电压先转变为频率脉冲量，通过脉冲计数变换为数字量的一种变换方式。对于中低压变电所保护装置，这两种变换方式都经常使用。对于要求动作速度快、测量精度较高的高压或超高压的保护装置，目前我国多数采用VFC式模数变换方式。下面就这两种方案进行介绍。

3.2.1 基于逐次逼近型A/D转换的模拟量输入系统

该系统采用模数变换芯片，直接将模拟量变换为数字量的模数变换方式称为ADC型的模数变换方式。采用该种变换方式的数据采集系统，称为ADC式数据采集系统。

如图3-2（a）所示，基于逐次逼近型A/D转换的模拟量输入系统包括电压形成回路、模拟低通滤波ALF、采样保持S/H、模拟多路转换开关MPX及模数转换器A/D 5个部分，现在分别叙述这5个部分的基本工作原理及作用。

一、电压形成回路

微机保护的交流输入来自被保护设备的电流互感器、电压互感器的二次侧。互感器的二次电流或电压一般数值较大，变化范围也较大，不适应模数转换器的转换要求，故需对它们进行变换。电压形成回路是将被保护元件的电流互感器TA、电压互感器TV二次侧的电流、电压变换成满足模数变换器（A/D）量程所要求的电压，一般为±10V。一般采用各种中间变换器来实现这种变换，例如电流变换器（TAM）、电压变换器（TVM）和电抗变换器（TX）等。

电压形成回路除了上面所述的电量变换作用外，还起着屏蔽和隔离的作用。

二、采样保持（S/H）电路

1. 采样

为达到将输入的模拟信号变成数字信号这一目的，首先要对模拟量进行采样。采样是指对输入信号进行周期性地测量和抽取，经过采样可将一个连续的时间信号 $x(t)$ 变成离散的时间信号 $x^*(t)$。理想采样是提取模拟信号的瞬时值，抽取的时间间隔由采样控制脉冲 $s(t)$ 来控制，图3-3表明了理想采样过程。采样信号仅对时间是离散的，其幅值依然连续，因此这里的采样信号 $x^*(t)$ 是离散时间的模拟量，它在各个取样点上（0，T_s，$2T_s$，…）的幅值与输入的连续信号 $x(t)$ 的幅值是相同的。在微机保护中采样的间隔是均匀的，把采样间隔 T_s 称为采样周期，定义 $f_s=1/T_s$ 为采样频率。

所谓理想取样，是输入信号 $x(t)$ 经过取样器变成 $x^*(t)$ 后在取样点上无损耗，同时取样控制脉冲宽度很窄已趋于零，这样 $x^*(t)$ 信号在各取样时刻的值是 $x(t)$ 在这些点上的瞬时值，即有

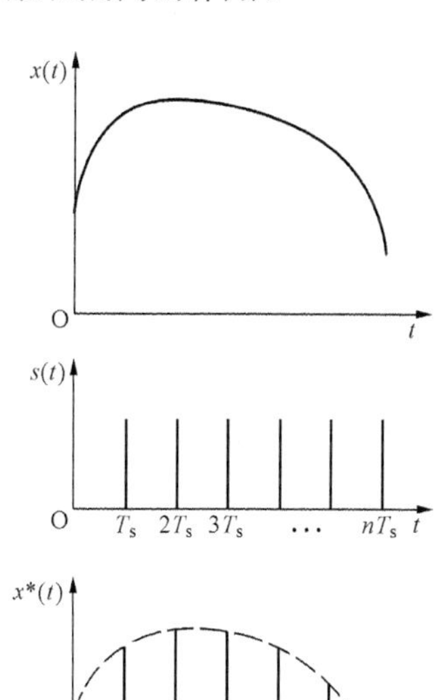

图3-3 理想采样过程示意图

$$x^*(t) = x(t)\Big|_{t=nT_s} \tag{3-1}$$

2. 保持

保护装置往往要根据多个系统参数才能进行工作，例如电压、电流保护必须同时输入各相电流和电压，由于A/D芯片的价格较贵，同时也为了简化硬件电路，一般都是多个模拟通道共用一个模数转换器，如图3-2（a）所示。每个通道采样是同时的，而各通道的采样信号是依次通过A/D回路进行转换的，每转换一路信号都需要一定的转换时间，则要求在等待模数转换的过程中，必须保持同一时刻的各通道的采样值不变。理想保持器的保持信号如图3-4所示。

3. 采样保持电路

（1）S/H电路的工作原理。S/H电路的工作原理可用框图3-5来说明。它由一个电子模拟开关AS，电容C_h及两个阻抗变换器组成。开关AS受逻辑输入端采样脉冲的电平控制。在高电平时AS闭合，此时电路处于采样状态。C_h迅速充电到在采样时刻的电压值u_i。在低电平时，AS打开，电容C_h上保持住AS打开瞬间的电压，电路处于保持状态。AS的闭合时间应满足C_h有足够的充电时间，即采样时间。显然，采样时间越短越好，因此采用了阻抗变换器Ⅰ，它在输入端呈现高阻抗，而输出阻抗很低，使C_h上电压能够迅速跟踪到u_i值。同样，为了提高保持能力，电路中应用了另一个阻抗变换器Ⅱ，它对C_h呈现高阻抗，而输出端阻抗（u_o侧）很低，以增强带负载能力。为实现相同功能，阻抗变换器也可由运算放大器和跟随器电路替代。

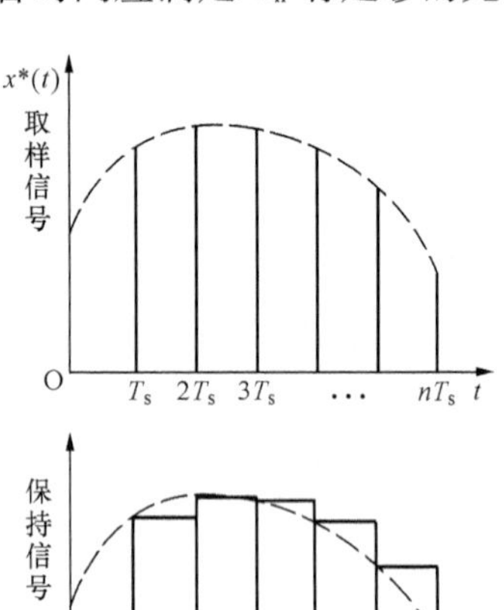

图3-4 理想保持器的保持信号示意图

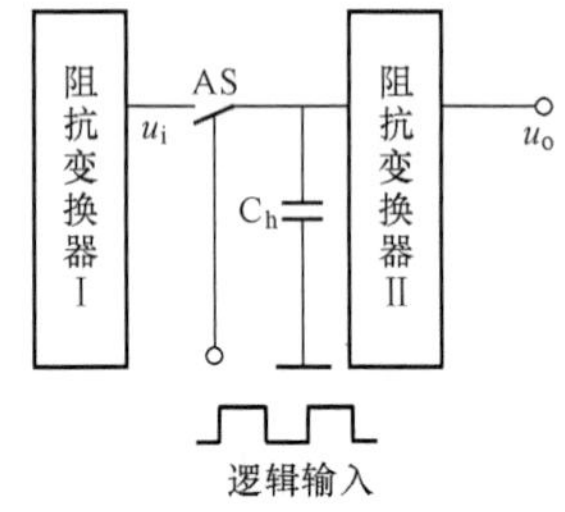

图3-5 采样保持原理框图

（2）采样保持分析。采样保持过程如图3-6所示。T_c为采样脉冲宽度，T_s为采样周期（或称采样间隔）。当采样脉冲为高电平时，AS接通，电容C_h充电值为采样信号u_i，如图3-6（c）所示。采样脉冲为低电平时，AS断开，电容C_h处于采样保持阶段，供模数变换器输入电压，在这个保持阶段阻抗变换器Ⅱ输出不变。最终的输出的采样保持信号如图3-6（d）所示。可见采样保持输出的信号已经是离散化的模拟量。再经模数转换后，就成为离散化的数字量。

三、采样频率与采样定理

采样间隔T_s的倒数称为采样频率，采样频率的正确选择是微机保护硬件和软件设计中的一个关键问题。这个问题涉及采样信号是否真实反映输入的信号。

微机保护所反映的电力系统参数是经过采样离散化的数字量。那么，连续时间信号经采样离散化成为离散时间信号后是否会丢失一些信息，也就是说这离散信号能否真实地反映被采样的连续信号呢？现对图3-7采样保持过程示意图进行分析。

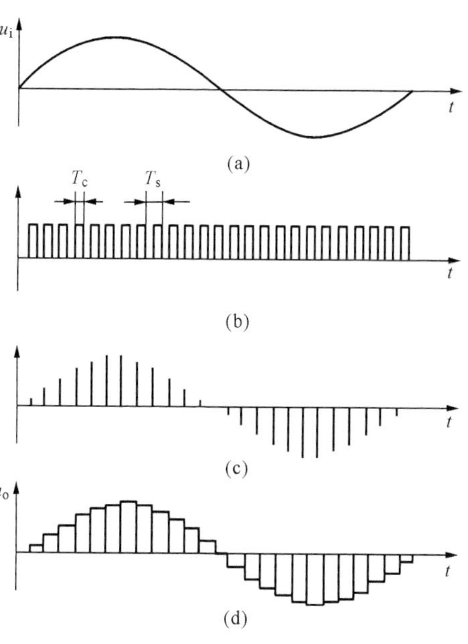

图3-6 采样保持过程示意图

(a) 输入信号波形；(b) 采样脉冲波形；(c) 采样信号波形；(d) 输出信号波形

设被采样信号 $x(t)$ 的频率为 f_0，对其进行采样，若每周采一点，即 $f_s=f_0$，由图3-7 (b) 可见，采样所得到的为一个直流量。若每周采1.5点，即 $f_s=\frac{3}{2}f_0$ 时，采样得到的是一个频率比 f_0 低的低频信号。当 $f_s=2f_0$ 时，采样所得波形的频率为被采样信号的频率 f_0，如图3-7 (d)，虽然这时波形仍然有失真现象。显然，若 $f_s>2f_0$，则采样后所得到的信号才有可能较为真实地代表输入信号 $x(t)$。也就是说，一个高于 $\frac{1}{2}f_s$ 的频率成分在采样后将被错误地认为是一个低频信号，这种现象称为“频率混叠”。只有在 $f_s>2f_0$ 后，才可能不会出现这种失真现象。因此若要不丢失信息，完好地对输入信号采样，就必须满足 $f_s>2f_0$ 这一条件。总之，为了使信号采样后能够不失真地还原，采样频率必须大于输入信号的最高频率成分两倍以上，这就是奈奎斯特的采样定理。

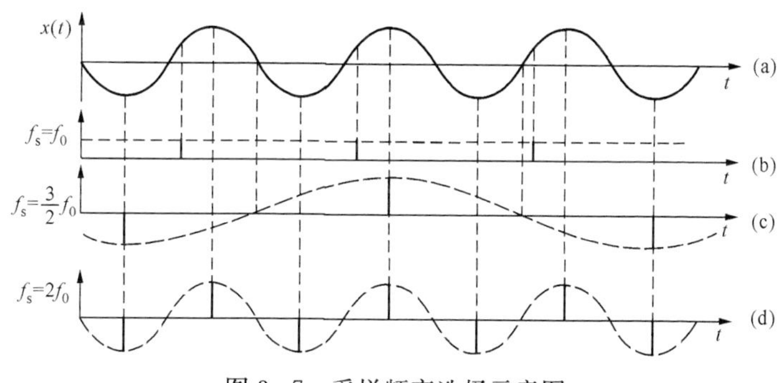

图3-7 采样频率选择示意图

(a) 采样信号 $x(t)$ 波形；(b) $f_s=f_0$ 时；(c) $f_s=\frac{3}{2}f_0$ 时；(d) $f_s=2f_0$ 时

举例来说，小电流接地系统检测装置，要采样的信号是5倍频的电流信号，即 $f_0=5\times50=250$Hz，采样频率至少应选 $f_s>500$Hz 才能保证采样的5倍频电流信号不失真地还原。

四、低通滤波器（ALF）

对微机保护系统来讲，在故障初始时刻，电压、电流中可能含有很高的频率成分，为了防止频率混叠，采样频率 f_s 必然选得很高，从而要求硬件的速度快，使成本增高，有时是难以实现。实际上目前大多数保护原理都是基于工频分量的，故可以在取样之前使输入信号限制在一定的频带之内，即降低输入信号的最高频率，从而就可以降低 f_s，这样一方面可以降低对硬件的速度要求，另一方面也不至于产生频率混叠现象。要限制输入信号的最高频率，只需在取样前用一个模拟低通滤波器（ALF）滤除输入信号中高于$\frac{1}{2}f_s$ 的频率分量即可。

模拟低通滤波器通常分为无源和有源两种。无源滤波器通常是由 R、L、C 等元件组成，由于电感元件饱和程度随温度而变化，使滤波特性发生漂移，并且大电感会给保护带来延时，因而在微机保护 ALF 中很少使用。图 3-8 为常用的无源低通滤波器及其特性。这种滤波器接线简单，但要想获得较好的滤波特性，电容就要选得较大，这样会带来延时，对快速保护不利。但微机保护对前置低通滤波器提出的要求不高，只要求滤去$\frac{1}{2}f_s$ 以上的频率成分，而低于$\frac{1}{2}f_s$ 的频率分量，可以通过数字滤波来滤除。因此这种无源滤波方案在很多微机保护装置中得到了应用。

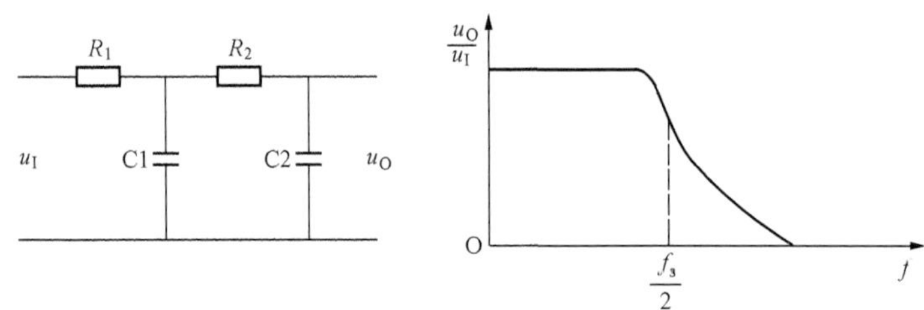

图 3-8 常用无源低通滤波器及其特性

有源滤波器通常是由 RC 网络加上运算放大器构成，其特性较稳定，不受时间、温度变化的影响，可以避免采用大电容，对既要求有较好的特性又要求快速的场合十分有用。同时由于有电源以及运算放大器的放大作用，可以补偿无源滤波器无法避免的插入损耗。

采用 ALF 消除频率混叠现象后，采样频率的选择很大程度上取决于保护的原理和算法的要求，同时还要考虑硬件速度。目前绝大多数微机保护的采样周期 T_s 为$\frac{5}{6}$ms 或$\frac{5}{3}$ms，即采样频率为 1200Hz 或 600Hz。

五、模拟多路转换开关（MPX）

如前所述，微机保护装置通常是几路模拟量输入通道共用一个 A/D 芯片，采用多路转换开关将各通道保持的模拟信号分时接通 A/D 变换器。多路转换开关是电子型的，通道切换受微机控制。多路转换开关包括选择接通路数的二进制译码电路和电子开关，它们被集成在一片芯片中。

六、模数转换器［A/D 转换器（ADC）］

模数转换器将取样保持回路输出的模拟量变为离散的数字量。

1. A/D 转换器的基本原理

每个 A/D 转换器都有一个满刻度值，这个满刻度值也称为基准电压 U_R。A/D 转换器就是将输入的离散模拟量 $u^*(t)$ 与基准电压 U_R 进行比较，按照四舍五入的原则，编成二进制代码的数字信号。

在比较前，应先将基准电压分层，分的层数决定于 A/D 转换器的位数。以 3 位 A/D 转换器说明分层情况。当模数转换器的位数 $N=3$ 时，3 位二进制代码可以表示 8 个状态，因此可以将 U_R 分成 8 层，每层对应于一个 3 位二进制代码，如图 3-9（b）所示。相邻两层间的模拟量相差 Q，定义 $Q/2$ 为分辨率，则

$$Q=\frac{U_R}{\text{层数}}=\frac{U_R}{2^N} \tag{3-2}$$

相邻两层间的数字量相差为 LSB，称为基本量化单位，这里 LSB=001。

由图 3-9 及式（3-2）可见，模数转换器的位数越多即 N 值越大，则分层越多，对于一个不变的基准电压 U_R 而言，每层所代表的 Q 值越小，即 LSB 所代表的值越小，则模数转换器分辨率与转换的精度越高。

为了把模拟信号变成数字信号，应将模拟信号的各采样值分别与 U_R 比较，其所属层的二进制代码即为此点取样值的数字量，这一过程称为量化。模拟量进行量化的过程中只能用有限位二进制码来表示，因此必须进行舍入处理，从而产生了误差，这一误差称为量化误差。

图 3-9（a）为模拟信号 $u(t)$ 的取样信号 $u^*(t)$，取样周期为 T_s。从图 3-9（b）看到 $u^*(t)$ 各值所属的层，对于两层之间的值，按四舍五入的原则让其属于上层或下层，各值的数字量如图 3-9（c）所示，$u(nT_s)$ 就是将 $u^*(nT_s)$ 量化后的数字量 D 的输出。

2. 数模转换器［D/A 转换器（DAC）］

模数转换一般要用到数模转换器，数模转换器的作用是将数字量 D 转换成模拟量。图 3-10 是常见的一个 4 位数模转换器的原理图。

图 3-10 中电子开关 S1～S4 在数字量 B_1～B_4 某一位为 0 时接地，为 1 时接至运算放大器 A 的反相输入端。流向运算放大器反相端的总电流 I_Σ 反映了 4 位数字量的大小，开关的倒向侧对图中电阻网络的电流分配没有影响。另外，这种电阻网络有一个特点，即从图中的 $-u_R$、a、b、c 四点分别向右看，网络的等值阻抗都是 R，因而 a 点电位必定为 $-u_R/2$，b 点电位为 $-u_R/4$，c 点电位为 $-u_R/8$。图中各电流分别为

$$I_1=\frac{u_R}{2R},\quad I_2=\frac{u_R}{4R},\quad I_3=\frac{u_R}{8R},\quad I_4=\frac{u_R}{16R}$$

而流入放大器反相端的电流 I_Σ 为

$$\begin{aligned}I_\Sigma&=B_1I_1+B_2I_2+B_3I_3+B_4I_4\\&=B_1\frac{u_R}{2R}+B_2\frac{u_R}{4R}+B_3\frac{u_R}{8R}+B_4\frac{u_R}{16R}\\&=\frac{u_R}{R}(B_12^{-1}+B_22^{-2}+B_32^{-3}+B_42^{-4})\\&=\frac{u_R}{R}D\end{aligned}$$

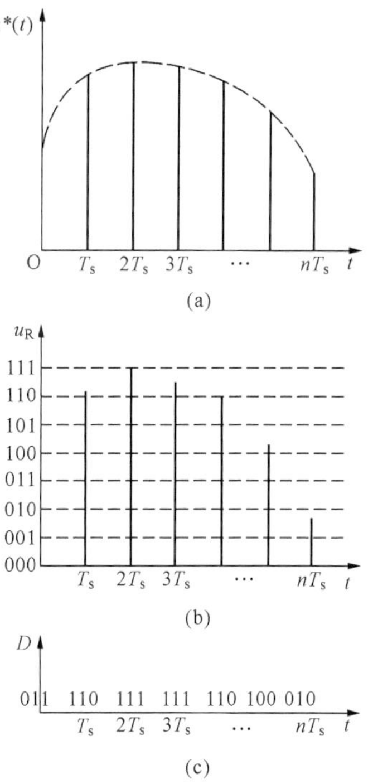

图 3-9　分层量化示意图

（a）采样信号；（b）将基准电压分层；（c）数字量 D

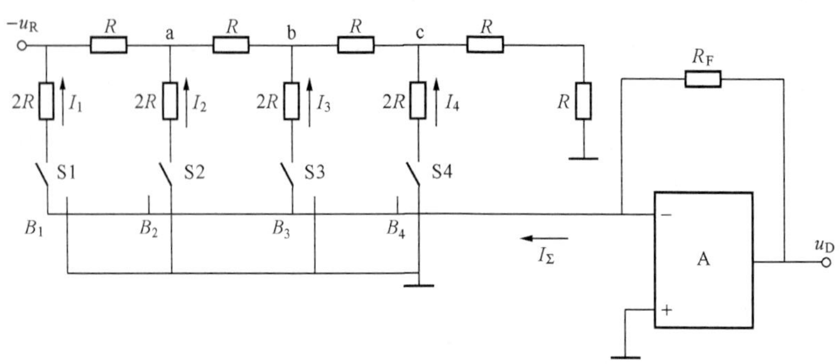

图 3-10　4 位数模转换器的电路原理图

式中，$D=B_1 2^{-1}+B_2 2^{-2}+B_3 2^{-3}+B_4 2^{-4}$ 是按代码的权组合起来表示的数字量。输出电压为

$$u_D = I_\Sigma R_F = \frac{u_R R_F}{R} D \tag{3-3}$$

由此可见输出模拟电压 u_D 正比于输入的数字量 D，比例常数为 $\frac{u_R R_F}{R}$。

3. 逐次逼近型模数转换原理

逐次逼近型模数转换的基本思想是二分搜索法。其转换过程与日常生活中猜测物品价格非常类似。设物品的价格是（0～100）元，首先猜中间值 50 元，与实际价格进行比较，如果高了，就猜为 25 元，反之猜为 75 元。依此类推，直到猜到真正的价格为止。

逐次逼近原理的 A/D 转换过程如图 3-11 所示。D/A 是数模转换回路，其作用是把数字信号转换成模拟信号。SAR 为暂存器，要把模拟信号 $u^*(t)$（取样信号）转换成数字量 D，先由置数逻辑送出一个数字量 D，将此数字量 D 经 D/A 回路转换成模拟量 u_D。将 u_D 加到比较器的反相输入端，比较器的同相输入端为模拟信号 $u^*(t)$，比较器比较 u_D 和 $u^*(t)$。若 $u_D > u^*(t)$，则比较器输出低电平，控制置数逻辑使 SAR 中的数字量 D 减小，然后再比较；若 $u_D < u^*(t)$，比较器输出高电平，控制置数逻辑使 SAR 中的数字量 D 增大，再次比较，如此反复，直到找到一个数字量 D 使得 u_D 与 $u^*(t)$ 相等或相近，则此时的 D 就是 $u^*(t)$ 转换成的数字量。这个比较过程，是在 A/D 转换器芯片内自动完成的。

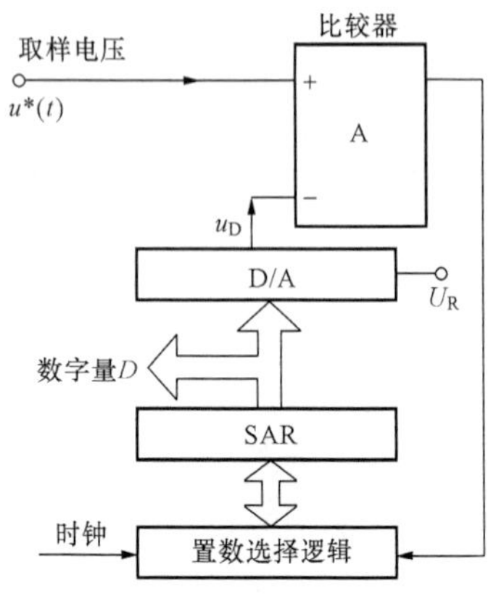

图 3-11　逐次逼近型 A/D 转换器

转换过程采用二分搜索法，其过程如图 3-12 所示。例如，对一个 4 位的 A/D 转换器，转换结果的最大值为二进制数 1111，第一步先试最大值的一半，即试送 1000，如果比较器输出为 1，则送数偏小，保留最高位为 1，反之最高位为 0；然后将次高位置 1，第二次试送 1100，如果比较器输出为 1，则送数偏小，保留次高位为 1，反之将次高位变为 0。如此逐位确定，直至最低位，全部比较完毕得到最终值 D。该方法是一种较快的逼近方法，N 位转换器只要比较 N 次，比较的次数与输入模拟量的值无关。

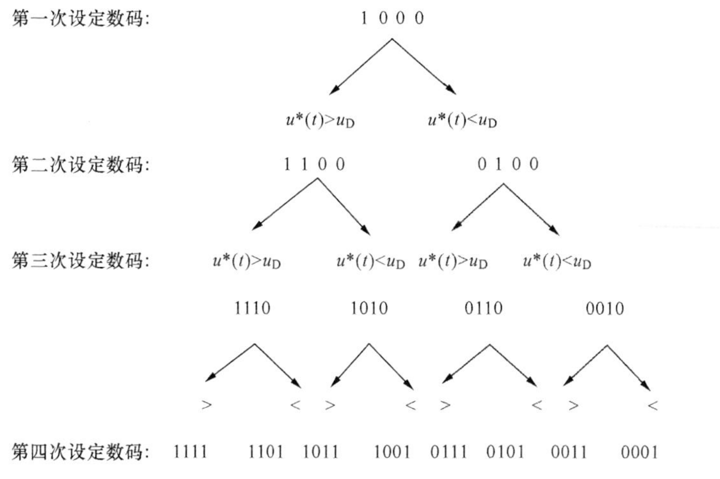

图 3-12　4 位 A/D 转换的逼近过程示意图

七、数据采集系统与微机接口

为保证定时采样，数据采集系统与微机接口一般采用中断方式。外部实时时钟的周期即为采样周期。实时时钟到达，一方面向采样保持器发出取样保持信号，另一方面向 CPU 发出外部中断请求信号。CPU 收到中断请求后，转入采样中断服务程序，并通过总线发出让多路转换开关 MPX 接通第一路采样通道的信号，同时起动 A/D 转换。A/D 转换器完成模数转换后向 CPU 发出转换结束信号，CPU 查询到转换结束信号后通过数据总线读取转换数据，并起动第二路的 A/D 转换，直到所有通道的 A/D 转换完成。常见的数据采集系统与 CPU 接口连接方式如图 3-13 所示。

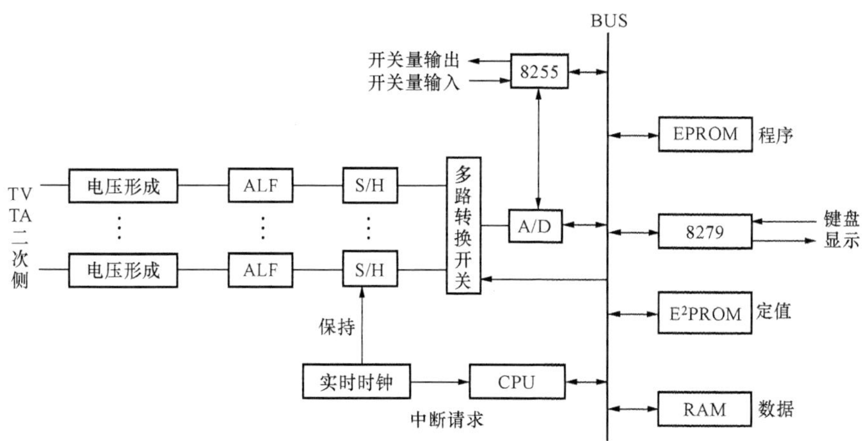

图 3-13　数据采集系统与 CPU 接口接线举例

需要指出的是这种方式在转换过程中，CPU 不停查询是否转换结束，在此期间无法完成其他的程序处理，故该方式一般适用于有快速 A/D 芯片且模拟量路数不多的场合。对于有大量模拟量输入的场合，可以采用 DMA 方式。

3.2.2 基于V/F转换的数据采集系统

微机保护也可采用电压—频率变换技术（V/F）来进行A/D转换。这种方法具有容易获得较高的分辨率、同CPU接口简单等优点，同时还给保护装置的多CPU化带来了极大的方便。

1. V/F转换器的基本原理

典型的V/F转换器的电路结构如图3-14所示。这种方法的原理是产生频率正比于输入电压的脉冲序列，然后在固定的时间内对脉冲进行计数。该电路实际上可视为一个振荡频率受输入电压u_I控制的多谐振荡器。A1和R1C组成积分器，A2为零电压比较器。当积分器的输出电压u_a下降到0V时，零电压比较器发生跳变，触发脉冲发生器，使之产生一个宽度为T_0的脉冲。在T_0期间，模拟开关S合到负参考电压$-u_R$一侧。由于电路设计成$u_R/R_2>u_I/R_1$，因此在T_0期间，积分器以反充电为主，使u_a上升到某一电压（见图3-15）。T_0结束后，开关S合到接地侧，由于只有正的输入电压u_I的作用，使积分器充电，输出电压u_a沿负斜线下降。当u_a下降到0V时，比较器翻转，再次触发脉冲发生器，产生一个T_0脉冲，再次反充电。如此反复，振荡不止，其波形如图3-15所示。

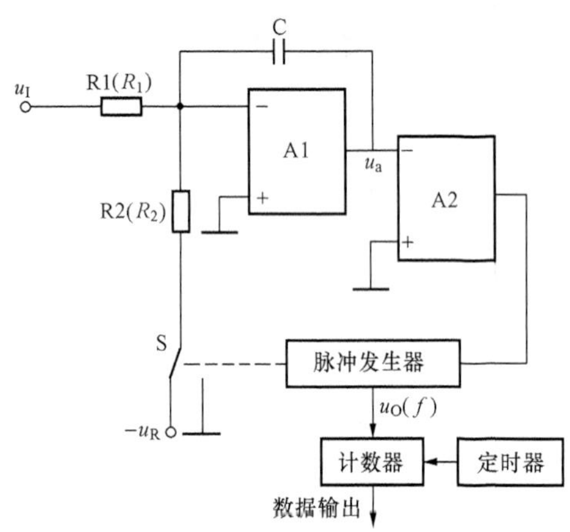

图3-14 典型的V/F转换器的电路结构图

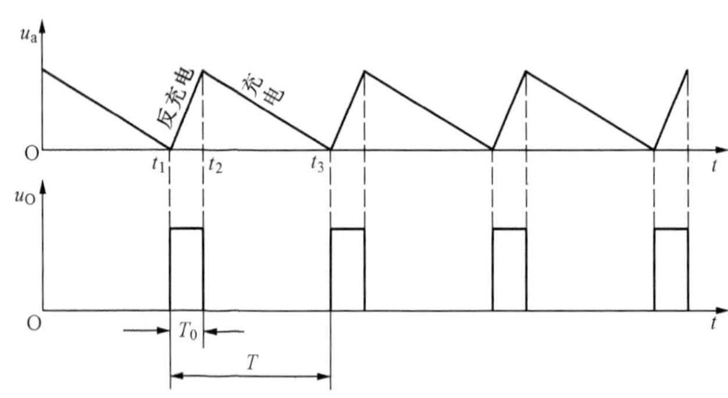

图3-15 V/F转换器的波形图

设u_I为直流或缓慢变化的信号，在T_0期间积分器反充电，其输出电压u_a为

$$u_a=-\frac{1}{C}\int_{t_1}^{t_2}\left(-\frac{u_R}{R_2}+\frac{u_I}{R_1}\right)dt=\frac{T_0}{C}\left(\frac{u_R}{R_2}-\frac{u_I}{R_1}\right)$$

T_0结束后的充电过程中u_a为

$$\begin{aligned}u_a&=-\frac{1}{C}\int_{t_2}^{t_3}\frac{u_I}{R_1}dt+\text{积分常数}\\&=-\frac{1}{C}\int_{t_2}^{t_3}\frac{u_I}{R_1}dt+u_a=-\frac{1}{C}\int_{t_2}^{t_3}\frac{u_I}{R_1}dt+\frac{T_0}{C}\left(\frac{u_R}{R_2}-\frac{u_I}{R_1}\right)=\frac{u_RT_0}{CR_2}-\frac{u_IT}{CR_1}\end{aligned}$$

式中：$T=t_3-t_1$ 为脉冲周期；t_1、t_2、t_3 各自的定义分别如图 3-15 所示。

在 t_3 时刻 $u_a=0$，得

$$T=\frac{R_1 u_R}{R_2 u_I}T_0$$

于是，脉冲频率为

$$f=\frac{1}{T}=\frac{R_2 u_I}{R_1 T_0 u_R} \tag{3-4}$$

由此可见，输出脉冲频率 f 正比于输入电压 u_I。比例系数 k 为

$$k=\frac{R_2}{R_1 T_0 u_R} \tag{3-5}$$

k 值只与电路参数有关，在 u_R、T_0 一定的情况下，调节 R_1 和 R_2 可以方便地改变比例系数。

可以证明，当输入信号为交流信号时，输出脉冲的频率 f 正比于输入信号 $u_I(t)$ 的瞬时值，比例系数 k 仍由式（3-5）决定，而且与输入信号的频率无关。经上述分析可知，当电路各参数一定时，输出脉冲的频率 f 与输入电压的大小成比例，其两者之间的关系如图 3-16 所示。若输入电压 $u_I(t)$ 为一随时间变化的信号，则输出脉冲的频率 f 亦是随时间变化的，且 f 与 $u_I(t)$ 波形一致，如图 3-17 所示。

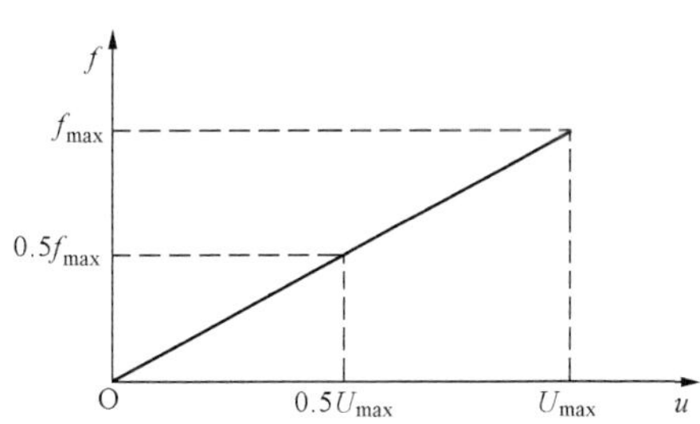

图 3-16 输入电压和输出频率关系

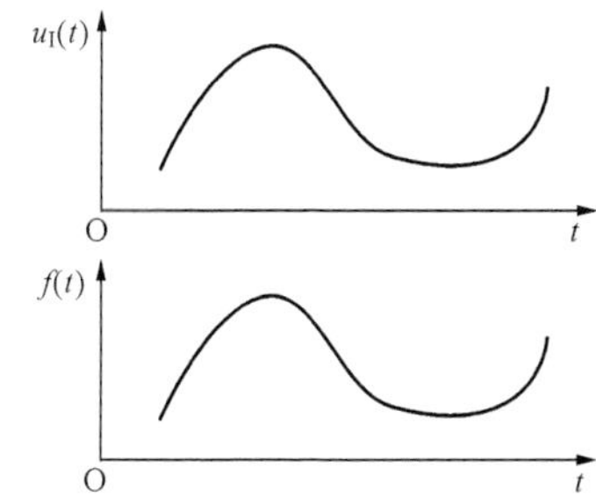

图 3-17 输入电压和输出频率波形

2. 利用频率变换 VFC 原理进行 A/D 转换

如前所述，对 V/F 转换器的输出进行计数，就可以得到转换的数字量。因为脉冲串的疏密正比于频率 f 及输入电压的瞬时值大小。若在固定的时间内对脉冲串计数，则 $u_I(t)$ 的瞬时值越高，输出脉冲频率 f 越高，计数值越大。故计数值代表了输入电压瞬时值的大小。

采用如图 3-18 所示的方案，直接将输入电压加于 VFC 输入端，CPU 每隔 T_s 时间向计数器读取计数值，这个过程就是采样。CPU 在 $1T_s$、$2T_s$、…、nT_s 时刻所读的数可分别用 R_1、R_2、…、R_n 表示。

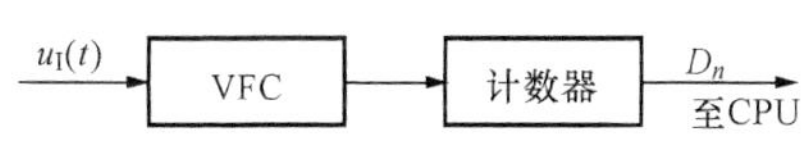

图 3-18 利用 VFC 原理进行 A/D 转换方案

由式（3-4）及图 3-17 可知，频率 f 正比于输入电压 $u_I(t)$ 的瞬时值大小，对于变化的频率而言，对脉冲串计数就是对频率 f 的积分，在某段时间内对脉冲的计数值就是对 f 在此区间的积分值（取整数）。设计数区间为 $[(n-K)T_s, nT_s]$，在此区间的计数值就作为 nT_s 时刻进行模数变换的数字量 D_n，它实质上是频率在此区间的积分，则有

$$D_n=\int_{(n-K)T_s}^{nT_s} f\mathrm{d}t=\int_{(n-K)T_s}^{nT_s} k u_I(t)\mathrm{d}t=R_n-R_{n-K} \tag{3-6}$$

式中：T_s 为采样周期；K 为自然数；k 为比例系数；R_n、R_{n-K}分别为nT_s 时刻及 $(n-K)T_s$ 时刻的计数值（读数）。

这些值可通过 CPU 定时（每隔 T_s）向计数器读数来取得，只要用 nT_s 时刻的读数值和 nT_s 前面的相隔 K 个取样点的读数值相减，就可以获得 nT_s 时刻模数转换的结果 D_n，D_n 就是要得到的数字量。把相减的两个数相隔的距离称为数据窗，它可以用时间表示为 $KT_s = nT_s - (n-K)T_s$，或用采样点数表示为 K。显然，T_s 为常数，当 K 值越大时，数据窗越长。

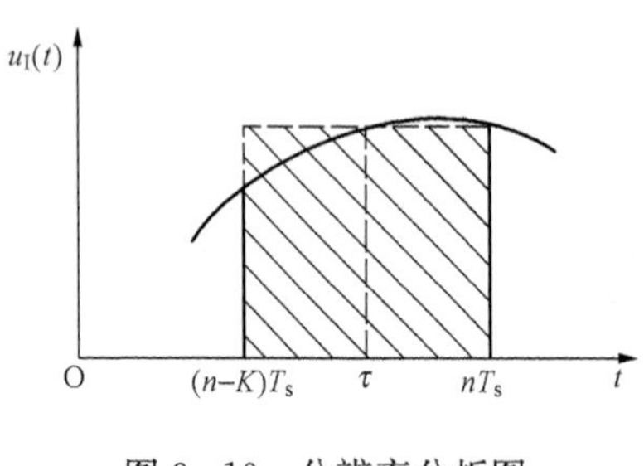

图 3-19 分辨率分析图

3. VFC 原理 A/D 转换的分辨率

对于式（3-6），设右边的积分值为 S，S 代表了在 $[(n-K)T_s, nT_s]$ 区间，曲线 $u_I(t)$ 覆盖的面积，如图 3-19 所示的阴影面积。由于区间长度 KT_s 固定，在此区间内总可以找到一点 $t=\tau$，使 $u_I(\tau)\cdot KT_s = S$，即用 KT_s 和 $u_I(\tau)$ 为长、宽的矩形的面积代替原阴影面积，代入式（3-6）有

$$D_n = kKT_s u_I(\tau) = k' u_I(\tau)$$

其中

$$(n-K)T_s < \tau < nT_s$$

这说明 nT_s 时刻的采样值正比于输入信号 $u_I(t)$ 在 $t=\tau$ 时刻的瞬时值，这相当于将 $u_I(\tau)$ 值保持 KT_s 时间不变。对于 $u_I(\tau)$ 对应频率脉冲的计数时间，显然计数时间 KT_s（数据窗）越长，计数值越大，分辨率越高，即增加数据窗长度可以提高分辨率。例如，设 VFC 芯片的最高输出频率 f_{max}为 500kHz，采样周期 T_s 为 1ms，要达到 12 位的分辨率，数据窗长度应为 $K=8$（计数值为 4000 个，接近 $2^{12}=4096$）；要达到 10 位的分辨率，数据窗长度应为 $K=2$。

由于输入波形的非线性和在此区间的非单调性，使得 τ 与 τ'之间的间隔不正好为 T_s，而在数据处理时按均匀时间间隔 T_s 处理，故而带来误差或波形失真，使数字信号中含有一些高频噪声。显然数据窗越短，这种误差或波形失真程度越小。

以上说明，提高 K 值，增大数据窗可以提高分辨率，却增加了保护的延时。同时，从波形失真的角度来看也希望数据窗不要太长。不过，对于变换过程中产生的高频噪声可以通过滤波器来滤除，故数据窗长度的选择主要取决于分辨率、允许时延及算法本身。

3.3 开关量输入/输出系统原理

微机保护装置为实现继电保护功能，除了输入模拟量，还有大量的开关量输入和输出。所谓开关量，就是指只有通和断两种状态的量，例如保护屏上的保护投退的连接片（压板）、继电器的触点、切换开关的触点等。微机保护通过开关量输出将保护的跳闸或发信号的命令送出，是通过开关量输出电路驱动有触点的继电器来实现的。

3.3.1 开关量输入

开关量输入回路包括断路器和隔离开关的辅助触点或跳合闸位置继电器触点输入，外部装置闭锁重合闸触点输入，轻、重瓦斯继电器触点输入，还包括装置上连接片位置输入等回路，不同的保护装置为实现其相应的保护功能，所输入的开关量各异，但都需要通过开关量输入电路与CPU接口。开关量输入以下简称开入。

开关量输入大多数是触点状态的输入，可以分成两类：一是安装在装置面板上的触点，例如各种工作方式开关，调试装置或运行中定期检查装置用的键盘触点，复位按钮及其他按钮等。另一类是从装置外部经过端子排引入装置的触点，例如需要由运行人员不打开装置外盖而在运行中切换的各种连接片、转换开关以及其他保护装置和操作继电器的触点等。

对微机保护装置的开关量输入，即触点状态的输入可以分为以下两类。一类是本装置上的触点，例如面板上切换开关或本装置的继电器触点；另一类是装置外部经过端子排引入装置的触点，例如断路器辅助触点等。第一类触点，与外界电路无联系，可直接接至微机的并行接口，如图3-20（a）所示，也可以直接与CPU的输入接口相连。在初始化时规定图中可编程并行接口的PA0为输入接口，CPU可以通过软件查询，随时知道外部触点S的状态。当S未被按下时，通过上拉电阻使PA0为5V，S按下时，PA0为0V。因此CPU通过查询PA0的电平为0或为1，就可以判断S是处于断开还是闭合状态。

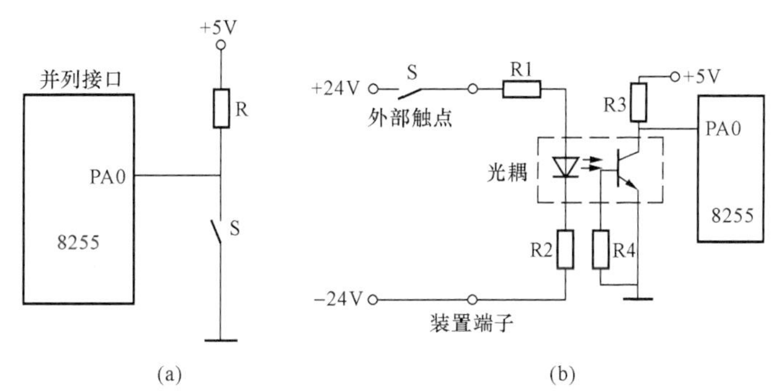

图3-20　开关量输入电路

（a）装置内部触点输入回路；（b）装置外部触点输入回路

第二类触点由于与外电路有联系，不能像图3-20（a）那样输入，而需经光耦器件进行隔离，以防触点输入回路引入的干扰，其原理接线如图3-20（b）所示。图中虚线框内是光耦器件，集成在一个芯片内。当外部触点S接通时，有电流通过光耦器件的发光二极管，使光电晶体管受激发而导通，晶体管集电极电位呈低电平。S打开时，光电晶体管截止，集电极输出高电平。因此晶体管集电极的电位亦即PA0口的电位变化，就代表了外部触点的通断情况。这种电路使可能带有电磁干扰的外部接线回路和微机电路之间，只有光的耦合而无电的联系，因此可大大削弱干扰。

对于某些外部触点，如果在其通断变化后需立即得到处理，用软件查询方式会带来延时，这时可以将光电晶体管的集电极直接接CPU的中断请求端子。

3.3.2　开关量输出

开关量输出主要包括保护的跳闸出口以及本地和中央信号等。一般都采用并行接口的输出口来控制有触点继电器（干簧或密封小中间继电器）的方法。为提高抗干扰能力，也要经过光电隔离，如图3-21所示。开关量输出以下简称为开出。

只要由软件使并行接口的PB0输出0，PB1输出1，便可使与非门Y2输出低电平，发

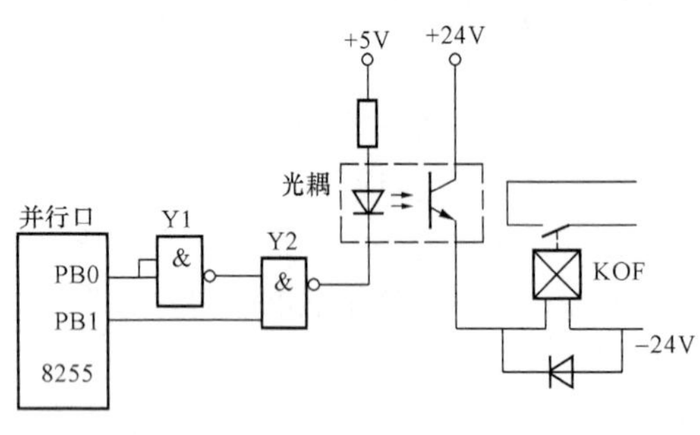

图 3-21 开关量输出电路

光二极管导通，光电晶体管激发导通，使继电器K动作，其触点闭合，起动后级电路。在初始化和需要继电器返回时，应使PB0输出1，PB1输出0。

这里经与非门Y1(用作反相器)及与非门Y2输出，而不是将发光二极管直接同并行口相连，一方面是为了增强并行口的带载能力，另一方面是在采用了与非门后，要满足两个条件才能使K动作，从而提高了抗干扰能力。

PB0经一个反相器，而PB1却不经反相器，这样接可防止在拉合直流电源的过程中继电器K的短时误动。因为在拉合直流电源过程中，当5V电源处在中间某一临界电压时，可能由于逻辑电路的工作紊乱而造成保护动作，特别是保护装置的电源往往接有大量的电容器，所以拉合直流电源时，无论是5V电源还是驱动继电器K用的电源E，都可能缓慢上升或下降，从而完全可能来得及使继电器K的触点短时闭合。采用图3-21接法后，由于两个相反条件的互相制约，可以可靠地防误动作。

3.3.3 开出驱动与开出自检电路原理

开出驱动回路由8255B端口驱动芯片7400与非门电路、光电隔离器、驱动电路反馈回路组成，如图3-22所示，共6路开出驱动回路，光电隔离器和反馈电路均由MCT275光电隔离芯片构成。

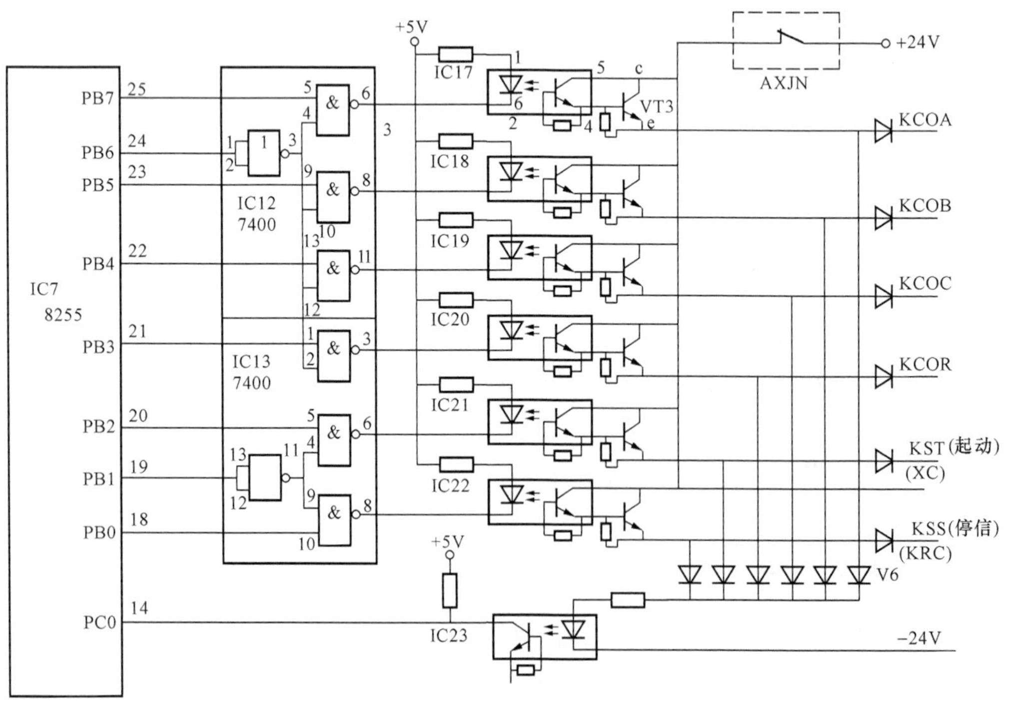

图 3-22 开出驱动与自检回路原理接线图

为驱动 KCOA，必须在 PB6=0、PB7=1 同时满足时才能使 7400 的输出 6 端为低电平，使光电隔离器中的二极管和光敏三极管导通，驱动 VT3 导通。有如下回路接通：+24V—自检告警继电器 KAH 动断触点—VT3ce—V6—IC23—-24V。

一方面驱动 A 相出口继电器 KCOA，另一方面通过光电隔离器 IC23 反馈至 8255 的 PC0 端，使 8255 的 PC0=0。在开出自检程序中可驱动各开出回路并检查 PC0 是否为 0，即可判断开出回路是否正常。由于出口继电器 KCOA 受起动继电器的闭锁，且自检时间极短（不足 10s），不致使出口继电器 KCOA 动作而导致保护误动作。

B 相和 C 相、停信、永跳、起动的驱动继电器的回路均与上述 A 相驱动回路相同。

3.3.4 出口闭锁

出口的闭锁有自检告警闭锁和三取二起动电路两个回路。

自检告警闭锁是指图 3-22 的 6 路开出量的+24V 电源闭锁，它是经自检告警继电器 KAH 的动断触点控制的，自检告警时，断开跳闸电源实现出口闭锁。自检告警继电器 KAH 驱动电路类似于上述 KCOA 回路的结构。

如图 3-23 所示为起动继电器兼作总开放控制，采取三取二起动方式控制跳闸负电源。它由高频保护起动 KST2，距离保护起动 KST3，零序保护起动 KST4，用 KST2、KST3、KST4 各两个动合触点交叉组成三取二循环起动（闭锁）方式来控制跳闸负电源。防止了由于一个 CPU 程序出格引起整套保护装置误动，只有在三套保护中两套保护起动时，整套保护才可能出口，从而提高了整套保护的可靠性。将 LX1 和 LX2 短接即可使三取二起动回路退出运行。

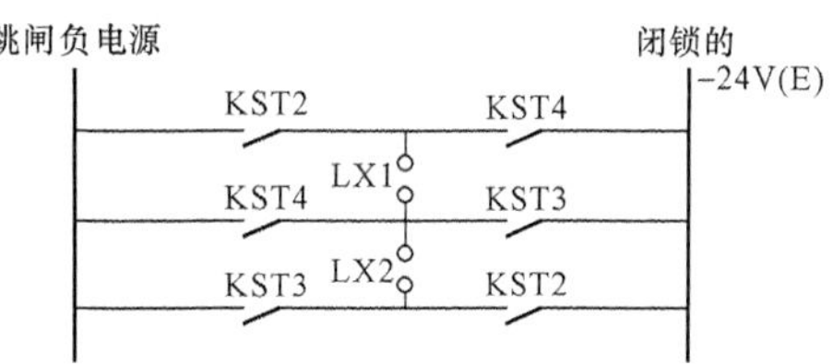

图 3-23 三取二起动（闭锁）回路

3.4 保护 CPU 模块工作原理

保护 CPU 模块是微机保护装置的智能核心部分，具体的任务是完成数据的处理、保护逻辑判断、保护故障巡检、开关量输入与输出及人机接口的串行通信等任务。

微机保护装置的 CPU 可采用 16 位的 8098 单片微机，也可采用 8 位的 8031 芯片。虽然 8098 和 8031 片内除了没有 E^2PROM 存储器之外，其他各种功能都比较齐全，但是限于容量较小等原因，8098 和 8031 单片微机都还必须扩展其功能来构成保护的 CPU 插件。

本节以 8098 和 8031 单片微机扩展的保护 CPU 电路为例，介绍微机保护的保护 CPU 模块的工作原理。

3.4.1 具有 VFC 接口的保护 CPU 模块工作原理

保护的 CPU 插件，是利用单片微机具有较强的外部扩展功能，通过标准的扩展电路来构成保护的单片微机系统。由 8031 单片微机构成的保护 CPU 插件的原理框图，如图 3-24所示。该图是具有 VFC 变换接口的保护 CPU 模块框图。VFC 变换接口芯片为计数器 8253。

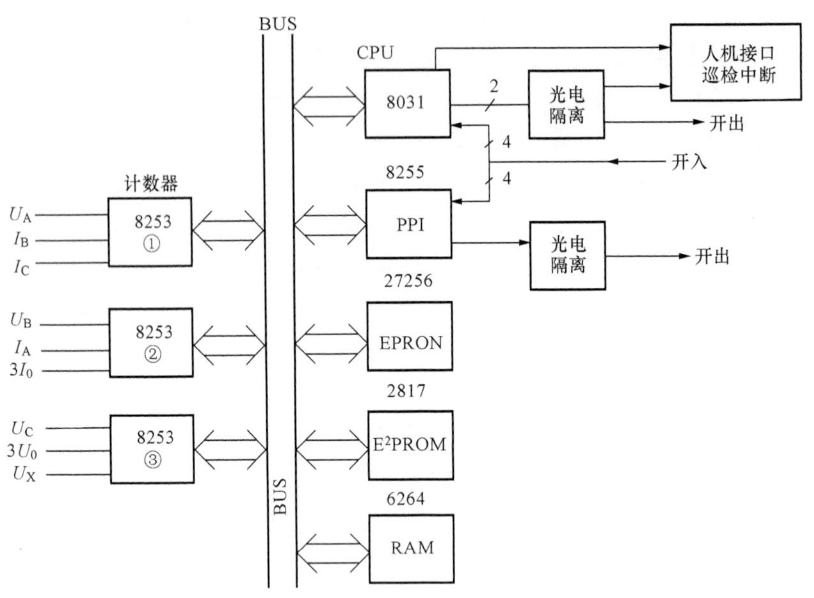

图 3-24 V/F 变换方式的保护 CPU 插件原理框图

由于 8031 单片微机片内无 ROM 只读存储器，因此在扩展插件中必须扩展有紫外线可擦除的只读存储器 E^2PROM（27256），用以存储保护装置的程序。

作为保护装置的整定值（数值型定值）和保护功能投入退出控制字（开关型定值，即软连接片）应能更改以满足各种运行方式的需要。因此这些数值型和开关型定值必须存放在电可擦除的存储器 E^2PROM 内。在保护的 CPU 插件上扩展有 2817E^2PROM 芯片，它就是用来专门存放这些定值并可供调度人员远方整定或继保检修人员就地调整修改的芯片。

由于 8031 芯片内 RAM 的容量仅 128 字节，因此在保护的 CPU 插件上扩展有高速静态存储器 6264RAM 芯片。该芯片容量达 8KB，用于存放数值计算及逻辑运算过程的中间数据及其结果。

8031 芯片具有并行 I/O 功能端口，但输入和输出的开关量必须先经光电隔离处理后才能进入保护的 CPU 插件。从图 3-24 中可看出 8031 芯片有 6 根线引至开入开出插件，其中 4 根作为开关量输入线；2 根作为开关量输出线。但是保护装置所需的开关量输入与输出较多，8031CPU 芯片的并行 I/O 端口不能满足要求，必须扩展并行 I/O 端口。8255 是可编程并行接口芯片，用于该保护插件 I/O 口扩展，完成内外联系。作为开入量（开关量输入）的接收及开出量（开关量输出）跳闸、信号、告警的驱动口，并对保护的拨轮开关的 10 套定值区提供 4 条编码线。例如拨轮开关拨至 9，该 4 条编码线输入为 1001。

3.4.2 具有 ADC 变换接口的保护 CPU 模块工作原理

对于 ADC 模数变换方式的保护 CPU 模块，当保护的单片微机内不含 A/D 功能或 A/D 通道数不够用时，均应扩展 ADC 功能。一般 A/D 模数芯片与 ALF 低通滤过器、S/H 采样保持芯片及多路转换开关均安排在同一个 ADC 插件上，因此在保护 CPU 模块上就不配置 A/D 变换芯片。为了防止干扰，保护 CPU 的总线不得引出插件板，为此可在保护 CPU 模块上设置8255并行扩展芯片，利用8255扩展的并行接口与ADC变换插件的A/D芯片相连。此类保护CPU模块框图见图3-25。

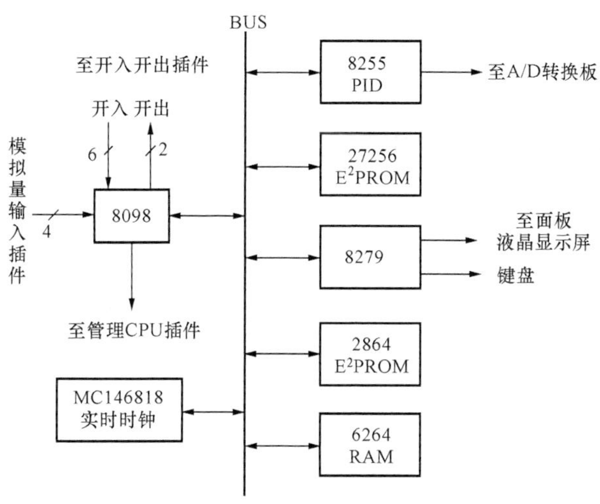

图3-25 具有ADC变换接口的保护CPU插件原理框图

图3-25中CPU是采用8098芯片，而8098片内已含有四个A/D模数转换通道，如果这四个通道保护不够用，则可利用8255扩展并行口与ADC变换插件板相接。框图中模拟量输入是指8098四个A/D通道的模拟量输入电路。如果CPU是采用8031芯片，则必须采用8255扩展并行口作为ADC变换插件板的接口。

图3-25是单CPU保护模块框图，所以总线上还挂有时钟芯片MC146818和人机接口扩展芯片8279。

3.4.3 定值固化与定值拨轮电路

定值固化电路由一片E^2PROM芯片2817A和相应的控制电路构成，如图3-26所示。在片选信号有效时，该E^2PROM被选中，地址总线AB（A0～A10）就指向E^2PROM里某个存储单元。在RD或WR控制线有效时，CPU通过数据总线（D0～D7）DB，对AB指定存储单元内的内容进行读或写操作。

1. 定值固化

CPU来的写信号$\overline{WR}$与固化开关S组成与门Y1电路控制固化，只有固化开关打在允许位置（接通）和WR写控制线低电平时，与门Y1电路才输出低电平，允许对2817A进行改写。在改写过程中，由BUSY（忙）端给出一个低电平，通知CPU还没有改写完，以免造成数据改写出错。

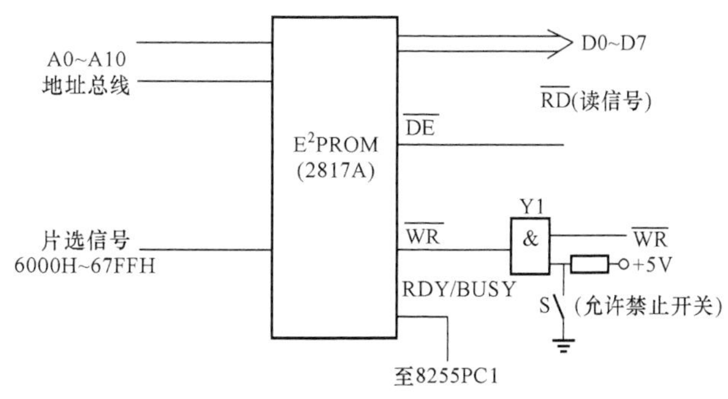

图3-26 定值固化电路

2. 读操作

当继保工作人员需要检查固化的定值时，通过人机接口面板的键盘，下发查询命令，在RD读信号有效时（$\overline{RD}$低电平），软件将根据定值区号，查E^2PROM中对应的定值表，它通过数据总线D0～D7传送，把所读定值在液晶显示器上显示出来。

3. 定值拨轮电路

对于旁路保护或需要根据运行方式切换保护定值的保护装置可使用定值拨轮改变定值。在2817AE^{2}PROM中分设10个定值区，每个定值区存放了一套定值。在CPU插件的面板上设有一组拨轮开关，从0到9分别对应10个不同的定值区，定值区的编码由拨轮开关输出四根引线形成BCD码送至8255并行扩展口。保护CPU通过8255并行口查询拨轮开关的四位BCD码，从而确定了定值区号。再根据定值区号就能从E^2PROM中读出当前使用的保护整定值。定值拨轮电路如图3-27所示。

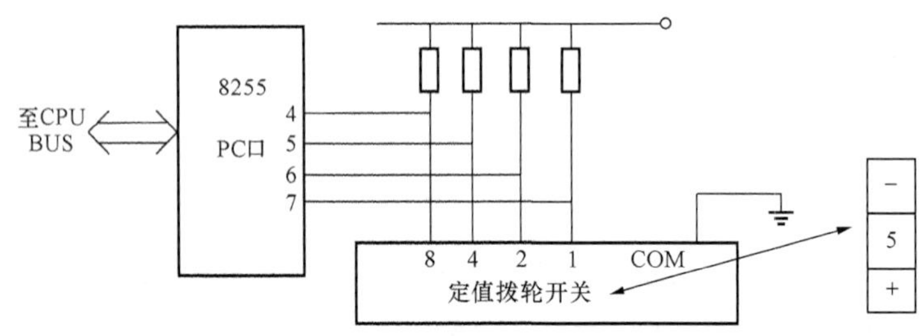

图3-27 定值拨轮电路图

定值拨轮开关内部结构是一种机械式的编码电路。当值班人员通过拨轮开关改变定值区号时，其内部的机械转换开关就输出一组对应的BCD码。

4. 其他电路

其他电路包括复位电路、工作方式开关及信号灯，这些元件均装于面板上，开入、开出端口引自CPU芯片，如图3-28所示。

当工作方式开关拨至上方，开关接通，CPU的P1.3端为0态，即工作方式为投入运行；拨至下方，即投入调试。由软件检测CPU的P1.3端口的输入电平，如是低电平，则由CPU的P1.7输出低电平，“运行”灯亮。如果保护装置有故障或保护动作有信息需报告工作人员，CPU的P1.4端口输出低电平，“有报告”灯亮。

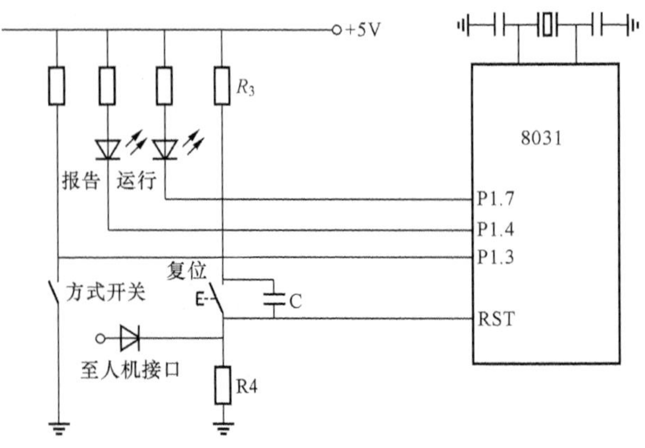

图3-28 复位、工作方式及信号电路

面板上装有复位按钮。上电复位前电容C处于充满电状态。上电复位时复位按钮按下，由于电容器两端电位不能突变，呈短路状态。CPU的RST端瞬间获得一个正阶跃的1态电平，保护CPU立即复位，程序从头开始执行。正常运行时，电容器已充满了电，RST端呈0态电平。一复位按钮按下时，电容器通过按钮立即放电，R3 和 R4 对+5V 分压，在 RST 端瞬间获得一个正阶跃的 1 态电平，保护 CPU 立即复位。由于保护 CPU 插件的复位按钮的 RST 端均引至人机接口插件的复位按钮，因此在人机接口插件复位按钮按下时，所有的保护 CPU 插件全部同时复位。保护 CPU 复位端 RST，还可接至遥控复位继电器，通过遥控复位。

3.5 人机接口回路

微机保护的人机接口回路是指键盘、显示器和接口 CPU 插件电路等，其主要任务是完成人机对话任务、时钟校对及各保护 CPU 插件通信和巡检任务。

3.5.1 人机接口框图

在单 CPU 结构的保护中，接口 CPU 由保护 CPU 兼任。为了减轻保护 CPU 的负担，可由可编程键盘、显示器专用接口芯片 8279 来完成键盘、显示器与保护 CPU 的接口任务，时钟校对由 MC146818 独立完成，如图 3-29（a）所示。

在多 CPU 结构的保护中，另设有专用的人机接口 CPU 插件。此时接口 CPU 要完成人机接口（键盘、显示器）的任务，还要完成与各 CPU 通信管理、巡检及时间校对、程序出格自复位等多项任务，并在纵联保护中用于与对端保护交换各种信息，或在与中调联络中，将保护各种信息送到中调，或接受中调的查询及远方修改定值。人机接口 CPU 插件框图如图 3-29（b）所示。与保护 CPU 插件相类似，在接口 CPU 插件上除了 8031CPU 外，还扩展有 EPROM、RAM、串行及并行扩展芯片 8256、时钟电路 MC146818 芯片及自复位用的计数器 74LS393。

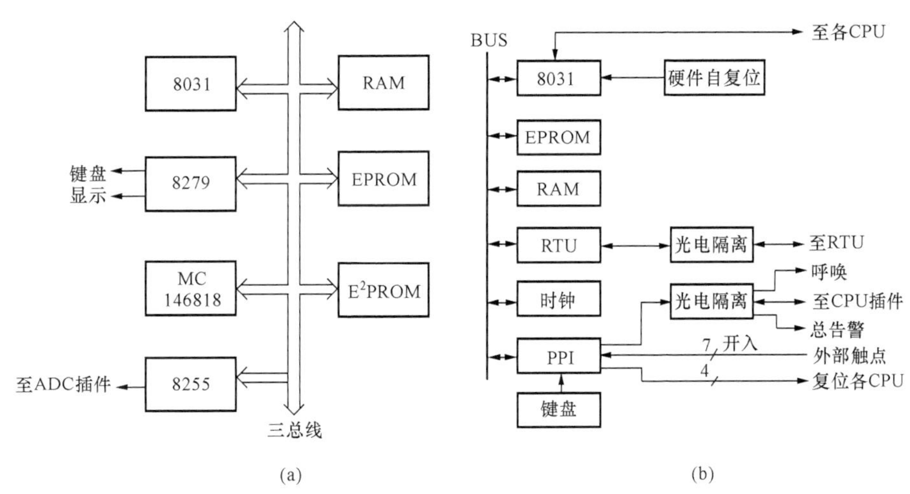

图 3-29　人机接口电路框图

（a）单 CPU 结构保护中人机接口；（b）多 CPU 结构保护的芯片与保护 CPU 的连接

3.5.2 人机接口与保护 CPU 之间的串行通信

1. 串行通信接口电路及其作用

人机接口与保护 CPU 之间的串行通信的作用是人机对话和巡检，其电路见图 3-30 所示。这个串行通信系统是主从分布式的系统，接口 CPU 是主机，保护 CPU 是从机。从机发信的 T 端接主机收信的 R 端，主机发信的 T 端接从机收信的 R 端。

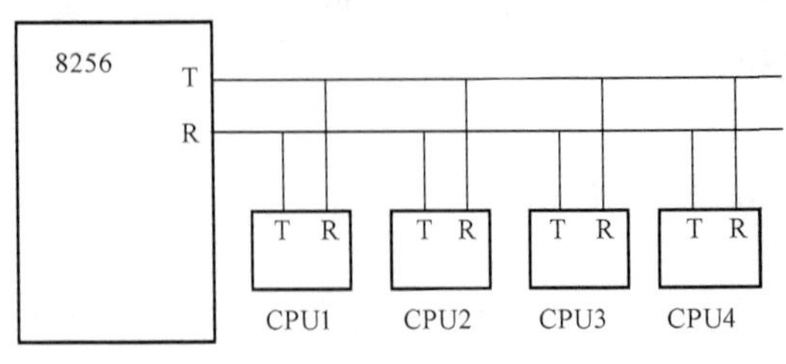

图 3-30 多 CPU 保护装置的串行通信框图

接口插件的串行通信回路，由接口 CPU 8031 芯片串行接口与各保护插件的串行口按辐射状相连，每个保护插件都可以同人机接口进行双向的串行通信，而各保护插件（从机）之间是不能互相通信的。图中 8256、CPU1、CPU2、CPU3、CPU4 分别代表人机串行通信接口及高频、距离、零序电流和综合重合闸插件的 CPU 在调试状态下，串行接口用于传送人机接口的键盘命令或接收保护 CPU 插件的数据，在运行状态下则用于巡检各保护 CPU 插件，当系统发生故障后则向主机传送故障报告，并通过显示器显示出来。

2. 巡检及巡检中断告警

正常运行状态下，接口插件不断地通过串行口向各 CPU 插件发出巡检令，当各 CPU 均正常时，分别作出回答。如果某一保护 CPU 插件自检出有硬件故障，则作出以下反应：驱动本 CPU 告警继电器 AXJN；切断跳闸出口电源，同时在收到巡检令后向接口插件传送故障信息及出错码，接口插件收到出错码后，驱动总告警继电器，并显示或打印出该硬件的故障信息。如果接口插件发巡检令，某一保护 CPU 未作出回答，则接口插件将通过外部复位开出，强制该 CPU 复位，然后再发巡检令，如果仍得不到回答，则驱动总告警开出，并显示或打印出该 CPU 出错的信息。采用先复位后报警的目的，是为了防止因干扰造成保护插件出格，但并无硬件损坏时，在复位后使保护恢复正常工作而不必告警。如果人机接口插件发生故障而不能执行循环检测程序时，各保护 CPU 插件在规定的时间内收不到巡检命令后，就会驱动巡检中断继电器告警。

3.5.3 人机接口与系统机的通信电路

人机接口与系统机（如变电所微机监控系统的后台机）的通信，用于向 RTU 设备或系统机传送数据，为设备的集中管理提供了方便，并与综合自动化系统相配套，其硬件电路如图 3-31 所示。由于该通信线路较长，应采用光电隔离措施以防止干扰。当系统机有通信信息传至保护时，DSR 端 1 态电平通过光隔连接 CPU 的 INT0 端（低电平有效）申请串行中断服务，响应中断时，本机接收系统机信息或向系统机传送保护信息。为了加强抗干扰能力，串行通信的 12V 电源是由保护电源 5V 通过逆变器件 DC/DC 隔离后提供的。

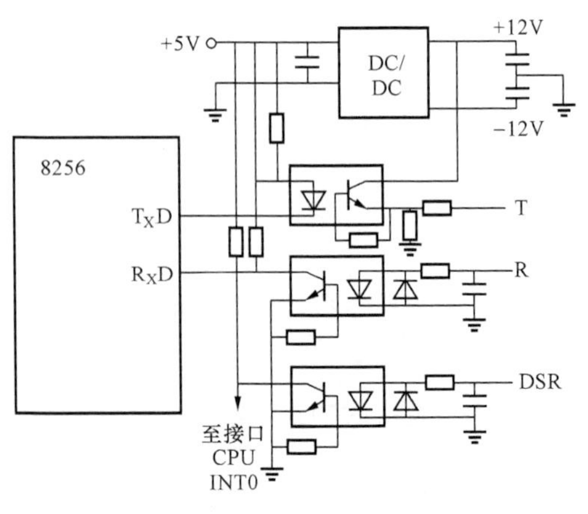

图 3-31 与系统机的串行通信接口电路

3.5.4 硬件时钟电路

接口插件设置了一个硬件时钟电路，由一片 MC146818 时钟芯片及辅助元器件组成，如图 3 - 32 所示。

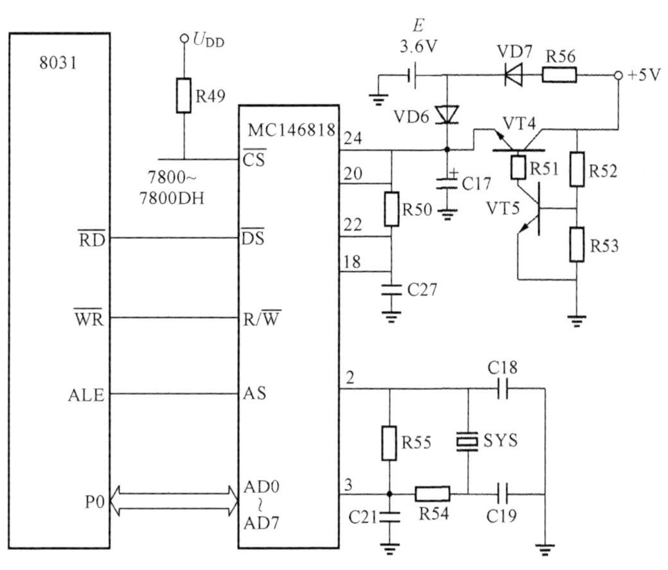

图 3 - 32　硬件时钟电路

MC146818 芯片是智能式硬件时钟，其内部由电子时钟和存储器两部分组成，可计年、月、日、时、分、秒、星期，能处理闰月闰年，还可将当前时间实时存储，以便人机接口 CPU 随时读取。该接口电源正常时，由装置+5V 电源供电，VT4 导通，VD6 截止，5V 通过 VD7 对电池充电。当直流 5V 消失时 VD6 导通，自动由电池对 MC146818 供电，以保证硬件时钟继续运行。

该芯片时钟的工作方式分述如下。

(1) 正常运行方式。当接口 CPU 复位重新开始执行程序初始化工作完成后，从硬件时钟取时间值通过 CPU 串行通信口送到保护 CPU 插件内部时钟存储单元，去校对保护 CPU 的软件时钟。此外每隔一定时间，该硬件时钟对保护内部时钟的存储单元同步校正一次，以确保四个保护的软件时钟的正确性，实现了对各 CPU 软件时钟的同步校对。

(2) 修改时间。运行人员欲修改时间，可在运行方式下按提示的格式输入正确时间，确认后硬件时钟按所输入的时间开始运行。

(3) 保护装置直流电源掉电时。保护软件时钟丢失，但接口硬件时钟由电池供电继续运行，直流恢复后又重新把接口硬件时钟的时间通过串行通信送入保护内部软件时钟存储单元，确保时钟不间断计时。

3.5.5　硬件自复位电路

硬件自复位电路是为了防止人机接口 CPU 程序出格而装设的。自复位电路由 MC146818、计数器 74LS393 和 8031CPU 组成，见图 3 - 33。

MC146818 的 SWQ 端每隔 500ms 发送一标准脉冲给 74LS393 计数器的输入端 1A，8031 单

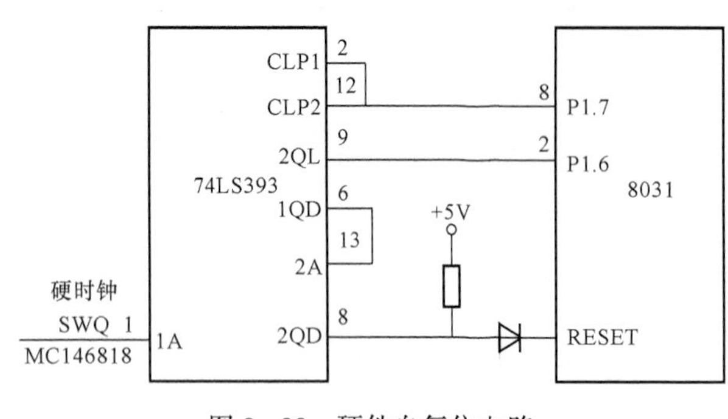

图 3-33　硬件自复位电路

片机程序中安排每隔一定时间通过 P1.6 端定时对 74LS393 计数器 2QL 检测是否计数已满，并通过 P1.7 端对计数器（CLP）清零。如果接口插件由于程序出格 CPU 就不能对计数器进行正常检测，那么经过一定的时间，74LS393 计数器因计数溢出，将通过其 2QD 端向 8031 发复位信号，使接口插件重新投入正常工作。

3.5.6　电源部分

保护装置的电源插件是逆变开关电源。它提供了三组稳压电源：+5V 供各保护 CPU 等芯片电源；±15V 供运算放大器及 VFC 模数变换芯片电源；+24V 供起动、跳闸及信号、告警继电器电源。这三组稳压逆变电源均不共地，采用浮空方式，同外壳也不相连，而且输入的+、−220V 各采取双 LC 滤波措施，以增加抗干扰性能。各输出电源还设有+5、+15、−15、+24V 的发光二极管作正常运行指示信号，面板上设有各路电源测试的转接插孔及电源控制开关。微机保护装置电源电路如图 3-34 所示。

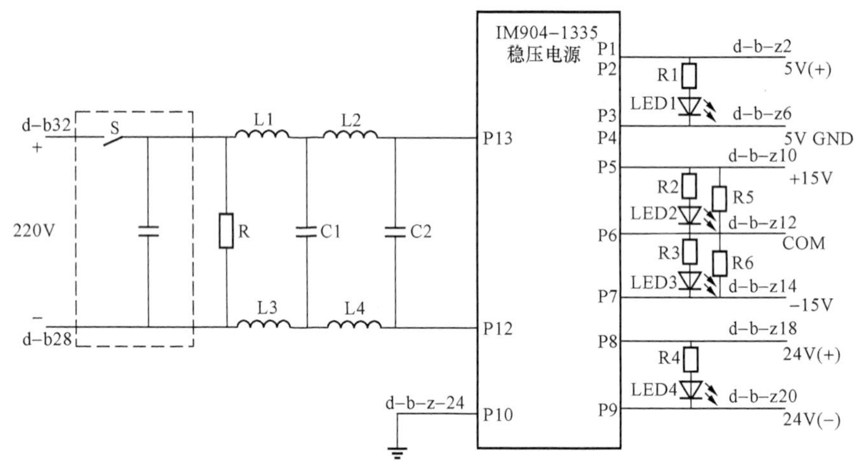

图 3-34　微机保护装置电源电路图

3.6　微机保护装置硬件实例

3.6.1　保护装置概述

WXB-11 型微机保护装置是用于 110～500kV 各级电压的输电线路成套保护，它能正确反映输电线路的各种相间故障和接地故障，并进行一次重合闸。该装置采用了电压频率变换（V/F）技术，在硬件结构上采用多 CPU 并行工作的方式。四个用于保护和重合闸功能的 CPU1～CPU4 分别用来实现高频、距离、零序和重合闸，它们被设计成四个独立的插件，硬件电路完全相同，只是不同软件实现不同的功能。

WXB-11 型微机保护装置硬件框图如图 3 - 35 所示，它共有 14 个插件，框图中的编号为插件号。图 3 - 36 为该装置的面板图，从面板图可清楚看出各插件的所在位置。

WXB-11 型装置具有如下的功能配置。

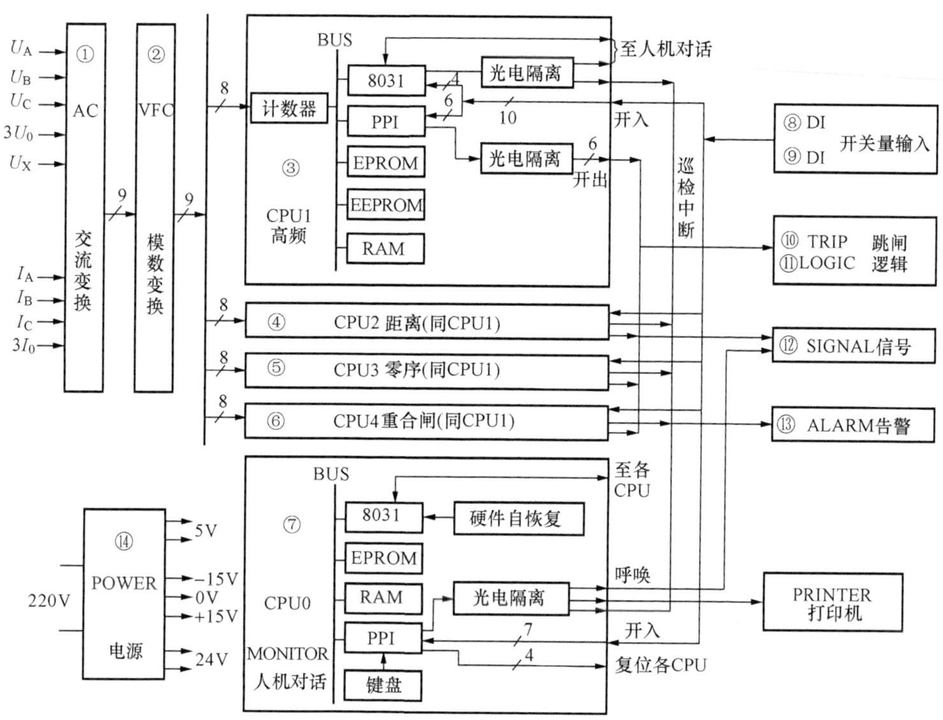

图 3 - 35　WXB -11 装置硬件框图

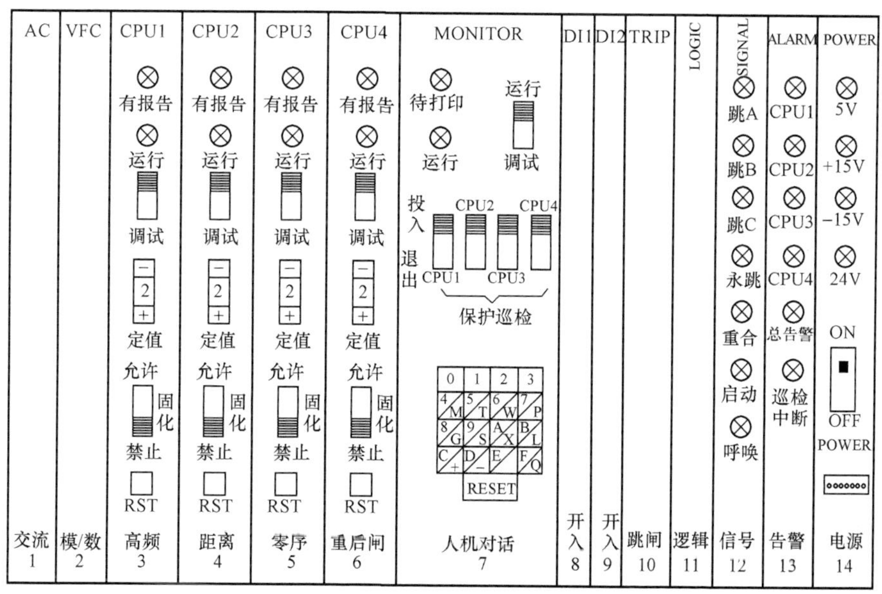

图 3 - 36　WXB -11 装置面板图

1. 高频保护（CPU1）

CPU1与高频收发信机、高频通道配合，构成高频距离、高频零序方向保护功能。高频距离和高频零序，分别反映相间故障和接地故障。本保护采用相电流差突变量元件作为起动元件和选相元件。通过控制字可以实现闭锁式或允许式高频保护。

2. 距离保护（CPU2）

CPU2设有三段相间距离和三段接地距离，并有故障测距功能。该保护有相电流差突变量原理的起动元件和选相元件。正常运行时各段距离测量元件均不投入工作，仅在起动元件起动后测量元件才短时开放测量。如故障不在被保护线路，程序转至振荡闭锁状态，振荡停息后整组复归。

3. 零序保护（CPU3）

CPU3实现全相运行投入、非全相运行时退出的四段零序保护和非全相运行时投入的两段零序保护。全相运行时各段零序保护的方向元件均可由控制字整定投入或退出。重合闸后加速Ⅱ、Ⅲ、Ⅳ段，可由控制字加以选择。后加速时间均固定为0.1s，零序Ⅰ段在重合闸后带0.1s的延时。

4. 综合重合闸（CPU4）

CPU4实现重合闸和选相两个功能。由软件完成电容充放电，以防多次重合。

重合闸可工作在综合重合闸、单相重合闸、三相重合闸及停用四种方式，单跳后单重不检查同期，在三重方式下有检查同期、检无压及不检同期等逻辑。

本装置设置了M、N、P三个端子，以便外接那些不能选相而需与本装置的重合闸配合使用的保护。

5. 人机接口部分（CPU0）

CPU0是人机接口系统，与CPU1～CPU4进行串行通信，实现巡回检测、时钟同步、人机对话及打印等功能。

3.6.2　各插件说明

全装置共有14个插件，各插件之间的相对关系如图3-35和图3-36所示。

（一）交流插件（AC）

该插件的作用是把电压互感器和电流互感器二次送入的电压和电流按比例转换成适应微机系统处理的小电压信号。它共有9路模拟量输入，可分成电压回路和电流回路两组，如图3-37所示。

电压回路5个变换器TVA，分别对应于三相电压$\dot{U}_A$、$\dot{U}_B$、$\dot{U}_C$、零序电压（$3\dot{U}_0$）和线路电压（$\dot{U}_{X\varphi}$），其二次侧接成星形。线路电压变换器的二次侧有两个抽头3-4或3-5，若重合闸比较相间电压（线电压），取3-4抽头，比较相电压时取3-5抽头。电流回路有4路变换器TAA，其二次侧均有两个参数完全相同的电阻并联，利用跨线可以得到两种不同的阻值，从而得到不同电流测量范围。只用一个电阻时，电流测量范围为0.5～100A，两个电阻并联时为1～200A。

实际上各CPU只用9路模拟量中的8路，CPU1～CPU3不用线路电压$\dot{U}_{Xph}$，CPU4不用零序电压$3\dot{U}_0$。各输入变换器的一、二次侧之间都有屏蔽层，增强了抗干扰能力。

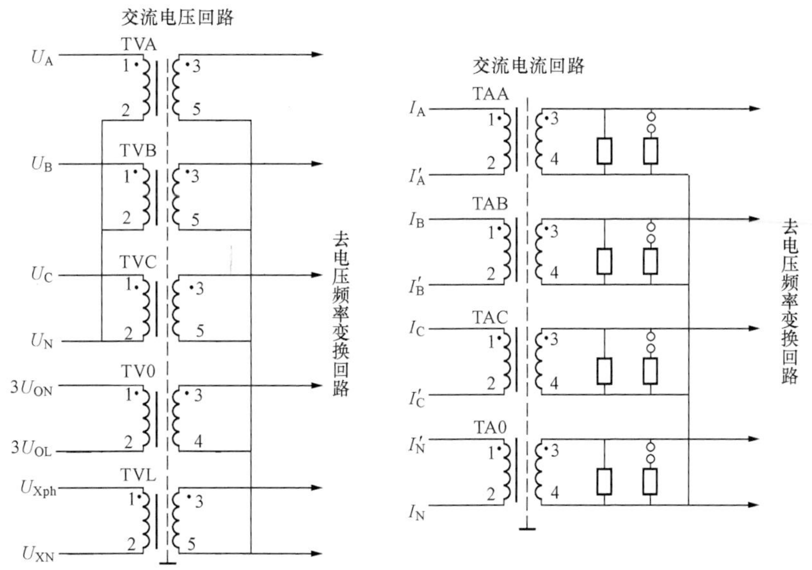

图 3-37　交流插件原理图

（二）模数变换插件（VFC）

模数变换插件（VFC）利用电压频率变换技术将 AC 插件输出的各路模拟量变成数字量。它有 9 路完全相同的 VFC 回路，每一路主要有两个芯片：VFC 芯片 AD654 及快速光电耦合芯片 6N137。

图 3-38 为 VFC 插件原理图。VFC 回路的输出送到 CPU 插件的计数器（8253）的输入端（CLK）。图中的－5V 是由－15V 电源稳压而得。该回路的工作原理和过程已在第二节中详细说明，这里不再赘述。

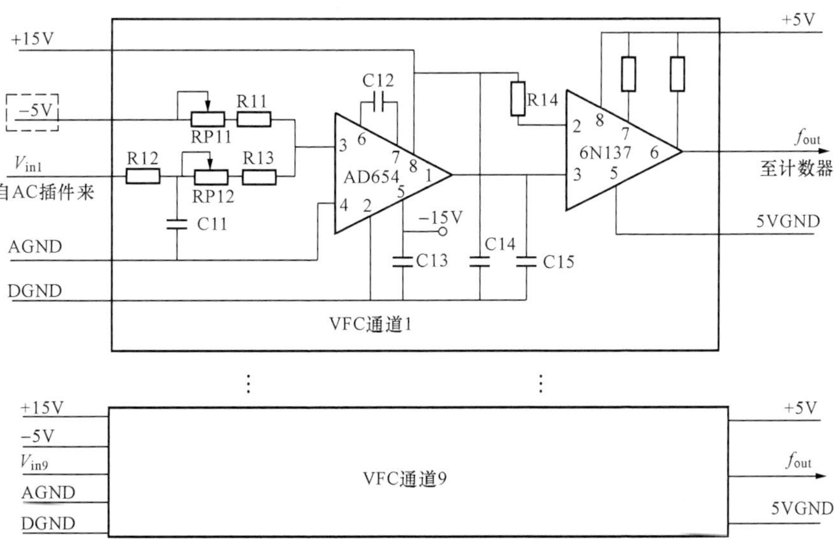

图 3-38　VFC 插件原理图

（三）CPU 插件（CPU1～CPU4）

该装置用于保护和重合功能的插件共有 4 块，它们具有相同的硬件，电路原理图也完全相同，这里一并说明。

图 3-39 是 CPU 插件的原理图，它是典型的 8031 扩展电路，在图 3-39 中，三个计数器共有 9 个输入端，分别与 VFC 插件的输出相连（实际上每个插件只接 8 路）。本插件总共提供了 8 路经光电隔离的开出量，其中 6 路开出量由并行 8255 的 PB 口驱动，2 路由单片机本身的口线 P1.2 和 P1.5 驱动。本插件还设有 14 个开关量输入端口，其中 10 路由并行口 8255 的 PA 口和 PC 口的 PC2、PC3 提供，另 4 路由单片机本身口线 P1.0、P1.1、P3.2、P3.3 提供。现具体说明如下。

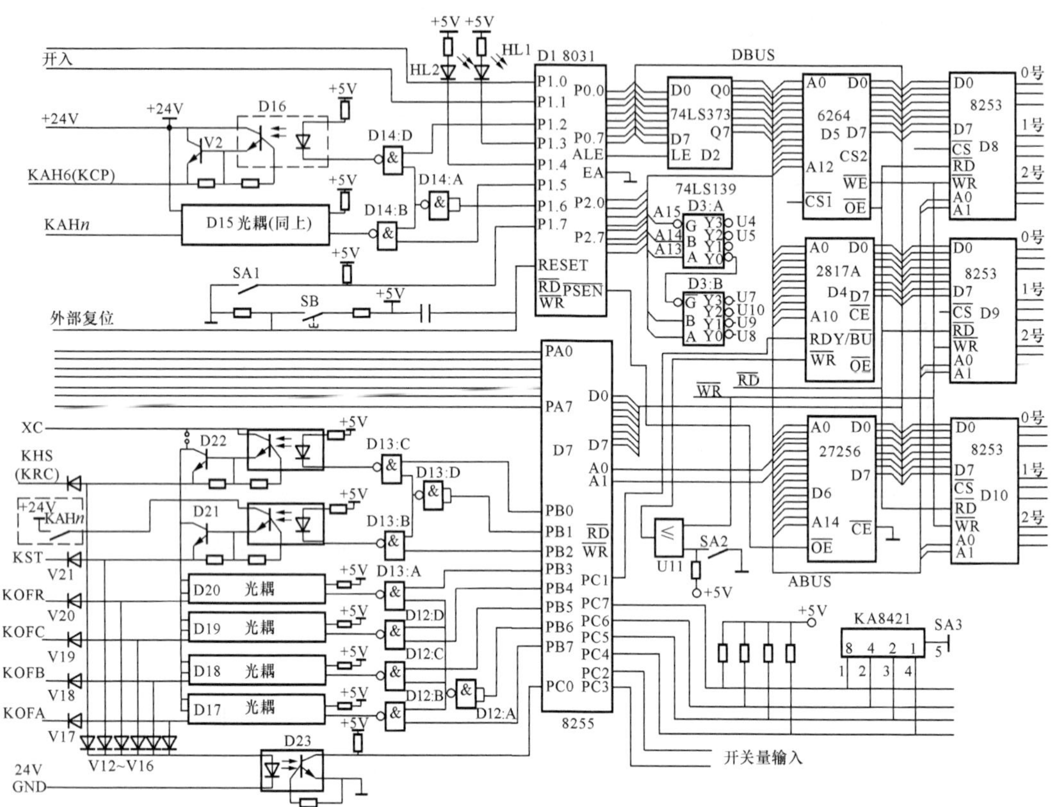

图 3-39 CPU 插件原理图

1. 由 8031 口线 P1.2 和 P1.5 驱动的两路开出回路

该回路如图 3-40 所示。D14 为两端口与非门。输出端 KAH6 在 CPUl、CPU2、CPU3 中用于驱动巡检中断告警继电器 KAH6（告警插件上）。在预定时间内某个 CPU 收不到巡检命令就驱动该继电器；CPU4 的“KAH6”端用于驱动加速继电器 KCP（逻辑插件上），以加速其他保护（本装置内各保护均利用电流判别，不需要后加速信号）。正常情况下，8031 的 P1.2 和 P1.6 均为低电平，要驱动巡检中断继电器 KAH6 或加速继电器 KCP 时，由软件使 P1.2 置 1，P1.6 仍为低电平，光耦 D16 导通，驱动三极管 V2，正 24V 电源通过 V2 加于告警插件的 KAH6 继电器或逻辑插件的继电器 KCP 上，前者发“巡检中断”信号，后者发后加速脉冲。

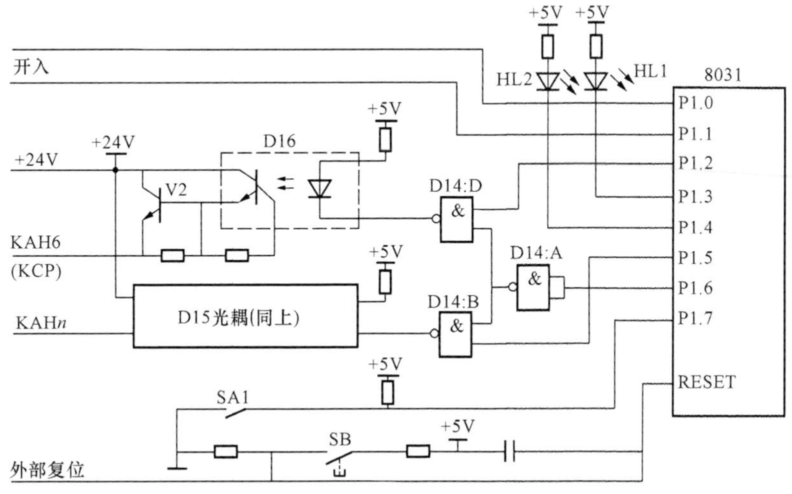

图 3-40　8031 口线驱动的开出回路

2. 8255PB 口驱动的 6 路开出回路

由 8255PB 口驱动的 6 路开出回路如图 3-41 所示。6 路中的 5 路分别用于驱动三个分相出口继电器 KOFA、KOFB、KOFC、永跳继电器 KOFR 和起动继电器 KST，另一路驱动对高频保护用于控制收发信机停信或发允许信号（允许式时）的停信继电器 KHS，对综合重合闸用于合闸出口 KRC，对距离保护和零序保护作为备用。

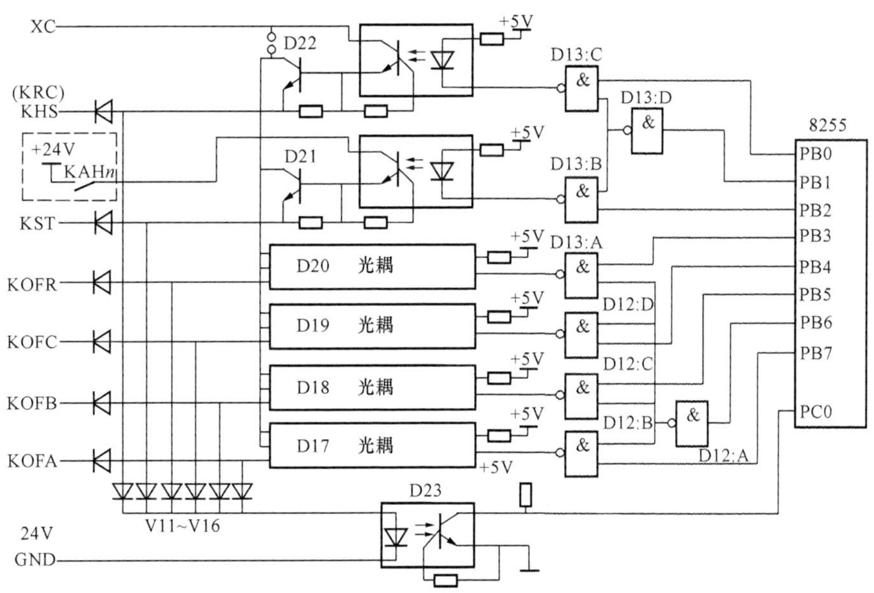

图 3-41　8255PB 口驱动的开出电路

由图 3-41 可以推出，若要 A 相跳闸（其他相不跳，但起动元件必须起动），应给 PB 口送数 84H（1000 0100B）。即只要向 8255PB 口的地址单元送数 84H，就可实现 A 相跳闸。

各开关量的输出与应向 PB 口所送的数见表 3 - 1。

表 3 - 1 开关量输出信号表

开出量	起动跳 A	起动跳 B	起动跳 C	起动永跳	起动	起动重合	起动跳 ABC
应送数	84H	24H	14H	0CH	44H	45H	B4H

上述 6 路开出量的+24V 电源，经告警插件中的告警继电器 KAH_n（$n=1\sim4$）的动断触点引入，以便在告警的同时断开跳（合）闸电源，起到闭锁作用。

另外，在发出跳（合）令后，CPU 随后可以查询相应的光耦是否导通来判断跳（合）令是否真正发出，为此，在各光耦输出端并一个二极管 V11～V16，经过光耦器件 D23 将信息反馈到 8255 的 PC0 端。当光耦 D17～D22 中任一导通时，都会使 D23 导通，使 PC0 变成低电平（正常时为高电平）。因此，查询 PC0 口线可以判断是否有开关量输出。

三个分相出口继电器中任两个动作将驱动三跳继电器 KOFQ（Alarm 告警插件）及三跳重动继电器 3KOS（逻辑插件中），KOFQ 的触点外引，用于驱动操作继电器箱中的 TJQ，作为分相出口继电器拒动后备跳闸回路。因此，当相间故障而分相出口拒动时，可通过 TJQ 不带延时地实现三跳。永跳继电器 KOFR 触点用于驱动操作继电器箱中的 TIR 作为三相出口继电器拒动后备跳闸回路。在发出三跳令后 0.25s，若任一相仍有电流时，驱动 KOFR；单相故障发出单跳令 0.25s 后，故障相仍有电流，发三跳令，驱动三个分相出口继电器及三相重动继电器，再过 0.25s，任一相仍有电流则驱动 KOFR；手合故障线路或重合于故障线路时，在发三跳令的同时也驱动 KOFR，以便通过 TJR 触点闭锁重合闸。

3. CPU 插件的开入量

本插件的开入量最多可达 14 个（CPUl 有 11 个、CPU2 有 7 个、CPU3 有 8 个、CPU4 有 14 个），分别由 8255 的 PA 口（8 个），PC 口的 PC2、PC3 及 8031 的 P1.0、P1.1、P3.2、P3.3 开入。这些开关量均经过 8 号及 9 号插件中的光耦输入，各路开入量的名称将在开入插件中介绍。

本插件还有不经背后端子的开入量。面板的方式开关 SAl 经 P1.7 输入（见图 3 - 40），CPU 通过查询 P1.7 的电位高低来判断装置是在“调试”状态还是在“运行”状态。

本插件还有定值区选择回路和允许禁止固化回路，其具体内容在第二节已述。

4. 面板上的器件

面板上的器件有复位按钮 SB、定值选择拨轮 SA3、允许禁止固化开关 SA2、工作方式开关（调试/运行）SA1、运行监视灯 HL1、有报告灯 HL2，参见图 3 - 36、图 3 - 39。

单片机内部还有一个双向通信串行口（8031 口线 RXD、TXD），引至人机对话插件，以便接入各 CPU 公用人机对话设施（键盘及打印机等）。

（四）人机对话插件（MONITOR）

人机对话插件的硬件配置如图 3 - 35 所示，图 3 - 42 为该插件的电原理图。

该插件的核心元件亦为单片机 8031，其片内串行口同前述四个 CPU 插件的串行口按辐射状相连，即每个 CPU 插件都可以与该插件进行双向通信（四个 CPU 插件之间不通信）。本插件设有打印机及键盘接口电路；两路经光耦的开出量，分别用于驱动总告警继电器和呼唤继电器；四路不经光耦的开出量，分别用于复位四个 CPU 插件。此外还设有硬件时钟，并配有后备电池，使之在外部断电情况下可以不间断计时。本插件还扩展了一串行通信口，可以向远方设备及上位机转送信息。人机对话插件主要包括人机对话和巡检等功能。

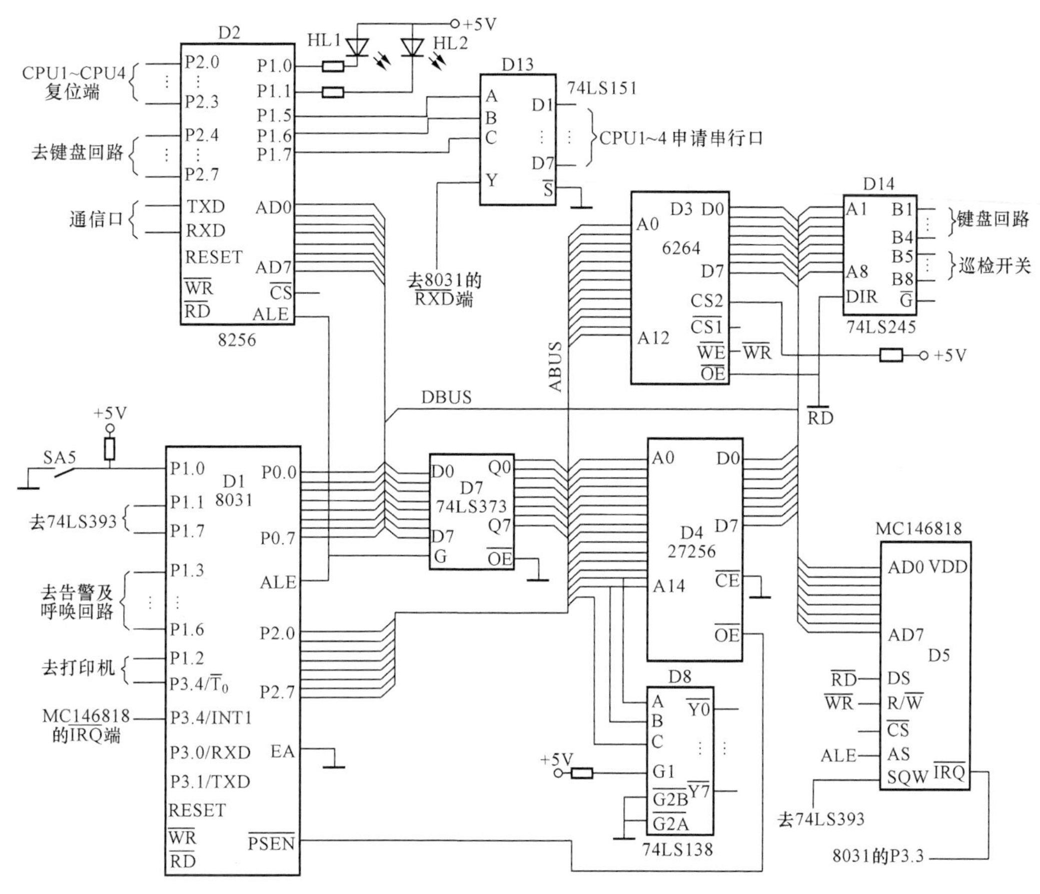

图3-42 人机对话插件原理图

1. 人机对话插件的主要芯片

本插件的主要芯片有CPU8031、RAM6264、ROM27256，这些芯片的用途和用法与保护CPU插件相同。另外还有多功能通信接口芯片8256、硬件时钟芯片MCl46818等。各芯片的数据线、地址线分别与数据总线和地址总线相连。各芯片的片选信号是经过74LS138及74LS139译码给出的。

2. 四个巡检开关（开入量）

CPU0能对前述四个CPU（1～4）进行巡检，该巡检功能的投入和退出由巡检开关S1～S4控制，其接入电路如图3-43所示。

74LS245用于驱动，其方向控制线DLR与8031的读信号线$\overline{RD}$相连，使控制端接片选信号，在$\overline{G}$为低电平的情况下，当DLR呈现低电平时，芯片74LS245的数据流向为B-A（读），当$\overline{RD}$呈现高电平时，数据流向为A-B（写）。因此，只要CPU向74LS245的$\overline{G}$端地址单元执行一个读命令（$\overline{RD}=0$），就可以将开关量S1～S4读入。通过识别74LS245的B5～B8各位电平高低，就可以判断各巡检功能是否投入。74LS245的另四位B1～B4用于键盘回路。

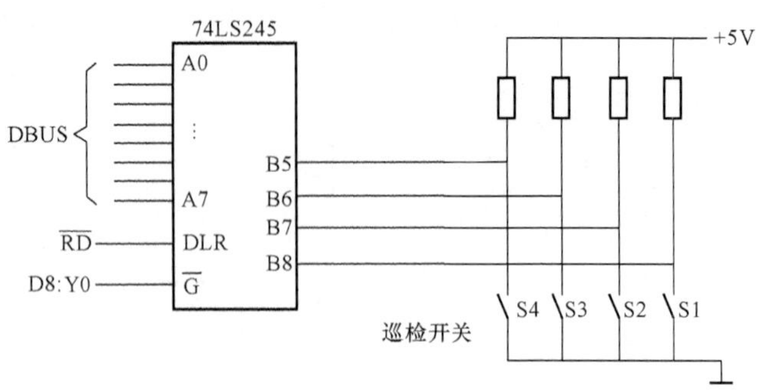

图 3-43 巡检开关回路

3. 总告警及呼唤回路（开出量）

本插件设有两路经光耦元件的开出量，分别用于驱动总告警继电器 KAH5（告警插件）及呼唤继电器 KCJ（信号插件），其电路如图 3-44 所示。两路开出量的正电源经光耦 T11 取得，其负电源分别经告警继电器线圈与呼唤继电器的线圈接通。光耦 T11 输出接入 8031 的 P1.3 引脚，作为 CPU 查询两个开出量是否有输出的反馈信号。

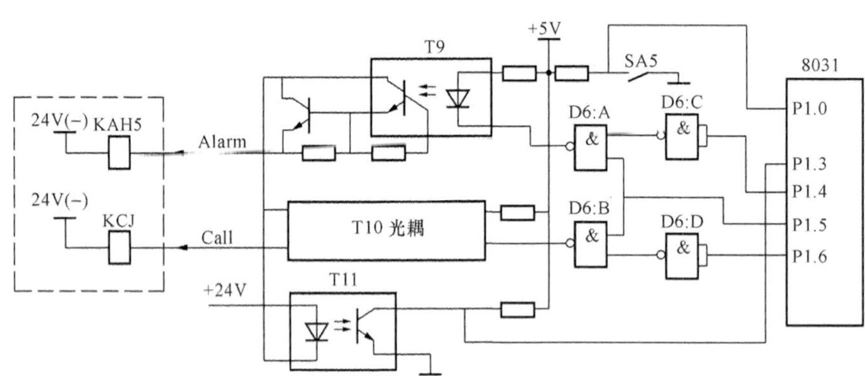

图 3-44 告警及呼唤驱动回路

4. 人机对话插件与四个 CPU 插件的通信

CPU0 通过片内串行口与 CPU1～CPU4 插件实现双向通信，其连接方式如图 3-45 所示。CPU0 发送端 TXD 与 CPU1～CPU4 的接收端 RXD 相连，而接受端 RXD 通过路数选择器 74LS151 与 4 个 CPU 的 TXD 端相连。CPU0 向 CPU1～CPU4 所发的巡检信息中，应有各 CPU 的编号或地址，这样才能实现与其中某一 CPU 通信。要接收某 CPU 的信息时，由路数选择器（多路转换开关）来选择。路数选择器由 CPU0 通过 8256 来控制（见图 3-46），CPU0 可以通过给 8256 的 P1.5、P1.6、P1.7 赋适当的值，使其能接收

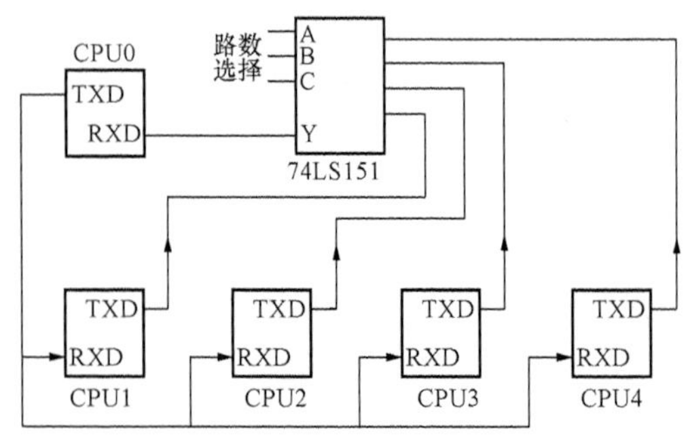

图 3-45 CPU0 与各 CPU 之间通信联系

所选择的CPU的信息。

图3-46所示为8256的P2口（低4位）的四路开出回路，其分别用于对CPUl～CPU4进行外部复位，引至相应CPU插件8031的复位端。

本装置各CPU插件都设有自诊断程序，一般情况下如插件上有硬件损坏，可由各插件自诊断检出，一方面直接驱动相应插件的告警继电器告警，另一方面通过串行口向人机对话插件报告，驱动总告警继电器KAH5并打印出故障插件报告的故障信息。但以下两种情况CPU插件出了问题不能自诊断检出，需要人机对话插件通过巡检查出后进行外部复位或报警。

（1）某一CPU插件硬件在致命部位（例如总线）出现故障，致使该CPU不能工作，因而不能执行自诊断程序。

（2）在很严重的干扰下使CPU不再按预定的程序工作，完全背离了原程序轨道，即程序出格了，显然CPU已不能执行自诊断程序。

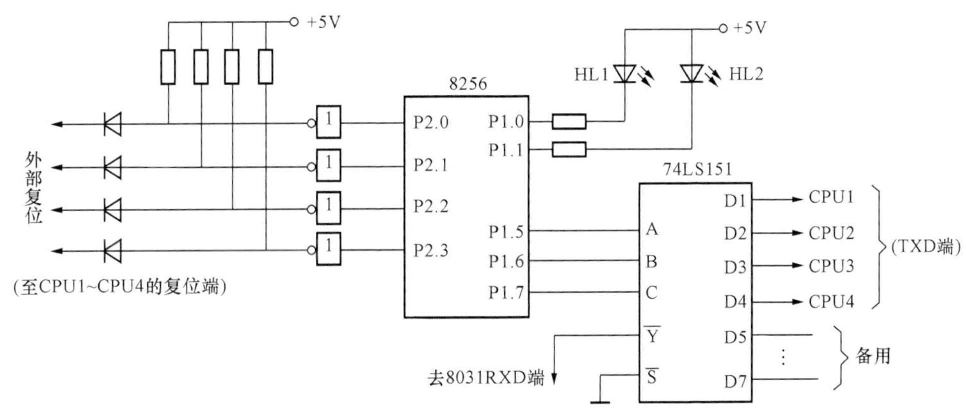

图3-46　通信切换及外部复位电路

上述两种情况由人机对话插件通过巡检发现后，对有问题的CPU进行复位。人机对话插件在运行状态下不断地通过串行口向各CPU插件发出巡检令，正常时，各CPU应作出回答。如果某CPU插件在预定的时间内不回答，人机对话插件将通过图3-46所示开出回路复位该CPU，再发巡检令，仍无回答时报警并打印该CPU异常的信息。考虑到当因某CPU程序出格所致而并无硬件损坏时，若采用先复位后报警，只要复位后即可恢复正常工作，不必报警。

如人机对话插件本身发生致命的硬件故障，不能实现巡检及自诊断报警，其他CPU（CPU1～CPU4）将在预定时间收不到巡检令，此时由CPUl～CPU3驱动巡检中断继电器报警。所有报警继电器动作后都自保持，并给出中央信号。

5. 硬件时钟及硬件自恢复电路

（1）硬件时钟。本装置各CPU插件均有软件时钟。为了计时的准确和各CPU计时的统一，人机对话插件上配有硬件时钟芯片MCl46818，并配有后备电池，具有掉电保护功能，如图3-47所示。每隔一预定时间（由MCl46818的$\overline{IRQ}$端决定），人机对话插件以硬件时钟为基准通过串行口对各CPU进行一次校时。

（2）硬件自恢复电路。人机对话插件承担了CPU1～CPU4在程序出格后的外部复位任

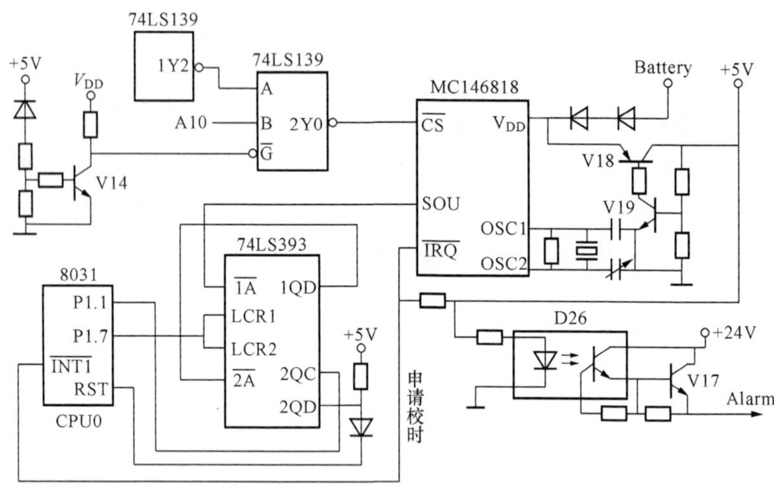

图 3-47　硬件时钟及硬件自恢复电路

务，但当人机对话插件本身程序出格时，虽然 CPU1～CPU3 可以发“巡检中断”告警信号，却不能使之复位，而此时人机对话插件本身软件是无能为力的，因为它已不能按预定的程序正常工作，此时必须用专门的硬件电路来检测程序出格，并实现本插件的自动恢复。

硬件自恢复电路如图 3-47 所示，它由时钟芯片 MC146818 及计数器 74LS393 等组成。对 MC146818 芯片编程，使之产生一定频率的脉冲由 SOU 端输出，并由计数器 74LS393 计数，当 74LS393 的第一个计数器计满 1QD 翻转时，产生进位使第二个计数器（由$\overline{2A}$输入）计数。

当本插件正常时，时钟芯片的 SOU 端按预定频率输出脉冲，计数器 74LS393 计数，当计到 2QC 有输出（快计满而未满）时，使 8031 的 P1.1 呈现高电平，若 CPU0 工作正常就会不断查询 8031 的 P1.1，当 P1.1 为高电平时，由软件使 P1.7 有输出，使计数器清零。因此，计数器总也计不满，2QD 总无输出。

若 CPU0 程序出格，不按预定的程序执行，CPU0 不会有规律查询 P1.1，计数器不会清零，一直到计数器计满，2QD 有输出，使 CPU0 复位。

（3）掉电保护与失电告警。为防止工作电源消失时硬件时钟停止计时，在图 3-47 中还设有后备电池 Battery。当工作电源＋5V 正常时，三极管 V14、V18 导通，使 Battery 充电；若＋5V 消失，V14、V18 截止，Battery 加于时钟芯片的 VDD 端，从而保证不间断计时。此时时钟芯片 MC146818 因片选信号端呈现高电平，故不会由于工作电源消失过程中造成的逻辑混乱而改变内部的数据，起到保护作用。

失电告警回路由光耦 D26 和三极管 V17 组成。正常时 D26、V17 在＋5V 电源下导通，＋24V 电压加于告警插件中的失电告警继电器 KAH7。当＋5V 或＋24V 工作电源消失后，D26 和 V17 均截止，继电器 KAH7 失电，其动断触点闭合发出“电源消失”信号。

此外，本插件中还有打印接口，通过 P1.2、P3.4 口线控制。还扩展有一标准串行通信口（8256），通信口经光耦输出。

6. 人机对话插件面板上器件

本插件面板上的器件有：复位按钮 SB、4～4 键盘、4 个巡检（投入/退出）开关 S1～S4、工作方式（运行/调试）开关 SA5、运行指示灯 HL1、待打印灯 HL2。

（五）开关量输入插件（DI）

本装置有两个完全相同的开关量输入插件，各有16路开关量输入光耦回路，如图3-48所示。为了提高抗干扰能力，各路开关量输入量所用的不是装置内部的24V电源，而是独用装设在屏上的专用逆变电源，每一路负极连在一起后从装置外接端子引出。实际上每个插件的16路开关量输入中，只有12路用于外部开关量，另4路作为装置内部自检用，这4路（V12、V22、V32、V42）使用内部24V电源。另外，第16路作为收信输入正电源，其24V电源与一般开关量输入电源分开。

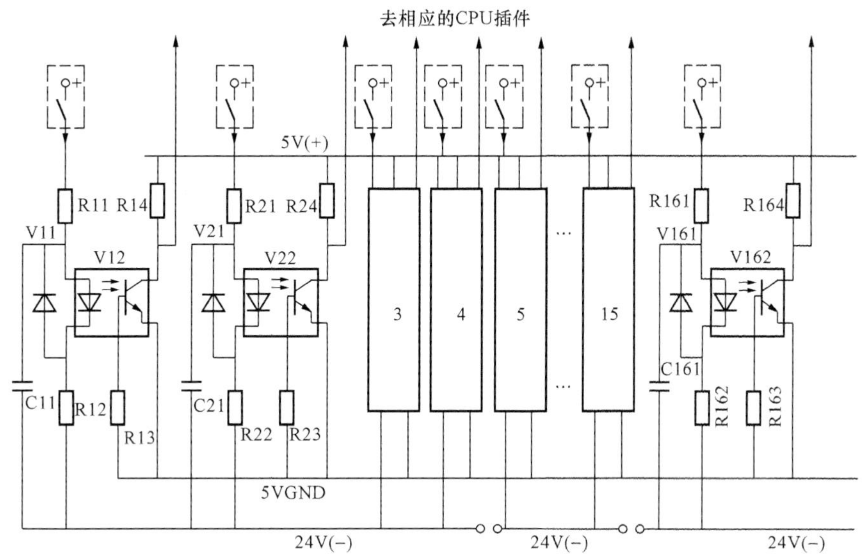

图3-48 开关量输入插件原理图

各CPU插件所输入的开关量输入见表3-2所示。

表3-2 开关量输入一览表

装置端子	插件端子	定义	CPU1	CPU2	CPU3	CPU4
X39	8—z6	重合闸方式				PA6
X40	8—d4	重合闸方式	PA4	PA4	PA4	PA4
X41	9—z8	单跳起动重合闸	PA3	PA3	PA3	PA3
X42	9—d6	三跳起动重合闸	PA2	PA2	PA2	PA2
X43	8—d6	不对应起动重合闸	PA1	PA1	PA1	PA1
X44	9—d8	重合闸时间控制				PC3
X45	9—z10	重合闸闭锁				P1.1
X46	9—d10	低气压闭锁				PC2
X47	8—z8	手合	PA0	PA0	PA0	PA0
X48	8—d8	高频通道检查	PC2			
X49	9—d12	三跳位置	PA7			PA7
X51	8—z10	高频保护投入	PA6			
X52	8—d10	距离保护投入		PA6		

续表

装置端子	插件端子	定义	CPU1	CPU2	CPU3	CPU4
X53	8—d12	零序Ⅰ段投入			PA6	
X55	8—b8	零序总投入			P1.0	
X56	8—b6	外部P键	PA5	PA5	PA5	PA5
X57	9—b10	N端子				P1.0
X58	9—b8	M端子				P3.2
X59	9—b6	P端子				P3.3
X61		导频消失	P1.1			
X64	8—d18	收信输入	P1.0			

（六）跳闸出口插件（TRIP）

本插件装设了各跳闸出口继电器 KOF、起动继电器 KST 及停信继电器 KHS，接线如图 3-49 所示。

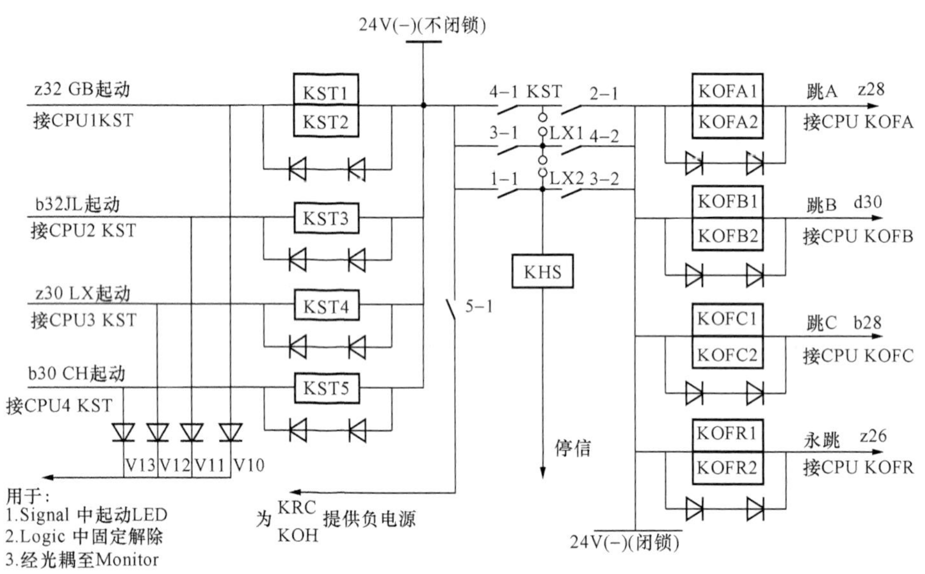

图 3-49 跳闸插件原理图

起动继电器动作后起动发信，同时兼作总开放继电器，由其动合触点对跳闸回路及停信继电器 24V 电源的负极实现闭锁。为防止 CPU 插件出现故障而误动，起动回路采取相互闭锁方式，三个保护用的 CPU 分别驱动各自的起动继电器 KST，KST 的触点接成三取二闭锁方式，只有当 CPU1、CPU2、CPU3 中至少有两个同时起动时，才能开放跳闸回路。

综合重合闸装置的起动器件 KST 作为重合闸回路的总闭锁。CPU4 的 KST 动作后，为重合闸出口继电器 KRC（逻辑插件上）和重合闸信号继电器 KOH（信号插件上）提供负电源。这样，当线路轻载偷跳单相时，虽各保护的 KST 不动作，但亦能保证重合闸回路可靠工作。

当 CPU1～CPU3 中有一退出工作时，为了三取二闭锁方式不影响未退出保护动作出口的可靠性，可以采取下面两种措施。

（1）通过连线 LXl、LX2 解除三取二闭锁；

（2）某保护无故障停用时，可仍使该插件运行，其起动元件仍然工作，只是将该保护的出口连接片退出，这样三取二闭锁方式不会影响装置的正常工作。

停信继电器由 CPU1 来驱动。采用闭锁方式时用于控制停信；采用允许方式时用于控制发信机发允许信号。

本插件中 KOFA、KOFB、KOFC、KOFR 各有两对触点输出，用手接通断路器的跳闸线圈回路。KOFA、KOFB、KOFC 还另有两对触点用于起动失灵保护。KST1、KST2 各一对触点用于起动发信。

（七）其他插件

1. 信号插件（SIGNAL）

本插件上的信号继电器均为磁自保持继电器，其驱动线圈同对应的出口继电器线圈并联。本插件给出的本地信号有跳 A、跳 B、跳 C、永跳（后备三跳）、重合、呼唤。另外还给出中央信号。本插件信号由手动复归，可以由装置上的复归按钮 SB 复归，也可由屏上按钮复归。信号插件原理图见图 3 - 50。

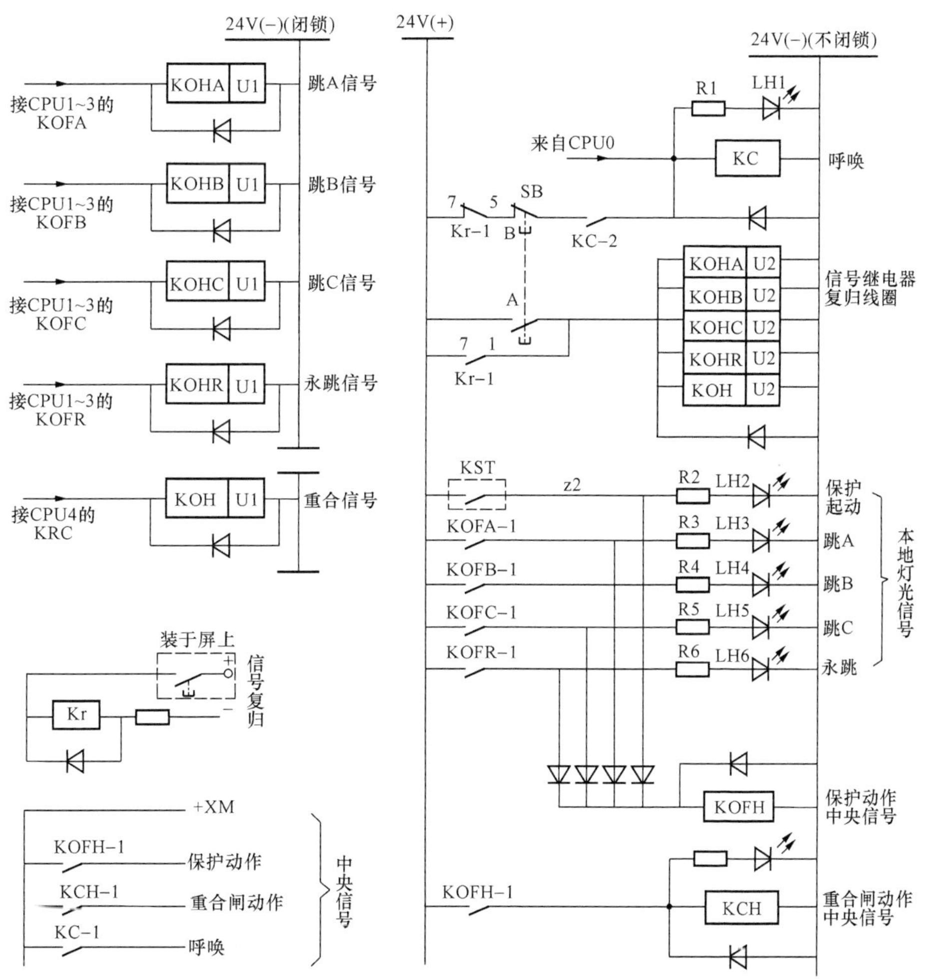

图 3 - 50　信号插件原理图

2. 逻辑插件（LOGIC）

逻辑插件原理图如图 3-51 所示，它主要由以下继电器构成。

（1）跳闸重动继电器 KOS：它在三个分相出口继电器中任一个动作时动作。

（2）三跳重动继电器 3KOS：它在三个分相出口继电器中任两个同时动作时动作。KOS 及 3KOS 在分相出口继电器返还时返还。

（3）跳闸固定继电器 KTP：在三个分相出口继电器中任一个动作时动作，并一直保持到 KST 返回时（整组复归）解除自保持。

（4）三跳固定继电器 3KTP：在三个分相出口继电器中任两个同时动作时动作，并保持到整组复归。

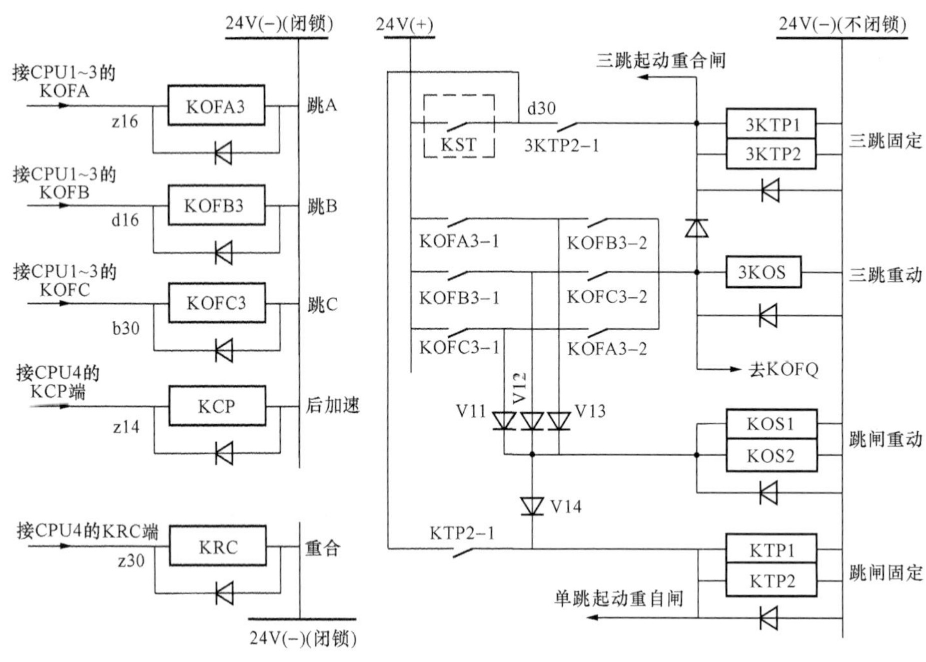

图 3-51　逻辑插件原理图

重合闸的后加速继电器 KCP 接至 CPU4 插件开关量输出 KAH6（KCP）端（见图 3-40）。

上述继电器触点引出，供起动重合闸、联锁切机等多种用途。其中 KRC 有两对触点输出，用于接通合闸回路；固定继电器 KTP1 和 3KTP1 各有两对动断触点用于单跳和三跳起动重合闸；KOSl 有两对动断触点用于控制重合闸计时；KOS1 有两对触点用于后加速保护。

由于出口插件无空间，将重合闸出口继电器 KRC 设在本插件。KRC 通过 CPU4 插件的 KRC 端子与＋24V 接通。

3. 告警插件（ALARM）

告警插件原理图见图 3-52，它主要有以下告警继电器。

（1）四个 CPU 插件的告警继电器 KAHl～KAH4，分别由对应的 CPU 插件驱动；

（2）巡检中断继电器 KAH6，由 CPUl～CPU3 驱动；

（3）总告警继电器 KAH5，由人机对话插件驱动；

（4）失电报警继电器 KAH7，正常时处于励磁状态，其动断触点打开，当失去 5V 或 24V 电源时，继电器返回，由其动断触点给出中央信号。

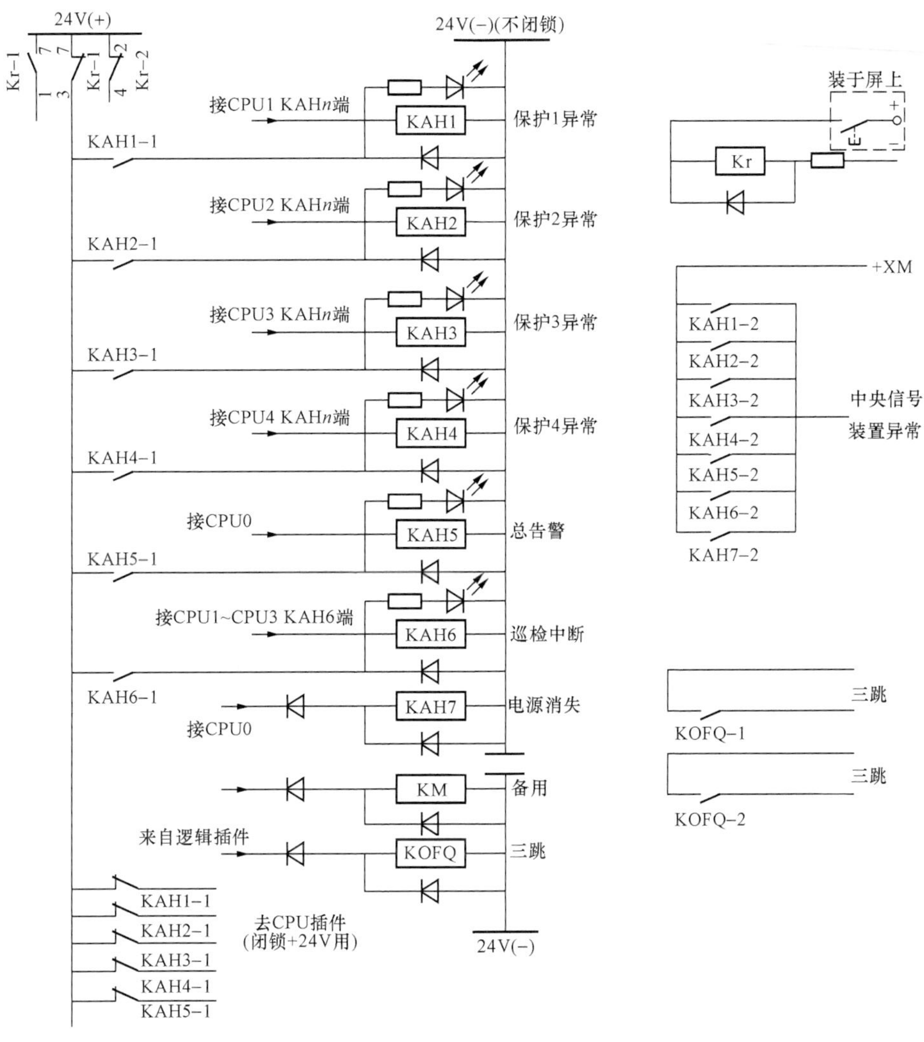

图 3-52　告警插件原理图

所有告警继电器均有自保持功能，由手动复归。KAH1～KAH4 还另有一动断触点，用于在告警的同时闭锁跳闸出口开出量的正电源（见 CPU 插件）。

由于安装空间的原因，三跳继电器 KOFQ 在本插件，由逻辑插件驱动。

4. 电源插件（POWER）

装置采用逆变电源，是将 220V 或 110V 的直流控制电源变换成 24、5V 及±15V 三组电源，供微机保护使用。该三组电源均不共地，且均采用浮空方式，不同外壳相连。面板上设有各组电源的测试孔，供调试时测试各组电源电压的大小。SA 为电源开关，虚框中的元件在该装置背端，它是电源净化回路，用于提高抗干扰能力。该插件原理图见图3-53。

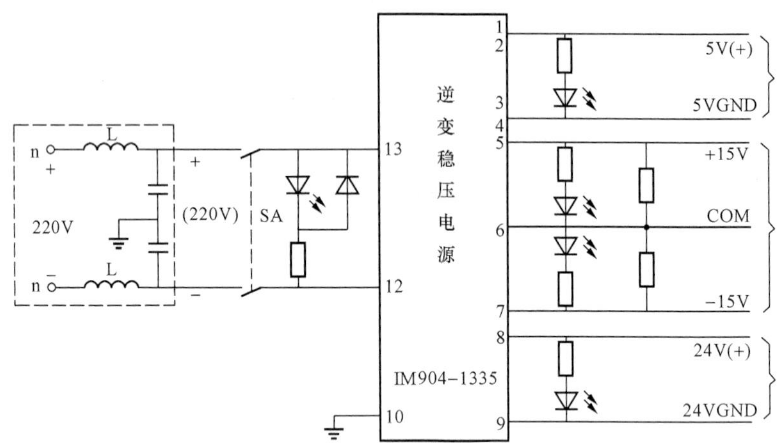

图 3-53 电源插件原理图

3.6.3 各插件之间的联系

WXB-11 型线路微机保护装置各插件之间的联系主要是：各保护 CPU 与人机接口插件之间的联系，数据采样通道之间的联系，开关量输入通道之间的联系，开关量输出通道之间的联系。

1. 保护 CPU 与人机接口插件间的联系

保护 CPU 与人机接口插件间主要联系有如下三处。

（1）串行通信联系。各保护 CPU 的发信端 TXD 及收信端 RXD 分别并联起来，保护 CPU 的 TXD 与人机接口的 RXD 相接，保护 CPU 的 RXD 与人机接口的 TXD 相接，形成主从分布通信关系。

（2）人机接口插件至四个保护 CPU 的强制复位联系。人机接口插件的 8256 并行扩展口输出 4 条线、经光隔接至各保护 CPU 的复位端。

（3）保护 CPU 起动开出经光隔后送人机接口 CPU 来完成整理总报告的功能（通过外部 P 键来完成复归总报告功能）。

2. 数据采集通道间的联系

数据采集通道是指交流输入 AC 插件、模数变换、保护 CPU 插件的计数器。9 个模拟量输入 AC 插件，经隔离、强弱电变换后，送到 VFC 模数变换，由保护 CPU 插件模板 3 个 8253 计数器共 9 个通道计数，最后由保护 CPU 采样，读取计数值存放在指定 RAM 区域里，供计算使用。

实际上，由于高频、距离、零序保护插件不需要线路抽取电压 $\dot{U}_L$，而综合重合闸（简称综重）模件不需要 $3\dot{U}_0$，故每个 CPU 插件计数器只接入 8 个模拟量，有一个是备用的，其接入顺序见表 3-3。

表3-3 通道功能表

CPU序号 \ 通道	AIN1	AIN2	AIN3	AIN4	AIN5	AIN6	AIN7	AIN8	AIN9
CPU1	$\dot{U}_a$	$\dot{I}_b$	$\dot{I}_c$	$\dot{U}_b$	$\dot{I}_a$	$3\dot{I}_0$	$\dot{U}_c$	$3\dot{U}_0$	备用
CPU2	$\dot{U}_a$	$\dot{I}_b$	$\dot{I}_c$	$\dot{U}_b$	$\dot{I}_a$	$3\dot{I}_0$	$\dot{U}_c$	$3\dot{U}_0$	备用
CPU3	$\dot{U}_a$	$\dot{I}_b$	$\dot{I}_c$	$\dot{U}_b$	$\dot{I}_a$	$3\dot{I}_0$	$\dot{U}_c$	$3\dot{U}_0$	备用
CPU4	$\dot{U}_a$	$\dot{I}_b$	$\dot{I}_c$	$\dot{U}_b$	$\dot{I}_a$	$3\dot{I}_0$	$\dot{U}_c$	$3\dot{U}_0$	备用

3. 开关量输入通道间的联系

开关量输入通道是指开关量输入插件（DI），即开入插件的光隔回路、各保护CPU插件对开关量的输入采样回路及开关量采样数据存入指定RAM区域里。值得注意的是，各保护的开入量中有许多是公用的，这是因为各保护的综合重合闸功能是独立的，而起动重合闸的开入量是公共的。各CPU开入量见表3-2。

4. 开关量输出通道间的联系

开关量输出通道是指保护CPU的开关量输出至跳闸插件、逻辑插件、告警及信号插件的开出通道，其开出通道表见表3-4。

表3-4 开出通道表

驱动的继电器 \ CPU板		CPU1	CPU2	CPU3	CPU4
由8255PB口驱动	开出1	KOFA	KOFA	KOFA	KOFA
	开出2	KOFB	KOFB	KOFB	KOFB
	开出3	KOFC	KOFC	KOFC	KOFC
	开出4	KOFR	KOFR	KOFR	KOFR
	开出5	KST1、2	KST3	KST4	KST5
	开出6	KHS（停信）	备用	备用	KRC（重合）
由8031口线驱动	开出7	KAH1	KAH2	KAH3	KAH4
	开出8	KAH6	KAH6	KAH6	KCP（后加速）

各保护CPU插件至跳闸插件的开出通道中，开出1到开出5都是相同的，它们是三相单跳、永跳、起动开出。高频保护CPUl多一个停信KHS开出。

综重CPU4增加重合闸KRC和后加速KCP开出，但这两个继电器安装在逻辑插件上。逻辑插件还驱动安装在告警插件上的KOFQ三跳继电器。各保护CPU插件至告警模件的开出通道中，开出7和8是相同的，由8031CPU直接驱动，其功能是自检告警KAH1～4和巡检中断告警KAH6。综重CPU4只有自检告警AXJ4而无巡检中断告警，该开出量被后加速KCP占有。人机接口CPU模件至告警模件的联系是总告警开出通道。

各保护CPU模件均有一路“呼唤开出”至信号插件呼唤继电器KC，而信号插件的各相单跳、永跳、重合闸等信号继电器与跳闸插件相应跳闸继电器并联。

另外，输出通道与输入通道还有触点联系，即本装置的逻辑模件中三跳固定3KTP和跳闸固定KTP继电器触点驱动本装置三跳起动重合闸与单跳起动重合闸的开入端，经光隔后接到各保护开入端（见表 3-2 和图 3-48）。这不仅用于本插件的重合闸，同时还用于内部各保护，通知各保护进入“单跳后”或“三跳后”状态，为重合闸后加速作准备。

3.6.4　保护装置的动作分析

（一）保护装置的起动

例如，当距离保护软件判起动时，由图 3-39 中 8255 的 PBl 输出 0，PB2 输出 1 态，使 Dl3：B 端子输出为 0 态，光隔 D21 三极管导通，一路接至跳闸插件的 b32 端（见图 3-49）使距离保护的起动继电器 KST3 励磁；第二路经跳闸插件二极管 V11，接至信号插件的 z2 端，“起动信号灯”LH2 亮（见图 3-50）；第三路送至逻辑插件 d30 端作为三跳固定和单跳固定回路用（见图 3-51）。后两路，在图 3-50、图 3-51 中均以“KST”虚线框标志，该“KST”虚框表示起动回路。实际起动回路表示如下：

第一路　+24V—KAH_n—VD21ce—V21—b32—KST3—-24V（不闭锁），见图 3-39、图 3-49。

第二路　+24V—KAH_n—VD21ce—V21—b32—V11—z2—LH2—-24V（不闭锁），见图 3-39、图 3-49、图 3-50。

第三路　+24V—KAH_n—VD21ce—V21—b32—V11—d30—三跳固定 3KTP、单跳固定 KTP，见图 3-39、图 3-49、图 3-51。

如此时高频保护软件也起动，跳闸插件上 KSTl 和 KST3 均励磁，三取二回路接通，电源总闭锁回路闭锁解除，-24V（闭锁）电源带负电压（见图 3-49）。

（二）保护装置动作

1. 相间故障动作分析

例如，AB 相间短路故障，则保护判跳 A 相、B 相。在保护 CPU 插件的 8255 芯片，PB6 输出 0、PB5、PB7 输出 1，VD12：B、VD12：C 端子输出 0，光隔 VD17、VD18 三极管导通，A 相、B 相出口继电器 KOFA、KOFB 励磁，其回路构成如下：

+24V—KAH_n—VD17ce(VD18ce)—V17(V18)—跳闸插件的 z28(d30)、逻辑插件的 z16(d16)—KOFA1、2—-24V（闭锁）—三取二起动—-24V（不闭锁）。

在逻辑插件和在告警插件中，形成如下相间故障跳三相的三相跳闸回路：

+24V—KOFA3—1、KOFB3—2—3KOS、3KTP1、2—-24V。

+24V—KOFA3—1、KOFB3—2—KOFQ（告警插件中）—-24V。

此时三跳重动 3KOS 和三跳固定 3KTP 继电器励磁，并通过起动回路“KST”使三跳固定 3KTP1 继电器自保持。为了使三相跳闸可靠，由起动回路“KST”和三相跳闸固定继电器 3KTP 构成三跳固定回路，直到整组复归“KST”返回后，3KTP 才返回。但“KST”是由上述起动回路沟通形成，并没有具体的继电器“KST”的存在，三跳固定回路自保持回路如下：

+24V—“KST”—3KTP2—1—3KTP1、2—-24V。

在两个分相出口继电器动作时，使告警插件中的 KOFQ 三跳继电器励磁，而且三相跳闸动作最终是由三跳继电器 KOFQ 完成的，3KTP1 是用于三跳起动外部和本装置重合闸，3KOS 用于出口联锁切机。

在发跳 A 相、B 相命令时，KOFA 和 KOFB 同时励磁，信号模件中本地灯光信号 LH3 和 LH4 灯亮，与此同时 KOFH 励磁发出保护动作中央信号。信号复归可由信号模件上的

SB 按钮或屏上的复归按钮复归。

2. 单相故障动作分析

单相故障（如 A 相）时，由 KOFA 出口一对触点跳单相，同时逻辑模件中 KOFA3 励磁，由以下形成单跳固定、重动回路：

＋24V—KOFA3—1—V13—KOS1(2)、V14、KTP1(2)——24V。

单跳固定继电器 KTP 用于起动外部或本装置重合闸，单跳重动继电器 KOS 用于重合闸计时、联锁切机等。在整组复归时起动回路的 KST 返回，KTP 也随之返回。单相跳闸固定自保持回路如下：

＋24V—KST—KTP2—1—KTP1、2——24V。

3. 其他动作分析

当手合至故障线路（经软件逻辑判断需永跳的时候），起动永跳回路。所谓永跳就是指瞬时三相跳闸且闭锁重合闸。永跳动作回路（见图 3-39、图 3-49）如下：

＋24V—KAH_n—VD20ce—V20—z26—KOFR1、2——24V（闭锁）—三取二起动——24V（不闭锁）。

由永跳继电器 KOFR 分别开出触点跳三相开关，联锁切机等。且开入到重合闸 CPU 中，闭锁重合闸，因此永跳时重合闸不动作。

3.7　微机保护装置的软件系统

3.7.1　微机保护软件系统的配置

一、微机保护软件分类

（一）按其作用不同分类

按其作用的不同，微机保护的应用程序可分为三大类。

(1) 故障计算程序。这是微机保护程序的主要部分，其作用是完成不同原理的保护功能。

(2) 正常运行程序。它的作用是完成被保护设备的运行状态检查（如开关位置、负荷状态、互感器断线、通信通道等），并形成故障计算程序所需要的量（如各种门槛电压）。

(3) 监控和管理程序。其作用是：

1) 按固定采样周期接受采样中断进入采样及计算程序；

2) 输入二修改、固化保护装置的定值；

3) 调试和检查微机保护装置的硬件（含自检和互检）；

4) 对外通信（如接受远方修改定值报告、整理打印报告和键盘命令处理等）。

保护典型程序结构图如图 3-54 所示。

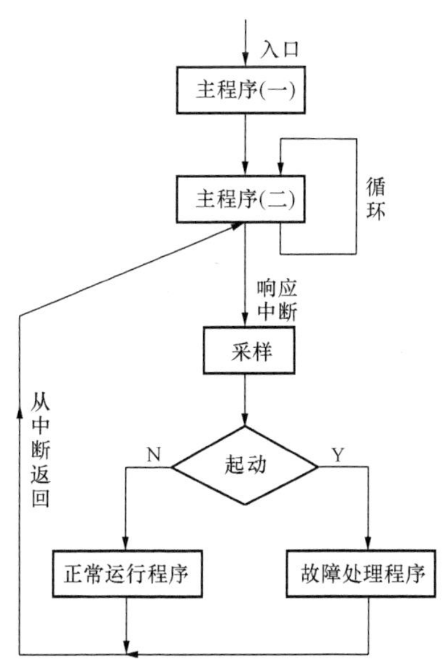

图 3-54　保护典型程序结构图

（二）按微机保护硬件的结构不同分类

由于微机保护硬件可分为人机接口和保护两大部分，因此相应的软件也就分为接口软件和保护软件两大部分。

1. 接口软件

接口软件是指人机接口部分的软件，其程序可分为监控程序和运行程序。由接口面板的工作方式或显示器上显示的菜单选择决定执行哪一部分程序。调试方式下执行监控程序，运行方式下执行运行程序。

接口的监控程序主要是键盘命令处理程序，是为接口插件（或电路）及各保护 CPU 插件（或采样电路）进行调试和整定而设置的程序。

接口的运行程序则由主程序和定时中断服务程序构成。主程序完成各 CPU 保护插件的巡检、键盘的扫描和处理及故障信息的排列和打印等功能。定时中断服务程序包括以下几个部分：软件时钟程序；以硬件时钟控制并同步各 CPU 插件的软时钟；检测各 CPU 插件起动元件是否动作的检测起动程序等。所谓软件时钟就是每经 1.66ms 产生一次定时中断，在中断服务程序中软计数器加 1，当软计数器加到 600 时，秒计数器加 1。

2. 保护软件

各保护 CPU 插件的保护软件配置为主程序和两个中断服务程序。

主程序通常都有初始化和自检循环模块、保护逻辑判断模块和跳闸（及后加速）处理模块 3 个基本模块。通常把保护逻辑判断和跳闸（及后加速）处理总称为故障处理模块。一般来说，前后二个模块在不同的保护装置中是基本上相同的，而保护逻辑判断模块就随不同的保护装置而相差甚远。例如距离保护的保护逻辑就含有振荡闭锁程序部分，而零序电流保护的保护逻辑就没有该部分。

中断服务程序又分为定时采样中断服务程序和串行口通信中断服务程序。在不同的保护装置中，采样算法是不相同的，例如采样算法上有些不同或者因保护装置有些特殊要求，使得采样中断服务程序部分也不尽相同。不同保护的通信规约不同，也会造成程序有很大的差异。

二、保护软件的工作状态

保护软件有运行、调试和不对应状态 3 种工作状态。不同状态时程序流程也就不相同。有的保护没有不对应状态，只有运行和调试两种工作状态。

当保护插件面板的方式开关或显示器菜单选择为“运行”，则该保护处于运行状态，其软件将执行保护主程序和中断服务程序。当选择为“调试”时，复位 CPU 后就工作于调试状态。当选择为“调试”但不复位 CPU，并且接口插件工作在运行状态时，就处于不对应状态，此时保护 CPU 插件与接口插件状态不对应。设置不对应状态的目的是为了对模数插件进行调整，防止在调整过程中保护频繁动作及告警。

三、中断服务程序及其配置

（一）实时性与中断工作方式概述

微机保护装置是实时性要求较强的工控计算机设备，由于外部事件是随机产生的，凡需要 CPU 立即响应并及时处理的事件，必须用中断的方式才可实现，因此其应用软件必须采用中断技术。

所谓实时性，是指在限定的时间内对外来事件能够及时作出迅速反应的特性。例如保护装置需要在限定的极短时间内完成数据采样，在限定时间内完成分析判断并发出跳合闸命令或告警信号，在其他系统对保护装置巡检或查询时及时响应。这些都是保护装置的实时性的具体表现。保护要对上述外来事件做出及时反应，就要求保护中断自己正在执行的程序，而去执行服务于外来事件的操作任务和程序。实时性还有一种层次的要求，即微机系统的各种操作的优先等级是不同的，高一级的优先操作应该首先得到处理，这就意味着保护装置将中断低层次的操作任务去执行高一级优先操作的任务，即保护装置为了满足实时性要求，必须采用带层次要求的中断工作方式。

（二）中断服务程序的概念

对保护装置而言，其外部事件主要是指电力网系统状态、人机对话、系统机的串行通信要求等。

保护装置必须每时每刻掌握保护对象的系统状态，为此，要求保护定时采样系统状态。一般采用定时器中断方式，每经1.66ms中断原程序的运行，转去执行采样计算的服务程序，采样结束后，通过存储器中的特定存储单元将采样计算结果传送给原程序，然后再回去执行被中断了的程序。这种采用定时中断方式的采样服务程序称为定时采样中断服务程序。在采样中断服务程序中，除了有采样和计算程序外，通常还含有保护的起动元件程序及保护的某些重要程序。例如：高频保护在采样中断服务程序中需要进行检查收发信机的收信情况；距离保护中要有两健全相电流差突变元件，用以检测发展性故障。

保护装置还应随时接受下述干预：改变保护装置的工作状态、查询系统运行参数、调试保护装置等。这些干预都是利用人机对话方式来完成的。人机对话方式主要通过键盘方式进行，用键盘中断服务程序完成。有些保护装置不采用键盘中断方式，而采用查询方式。当按下键盘时，通过硬件产生了中断请求，中断响应时就转去执行中断服务程序。

系统机与保护的通信要求属于高一层次对保护的干预，常用主从式串行口通信方式来实现。当系统主机对保护装置有通信要求时，或者接口CPU对保护CPU提出巡检要求时，保护的串行通信口就提出中断请求，在中断响应时就转去执行串行口通信的中断服务程序。串行通信是按一定的通信规约进行的，其通信数字帧常有地址帧和命令帧二种。系统机或接口CPU（主机）通过地址帧呼唤通信对象，被呼唤的通信对象（从机）就执行命令帧中的操作任务。从机中的串行口中断服务程序就是按照一定的通信规约，鉴别通信地址并执行主机的操作命令的程序。

一般的保护装置要配置有定时采样中断服务程序和串行通信中断服务程序。对于单CPU保护，CPU除保护任务之外还有人机接口任务，因此还应该配置有键盘中断服务程序。

3.7.2　微机保护的算法

微机保护装置根据模/数转换器提供的输入电气量的采样数据，利用程序进行分析、运算和判断以实现各种继电保护功能，这种方法称为算法。一般情况是，在解决了算法的问题（即将若干个离散采样值还原成保护测量值）以后，只要列出继电器动作判据的数学表达式，按算法编写程序就实现了继电器的功能。一套复杂的保护装置要采用很多继电器来构成，在微机保护中则是在故障计算程序中采用了很多判别式，每一个判别式实现一种保护功能，它相当于模拟式保护中的一个元件。

评价算法优劣主要从运算精确度、数据窗长度、运算工作量3个方面进行。运算精确度高可使保护装置对区内、外故障判断准确，而算法所用的数据窗短、运算量小则有利于提高保护装置的运行速度，然而这两者之间是相互矛盾的。目前国内微机保护产品采用的算法通常有积分算法和傅里叶算法：积分算法采样率一般为每周波20点，速度快且安全性高，用于快速动作保护；傅里叶算法采样率一般为每周波12点，计算精确度高，用于后备保护。下面以半周积分算法为例，介绍计算机是如何通过算法来实现相应的保护功能的。

半周绝对值积分算法的原理是依据一个正弦量在任意半个周期内绝对值积分为一常数S，且积分值S与积分起始点即与初相角α无关，如图3-55中两部分的阴影面积显然是相等的。

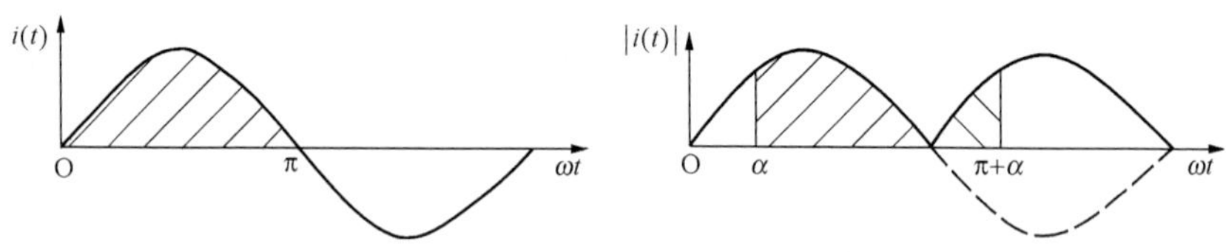

图3-55　半周积分算法原理示意图

半周绝对值积分的面积S为

$$S=\int_{0}^{T/2}\sqrt{2}I\,|\sin(\omega t+\alpha)|\,\mathrm{d}t=\int_{0}^{T/2}\sqrt{2}I\sin\omega t\,\mathrm{d}t=\frac{2\sqrt{2}}{\omega}I \tag{3-7}$$

由式（3-7）可知，只要知道了正弦波半周的面积S，就可以知道正弦波的幅值或有效值，从而构成不同原理的保护。

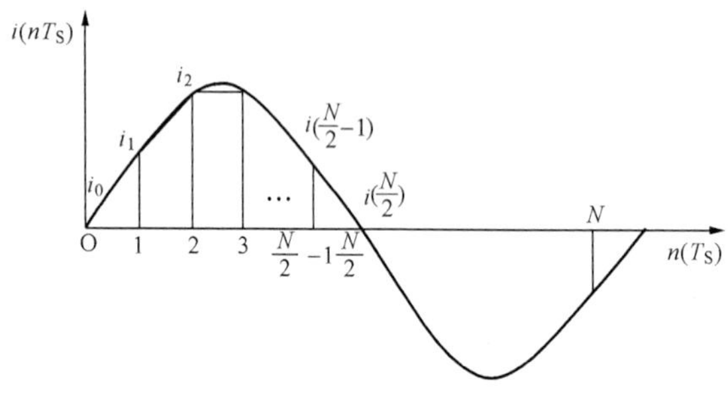

图3-56　用梯形法近似计算正弦量半周积分面积

可以用式（3-8）计算任意正弦量的有效值

$$I=\frac{\omega}{2\sqrt{2}}S \tag{3-8}$$

下面的问题就是如何求取这个积分面积S。计算机求积分不是直接进行的，而是用求和来代替，故式（3-7）的积分可以用梯形法或矩形法近似求出。当用梯形法时，如图3-56所示。

设若干个小梯形面积之和为S'，则有

$$\begin{aligned}S'&=\left[\frac{|i_0|+|i_1|}{2}+\frac{|i_1|+|i_2|}{2}+\cdots+\frac{|i_{(\frac{N}{2}-1)}|+|i_{(\frac{N}{2})}|}{2}\right]T_s\\&=\left[\frac{1}{2}|i_0|+|i_1|+\cdots+|i_{(\frac{N}{2}-1)}|+\frac{1}{2}|i_{(\frac{N}{2})}|\right]T_s\end{aligned} \tag{3-9}$$

式中：i_0，i_1，…，$i_{(\frac{N}{2})}$为$n=0$，1，…，$\frac{N}{2}$时的采样值；N为每周采样点数；T_s为采样周期。

用求矩形面积和的方法，则有

$$S'=T_s\sum_{k=0}^{\frac{N}{2}-1}|i(n-k)| \tag{3-10}$$

显然用绝对值求和来代替绝对值积分（即用 S'代替 S）必然会带来误差。但只要采样频率足够高，T_s 足够小，误差就可以做到足够小。矩形法比梯形法公式较简洁，便于编程，但在相同的 T_s 下，精度较梯形法差。必须说明的是，第一个采样数据对应的正弦量的相角 α 不同，误差也不同，也就是说积分的起始点对误差有影响。以下结合实例分析这种影响。

某正弦量的最大值为 A_m，$\alpha=0$。①若 $N=12$，求该正弦量的有效值 A，并分析不同 α 时的误差；②若 $N=20$，求该正弦量的有效值 A。

利用矩形法求半周积分值，$N=12$ 时，有

$$A=\frac{\omega}{2\sqrt{2}}S=\frac{\omega}{2\sqrt{2}}T_s\sum_{k=0}^{\frac{N}{2}-1}|i(n-k)|=\frac{\pi}{\sqrt{2}N}\sum_{k=0}^{\frac{N}{2}-1}|i(n-k)|$$

$$=\frac{\pi}{\sqrt{2}N}A_m[\sin 0°+\sin 30°+\sin 60°+\sin 90°+\sin 120°+\sin 150°]$$

$$=0.977\frac{A_m}{\sqrt{2}}$$

不同的 α 角时，计算值与真值之间的关系由表 3-5 给出。

表 3-5　　不同 α 角时，计算值与真值之间的关系表

α	0°	5°	10°	15°	20°	25°	30°
A	0.977	0.996	1.008	1.012	1.008	0.996	0.977

$N=20$ 时，则有

$$A=\frac{\pi}{\sqrt{2}N}A_m[\sin 0°+\sin 18°+\sin 36°+\sin 54°+\sin 72°+\sin 90°$$

$$+\sin 108°+\sin 126°+\sin 144°+\sin 162°]=0.992\frac{A_m}{\sqrt{2}}$$

从上述实例分析可知，当 α 为 0°时误差最大，因 $N=12$，每两采样点之间的角度为 30°，误差值是随 α 作周期变化，其变化周期为 30°。N 值越大，即采样频率越高时，误差越小。

除半周积分算法可以算出正弦量幅值外，微机保护还可采取其他不同的算法计算任意正弦量的幅值，如两点乘积、三点乘积、导数、傅里叶算法等。不同的算法不但可计算正弦量的幅值，还可算出正弦量的相位等，不同原理的保护算法不一，本书不再一一介绍，可参考其他继电保护教材。

3.7.3　数字滤波

1. 数字滤波的任务和概念

目前，大多数微机继电保护原理，以故障信号中的基频分量或某种整次谐波分量为基础构成。而在实际故障情况下，输入的电流、电压信号中，除了保护所需的有用成分外，还包含有许多无效的“噪声”分量，如衰减直流分量和各种高频分量等。消除噪声分量的影响有两种基本途径：其一是首先采用数字滤波器对输入信号采样序列进行滤波，然后再使用算法对滤波后的有效信号进行运算处理；其二是设计算法时使其本身具有良好的滤波性能，直接对输入信号采样序列进行运算处理。但一般情况下或多或少都需要用到数字滤波器。

数字滤波器的特点是不以计算电气量特征参数为目的，它通过对采样序列的数字运算得

到一个新的序列（通常仍称为采样序列），在这个新的采样序列中已滤除了不需要的频率成分，只保留了需要的频率成分。

广义而言，数字滤波器是一个装置或系统，用于对输入信号进行某种加工处理（运算），以达到取得信号中有用的频率成分而去掉无用信息的目的。数字滤波器实际上是一段程序，微机通过执行这一程序，对数字信号进行某种数学运算，去掉信号中的无用成分，从而达到滤波的目的。要实现某一数学式描述的特性，对数字滤波器而言，只需按所设计的数学模型编制程序即可。

2. 滤波器的分类

滤波器可以有多种分类的方法，就频率特性而言，通常可划分为高通、低通、带阻和带通滤波器。其理想幅频特性如图 3 - 57 所示。其中图 3 - 57（a）为低通滤波器的幅频特性，在 $0 \leqslant \omega \leqslant \omega_0$ 频带内的信号可以通过滤波器，$\omega > \omega_0$ 之后频带的信号迅速衰减，理想情况下衰减到 0。ω_0 为截止角频率。图 3 - 57（b）是高通滤波器特性，$0 \sim \omega_0$ 为阻带，$\omega > \omega_0$ 为通带。图 3 - 57（c）为带通滤波器特性，它通过的频段宽度叫频宽，用 $\Delta\omega$ 表示，频宽中点所在角频率为中心角频率 ω_0。图 3 - 57（d）是带阻滤波器，其特性正好与带通滤波器相反。

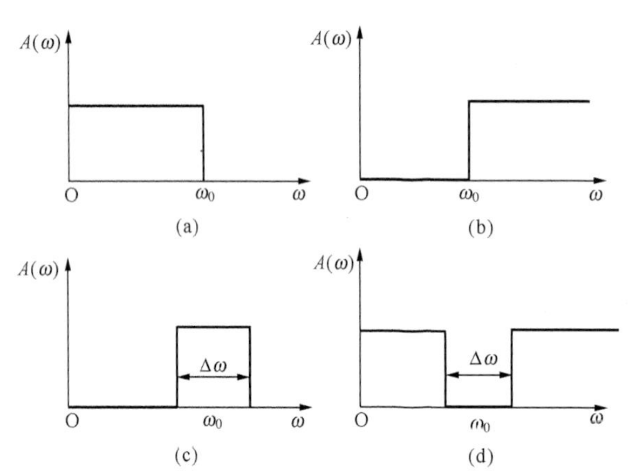

图 3 - 57 四种理想滤波器的幅频特性

（a）低通；（b）高通；（c）带通；（d）带阻

在继电保护中，低通、带通和带阻特性都有应用，例如，大多数保护动作原理反映的工频分量，应用 50Hz 带通滤波器。发电机定子接地保护中利用 3 次谐波构成 100%的定子接地保护，小接地电流系统中利用 5 次谐波选出故障线路，变压器差动保护中利用 2 次谐波制动等，这些应分别应用 150、250Hz 及 100Hz 带通滤波器。有时为了消除某次谐波的影响，就要用到带阻滤波器（也叫陷波器）。

3. 一种基本的数字滤波器实例（减法滤波器）

以减法数字滤波器为例，说明数字滤波原理。

设 T_s 为采样周期，$x(nT_s)$ 为 $t=nT_s$ 时的输入数据（采样值），$x(nT_s-KT_s)$ 为前 K 个 T_s 时刻（即 $t=nT_s-KT_s$ 时）的输入数据，$y(nT_s)$ 为 $t=nT_s$ 时的滤波器输出，则差分滤波器的差分方程为

$$y(nT_s)=x(nT_s)-x(nT_s-KT_s) \tag{3-11}$$

由于保护中采样间隔是均匀的（为 T_s），所以可以将 $x(nT_s)$、$y(nT_s)$ 直接写成 $x(n)$、$y(n)$，式（3 - 11）可写成

$$y(n)=x(n)-x(n-K) \tag{3-12}$$

式（3 - 11）或式（3 - 12）就是差分滤波器的数学模型，它是一个 K 阶差分方程，其数据窗长度为 K（或 KT_s）。它表明该滤波器与前行输出无关，称这种滤波器为非递归型数字滤波器。差分滤波器的结构如图 3 - 58 所示，输入 $x(n)$ 经延时单元得到 $x(n-K)$，然后与

输入 $x(n)$ 相减得到输出 $y(n)$。

那么式（3-11）或式（3-12）所表示的滤波器是如何起到滤波作用的呢？我们可以用图 3-59 来说明滤波的原理。设输入信号中含有基波，其频率为 f_1，也含有 m 次谐波，其频率为 $f_m=mf_1$，如图 3-59 波形所示（图中 $m=3$ 为 3 次谐波）。输入信号 $x(t)$ 为

$$x(t)=A_1\sin 2\pi f_1 t+A_m\sin 2\pi m f_1 t$$

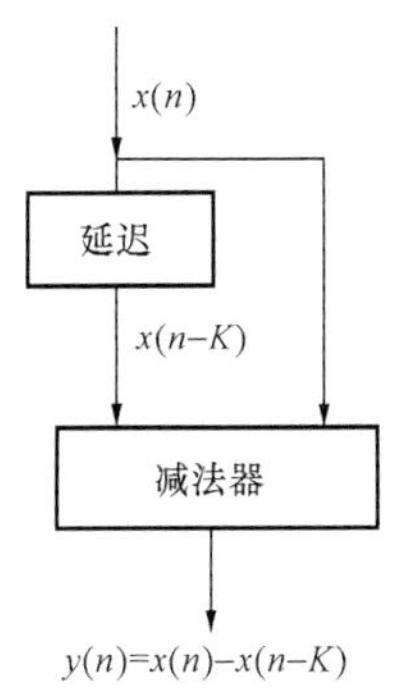

图 3-58　差分滤波器结构

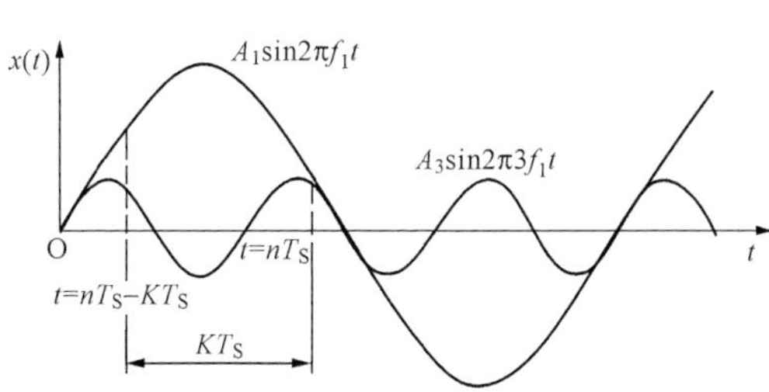

图 3-59　差分滤波器滤波原理说明

当 KT_S 刚好等于谐波的周期 $T_m=\dfrac{1}{mf_1}$，或者是$\dfrac{1}{mf_1}$的整倍数（如 P 倍，$P=1$，2，…）时，则在 $t=nT_s$ 及 $t=nT_s-KT_s$ 两点的采样值中所含该次谐波成分相等，故两点采样值相减后，恰好将该次谐波滤去，剩下基波分量。此时有

$$KT_s=\frac{P}{mf_1}$$

故滤去的谐波次数为

$$m=\frac{P}{KT_sf_1}\quad (P=1,2,\cdots) \tag{3-13}$$

由此可见，当 f_1 和 T_s 已确定时，能滤掉的谐波最低次数是在 $P=1$ 时计算的 m 值，除此之外，还能滤掉 m 的整倍数的谐波。因数据窗越长其延时越长，通常取 P 为 1 即可。

举例分析数据窗长度的计算。

某差分滤波器为 $y(nT_s)=x(nT_s)-x(nT_s-KT_s)$，希望能消除 3 次谐波，试求该滤波器的数据窗长度（设采样频率 f_s 为 600Hz）。

根据题意，已知 $m=3$，求 K 值，应用式（3-13），令 $P=1$ 得

$$K=\frac{P}{mT_sf_1}=\frac{f_s}{3f_1}=4$$

即欲消除 3 次谐波，可以在式（3-11）中取 $K=4$，即采样值 $x(nT_s)$ 与它相隔 4 个 T_s 的采样值 $x(nT_s-4T_s)$ 相减即可。不过它除了消除 3 次谐波外，还能消除 3 的整倍数次谐波如 6、9 等次谐波。

数字滤波器作为数字信号处理领域中的一个重要组成部分，已建立起完整的理论体系和成熟的设计方法。但继电保护作为一种实时性要求较高而且需要使用故障暂态信号的自动装置，对滤波器的性能有一些特殊的要求，通过研究，提出了很多具有针对性的适用于微机保护的数字滤波器的设计方法。读者要想了解这方面的知识，可查阅相关文献，本书只通过介绍微机保护装置中使用的最简单的差分数字滤波器，以帮助读者建立起这方面的基本概念。

3.7.4 微机保护主程序原理

微机保护主程序框图如图 3-60 所示。

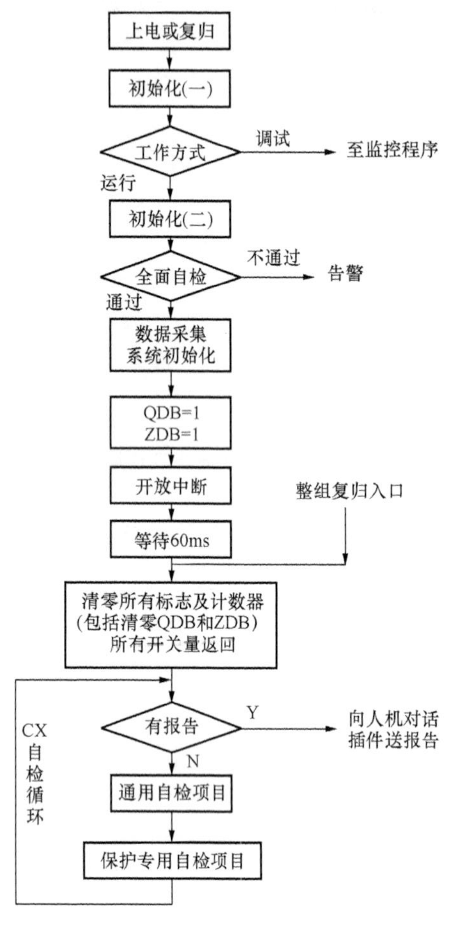

图 3-60 微机保护主程序框图

一、初始化

初始化是指保护装置在上电或按下复位键时首先要执行的程序，它是对单片机（CPU）及可编程扩展芯片的工作方式和参数进行设置，以便在后面的程序中按预定方案工作。例如：CPU 的各种地址指针的设置；并行、串行及定时器可编程扩展芯片的工作方式和参数的设置。初始化分为初始化（一）、初始化（二）及数据采集系统初始化三个部分。

初始化（一）是对单片机及其扩展芯片的初始化，使保护输出的开关量出口初始化，赋以正常值，以保证出口继电器均不动作。初始化（一）是保护的运行与监控程序都需要用到的初始化程序。初始化（一）后，通过液晶显示器显示主菜单，由工作人员选择运行或调试（退出运行）工作方式。如选择“调试”，就进入监控程序，进行人机对话并执行调试命令。若选择“运行”，则开始初始化（二）。初始化（二）包括采样定时器的初始化、控制采样间隔时间、对 RAM 区中所有运行时要使用的软件计数器及各种标志字清零等。

初始化完成后，开始对保护装置进行全面自检。如不正常则显示装置故障信息，然后开放串行口中断，等待管理 CPU 通过串行由中断来查询自检状况，向微机监控系统及调度传送各保护的自检结果。如装置自检通过，则进行数据采集系统的初始化，主要是采样值存放地址指针初始化，如果采用 VFC 采样方式，则还需要对可编程计数器进行初始化。完成采样系统初始化后，开放采样定时器中断和串行口中断，等待中断发生后转入中断服务程序。

二、自检的内容和方式

在完成初始化（二）之后进入全面自检。全面自检包括对 RAM、EPROM、E^2PROM 等回路的自检。

1. RAM 的读写检查

在 RAM 的某一单元写入一个数（如 AAH），再从中读出，比较两者是否相等。如发现写入与读出的数值不一致，则说明 RAM 有问题，驱动显示器显示故障字符代码和故障时间，故障类型说明“RAM 故障”。显示故障的同时开放串行口中断并等待管理 CPU 查询。

2. 定值检查

每套定值在存入 E^2PROM 后，都自动固化若干个校验码。如发现只读存储器 E^2PROM 定值求和码与事先存放的定值和不一致，则说明 E^2PROM 有故障，驱动显示器显示故障字符代码和故障时间，故障类型说明“E^2PROM 故障”及故障范围（定值区和参数区）。

3. EPROM 的求和自检及 CRC 自检

求和自检 EPROM 时，把 EPROM 中存放的程序代码从第一个字节加到最后一个字节，将求和结果与固化在程序末尾的和数进行比较。如发现求和自检与原和数不符，则显示器显示相应故障字符代码和故障时间，故障类型说明“EPROM 故障”。求和自检方式算法简单，执行速度快，常用于 EPROM 的在线实时自检。但 EPROM 累加和自检在多个字节变位时漏检的可能性相对较大，因此对于新投产的微机保护检验时常用 CRC 循环冗余码自检方法。CRC 自检是对每个字节的每个位均作规定的运算，错误检出率高，但由于执行速度慢，需要花费很长的 CPU 时间，因此不用于在线实时自检。

4. 开出自检

开出自检主要检测开出通道是否正常，它是通过硬件开出反馈来检测的。

三、开放中断与等待中断

在初始化之时，采样中断和串行口中断仍然被 CPU 的软开关关闭，这时 A/D 转换和串行口通信均处于禁止状态。初始化后进入运行之前，应开始模数变换并进行一系列采样计算，必须开放采样中断，使采样定时器开始计时，并每隔 T_s 时间发出一次采样中断请求信号。同时应开放串行口中断，以保证接口 CPU 对保护 CPU 的正常通信。在开放中断后必须延时 60ms，以确保采样的完整和正确。

四、自检循环

在开放中断后，所有准备工作就绪，主程序就进入自检循环阶段。故障处理程序结束返回主程序，也是在这里进入自检循环的。

自检循环包括查询检测报告、专用及通用自检等方面。

在进行全面自检、专用自检及故障处理程序返回主程序时，均带有自检信息和保护动作信息，应将上述信息打印出来供值班人员查看、保存。所以，自检循环首先安排的是查询检测报告。

通用自检通常是进行定值选择拨轮号监视和开入量监视。定值选择拨轮号体现了保护整定值是否正常，一旦有变化或者接触不良就发呼唤信号；开入量的状态反映了系统运行方式，CPU 预先读入各开入量的状态并存入 RAM，然后通过不断读取开入量，监视其有否变化，如有变化经延时发出呼唤信号，除了呼唤信号灯亮之外，还通过打印报告反应开入量的变化时间及变化前后的状态。

专用自检是根据不同的保护安排自检内容，主要是根据保护的要求检测 $3I_0$ 和 $3U_0$，判断电流互感器 TA、电压互感器 TV 是否有断线，判断系统静稳是否破坏等内容。

在上述循环过程中不断地等待采样定时器的采样中断请求和串行口通信的中断请求。当保护 CPU 接到中断请求并允许中断后，就进入中断服务程序。中断服务程序结束后，又回到自检循环并继续等待中断请求。主程序就是如此反复自检、中断，不断循环，是微机保护运行的重要程序。

应该指出，各种保护装置的主程序、中断服务程序、保护逻辑程序和处理故障程序不可能完全相同，本章所述的各种程序及其框图只能是一种典型的格式而已。

3.7.5 采样中断服务程序原理

采样中断服务程序框图如图 3-61 所示。采样中断服务程序主要包括采样计算、电压互感器 TV 和电流互感器 TA 断线自检、保护起动元件等程序，还可以根据不同保护的特点，增加某些检测被保护系统状态的程序。

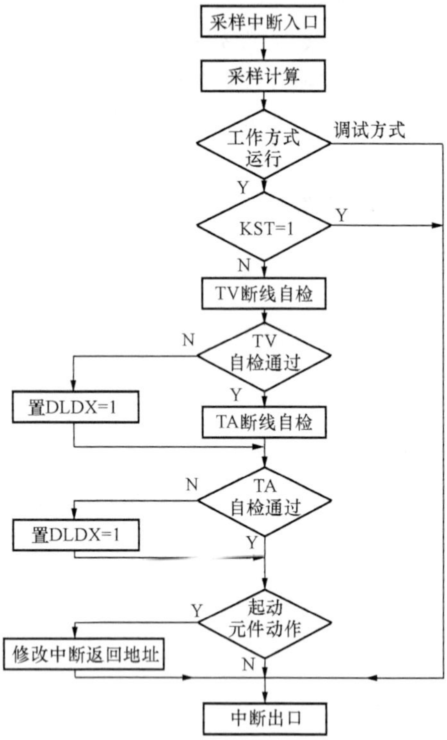

采样中断入口
采样计算
工作方式运行
调试方式
Y
KST=1
Y
N
TV断线自检
N
TV自检通过
Y
置DLDX=1
TA断线自检
N
TA自检通过
置DLDX=1
Y
Y
起动元件动作
修改中断返回地址
N
中断出口

图 3-61 采样中断服务程序框图

一、采样计算概述

采样中断服务程序首先进行采样计算。在计算之前，必须分别先对三相电流、零序电流、三相电压、零序电压及线路电压的瞬时值进行同时采样，如每周采样 12 点，采样频率则为 12×50＝600Hz，采样后计算其瞬时值，然后将各瞬时值存入 RAM 的对应地址单元内。计算各电流电压交流有效值的算法是多种多样的，如半周积分法、傅里叶算法等，可取某个计算模拟量的同一周期的一组瞬时值来计算。总之，保护的采样计算就是采用某种适当的算法分别计算出各相电压和电流的有效值、相位、频率及阻抗等数值，还可以根据需要进一步计算各序电压、电流及各序功率方向等，并分别存入 RAM 指定的区域内，供后续的程序调用（如供逻辑判断及进一步计算使用）。

微机保护的采样计算是利用微机能进行数值计算和存储的特点，以实现继电保护的复杂的动作特性。

无论是运行还是采样通道调试都要进入采样中断服务程序，都要进行采样计算，因此完成采样计算后，需查询目前所处的工作方式。

二、TV 断线的自检

在保护判断启动之前，应先检查电压互感器 TV 二次是否断线。

在小电流接地系统中，可简单地按以下两个判据检查电压互感器 TV 二次是否断线。

(1) 正序电压小于 30V，而任一相电流大于 0.1A。

(2) 负序电压大于 8V。

在系统发生故障时正序电压也会下降，负序电压会增大，因此当满足上述任一条件后还必须延时 10s 才能确定 TV 断线，并发出运行异常“TV 断线”信号，待电压恢复正常后信号复归。在 TV 断线期间，用标志位 DYDX 置 1 来标志 TV 断线，并通过程序闭锁自动重合闸，并且保护将根据整定的控制字决定是否退出与电压相关的保护。

三、TA 断线的自检

在电流互感器 TA 二次回路断线或电流通道的中间环节接触不良时，保护（例如变压器差动保护）有可能误动作，因此对电流互感器 TA 二次回路必须监视，在断线时闭锁保护并报警。由于微机型变压器保护中各侧引入电流均采用Y接线，因此TA断线的判断变得简单明了，对大接地电流系统可采用以下零序电流的判据。

(1) 变压器d侧：出现零序电流则判为该侧断线。

(2) 变压器Y侧：比较自产零序电流（$\dot{I}_A+\dot{I}_B+\dot{I}_C$）和变压器中性点侧TA引入的外接零序电流（$3\dot{I}_0$），数值不同则判断为该侧TA断线。具体判据为

$$\left|\,|\dot{I}_A+\dot{I}_B+\dot{I}_C|-|3\dot{I}_0|\,\right|>I_{d1} \tag{3-14}$$

在系统发生接地故障时$3\dot{I}_0$数值增大，因此TA断线还必须增加系统$3I_0$小于定值的判据为

$$|3\dot{I}_0|<I_{d2} \tag{3-15}$$

式中：I_{d1}、I_{d2}分别为判别TA断线的两个电流定值。

以上判据比较复杂，对于中低压变电所可选择较简单的判断方法。以下是变压器保护采用负序电流来判断TA断线的两个判据。

(1) TA断线时产生的负序电流仅在断线一侧出现，而在故障时至少有两侧会出现负序电流。

(2) 以上判据在变压器空载时发生故障的情况下，因仅电源侧出现负序电流，将误判TA断线。因此要附加判别条件，即降压变压器低压侧三相都有一定的负荷电流。

在TA断线期间，程序中置标志位DLDX=1来标志TA断线，并根据整定的控制字决定是否将相关保护退出运行。

应该指出，并非所有保护都必须做TA和TV断线自检，应根据TA和TV断线对保护的影响来考虑是否采用断线自检程序。

四、起动元件

（一）起动元件的作用

为了提高保护动作的可靠性，保护装置的出口均经起动元件闭锁，只有在起动元件起动后，保护进入到故障处理程序，保护装置的出口闭锁才被解除。在微机保护装置中，起动元件由软件来完成的。起动元件起动后，起动标志位KST置1。

（二）常用的起动元件

1. 电流突变量起动元件

电流突变量起动元件的算法为

$$\Delta i(n)=|i(n)-i(n-N)| \tag{3-16}$$

式中：$i(n)$为电流在某一时刻n的采样值；N为一个工频周期内的采样点数；$i(n-N)$为比$i(n)$早一周的采样值；$\Delta i(n)$为n时刻电流的突变量。

由图3-62可以看出，当系统正常运行时，负荷电流是稳定的，或者说负荷虽时时有变化，但不会在一个工频周期这样短的时间内突然发生很大变化，因此这时$i(n)$和$i(n-N)$应当接近相等，突变量$\Delta i(n)$等于或近似等于零。

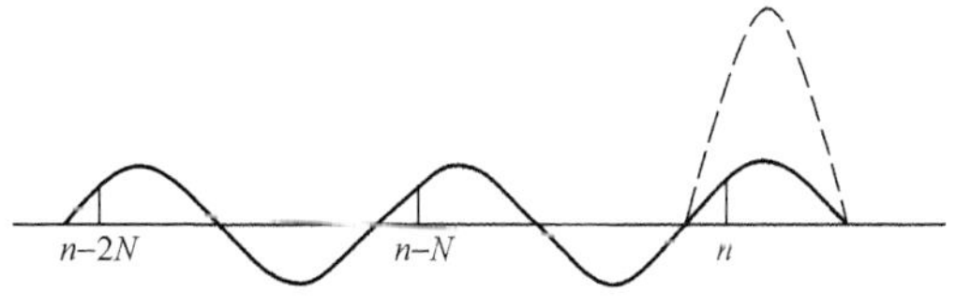

图3-62　突变量元件原理说明图

如果在某一时刻发生短路，故障相电流突然增加如图3-62中虚线所示，将有突变

量电流产生。按式（3-16）计算得到的 $\Delta i(n)$ 实质是用叠加原理分析短路电流时的故障分量电流，负荷分量在式（3-16）中被减去了。显然突变量仅在短路发生后的第一个周期内存在，即 $\Delta i(n)$ 的输出在故障后持续一个周期。

按式（3-16）计算会受到电网频率变化的影响，为消除由于电网频率的波动引起不平衡电流，突变量按式（3-17）计算为

$$\Delta i(n)=\big||i(n)-i(n-N)|-|i(n-N)-i(n-2N)|\big| \tag{3-17}$$

正常运行时，如果频率偏离 50Hz 而造成 $|i(n)-i(n-N)|$ 不为 0，但其输出必然与 $|i(n-N)-i(n-2N)|$ 的输出相接近，因而式（3-17）右侧的两项几乎可以全部抵消，使 $\Delta i(n)$ 接近为 0，从而有效地防止误动。

（1）相电流突变量元件。当式（3-17）中各电流取相电流时，称为相电流突变量元件。即式（3-17）可写成

$$\Delta i_{ph}(n)=\big||i_{ph}(n)-i_{ph}(n-N)|-|i_{ph}(n-N)-i_{ph}(n-2N)|\big| \tag{3-18}$$

式中：ph 分别取 A、B、C，三个突变量元件一般构成或的逻辑。

为了防止由于干扰引起的突变量输出而造成误起动，通常在突变量元件连续动作几次才允许起动保护，其逻辑见图 3-63（a）所示。

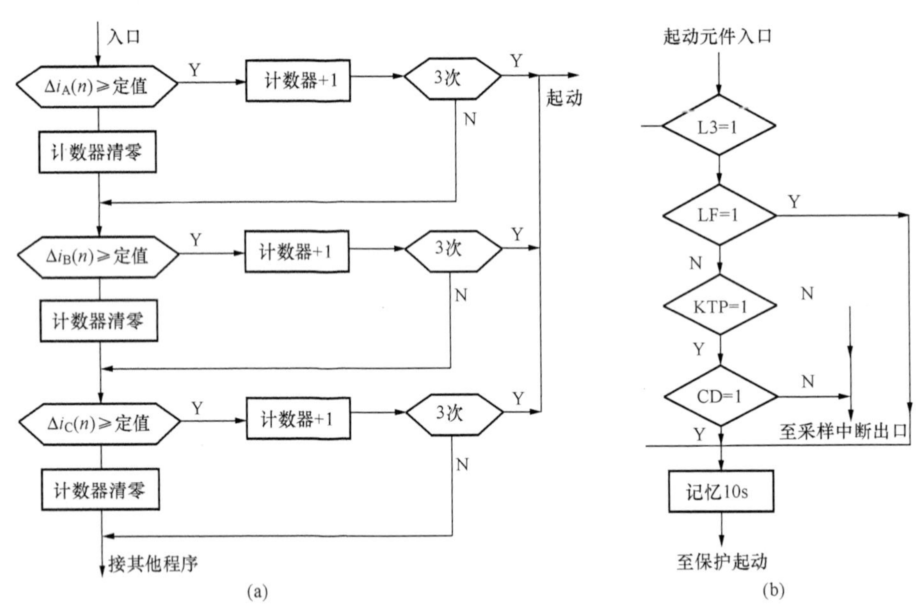

图 3-63 起动元件动作逻辑图

（a）电流突变量起动元件；（b）Ⅲ段电流元件用作起动元件

（2）相电流差突变量元件。当式（3-17）中各电流取相电流差时，称为相电流差突变量元件。其计算式变为

$$\Delta i_{\varphi\varphi}(n)=\big||i_{\varphi\varphi}(n)-i_{\varphi\varphi}(n-N)|-|i_{\varphi\varphi}(n-N)-i_{\varphi\varphi}(n-2N)|\big| \tag{3-19}$$

式中：$\varphi\varphi$ 分别取 AB、BC、CA。

该元件通用作起动元件时的逻辑关系与图 3-63 相似，该元件还可以用作选相元件，原理见本书 7.6 节。

2. Ⅲ段电流起动元件

中低压变电所的线路保护通常采用反映故障较灵敏的Ⅲ段电流超定值（L3＝1）构成起动元件。起动元件的程序逻辑框图如图3－63（b）所示。当保护带有低周减载功能时，为了配合低频减载的要求，在满足低周减载的条件（LF＝1）时，保护应起动以保证低周减载装置可靠动作；为满足重合闸动作的要求，在重合闸“充电”完好（CD＝1），并满足位置不对应的条件（KTP＝1）时，起动元件也应起动，以保证可靠重合闸。所以，Ⅲ段过电流、低周减载起动、重合闸起动，任一条件满足均可经带记忆10s的或门起动保护。

3.7.6 故障处理程序原理

一、故障处理程序框图

如图3－64所示，故障处理程序包括保护软连接片的投切检查、保护定值比较、保护逻辑判断、跳闸处理程序和后加速部分等。

保护起动后，进入故障处理程序。首先置标志位KST＝1，驱动起动继电器开放保护。

微机保护是含有多种功能的成套保护装置，一个CPU要分别处理多个保护功能，例如在电容器保护中，CPU要处理电流速断、欠电压、过电压、零序过电流等保护功能，因此需先查询各个保护“软连接片”（即开关量定值）是否投入？有否超定值？如果该保护软连接片未投入，则转入其他保护功能的处理程序；如果该保护软连接片已投入并超定值，则进入该保护的逻辑判断程序，若逻辑判断保护应动作，则先置该保护动作标志为1，发出保护动作信号，再进入跳闸、重合闸及后加速的逻辑程序。在各保护的逻辑判断中，如A相的未超定值或逻辑判断程序未判为保护动作，则应分别进入B相及C相的判断处理程序。

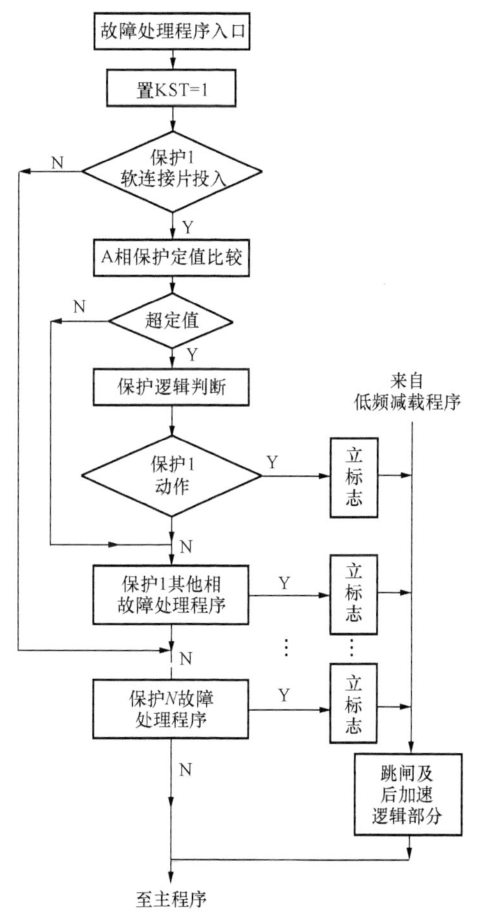

图3－64 故障处理程序框图

二、跳闸及后加速逻辑程序框图

图3－65为跳闸及后加速的逻辑处理程序框图。

1. 跳闸逻辑程序

进入跳闸逻辑程序后，应立即通过CPU并行接口的一个端口输出三相跳闸命令。接着执行延时0.4s指令，0.4s为跳闸和重合闸的时间，它通过CPU内部定时器延时实现，程序只查询0.4s延时时间是否已到。如0.4s时间未到，则执行40ms延时，此0.4s（即断路器跳闸时间）是通过程序循环延时，由软件实现的。40ms后检查是否已收回跳闸命令，如未收回则检查此时三相是否已无电流（其判据是当前采样值与“无流检查定值”比较），如无电流表示已跳闸，则收回跳令，程序再转回查询0.4s延时时间是否已到。若三相仍有电流，说明跳闸命令发出后断路器还未跳开，再经延时 0.25s 后如仍未跳开，说明断路器可能有故障，就再发一次重跳（ZT=1，重跳后不再重合标志）命令。经 5s 循环延时仍未跳开，即报警。若在 5s 内断路器跳闸成功，则收跳令后转回 0.4s 延时检测。

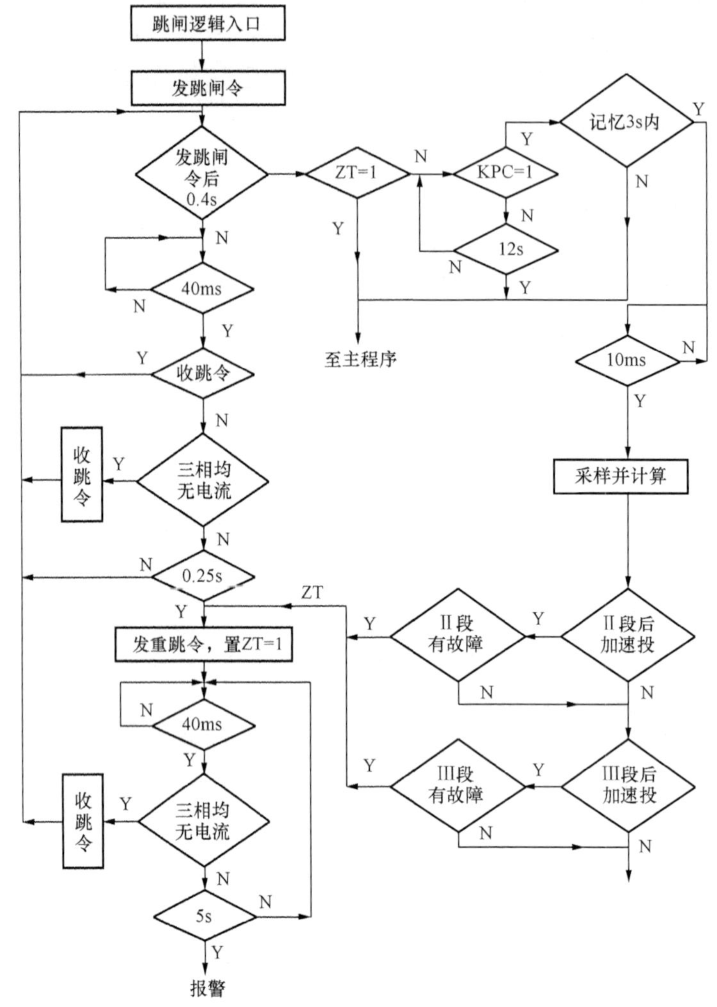

图 3-65　跳闸及后加速逻辑程序框图

2. 后加速逻辑程序

发跳闸令经 0.4s 延时后，在正常情况下，重合闸的动作应当已完成，所以程序检测重合闸是否成功，即检测合闸位置继电器 KCP 的触点状态。如 KCP=0，说明未重合闸，等待 12s 后仍未重合闸，即回到主程序；如 KCP=1 并在后加速记忆的 3s 时间内，则等待 10ms 后进入后加速程序。

进入后加速程序后，用当前采样值重新计算各相电流、电压的幅值与相位。如Ⅱ段后加速软连接片已投入，同时在Ⅱ段范围内仍然存在故障，则立即发重跳命令。若Ⅱ段后加速连接片未投入或在Ⅱ段范围无故障，即查询Ⅲ段后加速软连接片是否投入，同时在Ⅲ段范围内是否有故障。如Ⅲ段后加速连接片投入并且在Ⅲ段范围内无故障，即表示重合成功，结束故障处理程序，回到主程序；若Ⅲ段后加速连接片投入并且Ⅲ段范围有故障，发重跳令转入跳闸处理程序。重跳后，程序在检测 ZT=1 后，就结束故障处理程序转至主程序循环。

三、中断服务程序与主程序各基本模块间的关系

采样中断服务程序与主程序及保护逻辑判断、跳闸及后加速处理程序之间的关系，如图 3-66 所示。

保护 CPU 芯片内有四个定时器，定时时间可由初始化决定，如定时为$\frac{5}{3}$ms 发出中断请求一次，这是定时采样中断方式。中断请求响应后就转入采样中断服务程序。正常运行时，采样中断服务程序结束后就自动转回执行主程序中原被中断了的指令。但是在采样计算后，如发现被保护设备有故障，就会起动保护，随即修改中断返回地址，强迫中断服务程序结束后进入故障处理程序，而不再回到原被中断的主程序。

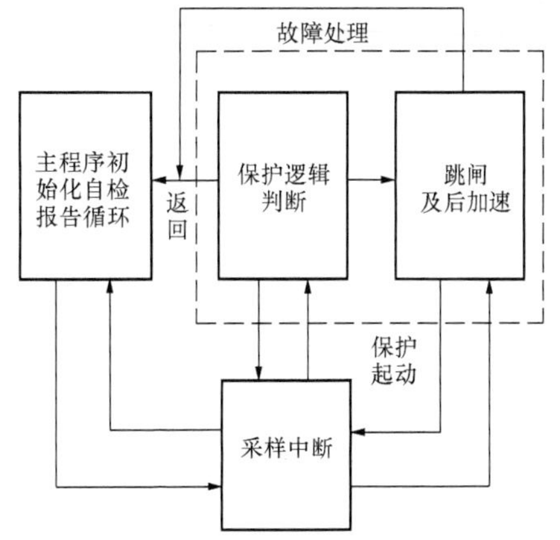

图 3-66　采样中断服务程序与主程序及保护逻辑判断、跳闸及后加速处理程序之间的关系

在执行故障处理程序时，仍然要定时进入采样中断服务程序，此时起动标志位 KST=1，中断结束后就不再修改中断返回地址了（如图 3-61 所示），而是自动回到原被中断了的故障处理程序。即使是在执行跳闸后加速程序时，也要定时进入采样中断服务程序，这样可使得保护在任何时候都获得实时的采样数据，保证了保护的实时性及动作的正确性。

进入故障处理程序后，先是保护逻辑判断（包括振荡闭锁等功能）部分，如保护逻辑判断应跳闸即进入跳闸及后加速处理程序，处理结束后程序返回到主程序的自检循环部分。若保护逻辑判断不动作，也返回主程序的自检循环部分。

3.8　微机保护的抗干扰措施

3.8.1　抗干扰措施对微机保护的重要意义

可靠性是对继电保护的基本要求之一，它包括不误动和不拒动两方面。除了保护的基本原理应满足可靠性要求之外，还有两个因素影响保护的可靠性，这就是干扰和元件损坏，这些都不应该引起误动和拒动。

保护装置微机化后，其元件数量大大减少，而且大规模集成电路损坏率很低，特别是微机可以实现高级的在线自动检测，绝大多数元件损坏都能立即被检测出来且自动采取相应措施，不会引起保护的误动。但继电保护装置的工作环境恶劣，电磁干扰严重。对微机保护的可靠性构成了一定的威胁。

研究表明，微机保护中的干扰主要是由端子排从外界引入的浪涌电压和装置内部继电器切换等原因造成的，例如模拟量输入回路串入的共模信号，开关量输入输出回路与外界相连而涌入的浪涌，装置的电源线也会携带干扰信号等。

干扰的后果对微机保护来说往往表现为由于数据或地址的传送出错而导致计算出错或程序出格。例如当CPU正通过地址总线送出一个地址从EPROM提取指令操作码时，由于干扰使传送的地址出错，它将从一个错误的地址取得一个错误的操作码，如果这个误码是一条转移指令，或者其指令长度不同于原指令，则CPU的行为将完全背离原程序的轨道，这种现象叫程序出格。出格后CPU可能执行一系列非预期的指令，其最终结果往往是碰到一条不认识的指令而停止工作（死机）。由此可见，程序出格后引起误动作的概率很小，但此时CPU将停止执行保护的任务，如不能及时发现和自动纠正，则发生故障时保护就会拒动。干扰的第二种可能的后果是导致保护误动，例如从电流互感器或电压互感器二次引入的浪涌造成错误的数据而使保护误动，严重的干扰还可能造成元件损坏。

一般干扰信号的频率高、幅度大、前沿陡，因而可以顺利通过各种分布电容的耦合，但这些干扰的持续时间短。针对这些特点，微机保护采取了其独到的一些抗干扰措施，实践证明微机保护是高度可靠的。

3.8.2 微机保护的抗干扰措施

一、硬件方面

1. 隔离和屏蔽

为防止外部浪涌影响微机工作，必须保证端子排任一点同微机部分无电的联系。接至装置以外引线端子有以下几类。

（1）模拟量输入。对于模拟量输入回路所涌入的共模干扰信号可以由电压形成回路中的小变压器进行隔离（如图3-37所示），通常在线圈间加屏蔽层以更好地防止干扰信号的侵入。对于差模信号，它对保护威胁一般不大，因数据采集系统中的前置低通滤波器能很好地吸收差模浪涌。另一种模拟量输入不能用变压器隔离，例如发电机的转子电压为直流电压，可以用光电隔离。

（2）开关量输入。开关量输入包括其他屏上或装置的继电器触点输入，如加速保护用的手合继电器触点等。这些触点不能直接接在接口芯片引脚上，应经过光电隔离，如图3-20所示。

（3）开关量输出。开关量输出包括跳闸出口、中央信号等触点输出。继电器触点通过端子排引出，线圈则由弱电逻辑驱动。驱动继电器线圈的弱电电源和微机所用电源之间不应有电的联系，也要进行光电隔离（如图3-21所示），以防止线圈回路切换产生的干扰影响微机工作。

2. 微机采用逆变电源

微机用电源一般都用逆变电源，由蓄电池直流220V逆变成高频电压后经高频变压器隔离，再变换成弱电直流电压供微机用，这样可以削弱由电源回路引入的干扰。

3. 合理布置各插件

前面所述的隔离和屏蔽措施，虽然可以大大削弱干扰的幅度，但不能完全消除浪涌电压，因为它们频率高、幅度大且前沿陡，可以通过分布电容耦合到后级电路甚至CPU回路。为防止剩余的浪涌引起的恶果，在整个电路的布局上应合理，使微机工作的核心部分远离干扰源或与干扰有联系的部件。这些核心部分主要是CPU芯片、EPROM、重要的RAM、模数变换及有关的地址译码电路。

4. 电源的接地处理

采用上面的防范措施后，干扰可能进入弱电系统的途径主要是微机的电源，这一方面是因为电源与干扰源之间的联系相对紧密，另一方面也因为电源直接连至各个部分，包括最要害的 CPU 部分。微机电源的正、负极之间接有大量的电容，每个插件和每个芯片的电源之间一般都有退耦电容，这些电容对高频是短路的，因而电源线传递的共模干扰是作用在弱电电源线和机壳之间的干扰，弱电电源线传递共模干扰的方式与其零线是否与机壳相接有关。实践中，电源零线采取浮空的方式，即不与机壳相连，并尽量减少电源线与机壳之间的分布电容，同时减少微机弱电回路中非电源线的其他部分与机壳之间的分布电容，为此将印制板周围都用电源零线或＋5V 线环闭起来，这样可以完全隔断电路板上其他部分同机壳之间的耦合，此时在干扰作用下微机电源线与机壳之间的电位将浮动，弱电系统中其他部分的电位将随同电源线一起浮动，而它们之间的电位保持不变。实践证明，这种方法效果很好。

5. 采用多 CPU 结构

近几年开发的保护产品采用了多 CPU 结构，每个 CPU 负责一种或几种保护功能，互相独立，如一个 CPU 插件损坏不会影响其他 CPU 的正常工作。采用了多 CPU 之后，除了各 CPU 自检外，上位机还可以对各 CPU 进行巡检，任何部位电子器件故障，都能方便地检测出故障所在的插件。

6. 实行联网

对电力系统厂站的微机保护装置进行联网，可以对微机保护装置的运行状态实行在线监控，提高了微机保护运行的可靠性。微机保护的信息输出主要采用联网集中输出方式，紧急情况下可以就地打印，这样提高了微机保护信息输出的可靠性。由于实现了与微机系统联网，使微机保护的信息报告可采用存放在磁盘的形式保存，大大方便了运行管理工作。

二、软件方面

一旦干扰突破了由硬件组成的防线，可由软件来进行纠正，以防造成微机工作出错，导致保护误动或拒动。

1. 对输入数据进行检查

对各路模拟量输入通道，只要提供一定的冗余通道，即使由于干扰造成错误的输入数据，也有可能被计算机排除。例如对于电流通道，在设置三个相电流通道 i_a、i_b、i_c 之后，本来可以将三个量用程序相加而获得 $3i_0$，但为了校对可以再增加一个硬件输入通道接在 $3i_0$ 回路。于是可以对每一个采样点 n 应满足

$$i_a(n)+i_b(n)+i_c(n)\approx 3i_0(n) \tag{3-20}$$

式（3-20）提供了一个判别各通道的采样值是否可信的依据。每次采样后都按式（3-20）分析，满足此关系才允许这一组数据保留，如果由于干扰导致采样数据有错而不满足此关系，就取消这一组数据，直到干扰消失，数据恢复正常后再保留采样数据。这种关系也适用于三相电压和开口三角形的电压 $3u_0$。

对于没有上述关系可利用的模拟信号，可以对每个信号设置两个通道，只在两个通道读数一致时才可信，否则取用以后的数据，相当于让保护带延时以躲过干扰，不过这种延时不是固定的。

式（3-20）的检查不仅可以抗干扰，还可以用来发现数据采集系统的硬件损坏故障。

例如有一个采样芯片或VFC芯片损坏，此时将连续多次发现不符合式（3-20）关系，微机将报警和采取相应措施，不会引起保护误动。

2. 对运算结果进行核对

为了防止干扰可能造成的运算出错，可以将整个运算进行两次，对运算结果进行核对，比较两次计算结果是否一致，通常有两种做法。一是在运算结束后，先把运算结果暂存起来，利用同样的原始数据，按同样的运算式再计算一遍，并同前一次计算结果比较，结果应当完全一致。否则，再计算一次，三取二表决或者直至两次结果一样。另一种做法是连续的两次计算不利用完全相同的原始数据，第二次将算法所依据的数据窗顺移一个采样值，正常时，这两次结果不完全一样，但阻抗或电流、电压有效值的计算结果应十分接近。这种做法不仅可以排除因干扰造成的运算出错，还对原始数据起到进一步把关的作用。

3. 出口的闭锁

前面提到程序出格后绝大多数情况下出现CPU停止工作。但是不能绝对保证它不在出格后取得一个非预期的操作码正好是跳闸指令而误动作。这种情况可以用以下措施来防止。

（1）在设计出口跳闸回路的硬件时应当使该回路必须在执行几条指令后才能输出，不允许一条指令就出口。如图3-21所示，当开关量输出电路用于控制出口继电器时，必须保证与非门Y2的两个输入端都满足条件时才驱动光耦元件，而初始化时将它们都置成相反状态。有时，这些与非门的两个输入端还应当接至两个不同的端口，使这两个输入条件不可能用一条指令同时改变。

（2）采取上述措施后，仍不能绝对避免在程序出格后错误地转移到跳闸程序入口而误动，为此可以将跳闸程序安排成如图3-67所示的情形。在构成跳闸条件的两个指令中间插入一段校对程序，它将检查RAM区存放的各种标志。保护装置通过各种正当途径进入跳闸程序时应在这些标志字留下相应的标志，例如起动元件动作，测量元件判为区内故障等，若校对通过继续执行跳闸命令二，发出跳闸脉冲。若校对未通过，CPU将转至重新初始化，从程序出格状态恢复正常运行。

4. 自动检测

微机保护是一动态系统，无论电力系统有无故障，其微机部分硬件都处在同样的工作状态中，如数据的采集、传送和运算。因此任何元件损坏都会及时表现出来。实际上，在正常运行时，CPU在两个相邻采样间隔内，执行中断服务程序后总有富余时间，可以利用这一段时间执行一段自检程序，对装置各部分进行检测，可以准确地查出损坏元件的部位并打印出相应的信息。常见的硬件故障种类有以下几种。

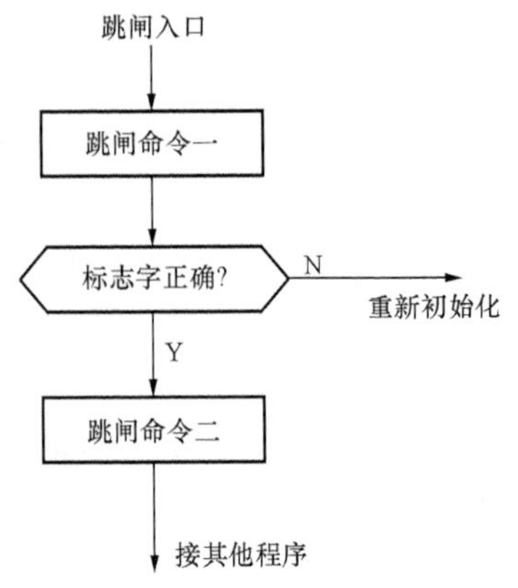

图3-67　跳闸出口的闭锁

（1）任一片RAM损坏。

（2）数据采集系统任一部分故障，包括采样保持、模数变换器或VFC等元件。

（3）大多数接插件接触不良。

（4）定值出错。

（5）屏上同微机有联系的各转换开关接触不良。

在CPU回路中，只有极少部分电路不能对其进行自检，例如CPU芯片本身和CPU插件上的地址译码电路等。因为这些电路故障，CPU将无法正确执行自检程序，因而不能打印出故障部位。但此时装置定将通过硬件自恢复电路发出报警。

综上所述，微机保护对装置本身采用了一系列有效的抗干扰措施：使微机保护装置具有很高的可靠性，再加上各级微机及微机保护的联网，使整个厂站的微机保护装置都处于在线监控之中，因此提高了整个厂站保护运行的可靠性。同时为实现整个厂站的微机化、自动化管理和运行打下了基础。

小　结

微机保护由硬件、软件两大部分组成。硬件部分包括电源、交流量的采集、CPU主系统、人机对话、开关量的输入/输出以及通信接口等6个部分。以WXB-11型线路微机保护装置为例，介绍了该装置的组成及各插件的名称及作用，以及各插件之间的电路联系。

软件由主程序与中断服务程序组成。微机保护装置通过对采样序列的数字运算和时序逻辑处理来实现继电保护的原理和功能。数字运算主要包括数字滤波、基本特征量的计算（如幅值、相位、阻抗、功率等）和保护动作方程的运算三个方面内容，后两项习惯上称为算法。本书以半周积分算法和减法数字滤波器原理为例，介绍微机保护如何通过运算以实现继电保护的原理和功能，具体的保护原理算法在今后各章的保护原理中都要遇到，在本章仅帮助读者建立起这方面的基本概念。

抗干扰的能力是衡量微机保护可靠性的重要指标。抗干扰的措施分为硬件抗干扰与软件的抗干扰。硬件抗干扰主要是屏蔽与隔离，另外需要合理的布置硬件。软件的抗干扰主要是提高软件的纠错与容错能力，防止保护的误动与拒动。保护软硬件出错时需要装置自行复位，提高保护的可靠性。

复习思考题

3-1　微机保护由哪几部分构成？各部分的作用如何？

3-2　基于逐次逼近原理的模拟量输入系统由哪几部分组成？试简述各部分的作用。

3-3　何谓采样、采样频率、采样周期？

3-4　什么是频率混叠现象？如何消除？

3-5　试述逐次逼近型A/D转换器的工作原理。

3-6　基于VFC变换原理的数据采集系统由哪几部分组成？并简述各部分的作用。

3-7　VFC中为什么输出脉冲串的频率正比于输入电压？计数器在某时刻的读取值是否等于采样值？为什么？

3-8　何谓开关量？微机保护有哪些开关量输入？

3-9　开关量输出电路的作用是什么？

3-10　试画出微机保护开关量输入、输出电原理图，并说明其工作原理。

3-11　人机对话接口电路的作用有哪些？

3-12　试说明WXB-11线路微机保护各插件的名称和作用。

3-13　以 WXB-11 线路微机保护装置为例，试说明线路发生 A 相瞬时性接地故障，装置的动作过程及相应的回路。

3-14　何谓微机保护的算法？试说明算法在微机保护中的作用。

3-15　何谓数字滤波？试说明数字滤波的作用。

3-16　微机保护的程序模块有哪些？各模块的主要功能及联系如何？

3-17　试简述微机保护的抗干扰措施。

第二篇 电网继电保护

第4章 电网相间短路的电流、电压保护

【要 求】掌握单侧电源线路上反映电网相间短路的电流、电压保护工作原理。

【知识点】三段式电流保护工作原理、整定配合原则；电流保护原理性接线，掌握一定的识图方法；电流、电压联锁速断保护的工作原理及特点；反时限特性。

【重点和难点】正确理解动作电流、返回电流、保护区、灵敏度等基本概念；三段式电流保护整定配合原则。

4.1 无时限电流速断保护

4.1.1 无时限电流速断保护的工作原理

无时限电流速断保护（又称电流Ⅰ段保护）反映电流升高而不带时限动作，电流高于动作值时保护立即作用于线路断路器跳闸。

1. 原理性接线

无时限电流速断保护的单相构成原理性接线如图4-1所示。保护接于线路电流互感器TA的二次侧，当保护中电流继电器测得流过其电流大于其动作电流 I_{act}^{I} 后动作，其触点闭合，使中间继电器KM得电动作，由中间继电器触点接通断路器跳闸回路，同时信号继电器KS给出无时限电流速断保护动作信号。

中间继电器一方面代替电流继电器的小容量触点，接通跳闸线圈电流。另一方面利用带有0.06～0.08s固有延时，躲过管形避雷器放电时间（一般放电时间可达0.04～0.06s），以防止避雷器放电引起保护误动作。信号继电器KS的作用是指示该保护动作，以便运行人员处理和分析故障。断路器辅助触点QF用来断开跳闸线圈YR中的电流，以防KM触点损坏。

2. 工作原理

当流过保护的电流大于保护的动作电流值时，保护无时限动作与线路开关跳闸，因此保护动作电流的确定必须要保证继电保护的选择性，如图4-2(a)所示为一单电源辐射形电网，在线路L1和L2上分别装设无时限电流速断保护P1和P2。当k1点发生短路时，对于保护P1是外部故障不应动作，对保护P2来说是内部故障，应动作跳开断路器QF2。而当k1处故障时短路电流也会流过保护P1，若短路电流也大于保护P1的动作电流值，则保护P1和保护P2都会无时限同时作用于断路器

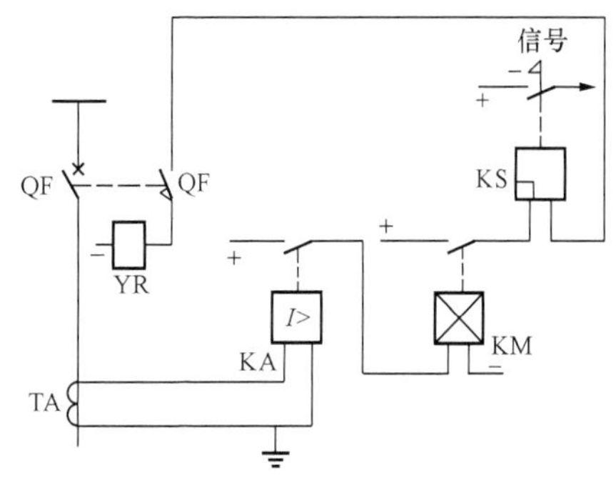

图4-1 无时限电流速断保护单相原理的接线图

QF1 和 QF2 跳闸，从而无法保证选择性。因此需对两条线路保护 P1 和 P2 的动作电流进行合理的确定，才能保证在电网任何处短路时，外部故障的保护可靠不动作，内部故障的保护可靠动作，使无时限电流速断保护具备选择性。可见，无时限电流速断保护的选择性必须靠动作电流的确定来保证，这种动作电流的计算过程称为整定计算。保护动作电流的整定与电网的短路电流的大小有关。

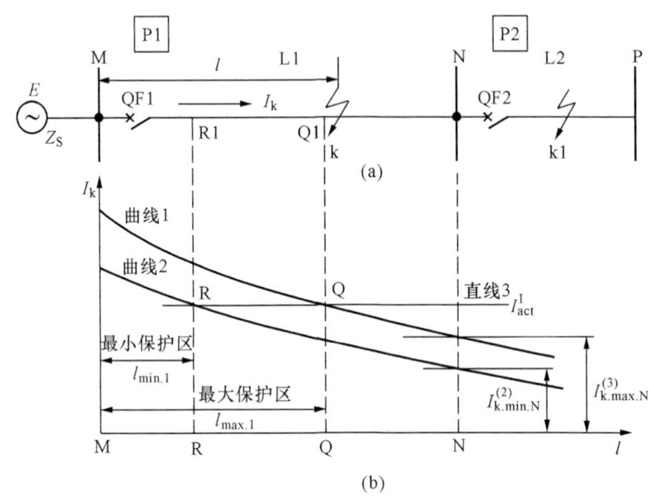

图 4-2 无时限电流速断保护工作原理动作电流的整定

(a) 单电源辐射形电网；(b) l 处短路时短路电流的变化曲线

如图 4-2（b）所示曲线为在距 M 母线为 l 处短路时短路电流的变化曲线，短路电流的计算见式（4-1）、式（4-2）。

三相短路时

$$I_k = \frac{E_{ph}}{Z_S + z_1 l} \tag{4-1}$$

两相短路时

$$I_k = \frac{E_{ph}}{Z_S + z_1 l} \times \frac{\sqrt{3}}{2} \tag{4-2}$$

式中：E_{ph} 为相电动势；Z_S 为归算到保护安装处的系统等值阻抗；z_1 为线路单位长度阻抗，架空线路一般为 0.4Ω/km；l 为故障点到保护安装处的距离，km。

短路电流大小由以下因素决定。

（1）系统运行方式与系统电源等效阻抗有关，系统电源等效阻抗 Z_S 与电源投入的数量、电网结构变化有关。Z_S 最大时短路电流最小，称为最小运行方式；Z_S 最小时短路电流最大，称为最大运行方式。

（2）故障点远近，故障点距系统等效电源越近（l 越小）时，短路电流越大。

（3）短路类型，三相短路电流大于两相短路电流，一般电流保护用于小电流接地系统，不需要考虑接地短路类型。

可见，系统最大运行方式下的三相短路电流最大，系统最小运行方式下的两相短路电流最小，图 4-2 中短路电流曲线 1 对应最大运行方式下三相短路情况，曲线 2 对应最小运行方式两相短路情况。

根据上面的讨论，外部故障时流过保护 P1 的最大短路电流为

$$I_{k.\max}^{(3)}=\frac{E_{ph}}{Z_{S.\min}+z_1 l_{MN}} \tag{4-3}$$

即为线路 L1 末端 N 母线发生短路时的最大短路电流，为保证线路 L1 的无时限电流速断保护 P1 在外部故障时不误动，则保护 P1 的动作电流值只要大于本线路末端 N 母线发生短路的最大短路电流即可。即动作电流应满足

$$I_{op.1}^{\mathrm{I}}>I_{k.\max.N}^{(3)} \tag{4-4}$$

同理，线路 L2 的无时限电流速断保护的动作电流值 $I_{op.2}^{\mathrm{II}}$要大于线路 L2 末端 P 母线发生短路的最大短路电流，则有

$$I_{op.2}^{\mathrm{I}}>I_{k.\max.P}^{(3)} \tag{4-5}$$

由此，在单电源辐射形电网中不同地点发生相间短路时，各处的无时限电流速断保护可保证瞬时有选择性地切除故障。

4.1.2　无时限电流速断保护的整定计算

1. 动作电流的整定

由上述分析可见，为保证相邻下一条线路 L2 故障时，保护 P1 不会误动作，线路 L1 无时限电流速断保护 P1 的动作电流应大于本线路末端 N 母线发生短路时的最大短路电流，所以保护 P1 的动作电流可按躲过本线路末端 N 母线短路时流过保护 P1 的最大短路电流 $I_{k.\max.N}^{(3)}$来整定，即

$$I_{op.1}^{\mathrm{I}}=K_{rel}^{\mathrm{I}}I_{k.\max.N}^{(3)} \tag{4-6}$$

式中：$I_{op.1}^{\mathrm{I}}$为保护装置的动作电流；K_{rel}^{I}为可靠系数，它是考虑短路电流计算误差、继电器动作电流误差、短路电流非周期分量影响和必要的裕度而引入的大于 1 的系数，一般取 1.2～1.3；$I_{k.\max.N}^{(3)}$为系统在最大运行方式下，本线路末端三相短路时，流过该保护的最大短路电流。

2. 保护范围的确定

按式（4-6）得到速断保护的动作电流如图 4-2 直线 3 所示，它与曲线 1 和曲线 2 分别交于 R 点和 Q 点，对应线路 L1 上的 R1 和 Q1 点，由图 4-2 可见，当 R1 点在最大运行方式下发生三相短路时，流过保护 P1 的短路电流正好与其动作电流相等，保护刚好能够起动；即：最大运行方式下 R1 左侧任意一点三相短路时，短路电流均大于保护的动作电流，保护能够起动；R1 右侧任一点短路时，短路电流均小于保护 P1 的动作电流，保护不能起动。由此可见，在最大运行方式下三相短路时保护 P1 的保护范围最大，用 $l_{\max.1}$表示。同理可知，系统最小运行方式下两相短路时保护 P1 的保护范围最小，用 $l_{\min.1}$表示，如图 4-2 所示。

设系统在最大运行方式下归算到保护安装处母线的系统等值阻抗为 $Z_{S.\min}$，按式（4-3）可得 R1 点在最大运行方式下的三相短路电流，它与保护 P1 的速断动作电流相等，即

$$I_{op.1}^{\mathrm{I}}=I_{k.\max.P1}^{(3)}=\frac{E_{ph}}{Z_{S.\min}+z_1 l_{\max.1}} \tag{4-7}$$

由式（4-7）变换可得电流速断保护的最大保护范围 $l_{\max.1}$为

$$l_{\max.1}=\frac{1}{z_1}\left(\frac{E_{ph}}{I_{op.1}^{\mathrm{I}}}-Z_{S.\min}\right) \tag{4-8}$$

同样，设系统在最小运行方式下归算到保护安装处母线的系统等值阻抗为 $Z_{S.max}$，Q1 点在最小运行方式下两相短路时的短路电流与保护 P1 的动作电流相等，即

$$I_{op.1}^{I} = I_{k.min.P1}^{(2)} = \frac{\sqrt{3}}{2} \times \frac{E_{ph}}{Z_{S.max} + z_1 l_{min.1}} \tag{4-9}$$

由式（4-9）变换可得无时限电流速断保护的最小保护范围 $l_{min.1}$ 为

$$l_{min.1} = \frac{1}{z_1}\left(\frac{\sqrt{3}}{2} \times \frac{E_{ph}}{I_{op.1}^{I}} - Z_{S.max}\right) \tag{4-10}$$

无时限电流速断保护的灵敏系数是用其保护范围来衡量的，最大保护范围不应小于线路全长的 50%，最小保护范围不应小于线路全长的 15%～20%。

4.1.3　对无时限电流速断保护的评价

电流速断保护的优点是简单可靠，动作迅速，因而获得了广泛的应用；其缺点是不可能保护线路的全长，并且保护范围直接受运行方式的影响很大。

当系统运行方式变化很多，或者被保护线路的长度很短时，速断保护的保护范围就很短甚至没有保护范围，因而不能采用。就要考虑采用构成原理较其复杂的保护，例如电流、电压联锁速断保护。

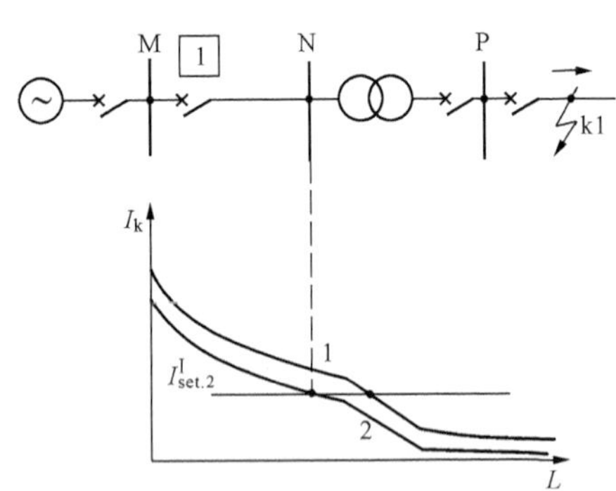

图 4-3　用于线路变压器组的电流速断保护
1—最大运行方式下三相短路情况；
2—最小运行方式下两相短路情况

但在个别情况下，有选择性的电流速断也可以保护线路的全长，例如当电网的终端线路上采用线路—变压器组的接线方式，如图 4-3 所示，线路和变压器可以看成是一个元件，速断保护就可以按照躲开变压器低压侧线路出口处 k1 点的短路来整定，由于变压器的阻抗一般较大，因此 k1 点的短路电流就大为减小，这样整定后电流速断就可以保护线路 MN 的全长，并能保护变压器的一部分。

4.2　限时电流速断保护

4.2.1　限时电流速断保护的工作原理

为满足选择性的要求，无时限电流速断保护不能保护线路的全长，为此，需考虑增设一套带时限动作的保护，且能保护线路的全长，用以切除本线路无时限电流速断保护范围以外的故障，同时也能作为无时限电流速断保护的后备，称为限时电流速断保护。

对限时电流速断保护的要求是：

（1）任何情况下能保护线路的全长，并且具有足够的灵敏性；

（2）动作时限尽可能短；

（3）在下级线路短路时，保证下级保护优先切除故障，满足选择性要求。

1. 原理性接线

限时电流速断保护的单相构成原理性接线如图 4-4 所示。它由电流继电器 KA、时间继电器 KT 和信号继电器 KS 组成，当保护测得的电流大于限时电流速断保护中电流继电器 KA 的动作电流 I_{op}^{II}时，时间继电器动作，再经预定延时才能作用于线路断路器跳闸。

2. 工作原理

限时电流速断保护的工作原理，可用图 4-5 说明。线路 L1 和 L2 上分别装有限时电流速断保护 1 和 2，其动作电流分别为 $I_{op.1}^{II}$ 和 $I_{op.2}^{II}$。同时在线路 L1 和 L2 上还装有无时限电流速断保护 1′和 2′，其动作电流分别为 $I_{op.1}^{I}$ 和 $I_{op.2}^{I}$。现以线路 L1 的限时电流速断保护 P1 为例，说明限时电流速断保护的工作原理。

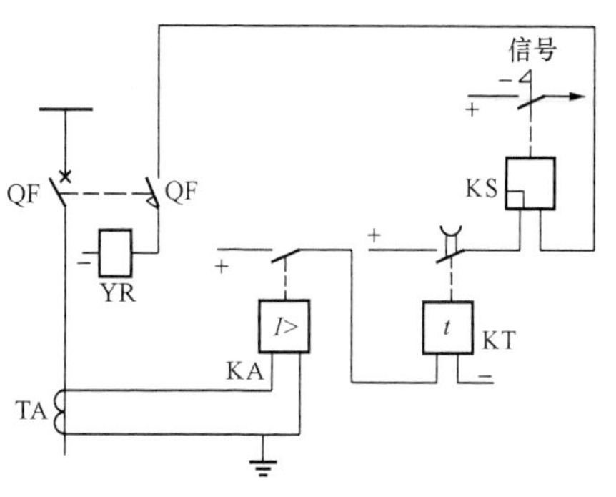

图 4-4　限时电流速断保护的单相原理性接线

由于要求限时电流速断保护必须保护线路的全长，因此它的保护范围必然要延伸到下级线路中去，这样当线路 L1 下级线路 L2 保护出口处 k1 点发生短路时，保护 1 就要起动，在这种情况下，为了保证动作的选择性，就必须使保护 1 的动作带有一定的时限，此时限的大小与其延伸的范围有关。为了使这一时限尽量缩短，照例都是首先考虑使它的保护范围不超过下级线路 L2 速断保护 2′的范围 L_2^I，而动作时限 t_1^{II} 则比下级线路的速断保护 2′的动作时限 t_2^I 高出一个时间阶梯，此时间阶梯以 Δt 表示。如果与下级线路的速断保护配合后，在本线路末端短路灵敏性不足时，则此限时电流速断保护与下级线路的限时电流速断保护配合，动作时限比下级的限时速断保护高出一个时间阶梯。通过上下级保护间保护定值与动作时间的配合，使全线路的故障都可以在一个 Δt（少数与限时电流速断保护配合时为两个 Δt）内切除。

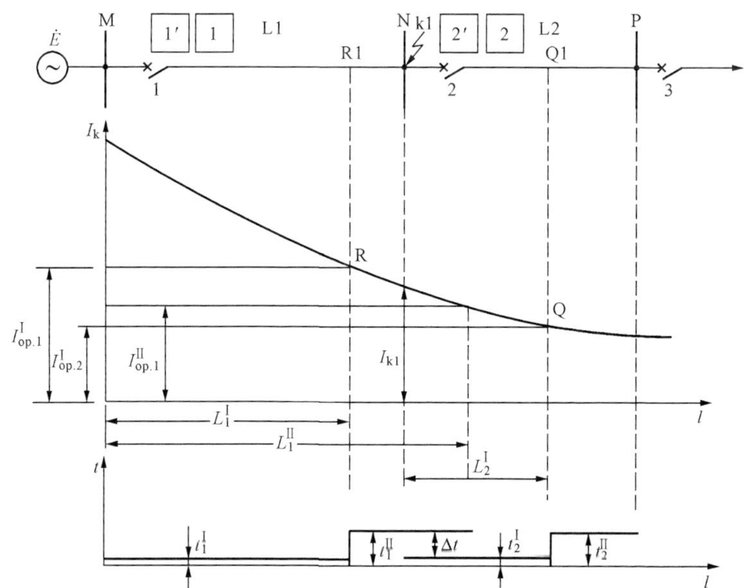

图 4-5　限时电流速断保护的工作原理

4.2.2 限时电流速断保护的整定计算

1. 动作电流的整定

以图 4-5 线路 L1 的限时电流速断保护 1 为例，Ⅱ段保护的动作电流 $I_{op.1}^{Ⅱ}$ 首先与相邻下一条线路 L2 的瞬时电流速断保护 2′的动作电流值 $I_{op.2}^{Ⅰ}$ 配合，即

$$I_{op.1}^{Ⅱ} > I_{op.2}^{Ⅰ}$$

$$I_{op.1}^{Ⅱ} = K_{rel}^{Ⅱ} I_{op.2}^{Ⅰ} \tag{4-11}$$

式中：$K_{rel}^{Ⅱ}$为可靠系数，考虑到短路电流中的非周期分量已衰减，取 1.1～1.2。

2. 动作时间的整定

由于Ⅱ段的保护区延伸到了下一条线路的首端，为保证相邻下一条线路出口处短路，应由相邻下一条线路无时限电流速断保护先作用于其开关跳闸，故其动作时间要比相邻下一条线路速断保护动作时间长一个 Δt，即

$$t_1^{Ⅱ} = t_2^{Ⅰ} + \Delta t \tag{4-12}$$

式中：Δt 为时间级差，应长于Ⅰ段保护动作、断路器跳闸、Ⅱ段保护返回时间之和，同时还要考虑时间继电器误差以及留有一定裕度；Δt 取值范围为 0.3～0.5s，一般取 0.5s，时间元件精度较高时 Δt 可取较小值。

3. 灵敏度校验

设置限时电流速断保护的目的是保护本线路全长，故应校验在本线路发生故障，短路电流最小的情况下保护能否可靠动作。电流保护动作条件为 $I_k > I_{op}^{Ⅱ}$，保护反应故障能力以灵敏度系数 K_{sen}表示，有

$$K_{sen} = \frac{I_k}{I_{op}^{Ⅱ}} \tag{4-13}$$

考虑电流互感器、电流继电器误差，当 K_{sen}大于规定值（1.3～1.5）时才认为电流保护能可靠动作。灵敏度校验按最不利情况计算，即在最小运行方式下，被保护线路末端发生两相短路时，短路电流为本线路内部故障时最小的短路电流，以此短路电流校验灵敏度，以图 4-5 中线路 L1 限时电流速断保护 P1 为例，即

$$K_{sen.1}^{Ⅱ} = \frac{I_{k.min.N}^{(2)}}{I_{op.1}^{Ⅱ}} \tag{4-14}$$

K_{sen}>1.3～1.5，灵敏度合格，说明Ⅱ段保护有能力保护本线路全长。当灵敏系数不能满足要求时，限时电流速断保还可与相邻线路限时电流速断保护配合整定，即动作时限为 $t_1^{Ⅱ} = t_2^{Ⅱ} + \Delta t = 2\Delta t$；或使用其他性能更好的保护（如本书第 7 章的距离保护）。

4.3 定时限过电流保护

无时限电流速断保护和限时电流速断保护的动作电流，都是按躲过线路中某点的短路电流来整定的。无时限电流速断保护只能瞬时切除线路的首端故障，限时电流速断保护可以以较小的时限切除线路全长上任一点的故障，同时可以实现对瞬时电流速断保护拒动的近后备作用。但二者均不能实现对相邻线路的保护拒动或断路器拒动的远后备作用。

定时限过电流保护，其动作电流按躲过线路的最大负荷电流来整定，在系统正常运行时

保护不起动，而当电网发生故障时，保护测得的电流幅值超过最大负荷电流时起动，其动作电流较小，灵敏度较高。为保证选择性，保护起动后必须经预定的延时才能出口跳闸，电网中相邻线路的过电流保护的动作时限要相互配合，动作时限一经整定后固定不变，除非电网结构发生变化，所以称定时限过电流保护。要求定时限过电流保护不仅能保护本线路全长，而且能够保护相邻线路的全长，可作为本线路无时限瞬时电流速断保护和限时电流速断保护拒动的近后备保护，也可实现对相邻线路保护拒动或开关拒动的远后备作用。

4.3.1　定时限过电流保护的工作原理

如图 4-6 中所示为一单侧电源辐射形电网，各条线路均装设定时限过电流保护。其动作电流均考虑按躲过本线路的最大负荷电流来整定。当 PQ 线路 k3 点发生相间短路时，短路电流流过保护 1、2、3。为保证动作的选择性，要求保护 3 的动作时限 t_3 小于保护 1 和保护 2 的动作时限 t_1、t_2。同样，当 NP 线路 k2 点短路，要求保护 2 的动作时限 t_2 小于保护 1 的动作时限 t_1。为保证定时限过电流保护的选择性，保护动作时限应满足 $t_1>t_2>t_3$，即 $t_2=t_3+\Delta t$、$t_1=t_2+\Delta t$。

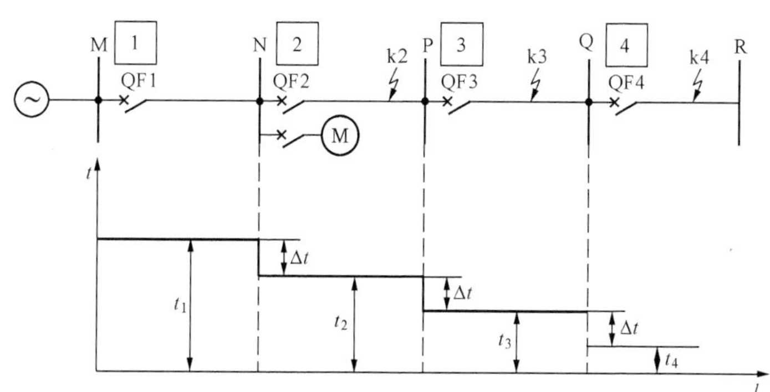

图 4-6　单侧电源辐射形电网定时限过电流保护的工作原理及其时限特性

根据以上所述，单侧电源辐射形电网定时限过电流保护的时限特性如图 4-6 所示。可见，各保护的动作时限是距电源越远动作时限越短，越靠近电源动作时限越长，好像一个阶梯，故称阶梯形时限特性。

4.3.2　定时限过电流保护的整定计算

1. 起动电流的整定

定时限过电流保护的起动电流需按以下两个条件选择。

（1）要保证正常运行时，过电流保护不动作，起动电流 I_{st}^{III} 必须大于正常运行时被保护线上流过的最大负荷电流 $I_{L.max}$，即

$$I_{st}^{\mathrm{III}}>I_{L.max}$$

（2）要保证在外部故障切除后电压恢复，负荷自起动电流作用下保护装置必须能可靠地返回，其返回电流 I_{r}^{III} 必须大于负荷自起动电流，即

$$I_{r}^{\mathrm{III}}>K_{ast}I_{L.max}$$

如当故障发生在保护 1 的相邻线路的 k2 点，保护 1 和保护 2 同时起动，保护 2 动作将

故障切除后，在变电所 N 母线电压恢复时，接于该母线上的处于制动状态的电动机要自起动，此时流过保护 1 的电流不是正常时的最大负荷电流 $I_{L.max}$，而是考虑电动机自起动时对应的自起动电流，自起动电流大于最大负荷电流，为此，引入一大于 1 的自起动系数 K_{ast}，一般取 1.5～3，自起动电流用 $K_{ast}I_{L.max}$表示。

同时考虑上述两个条件后，可得保护 1 过电流保护的动作电流为

$$I_{op.1}^{Ⅲ} = \frac{K_{rel}^{Ⅲ}K_{ast}}{K_r}I_{L.max.1} \tag{4-15}$$

式中：$K_{rel}^{Ⅲ}$为可靠系数，考虑电流继电器误差及负荷电流计算不准确等因素，一般取 1.15～1.25；K_r为电流继电器的返回系数，一般取 0.85。

由式（4-15）可知，K_r越小时，$I_{op.1}^{Ⅲ}$就越大，保护的灵敏度就越低，因此，要求电流继电器的 K_r不能过低。

2. 动作时间的整定

为保证选择性，过电流保护的动作时限应比相邻下一线路的过电流保护的动作时限大一个 Δt，如图 4-6 的时限特性所示，即

$$t_1^{Ⅲ} = t_2^{Ⅲ} + \Delta t \tag{4-16}$$

式中：$t_1^{Ⅲ}$ 为本线路定时限过电流保护的动作时间；$t_2^{Ⅲ}$ 为相邻线路的定时限过电流保护的动作时间；Δt 为时限级差，在 0.35～0.6s 之间一般取 0.5s。

若本线路的下一级有多条线路时，则过电流保护的动作时间应比下一级保护中最长的动作时间高出一个 Δt，即

$$t_n = t_{(n+1).max} + \Delta t \tag{4-17}$$

3. 灵敏系数的校验

定时限过电流保护用作本线路近后备保护，同时作为相邻线路的远后备保护。故应按这两种情况校验灵敏度，即以最小运行方式下本线路末端两相金属性短路时的短路电流，校验近后备的灵敏度；以最小运行方式下相邻线路末端两相金属性短路时的短路电流，校验远后备的灵敏度。以图 4-6 中定时限过电流保护 1 为例，即

$$K_{sen.n}^{Ⅲ} = \frac{I_{k.min.N}^{(2)}}{I_{op}^{Ⅲ}} \geqslant 1.5 \tag{4-18}$$

$$K_{sen.f}^{Ⅲ} = \frac{I_{k.min.P}^{(2)}}{I_{op}^{Ⅲ}} \geqslant 1.25 \tag{4-19}$$

4.4 电流保护的接线方式

4.4.1 接线方式及接线系数

电流保护的接线方式，是指电流保护中电流继电器线圈和电流互感器二次绕组之间的连接方式，前面所讲的电流保护单相原理性接线图，实际上不能用来反映各种相间短路故障，而应采用三相式或两相式接线方式。

如图 4-7 所示，常用的相间短路电流保护接线方式有：三相三继电器、两相两继电器、两相三继电器、两相电流差四种。

三相三继电器接线又称完全星形接线，两相两继电器和两相三继电器接线又称不完全星

形接线。采用不完全星形接线时，电网各处保护装置的电流互感器都应装设在同名的两相，一般装设在 A 相和 C 相。两相电流差接线所用的电流互感器也装设在 A 相和 C 相。

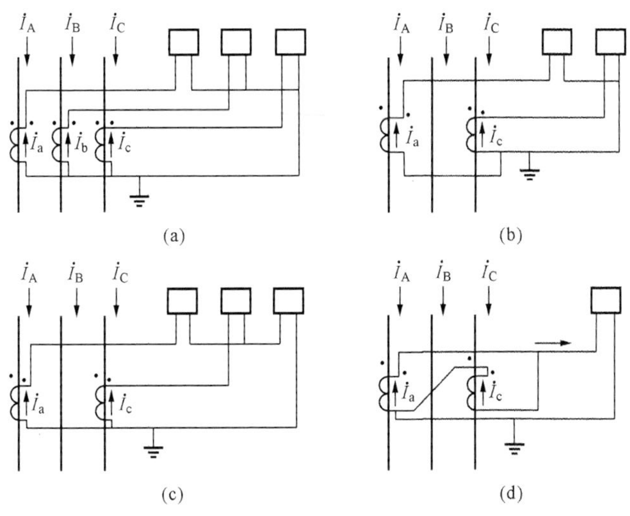

图 4-7　电流保护的接线方式

(a) 三相三继电器接线方式；(b) 两相两继电器接线方式；
(c) 两相三继电器接线方式；(d) 两相电流差接线方式

上述接线都能反映各种相间短路，所不同的是完全星形接线还可以反映中性点直接接地系统的各种单相接地短路，不完全星形接线则不能反映这种系统中无电流互感器的那一相（B 相）单相接地短路。

由图 4-7 可见，对于不同的接线方式，流入继电器的电流（即继电器所测量的电流）I_m 和电流互感器二次绕组的电流 I_2 的大小并不总是相等，其比值称为接线系数，即

$$K_{con} = \frac{I_m}{I_2} \tag{4-20}$$

当采用三相三继电器和两相两继电器接线方式时，不论是正常运行，还是发生各种类型的短路故障，有 $I_m = I_2$，接线系数为 1。若电流保护装置的动作电流为 I_{op}，电流互感器的变比为 n_{TA}，反映到电流继电器的动作电流为

$$I_{m.op} = \frac{K_{con}}{n_{TA}} I_{op} \tag{4-21}$$

4.4.2　接线方式分析

侧重分析三相完全星形接线和两相不完全星形接线在以下两种情形中的性能。

1. 小接地电流电网不同地点发生的两点接地短路

在小接地电流电网中单相接地时，接地点流过的仅为电网的零序电容电流，相间电压依然是对称的，对负荷没有影响。为提高供电的可靠性，允许小接地电流电网带一点接地继续运行一段时间，因此，在这种电网中的不同线路上发生两点接地短路时，要求保护动作只切除一个接地故障点，以提高供电可靠性。

图 4-8 所示为一小接地电流电网，L1 和 L2 为一组串联线路，L2 和 L3 为一组并行线

路。若在图中 L2 和 L3 并行线上的不同地点、不同相别发生两点（图中 $k_B^{(1)}$、$k_C^{(1)}$）接地短路，设两并行线上的保护具有相同的动作时限。若采用完全星形接线，则保护百分之百同时切除两条线路；若采用不完全星形接线，分析结果见表 4-1。可见，在 6 种情况下，4 种情况只切除一条线路，即保护有三分之二机会只切除一条线路，这是不完全星形接线的优点。

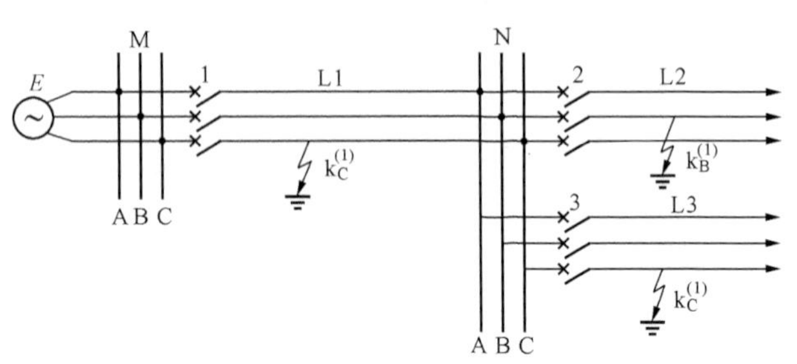

图 4-8 小接地电流电网的两点接地短路

当两接地点发生在图 4-8 所示的串联线路 L1 和 L2 上，若采用完全星形接线，保护百分之百只切除远离电源的故障点，减少了停电面积。而采用不完全星形接线，分析过程参照表 4-1，则有三分之二机会误切除靠近电源的故障点，扩大了停电面积，这是不完全星形接线的缺点。

表 4-1 不同线路的不同相别两点接地短路时不完全星形接线保护动作情况

线路 L2 接地相别	A	A	B	B	C	C
线路 L3 接地相别	B	C	C	A	A	B
L2 保护动作情况	动 作	动 作	不动作	不动作	动 作	动 作
L3 保护动作情况	不动作	动 作	动 作	动 作	动 作	不动作
停电线路数	1	2	1	1	2	1

通过以上分析可知，对于小接地电流电网，当采用以上两种接线方式时各有优缺点。由于两点接地短路发生在并联线路上的可能性比串联线路上大得多，因此为了节省投资，一般都采用不完全星形接线。

2. Yd11 接线变压器后发生的两相短路

Yd11 接线变压器在电力系统中应用较多，下面以降压变压器为例进行分析。当变压器的三角形侧发生两相短路，而其主保护拒动时，应由后备保护即接于变压器星形侧的过电流保护动作切除故障。

如图 4-9（a）所示，假设变压器的变比 $n_T=1$，且空载。当在变压器三角形侧发生 a、b 两相短路时，三角形侧电流相量如图 4-9（b）所示，假设故障处故障相的 $I_k=1$，经过转换后，星形侧电流相量如图 4-9（c）所示。由相量图可以看出，变压器三角形侧有

$$\begin{cases}|\dot{I}_a|=|\dot{I}_b|=1\\|\dot{I}_c|=0\end{cases}\tag{4-22}$$

变压器星形侧有

$$\begin{cases}|\dot{I}_A|=|\dot{I}_C|=\dfrac{1}{\sqrt{3}}\\|\dot{I}_B|=|-2\dot{I}_A|=\dfrac{2}{\sqrt{3}}\end{cases}\tag{4-23}$$

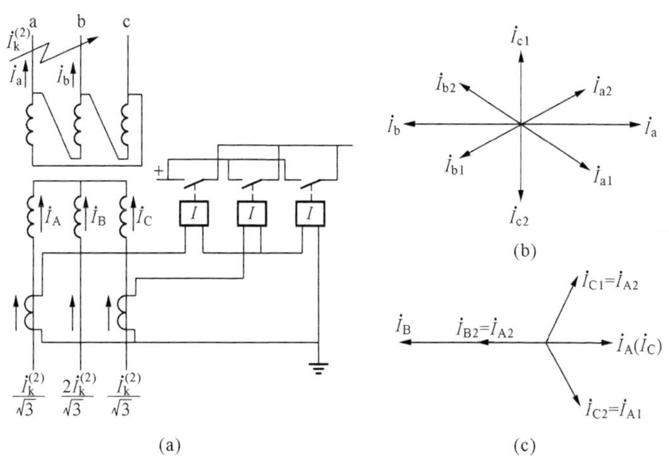

图 4 - 9　Yd11 接线变压器后两相短路分析

(a) 接线图；(b) △侧电流相量图；(c) Y 侧电流相量图

由式（4 - 23）可见，三角形侧 a、b 两相短路时，星形侧 A 相和 C 相中的电流只是 B 相电流的一半。用同样的方法可分析出，在三角形侧发生其他两相短路，星形侧总有一相电流比另外两相电流大 1 倍；在星形侧发生各种相别的两相短路时，三角形侧电流的分布也会有相同的结论。总之，当 Yd11 接线变压器后发生两相短路时，另一侧中总有一相电流是其他两相的 2 倍。

因此，当变压器过流保护采用三相三继电器式接线时，在变压器三角形侧发生 a、b 两相短路时，星形侧接于 B 相的继电器电流比其他两相大 1 倍，故灵敏系数大 1 倍；当采用两相两继电器式接线时，由于 B 相无电流互感器和电流继电器，故灵敏系数可能比完全星形接线降低 1 倍；若采用两相三继电器式接线，则第三个继电器流过的电流是其他两相的和，灵敏度相当于三相完全星形接线，显然，这种接线既经济又保证了保护的灵敏度。

3. 两相电流差接线

如图 4 - 7（d）所示，此种接线采用两个互感器和一个电流继电器，继电器所测量的电流为 A、C 两相电流之差，即

$$\dot{I}_m = \frac{1}{n_{TA}}(\dot{I}_A - \dot{I}_C) \tag{4 - 24}$$

这种接线方式的接线系数并不总是等于 1，而是与一次系统有关。三相对称短路时，$K_{con}=\sqrt{3}$；A、C 两相短路时，$K_{con}=2$；AB 或 BC 两相短路时，$K_{con}=1$。采用此接线构成的电流保护在确定继电器动作电流时，接线系数应取三相对称时的值，即 $K_{con}=\sqrt{3}$，而灵敏度校验时要取两相短路时对应的最小值，即 $K_{con}=1$，因此，这种接线的保护灵敏系数比完全或不完全星形接线方式小$\sqrt{3}$倍（因继电器的动作电流增大了$\sqrt{3}$倍），而且，短路相别不同，灵敏系数值也不同。它的另一个缺点是，在 Yd11 接线变压器后发生两相短路时保护可能拒动。

两相电流差接线方式主要用于灵敏系数较易满足的低压线路和电动机保护上。

4.5 电流、电压联锁速断保护

4.5.1 电压保护特点

发生短路时，母线电压下降，低电压保护由母线电压构成判据，整定方法如图 4-10 所示。

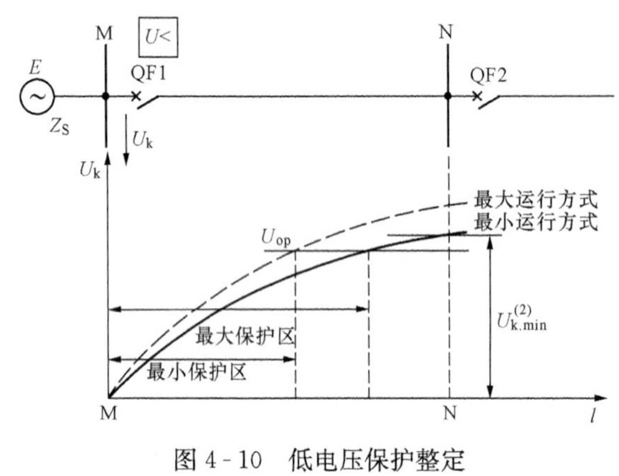

图 4-10 低电压保护整定

电压保护具有以下特点：

(1) 母线电压变化规律与短路电流相反，故障点距离电源越近母线电压越低，母线电压水平越低保护区越长；

(2) 大运行方式下短路电流较大，母线电压水平高，电压保护的保护区缩短；

(3) 仅由母线电压不能判别是母线上哪一条线路故障，电压保护无法单独用于线路保护。

4.5.2 电流、电压联锁速断保护

电压保护不能单独用于线路保护，但可利用其保护区变化规律与电流保护相反的特点，与电流保护一起构成电流、电压联锁速断保护，电流继电器与电压继电器触点串联出口。

电流、电压联锁速断保护与电流速断保护整定最大的不同是运行方式的选择。为了躲过本线路末端最大的外部短路电流，电流速断保护整定时按最大运行方式整定，当系统运行方式发生变化，电流速断保护的保护区缩短。电流、电压联锁速断保护则是按系统最常见的运行方式整定，当系统运行方式不是最常见运行方式时，其保护区缩短，不会丧失选择性。

电流、电压联锁速断保护整定方法如图 4-11 所示，按常见运行方式下三相短路时电流、电压保护均有 80%的保护区的原则整定。

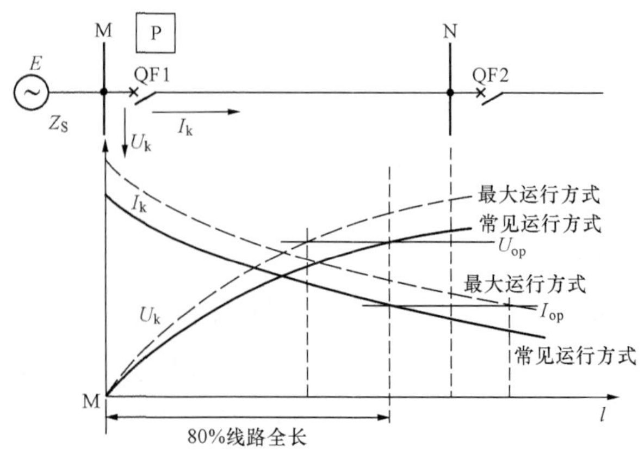

图 4-11 电流、电压联锁速断保护整定示意图

当系统运行方式改变时（如变为最大运行方式），如图 4-11 虚线所示，电流速断保护区伸长，但电压保护区缩短，电流保护动作，但电压保护不动作，电流保护与电压保护构成与的逻辑出口，则电流、电压联锁速断保护不会出口动作。运行方式变小时，则电压速断保护区伸长，但电流保护区缩短，电压保护动作，但电流保护不动作，电流、电压联锁速断保护不会

误动作。总之，电流、电压联锁速断保护在系统最常见的运行方式下保护区最大，当系统运行方式由最常见的运行方式发生改变时，电流、电压联锁速断保护区缩短，从而保护不会失去选择性。

电流、电压联锁速断保护原理框图如图 4 - 12 所示，电流元件由 A、C 相电流继电器组成；电压元件由三个反映线电压的低电压继电器组成。电流元件与电压元件构成与的逻辑出口。

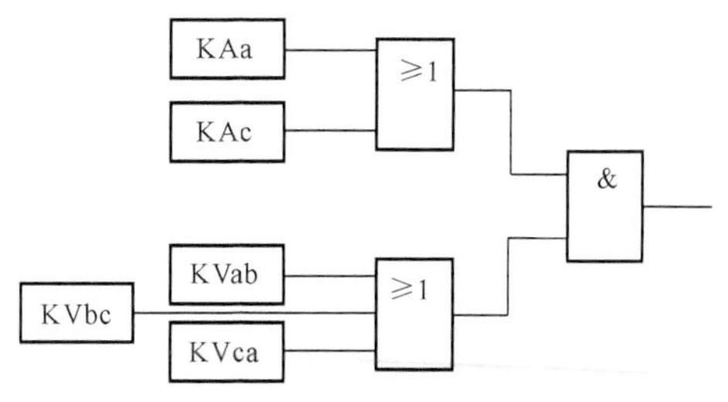

图 4 - 12　电流、电压联锁速断保护原理框图

4.6　阶段式电流保护

4.6.1　阶段式电流保护的构成

阶段式电流保护由电流Ⅰ段、电流Ⅱ段、电流Ⅲ段组成，三段保护构成或的逻辑出口跳闸。电流Ⅰ段、电流Ⅱ段为线路的主保护，本线路故障时切除时间为数十毫秒（电流Ⅰ段固有动作时间）至 0.5s。电流Ⅲ段保护为后备保护，可实现本线路保护拒动的近后备作用，同时也作为相邻线路保护拒动或开关拒动的远后备保护。电流保护一般采用不完全星形接线。

电流Ⅰ段保护按躲过本线路末端最大运行方式下三相短路电流整定以保证选择性，快速性好，但灵敏性差，不能保护本线路全长。

电流Ⅱ段保护整定时与下一线路电流Ⅰ段保护配合，由动作电流、动作时限保证选择性，动作时限为 0.5s，动作电流躲过下一线路Ⅰ段保护动作电流，快速性较Ⅰ段保护差，但灵敏性较好，能保护本线路全长。

电流Ⅲ段保护的动作时限按阶梯形时限特性整定，以保证选择性，动作电流按正常运行时不起动、外部故障切除后能够可靠返回的原则整定，快速性差，但灵敏性好，能保护下一线路全长。

4.6.2　电磁型电流保护归总式与展开式原理图

三段式电流保护原理图如图 4 - 13 所示，图（a）为归总式原理图，图（b）为展开式原理图。归总式原理图绘出了设备之间连接方式，继电器等元件绘制为一个整体，该图便于说明保护装置的基本工作原理。展开式原理图中各元件不画在一个整体内，以回路为单元说明信息流向，便于施工接线及检修。

1. 归总式原理图

由图 4 - 13（a）可见，三段式电流保护构成如下。

（1）Ⅰ段保护测量元件由电流继电器 KA1、KA2 组成，电流继电器动作后起动信号继电器 KS1 发Ⅰ段保护动作信号并由出口继电器 KM1 接通 QF 跳闸回路。

（2）Ⅱ段保护测量元件由电流继电器 KA3、KA4 组成，电流继电器动作后起动时间继电器 KT1，KT1 经延时起动信号继电器 KS2 发Ⅱ段保护动作信号并由出口继电器 KM1 接通 QF 跳闸回路，时间继电器 KT1 延时整定值为电流Ⅱ段动作时限。Ⅰ、Ⅱ段保护共同构成主保护，可共用一个出口继电器。

(3) Ⅲ段保护测量元件由电流继电器KA5、KA6组成，电流继电器动作后起动时间继电器KT2，KT2经延时起动信号继电器KS3发Ⅲ段保护动作信号并由出口继电器KM2接通QF跳闸回路，时间继电器KT2延时整定值为电流Ⅲ段动作时限。Ⅲ段保护为后备保护，为提高保护动作可靠性可以独立使用一个出口继电器。

归总式原理图表示保护装置的构成很直观，但是二次接线难以编号，交、直流各种回路集中在一张图上，安装施工、检修困难。

2. 展开式原理图

图4-13 (b) 中，按交流电流（电压）、直流逻辑、信号、出口（控制）回路分别绘制。

(1) 交流回路：由于没有使用交流电压，这里只有电流回路。由图可以清楚地看到，电流继电器KA1、KA3、KA5测量A相电流，而电流继电器KA2、KA4、KA6测量C相电流。

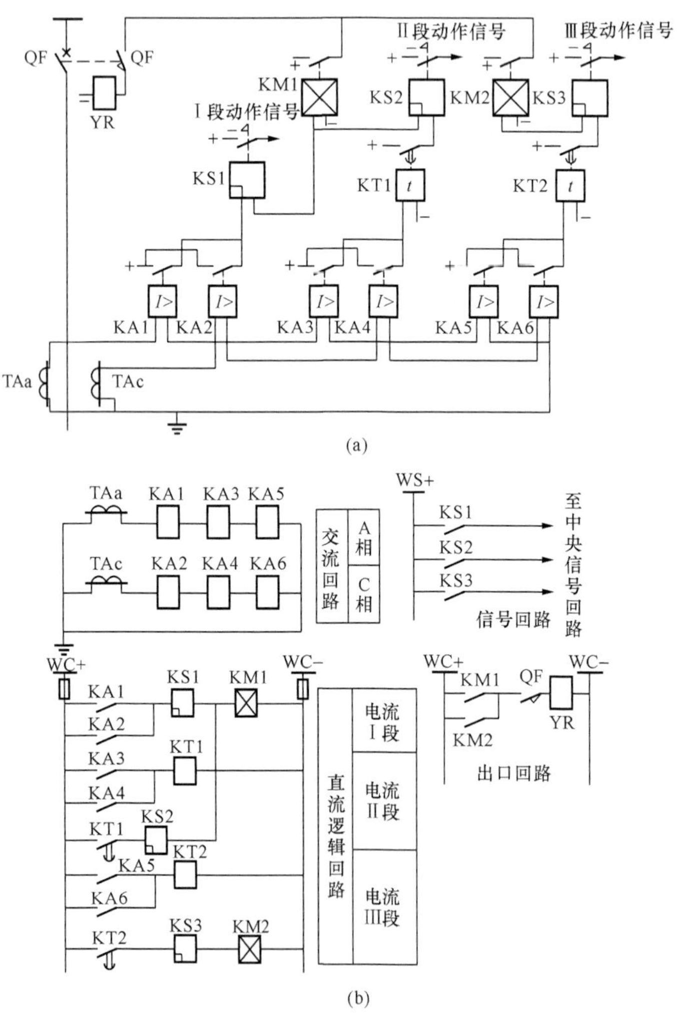

图4-13 三段式电流保护原理图

(a) 归总式原理图；(b) 展开式原理图

(2) 直流逻辑回路：由电流继电器 KA1、KA2 以“或”的逻辑构成Ⅰ段保护，无延时起动信号继电器 KS1、中间继电器（出口继电器）KM1。电流继电器 KA3、KA4 构成Ⅱ段保护，起动时间继电器 KT1，KT1 延时起动信号继电器 KS2、KM1。电流继电器 KA5、KA6 构成Ⅲ段保护，起动时间继电器 KT2，KT2 延时起动信号继电器 KS3、KM2。

(3) 信号回路：KS1、KS2、KS3 触点闭合发出相应的保护动作信号，根据中央信号回路不同，具体的接线也不同（例如信号继电器触点可以起动灯光信号、音响信号等），图 4-13 中未画出具体回路。

(4) 出口回路：出口中间继电器触点接通断路器跳闸回路，完整的出口回路应与实际的断路的控制回路相适应，图 4-13 仅为出口回路示意图。

4.6.3　低压线路保护逻辑框图

微机型保护（详见本书第 3 章）将母线电压、线路电流经模数转换变为数字量，在程序中进行判别；电流继电器、时间继电器在保护内部由程序实现，保护的实现原理常由逻辑框图表示，如图 4-14 所示。

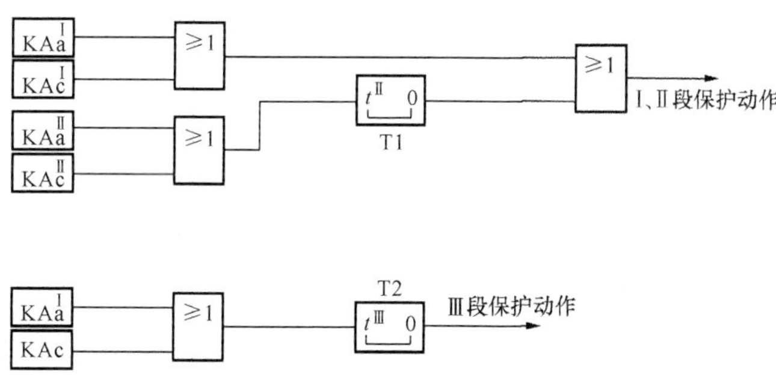

图 4-14　三段式电流保护逻辑框图

微机保护有交流回路、开入回路、信号开出、跳闸开出等回路，与图 4-13 (b) 相似。

4.6.4　阶段式电流保护整定实例

如图 4-15 所示为 35kV 单侧电源辐射状网络，MN 和 NP 均设有三段式电流保护。已知：

(1) 线路 MN 长 20km，线路 NP 长 30km，线路每千米正序电抗 $X_1=0.4\Omega$；

(2) 变电所 N、P 中变压器连接组别为 Yd11，且在变压器上装设差动保护；

(3) 线路 MN 的最大传输功率 $P_{max}=9.5$MW，功率因数 $\cos\varphi=0.9$，自起动系数 K_{ast}取 1.3；

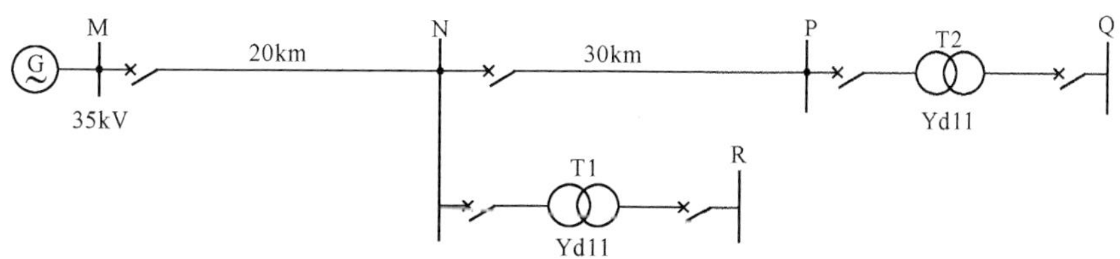

图 4-15　35kV 单侧电源辐射状网络

（4）T1、T2变压器归算至被保护线路电压等级的阻抗为28Ω，系统最大电抗 $X_{S.max}=7.9\Omega$，系统最小电抗 $X_{S.min}=5.4\Omega$。

试对MN线路的保护进行整定计算并校验其灵敏度。

（1）瞬时电流速断（Ⅰ段）保护整定计算。N母线短路最大三相短路电流为

$$I_{k.max.N}^{(3)}=\frac{E_S}{X_{S\cdot min}+X_1l_{MN}}=\frac{37000}{\sqrt{3}\times(5.4+20\times0.4)}=1590(A)$$

$$I_{op.1}^{I}=K_{rel}^{I}I_{k.max.N}^{(3)}=1.25\times1590=1990(A)$$

最小保护区为

$$L_{min}=\frac{1}{X_1}\left(\frac{\sqrt{3}}{2}\times\frac{E_S}{I_{op.1}^{I}}-X_{S.max}\right)=\frac{1}{0.4}\left(\frac{\sqrt{3}}{2}\times\frac{\frac{37}{\sqrt{3}}}{1.99}-7.9\right)=3.49(km)$$

$\frac{L_{min}}{L_{MN}}\times100\%=\frac{3.49}{20}\times100\%=17.5\%>15\%$，满足要求。

最大保护区为

$$L_{max}=\frac{1}{X_1}\left(\frac{E_S}{I_{op.1}^{I}}-X_{S.min}\right)=\frac{1}{0.4}\left(\frac{\frac{37}{\sqrt{3}}}{1.99}-5.4\right)=13.3(km)$$

$\frac{L_{max}}{L_{MN}}\times100\%=\frac{13.3}{20}\times100\%=66.7\%>50\%$，满足要求。

（2）限时电流速断保护整定计算。

1）与相邻线路瞬时电流速断保护配合，则

$$I_{k.max.P}^{(3)}=\frac{37000}{\sqrt{3}\times(5.4+50\times0.4)}=840(A)$$

$$I_{op.1}^{II}=K_{rel}^{II}I_{op.2}^{I}=K_{rel}^{II}K_{rel}^{I}I_{k.max.P}^{(3)}=1.15\times1.25\times840=1210(A)$$

2）与相邻变压器配合，则

$$I_{k.max.R}^{(3)}=\frac{37000}{\sqrt{3}\times(5.4+20\times0.4+28)}=520(A)$$

$$I_{op.1}^{II'}=K_{rel}^{I}I_{k.max.R}^{(3)}=1.3\times520=680(A)$$

选保护动作电流为以上计算较大值，即

$$I_{op.1}^{II}=1210(A)$$

保护灵敏系数计算

$$I_{k.min.N}^{(2)}=\frac{\sqrt{3}}{2}\times\frac{E_S}{X_{S.max}+X_1l_{MN}}=\frac{37000}{2\times(7.9+20\times0.4)}=1160(A)$$

$$K_{sen}^{II}=\frac{I_{k.min.N}^{(2)}}{I_{op.1}^{II}}=\frac{1160}{1210}<1.25\text{ 不满足要求，则}$$

改与T1低压侧母线短路配合，则

$$I_{op.1}^{II}=680(A)$$

$$K_{sen}^{II}=\frac{I_{k.min.N}^{(2)}}{I_{op.1}^{II}}=\frac{1160}{680}=1.71>1.25\text{ 满足要求。}$$

注意：选用与相邻变压器配合时，相当于是与Ⅱ段配合，所以保护的动作时间取 1s。

(3) 定时限过电流保护整定计算，则有

$$I_{L.max} = \frac{9.5 \times 10^3}{\sqrt{3} \times 0.95 \times 35 \times 0.9} = 183(A)$$

$$I_{op.1}^{Ⅲ} = \frac{K_{rel}^{Ⅲ} K_{ast}}{K_r} I_{L.max} = \frac{1.2 \times 1.3 \times 183}{0.85} = 335(A)$$

近后备保护时的灵敏度校验

$$K_{sen.n}^{Ⅲ} = \frac{I_{k.min.N}^{(2)}}{I_{op.1}^{Ⅲ}} = \frac{1160}{335} = 3.46 > 1.5 \text{ 满足要求。}$$

做相邻线路的远后备的灵敏度校验

$$I_{k.min.P}^{(2)} = \frac{\sqrt{3}}{2} \frac{37000}{\sqrt{3} \times (7.9 + 50 \times 0.4)} = 660(A)$$

$$K_{sen.f}^{Ⅲ} = \frac{K_{k.min.P}^{(2)}}{I_{op.1}^{Ⅲ}} = \frac{660}{335} = 1.97 > 1.2 \text{ 满足要求。}$$

做相邻变压器远后备保护的灵敏度校验

$$I_{k.min.R}^{(3)} = \frac{37000}{\sqrt{3} \times (7.9 + 20 \times 0.4 + 28)} = 490(A)$$

$$K_{sen.f}^{Ⅲ} = \frac{I_{k.min.R}^{(3)}}{I_{op.1}^{Ⅲ}} = \frac{490}{335} = 1.46 > 1.2 \text{(保护接线采用两相三继电器),满足要求。}$$

保护的时限按阶梯原则，比相邻元件后备保护最大动作时间大一个时间级差 Δt。

4.7　反时限电流保护

4.7.1　反时限动作特性

电流Ⅲ段保护为定时限过电流保护，即保护的动作时限按阶梯特性整定后是固定不变的，电流Ⅲ段保护的一个缺点是故障点距离电源越近，短路电流越大，动作时限却较长。为克服上述缺点，可以采用动作时间与流过继电器中电流的大小有关的继电器，利用继电器的反时限动作特性，构成反时限过电流保护，当电流大时，保护的动作时限短，而电流小时动作时限长。

反时限电流保护的动作特性如图 4 - 16 所示。微机保护可通过程序精确地实现反时限动作特性。

对于如图 4 - 16 所示的反时限特性，一般用起动电流 I_{st}、瞬时动作电流 $I_{op}^{Ⅰ}$、瞬时动作时间 t_b 和反时限特性曲线 $t = f(I)$ 三个参数来描述。常用的反时限过电流保护的动作特性方程为

$$t = \frac{0.14K}{\left(\frac{I}{I_{st}}\right)^{0.02} - 1} \tag{4-25}$$

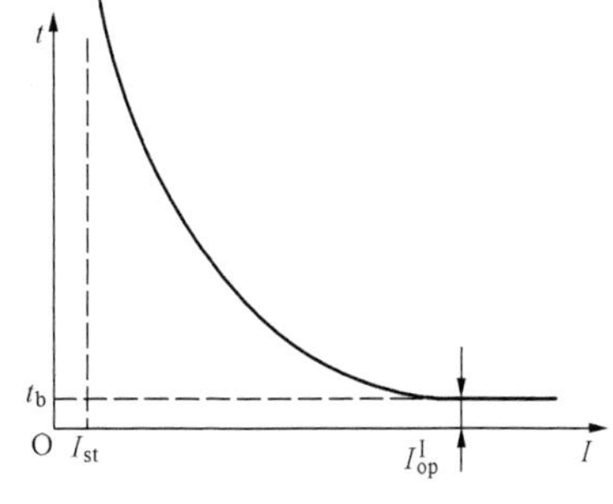

图 4 - 16　反时限过电流继电器时限特性

当流过保护的电流小于起动电流 I_{st} 时，保护不起

动。当电流大于瞬时动作电流 I_{op}^{I}时，保护以最小动作时间 t_b 动作。当电流在以上两者之间时，保护起动后，动作时间与电流倍数（流过保护的电流与起动电流 I_{op}之比）有关。K 为时间整定系数，选择不同的 K 值可以获得不同的动作时间曲线，K 值越大，动作时间越长。图 4-17 为反时限过电流保护的电流—时间对数特性曲线族。

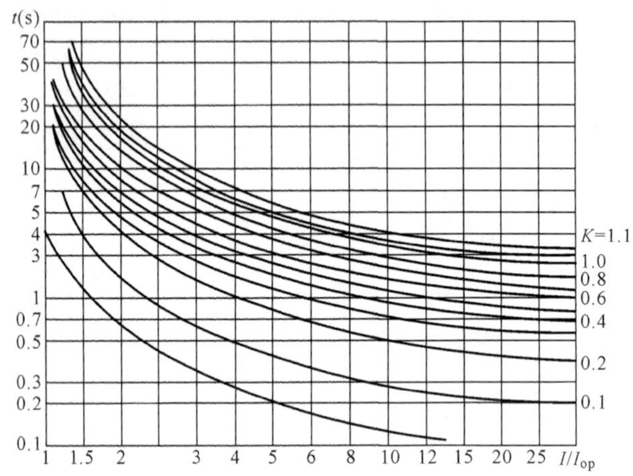

图 4-17 反时限过电流保护的电流—时间对数特性曲线族

4.7.2 反时限过电流保护的整定配合

1. 反时限特性上下级间的配合

反时限过电流保护装置的起动电流仍应按照式（4-15）躲过最大负荷电流的原则进行整定。同时为了保证各保护之间动作的选择性，其动作时限也应该逐级配合确定。图 4-18（b）为最大运行方式下短路电流的分布曲线，假设在每条线路的始端（k1、k2、k3、k4 点，也称配合点）短路时的最大短路电流分别为 $I_{k1.max}$、$I_{k2.max}$、$I_{k3.max}$和 $I_{k4.max}$，则在此电流的作用下，各线路自身的保护装置的动作时限均应为最小。为了在各线路保护装置之间保证动作的选择性，各保护可按下列步骤进行整定。

首先从距电源最远的保护 1 开始，其起动电流按式（4-15）整定为 $I_{st.1}$，其动作时间为 t_1，可以确定 a1 点。当 k1 点短路时，在 $I_{k1.max}$的作用下，保护 1 可整定为继电器的固有动作时间 t_b，从而确定 b 点。这样保护 1 的时限特性曲线（或 K 值）即可根据以上两个条件确定，使之通过 a1 和 b 两点，如图 4-18（d）中的曲线①。此特性曲线的选择，可以根据保护制造厂提供的曲线族或通过实验来进行。

现在再来整定保护 2，其起动电流仍按式（4-15）整定为 $I_{st.2}$，确定 a2 点的坐标；当 k1 点短路时（保护 1、2 的配合点），为保证动作的选择性，就必须选择当电流为 $I_{k1.max}$时，保护 2 的动作时限比保护 1 高出一个时间阶梯 Δt，即 $t_c=t_b+\Delta t$，因此保护 2 的时限特性曲线应通过 c 点。在继电器的特性曲线族中选取一条适当的曲线，使之通过 a2 和 c 两点，如图 4-18（d）中的曲线②，该曲线即为保护 2 的特性曲线。这样选择之后，当被保护线路始端 k2 点短路时，在短路电流 $I_{k2.max}$的作用下，其动作时间为 t_d，此时间小于 t_c，因此能较快地切除近处的故障。这是反时限保护的最大优点。

保护 3 的整定，可按类似上述原则进行，即首先按式（4-15）算出其起动电流 $I_{st.3}$，确

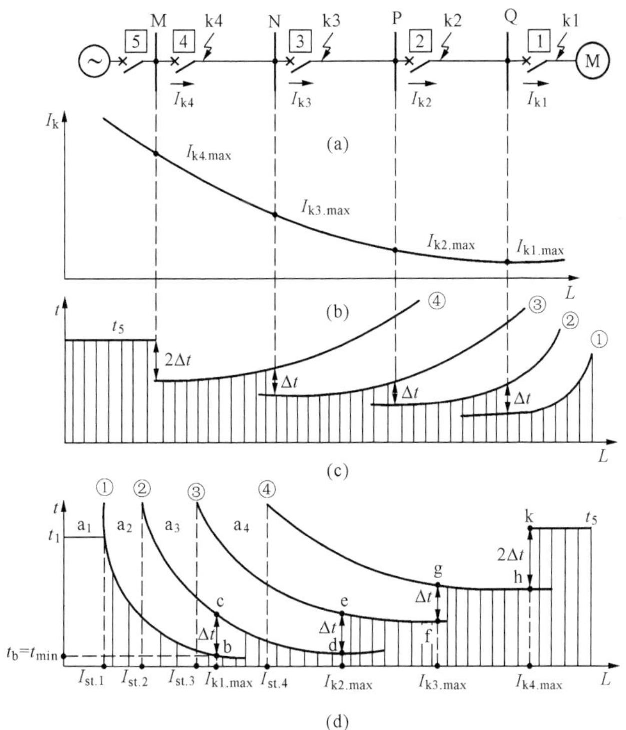

图 4-18　反时限过电流保护的整定和配合

(a) 网络接线；(b) 短路电流分别曲线；

(c) 各保护动作的时限特性；(d) 整定值的选择与配合关系

定特性曲线的 a3 点，然后按照在 k2 点短路时与保护 2 相配合的原则，选取当电流为 $I_{k2.max}$ 时的动作时间为 $t_e=t_d+\Delta t$，即确定了特性曲线的 e 点，如图 4-18（d）中的曲线③，当被保护线路始端 k3 短路时，其动作时间 t_f 仍小于 t_e。同理可以整定保护 4，得出图 4-18（d）中的曲线④。

显然，在以上的整定计算中以保证配合点的动作时间配合表示任意点短路时动作时间取得了配合，这是由以不同地点的继电器都具有式（4-25）表达的特性曲线保证的。当上下级保护使用不同类型的动作特性曲线族时，还应保证在特性曲线上任意点的配合。

2. 反时限过电流保护与电源侧定时限过电流保护的配合

对于安装在发电机侧的保护 5，一般采用定时限特性作为后备保护，其动作时间应与保护 4 的反时限特性配合。作为远后备，在 k3 点短路时，保护 5 的动作时间应比保护 4 延迟 Δt，在保护 4 的动作特性曲线上查出对应 k3 点短路时的动作时间，保护 5 的动作时间比它大 Δt，或者比在 k4 点短路时保护 4 的动作时间大 $2\Delta t$。

3. 反时限过电流保护速断段的整定

反时限过电流保护带有独立整定的电流速断段，当达到其整定的动作电流时，其出口触点瞬时闭合，整定原则仍是躲开下级母线的最大短路电流，与式（4-6）完全相同。

将以上整定结果转化为各保护装置动作时限 $t=f(L)$ 的时限特性，即如图 4-18（c）

所示。它明显地表示出，当不同地点短路时，各保护装置的实际动作时间。由该图也可以看出，在保护范围内任意点短路时，各保护之间的选择性都是可以得到保证的。

对比定时限保护和反时限保护两种保护的时限特性：由图4-6和图4-18（c）可见，其基本整定原则相同，但反时限保护可使靠近电源的故障具有较小的切除时间。反时限保护的缺点是整定配合比较复杂，以及当系统最小运行方式下短路时，其动作时限可能较长。因此，它主要应用于单侧电源供电的终端线路和较小容量的电动机上，作为主保护和后备保护。

小　结

电流保护简单可靠，但是保护区受系统运行方式及短路类型的影响很大。电流保护主要用于单电源的10～35kV馈电线路作为相间短路的保护。

本章介绍了三段式电流保护的构成、各段的工作原理及其配合关系。三段式电流保护由电流速断保护（Ⅰ段）、限时电流速断（Ⅱ段）及定时限过电流保护（Ⅲ段）构成。电流Ⅰ段由整定动作电流保证选择性，快速性最好，动作时间仅为毫秒级的继电器固有动作时间，灵敏性最差，不能保护本线路全长（除线路变压器组情况外），一般作为线路的辅助保护；电流Ⅱ段由整定动作电流及动作时间保证选择性，动作时间为0.5s左右，灵敏性较好，能保护本线路全长，可作为线路的主保护；电流Ⅲ段由整定动作时间阶梯特性保证选择性，快速性最差，特别是在靠近电源首端动作时间长，灵敏性最好，除能保护本线路外还能保护下一线路全长，作为本线路的近后备保护及相邻线路的远后备保护。

电压保护不能单独使用，一般和电流保护配合。由于电流保护的范围受系统运行方式及短路类型的影响，当电流Ⅰ段的灵敏度不能满足要求时，考虑采用电流、电压联锁速断保护。

由于电流保护Ⅲ段的选择性是靠阶梯形时限特性来保证的，往往使靠近电源首端故障的动作时间很长，为解决此缺陷，可采用反时限特性保护，但其整定配合较为复杂。

复习思考题

4-1　什么是保护整定的最大系统运行方式?

4-2　三段式电流整定计算中如何选择系统运行方式及短路类型?

4-3　试说明可靠系数、自起动系数、灵敏度系数的含义。

4-4　试说明灵敏度校验的意义。

4-5　三段式电流保护是怎样构成的?试画出三段式电流保护各段的保护范围和时限配合特性图。

4-6　试绘出反时限特性曲线，写出常见的反时限特性曲线数学表达式，并说明反时限特性含义。

4-7　35kV系统图如图4-19所示，断路器QF1、QF2、QF3均装设三段式相间电流保护P1、P2、P3，等值电源的系统阻抗如图所示。线路每千米正序阻抗z_1=0.4Ω。QF1流

过的最大负荷电流 $I_{L.max}=300A$，保护 P3 的过电流保护动作时间为 1.0s，各段可靠系数取 $K_{rel}^{I}=1.25$，$K_{rel}^{II}=1.1$，$K_{rel}^{III}=1.1$；自起动系数 $K_{ast}=1.6$，继电器返回系数 $K_r=0.9$。试完成 P1 三段保护整定计算。

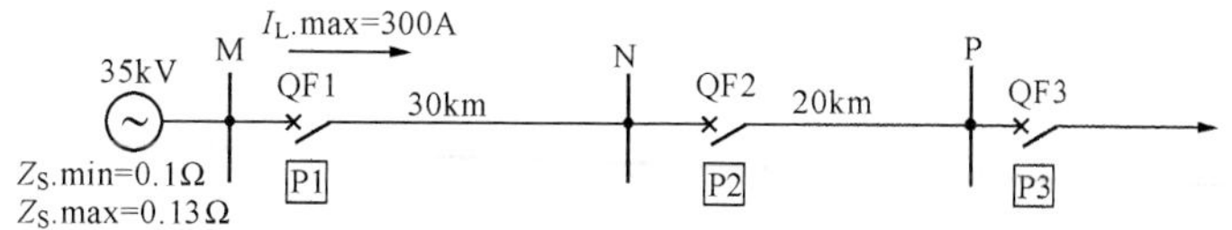

图 4-19　习题 4-7 图

第 5 章

相间短路的方向电流保护

【要　求】掌握双侧电源线路上方向电流保护工作原理。

【知识点】双侧电源线路保护特点；方向电流保护构成；方向元件判据；方向元件接线方式；方向电流保护整定计算方法。

【重点和难点】正确区分正方向故障与反方向故障；方向元件判据，死区问题与解决方法。

5.1　方向电流保护的工作原理

5.1.1　电流保护方向性问题的提出

为了提高供电的可靠性，电力系统大量采用双侧电源辐射形电网或环形电网，如图 5-1 和图 5-2 所示，在这样的电网中，为切除故障线路，应在线路两侧装设断路器和保护装置。线路发生故障时线路两侧的保护均应动作，跳开两侧的断路器，这样才能切除故障线路，保证非故障设备的继续运行。如图 5-1 所示，当线路 L1 的 k1 点短路时，按照选择性要求在线路 L1 两侧的保护 1、2 应动作，使 QF1、QF2 跳闸，仅将故障线路 L1 从电网中切除。故障线路切除后，接在 M 母线上的用户以及 N、P、Q 母线上的用户，仍然由电源 E_{I} 和 E_{II} 分别继续供电。下面分析，若将阶段式电流保护直接应用在这样的电网中，是否还能够满足保护动作的选择性要求。

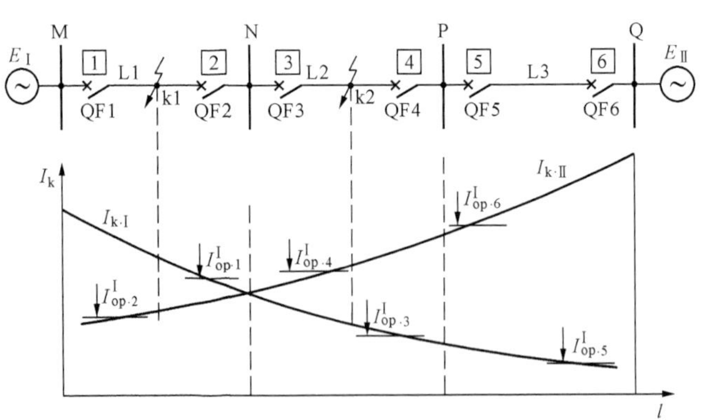

图 5-1　双侧电源辐射形电网阶段式电流保护动作分析

1. 对无时限电流速断保护和限时电流速断保护的影响

以图 5-1 所示的双侧电源辐射形电网为例进行分析。图中各断路器上分别装设保护 1～6，并给出了线路不同地点发生三相短路时，电源 E_{I} 和 E_{II} 在最大运行方式下分别提供的短路电流曲线。根据无时限电流速断保护动作电流的整定原则，给出其动作电流在短路电流曲线上的大致位置。

对于无时限电流速断保护，只要短路电流大于其动作电流整定值，就可以瞬时动作于出口。在图 5-1 中，当 k1 点发生短路时，应由保护 1、保护 2 动作，切除故障。而对保护 3 来说，k1 点故障，通过它的短路电流是反方向由电源 E_{II} 提供的，比较此时流过保护 3 短路电流和保护 3 电流速断保护的动作电流值，可以看出，此时保护 3 也会无选择地动作，使 N 母线停止供电。同样，在 k2 点短路时，保护 2 和保护 5 也可能在反方向电源提供的短路电流下无选择地动作。

同理，对于限时电流速断保护亦会有相同的影响，读者可自行分析。

2. 对定时限过电流保护的影响

对于定时限过电流保护，同样会发生无选择性误动作。在图 5-1 中，对装在 N 母线两侧的保护 2 和保护 3 而言，当 k1 点短路时，为了保证选择性，要求 $t_2<t_3$；而当 k2 点短路时，又要求 $t_2>t_3$。显然，这两个要求是相互矛盾的。分析位于其他母线两侧的保护，也可以得出同样的结果。对如图 5-2 所示的单电源供电的环形电网，情况亦是如此。

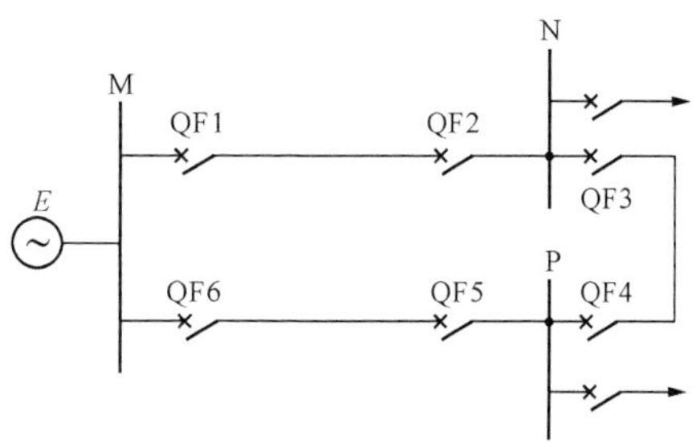

图 5-2　单电源供电的环形电网

5.1.2　方向过电流保护的工作原理

为解决上述矛盾，需进一步分析在 k1 点和 k2 点短路时，流过保护 2 和 3 的功率方向。在 k2 点发生短路时，流过保护 2 的功率方向是线路到母线，保护 2 不应动作，而流过保护 3 的功率方向是由母线到线路，保护 3 应动作。同样，当在 k1 点发生短路时，流过保护 3 的功率方向是线路到母线，保护 3 不应动作，而流过保护 2 的功率方向是由母线到线路，保护 2 应动作。由此可知，若在保护 2 和 3 上各加一判别短路功率方向的元件，即功率方向继电器，且只有当短路功率方向是由母线到线路时，才允许保护动作，反之不动作。这样，就解决了保护动作的选择性问题。这种在电流保护的基础上加一方向元件构成的保护称为方向电流保护。

图 5-3 所示为一双侧电源辐射形电网，电网中装设了方向电流保护，图中所示箭头方向，即为各保护方向元件的动作方向，这样就可将两个方向的保护拆开看成两个单电源辐射形电网的保护。其中，保护 1、3、5 为一组，保护 2、4、6 为另一组，如各同方向的过电流保护时限仍按阶梯原则来整定，它们的时限特性如图 5-3（d）所示。当线路 NP 上发生短路时，保护 2 和 5 的短路功率方向是由线路流向母线，与保护方向相反，即功率为负，保护不动作。而保护 1、3、4、6 处短路功率方向为由母线流向线路，与保护方向相同，即功率为正，故保护 1、3、4、6 都起动，但由于 $t_1^{\mathrm{III}}>t_3^{\mathrm{III}}$、$t_6^{\mathrm{III}}>t_4^{\mathrm{III}}$，故保护 3 和 4 先动作跳开相应断路器，短路故障消除后保护 1 和 6 返回，从而保证了保护动作的选择性。

5.1.3　三段式方向电流保护的构成

在双侧电源辐射形电网或单侧电源环形电网中，为了满足继电保护的各种性能要求，可

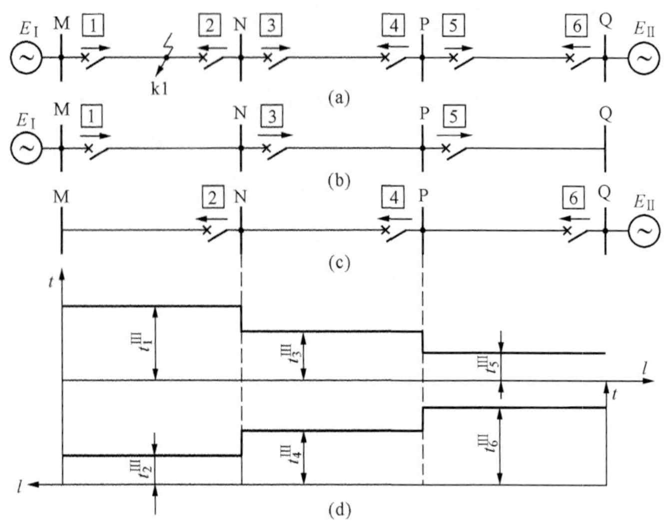

图 5-3　双侧电源辐射形电网及保护时限特性

(a) 网络图；(b) 单侧电源 $E_{\rm I}$ 供电电网；(c) 单侧电源 $E_{\rm II}$ 供电电网；(d) 保护时限特性

采用三段式方向电流保护。

三段式方向电流保护的单相原理框图如图 5-4 (a) 所示。

从图 5-4 (a) 可看出，为了提高三段式方向电流保护装置的可靠性，保护装置中每相的Ⅰ、Ⅱ、Ⅲ段可以根据需要共用一个功率方向元件。图 5-4 (b) 为定时限方向过电流保护的单相原理接线图，其中 KW 为功率方向继电器，KA 为电流继电器。由 KW 判别功率的方向，KA 判别电流的大小。只有在正向范围内故障，KW、KA 均动作时保护才能起动。

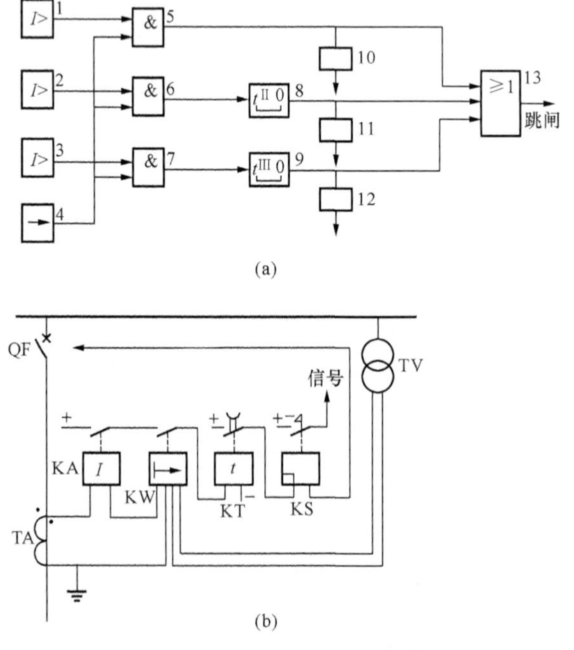

图 5-4　三段式方向电流保护的单相原理图

(a) 单相原理框图；(b) 定时限过电流保护的单相原理接线图

5.1.4 功率方向元件的装设原则

在双侧电源辐射形电网或单侧电源环形电网中，并不是所有的电流保护都要装设功率方向元件才能保证选择性，而是在靠动作电流值的整定、动作时限的配合不能满足选择性要求时，才需要装方向元件。例如，如图 5-3 所示的电网中，由于保护 3 的动作时限已大于保护 2 的动作时限，保护 3 的过电流保护可以不装方向元件。因为在 k1 点短路时，保护 2 先发跳闸信号，QF2 跳闸后，保护 3 能立即返回，QF3 不会跳闸。一般来说，对于无时限电流速断保护和限时电流速断保护，利用动作电流的整定能满足选择性要求时，可以不装方向元件；对于带时限电流速断保护利用动作电流值的整定和动作时限的配合能满足选择性要求时，可以不装方向元件；对于接在同一变电所母线上的所有双侧电源线路的定时限过电流保护，动作时限长者可不装方向元件，而动作时限短者或相等者则必须装设方向元件。

5.2 功率方向继电器

5.2.1 功率方向继电器的实现原理

如果规定流过保护的电流给定正方向是从母线指向线路，在如图 5-5（a）所示的网络接线中，对保护 1 而言，当正方向 k1 点三相短路时，流过保护 1 的电流 $\dot{I}_m$ 即短路电流 $\dot{I}_{k1}$，滞后于该母线电压 $\dot{U}$ 一个相角 φ_{k1}（φ_{k1} 为从母线至 k1 点之间的线路短路阻抗角），其值为 $0°<\varphi_{k1}<90°$，如图 5-5（b）所示；当反方向 k2 点短路时，通过保护 1 的短路电流是由电源 $\dot{E}_{\text{II}}$ 供给的，此时流过保护 1 的电流是 $\dot{I}_{k2}$，滞后于母线电压 $\dot{U}$ 的相角是 $180°+\varphi_{k2}$（φ_{k2} 为从该母线至 k2 点之间的线路的短路阻抗角），其值为 $180°<(180°+\varphi_{k2})<270°$，如图 5-5（c）所示。如以母线电压 $\dot{U}$ 作为参考相量，并设 $\varphi_{k1}=\varphi_{k2}=\varphi_k$，则流过保护安装处的电流 $\dot{I}_m$ 在以上两种短路情况下相位相差 180°。

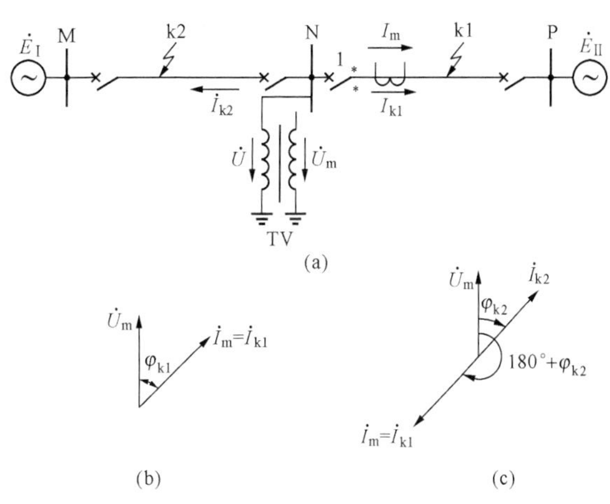

图 5-5　功率方向继电器工作原理说明

（a）网络接线图；（b）k1 点短路相量图；（c）k2 点短路相量图

因此，利用判别短路功率的方向或短路后电流、电压之间的相位关系，就可以判别发生故障的方向。用以判别功率方向或测定电流、电压间相位角而动作的继电器称为功率方向继电器。

5.2.2 功率方向继电器的动作特性

为保证当短路点有过渡电阻、线路阻抗角 φ_k 在 0°～90°范围内变化情况下正方向故障时，继电器都能可靠动作，功率方向继电器应该在其测量角 $\left(\varphi_m=\arg\dfrac{\dot{U}_m}{\dot{I}_m}\right)$ 落在一个范围内时可靠动作，因此，功率方向继电器应是通过测量加入其电压和电流的相角在一定范围而动作的元件，若其测量的相角 φ_m 超出这个范围则可靠不动作。功率方向继电器的动作特性就是指其所测量的 φ_m 角动作的区间。图 5-6 为相间短路的 LG-11 型功率方向继电器的动作特性。

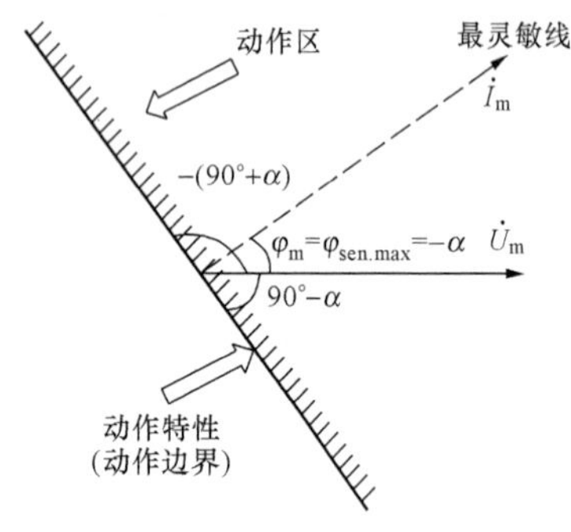

图 5-6 LG-11 型功率方向继电器的动作特性

规定 $\dot{U}_m$ 超前 $\dot{I}_m$ 时 φ_m 为正，反之为负；图中 α 称为继电器的内角，可以整定。LG-11 型功率方向继电器的内角有 30°和 45°两种，可根据短路阻抗角整定为合适的值。若以 $\dot{U}_m$ 为参考相量，该功率方向继电器的动作区间为 $-(90°+\alpha)<\varphi_m<(90°-\alpha)$。动作区的$\frac{1}{2}$处为动作最灵敏处，沿该处做一直线，称为最灵敏线，该线与参考相量 $\dot{U}_m$ 的夹角称为最灵敏角，记作 $\varphi_{sen.max}$。其含义为：当 $\varphi_m=\arg\frac{\dot{U}_m}{\dot{I}_m}=\varphi_{sen.max}$ 时，继电器动作最灵敏。由图 5-6 可见，该继电器的最灵敏角为 $-\alpha$。

常规功率方向继电器的实现可通过硬件电路来实现如图 5-6 所示的动作特性，微机保护可通过不同的算法原理来实现对短路功率方向的测量。

5.2.3 相间短路功率方向继电器的接线方式

相间短路的功率方向继电器的接线方式是指功率方向继电器应测量什么电流和电压时，才能保证满足正方向短路故障时可靠灵敏动作，而反方向短路时可靠不动作。因此对其接线方式提出如下要求：

(1) 正方向任何类型的短路故障都能动作，而当反方向故障时则不动作；

(2) 故障后继电器的测量电流 $\dot{I}_m$ 和测量电压 $\dot{U}_m$ 应尽可能地大一些，并尽可能使 φ_m 接近于最大灵敏角 $\varphi_{sen.max}$，以便消除和减小方向元件的死区。

在保护正方向出口附近短路接地，故障相对地的电压很低时，功率方向元件不能动作，称为“电压死区”。为了减小和消除死区，在实际应用中广泛采用非故障的相间电压作为接入功率方向元件的电压参考相量，判别故障相电流的相位。故相间短路的功率方向继电器采用 90°接线方式方可满足上述要求。

保护可采用“记忆”电压来消除出口处三相短路的电压死区。

一、90°接线方式

所谓 90°接线方式是指在三相对称的情况下，当 $\cos\varphi=1$ 时，加入继电器的电流 $\dot{I}_m$ 和电压 $\dot{U}_m$ 相位相差 90°。如 A 相方向元件 $\dot{I}_{ma}=\dot{I}_a$,$\dot{U}_{ma}=\dot{U}_{bc}$，这样定义仅是称呼方便，没有实在的物理意义。具体接线见表 5-1。

表 5-1 功率方向继电器的 90°接线

功率方向继电器	电流	电压
KW_A	$\dot{I}_a$	$\dot{U}_{bc}$
KW_B	$\dot{I}_b$	$\dot{U}_{ca}$
KW_C	$\dot{I}_c$	$\dot{U}_{ab}$

二、90°接线方式方向元件在各种相间短路下动作特性分析

1. 三相短路

（1）正方向：由于是对称故障，3 个功率方向继电器的动作一样，以 A 相继电器为例分析，如图 5－7（a）所示。φ_k 为线路的短路阻抗角，φ_m 是继电器的测量相角。正方向三相短路时，$\dot{I}_m$ 在动作区内，若选择继电器内角 $\alpha=90°-\varphi_k$，可使功率方向元件工作在最灵敏状态。

（2）反方向：如图 5－7（b）所示，$\dot{I}_m$ 不在动作区内，所以功率方向继电器可靠不动作。

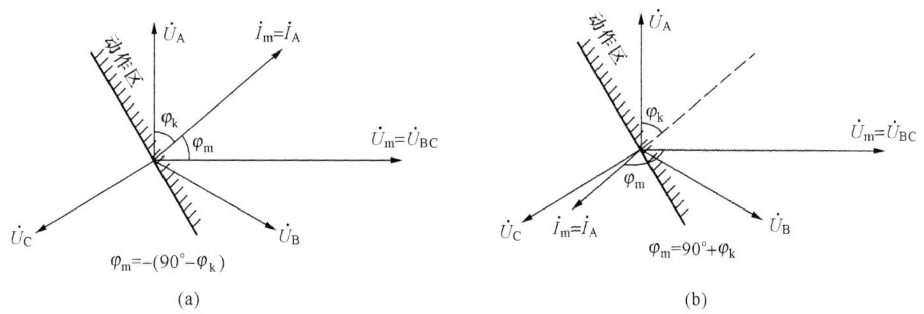

图 5－7　三相短路 90°接线方式方向元件动作特性分析

（a）正方向；（b）反方向

2. 两相短路

以 BC 相间短路为例分析，由于 A 相无故障电流，A 相功率方向元件动作与否取决于负荷电流（分析见本书 5.3 节）。$\dot{U}_b$、$\dot{U}_c$ 的夹角在近处短路时接近为 0°，而在远处短路时接近 120°，可按两种极端情况下分析故障相（B、C 相）功率方向元件的动作行为，只讨论正向故障情况。

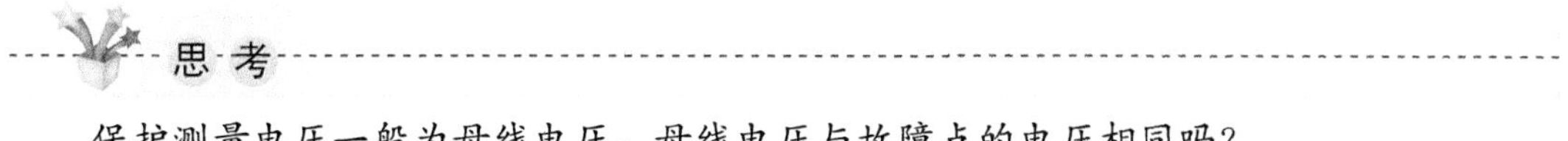

思 考

保护测量电压一般为母线电压，母线电压与故障点的电压相同吗？

（1）近处 BC 相正向短路。如图 5－8 所示，近处两相短路时故障相的功率方向元件的动作特性与三相短路时相同。

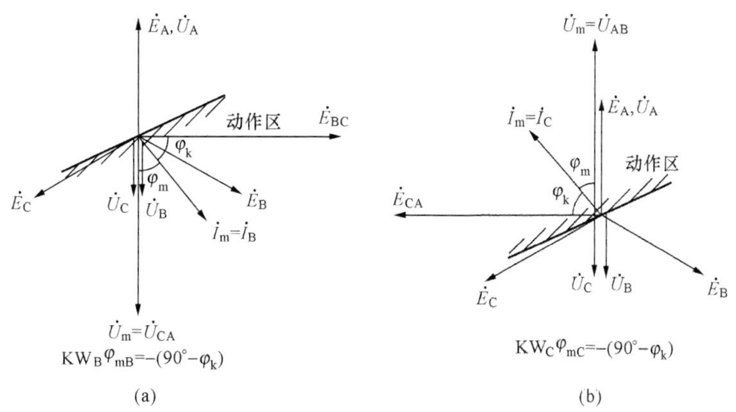

图 5－8　近处 BC 相正向短路

（a）B 相方向元件动作行为；（b）C 相方向元件动作行为

（2）远处 BC 相间短路。如图 5-9 所示，两个故障相功率方向元件均能正确动作。

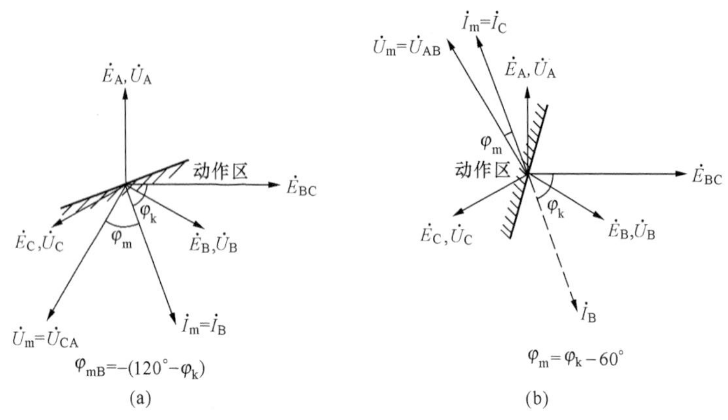

图 5-9　远处 BC 相间短路

（a）B 相方向元件动作行为；（b）C 相方向元件动作行为

思考

对照图 5-8、图 5-9，试分析 BC 相间反方向短路时 B 相、C 相功率方向继电器的测量角与动作区。

5.3　非故障相电流的影响及按相起动接线

5.3.1　非故障相电流的影响

前面分析两相短路时功率方向继电器的动作情况，是在假定故障前电网是空载的前提下进行的，即当接线方式正确时，故障相的功率方向继电器都能正确判断故障的方向，非故障相功率方向继电器不会动作。如果故障前电网是带负载运行的，那么在同样的故障情况下，非故障相中仍有负荷电流通过，这个电流称为非故障相电流，它可能会使方向电流保护误动作。下面以两相短路为例，分析非故障相电流对功率方向继电器动作行为的影响。

在如图 5-10 所示的电网中，线路 L2 在 k 点发生 BC 两相短路，对保护 1 来说是反方向短路，通过保护 1 的故障相 B、C 中的短路电流分别为 $\dot{I}_{k.B}$、$\dot{I}_{k.C}$ 方向从线路指向母线，B、C 相的功率方向继电器不动作。而非故障相 A 相中的电流为负荷电流（假定正常运行时负荷电流方向由 $\dot{E}_{\text{I}}$ 指向 $\dot{E}_{\text{II}}$），方向由母线指向线路，因而 A 相的功率方向继电器会动作。

5.3.2　按相起动

图 5-11（a）为方向过电流保护的按相起动接线，即先把同名相的电流继电器 KA 和功率方向继电器 KW 的触点直接串联，再把各同名相串联支路并联起来，然后与时间继电器 KT 的线圈串联。图 5-11（b）为方向过电流保护的非按相起动接线，即先把各相电流继电器 KA 的触点相并联、各相功率方向继电器的触点相并联，再将其串联，然后与时间继电器

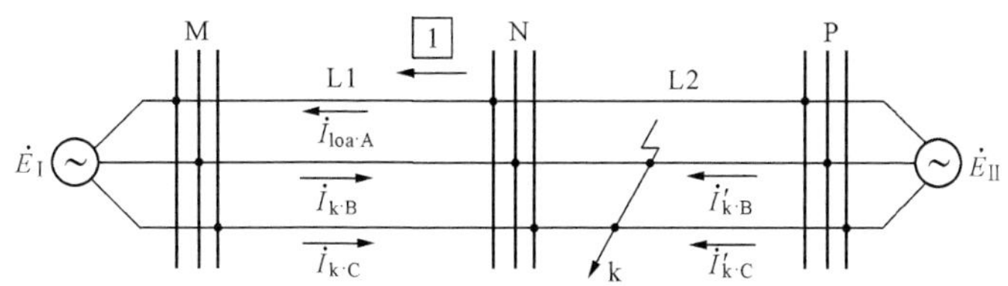

图 5-10　两相短路时非故障相中负荷电流影响的示意图

KT 的线圈串联。这两种接线虽然都带有方向元件，但对躲过非故障相电流影响的效果却完全不同。

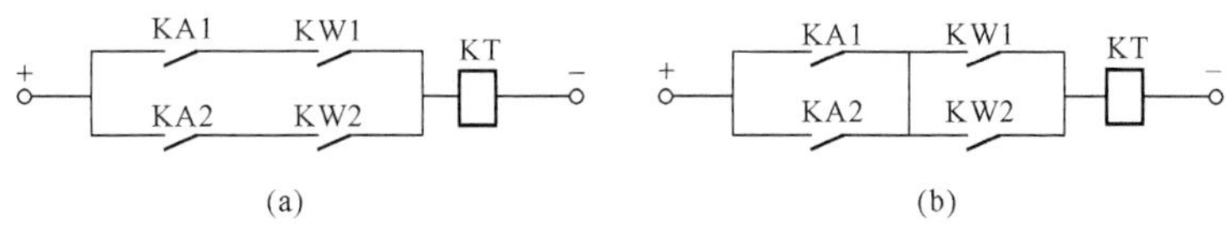

图 5-11　方向过电流保护的起动方式

(a) 按相起动；(b) 非按相起动

在图 5-10 中，由于非故障相电流的影响，保护 1 的 A 相方向元件起动，而电流起动元件不动作；B、C 相的电流起动元件动作，而方向元件不动作。此时，若按图 5-11（a）接线，保护 1 不会误动作；若按图 5-11（b）接线，保护 1 会误动作。可见，在方向电流保护中必须采用按相起动接线。

5.3.3　方向过电流保护接线图

1. 原理性接线图

图 5-12 所示的是两相式方向过电流保护原理接线图，它主要由起动元件（电流继电器 KA1、KA2）、方向元件（功率方向继电器 KW1、KW2）、时间元件（时间继电器 KT）、信号元件（信号继电器 KS）构成。其中起动元件、时间元件和信号元件的作用与前面介绍的定时限过电流保护相同，而方向元件则是用来判断短路功率方向的。方向元件采用 90°接线方式，电流起动元件和方向元件的触点采用按相起动接线。

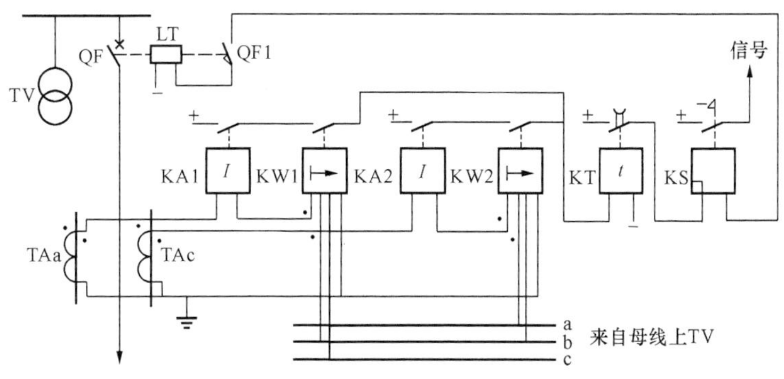

图 5-12　两相式方向过电流保护原理性接线图

2. 方向电流保护的逻辑框图

微机保护中没有具体的电流继电器、功率方向继电器，电流元件、方向元件均以程序实现，其逻辑关系常用原理框图形式表示，方向电流保护原理框图如图 5-13 所示。

图 5-13 中，方向电流保护中方向元件是否投入由整定开关决定，整定开关的接通与断开既可以由外部连接片（压板）的投退实现，也可以由装置整定定值中的控制字（0 或 1）设定。

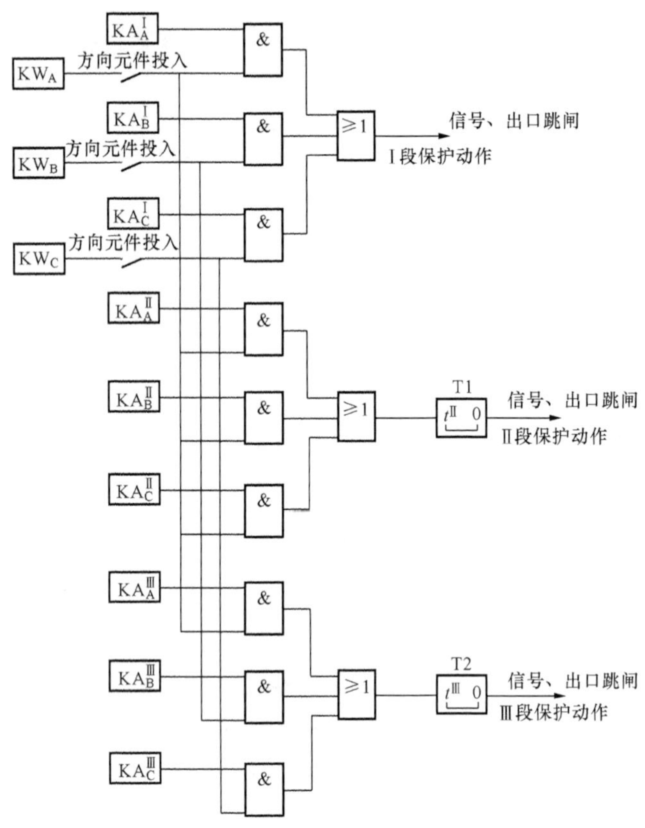

图 5-13　方向电流保护原理框图

思考

三段式电流保护各段保护之间的逻辑关系是与还是或？方向元件与电流元件之间又是什么逻辑关系？

5.4　方向电流保护的整定计算

5.4.1　方向电流速断保护的整定计算

在两端供电的辐射网或单电源环网中，同样也可构成瞬时方向电流速断保护和限时方向电流速断保护。它们的整定计算可按一般不带方向的电流速断保护整定计算原则进行。由于它装设了方向元件，故不必考虑反方向短路，按保护正方向短路配合整定计算。

5.4.2　方向过电流保护的动作电流整定原则

（1）应躲过外部短路切除后本线路出现的最大自起动电流。

（2）若本线路装有自动重合闸时，还应躲过本线路自动重合闸成功时出现的自起动电流。

（3）同方向的保护，它们的灵敏度应相互配合，即同方向保护的动作电流应从距电源最远的保护开始，向着电源方向逐级增大。以图 5 - 14 中保护 1、3、5 为例，即当在 k 点发生短路时，如果电流介于保护 3 和保护 5 动作电流之间，即 $I_{op.3}<I_k<I_{op.5}$，则保护 3 将误跳 QF3。为避免误动，则同方向保护的动作电流应满足

$$I_{op.1}>I_{op.3}>I_{op.5}$$

$$I_{op.6}>I_{op.4}>I_{op.2}$$

即

$$I_{op.3}=K_{co}I_{op.5}$$

式中：K_{co}为配合系数，一般取 1.1。

（4）对中性点直接接地电网，还应考虑躲过单相接地时的最大非故障相电流。但若采用了零序电流闭锁措施，则不考虑此原则。

保护的动作电流取上述计算结果中最大者。

5.4.3　保护的相继动作和灵敏度校验

如图 5 - 14 所示的单电源环网中，当短路点 k 靠近母线 M 时，几乎全部短路电流经过断路器 QF6 流向故障点，而经过断路器 QF1～QF5 流向短路点的电流近于零。故保护 5 只有在保护 6 动作断开断路器 QF6 后才动作。这种在被保护设备故障时，一侧保护只能在另一侧保护动作后才能动作的现象，称之为保护的相继动作，会产生相继动作的区域称之为相继动作区。

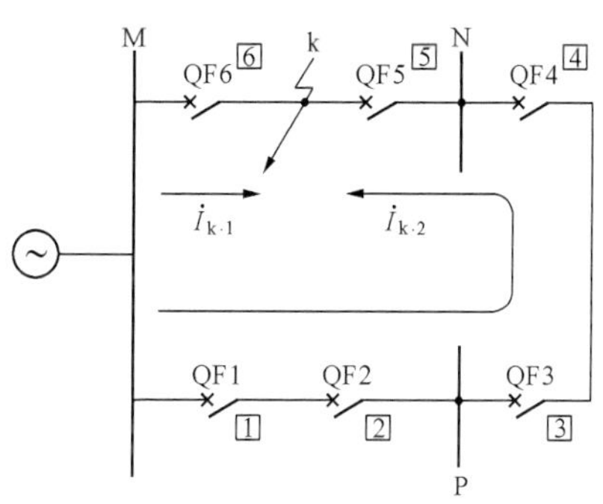

图 5 - 14　单电源环形网络

方向电流保护灵敏度，主要取决于电流元件的灵敏度，其校验的方法与不带方向的过电流保护相同，但在环网中允许用相继动作的短路电流来校验灵敏度。

小　　结

阶段式电流保护用于双侧电源辐射形电网和单电源环形电网中不能满足灵敏性、选择性的要求，出现了方向性问题。为解决方向性问题，在阶段式电流保护的基础上加装了方向元件，构成了方向电流保护。

电流元件与方向元件构成了方向电流保护，可以用于双侧电源辐射形电网和单电源环形电网，两个元件构成与逻辑。

功率方向元件的任务是测量接入继电器中电压和电流之间的相位角，以判别正、反方向

故障。要求功率方向元件在保护正方向短路时可靠灵敏动作，反方向可靠不动作。

根据所反映故障类型的不同，功率方向元件采用不同的接线方式，设计时动作方程不同，使得功率方向元件的参数也不相同。

在保护出口处相间两相短路消除功率方向元件的死区，相间短路的功率方向元件采用90°接线，出口处三相短路时消除死区的方法是采用“记忆”电压。

在构成方向电流保护时，电流继电器与功率方向继电器的触点采用按相启动接线。加装方向元件后，整定计算中不必考虑反方向故障，只需考虑同方向的保护配合即可，同方向的阶段式方向电流保护的Ⅰ、Ⅱ、Ⅲ段的整定计算可按单侧电源相间短路的阶段式电流保护的整定计算方法进行，只是在方向过电流保护整定计算中要注意一些特殊问题。方向元件的灵敏度很高，可不进行校验。

阶段式方向电流保护主要用于35kV及以下的双侧电源辐射形电网和单侧电源环形电网中作为相间短路保护。

复习思考题

5-1　双侧电源或单电源环网的线路电流保护为什么要加装方向元件？何谓功率方向继电器的动作区、死区、最灵敏角？反映相间短路的功率方向继电器如何消除电压死区？

5-2　某反应相间短路的功率方向继电器采用90°接线，若线路的短路阻抗角为60°，则该继电器的最灵敏角应设计为多大，使得在正方向三相短路时继电器的动作最灵敏？

5-3　整定图5-15中各断路器QF上定时限过电流保护的动作时限，并指出哪些需加装方向元件？

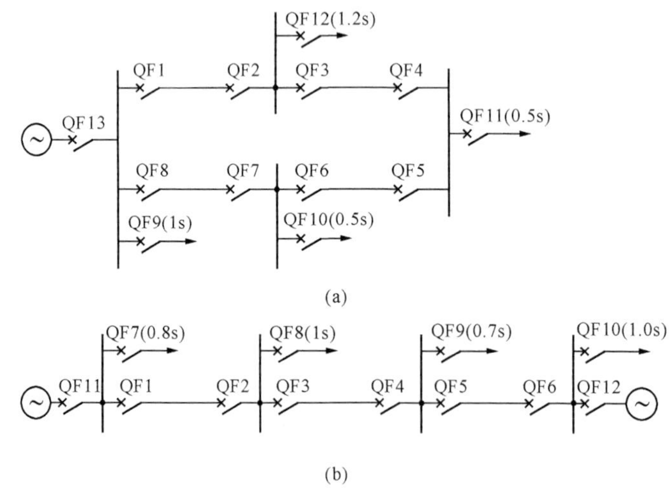

图5-15　习题5-3图

5-4　方向电流保护在整定计算时应注意哪些问题？

5-5　何谓方向电流保护的“按相起动”接线？不采用“按相起动”接线会产生什么后果？

5-6　有一按90°接线的整流型功率方向继电器，其内角为30°或45°，且工作在最灵敏状态下时，继电器能获得最小动作功率。

（1）最灵敏角是多少？

（2）这种继电器用在阻抗角为多大的线路上发生三相短路时，动作才最灵敏（不计过渡电阻的影响）？

5-7　若线路的阻抗角 $\varphi_k=50°$，且某反映相间短路的功率方向继电器采用 90°接线，其灵敏角应设计为多少比较合适？并用相量图分析，在保护出口处正方向发生 AB 两相短路时，故障相功率方向继电器能否动作？

第 6 章

电网的接地保护

【要　求】掌握电网接地保护工作原理。

【知识点】中性点直接接地系统接地时零序分量的特点；中性点非直接接地系统单相接地时的特点；三段式零序方向电流保护的逻辑框图；零序方向元件动作特性及其接线方式；零序电流保护整定计算方法。

【重点和难点】正确区分正方向故障与反方向故障；小电流接地选线的原理；零序方向继电器的原理和实现以及影响因素。

前述的电流保护和方向性电流保护的原理，是利用了正常运行与短路状态下在相电流幅值、功率方向方面的差异。除此以外，正常运行的电力系统是三相对称的，其零序、负序电流和电压理论上为零；多数的短路故障是三相不对称的，其零序、负序电流和电压会很大；利用故障的不对称性也可以找到正常与故障间的差别，可以构成反映序分量原理的各种保护。并且这种差别是零与很大值的比较，因此保护具有更高的灵敏性。

6.1　中性点直接接地系统接地故障分析

6.1.1　电网中性点运行方式

星形连接变压器或发电机的中性点运行方式，即电网中性点的运行方式有中性点不接地、中性点经消弧线圈接地和中性点直接接地。前两种接地电网系统称为小接地电流系统，后一种接地系统称为大接地电流系统，小接地电流系统和大接地电流系统是根据电网中发生单相接地故障时接地电流的大小来区分的。小接地电流系统和大接地电流系统的划分标准是依据系统的零序电抗 X_0 与正序电抗 X_1 的比值。凡是 $X_0>(4\sim5)X_1$ 的系统属于小接地电流系统，$X_0\leqslant(4\sim5)X_1$ 的系统属于大接地电流系统。运行接地方式的选择，需要综合考虑电网的绝缘水平、电压等级、通信干扰、单相接地短路电流、继电保护配置、电网过电压水平、系统结线、供电可靠性和稳定性等因素。

在我国，一般情况下 110kV 及以上的电压等级电网采用中性点直接接地运行方式，66kV 及以下的电压等级电网采用中性点不接地或经消弧线圈接地运行方式。

在这三种运行方式下，电力系统发生接地故障时，故障特点不同则零序分量特点不同，因此保护的构成原理甚至动作结果也不相同。

6.1.2　单相接地时的零序电压、零序电流、零序功率的特点

当中性点直接接地系统中发生接地短路时，将出现很大的零序电压和零序电流，利用零序电压、电流来构成接地短路的保护，具有显著的优点，被广泛应用在 110kV 及以上电压

等级的电网中。

在中性点直接接地系统中发生接地短路时，如图 6-1（a）所示，可以利用对称分量的方法将电流和电压分解为正序、负序、零序分量，并利用复合序网来表示它们之间的关系。短路计算的零序等效网络如图 6-1（b）所示，零序电流是由在故障点施加的零序电压 $\dot{U}_{k0}$ 产生的，它经过线路、接地变压器的接地支路（中性点接地）构成回路。零序电流的规定正方向，仍然采用由母线指向线路为正，而对零序电压的正方向，规定线路高于大地的电压为正。现讨论零序电压、零序电流、零序功率的特点。

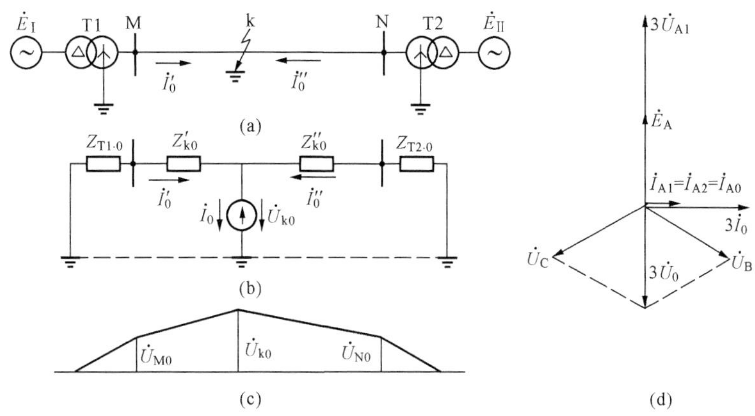

图 6-1　单相接地短路时零序分量特点

（a）网络图；（b）零序网络图；（c）零序电压分布图；（d）零序电流电压相量图（不计及回路电阻）

1. 零序电压

根据零序网络可写出故障点 k 处和母线 M 及母线 N 处的零序电压分别为

$$\begin{cases}\dot{U}_{k0}=-\dot{I}'_0(Z_{T1.0}+Z'_{k.0})\\ \dot{U}_{M0}=-\dot{I}'_0 Z_{T1.0}\\ \dot{U}_{N0}=-\dot{I}''_0 Z_{T1.0}\end{cases} \tag{6-1}$$

由式（6-1）可见，零序电源在故障点，故障点的零序电压最高，系统中距离故障点越远处的零序电压越低，取决于测量点到大地间阻抗的大小。母线处的零序电压为保护安装处背后的零序等值阻抗与零序电流的乘积，零序电压的分布如图 6-1（c）所示。

2. 零序电流

故障点 k 处的零序电流为

$$\dot{I}_{k0}=\frac{\dot{E}_{\Sigma}}{Z_{1\Sigma}+Z_{2\Sigma}+Z_{0\Sigma}} \tag{6-2}$$

式中：$Z_{1\Sigma}$、$Z_{2\Sigma}$、$Z_{0\Sigma}$ 分别为系统综合正序、负序和零序阻抗；$\dot{E}_{\Sigma}$ 为电源等效电动势。

M 侧的零序电流为

$$\dot{I}'_0=\dot{I}_{k0}\frac{Z''_{k0}+Z_{T2.0}}{Z'_{k0}+Z_{T1.0}+Z''_{k0}+Z_{T2.0}} \tag{6-3}$$

N 侧的零序电流为

$$\dot{I}''_0 = \dot{I}_{k0}\frac{Z'_{k0}+Z_{T1.0}}{Z'_{k0}+Z_{T1.0}+Z''_{k.0}+Z_{T2.0}} \tag{6-4}$$

由对称分量法可知故障点 k 处，正序、负序、零序电压和电流有

$$\begin{cases}\dot{U}_{k1}+\dot{U}_{k2}+\dot{U}_{k0}=0\\ \dot{I}_{k1}+\dot{I}_{k2}+\dot{I}_{k0}=\frac{1}{3}\dot{I}_k\end{cases} \tag{6-5}$$

由于正序、负序、零序电流的共轭复数相等，所以各序复数功率之间的关系为

$$\widetilde{S}_{k1}+\widetilde{S}_{k2}+\widetilde{S}_{k0}=0 \tag{6-6}$$

由上述分析可知，零序电流的分布，主要决定于送电线路的零序阻抗和中性点接地变压器的零序阻抗，而与电源的数目和位置无关，例如在图 6 - 1（a）中，当变压器 T2 的中性点不接地时，则 $\dot{I}''_0=0$。如果送电线路和中性点接地变压器位置、数目不变，则零序阻抗和零序等效网络是不变的。由于电力系统运行方式发生变化时，系统的正序阻抗和负序阻抗要随着运行方式而变化，正、负序阻抗的变化将引起故障点处 $\dot{U}_{k1}$、$\dot{U}_{k2}$、$\dot{U}_{k0}$ 三序电压之间分配的改变，因而间接影响零序电流的大小。

3. 零序功率及电压、电流相位关系

对于发生故障的线路，两端零序功率方向与正序功率方向相反，零序功率方向实际上都是由线路流向母线的。

由于零序电流是由零序电压 $\dot{U}_{k0}$ 产生的，由故障点经由线路流向大地。当忽略回路的电阻时，按照规定的正方向画出的零序电流、电压的相量图，如图 6 - 1（d）所示，可见，流过故障点两侧线路保护的电流 $\dot{I}'_0$ 和 $\dot{I}''_0$ 将超前 $\dot{U}_{k0}$ 以 90°；而当计及回路电阻时，例如取零序阻抗角为 $\varphi_{k0}=80°$，则 $\dot{I}'_0$ 和 $\dot{I}''_0$ 将超前 $\dot{U}_{k0}$ 以 100°。

由式（6 - 1）可知，保护安装处（如保护 1）的零序电流和零序电压之间的相位差由其背后元件的零序阻抗 $Z_{T1.0}$ 的阻抗角 $\varphi_{T1.0}$ 决定，一般取 70°～85°，则正方向接地短路时，零序电压滞后零序电流 95°～110°，而与被保护线路的零序阻抗及故障点的位置无关。

6.1.3 变压器中性点接地方式的考虑

大电流接地电网中，中性点接地变压器的数目及分布决定了零序网络结构，影响着零序电压和零序电流的大小和分布。

为了保持零序网络的稳定，利于继电保护的整定，且接地保护有较稳定的保护区和灵敏性，希望中性点接地变压器的数目及分布基本保持不变；为防止由于失去接地中性点后发生接地故障引起的过电压，应尽可能地使各个变电所的变压器保持有一台中性点接地；同时为降低零序电流，应减少中性点接地变压器的数目。

综合上述要求，变压器中性点接地方式的选择原则如下。

（1）中间变电所母线有穿越电流或变压器低压侧有电源，因此至少要有一台变压器中性点接地，以防止由于接地短路引起的过电压。

（2）电厂并列运行的变压器，应将部分变压器的中性点接地。这样，当一台中性点接地的变压器由于检修或其他原因切除时，将另一台变压器中性点接地，以保持系统零序电流的大小和分布不变。

(3) 终端变电所变压器低压侧无电源，为提高零序保护的灵敏性，变压器应不接地运行。

(4) 对于双母线按固定连接方式运行的变电所，每组母线上至少应有一台变压器中性点直接接地。当母联开关断开后，每组母线上仍然保留一台中性点直接接地的变压器。

(5) 变压器中性点绝缘水平较低时，中性点必须接地。

6.2　中性点直接接地电网的零序电流保护

6.2.1　零序电流和零序电压的获取

1. 零序电流的获取方法

(1) 外接 $3\dot{I}_0$ 方式。$3\dot{I}_0$ 由零序电流滤过器或零序电流互感器获得，如图 6-2 所示。

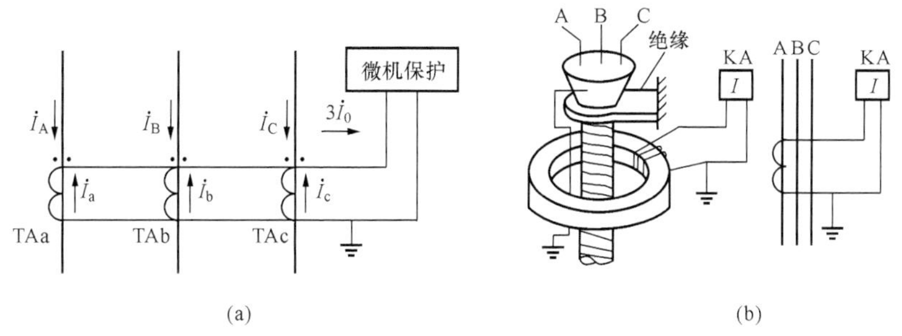

图 6-2　外接 $3\dot{I}_0$ 的获取

(a) 零序电流滤过器；(b) 零序电流互感器

(2) 自产 $3\dot{I}_0$ 方式。微机保护根据数据采集系统得到的三相电流值再用软件进行相加得到 $3\dot{I}_0$ 值。

目前微机保护外接 $3\dot{I}_0$ 与自产$3\dot{I}_0$两种方式都采用，通过比较两种方式得到的$3\dot{I}_0$值可以检测数据采集系统是否正常。

2. 零序电压的获取方法

(1) 外接 $3\dot{U}_0$ 方式。$3\dot{U}_0$ 从 TV 开口三角形绕组处获取，可由三个单相电压互感器或三相五柱式电压互感器的二次绕组接成开口三角形，即首尾相连，得到的电压就是零序电压。发电机中性点经电压互感器或消弧线圈接地时，可以通过它们的二次侧取得零序电压，如图 6-3所示。

(2) 自产 $3\dot{U}_0$ 方式。微机保护根据数据采集系统得到的三相电压值再用软件进行矢量相加得到 $3\dot{U}_0$ 值，在线路保护中 $3\dot{U}_0$ 主要用于接地故障时判别故障方向。

目前零序电压的获取大多数采用自产 $3\dot{U}_0$ 方式，只有在电压互感器 TV 断线时才改用外接 $3\dot{U}_0$。

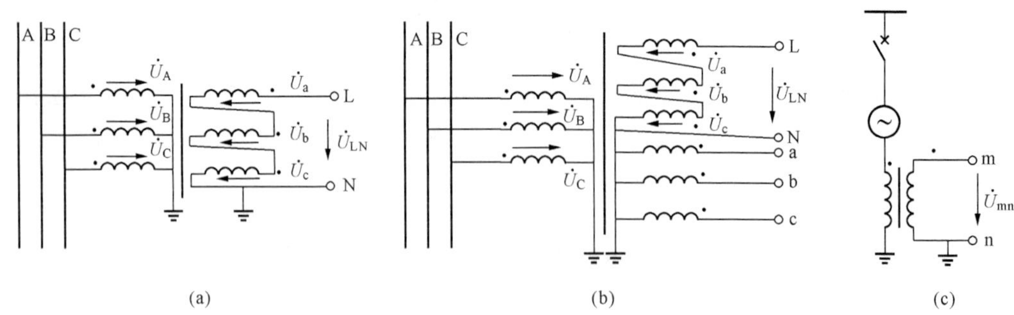

图 6 - 3 外接 $3\dot{U}_0$ 的获取

(a)、(b) 零序电压滤过器；(c) 由发电机中性点电压互感器取得

6.2.2 零序电流保护

零序电流保护能区分正常运行和接地短路故障，并且能区分短路点的远近，以便在近处接地短路故障时以较短的时间切除故障，满足快速性和选择性的要求。但对于两相短路故障和三相短路故障不能反映，因此只能作为接地短路保护的后备保护，一般配置三段式或四段式零序电流保护。零序电流Ⅰ段为速断保护，零序电流Ⅱ段为带时限零序电流速断保护，零序电流Ⅲ段为灵序过电流保护。

1. 零序电流速断保护（零序电流Ⅰ段）

无时限零序电流速断保护工作原理，与反映相间短路故障的无时限电流速断保护相似，所不同的是无时限零序电流速断保护，仅反映电流中的零序分量。当在被保护线路 MN 上发生单相或两相接地短路，故障点沿线路 MN 移动时，流过 M 处保护的最大零序电流变化曲线，如图 6 - 4 所示。为保证保护的动作选择性，零序电流Ⅰ段保护区不能超出本线路，其动作电流按下述原则整定。

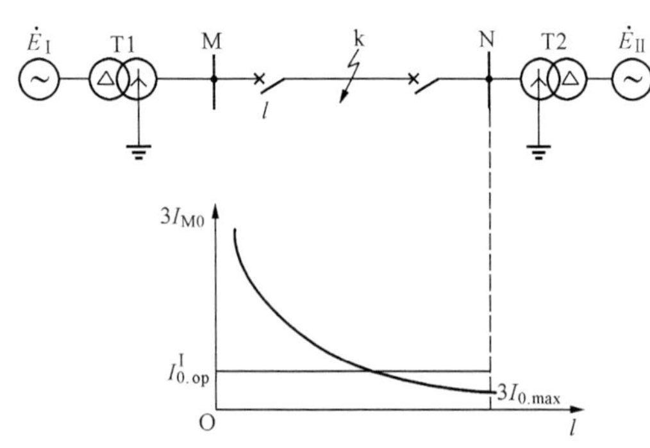

图 6 - 4 零序电流速断保护的动作电流整定说明图

(1) 零序电流Ⅰ段的动作电流应躲过被保护线路末端发生单相或两相接地短路时流过本线路的最大零序电流，即

$$I^{I}_{0.op} = K^{I}_{rel} \cdot 3I_{0.max} \tag{6-7}$$

式中：$I_{0.max}$为线路末端发生接地故障时流过保护的最大零序电流；K^{I}_{rel}为可靠系数，一般取 1.2～1.3。

求取 $3I_{0.max}$的故障点应选取在本线路末端，图 6 - 4 中 M 处的零序电流Ⅰ段整定时故障点应在 N 处。故障类型应选择使得零序电流最大的一种接地故障。由故障分析知，单相接地和两相接地故障时流过故障点 k 时的零序电流 $\dot{I}^{(1)}_{k0}$ 和 $\dot{I}^{(1.1)}_{k0}$ 分别为

$$\begin{cases} \dot{I}^{(1)}_{k0} = \dfrac{\dot{U}_{k(0)}}{2Z_{1\Sigma} + Z_{0\Sigma}} \\ \dot{I}^{(1.1)}_{k0} = \dfrac{\dot{U}_{k(0)}}{Z_{1\Sigma} + 2Z_{0\Sigma}} \end{cases} \tag{6-8}$$

式中：$\dot{U}_{k(0)}$ 为故障点 k 在故障前的电压；$Z_{1\Sigma}$、$Z_{2\Sigma}$、$Z_{0\Sigma}$分别为系统综合正序、负序和零序阻抗，$Z_{1\Sigma}=Z_{2\Sigma}$。

当 $Z_{0\Sigma}>Z_{1\Sigma}$时，$\dot{I}_{k0}^{(1)}>\dot{I}_{k0}^{(1.1)}$，当 $Z_{0\Sigma}<Z_{1\Sigma}$时，$\dot{I}_{k0}^{(1)}<\dot{I}_{k0}^{(1.1)}$。整定时应按照最大运行方式考虑，即系统的正序、负序、零序等值阻抗为最小的方式。

（2）零序电流Ⅰ段的动作电流躲过手动合闸或自动重合闸期间断路器三相触头不同时合上时流过保护的最大零序电流 $3\dot{I}_0$，即

$$I_{0.\mathrm{op}}^{\mathrm{I}}=K_{\mathrm{rel}}^{\mathrm{I}}\cdot 3I_{0.\mathrm{ust}} \tag{6-9}$$

式中：$3I_{0.\mathrm{ust}}$为断路器三相触头不同时合闸时所产生的最大零序电流。

$3I_{0.\mathrm{ust}}$可按系统两相或一相断线时的零序等效网络计算，然后取其中的大者作为计算值。当断路器三相触头先接通一相或两相时，相当于两相或一相断线，其产生的零序电流分别为：

1）两相先合，相当于一相断线的零序电流，类似于两相接地短路有

$$3I_{0.\mathrm{ust}}=\left|3\times\frac{\dot{E}_{\mathrm{M}}-\dot{E}_{\mathrm{N}}}{Z_{11}+\dfrac{Z_{22}\cdot Z_{00}}{Z_{22}+Z_{00}}}\times\frac{Z_{22}}{Z_{22}+Z_{00}}\right|=\left|3\times\frac{\dot{E}_{\mathrm{M}}-\dot{E}_{\mathrm{N}}}{Z_{11}+2Z_{00}}\right| \tag{6-10}$$

2）一相先合，相当于两相断线的零序电流，类似于单相接地短路有

$$3I_{0.\mathrm{ust}}=\left|3\times\frac{\dot{E}_{\mathrm{M}}-\dot{E}_{\mathrm{N}}}{2Z_{11}+Z_{00}}\right| \tag{6-11}$$

式中：Z_{11}、Z_{22}、Z_{00}分别为断口处的纵向正序、负序、零序等值阻抗，且 $Z_{11}=Z_{22}$。

$3I_{0.\mathrm{ust}}$只在断路器三相触头不同时合上时存在，持续时间较短，一般小于 100ms。若在手合或自动重合闸期间，零序电流Ⅰ段保护增加 0.1s 的延时躲过断路器三相触头不同时合闸时的零序电流，则该条件可不考虑。

（3）零序电流Ⅰ段的动作电流应躲过非全相运行期间振荡所造成的最大零序电流，即

$$I_{0.\mathrm{op}}^{\mathrm{I}}=K_{\mathrm{rel}}^{\mathrm{I}}\cdot 3I_{0.\mathrm{unc}} \tag{6-12}$$

式中：$I_{0.\mathrm{unc}}$为非全相运行伴随振荡时的最大零序电流。

$I_{0.\mathrm{unc}}$按式（6-13）求取

$$I_{0.\mathrm{unc}}=k\frac{E}{Z_{11}}\sin\frac{\delta}{2} \tag{6-13}$$

式中：k 与断线故障类型有关，单相断线时 $k=\dfrac{2Z_{11}}{Z_{11}+2Z_{00}}$，两相断线时 $k=\dfrac{2Z_{11}}{2Z_{11}+Z_{00}}$；$\delta$ 为非全相运行时两侧等效电动势之间的夹角，$\delta=180°$时零序电流最大，$\delta=0°$时零序电流最小。

一般而言，非全相运行伴随振荡时的最大零序电流是上述三点中最大的。如按式（6-12）整定，则定值比较大，灵敏性较低。为解决这个问题，可装设两套灵敏性不同的零序电流速断保护，即

（1）灵敏Ⅰ段：按整定条件式（6-7）和式（6-9）整定（两者中取较大者为整定值），或只是按照整定条件式（6-7）整定，但在手动合闸或自动重合闸期间增加 0.1s 的延时。

（2）不灵敏Ⅰ段：按整定条件式（6-12）整定。

由于灵敏Ⅰ段不考虑非全相运行伴随振荡时的最大零序电流，动作值较小，保护范围较大，主要对全相运行时的接地短路起保护作用，但其在非全相运行时可能误动，因此在非全

相运行期间要退出；不灵敏Ⅰ段的动作值较高，保护范围较灵敏Ⅰ段小，为非全相运行时再发生接地故障时起到保护作用，其非全相运行期间不会误动，不必退出运行。

无时限零序电流速断保护的灵敏性要求与相间电流Ⅰ段相同，保护范围要求大于线路全长的15%～20%。

2. 带时限零序电流速断保护（零序电流Ⅱ段）

带时限零序电流速断保护动作电流的整定原则与相间短路的限时电流速断保护相同，其动作电流首先考虑与下一条线路的零序Ⅰ段配合。以图6-5为例，其中保护1零序Ⅱ段的动作电流整定式为

$$I_{op.1}^{\mathrm{II}} = K_{rel}^{\mathrm{II}} K_{br} I_{op.2}^{\mathrm{I}} \tag{6-14}$$

式中：$I_{op.1}^{\mathrm{II}}$为保护1零序Ⅱ段的动作电流；$I_{op.2}^{\mathrm{I}}$为相邻下一条线路保护2零序Ⅰ段的动作电流；K_{rel}^{II}为可靠系数，取1.1；K_{br}为保护2零序Ⅰ段保护区末端接地短路时，考虑变压器T2分流作用而引入的分支系数（为故障线路短路电流与前一级保护所在线路上流过的短路电流的比值）。

可见，当两个保护之间的变电所母线上接有中性点接地的变压器时，由于分支电路的影响，使零序电流的分布发生变化，当MP线路发生接地短路时，保护1和2流过的不是同一个零序电流。$K_{br} I_{op.2}^{\mathrm{I}}$为当保护2零序Ⅰ段保护区末端发生接地短路时，流过保护1的零序电流实际计算值。

动作时间也应与下一条线路零序电流Ⅰ段动作时间配合，大一个时限级差Δt。

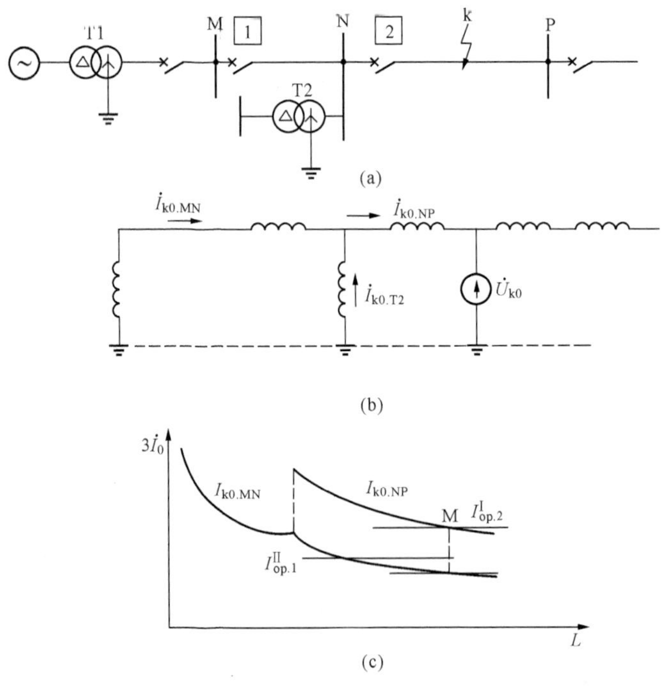

图6-5 有分支电路时，零序Ⅱ段保护动作特性的分析

(a) 网络接线图；(b) 零序等效网络；(c) 零序电流变化曲线

零序电流Ⅱ段的灵敏度，应按被保护线路末端发生接地故障时的最小零序电流来校验，要求$K_{sen} \geqslant (1.3 \sim 1.5)$，即

$$K_{sen}=\frac{3I_{0.min.N}}{I_{0.op.1}^{II}} \tag{6-15}$$

式中：$3I_{0.min.N}$为本线路末端N点发生接地短路的最小零序电流。

上述原则整定的零序电流Ⅱ段，在本线路甚至是相邻线路单相重合闸过程中可能起动，故非全相运行时应退出运行，或者适当提高动作时限（大于单相重合闸时间），也可设立可以躲过非全相运行的不灵敏Ⅱ段，用以切除非全相运行时再发生的接地故障。

灵敏系数不满足要求时可采用如下措施：

（1）与相邻线路的零序Ⅱ段配合整定。其动作时限应较相邻线路零序Ⅱ段时限长一个时间级差Δt；

（2）改用接地距离保护。

3. 零序过电流保护（零序电流Ⅲ段）

零序电流Ⅲ段保护的作用相当于相间短路的过电流保护，一般情况下作为接地短路后备保护使用，但在中性点直接接地系统中的终端线路上，也可作为主保护使用。

零序电流Ⅲ段的动作电流应躲过下一条线路出口处（即本线路末端）三相短路时流过本保护的最大不平衡电流$I_{unb.max}$，即

$$I_{0.op}^{III}=K_{rel}^{III}I_{unb.max} \tag{6-16}$$

式中：$I_{unb.max}$为本线路末端三相短路时流过本保护的最大不平衡电流；K_{rel}^{III}为可靠系数，一般取1.2～1.3。

最大不平衡电流按式（6-17）计算

$$I_{unb.max}=K_{aper}K_{ss}K_{er}I_{k.max}^{(3)} \tag{6-17}$$

式中：K_{aper}为非周期分量系数，$t=0$时取1.5～2；$t=0.5s$时取1；K_{ss}为TA同型系数，TA型号相同时取0.5，型号不同时取1；K_{er}为TA误差，取0.1；$I_{k.max}^{(3)}$为本线路末端三相短路时流过本保护的最大短路电流。

同时，零序Ⅲ段保护还应与相邻线路的零序Ⅲ段进行灵敏度配合，以保证动作的选择性，即本线路零序Ⅲ段的保护范围不能超过相邻线路零序Ⅲ段的保护范围。因此，零序Ⅲ段的动作电流必须进行逐级配合，如图6-5所示，保护1的零序Ⅲ段的动作电流的整定必须与保护2的零序Ⅲ段配合。当两个保护之间有分支电路时，保护1的动作电流应整定为

$$I_{op.1}^{III}=K_{rel}^{III}K_{br}I_{op.2}^{III} \tag{6-18}$$

式中：K_{rel}^{III}为可靠系数，取1.1～1.2；K_{br}为分支系数；$I_{op.2}^{III}$为相邻线路保护2的零序Ⅲ段的动作电流。

作为本线路近后备保护时，灵敏度按本线路末端接地短路时流过本保护的最小零序电流来校验，要求灵敏度系数大于1.3～1.5。作为相邻线路远后备保护时，按相邻线路末端接地短路时流过本保护的最小零序电流来校验，要求灵敏度系数大于1.2。

动作时间与相间电流保护Ⅲ段整定原则相同。

6.2.3 零序电流方向保护

1. 零序电流保护增设方向元件的必要性

如图6-6所示，在大接地电流系统中，线路两端都有中性点接地的变压器，当线路MN或NP上发生接地短路时，都有零序电流流过N母线两侧的保护2和3，此情况与两端

供电辐射形线路的相间电流保护情况相同。为保证母线两侧的保护能够有选择性地切除故障，需增加方向元件判别接地短路的功率方向，由此构成了零序电流方向保护。

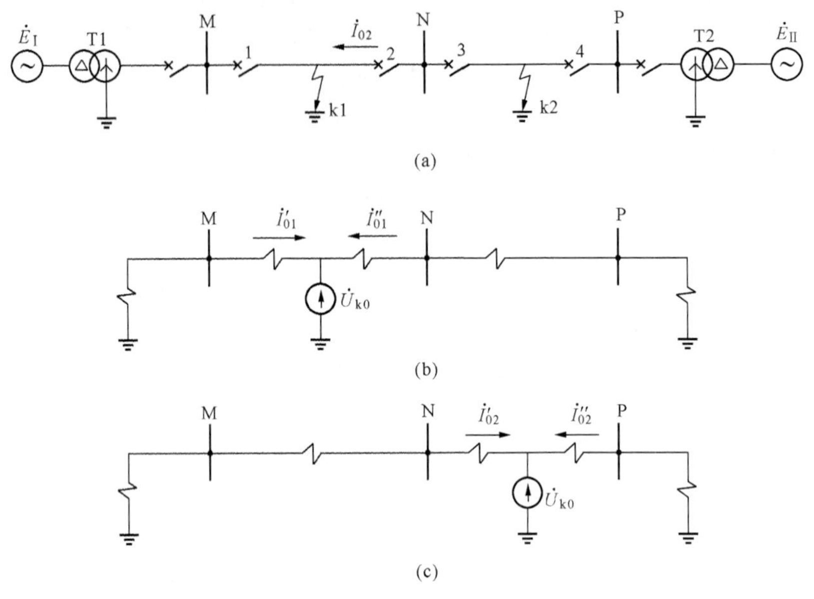

图 6-6 零序电流方向保护原理分析

(a) 网络接线；(b) k1 点短路的零序网络；(c) k2 点短路的零序网络

2. 零序功率方向继电器

正、反方向接地故障短路时，保护安装处零序电压和零序电流的相位关系如图 6-1（d）所示，若计及回路电阻，则正方向接地短路故障时，零序电压滞后零序电流 95°～110°；反方向接地短路故障时，零序电压超前零序电流 70°～85°。

与相间短路故障不同，由于接地故障接地故障点处零序电压最高，不存在“电压死区”的问题，因此零序功率方向继电器的接线方式可采用 $\dot{U}_{\rm m}=-3\dot{U}_0$、$\dot{I}_{\rm m}=3\dot{I}_0$，为满足保护安装处正方向接地短路继电器能够灵敏可靠动作，反方向可靠不动作，则可做出零序功率方向继电器的动作特性如图 6-7 所示。

反映接地故障的功率方向继电器其最大灵敏角应作成 $\varphi_{\rm sen.max}=-\alpha=80°$，$\alpha$ 为继电器的内角，该继电器的内角可取为−80°，由动作特性可知，正方向发生接地短路时有 $-3\dot{U}_0$ 超前 $3\dot{I}_0$ 以 70°～85° 的相角，继电器工作在接近灵敏线附近，能够灵敏可靠动作。

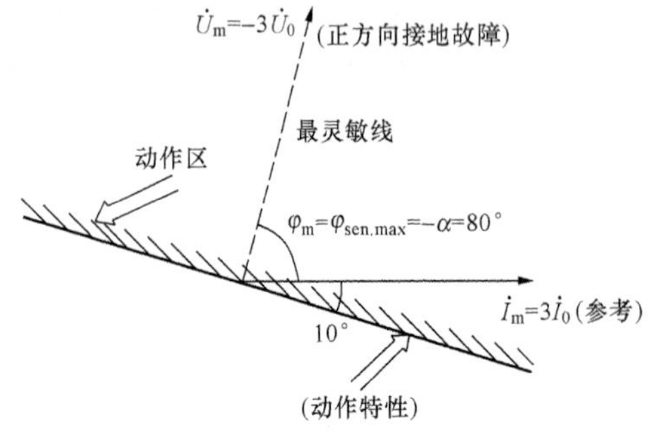

图 6-7 零序功率方向继电器的动作特性

3. 零序方向电流保护逻辑框图

图 6-8 为 110kV 线路零序方向电流保护逻辑框图，图中设置了 4 个带延时段的零序方向电流保护，各段零序可由用户选择经或不经零序方向元件控制。在电压互感器 TV 断线时，零序Ⅰ段可选择是否退出；所有零序电流保护都受起动过流元件控制，因此各零序电流

保护定值应大于零序起动电流定值。当最小相电压小于 $0.8U_N$ 时，零序加速延时为 100ms；当最小相电压大于 $0.8U_N$ 时，加速时间延时为 200ms，其过流定值用零序过流加速段定值。

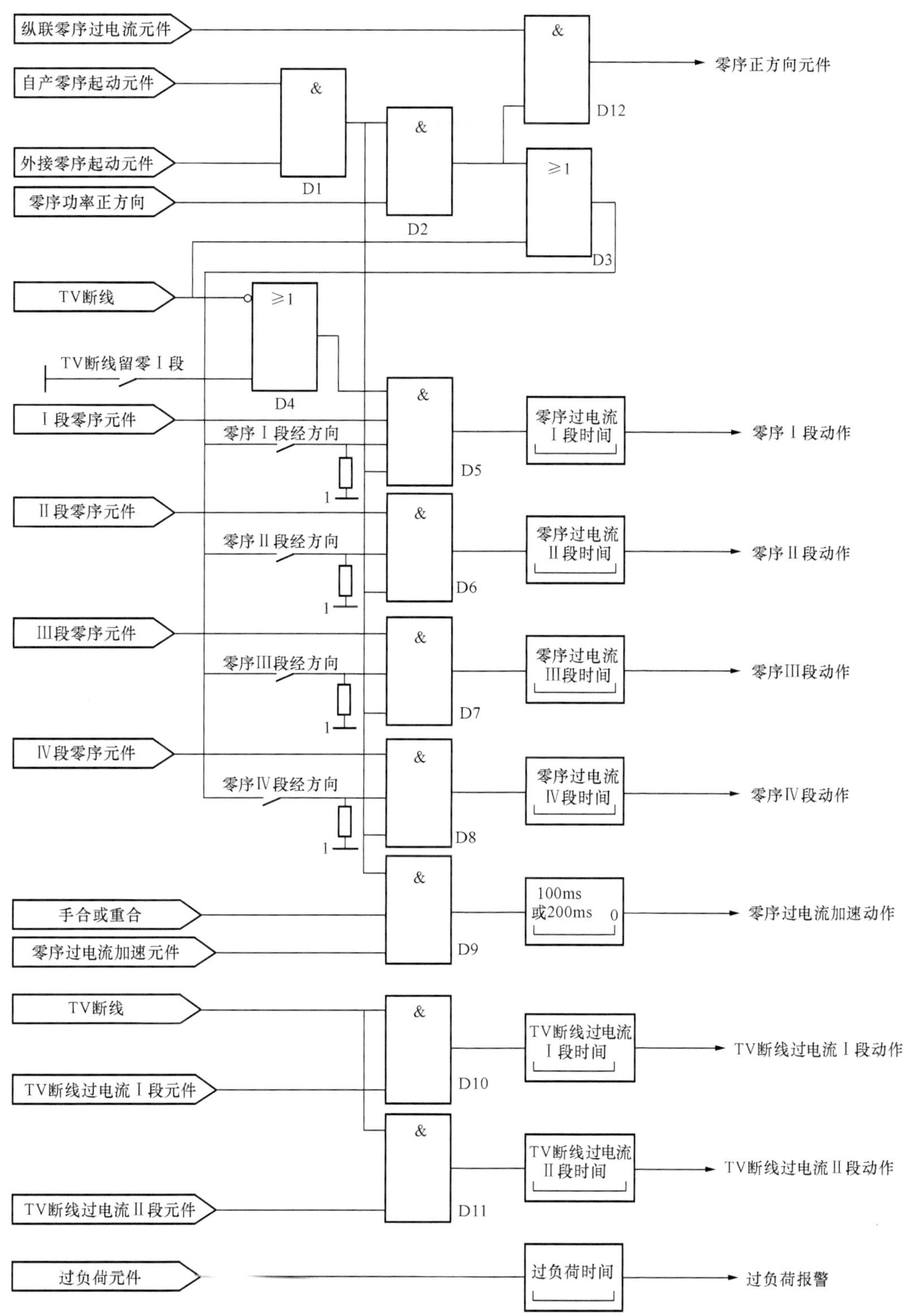

图 6-8　零序方向电流保护逻辑框图

TV断线时，自动投入两段相过流元件，两个元件的延时可分别整定。

6.3 中性点非直接接地系统接地故障分析

小接地电流系统发生单相接地短路时，由于故障电流很小，而且线电压仍然保持对称，对负荷供电没有影响，因此一般情况下保护不必立即动作于断路器跳闸，可以继续运行1～2h。但是，在单相接地以后，其他两相的对地电压要升高为原来的$\sqrt{3}$倍。为了防止故障进一步扩大成两点或多点接地短路，保护应及时发出信号，以便运行人员采取措施予以消除。

6.3.1 中性点不接地系统单相接地特点

如图6-9（a）所示为一中性点不接地的简单系统。为简化分析，假定电网负荷为零，忽略电源和线路上的压降。电网各相对地电容为C_0，这三个电容相当一对称Y形负载，其中性点就是大地。正常运行时，电源中性点对地电压等于零，即$\dot{U}_N=0$，各相对地电压为相电势。在三相对称电压的作用下，三相电容电流也是对称的，并超前相应相电压以90°。其相量如图6-9（b）所示。此时，三相对地电压之和与三相电容电流之和都为零，电网无零序电压和零序电流。

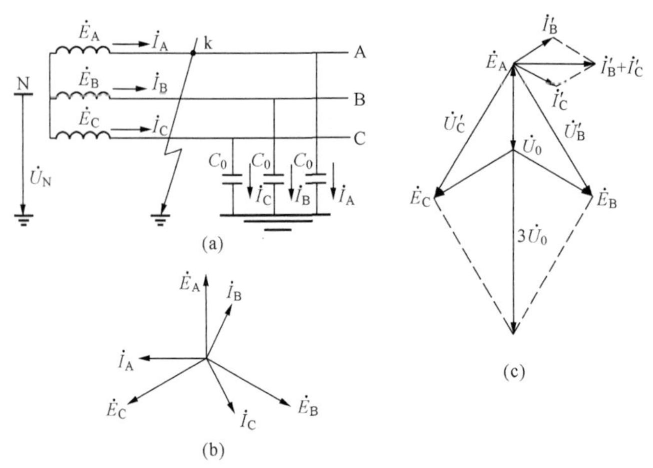

图6-9 中性点不接地的简单系统

（a）系统图；（b）正常运行时的相量图；（c）接地故障时的相量图

当A相发生单相接地时，A相对地电压变为零。此时中性点对地电压就是中性点对A相的电压，即$\dot{U}_N=-\dot{E}_A$。各相对地电压和零序电压分别为

$$\begin{cases}\dot{U}'_A=0\\ \dot{U}'_B=\dot{E}_B-\dot{E}_A=\sqrt{3}\dot{E}_A e^{-j150^\circ}\\ \dot{U}'_C=\dot{E}_C-\dot{E}_A=\sqrt{3}\dot{E}_A e^{j150^\circ}\\ \dot{U}_0=\dfrac{1}{3}(\dot{U}'_A+\dot{U}'_B+\dot{U}'_C)=-\dot{E}_A\end{cases} \tag{6-19}$$

式（6-19）说明，A相接地后，B相和C相对地电压升高为原来的$\sqrt{3}$倍，此时三相电

压之和不再为零，出现了零序电压。其相量如图 6-9（c）所示。

由于故障相电压为 0，则 A 相电容电流为零，非故障相电压升高$\sqrt{3}$倍，其电容电流超前该相电压以 90°，即

$$\begin{cases} \dot{I}'_B = j\omega C_0 \dot{U}'_B \\ \dot{I}'_C = j\omega C_0 \dot{U}'_C \end{cases} \tag{6-20}$$

线路上出现了零序电容电流，其值为

$$3\dot{I}_0 = \dot{I}'_B + \dot{I}'_C = j\omega C_0(\dot{U}'_B + \dot{U}'_C) = -j3\omega C_0 \dot{E}_A \tag{6-21}$$

当网络中有发电机 G 和多条线路存在时，以图 6-10 为例，分析的中性点不接地系统中，某一元件发生单相接地故障时，电流的分布特点。线路Ⅰ、Ⅱ和发电机的各相对地电容分别为 $C_{0\text{I}}$、$C_{0\text{II}}$、C_{0g}。当线路Ⅱ上的 k 点发生 A 相接地故障时，系统中各元件的 A 相对地电容均被短接，因而各元件 A 相对地电容电流为零。各元件的 B 相和 C 相对地电容电流都要通过大地、故障点、电源和本元件构成的回路，如图 6-10（a）所示。

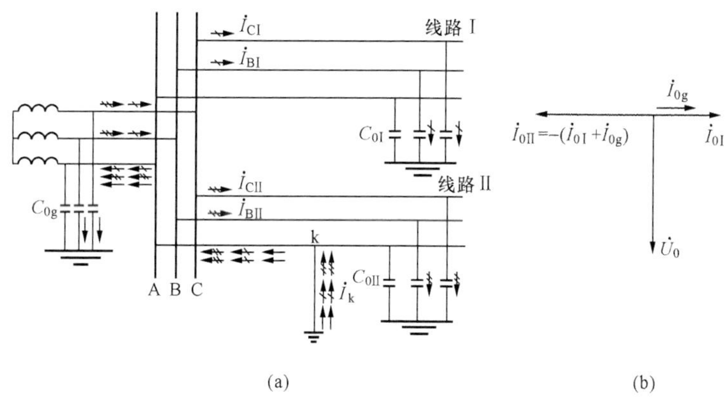

图 6-10　中性点不接地系统单相接地时电容电流分布

（a）网络图及电流分布；（b）保护安装处电流电压相量

可见，非故障线路Ⅰ保护安装处流过的零序电容电流为

$$3\dot{I}_{0\text{I}} = \dot{I}_{B\text{I}} + \dot{I}_{C\text{I}} \tag{6-22}$$

发电机保护安装处流过的零序电容电流为

$$3\dot{I}_{0g} = \dot{I}_{Bg} + \dot{I}_{Cg} \tag{6-23}$$

故障线路Ⅱ保护安装处流过的零序电容电流为 $3\dot{I}_{0\text{II}}$ 仍以由母线流向线路作为假定正方向时，则

$$\begin{aligned} 3\dot{I}_{0\text{II}} &= (\dot{I}_{B\text{II}} + \dot{I}_{C\text{II}}) - (\dot{I}_{B\text{I}} + \dot{I}_{C\text{I}}) - (\dot{I}_{Bg} + \dot{I}_{Cg}) - (\dot{I}_{B\text{II}} + \dot{I}_{C\text{II}}) \\ &= -(\dot{I}_{B\text{I}} + \dot{I}_{C\text{I}} + \dot{I}_{Bg} + \dot{I}_{Cg}) \\ &= j\omega 3\dot{E}_A(C_{0\text{I}} + C_{0g}) \end{aligned} \tag{6-24}$$

其相量如图 6-10（b）所示。

综上所述，中性点不接地电网单相接地时有以下特征：

（1）接地相对地电压降为零，其他两相对地电压上升为线电压，系统出现零序电压，其

值等于电网正常运行时的相电压，且处处相等；

(2) 非故障线路保护安装处流过的是本线路的零序电容电流，其值为 $3\omega C_0 E$，方向由母线指向线路，相位超前零序电压 90°；

(3) 故障线路保护安装处流过的是所有非故障元件的零序电容电流之和，其方向由线路指向母线，相位滞后零序电压 90°。

以上这些特点，是构成中性点不接地电网接地保护的依据。

6.3.2 中性点经消弧线圈接地系统单相接地故障的特点

22～66kV 电网单相接地时，若故障点的电容电流总和大于 10A，10kV 电网电容电流总和大于 20A，3～6kV 电网电容电流总和大于 30A 时，中性点应采取经消弧线圈接地的运行方式。

如图 6-11 (a) 所示为中性点经消弧线圈接地系统发生单相接地时的网络图及电流分布。设线路Ⅱ的 A 相接地，零序电容电流的大小和分布与中性点不接地时是一样的；所不同之处是，在零序电压的作用下，消弧线圈有一电感电流 $\dot{I}_L$，经接地点流回消弧线圈。此时，流过接地点的电流由全系统零序电容电流 $\dot{I}_{C\Sigma}$ 和消弧线圈的电感电流 $\dot{I}_L$ 两部分组成，即接地点的电流 $\dot{I}_k = \dot{I}_{C\Sigma} + \dot{I}_L$。由于 $\dot{I}_{C\Sigma}$ 和 $\dot{I}_L$ 的相位相反，若 $\dot{I}_L$ 选择适当，$\dot{I}_k$ 会因消弧线圈电感电流 $\dot{I}_L$ 的补偿而减小。其零序等效网络如图 6-11 (b) 所示。

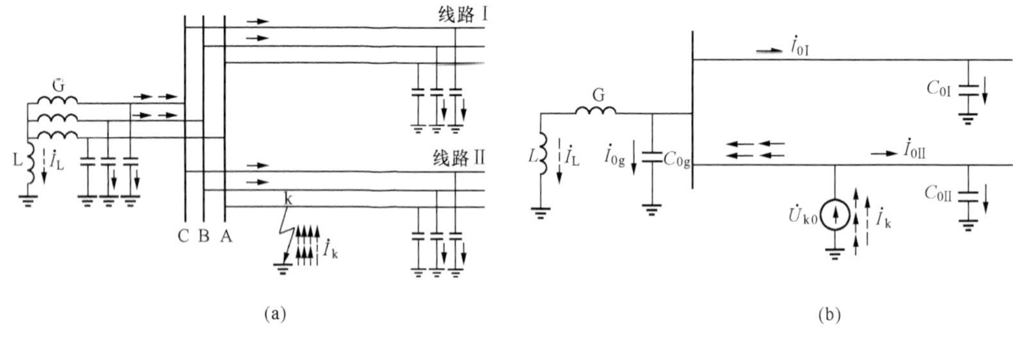

图 6-11 中性点经消弧线圈接地系统单相接地时电流分布
(a) 网络图及电流分布；(b) 零序等效网络图

根据对电容电流的补偿程度分为三种补偿方式。当 $\dot{I}_L = \dot{I}_{C\Sigma}$ 时，称为全补偿；当 $\dot{I}_L < \dot{I}_{C\Sigma}$ 时，称为欠补偿；当 $\dot{I}_L > \dot{I}_{C\Sigma}$ 时，称为过补偿。

(1) 全补偿方式。$\dot{I}_L = \dot{I}_{C\Sigma}$ 时，接地点的电流近似为零。从消除故障点的电弧、避免出现弧光过电压的角度看，这种补偿方式是最好的。但由于 $\omega L = \dfrac{1}{3\omega C_\Sigma}$，即电感、电容要产生串联谐振。当电网正常运行情况下线路三相对地电容不完全相等时，电源中性点对地之间将产生一个电压偏移；此外，当断路器三相触头不同时合闸时，也会出现一个数值很大的零序电压分量。上述电压作用于串联谐振回路，回路中将产生很大的电流，如图 6-12 所示。该电流在消弧线圈上产生很大的电压降，造成电源中性点对地电压严重升高，设备的绝缘遭到破坏，因此完全补偿方式基本上不采用。

(2) 欠补偿方式。采用欠补偿方式时，$\dot{I}_L < \dot{I}_{C\Sigma}$，接地点的电流仍是容性的。当系统运

行方式变化时，如某些线路因检修被切除或因短路跳闸，系统电容电流就会减小，有可能出现完全补偿的情况，所以欠补偿方式也不可取。欠补偿方式一般用在采用单元接线的发电机电压系统。

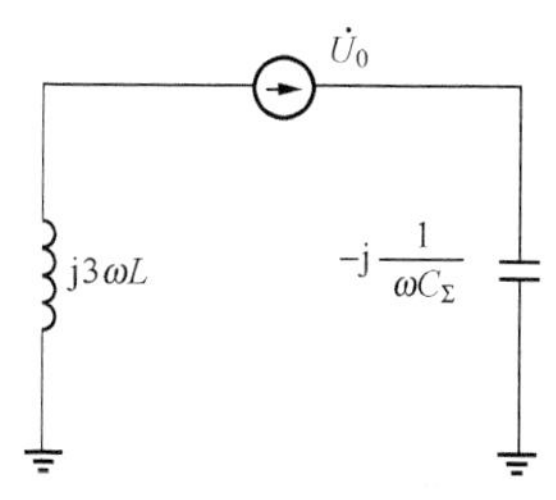

图 6-12　产生串联谐振的零序等效网络图

（3）过补偿方式。过补偿时 $\dot{I}_L > \dot{I}_{C\Sigma}$，采用这种补偿方式后，接地点的残余电流是感性的，这时即使系统运行方式变化，也不会出现串联谐振的现象，因此这种补偿方式得到广泛的应用。习惯用补偿度 P 来表示补偿的程度，其关系式为

$$P = \frac{I_L - I_{C\Sigma}}{I_{C\Sigma}} \times 100\% \tag{6-25}$$

一般选择补偿度为 5%～10%，不大于 10%。

综上所述，中性点经消弧线圈接地电网单相接地时有以下特征。

（1）故障相对地电压为零，非故障相对地电压升至线电压，电网出现零序电压，其大小等于电网正常运行时的相电压。这一特点与中性点不接地电网相同。

（2）消弧线圈两端的电压为零序电压，$\dot{I}_L$ 只经过接地故障点和故障线路的故障相构成回路，不经过非故障线路。

（3）当采用过补偿方式时，流经故障线路的零序电流等于本线路的对地电容电流和接地点残余电流之和，其方向和非故障线路零序电流一样均由母线指向线路，且相位一致，因此，无法利用方向的不同来判别故障线路和非故障线路。再者由于补偿后残余电流较小，因而也很难利用电流大小的差别来判别故障线路和非故障线路。

6.4　中性点非直接接地电网的接地保护

6.4.1　无选择性地绝缘监察装置

通过对母线零序电压的监视，可知道电网是否出现接地故障，构成无选择性的绝缘监视装置。

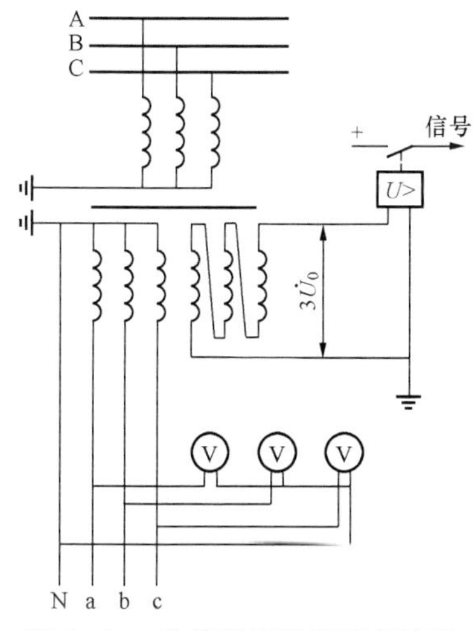

图 6-13　绝缘监视装置原理接线

绝缘监视装置原理接线如图 6-13 所示，在发电厂或变电所的母线上装设一台三相五柱式电压互感器，在其星形接线的二次侧接入三只电压表，用以测量各相对地电压，在开口三角侧接入过电压继电器，反映接地故障时出现的零序电压。

正常运行时，电网三相电压是对称的，没有零序电压，所以三只电压表读数相等，过电压继电器不动。当任一出线发生接地故障时，接地相对地电压为零，而其他两相对地电压升高为线电压，可从三只电压表上指示出来。同时，在开口三角侧出现零序电压，过电压继电器动作发出接地信号。值班人员根据接地信号和电压表指示，可以判断电网的接地故障和接地相别。如要查寻

故障线路，还需运行人员依次短时断开各条线路，根据零序电压信号是否消失来确定出故障线路。显然，这种装置只适用于出线较少的电网。

6.4.2 小接地电流系统的故障选线装置

中性点非直接接地系统在发生单相接地时可以继续运行，但是不能长期工作，规程规定继续运行时间不得超过 2h。因此，当中性点不接地系统发生接地故障时应尽快选出故障线路，以便运行人员及时处理。但由于发生小电流接地故障时产生的故障电流微弱，以及故障点电弧不稳定等原因，小电流接地系统的单相接地故障选线（简称接地选线）比较困难。长期以来，由于检测方法及装置的实际运行效果不理想，缺少可靠的接地选线手段，运行人员不得不用人工拉路方法选择故障线路。近年来，随着微机保护技术的进步，科研人员开发出了多种新的选线装置，并得到了广泛的应用，下面就几种常用的选线方法做一下介绍。

1. 零序电流幅值比较法

零序电流幅值比较法简称幅值法。它利用故障线路零序电流幅值比非故障线路大的特点选择故障线路。以前的做法是测量本线路的零序电流超过本线路可能出现的最大对地电容电流时动作；现在使用比较多的是群体比幅法，即应用微机技术采集并比较接地母线上所有出线的零序电流，将幅值最大的线路选为故障线路。由于不需设定门槛值，群体比幅法提高了检测可靠性和灵敏度，但在母线故障时会出现错误判断。

幅值法只适用于中性点不接地电网，而不适用于中性点经消弧线圈接地的电网。由于补偿电流的存在，往往使故障线路电流幅值小于非故障线路。

另外一个影响选线可靠性的因素是故障点电弧不稳定，小电流接地系统故障往往伴随有间歇性拉弧现象，由于没有一个稳定的接地电流，因而可能造成选线失败。一些装置在试验时选线结果很准确，但实际应用效果却并不好，这是因为模拟试验时线路导体与地之间是金属性接触，与实际运行中的绝缘击穿现象并不完全相同。

2. 零序电流方向法

零序电流方向法简称方向法或相位法。它利用故障线路零序电流与非故障线路方向相反的特点选择故障线路。实现方法是检测零序功率方向，如果某线路的零序无功功率方向为正，即零序电压超前零序电流 90°，则说明零序电容电流的方向是由线路流向母线，该线路被选为故障线路。另一种方法是群体比相法，选择 3 个以上幅值最大的线路零序电流，比较它们之间的相位，相位与其他线路相反的线路被选为故障线路。与幅值比较法相比，方向法有较高的检测灵敏度。

该种选线方法只适用于中性点不接地系统，不适用于中性点经消弧线圈接地的系统，因为在有感性电流补偿的情况下，故障线路零序电流的方向与非故障线路相同；对间歇性接地故障来说，零序电流畸变严重，难以计算其相位，方向法比幅值法更容易出现误判断。

3. 注入信号寻迹法

注入信号寻迹法简称注入法，在发生接地故障后，通过三相电压互感器（TV）的中性点向接地线路注入特定频率（225Hz）的电流信号，注入信号会沿着故障线路经接地点注入大地，用信号探测器检测每一条线路，有注入信号流过的线路被选为故障线路。

该方法的优点是不受消弧线圈的影响，不要求装设零序电流互感器（TA），并且用探测器沿故障线路探测还可以确定架空线路故障点的位置；其缺点是需要安装信号注入设备。

对于中性点经消弧线圈接地电网来说，注入法选线正确率远高于前面介绍的两种方法，但从实际运行结果来看，还有相当一部分故障情况不能正确选线，主要原因是信号注入能量受电压互感器 TV 的限制不能太高，在接地电阻较大时，非故障线路分布电容会使注入信号分流，干扰正确选线。对间歇性接地来说，注入的信号变化不连续，影响正确选线。

4. 5 次谐波判别法

电力系统中，由于发电机转子的磁通密度不可能完全按正弦分布，所以定子电压不可能是绝对正弦波，而是有一定数量的谐波电压。另外，变压器励磁电流中也包含有高次谐波分量。一般说来，高次谐波分量中最大的是 5 次谐波分量。这样，当发生接地故障时，接地电容电流和消弧线圈电流中都含有 5 次谐波分量。前面所讲的消弧线圈电感电流补偿故障点电容电流是对基波而言，对 5 次谐波来说，由于消弧线圈的感抗 $X_L=5\omega L$，增大为原来的 5 倍，故消弧线圈向接地点提供的电感电流减小为原来的 1/5；而电网对地的容抗 $X_C=\frac{1}{5\omega C_\Sigma}$，减小为原来的 1/5，故接地电容电流将增大为原来的 5 倍。因此，消弧线圈的 5 次谐波电感电流相对于电网的 5 次谐波接地电容电流来说是很小的，即 5 次谐波的电容电流几乎未被补偿。故此时 5 次谐波电容电流的分布规律与基波电容电流在中性点不接地电网中的分布规律相同，即故障线路首端的 5 次谐波电容电流等于非故障线路 5 次谐波电容电流之和。非故障线路首端的电容电流就是其本身的 5 次谐波电容电流，故障线路与与故障线路首端的 5 次谐波电容电流的相位相差 180°（其数值一般也相差比较大）。该结论与中性点不接地系统中基波零序电流规律完全相同。因此，当发生单相接地时，故障线路的首端 5 次谐波零序电流方向从线路指向母线，落后于 5 次谐波零序电压 90°；非故障线路首端的零序电流为本线路 5 次谐波零序电容电流，方向从母线流向线路，超前 5 次谐波零序电压 90°。

以上结论是中性点经消弧线圈接地的单相接地选线的判别依据，即 5 次谐波判别法。

5. 首半波原理判别法

首半波原理是基于接地故障发生在相电压接近最大值瞬间这一假设，此时故障相电容电荷通过故障相线路向故障点放电，故障线路分布电容和分布电感具有衰减振荡特性，该电流不经过消弧线圈，所以暂态电感电流的最大值相应于接地故障发生在相电压过零瞬间，而故障发生在相电压接近于最大值的瞬间，暂态电感电流为零。此时的暂态电容电流比暂态电感电流大得多，不论是中性点不接地系统，还是中性点经消弧线圈接地系统，故障发生瞬间的暂态过程近似相同。利用故障线路暂态零序电流和电压首半波的幅值和方向均与正常情况不同的特点，可以实现选线。但故障发生在相电压过零值附近时，首半波电流的暂态分量值很小，同时由于过渡电阻的影响，易引起方向误判。

小　　结

中性点直接接地系统中发生接地短路时，都将出现零序电流和零序电压，接地点的零序电压最高，离故障点越远，零序电压越低；零序电流的大小和分布主要取决于电网中线路的零序阻抗、中性点接地变压器的零序阻抗和中性点接地点的数量和分布；在故障线路上，零序功率的方向由线路指向母线。由于发生接地短路时零序电流比较大，故采用三段式零序电流保护，其各段的工作原理同三段式电流保护相类似。

在多接地点的中性点直接接地系统中，为了保证动作的选择性，在零序电流保护的基础上需装设功率方向元件。若采用灵敏角为70°的功率方向继电器，为保证正方向接地短路中方向元件灵敏可靠地动作，电流应取3 $\dot{I}_0/n_{TA}$时，电压应取$-3\dot{U}_0/n_{TV}$。

零序电流保护在110kV及以上的高压和超高压系统中被广泛采用。

中性点非直接接地电网包括中性点不接地和中性点经消弧线圈接地。

中性点不接地电网中发生单相接地故障时，有如下基本特征。

(1) 故障相对地电压为零，非故障相对地电压升高为正常运行时的$\sqrt{3}$倍，同时会出现零序电压。

(2) 故障电流很小，仅出现零序电容电流，故障元件的零序电容电流为全网所有非故障元件的零序电容电流之和。

(3) 故障元件的零序功率方向和非故障元件的零序功率方向相反：故障元件的零序功率方向由线路指向母线，非故障元件的零序功率方向由母线指向线路。

当故障点接地电容电流超过不同电压等级规程规定的安全值时，中性点需经消弧线圈接地，以补偿零序电容电流，一般采用过补偿方式。经消弧线圈补偿后，上述特点仅(1)成立，(2)、(3)不再成立。根据上述特点中性点不接地电网接地保护的方式有：

(1) 无选择性地绝缘监视装置，理论依据为特征(1)，该装置是一种无选择性的信号装置，它的优点是接线简单、经济，中性点不接地及中性点经消弧线圈接地系统均可采用；

(2) 小接地电流系统的故障选线装置，理论依据为特征(2)或(3)，可以有选择性地查找出故障线路。

中性点经消弧线圈接地电网的接地保护方式有：

(1) 绝缘监视装置；

(2) 反映高次谐波分量的接地保护；

(3) 反映暂态过程的接地保护。

复习思考题

6-1 电网中变压器中性点接地原则是什么？

6-2 在中性点直接接地电网中发生接地短路时，零序电压、零序电流和零序功率方向有何特点？

6-3 通过哪些方法可以获取零序电流和零序电压？为何会产生不平衡电流？

6-4 在中性点直接接地电网中零序功率方向继电器的最大灵敏角应如何考虑？

6-5 某线路送有功功率10MW，送无功功率9Mvar，零序功率方向继电器接线正确，模拟A相接地短路，零序功率方向继电器的动作情况如何？

6-6 零序功率方向继电器有无死区，为什么？

6-7 零序电流保护不反映电网的正常负荷、全相振荡和相间短路，对吗？

6-8 零序电流保护Ⅰ段为何分为灵敏Ⅰ段与不灵敏Ⅰ段，应用时有何特点？

6-9 引入零序方向电流保护的TV单相断线时，保护的动作行为如何？

6-10 引入零序方向电流保护的TA出现A相极性接反时，保护的动作行为如何？

6-11 在中性点直接接地电网中为什么不用三相相间电流保护兼作接地保护，而要单独采用零序电流保护？

6-12　对于由零序电压构成的零序保护，如何保证其接线的正确性？

6-13　在中性点非直接接地电网中发生接地短路时，零序电压、零序电流和零序功率方向有何特点？

6-14　在中性点非直接接地电网中，为什么单相接地短路时多数情况下只是用来发信号，而不动作于跳闸？

6-15　在图 6-14 网络中，拟在断路器 QF1～QF5 上装设过电流保护和零序过电流保护，取 Δt=0.5s，试确定过电流保护的动作时限和零序过电流保护的动作时限，并画出两种保护的时限特性。

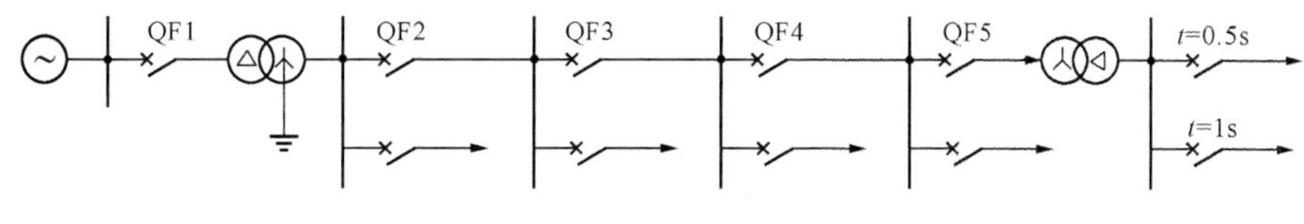

图 6-14　习题 6-15 图

6-16　为什么中性点不接地电网实现有选择性的接地保护较为困难？小接地系统可依据哪些原理及方法实接地故障的选线？

第 7 章

电网的距离保护

【要　求】掌握电网距离保护的工作原理。

【知识点】距离保护的基本原理、构成及应用场合；阻抗继电器的动作特性及特性方程；微机常用阻抗继电器的构成原理与特性；三段式距离保护的整定配合；影响距离保护正确动作的因素及相应措施；距离保护的原理逻辑框图。

【重点和难点】微机常用阻抗继电器的构成原理与特性；影响距离保护正确动作的因素及相应措施。

7.1 距离保护的基本原理与构成

7.1.1 距离保护的应用

电流电压保护的缺点是其保护范围受系统运行方式的变化影响很大。对于系统运行方式变化比较大的短线路，其电流速断保护区很小，甚至没有保护区。对于长距离、重负荷的线路，由于其末端短路时的短路电流与负荷电流相差不大，即使采用过电流保护，其灵敏度也往往不能满足要求。在电力系统日益扩大，电压水平越来越高以及运行方式多变的情况下，提高继电保护的灵敏度，并使其不受或少受运行方式变化的影响是系统对继电保护提出的更高的要求。距离保护就是适应这种要求的一种保护。

因此，一般规定 35～66kV 的线路，若电流保护不能满足灵敏度要求，可以装设距离保护。110kV 及以上电网一般应装设距离保护，作为相间短路和接地短路的主保护或后备保护。

7.1.2 距离保护的基本原理

1. 距离保护的概念

距离保护是利用短路时电压、电流同时变化的特征，测量电力线路电压与电流的比值（即阻抗值）而工作的保护，而线路发生故障时其测量阻抗即为线路的短路阻抗，该值又与故障点到保护安装处的距离成正比，即反映故障点到保护安装处的距离，因此称为距离保护。

2. 基本工作原理

距离保护的基本工作原理可以用图 7 - 1 来说明。

按照继电保护选择性的要求，安装在线路两端的距离保护仅在线路 MN 内部故障时，保护装置才应该立即动作，将相应的断路器跳开，而在保护区的反方向或本线路之外正方向短路时，保护装置不应动作。与电流速断保护一样，为了保证在下级线路的出口处短路时保护不误动作，在保护区的正方向（对于线路 MN 的 M 侧保护来说，正方向就是由 M 指向 N 的方向）上设定一个小于本线路全长的保护范围，用整定距离 L_{set} 来表示。当系统发生路故

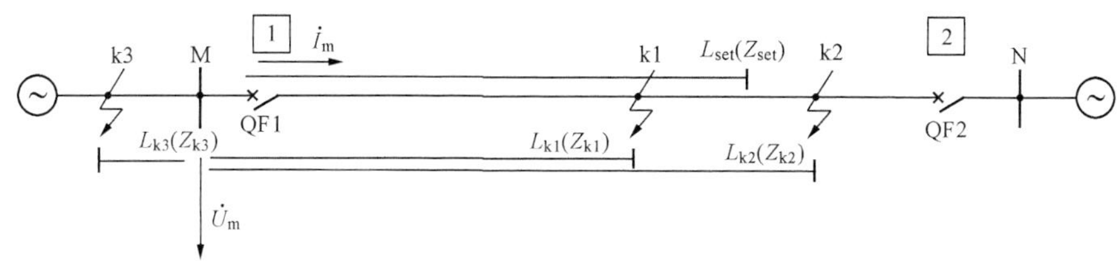

图 7 - 1　距离保护基本工作原理示意图

障时，首先判断故障的方向，若故障位于保护区的正方向上，则设法测出故障点到保护安装处的距离 L_k，并将 L_k 与 L_{set} 相比较，若 L_k 小于 L_{set}，说明故障发生在保护范围之内，这时保护应立即动作，跳开对应的断路器；若 L_k 大于 L_{set}，说明故障发生在保护范围以外，保护不应动作，对应的断路器不会跳开。若故障位于保护区的反方向上，则无需进行比较和测量，直接判为区外故障而不动作。

可见，距离保护的测量元件应能判断故障的方向，测量并比较故障距离，判别出故障是否位于保护区，从而决定是否需要跳闸，以实现保护的功能。而测量故障点到保护安装处的距离是通过测量故障点到保护安装处的线路短路阻抗来实现的。

7.1.3　测量阻抗与故障距离的关系

距离保护中，测量阻抗用 Z_m 来表示，它定义为保护安装处测量电压 $\dot{U}_m$ 与测量电流 $\dot{I}_m$ 之比，即

$$Z_m = \frac{\dot{U}_m}{\dot{I}_m} \tag{7 - 1}$$

其中，Z_m 为一复数，在复平面上既可以用极坐标形式表示，也可以用直角坐标的形式来示，即

$$Z_m = |Z_m| \angle \varphi_m = R_m + jX_m \tag{7 - 2}$$

式中：$|Z_m|$ 为测量阻抗的阻抗值；φ_m 为测量阻抗的阻抗角；R_m 为测量阻抗的实部，称为测量电阻；X_m 为测量阻抗的虚部，称为测量电抗。

在电力系统正常运行时，$\dot{U}_m$ 近似为额定电压，$\dot{I}_m$ 为负荷电流，Z_m 为负荷阻抗。负荷阻抗的量值较大，其阻抗角为数值较小的功率因数角（一般功率因数为不低于 0.9，对应的阻抗角不大于 25.8°），阻抗性质以电阻性为主，如图 7 - 2 中的 Z_L 所示。

电力系统发生金属性短路时 $\dot{U}_m$ 降低，$\dot{I}_m$ 增大，Z_m 变为短路点与保护安装处之间的线路阻抗 Z_k。对于具有均匀参数的输电线路来说，如果忽略影响较小的分布电容和电导，要求 Z_k 与短路距离 L_k 成线性正比关系，即

$$Z_m = Z_k = z_1 L_k = (r_1 + jx_1) L_k \tag{7 - 3}$$

式中：z_1 为单位长度线路的复阻抗；r_1、x_1 分别为单位长度线路的正序电阻和电抗，Ω/km。

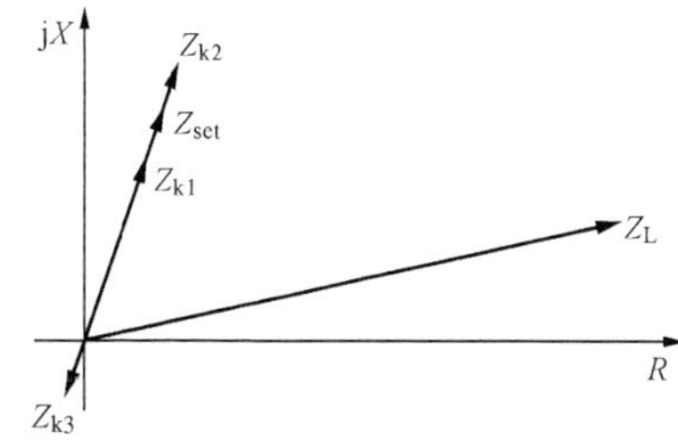

图 7 - 2　负荷阻抗与短路阻抗

短路阻抗的阻抗角就等于输电线路的阻抗角，数值较大（对于 220kV 及以上电压等级的线路，阻抗角

一般不低于 75°)，阻抗性质以电感性为主。当短路点分别位于图 7 - 1 中的 k1、k2 和 k3 点时，对应的短路阻抗分别如图 7 - 2 中的 Z_{k1}、Z_{k2} 和 Z_{k3} 所示。

依据测量阻抗 Z_m 在上述不同情况下幅值和相位的“差异”，保护就能够“区分”出系统是否出现故障、故障发生在区内还是区外。

与图 7 - 1 中整定长度 L_{set} 相对应的阻抗为

$$Z_{set} = z_1 L_{set} \tag{7-4}$$

式中：Z_{set} 为整定阻抗。

在线路阻抗的方向上，比较 Z_m 和 Z_{set} 的大小，就可以实现 L_k 与 L_{set} 的比较。Z_m 小于 Z_{set} 时，说明 L_k 小于 L_{set}，故障在保护区内；反之，Z_m 大于 Z_{set} 时，说明 L_k 大于 L_{set}，故障在保护区之外。

7.1.4 三相系统中距离保护测量电压和测量电流的选取

1. 测量电压和测量电流应满足的要求

距离保护是通过测量阻抗来正确地反映故障点到保护安装处的距离的，因此在三相系统中要求发生不同形式的短路时，测量阻抗应能够和故障点到保护安装处的距离成正比，即满足式（7 - 5）的关系。也就是说，三相系统发生不同形式的短路时，距离保护通过测量何种电压和电流，才能使测量阻抗能够正确反映故障点的距离的问题，也可以称为距离保护中阻抗继电器的接线方式。其关系式为

$$\dot{U}_m = \dot{I}_m Z_m = \dot{I}_m Z_k - \dot{I}_m z_1 L_k \tag{7-5}$$

2. 故障时的测量阻抗

如图 7 - 3 所示，k 点发生短路时，母线 M 的电压可以表示为

$$\dot{U}_{MA} = \dot{U}_{kA} + \dot{I}_{A1} z_1 L_k + \dot{I}_{A2} z_2 L_k + \dot{I}_{A0} z_0 L_k \tag{7-6a}$$

$$\dot{U}_{MB} = \dot{U}_{kB} + \dot{I}_{B1} z_1 L_k + \dot{I}_{B2} z_2 L_k + \dot{I}_{B0} z_0 L_k \tag{7-6b}$$

$$\dot{U}_{MC} = \dot{U}_{kC} + \dot{I}_{C1} z_1 L_k + \dot{I}_{C2} z_2 L_k + \dot{I}_{C0} z_0 L_k \tag{7-6c}$$

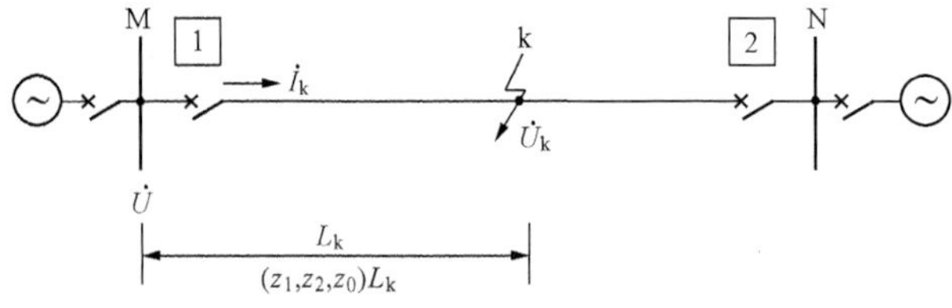

图 7 - 3 故障网络图

考虑到 $z_1 = z_2$，在 A 相接地故障时，有 $\dot{U}_{kA} = 0, \dot{I}_{A1} = \dot{I}_{A2} = \dot{I}_{A0}$，则

$$\begin{aligned}\dot{U}_{MA} &= \dot{I}_{A1} z_1 L_k + \dot{I}_{A2} z_2 L_k + \dot{I}_{A0} z_0 L_k \\ &= (\dot{I}_{A1} + \dot{I}_{A2} + \dot{I}_{A0}) z_1 L_k + \dot{I}_{A0}(z_0 - z_1) L_k \\ &= \left(\dot{I}_A + 3\dot{I}_0 \frac{z_0 - z_1}{3z_1}\right) z_1 L_k \\ &= (\dot{I}_A + 3K\dot{I}_0) z_1 L_k \end{aligned} \tag{7-7}$$

式中：$\dot{U}_{kA}$、$\dot{U}_{kB}$、$\dot{U}_{kC}$分别为故障点k处的A、B、C三相电压；$\dot{I}_A$、$\dot{I}_B$、$\dot{I}_C$分别为流过保护安装处的三相电流；$\dot{I}_{A1}$、$\dot{I}_{A2}$、$\dot{I}_{A0}$分别为流过保护安装处的A相正序、负序、零序电流；z_1、z_2、z_0分别为被保护线路单位长度的正序、负序、零序阻抗，在一般情况下可以假设$z_1=z_2$；K为零序电流补偿系数，$K=\frac{z_0-z_1}{3z_1}$，可以是复数。

若令$\dot{U}_{mA}=\dot{U}_A$、$\dot{I}_{mA}=\dot{I}_A+K3\dot{I}_0$，则式（7-7）可表示为

$$\dot{U}_{mA}=\dot{I}_{mA}z_1L_k \tag{7-8}$$

式（7-8）与式（7-5）具有相同的形式，因而由$\dot{U}_{mA}$、$\dot{I}_{mA}$计算出的测量阻抗能够正确地反映故障的距离，从而实现对故障区段的比较和判断。同理，在两相接地故障时，故障相阻抗继电器的测量阻抗为线路的短路阻抗z_1L_k，能够正确反映故障的距离。

相间短路时，以AB两相相间短路为例，有$\dot{U}_{kA}=\dot{U}_{kB}$，将式（7-6a）和式（7-6b）两式相减，可得

$$\dot{U}_A-\dot{U}_B=(\dot{I}_A+\dot{I}_B)z_1L_k \tag{7-9}$$

令$\dot{U}_{mAB}=\dot{U}_A-\dot{U}_B$、$\dot{I}_{mAB}=\dot{I}_A-\dot{I}_B$，可以得到与式（7-5）相同的形式。

3. 距离保护测量电压与测量电流的选取

距离保护测量电压与测量电流的选取又称为阻抗继电器的接线方式。由以上分析可知，系统发生接地故障和相间故障时，为保证测量阻抗能够正确反映故障的距离，保护的测量电压和测量电流的选取是不同的，接地故障时测量电压为保护安装处故障相对地电压，测量电流为带有零序电流补偿的故障相电流，称为接地距离保护的零序补偿接线，见表7-1。相间故障时测量电压为保护安装处两故障相的电压差，测量电流为两故障相的电流差，称为相间距离保护的0°接线，见表7-2。将反映接地故障的距离保护称为接地距离，反映相间故障的距离保护称为相间距离。

表7-1 接地距离保护的零序补偿接线

阻抗继电器相别	$\dot{U}_m$	$\dot{I}_m$
A	$\dot{U}_A$	$\dot{I}_A+K3\dot{I}_0$
B	$\dot{U}_B$	$\dot{I}_B+K3\dot{I}_0$
C	$\dot{U}_C$	$\dot{I}_C+K3\dot{I}_0$

表7-2 相间距离保护的0°接线

阻抗继电器相别	$\dot{U}_m$	$\dot{I}_m$
AB	$\dot{U}_{AB}$	$\dot{I}_A-\dot{I}_B$
BC	$\dot{U}_{BC}$	$\dot{I}_B-\dot{I}_C$
CA	$\dot{U}_{CA}$	$\dot{I}_C-\dot{I}_A$

4. 阻抗继电器在各种故障时的动作情况

阻抗继电器用于构成相间距离保护时采用0°接线，用于构成接地距离保护时采用零序补偿接线。在线路发生各种故障时，阻抗继电器的动作情况见表7-3。

表7-3 各种故障时阻抗继电器正确测量分析

故障类型	AN	BN	CN	ABN	BCN	CAN	AB	BC	CA	ABC
KZ_A	√	×	×	√	×	√	×	×	×	√
KZ_B	×	√	×	√	√	×	×	×	×	√
KZ_C	×	×	√	×	√	√	×	×	×	√

续表

故障类型	AN	BN	CN	ABN	BCN	CAN	AB	BC	CA	ABC
KZ_{AB}	×	×	×	√	×	×	√	×	×	√
KZ_{BC}	×	×	×	×	√	×	×	√	×	√
KZ_{CA}	×	×	×	×	×	√	×	×	√	√

注 “√”表示能正确反映故障距离；“×”表示不能正确反映故障距离。

从表 7-3 可看出，发生故障时只有故障相的阻抗继电器可以正确测量，因此有必要先选出故障相，仅对故障相参数进行计算即可，这样可减少计算时间，加快微机保护的动作速度。

关于故障选相的方法，参见 7.6 节。

7.1.5 距离保护的时限特性

距离保护的动作时间 t 与故障点到保护安装处的距离 L_k 之间的关系称为距离保护的时限特性。与电流保护一样，距离保护广泛采用三段式的时限特性，如图 7-4 所示。距离Ⅰ段为无延时的速动段；Ⅱ段为带固定时限的速动段，固定的延时一般为 0.3～0.6s；Ⅲ段时限需与相邻下级线路的Ⅲ段配合，在其延时的基础上再加一个时间级差 Δt。

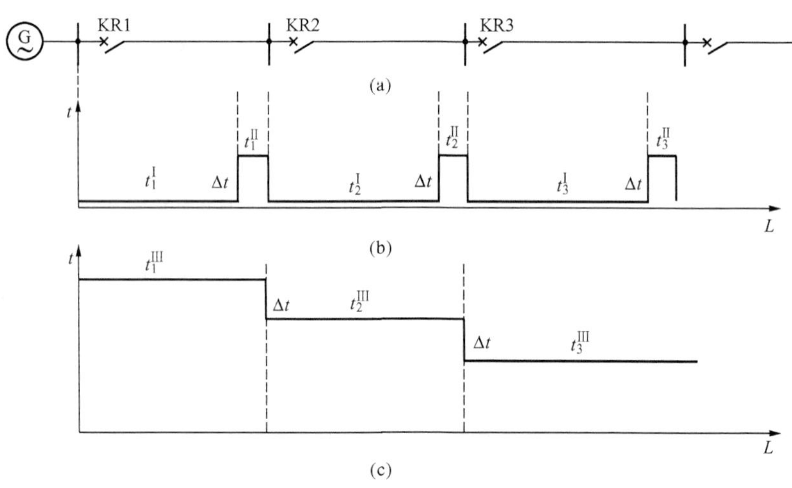

图 7-4 距离保护的时限特性

(a) 网络接线图；(b) Ⅰ、Ⅱ段的时限特性；(c) Ⅲ段的时限特性

7.1.6 距离保护的组成

距离保护由五个组成部分，其逻辑框图如图 7-5 所示。

(1) 起动元件。起动元件的主要作用是在被保护线路发生故障时起动保护装置或进入故障计算程序。起动元件在线路流过最大负荷电流时应当不动作，能够灵敏可靠地反映各种故障，在保护区内部即使经大过渡电阻短路时也应当可靠快速动作，另外在电压回路故障时阻抗继电器可能误动，因此一般采用电流量而不采用电压量作为起动元件。目前广泛采用负序电流及电流突变量元件作为起动元件。

（2）测量元件。测量元件完成保护安装处到故障点阻抗或距离的测量，并与事先确定好的整定值进行比较，当保护区内部故障时动作，外部故障时不动作。测量元件由Ⅰ、Ⅱ、Ⅲ段的阻抗继电器 KR1、KR2、KR3 来完成。

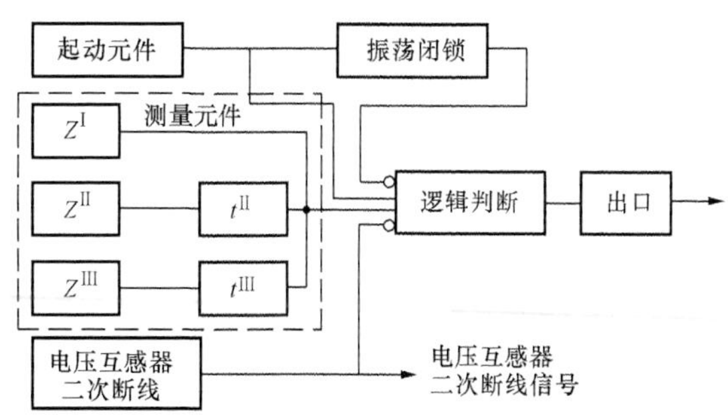

图 7-5　距离保护的逻辑框图

（3）振荡闭锁部分。在电力系统发生振荡时，因为不是短路，距离保护不应该动作。但是振荡时的电压、电流幅值周期性变化，有可能导致距离保护误动作。为防止保护误动，要求该元件准确判别系统振荡，并将保护闭锁。

（4）电压回路断线部分。电压回路断线时，将会造成保护测量电压的消失，从而可能使距离保护的测量部分出现误判断。这种情况下要求该部分应该将保护闭锁，以防止出现不必要的误动。

（5）逻辑判断部分。该部分用来实现距离保护各部分之间的逻辑配合，即判别保护区内部或外部故障，并在不同保护区内部故障时以相应的动作延时控制断路器的跳闸。

7.2　阻抗继电器

7.2.1　阻抗继电器及其动作特性

距离保护是通过测量阻抗来正确地反映故障点位置的保护，保护的测量元件称为阻抗继电器。其作用就是在系统发生短路时，测量出阻抗值 Z_m，并与整定阻抗 Z_{set} 相比较，以确定出故障所处的区段，在保护范围内部故障时给出动作信号。

如图 7-6 所示，理想情况下，在正方向保护范围内短路时，测量阻抗 Z_m 等于线路的短路阻抗 Z_k，与整定阻抗 Z_{set} 同方向，并且其值小于整定阻抗。但在实际情况下，由于互感器误差、故障点过渡电阻等因素的影响，使得继电器的实际测量值并不能严格地落在与 Z_{set} 同向的直线上，而是落在该直线附近的一个区域中。为保证区内故障情况下阻抗继电器能够可靠动作，在阻抗复平面上，其动作的范围应该是一个包括 Z_{set} 对应线段在内，但在 Z_{set} 的方向上不超过 Z_{set} 的区域，可以为圆形区域、四边形区域、苹果形区域、橄榄形区域等。当测

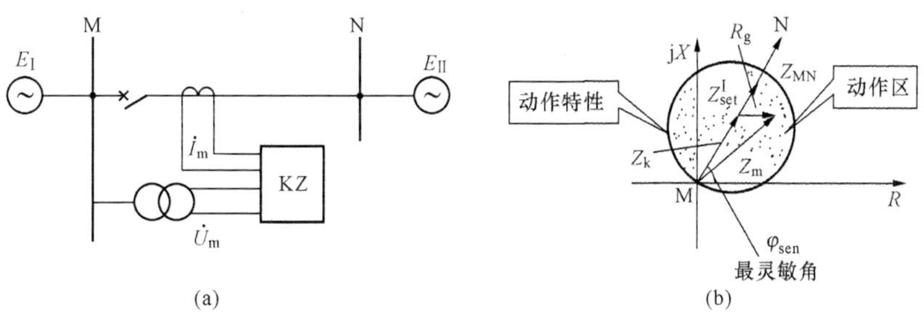

图 7-6　阻抗继电器动作特性的复数平面分析

(a) 网络图；(b) 测量阻抗及动作特性

量阻抗 Z_m 落在这样的动作区域以内时，就判断为区内故障，阻抗继电器给出动作信号；当测量阻抗 Z_m 落在该动作区域以外时，判断为区外故障，阻抗继电器不动作。这个区域的边界就是阻抗继电器的临界动作边界。动作边界区域的形状称为阻抗继电器的动作特性，动作特性边界上的阻抗称为动作阻抗，记作 Z_{op}。从图 7-7 中可见，在不同阻抗角度下动作阻抗各不相同。整定阻抗 Z_{set} 的阻抗角称为整定阻抗角，在图 7-7 中整定阻抗角对应的动作阻抗应为最大，其所对应的角度称为阻抗继电器的最灵敏角 φ_{sen}。理论上，阻抗继电器的动作特性可以用数学表达式描述出来，因而，数字式保护可以实现具有不同动作特性的阻抗继电器的功能。

7.2.2　阻抗继电器的动作特性方程

阻抗继电器动作区域的形状，称为动作特性。动作区域为圆形时，称为圆特性；动作区域为四边形时，称为四边形特性。动作特性可以用阻抗复平面上的几何图形来描述，几何图形又可以用复数的数学方程来描述，这种方程称为动作特性方程。下面就对几种常用的阻抗继电器的动作特性及其特性方程进行说明。

1. 圆特性的阻抗继电器

根据动作特性圆在阻抗复平面上位置和大小的不同，圆特性又可分为方向圆特性、全阻抗圆特性、偏移圆特性和上抛圆特性等。

(1) 方向阻抗继电器。其动作特性如图 7-7 所示，动作特性区主要为第Ⅰ象限，不包括第Ⅲ象限，故在保护安装处反方向故障时不动作，具有方向性，因此称方向阻抗继电器。

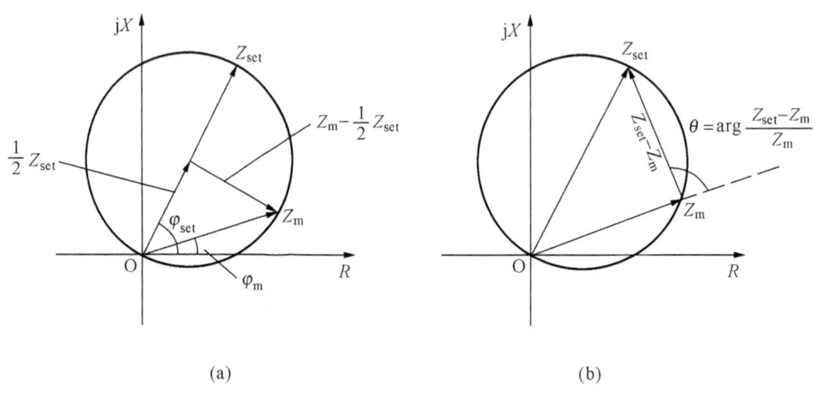

图 7-7　方向阻抗继电器的动作特性
(a) 幅值比较式；(b) 相位比较式

方向阻抗继电器动作特性是以整定阻抗为直径的圆，或者说是以整定阻抗的中点为圆心，整定阻抗大小的一半为半径的圆。其中，圆内为动作区，可以用比较两个相量幅值的大小来描述其动作特性，也可用比较两个相量的相位关系来描述。因而，其比幅式和比相式动作特性方程分别为

$$\left|Z_m-\frac{Z_{set}}{2}\right|<\left|\frac{Z_{set}}{2}\right| \tag{7-10}$$

$$-90^\circ < \arg\frac{Z_{set}-Z_m}{Z_m} < 90^\circ \tag{7-11}$$

该继电器虽然具有明确的方向性，但坐标原点落在动作边界上，因此在保护出口处短路时，有 $Z_m=0$，$\dot{U}_m=0$，继电器将拒动，称为电压死区。电压死区在实际应用中需要解决，解决的措施见本书 7.2.5 节。方向阻抗继电器一般应用于距离保护的主保护段（Ⅰ段和Ⅱ段）中。

（2）全阻抗圆继电器。其动作特性圆如图 7-8 所示，是以坐标原点 O 为圆心，整定阻抗大小为半径的圆，圆内为动作区。继电器幅值比较的动作特性方程为

$$|Z_m| < |Z_{set}| \tag{7-12}$$

比相式动作特性方程为

$$-90^\circ < \arg\frac{Z_{set}+Z_m}{Z_{set}-Z_m} < 90^\circ \tag{7-13}$$

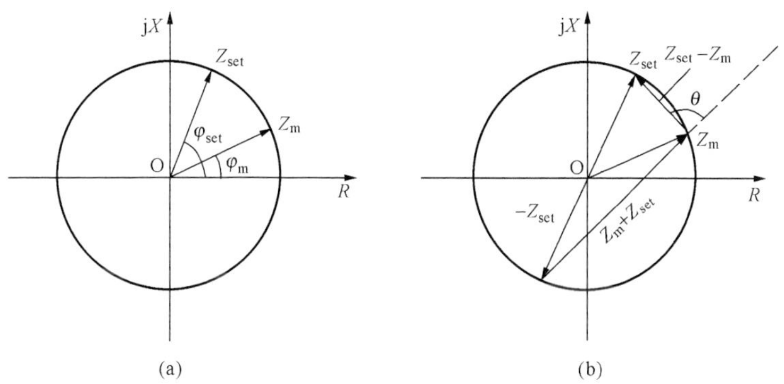

图 7-8　全阻抗继电器的动作特性

（a）幅值比较式；（b）相位比较式

当保护安装处反方向短路时，测量阻抗落在第Ⅲ象限，在其动作区内，继电器仍能动作，因而其动作是无方向性的，其动作特性包括坐标原点，因而较方向阻抗继电器来说，在保护出口处短路时，无死区。全阻抗继电器可以应用于单侧电源的系统中；当应用于多侧电源系统时，应与方向元件相配合。

（3）偏移圆特性阻抗继电器。其动作特性如图 7-9 所示，是以整定阻抗 $Z_{set1}+Z_{set2}$（$|Z_{set1}|>|Z_{set2}|$，阻抗角相差 180°）的中点为圆心，$\frac{1}{2}|Z_{set1}-Z_{set2}|$ 为半径的圆，其中圆内为动作区。其比幅式和比相式动作特性方程分别为

$$\left|Z_m-\frac{Z_{set1}+Z_{set2}}{2}\right| < \left|\frac{Z_{set1}-Z_{set2}}{2}\right| \tag{7-14}$$

$$-90^\circ < \arg\frac{Z_{set1}-Z_m}{Z_m-Z_{set2}} < 90^\circ \tag{7-15}$$

继电器的动作区包括坐标原点，因此无电压动作死区。但其在反方向故障时有一定的动作区，偏移特性的阻抗元件通常用于距离保护的后备段（如第Ⅲ段）中。

修改动作特性方程，可以得到不同的圆特性的阻抗继电器，应用于不同的保护中，在此不一一表述，读者可自行分析。

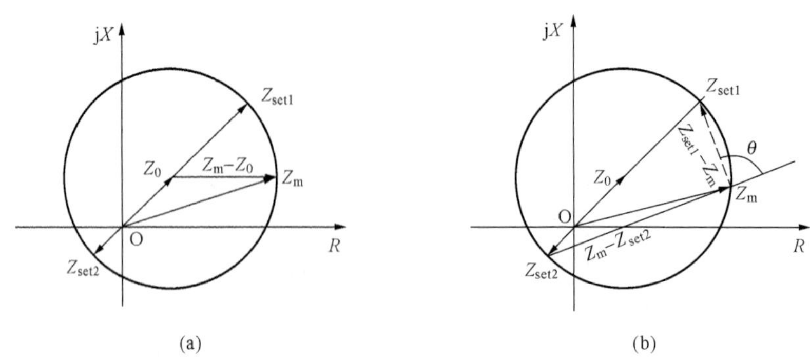

图 7 - 9　偏移圆特性阻抗继电器的动作特性

（a）幅值比较式；（b）相位比较式

2. 直线特性的阻抗继电器

在重负荷线路中，为了防止保护误动（此时阻抗角较小），可以采用直线特性阻抗继电器。由多个直线围成的共同区域就变成了多边形特性阻抗继电器。其中，四边形阻抗继电器广泛用于距离保护中的测量元件。直线特性阻抗继电器与四边形阻抗继电器如图 7 - 10 所示。

（1）阻抗继电器。直线特性阻抗继电器的动作特性如图 7 - 10（a）所示，图中直线阴影侧为动作区。则该继电器按相位比较原理构成的阻抗动作方程为

$$\alpha < \arg(Z_m - Z_{set}) < 180^\circ + \alpha \tag{7 - 16}$$

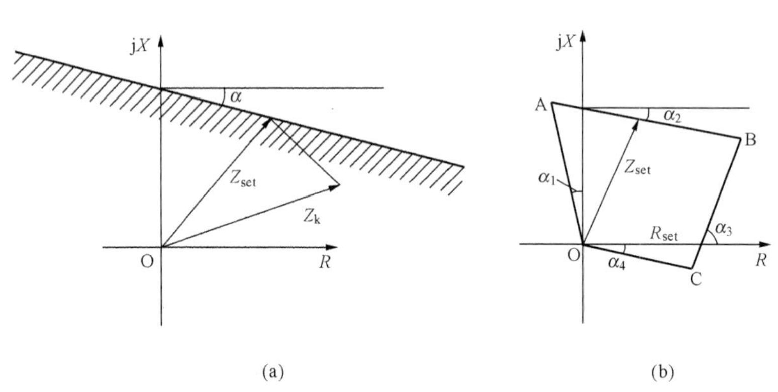

图 7 - 10　直线与四边形特性阻抗继电器

（a）直线特性阻抗继电器；（b）四边形阻抗继电器

（2）四边形阻抗继电器。电力系统广泛采用如图 7 - 10（b）所示的四边形阻抗继电器来提高抗过渡电阻的能力，四边形内部为动作区。其中，整定阻抗 Z_{set} 按照三段式整定原则整定，整定阻抗的电阻分量 R_{set} 按照小于最小负荷阻抗 $Z_{L.min}$ 的电阻分量整定。其中的 4 个角度说明如下。

1）第二象限角度 α_1：为保证被保护线路金属性短路故障时可靠动作，一般取 15°～30°。

2）电抗线倾斜角度 α_2：防止保护区末端经过过渡电阻短路时可能出现的超范围动作（超越），一般取 7°～15°，具体分析见 7.3 节。

3）角度 α_3：在双电源线路上，考虑到经过过渡电阻短路时，线路始端故障时的附加测

量阻抗比末端故障时小，所以该角度小于线路阻抗角，一般取 60°。

4）第四象限角度 α_4：当线路出口经过过渡电阻短路时，测量阻抗可能呈现容性，为保证可靠动作，一般取 30°。

四边形阻抗继电器按相位比较原理构成的阻抗动作方程为：

折线 AOC　$$-\alpha_4 < \arg Z_m < 90° + \alpha_1 \tag{7-17a}$$

线段 AB　$$-(180° + \alpha_2) < \arg(Z_m - Z_{set}) < -\alpha_2 \tag{7-17b}$$

线段 BC　$$\alpha_3 < \arg(Z_m - R_{set}) < 180° + \alpha_3 \tag{7-17c}$$

将式（7-17a）、式（7-17b）、式（7-17c）进行逻辑与，就是四边形阻抗继电器的动作方程。

7.2.3　阻抗继电器的实现

通过上面的分析可知，阻抗继电器的动作特性可以通过比较两个相量的幅值或相位关系来实现。动作特性方程中的阻抗可以用电压来表示。以圆特性的方向阻抗继电器的动作特性方程为例，将式（7-10）、式（7-11）两端同乘以测量电流 $\dot{I}_m$，并令 $\dot{I}_m Z_m = \dot{U}_m$，则其相应的电压形式的动作特性方程为

$$\begin{cases} \left|\dot{U}_m - \dot{I}_m \dfrac{Z_{set}}{2}\right| < \left|\dot{I}_m \dfrac{Z_{set}}{2}\right| \\ -90° < \arg \dfrac{\dot{I}_m Z_{set} - \dot{U}_m}{\dot{U}_m} < 90° \text{ 或} -90° < \arg \dfrac{\dot{U}_m - \dot{I}_m Z_{set}}{-\dot{U}_m} < 90° \end{cases} \tag{7-18}$$

可见，阻抗继电器的动作特性可按比较两个电压量的幅值大小或相位关系来实现。圆特性的方向阻抗继电器是通过比较两个电压 $\dot{U}_m - \dot{I}_m \dfrac{Z_{set}}{2}$ 与 $\dot{I}_m \dfrac{Z_{set}}{2}$ 的幅值大小，或者是比较两个电压相量 $\dot{U}_m - \dot{I}_m Z_{set}$ 与 $-\dot{U}_m$ 的相位关系来实现的。

距离保护中，通常定义 $\dot{U}_{op} = \dot{U}_m - \dot{I}_m Z_{set}$ 为工作电压，为保护安装处测量电压与测量电流的线性组合，又称补偿电压。定义 $\dot{U}_p$ 为极化电压，又称参考电压，则式（7-18）中，比相式动作特性方程可写为

$$-90° < \arg \frac{\dot{U}_{op}}{\dot{U}_p} < 90° \tag{7-19}$$

式中，令 $\dot{U}_p = -\dot{U}_m$。

同理，可形成各种阻抗继电器的工作电压和极化电压。对二者可进行相位或幅值的比较，以实现不同特性的阻抗继电器。在微机保护中，阻抗继电器多可以用微机保护的算法来实现。具体的实现方法有测量阻抗法和动作方程直接判别法。前者将测量阻抗计算出来，然后与继电器动作特性进行比较，看其是否落在动作特性区内；后者将保护安装处测量的电流、电压直接代入动作特性方程，看其是否满足动作方程直接进行判别。

7.2.4　阻抗继电器的精确工作电流

以上分析阻抗继电器的动作特性时，都是从理想的条件出发，即认为幅值比较元件（或相位比较元件）的灵敏度很高，或者认为只要电压和电流的比值满足要求继电器就会

动作。

举例来说，全阻抗继电器的整定阻抗为 1.1Ω，在电压为 1V，电流为 1A 时，继电器可以动作；但是在电压为 0.1V，电流为 0.1A 时，继电器就可能不会动作。下面将对这一情况产生的原因进行分析。首先将式（7-12）变为

$$|\dot{I}_m Z_{set}| - |\dot{U}_m| > 0 \tag{7-20}$$

式（7-20）表明只要差值大于 0，继电器就应该动作，但实际上任何比较元件都有最小的动作电压 U_0（比较电路）或最小的分辨率 U_0（微机保护的字长决定）。因此式（7-20）就变为

$$|\dot{I}_m Z_{set}| - |\dot{U}_m| > U_0 \tag{7-21}$$

从式（7-21）可见，当电流很小时，继电器是无法动作的。为了考核阻抗继电器的性能，引入了精确工作电流的概念。

所谓精确工作电流指的是当 $\arg\dfrac{\dot{U}_m}{\dot{I}_m}=\varphi_{sen}$（阻抗继电器电压与电流夹角为最灵敏角），且起动阻抗 $Z_{st}=0.9Z_{set}$ 时，使得继电器刚好动作的电流。其中的最小值称为最小精确工作电流 $I_{op.min}$，最大值称为最大精确工作电流 $I_{op.max}$。

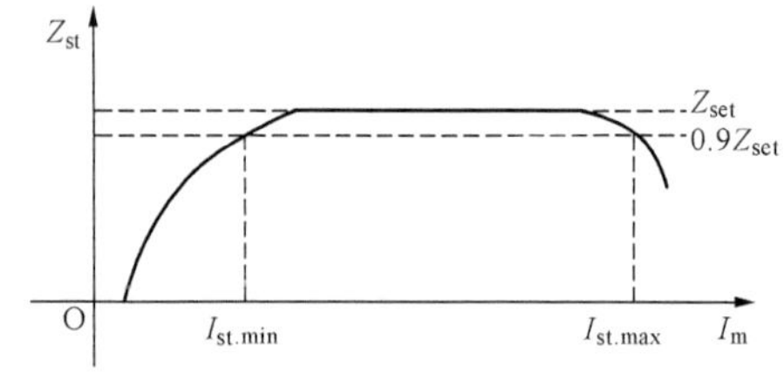

图 7-11　阻抗继电器起动阻抗与测量电流的关系

测量阻抗继电器的精确工作电流方法是给继电器加不同的电流，测出使继电器刚好动作的电压（电压与电流的夹角为最灵敏角），电压与电流的比值就是起动阻抗 Z_{st}。作出曲线 $Z_{st}=f(I_m)$，并取与直线 $Z_{st}=0.9Z_{set}$ 的交点，对应的电流值就是精确工作电流，如图 7-11 所示。

7.2.5　方向阻抗继电器的死区与消除方法

1. 死区

当保护出口短路时，方向阻抗继电器的测量电压 $\dot{U}_m=0$，式（7-18）的幅值比较方程两边相等，不满足动作条件。式（7-18）的相位比较方程中的分母为零，零相量的角度是任意的，因此也就无法比相，即方向阻抗继电器无法动作。因此方向阻抗继电器在保护出口处短路时有电压死区。

2. 死区消除方法

方向阻抗继电器死区的消除方法一般有以下三种。

（1）引入非故障相（第三相）电压。在微机距离保护中采用的正序电压作为极化电压，由于正序电压是由三相电压组合而成的，就相当于引入了非故障相电压，可以消除出口处各种不对称短路的死区。

以最严重的出口处短路为例，分析如下。

1）出口处 A 相接地故障，相量图如图 7-12（a）所示，$\dot{U}_{Ak}=0$，则有

$$\dot{U}_{A1}=\frac{1}{3}(\dot{U}_{Ak}+\alpha\dot{U}_B+\alpha^2\dot{U}_C)=\frac{1}{3}(0+\dot{U}_A+\dot{U}_A)=\frac{2}{3}\dot{U}_A$$

$\dot{U}_{A1}$ 的幅值为故障前 A 相电压 $\dot{U}_A$ 的 2/3，相位与 $\dot{U}_A$ 同相。其他 B、C 单相接地短路，结论一

样。非出口处短路，幅值将增大，相位不变。

2）出口处 AB 两相接地短路，相量图如图 7-12（b）所示，$\dot{U}_{Ak}=\dot{U}_{Bk}=0$，则有

$$\dot{U}_{A1}=\frac{1}{3}(\dot{U}_{Ak}+\alpha\dot{U}_{Bk}+\alpha^2\dot{U}_C)=\frac{1}{3}(0+0+\dot{U}_A)=\frac{1}{3}\dot{U}_A$$

$$\dot{U}_{B1}=\frac{1}{3}(\alpha^2\dot{U}_{Ak}+\dot{U}_{Bk}+\alpha\dot{U}_C)=\frac{1}{3}(0+0+\alpha\dot{U}_C)=\frac{1}{3}\dot{U}_B$$

$$\dot{U}_{AB1}=\dot{U}_{A1}-\dot{U}_{B1}=\frac{1}{3}\dot{U}_{AB}$$

即出口处两相接地故障时，两故障相正序电压的相位与对应相故障前电压相位相同，幅值等于故障前电压的$\frac{1}{3}$；两故障相间正序电压的相位与该两相故障前相间电压的相位相同，幅值等于故障前相间电压的$\frac{1}{3}$。

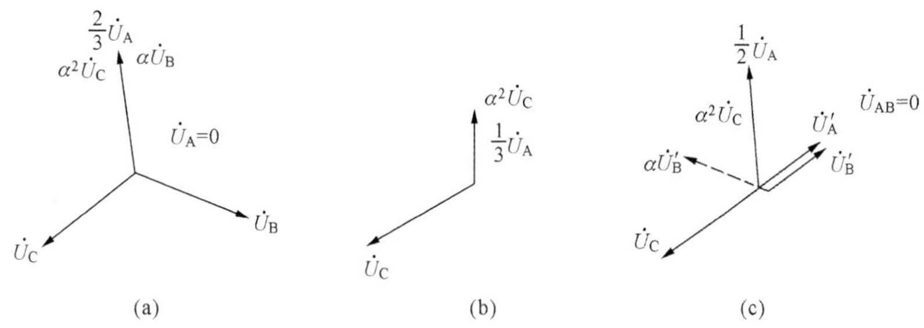

图 7-12　各种短路情况下正序电压的相量图

（a）A 相接地短路；（b）AB 两相接地短路；（c）AB 两相不接地短路

3）出口处 AB 两相不接地短路，相量图如图 7-12（c）所示，$\dot{U}_{ABk}=0$，则有

$$\dot{U}_{Ak}=\dot{U}_{Bk}=\frac{1}{2}\dot{U}_A e^{-j60^\circ}$$

$$\dot{U}_{A1}=\frac{1}{3}(\dot{U}_{Ak}+\alpha\dot{U}_{Bk}+\alpha^2\dot{U}_C)=\frac{1}{3}(\frac{1}{2}\dot{U}_A e^{-j60^\circ}+\frac{1}{2}\dot{U}_A e^{j60^\circ}+\dot{U}_A)=\frac{1}{2}\dot{U}_A$$

$$\dot{U}_{B1}=\frac{1}{3}(\alpha^2\dot{U}_{Ak}+\dot{U}_{Bk}+\alpha\dot{U}_C)=\frac{1}{3}(\frac{1}{2}\dot{U}_B e^{-j60^\circ}+\frac{1}{2}\dot{U}_B e^{j60^\circ}+\dot{U}_B)=\frac{1}{2}\dot{U}_B$$

$$\dot{U}_{AB1}=\dot{U}_{A1}-\dot{U}_{B1}=\frac{1}{2}\dot{U}_{AB}$$

即出口处两相不接地故障时，两故障相正序电压的相位与对应相故障前电压相位相同，幅值等于故障前电压的$\frac{1}{2}$；两故障相间正序电压的相位与该两相故障前相间电压的相位相同，幅值等于故障前相间电压的$\frac{1}{2}$。

4）出口处 ABC 三相短路，$\dot{U}_{Ak}=\dot{U}_{Bk}=\dot{U}_{Ck}=0$，$\dot{U}_{A1}=\dot{U}_{B1}=\dot{U}_{C1}=0$，$\dot{U}_{AB1}=\dot{U}_{BC1}=\dot{U}_{CA1}=0$。

以上分析表明，在保护出口处发生各种不对称短路时，故障环路上的正序电压都有较大的量值，相位与故障前的环路电压相同。

出口处三相短路时，各正序电压多为零，正序参考电压将无法应用。但当发生非出口处三相短路时，正序电压将不再为零，变为相应的相或相间的残余电压，若残余电压不低于额定电压的10%～15%，正序参考电压就可以应用。

(2) 记忆。既然出口故障时 $\dot{U}_m = 0$，那么将故障前电压的相位加以记忆，这样就可以防止方向阻抗元件的拒动。在微机保护中，可以直接利用一个或两个周期前的电压进行比较，从而达到记忆的作用，可以消除出口处三相短路的死区。

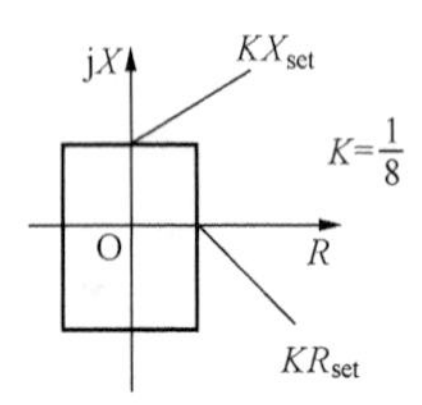

图7-13 消除死区的小矩形

(3) 改变继电器的动作特性。当手合或自动重合于出口处三相短路时，采用正序电压为极化电压及记忆方法均不作用，可采用改变继电器动作特性的方法来防止拒动。此时保护不必考虑方向问题。微机保护中采用叠加一个小矩形来克服拒动，即在原动作特性的基础上增加一个如图7-13所示的小矩形。

7.2.6 正序电压极化方向阻抗继电器

方向阻抗继电器的比相式动作方程见式(7-18)，该式中，工作电压 $\dot{U}_{op} = \dot{U}_m - \dot{I}_m Z_{set}$，极化电压 $\dot{U}_p = -\dot{U}_m$，采用正序电压 $-\dot{U}_{m1}$ 作为极化电压，在出口处对称短路时，靠记忆措施使得 $-\dot{U}_{m1} \neq 0$，从而消除各种情况下的出口处短路的方向阻抗继电器的死区问题。下面对继电器动作特性进行分析。

1. 正方向暂态特性（记忆未消失）

如图7-14所示，正方向k点发生故障时，测量阻抗等于短路阻抗，有

$$\dot{U}_{op} = \dot{U}_m - \dot{I}_m Z_{set} = \dot{I}_m Z_m - \dot{I}_m Z_{set} = \dot{I}_m (Z_m - Z_{set}) \tag{7-22}$$

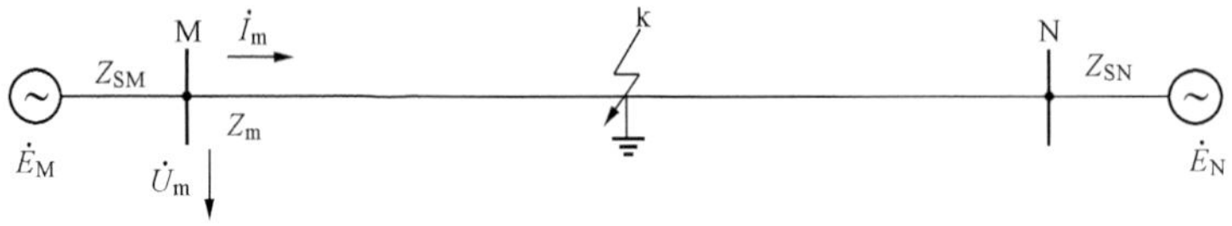

图7-14 正方向短路系统图

故障前母线电压正序分量 $\dot{U}_{m1(0)}$ 与M侧电源电压正序分量 $\dot{E}_M$ 关系为

$$\dot{U}_{m1(0)} \approx \dot{E}_M e^{j\delta} \tag{7-23}$$

式中：δ 为母线电压超前M侧电动势的角度。

$$\dot{U}_{m1(0)} = \dot{E}_M e^{j\delta} = \dot{I}_m (Z_{SM} + Z_m) e^{j\delta} \tag{7-24}$$

设故障前母线电压与系统电动势同相位，即 $\delta=0°$（故障前空载），将式(7-22)、式(7-24)代入式(7-18)整理后，有

$$-90° < \arg \frac{Z_m - Z_{set}}{-(Z_{SM} + Z_m)} < 90° \tag{7-25}$$

式(7-25)表明，正方向测量阻抗的动作区是以 $Z_{SM} + Z_{set}$ 为直径的圆内，作出继电器的特性如图7-15(a)所示。动作区包括原点，因此继电器在记忆电压未消失时，正方向出口处短路无死区。

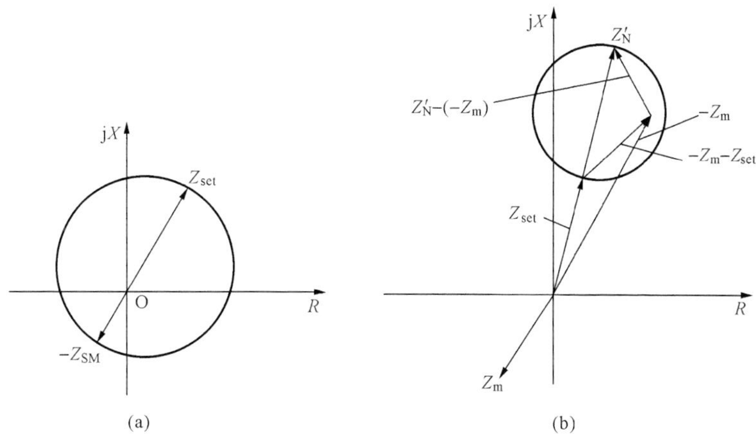

图 7-15　正序电压极化阻抗继电器的动作特性

(a) 正方向；(b) 反方向

2. 反方向故障分析

如图 7-16 所示，在反方向故障时（保护安装处 $\dot{U}_m$、$\dot{I}_m$ 参考方向如图所示），有

$$\dot{U}_{op}=\dot{U}_m-\dot{I}_m Z_{set}=-\dot{I}_m Z_m-\dot{I}_m Z_{set}=-\dot{I}_m(Z_m+Z_{set}) \tag{7-26}$$

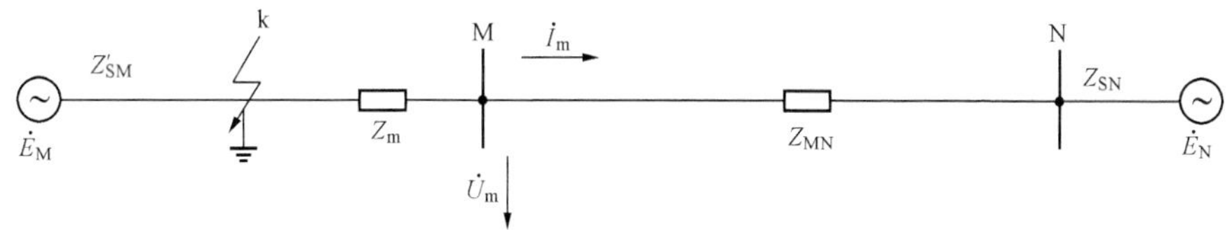

图 7-16　反方向短路系统图

故障前母线电压正序分量 $\dot{U}_{m1(0)}$ 与 N 侧电源电压正序分量 $\dot{E}_N$ 关系为

$$\dot{U}_{m1(0)}\approx\dot{E}_N e^{j\delta} \tag{7-27}$$

式中：δ 为母线电压超前 N 侧电动势的角度。

$$\dot{U}_{m1(0)}=\dot{E}_N e^{j\delta}=-\dot{I}_m(Z'_N+Z_m)e^{j\delta} \tag{7-28}$$

式中 $Z'_N=Z_{MN}+Z_{SN}$。

设故障前母线电压与系统电动势同相位，即 $\delta=0°$（故障前空载），将式（7-26）、式（7-28）代入式（7-18）整理后，有

$$-90°<\arg\frac{(-Z_m)-Z_{set}}{Z'_N-(-Z_m)}<90° \tag{7-29}$$

式（7-29）表明，继电器的动作区为以 $-Z_m$ 为变量，Z'_N-Z_{set} 为直径的圆内，作出继电器的特性如图 7-15（b）所示。反方向短路测量阻抗 Z_m 在第Ⅲ象限，而动作区在第Ⅰ象限，故保护可靠不动。

该继电器的特点是正方向故障无死区，反方向故障不会误动。由于在出口故障时方向阻抗继电器才有可能出现拒动，因此该继电器在母线电压低于额定电压 15%时才带有记忆，

如果母线电压下降不多，则不需要记忆，其动作特性转为稳态特性。

3. 继电器的稳态特性与特点

当继电器的记忆消失后进入稳态，此时极化电压为

$$\dot{U}_p=-\dot{U}_{m1} \tag{7-30}$$

正方向故障时

$$\dot{U}_p=-\dot{U}_{m1}=-\dot{I}_m Z_m \tag{7-31}$$

将其代入式（7-18），化简后变为

$$-90° < \arg\frac{Z_m - Z_{set}}{-Z_m} < 90° \tag{7-32}$$

动作特性是以 Z_{set} 为直径的圆，其特性如图 7-7 所示。

反方向故障时

$$\dot{U}_p=-\dot{U}_{m1}=\dot{I}_m Z_m \tag{7-33}$$

$$\dot{U}_{op}=\dot{U}_m-\dot{I}_m Z_{set}=-\dot{I}_m Z_m-\dot{I}_m Z_{set}=-\dot{I}_m(Z_m+Z_{set}) \tag{7-34}$$

将其代入式（7-18），化简后变为

$$-90° < \arg\frac{-Z_m - Z_{set}}{Z_m} < 90° \tag{7-35}$$

此时动作特性是以 $-Z_m$ 为变量，Z_{set} 为直径的圆，同理如图 7-7 所示，反方向故障时测量阻抗 Z_m 在第Ⅲ象限，阻抗继电器不动作。

继电器在反方向出口处发生三相短路，记忆消失时，是否有误动的可能性？

由上面的分析可知，如发生三相短路，正序电压极化的方向阻抗继电器在没有记忆时，动作特性与一般的方向阻抗继电器相同，但在本质上是有区别的。当系统发生不对称故障时，正序电压包括了非故障相的电压，因此即使出口处不对称故障，继电器也没有死区。

只有在出口对称故障时，继电器的稳态特性有死区。正是由于这个原因，反映接地故障的阻抗继电器的极化电压不需要有记忆。

7.2.7 工频变化量阻抗继电器

1. 工频变化量的概念

在线路 MN 的 k 点发生金属性短路［如图 7-17（a）所示］时，故障点电压降为 0，此时系统的状态可用图 7-17（b）所示的等值网络来代替，图中两附加电压源的电压大小相等、方向相反。假定电力系统为线性系统，根据叠加原理，如图 7-17（b）所示运行状态又可分解成图 7-17（c）、（d）所示两个运行状态的叠加。若令故障点处附加电源的电压值等于故障前状态下故障点处的电压，则图 7-17（c）相当于故障前系统正常运行的负荷状态，各点处的电压、电流均与故障前的情况一致。图 7-17（d）为附加的故障状态，该系统中各点的电压、电流称为电压电流的故障分量或故障变化量、突变量。工频变化量是指故障分量的工频成分，系统发生短路时，故障点电压最低，但是故障点电压的变化量最高。工频变化量阻抗继电器就是利用这一特点来消除正方向出口短路死区的。

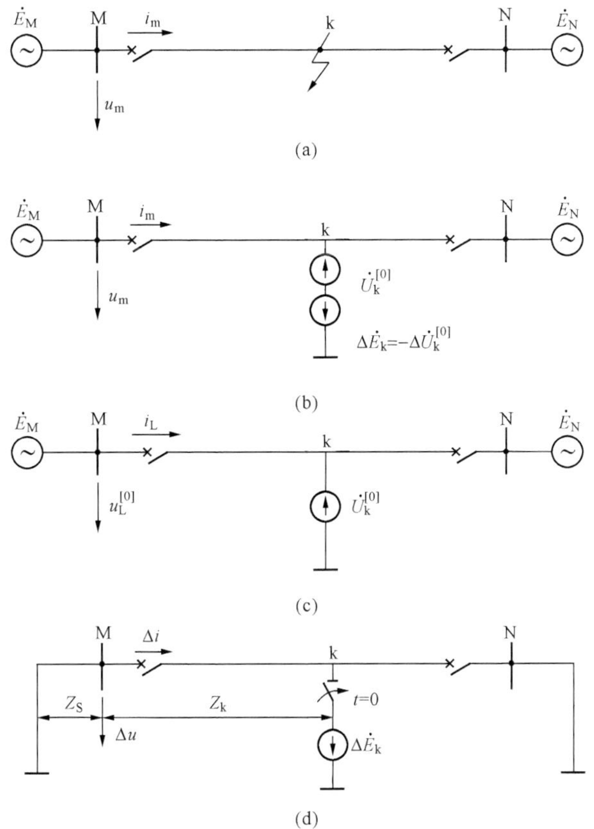

图 7-17　短路时系统网络图

(a) 故障后电力系统；(b) 等值网络；(c) 故障前的负荷状态；(d) 故障附加状态

2. 工频变化量阻抗继电器工作原理

在图 7-17（d）中，保护安装处的工频变化量电流、电压可以分别表示为

$$\Delta\dot{I}_m=\frac{\Delta\dot{E}_k}{Z_S+Z_k} \tag{7-36}$$

$$\Delta\dot{U}_m=-\Delta\dot{I}_m Z_S \tag{7-37}$$

取工频变化量阻抗继电器的工作电压为

$$\Delta\dot{U}_{op}=\Delta\dot{U}_m-\Delta\dot{I}_m Z_{set}=-\Delta\dot{I}_m(Z_S+Z_{set}) \tag{7-38}$$

式中：Z_{set}为保护的整定阻抗，一般取为线路正序阻抗的 80%～85%。

图 7-18 为在保护区内、外不同地点发生金属性短路时电压故障分量的分布，式（7-38）中的 $\Delta\dot{U}_{op}$ 对应图中 z（整定点）的工频变化量电压。

在保护区内 k1 点短路［如图 7-18（b）所示］时，$\Delta\dot{U}_{op}$ 在 0 与 $\Delta\dot{E}_{k1}$ 连线的延长线上，这时有 $|\Delta\dot{U}_{op}|>|\Delta\dot{E}_{k1}|$。

在正向区外 k2 点短路［如图 7-18（c）所示］时，$\Delta\dot{U}_{op}$ 在 0 与 $\Delta\dot{E}_{k2}$ 的连线上，这时有 $|\Delta\dot{U}_{op}|<|\Delta\dot{E}_{k2}|$。

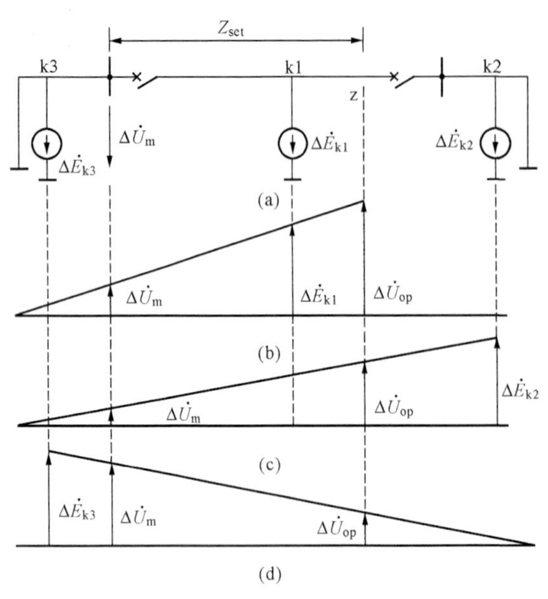

图 7-18　不同地点发生短路时电压故障分量的分布

(a) 附加网络；(b) 区内短路；
(c) 正向区外短路；(d) 反向区外短路

在反向区外 k3 点短路［如图 7-18（d）所示］时，$\Delta\dot{U}_{op}$ 在 0 与 $\Delta\dot{E}_{k3}$ 的连线上，这时有 $|\Delta\dot{U}_{op}|<|\Delta\dot{E}_{k3}|$。

可见，比较工作电压 $\Delta\dot{U}_{op}$ 的幅值大小就能够区分出区内外的故障。故障附加状态下的电源电动势的大小，等于故障前短路点电压的大小，即比较工作电压与非故障状态下短路点电压的大小 $U_k^{[0]}$，就能够区分出区内外的故障。假定故障前为空载，短路点电压的大小等于保护安装处母线电压的大小，通过记忆的方式很容易得到，工频变化量阻抗继电器的动作判据可以表示为

$$|\Delta\dot{U}_{op}|>U_k^{[0]}\approx U_m^{[0]} \quad (7-39)$$

满足式（7-39）判定为区内故障，保护动作；不满足式（7-39）判定为区外故障，保护不动作。

3. 工频变化量阻抗继电器动作特性

（1）正方向故障分析。由图 7-19 及工频变化量的定义可得

$$|\Delta\dot{U}_{op}|=|\Delta\dot{U}_m-\Delta\dot{I}_m Z_{set}|=|-\Delta\dot{I}_m||Z_S+Z_{set}| \quad (7-40)$$

$$U_k^{[0]}=|\Delta\dot{E}_k|=|\Delta\dot{I}_m(Z_S+Z_m)| \quad (7-41)$$

将式（7-40）、式（7-41）代入式（7-39）得到

$$|Z_S+Z_{set}|\geqslant|Z_S+Z_m| \quad (7-42)$$

在复平面上，该特性是以 $-Z_S$ 为圆心，以 $|Z_S+Z_{set}|$ 为半径的圆内，特性如图 7-20（a）所示。如图 7-19（a）所示的正方向 k 点短路时，测量阻抗 Z_m 落在第Ⅲ象限（注意，正方向短路，工频变化量电流与所规定的参考方向相反），在动作区内，阻抗元件能够可靠地动作。

（2）反方向故障分析。反方向故障时系统分析网络如图 7-19（b）所示，可见

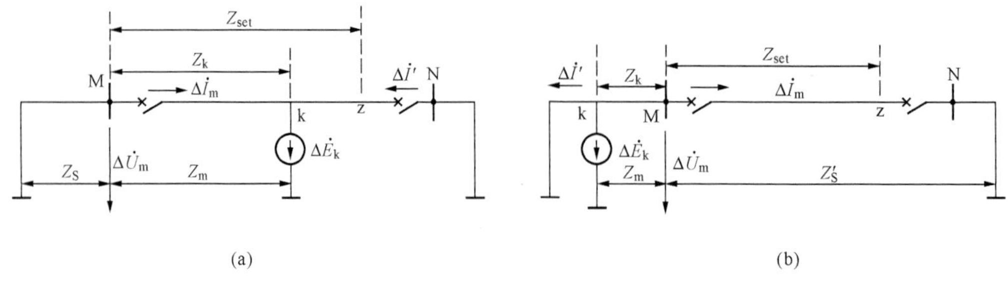

图 7-19　动作特性分析用等值网络

(a) 正方向故障；(b) 反方向故障

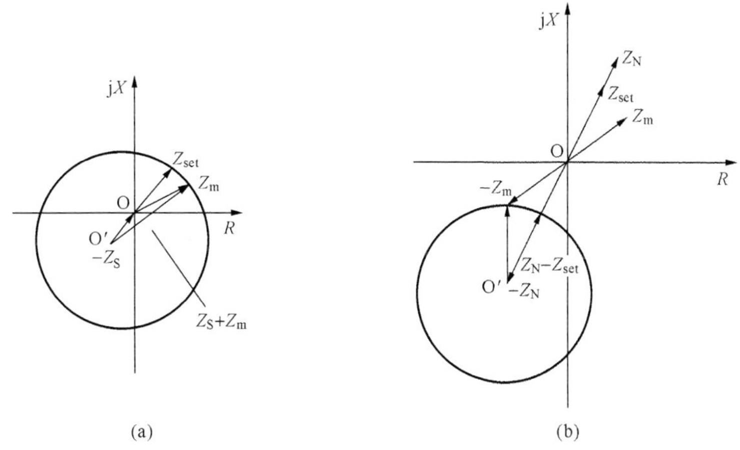

图 7 - 20　工频变化量阻抗继电器动作特性图

(a) 正方向故障；(b) 反方向故障分析

$$|\Delta\dot{U}_{op}| = |\Delta\dot{U}_m - \Delta\dot{I}_m Z_{set}| = |\Delta\dot{I}_m||Z'_S - Z_{set}| \tag{7-43}$$

$$U_k^{[0]} = |\Delta\dot{E}_k| = |-\Delta\dot{I}_m||Z'_S + Z_m| \tag{7-44}$$

将式（7 - 43）、式（7 - 44）代入式（7 - 39）得到

$$|Z'_S - Z_{set}| \geqslant |Z'_S + Z_m| \tag{7-45}$$

在复平面上，该特性是以$-Z'_S$为圆心，以$|Z'_S - Z_{set}|$为半径的圆内，特性如图 7 - 20（b）所示。如图 7 - 19（b）所示的反方向 k 点短路时，测量阻抗 Z_m 落在第Ⅰ象限（注意，反方向短路时的工频变化量电流与所规定的参考方向相同），不在动作区内，阻抗元件不会误动作。

4. 特点及应用

（1）工频变化量阻抗继电器动作速度快，可用作快速距离Ⅰ段，10ms 以内切除线路首端故障，应用于 220kV 及以上的高压电网中。

（2）工频变化量阻抗继电器不需要振荡闭锁，振荡时又发生区内故障一般仍能正确动作。

（3）工频变化量阻抗继电器可以用作纵联方向保护的方向元件。

（4）故障时，工频变化量阻抗继电器非故障相的继电器保护不会误动，有较好的选相能力。

7.3　距离保护的整定计算

距离保护的整定计算包括整定阻抗的大小与角度整定、各段动作时间的确定、保护的灵敏度校验等。

7.3.1　分支电流对保护的影响与消除措施

距离保护Ⅱ段、Ⅲ段都要与相邻线路配合，在相邻线路存在故障时，如果相邻线路与本线路之间有分支元件（如图 7 - 21 所示），就会影响阻抗继电器的测量阻抗。

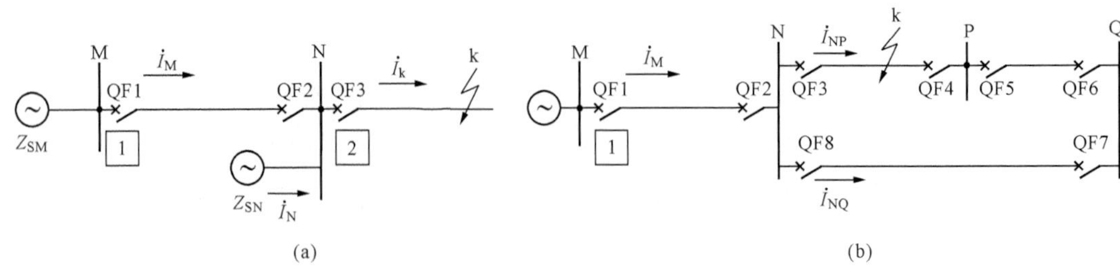

图 7-21 助增电流与汲出电流

(a) 助增电流；(b) 汲出电流

若图 7-21 中 k 点故障，则保护 1 的测量阻抗是多少？

(1) 助增电流与汲出电流的影响。图 7-21 (a) 中距离保护 1 在 k 点故障后的 M 母线电压为

$$\dot{U}_M = \dot{U}_N + \dot{I}_M Z_{MN} = (\dot{I}_M + \dot{I}_N) Z_k + \dot{I}_M Z_{MN}$$

则保护 1 的测量阻抗 $Z_{m.1}$ 为

$$Z_{m.1} = Z_{MN} + \frac{\dot{I}_k}{\dot{I}_M} Z_k = Z_{MN} + K_{br} Z_{kN} \tag{7-46}$$

图 7-21 (b) 中距离保护 1 在 k 点故障后的测量阻抗 $Z_{m.1}$ 为

$$Z_{m.1} = Z_{MN} + \frac{\dot{I}_{NP}}{\dot{I}_M} Z_k = Z_{MN} + K_{br} Z_{kN} \tag{7-47}$$

其中，式 (7-46) 与式 (7-47) 中的 K_{br} 称为分支系数，有

$$K_{br} = \frac{故障线路电流}{本线路电流} \tag{7-48}$$

在图 7-21 (a) 中 $K_{br}>1$，电流 $\dot{I}_N$ 使故障线路电流大于本线路电流，称为助增电流。在图 7-21 (b) 中 $K_{br}<1$，电流 $\dot{I}_{NQ}$ 使故障线路电流小于本线路电流，称为汲出电流。

由式 (7-46) 与式 (7-47) 可见，助增电流使得距离保护测量阻抗增大，保护区缩短，保护灵敏度降低；汲出电流使得距离保护测量阻抗减小，保护区伸长，可能造成保护的超范围动作。

(2) 消除分支电流影响的措施。消除分支电流的影响主要是防止超范围动作，因此在整定距离保护Ⅱ段时按照最小分支系数 $K_{br.min}$ 整定；为了确保保护的灵敏度，校验Ⅲ段远后备的灵敏系数时按照最大分支系数 $K_{br.max}$ 校验。对应的计算公式见 7.3.2 节。

7.3.2 三段式距离保护的整定计算

1. 整定原则

距离保护的整定阻抗角为线路阻抗角，动作时间按照阶梯配合，各段原则如下。

(1) Ⅰ段整定。Ⅰ段保护区不能伸出本线路，即整定阻抗小于被保护线路阻抗。在图 7-

22中，保护1的Ⅰ段整定阻抗 $Z_{set.1}^{Ⅰ}$ 为

$$Z_{set.1}^{Ⅰ} = K_{rel}^{Ⅰ} Z_{MN} \tag{7-49}$$

式中：$K_{rel}^{Ⅰ}$ 为距离Ⅰ段的可靠系数，一般取0.8～0.85。

(2) Ⅱ段整定。Ⅱ段延时动作，保护区不能伸出相邻元件或相邻线路瞬时段的保护区，并按照最小分支系数考虑。因此

1) 与相邻线路Ⅰ段配合，图7-22中保护1的Ⅱ段整定阻抗为

$$Z_{set.1}^{Ⅱ} = K_{rel}^{Ⅱ}(Z_{MN} + K_{br.min} Z_{set.2}^{Ⅰ}) \tag{7-50}$$

式中：$K_{rel}^{Ⅱ}$ 为距离Ⅱ段的可靠系数，一般取0.8～0.85。

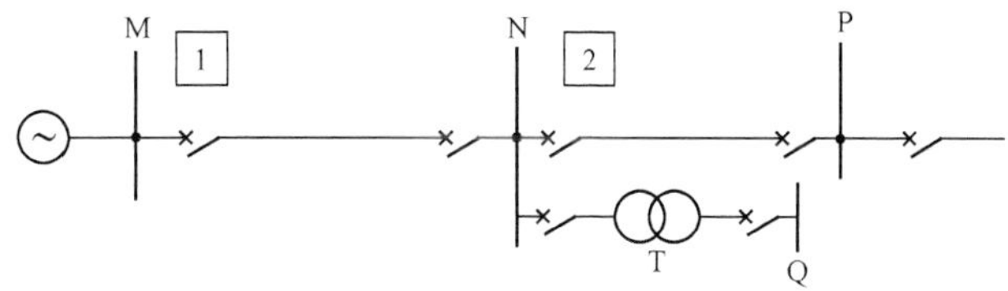

图7-22　整定计算用系统图

2) 与相邻变压器配合，图7-22中保护1的Ⅱ段应躲开Q母线的短路，则整定阻抗为

$$Z_{set.1}^{Ⅱ} = K_{rel}^{Ⅱ}(Z_{MN} + K_{br.min} Z_{T}) \tag{7-51}$$

取以上两者较小者作为Ⅱ段整定阻抗，动作时间比相邻线路Ⅰ段长，一般取0.5s。

按照线路末端发生金属性短路来校验灵敏系数。保护1的灵敏系数为

$$K_{sen} = \frac{Z_{set.1}^{Ⅱ}}{Z_{MN}} \geqslant 1.25 \tag{7-52}$$

若灵敏系数不满足要求，则可以与相邻Ⅱ段配合，时间则比相邻Ⅱ段动作时间长 Δt（一般取0.5s）。

(3) Ⅲ段整定。作为后备保护的Ⅲ段，正常时不起动。因此整定阻抗按躲开最小的负荷阻抗 $Z_{L.min}$ 整定，则 $Z_{L.min}$ 为

$$Z_{L.min} = \frac{0.9U_N}{\sqrt{3} I_{L.max}} \tag{7-53}$$

式中：U_N 为母线额定线电压；$I_{L.max}$ 为最大负荷电流。

保护1的Ⅲ段整定阻抗 $Z_{set.1}^{Ⅲ}$ 为

$$Z_{set.1}^{Ⅲ} = \frac{Z_{L.min}}{K_{rel}^{Ⅲ} K_r K_{ast}} \tag{7-54}$$

式中：$K_{rel}^{Ⅲ}$ 为Ⅲ段可靠系数，一般取1.2～1.3；K_r 为阻抗继电器的返回系数，一般取1.1；K_{ast} 为电动机自起动系数，由负荷性质决定，一般取1.5～3。

按照线路末端发生金属性短路来校验灵敏系数。由于整定阻抗角为线路阻抗角 φ_k，与负荷阻抗角 φ_L 不相等，因此校验时要考虑阻抗继电器特性（如图7-23所示）。当采用圆特性方向阻抗继电器时，保护1的灵敏系数计算如下：

作为MN线路近后备，有

$$K_{sen} = \frac{Z_{set.1}^{Ⅲ}}{Z_{MN}\cos(\varphi_k - \varphi_L)} > 1.5 \tag{7-55}$$

作为NP线路远后备，有

$$K_{sen} = \frac{Z_{set.1}^{Ⅲ}}{(Z_{MN} + K_{br.max} Z_{NP})\cos(\varphi_k - \varphi_L)} > 1.2 \tag{7-56}$$

动作时间与电流保护Ⅲ段时间有相同的配置原则，即大于相邻线路最长的动作时间。

2. 采用四边形阻抗继电器的整定计算方法

四边形阻抗继电器一般采用如图 7-24 中所示特性，Ⅰ、Ⅱ、Ⅲ段的电抗线为直线 1、2、3。Ⅰ、Ⅱ、Ⅲ段公用一个电阻整定值 R_{set}，其值需躲过最小负荷阻抗的电阻分量部分，一般取为

$$R_{set} = K_{rel} Z_{L.min}(\cos\varphi_L - \sin\varphi_L \tan 30°) \tag{7-57}$$

式中：K_{rel}为可靠系数，一般为 0.7～0.85。

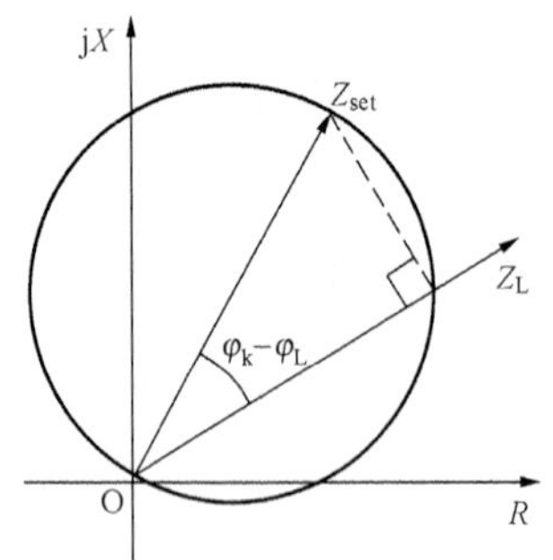

图 7-23 负荷阻抗角对灵敏系数的影响

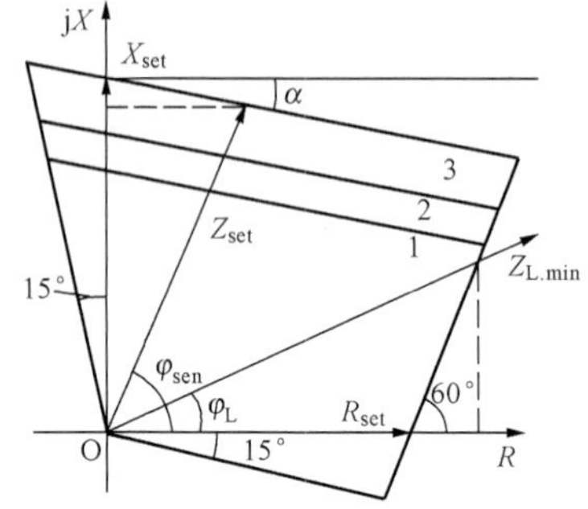

图 7-24 四边形阻抗继电器的整定计算

Ⅰ、Ⅱ、Ⅲ段电抗分量有两种方法，一种是直接按照圆特性阻抗继电器进行整定 Z_{set}，一种是整定电抗分量 X_{set}，各段的整定公式为

$$X_{set} = Z_{set}(\sin\varphi_{sen} + \cos\varphi_{sen}\tan\alpha) \tag{7-58}$$

式中：α 为电抗线下倾角度，一般取 15°，而在微机保护中为便于计算，有时也取 $\tan\alpha = \frac{1}{8}$。

7.3.3 整定计算实例

网络参数如图 7-25 所示，各线路均装有距离保护，试对其中保护 1 的相间短路保护Ⅰ、Ⅱ、Ⅲ段进行整定计算。已知，线路正序阻抗 $z_1 = 0.45\Omega/\text{km}$，阻抗角 $\varphi_k = 70°$，$E_M = E_N = \frac{110}{\sqrt{3}}\text{kV}$，$Z_{SM.min} = 20\Omega$、$Z_{SN.min} = 15\Omega$、$Z_{SM.max} = Z_{SN.max} = 25\Omega$，变压器等值阻抗 $Z_T = 44.1\Omega$。线路 MN 的最大负荷电流 $I_{L.max} = 350\text{A}$、功率因数 $\cos\varphi = 0.9$，正常时母线最低工作电压 $U_{L.min} = 0.9U_N$，电动机自起动系数 $K_{ast} = 1.5$，阻抗继电器返回系数 $K_r = 1.1$，保护Ⅰ、Ⅱ段可靠系数取 0.85，Ⅲ段可靠系数取 1.2。

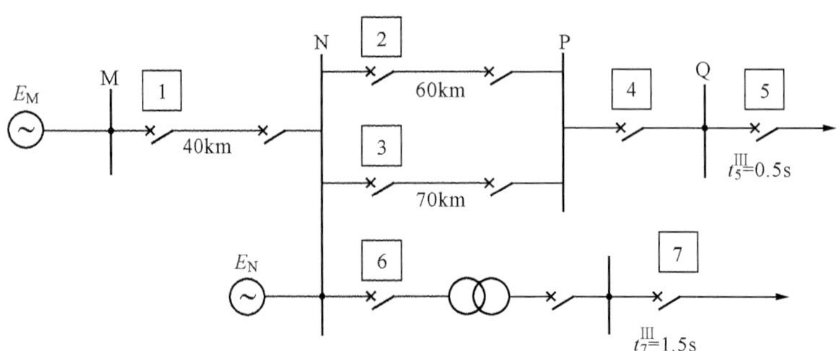

图 7-25 整定计算实例图

（1）保护 1 的距离Ⅰ段。

整定阻抗

$$Z^{\mathrm{I}}_{\mathrm{set.1}} = K_{\mathrm{rel}} z_1 l_{\mathrm{MN}} = 0.85 \times 0.45 \times 40 = 15.3(\Omega)$$

动作时间

$$t^{\mathrm{I}}_1 = 0(\mathrm{s})$$

（2）保护 1 的距离Ⅱ。

1）整定阻抗。

①与相邻线路Ⅰ段配合

$$Z^{\mathrm{II}}_{\mathrm{set.1}} = K^{\mathrm{II}}_{\mathrm{rel}}(Z_{\mathrm{MN}} + K_{\mathrm{br.min}} Z^{\mathrm{I}}_{\mathrm{set.2}})$$

$K_{\mathrm{br.min}}$为保护 2 的Ⅰ段末端发生短路时对保护 1 而言的最小分支系数（如图 7－26 所示），当保护 2 的末端 k1 点短路时，分支系数计算式为

$$K_{\mathrm{br}} = \frac{I_2}{I_1} = \frac{Z_{\mathrm{SM}} + Z_{\mathrm{MN}} + Z_{\mathrm{SN}}}{Z_{\mathrm{SN}}} \times \frac{(1+1.05)Z_{\mathrm{NP}}}{2Z_{\mathrm{NP}}} = \left(\frac{Z_{\mathrm{SM}} + Z_{\mathrm{MN}}}{Z_{\mathrm{SN}}} + 1\right) \times \frac{1.15}{2}$$

当 Z_{SM}取最小值，Z_{SN}取最大值，双回线路投入运行时，K_{br}有最小值

$$K_{\mathrm{br.min}} = \left(\frac{20+18+25}{25}\right) \times 0.575 = 1.449$$

将最小分支系数代入Ⅱ段整定阻抗计算式得

$$Z^{\mathrm{II}}_{\mathrm{set.1}} = K^{\mathrm{II}}_{\mathrm{rel}}(Z_{\mathrm{MN}} + K_{\mathrm{br.min}} Z^{\mathrm{I}}_{\mathrm{set.2}}) = 0.85(18 + 1.449 \times 0.85 \times 0.45 \times 70) = 48.3(\Omega)$$

②与相邻变压器配合（变压器装有差动保护），则有

$$Z^{\mathrm{II}}_{\mathrm{set.1}} = K^{\mathrm{II}}_{\mathrm{rel}}(Z_{\mathrm{MN}} + K_{\mathrm{br.min}} Z_{\mathrm{T}})$$

此处分支系数为在相邻变压器出口 k2 点短路时对保护 1 的最小分支系数，由图 7－26 可见

$$K_{\mathrm{br.min}} = \frac{Z_{\mathrm{SM.min}} + Z_{\mathrm{MN}}}{Z_{\mathrm{SN.max}}} + 1 = \left(\frac{20+18}{25} + 1\right) = 2.52$$

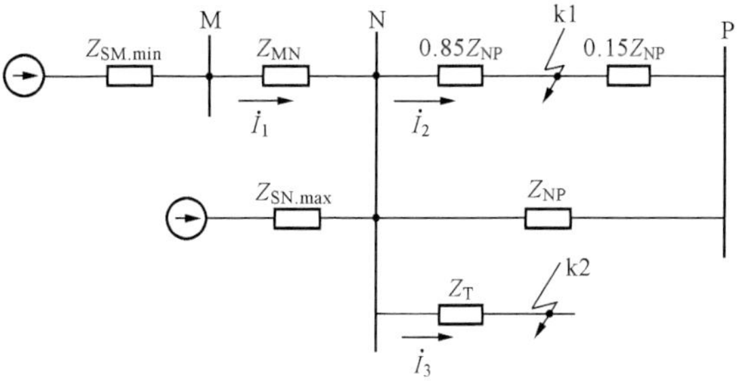

图 7－26　整定距离Ⅱ段时最小分支系数求取的等值电路

将最小分支系数代入上式得

$Z^{\mathrm{II}}_{\mathrm{set.1}} = K^{\mathrm{II}}_{\mathrm{rel}}(Z_{\mathrm{MN}} + K_{\mathrm{br.min}} Z_{\mathrm{T}}) = 0.7(18 + 2.52 \times 44.1) = 90.4(\Omega)$，此处取 $K^{\mathrm{II}}_{\mathrm{rel}} = 0.7$。

取上述两个计算值中小者为Ⅱ段整定值，即 $Z^{\mathrm{II}}_{\mathrm{set.1}} = 48.3\Omega$。

2）动作时间

$$t^{\mathrm{II}}_1 = 0.5(\mathrm{s})$$

3）灵敏度校验

$$K_{\mathrm{sen}} = \frac{Z^{\mathrm{II}}_{\mathrm{set.1}}}{Z_{\mathrm{MN}}} = \frac{48.3}{18} = 2.68 > 1.25$$

满足要求。

（3）保护 1 的距离Ⅲ段。

1）最小负荷阻抗

$$Z_{\mathrm{L.min}} = \frac{\dot{U}_{\mathrm{L.min}}}{\dot{I}_{\mathrm{L.max}}} = \frac{0.9 \times 110}{\sqrt{3} \times 0.35} = 163.5(\Omega)$$

2）整定阻抗。代入Ⅲ段整定阻抗计算式（7-54）得

$$Z_{set.1}^{Ⅲ}=\frac{Z_{L.min}}{K_{rel}^{Ⅲ}K_{r}K_{ast}}=\frac{163.5}{1.2\times1.1\times1.5}=83.5(\Omega)$$

3）灵敏度校验

①本线路末端短路时的灵敏度为

$$K_{sen.n}=\frac{Z_{set.1}^{Ⅲ}}{Z_{MN}\cos(\varphi_{k}-\varphi_{L})}=\frac{83.5}{18\times\cos(70^{\circ}-\arccos0.9)}=6.5>1.5，满足要求。$$

②相邻元件末端短路时的灵敏度为

如图7-27所示，取Z_{SM}最大值，Z_{SN}最小值，双回线路仅一回投入运行时，K_{br}有最大值

$$K_{br.max}=\frac{I_{2}}{I_{1}}=\frac{Z_{SM.max}+Z_{MN}+Z_{SN.min}}{Z_{SN.min}}=\left(\frac{25+18+15}{15}\right)\times1=3.87$$

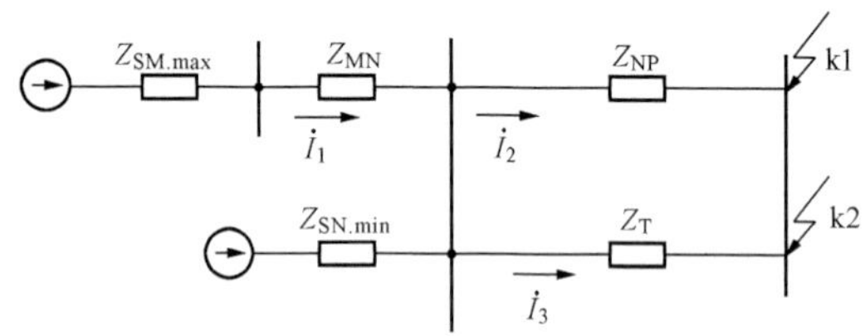

图7-27 距离保护Ⅲ段灵敏度校验时求取最大分支系数的等值电路

将最大分支系数$K_{br.max}$=3.87代入式（7-56）得

$$K_{sen.f}=\frac{Z_{set.1}^{Ⅲ}}{(Z_{MN}+K_{br.max}Z_{NP})\cos(\varphi_{k}-\varphi_{L})}=\frac{83.5}{(18+3.87\times0.45\times70)\cos(70^{\circ}-\arccos0.9)}$$

$$=0.83<1.2，不满足要求。$$

双回线路增加近后备保护，整定计算过程略。

相邻变压器低压侧出口k2点短路时的灵敏度为

$$K_{sen.f}=\frac{Z_{set.1}^{Ⅲ}}{(Z_{MN}+K_{br.max}Z_{T})\cos(\varphi_{k}-\varphi_{L})}=\frac{83.5}{(18+3.87\times44.1)\cos(70^{\circ}-\arccos0.9)}$$

$$=0.62<1.2,$$

不满足要求，变压器增加近后备保护，整定计算略$\left[此时K_{br.max}=\frac{I_{3}}{I_{1}}=\frac{Z_{SM.max}+Z_{MN}+Z_{SN.min}}{Z_{SN.min}}=\left(\frac{25+18+15}{15}\right)\times1=3.87\right]$。

4）动作时间为

$$t_{1}^{Ⅲ}=t_{5}^{Ⅲ}+3\Delta t 和 t_{1}^{Ⅲ}=t_{7}^{Ⅲ}+2\Delta t 中长者，为$$

$$t_{1}^{Ⅲ}=t_{7}^{Ⅲ}+2\Delta t=1.5+1=2.5(s)$$

7.4 距离保护的振荡闭锁

并列运行的系统或发电厂失去同步的现象称为系统振荡，电力系统振荡时两侧电源的夹角在0°～360°周期性的变化。引起振荡的原因较多，大多数是由于故障切除时间过长而引起的系统暂态稳定破坏。在联系较弱的系统中，也可能由于误操作、发电机失磁或故障跳闸、

断开某一线路或设备、过负荷等引起振荡。

振荡是电力系统重大事故之一，因为此时电压、电流作大幅度的变化，对用户产生很大的影响，严重时可能造成大面积停电。系统发生振荡后，可能在励磁调节器或自动装置作用下恢复同步，必要时需使用功率过剩侧切机，在功率缺额侧起动备用机组或切负荷以尽快恢复同步运行，严重时在预定的解列点解列。因此，在系统振荡时不允许继电保护装置动作。

振荡时，电压电流做周期性变化，导致距离保护的测量阻抗也作周期性的变化，当测量阻抗进入保护的动作区时将导致阻抗继电器动作，从而引起保护误动。因此在距离保护中必须考虑振荡的影响。

为防止距离保护误动，距离保护应当加装振荡闭锁。对距离保护振荡闭锁的要求如下：

1）系统发生短路故障时，应当快速开放保护；

2）系统静稳定破坏引起的振荡时，应可靠闭锁保护；

3）外部故障切除后紧跟着发生振荡，保护不应误动；

4）振荡过程中发生故障，保护应当可靠动作；

5）振荡闭锁在振荡平息后应该自行复归，即振荡不平息振荡闭锁不复归。

7.4.1　振荡对距离保护的影响

为了分析振荡时电气量的变化，假设系统的模型如图7-28（a）所示。为了分析的方便，假设所有的阻抗角相等，振荡中心在电气中心O点，两侧电源电动势相等，M侧为送电侧（M侧频率 $f_M > f_N$，$\dot{E}_M = \dot{E}_N e^{j\delta}$）。

1．系统振荡时电压电流的变化

由图7-28（b）所示可知，振荡时的电流为

$$\dot{I}_M = \frac{\dot{E}_M - \dot{E}_N}{Z_{SM} + Z_{MN} + Z_{SN}} = \frac{\dot{E}_M(1 - e^{j\delta})}{Z_\Sigma} \tag{7-59}$$

由于 $\delta = 2\pi(f_M - f_N)t$，$\delta$ 在0°～360°间周期性变化，因此电流在 $0 \sim \left|\frac{2E_M}{Z_\Sigma}\right|$ 间周期性变化，周期为振荡周期 $T_{os} = \frac{1}{|f_M - f_N|}$（一般为1～3s）。在 $\delta = 0°$ 时，振荡电流最小为0；在 $\delta = 180°$ 时，振荡电流最大为 $\left|\frac{2E_M}{Z_\Sigma}\right|$。

在振荡中心三相短路时，短路阻抗为 $Z_k = \frac{Z_\Sigma}{2}$，短路电流 $\dot{I}_{kM}$ 为

$$\dot{I}_{kM} = \frac{\dot{E}_M}{Z_\Sigma/2} = \frac{2\dot{E}_M}{Z_\Sigma} \tag{7-60}$$

对照式（7-59）与式（7-60）可见，当在振荡中心发生三相短路时，短路电流与 $\delta = 180°$ 时的振荡电流相等。

M母线的电压为

$$\dot{U}_M = \dot{E}_M - \dot{I}_M Z_{SM} \tag{7-61}$$

可见，电压也作周期性变化，其最小幅值出现在 $\delta = 180°$ 时，如图7-28（c）所示。如果保护安装处正方向距振荡中心近，且不采取措施，振荡将引起距离保护误动作。

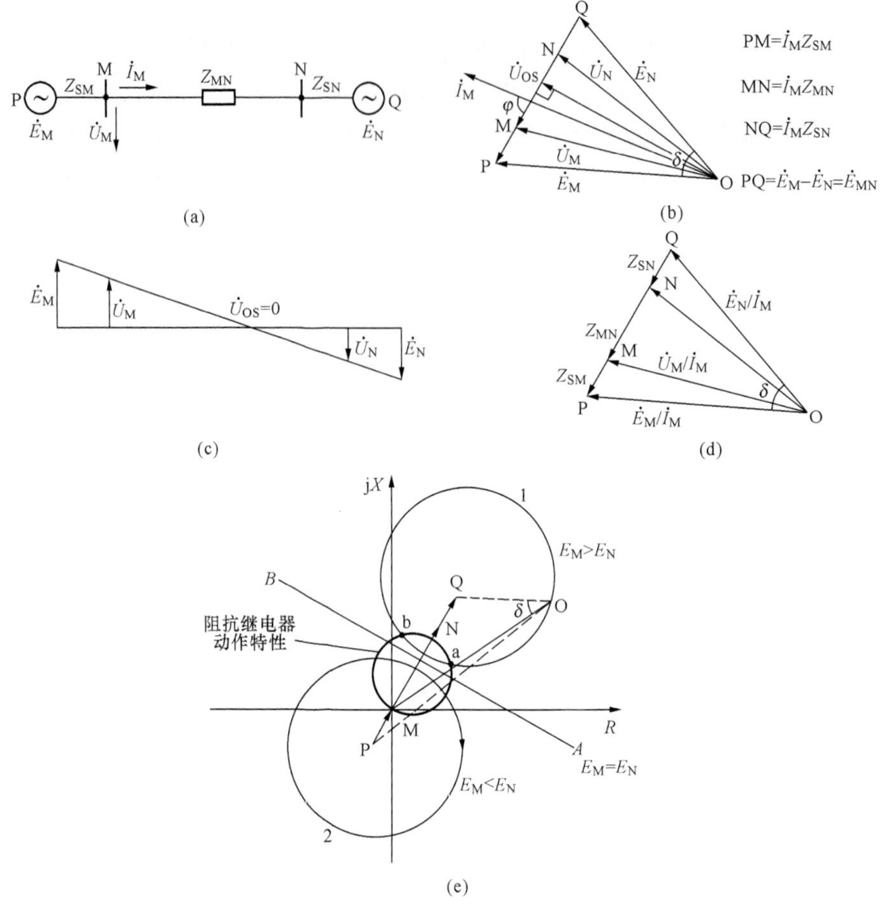

图 7-28 振荡的系统模型

(a) 系统图；(b) 电压、电流相量图；(c) δ=180°电压相量图；(d) 阻抗图；(e) 测量阻抗轨迹

2. 系统振荡时测量阻抗的变化

由于振荡时电压、电流均作周期性变化，测量阻抗也作周期性变化。

(1) 测量阻抗的计算。当 $E_M=E_N$ 时，阻抗继电器的测量阻抗为

$$Z_m=\frac{\dot{U}_M}{\dot{I}_M}=\frac{\dot{E}_M-\dot{I}_M Z_{SM}}{\dot{I}_M}=\frac{\dot{E}_M}{\dot{I}_M}-Z_{SM}$$

将式（7-59）代入，则有

$$Z_m=\frac{\dot{E}_M}{\dot{E}_M(1-e^{-j\delta})/Z_\Sigma}-Z_{SM}=\frac{Z_\Sigma}{1-\cos(-\delta)-j\sin(-\delta)}-Z_{SM}=\frac{Z_\Sigma}{1-\cos\delta+j\sin\delta}-Z_{SM}$$

$$=\frac{Z_\Sigma\left(\sin^2\frac{\delta}{2}+\cos^2\frac{\delta}{2}\right)}{2\sin^2\frac{\delta}{2}+j2\sin\frac{\delta}{2}\cos\frac{\delta}{2}}-Z_{SM}=\frac{Z_\Sigma\left(\sin\frac{\delta}{2}+j\cos\frac{\delta}{2}\right)\left(\sin\frac{\delta}{2}-j\cos\frac{\delta}{2}\right)}{2\sin\frac{\delta}{2}\left(\sin\frac{\delta}{2}+j\cos\frac{\delta}{2}\right)}-Z_{SM}$$

$$=\frac{Z_\Sigma\left(\sin\frac{\delta}{2}-j\cos\frac{\delta}{2}\right)}{2\sin\frac{\delta}{2}}-Z_{SM}=\left(\frac{Z_\Sigma}{2}-Z_{SM}\right)-j\frac{Z_\Sigma}{2}\cot\frac{\delta}{2} \tag{7-62}$$

由式（7-62）可见，测量阻抗随 δ 周期性变化而周期性变化。当 $E_M=E_N$ 时，测量阻抗的轨迹如图 7-28（e）中的直线 AB，其与阻抗 Z_Σ 的交点为振荡中心 O，此时 $\delta=180°$，$\delta=0°$时测量阻抗接近于无穷大。

（2）测量阻抗的轨迹。图 7-28（b）为振荡时的电压、电流相量图，将其中的所有电压除以电流，就得到阻抗图 7-28（d）。在阻抗图中，坐标原点（M 点）与零电位点 O 点之间的线段 MO 即为 M 侧的测量阻抗，O 点的轨迹就是测量阻抗变化的轨迹。

由于$\dfrac{E_M/I_M}{E_N/I_M}=\dfrac{E_M}{E_N}=C$，即 O 点到两定点 P、Q 的距离之比为常数，根据数学知识，其轨迹为圆（$C\neq1$）或直线（$C=1$）。

当 M 侧为送电侧（$E_M>E_N$，$C>1$）且振荡中心在正方向时，其轨迹如图 7-28（e）中的圆 1 所示，如果功角 δ 由 0°～360°变化时，测量阻抗在圆 1 上顺时针变化，如圆 1 上箭头所示；反之，当 M 侧为受电侧（$E_M<E_N$，$C<1$）且振荡中心在正方向时，其轨迹如图 7-28（e）中的圆 2；功角 δ 变化时，测量阻抗在圆 2 上逆时针变化，如圆 2 上箭头所示。

3. 振荡对距离保护的影响

通过上面的分析，测量阻抗（圆 1）在 δ 接近于 180°时进入到阻抗继电器的动作区，进入点为 a，随着 δ 逐渐增大，测量阻抗退出阻抗继电器的动作区，退出点为 b。这样就造成阻抗继电器的周期性动作与返回。

测量阻抗进入阻抗继电器的动作区的时间为 t_a-t_b（小于 1s），因此对阻抗继电器来说，Ⅲ段最容易动作，但是距离变化Ⅲ段的动作时间最长（超过 1s），若动作时间为 1.5s 以上则距离保护Ⅲ段不受振荡的影响。可能受振荡影响的是距离变化Ⅰ、Ⅱ段，需要加装振荡闭锁。

7.4.2 振荡闭锁原理

根据前面所述对振荡闭锁的要求，振荡闭锁需要区分振荡与短路。

1. 振荡与短路的区别

振荡与短路的主要区别如下：

1）振荡时，电压、电流及测量阻抗幅值均作周期性的变化，变化缓慢；而短路时电流突然增大，电压突然减小，变化速度快。

2）振荡时，三相完全对称，无负序或零序分量；短路时，总要长期（不对称短路）或瞬间（对称短路）出现负序电流（接地故障时还有零序电流）。

2. 振荡闭锁的构成原理

利用振荡与短路的区别以及振荡的特点可以构成如下原理的振荡闭锁。

（1）振荡闭锁的起动元件。起动元件的作用是在振荡时闭锁保护，在故障时开放保护。根据振荡与短路的区别，起动元件一般采用负序电流 I_2 加零序电流 I_0（即 I_2+I_0）起动；也可以采用突变量元件起动，如负序和零序增量 $\Delta(I_2+I_0)$，或相电流差突变量 $\Delta I_{\varphi\varphi}$。

相电流差突变量元件介绍见 7.6 节。

（2）振荡中不对称短路开放保护的判据。在振荡中，距离保护Ⅰ、Ⅱ段被闭锁，如果此时有不对称故障，应当开放保护。开放的方法有如下两种。

1）由于振荡时无负序、零序分量，利用负序与零序分量来开放保护判据，有

$$|\dot{I}_2|+|\dot{I}_0|>m|\dot{I}_1| \tag{7-63}$$

一般 m 为 0.66，判为发生故障。如果故障点就在振荡中心且在 $\delta=180°$ 时短路，判据可能无法立刻满足；当 $\delta>180°$ 后，式（7-63）逐渐满足，因此开放保护带延时。

2）振荡中发生不对称短路，三相电流应不相等且可能出现零序电流（接地故障）。利用此特点开放保护的判据可为

$$|\dot{I}_{\text{phmax}}|>K_{\text{ph}}|\dot{I}_{\text{phmin}}| \tag{7-64a}$$

或

$$|3\dot{I}_0|>K_0|\dot{I}_{\text{phmax}}| \tag{7-64b}$$

式中：$\dot{I}_{\text{phmax}}$、$\dot{I}_{\text{phmin}}$ 分别为流过保护的最大、最小相电流，ph 为 A、B 或 C；K_{ph}、K_0 为系数，可取 $K_{\text{ph}}=1.8$、$K_0=0.8$。

需要指出，式（7-64）中满足任一条件均可开放保护。

（3）振荡中对称短路开放保护的判据。对称短路时没有负序及零序分量，开放保护方法有两种：一种是利用振荡中心电压的变化，另一种是利用阻抗的变化率。

1）由振荡中心电压 U_{osc} 开放保护。如图 7-28（b）所示，可知电力系统振荡时，振荡中心电压 U_{osc} 是周期性变化的。当发生三相短路时，U_{osc} 为故障点的弧光电压（当弧光电流大于 100A 时，弧光电压与流过的电流无关，小于额定电压的 6%）。

振荡时振荡中心的电压 U_{osc} 为

$$U_{\text{osc}}=U_{\text{M}}\sin(\varphi_{\text{k}}-\varphi_{\text{M}}) \tag{7-65}$$

式中：φ_{M} 为电压与电流的夹角，即 $\varphi_{\text{M}}=\arg\dfrac{\dot{U}_{\text{M}}}{\dot{I}_{\text{M}}}$；$\varphi_{\text{k}}$ 为线路阻抗角。

保护开放的动作判据为

$$-0.03U_{\text{N}}<U_{\text{osc}}<0.08U_{\text{N}} \tag{7-66a}$$

$$-0.1U_{\text{N}}<U_{\text{osc}}<0.25U_{\text{N}} \tag{7-66b}$$

满足式（7-66a），即 δ 在（170.8°～－183.4°）时，延时 150ms 开放保护；满足式（7-66b），即 δ 在（151°～－191.5°）时，延时 500ms 开放保护。

注意：以上延时按照最长振荡周期不误动来考虑。

2）利用测量阻抗变化率大小开放保护。测量阻抗变化率 $\left|\dfrac{\mathrm{d}Z_{\text{k}}}{\mathrm{d}t}\right|$ 较大时为振荡，$\left|\dfrac{\mathrm{d}Z_{\text{k}}}{\mathrm{d}t}\right|$ 较小时则不是振荡，可以开放保护。

（4）非全相振荡中开放保护的判据。在非全相振荡中保护被闭锁后，继续进行选相，若选出相为健全相，则开放对应相保护；若选出相为跳闸相，则不开放保护。

（5）振荡闭锁原理（短时开放距离Ⅰ、Ⅱ段）。利用振荡时各电气量变化速度慢的特点，在振荡时闭锁保护，在短路伴随振荡时短时开放距离保护 160ms。振荡闭锁逻辑如图 7-29 所示（其中的时间元件无单位标注时单位为毫秒）。

静态稳定破坏引起系统振荡时，振荡中开放保护元件不动作，图 7-29 中或门 D1 无输出。过电流元件动作，起动元件不动作，经过 T1 的 10ms 延时后关闭禁止门 D3，保护不开放。

暂态稳定破坏引起系统振荡时，过电流元件与起动元件竞争，但过流元件需经过 T1 延

时才关闭 D3，而起动元件不经延时，因此 D3 开放。T2 是一个固定宽度的时间元件，只要 D3 开放就固定输出 160ms 宽度的脉冲，经 D2 后开放保护 160ms。

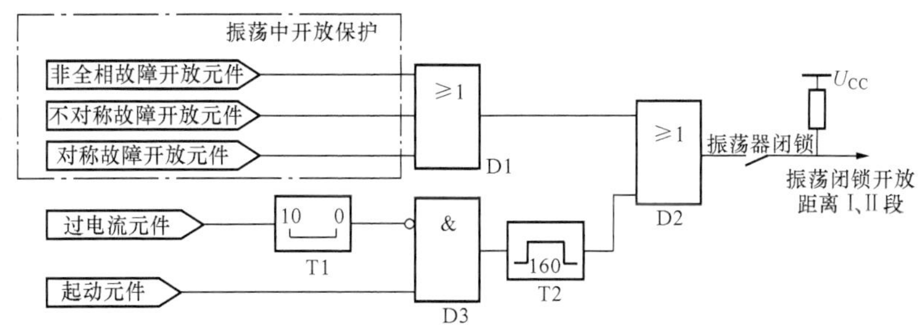

图 7 - 29　振荡闭锁原理图

(6) 闭锁原理二（基于阻抗变化率）。振荡时测量阻抗变化缓慢，可以设置两个动作区不同的四边形阻抗继电器 KZ1、KZ2（图 7 - 30 中的四边形 1 与 2）。振荡闭锁原理基于测量阻抗通过内外阻抗区域所花的时间，当所花时间长于整定值时认为系统出现振荡，从而闭锁保护。

在图 7 - 30 中，如果两个继电器相继动作，动作时间差 $t_b - t_a$ 大于整定值（一般 40ms）判为振荡，闭锁保护；如果两个继电器动作时间差 $t_b - t_a$ 小于整定值，判为短路，开放保护。

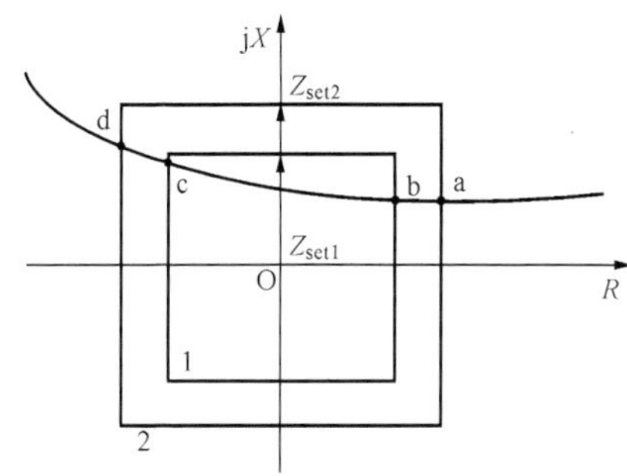

图 7 - 30　基于阻抗变化率的振荡闭锁

7.5　距离保护的电压断线闭锁

距离保护是通过对电压、电流的比值来判断线路是否故障的，而电压取自电压互感器（TV）二次侧，因此在电压互感器（TV）二次电压回路断线时会造成保护不能正确测量阻抗，可能造成误动。

7.5.1　电压回路断线的影响

阻抗继电器的测量阻抗为 $Z_m = \dot{U}_m / \dot{I}_m$，当电压回路断线时，$\dot{U}_m = 0$，从而导致测量阻抗为零。阻抗继电器在 $Z_m = 0$ 时会动作，从而导致距离保护误动。因此必须采取电压回路断线闭锁来防止距离保护的误动。

7.5.2　电压回路断线闭锁的措施

1. 母线电压回路断线闭锁

在起动元件未动作的情况下，满足下列条件之一起动断线闭锁。

1）三相电压相量和大于 8V，即

$$|\dot{U}_A + \dot{U}_B + \dot{U}_C| > 8\text{V} \tag{7-67}$$

则延时 1.25s 发 TV 断线异常信号——反映电压回路不对称断线。

2）三相电压代数和小于 24V，即

$$|\dot{U}_A|+|\dot{U}_B|+|\dot{U}_C|<24V \quad (7-68)$$

或每相电压均小于 8V 时，则延时 1.25s 发 TV 断线异常信号——反映电压回路对称断线。

在发出电压断线信号的同时，闭锁在电压回路断线时会误动的保护，并起动断线过电流保护。在三相电压正常后，经 10s 延时 TV 断线信号复归。

此方案有如下特点。

1）方案中用起动元件反闭锁，而不用开口三角形的 $3U_0$ 反闭锁。因正常时 $3U_0=0$，很难监视，万一 $3U_0$ 回路断线，且系统又发生不对称故障时，将不能反闭锁，断线闭锁将闭锁保护而不能跳闸，后果严重。

2）因保护起动元件由电流分量构成，断线只引起阻抗继电器动作，而不会引起整个保护误动作，不需要立即闭锁保护，因此经 1.25s 报 TV 断线，并闭锁距离保护，以增加切除线路故障的可靠性。

2. 线路电压回路断线

在起动元件未动作的情况下，如任何一相线路电压小于 8V，且线路有电流则延时 1.25s 发 TV 断线异常信号。

当判定线路电压回路断线后，重合闸逻辑中不进行检同期和检无压的逻辑判别。

7.6 选相元件

在 7.2 节中提到，在电网发生故障时，并非每个阻抗继电器都能够正确测量保护安装处到故障点的距离，只有故障相的阻抗继电器能够正确测量。因此如果能够先将故障相选出，则只需对故障相进行阻抗计算，可以避免对不会正确测量的阻抗继电器进行无谓的计算，从而加快继电保护的动作。另外，在高压系统中广泛采用综合自动重合闸，这也需要进行故障选相。选出故障相元件就称为选相元件。选相元件在单相故障时应选出故障相，在多相故障时，不要求选出故障相，但应能判定为多相故障。

7.6.1 选相的要求

因为选相元件只是担负选相任务，不担负测量保护安装处到故障点的短路阻抗与方向判别的任务，故对选相元件的要求如下：

（1）在保护区内部发生任何形式的短路故障时，均能判断出故障相别，或判断出是单相故障还是多相故障；

（2）单相故障时，非故障相选相元件可靠不动作；

（3）在正常运行时，不应该进行选相，即选相元件不动作；

（4）动作速度要快于测量元件。

7.6.2 相电流差突变量选相元件

1. 选相原理

选相元件是通过测量两相电流之差工频变化量的幅值 ΔI_{AB}、ΔI_{BC}、ΔI_{CA} 来选相的。由

电力系统故障分析可知，在不同的短路故障下两相电流差的工频变化量为

$$\Delta\dot{I}_{AB}=\Delta\dot{I}_{A}-\Delta\dot{I}_{B}=\Delta\dot{I}_{A1}+\Delta\dot{I}_{A2}+\Delta\dot{I}_{A0}-\Delta\dot{I}_{B1}-\Delta\dot{I}_{B2}-\Delta\dot{I}_{B0}$$
$$=\Delta\dot{I}_{A1}+\Delta\dot{I}_{A2}+\Delta\dot{I}_{A0}-\alpha^{2}\Delta\dot{I}_{A1}-\alpha\Delta\dot{I}_{A2}-\Delta\dot{I}_{A0}$$
$$=(1-\alpha^{2})\Delta\dot{I}_{A1}+(1-\alpha)\Delta\dot{I}_{A2} \qquad (7-69a)$$
$$\Delta\dot{I}_{BC}=(\alpha^{2}-\alpha)\Delta\dot{I}_{A1}+(\alpha-\alpha^{2})\Delta\dot{I}_{A2} \qquad (7-69b)$$
$$\Delta\dot{I}_{CA}=(\alpha-1)\Delta\dot{I}_{A1}+(\alpha^{2}-1)\Delta\dot{I}_{A2} \qquad (7-69c)$$

单相接地时，如A相接地，有$\Delta\dot{I}_{A1}=\Delta\dot{I}_{A2}$，代入式（7-69）有

$$\Delta\dot{I}_{AB}=3\Delta\dot{I}_{A},\ \Delta\dot{I}_{BC}=0,\ \Delta\dot{I}_{CA}=-3\Delta\dot{I}_{A1} \qquad (7-70)$$

由此可见，与故障相无关的两相电流差为零。

两相相间短路时，如BC两相短路，有$\Delta\dot{I}_{A1}=-\Delta\dot{I}_{A2}$，代入式（7-69）有

$$\Delta\dot{I}_{AB}=\sqrt{3}\Delta\dot{I}_{A1}e^{j90^{\circ}},\ \Delta\dot{I}_{BC}=2\sqrt{3}\Delta\dot{I}_{A1}e^{-j90^{\circ}},\ \Delta\dot{I}_{CA}=\sqrt{3}\Delta\dot{I}_{A1}e^{j90^{\circ}} \qquad (7-71)$$

可见，三个选相元件均有电流，但与故障相直接相关的元件电流最大。同理两相接地故障与两相相间短路情况相同，三相短路则三个选相元件电流均相同。

表7-4为各种故障时选相元件动作情况一览表。

表7-4　相电流差突变量选相元件动作情况

故障类型	AN	BN	CN	多相故障
ΔI_{AB}	√	√	×	√
ΔI_{BC}	×	√	√	√
ΔI_{CA}	√	×	√	√

注　“√”表示动作；“×”表示不动作。

2. 选相方法

由以上分析，相电流差突变量元件的选相方法是：

1）仅当两个选相元件同时动作时，选与两个选相元件直接相关的相，如ΔI_{AB}和ΔI_{BC}动作应选B相；

2）三个都动作时选多相，并以输出最大的相作为阻抗元件的计算相。

3. 特点及应用

相电流差突变量选相元件的优点是简单、灵敏、准确、快速，是快速主保护较为理想的选相元件。选相与保护在原理上自动适应，对多重发展性故障，可能不能正常选相。

7.6.3 序电流（$\dot{I}_{A0}$与$\dot{I}_{A2}$）选相元件

1. 选相原理

序电流选相元件是利用比较A相负序电流和零序电流之间的相位来确定故障相，并配合阻抗元件最终选出故障相。

由电力系统故障分析可知，当A相接地短路时，对于故障相A相的各序电流有$\dot{I}_{A1}=\dot{I}_{A2}=\dot{I}_{A0}$，A相的零序电流与负序电流的相位是0°。B相接地短路时，对于B相的各序电流亦有$\dot{I}_{B1}-\dot{I}_{B2}=\dot{I}_{B0}$，A相负序电流$\dot{I}_{A2}$落后零序电流120°。其他接地短路时的$\dot{I}_{A2}$和$\dot{I}_{A0}$的

相位关系如图7－31所示。

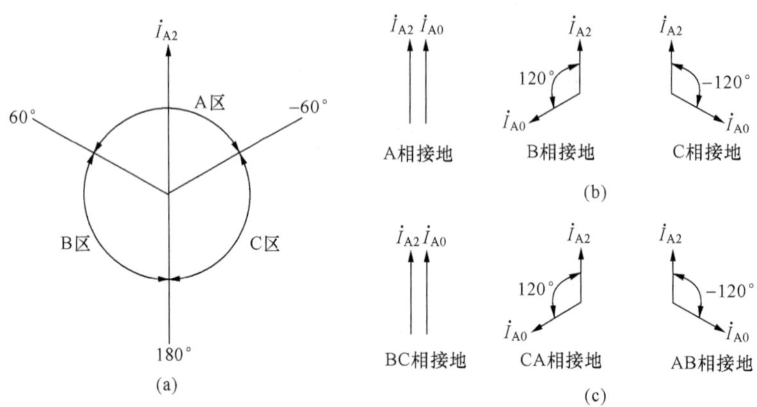

图7－31　序电流选相

(a) 选相分区；(b) 单相接地故障相量关系；(c) 两相接地故障相量关系

根据单相短路时 $\dot{I}_0$ 和 $\dot{I}_{2A}$ 的相位关系，可分成三个选相区，如图7－31（a）所示。

当满足 $-60° < \arg\dfrac{\dot{I}_{A0}}{\dot{I}_{A2}} < 60°$ 时，进入A区，选A相；

当满足 $60° < \arg\dfrac{\dot{I}_{A0}}{\dot{I}_{A2}} < 180°$ 时，进入B区，选B相；

当满足 $180° < \arg\dfrac{\dot{I}_{A0}}{\dot{I}_{A2}} < 300°$ 时，进入C区，选C相。

在单相短路时该元件有很好的选相性能，它不受接地电阻的影响，有很高的灵敏度，但对于两相接地短路不能正确选相。为了在两相接地短路时能正确选相，还需要阻抗元件配合。如BC相接地短路时 $\dot{I}_0$ 和 $\dot{I}_{2A}$ 同相，进入A区，但此时A相的阻抗元件不动作。同理AB相和CA相接地短路时，分别进入C区和B区，分别由C相和B相阻抗元件加以闭锁。另外，当BC两相经过渡电阻接地时，$\dot{I}_0$ 和 $\dot{I}_{2A}$ 不再同相，可能有较大的相位差，使得该比相元件有可能不再进入A区而进入B区，即进入超前相的选区，如AB相故障可能进入A区。

2. 选相方法

进入A区有三种可能，即A相接地，BC相接地，AB相经过渡电阻接地。因此选相规则为：

先计算 Z_A→动作→计算 Z_B→动作→选AB相
　　　　　　　　　　　　└→不动→选A相
　　　└→不动→计算 Z_{BC}→不动→选BC相
　　　　　　　　　　　　└→不动→选相无效(由后备延时三跳)

对于B区和C区的判别具有相同的逻辑。

在实际装置中为了计算的方便，将选相区分别定为（63.4°～－63.4°）、（180°～63.4°）、（296.6°～180°）。

3. 特点及应用

序电流选相元件选相明确、灵敏度高、允许接地故障时过渡电阻较高、选相不受振荡与非全相运行的影响，但在两相和三相相间短路时由于无零序，因此无法选出故障相，故一般作为接地距离中的选相元件。

7.6.4 其他选相元件

除了上述选相元件外，还可以利用电流/电压选相、阻抗选相、工作电压变化量选相。

1. 电流/电压选相与阻抗选相

电网故障时，故障相的电流最大，因此最简单的选相元件就是电流选相元件。它的起动电流应按避开线路可能出现的最大负荷电流整定。如果系统运行方式变化很大或者单相经高阻接地时，电流选相元件灵敏度可能不足。最严重的情况发生在受电侧，那里故障电流可能小于负荷电流，因此电流选相元件只能作为辅助的选相元件。利用故障时故障相电压的降低可以构成电压选相元件，其动作值应按避开系统正常运行时出现的最低电压整定，例如整定为额定电压的75%。大电源送电侧，如果长线末端故障，电压选相元件灵敏度可能不足。同电流选相元件一样，电压选相元件也只能作为辅助选相元件。

在微机保护时代以前，通常将阻抗继电器作为选相元件。阻抗选相元件由于受过渡电阻与振荡的影响，因此限制了其应用。在微机保护中，阻抗选相元件通常也作为辅助选相元件。

2. 工作电压变化量选相元件

通过比较6个工作电压变化量（分别为A、B、C相的工作电压变化量和3个相间AB、BC、CA相的工作电压变化量）的大小关系可以选出故障相。

由于篇幅有限，选相原理及方法不再赘述。该选相元件工作电压的计算与工频变化量阻抗继电器工作电压计算相同，可以大大减少计算工作量，速度快，且采用工频突变量，选相元件灵敏度较高。

7.7 距离保护中的特殊问题

7.7.1 过渡电阻对距离保护的影响

以前分析的故障都是金属性故障，而实际的短路故障都不同程度存在过渡电阻，由于过渡电阻的存在，会导致距离保护的阻抗继电器无法正确测量保护安装处到故障点的短路阻抗，因此可能造成保护的拒动或误动。

1. 过渡电阻的特点

短路点的过渡电阻R_{tr}是当相间短路或接地短路时，短路电流从一相流到另一相或从一相流入地的途径中所通过的物质的电阻，这包括电弧电阻与接地电阻等。实验证明，当故障电流足够大时，电弧上的电压峰值$U_{ar.m}$(kV)几乎与电弧电流I_{ar}(A)无关，而与电弧的长度l_{ar}(m)有关，则有

$$U_{ar.m}=1.5l_{ar}$$

当电弧电流接近正弦时，电弧电阻R_{ar}为

$$R_{ar}=\frac{U_{ar.m}}{\sqrt{2}I_{ar}}=1050\frac{l_{ar}}{I_{ar}} \tag{7-72}$$

在短路初瞬，电弧电流很大，电弧较短，电弧电阻较小。几个周期后，随着电弧的逐渐拉长，电弧电阻逐渐增大。

相间短路的过渡电阻主要由电弧电阻组成，过渡电阻的大小可按照式（7-72）计算。接地短路除了电弧电阻外，还有接地电阻。接地电阻随着接地介质、气候、土壤性质的不同，变化范围较大。对500kV线路接地短路的最大过渡电阻按300Ω考虑；220kV线路则按照100Ω考虑。

总的来说，过渡电阻基本呈纯电阻性质，在故障初瞬时较小，随着时间加长而逐渐变大。

2. 过渡电阻对距离保护的影响

过渡电阻对距离保护的影响是由于阻抗继电器的不正确测量造成的，因此首先来分析过渡电阻对阻抗继电器的影响。

（1）对阻抗继电器的影响。

1）单侧电源过渡电阻的影响。如图7-32所示，阻抗继电器的测量阻抗 Z_m 为短路阻抗 Z_k 与过渡电阻 R_{tr} 的相量和，即

$$Z_m = Z_k + R_{tr} = Z_k + \Delta Z \tag{7-73}$$

测量阻抗的附加阻抗 ΔZ 为纯电阻 R_{tr}。由图可见，由于过渡电阻 R_{tr} 的存在，会造成圆特性方向阻抗继电器（圆1）拒动。

2）双侧电源中过渡电阻的影响。如图7-33所示，双侧电源k点经 R_{tr} 短路时，故障点的电压 $\dot{U}_k = (\dot{I}_m + \dot{I}_n)R_{tr}$，M侧阻抗继电器的测量阻抗 $Z_{m.M}$ 为

$$Z_{m.M} = \frac{\dot{U}_{m.M}}{\dot{I}_{m.M}} = Z_{kM} + \frac{\dot{I}_M + \dot{I}_N}{\dot{I}_M}R_{tr} = Z_{kM} + \Delta Z \tag{7-74}$$

由式（7-74）可见，当M侧为送电侧（$\dot{I}_M$ 超前 $\dot{I}_N$）时，测量阻抗的附加阻抗 ΔZ 为容性阻抗（图7-33中的 $\Delta Z'$），可能在保护出口处故障时造成阻抗继电器［图7-33（b）中圆2］拒动，还可能在保护区末端外部短路时造成“超越”［图7-33（c）中圆3］。所谓“超越”是指因过渡电阻的存在而导致保护测量阻抗变小，进一步引起保护误动作的现象，称为距离保护的暂态超越。

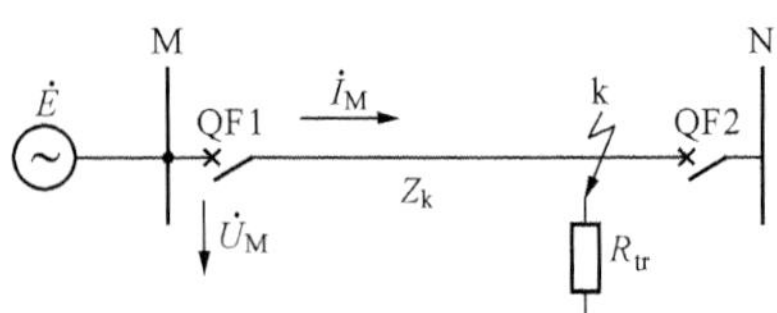

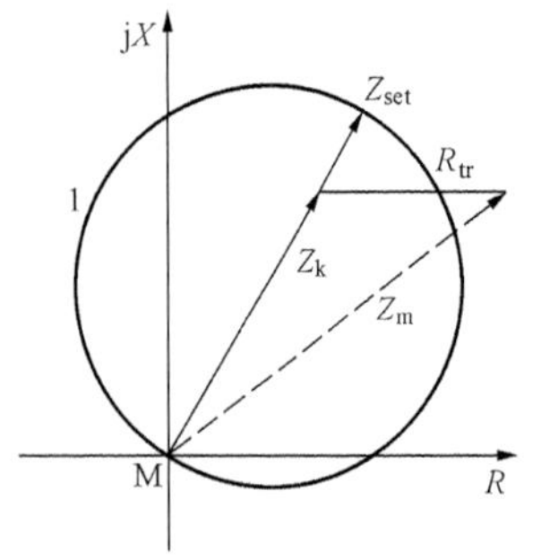

图7-32　单侧电源过渡电阻的影响

当M侧为受电侧（$\dot{I}_M$ 滞后 $\dot{I}_N$）时，测量阻抗的附加阻抗 ΔZ 为感性阻抗（图7-33中的 ΔZ），可能在保护区末端外部故障时造成阻抗继电器［图7-33（b）中圆2］“超越”误动。

在过渡电阻相同的情况下，越是靠近保护安装处故障 $\dot{I}_M$ 越大，$\dot{I}_N$ 越小，则测量阻抗的附加阻抗 ΔZ 模值越小，则故障点由保护安装处至保护区末端的测量阻抗的变化轨迹如图7-33（b）中的虚线5所示。可知，虚线5与 R 轴夹角小于短路阻抗角。

从图7-33（b）、（c）中还可以看出，送电侧保护为了防止阻抗继电器拒动，继电器的动作特性应该以虚线4为动作边界；为了防止阻抗继电器“超越”

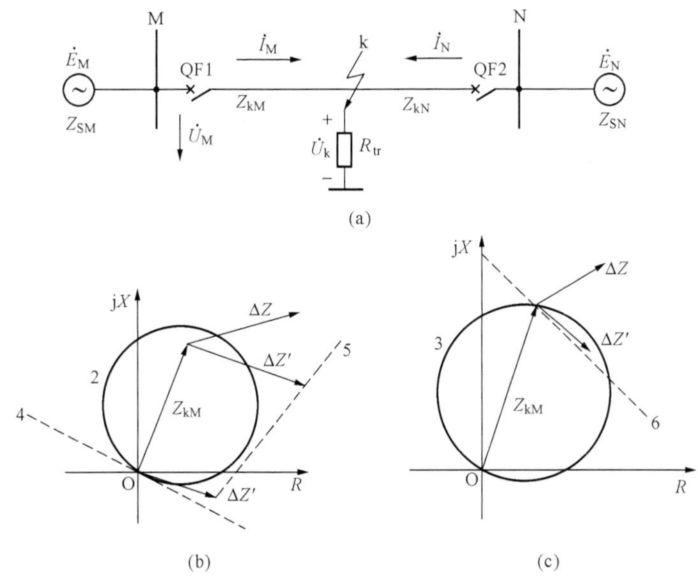

图 7-33 双侧电源过渡电阻的影响

(a) 系统图；(b) 拒动示意图；(c) 误动（超越）示意图

ΔZ—M 侧为受电侧时的附加阻抗；$\Delta Z'$—M 侧为送电侧的附加阻抗

误动，继电器的动作特性应该以虚线 6 为动作边界。

(2) 过渡电阻对保护的影响。从上面的分析可知，阻抗继电器在有过渡电阻时，既可能在保护区内拒动，也可能在保护区外误动。

结合过渡电阻的特点、过渡电阻对阻抗继电器的影响、距离保护各段的配合关系，由于距离Ⅰ段无动作延时，此时过渡电阻较小，因此过渡电阻对Ⅰ段影响小；距离Ⅱ段有动作延时，此时过渡电阻较大，因此过渡电阻对Ⅱ段影响大；距离Ⅲ段有动作延时，但是整定阻抗也很大，阻抗继电器抗过渡电阻能力强，因此过渡电阻对Ⅲ段影响较小。

3. 消除过渡电阻影响的措施

过渡电阻会造成距离保护不正确动作，对于短线路情况更加严重（动作特性小），消除影响的措施如下。

(1) 动作特性的偏移。过渡电阻使得测量阻抗向 R 轴偏移，因此为消除过渡电阻的影响，可以将阻抗继电器的动作特性向 R 轴偏移，对于圆特性方向阻抗继电器，通过减小整定阻抗角来消除过渡电阻的影响，从而增强抗拒动的能力。此时为了防止阻抗继电器的超越，可以采用电抗继电器［特性如图 7-33 (c) 中的虚线 6 所示，虚线 6 与测量阻抗的附加阻抗 $\Delta Z'$平行］。

对于广泛使用的正序电压极化的方向阻抗继电器（见 7.2 节），可以将极化电压移相 θ，有

$$\dot{U}_p = -\dot{U}_{1M(0)}\,e^{-j\theta} \tag{7-75}$$

方向阻抗继电器动作特性方程为

$$-90^\circ-\theta < \arg\frac{Z_{kM}-Z_{set}}{Z_{kM}-Z_{SM}} < 90^\circ-\theta \tag{7-76}$$

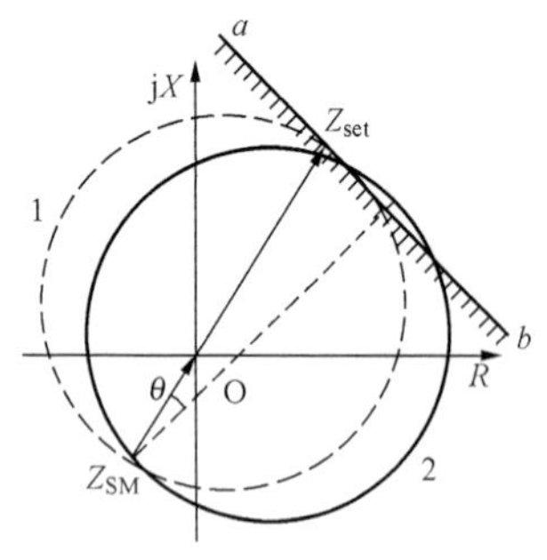

图 7-34 实际的正序电压极化方向阻抗继电器的动作特性

送电侧 θ 一般取 0°、15°、30°、45°。则在正方向故障，记忆作用消失前，其动作特性由图 7-34 中的圆 1 变为圆 2。从图中可见圆 2 较圆 1 抗过渡电阻的能力有所提高。为防止超越增加 7.2 节的电抗继电器［特性如图 7-33（c）中的虚线 6 所示］，动作方程如式（7-76）所示。因此实际的正序电压极化的方向阻抗继电器的动作特性为复合特性（圆 2 与直线 ab），如图 7-34 所示，其中阴影部分为动作区。

（2）采用四边形阻抗继电器。参见 7.2 节的四边形阻抗继电器，按照其中设置的角度就可以很好的消除过渡电阻的影响。

四边形阻抗继电器的动作特性几个角度设置的依据是什么？

7.7.2 串补电容对距离保护的影响及对策

在远距离的高压或超高压输电系统中，为了增大输电线路的传输容量和提高系统的稳定性，可以采用线路串联补偿电容的方法来减小系统间的联络阻抗。串接补偿电容后，短路阻抗与短路距离间不再成线性正比关系，在串联补偿电容前或后发生短路时，短路阻抗将发生突变，如图 7-35 所示。

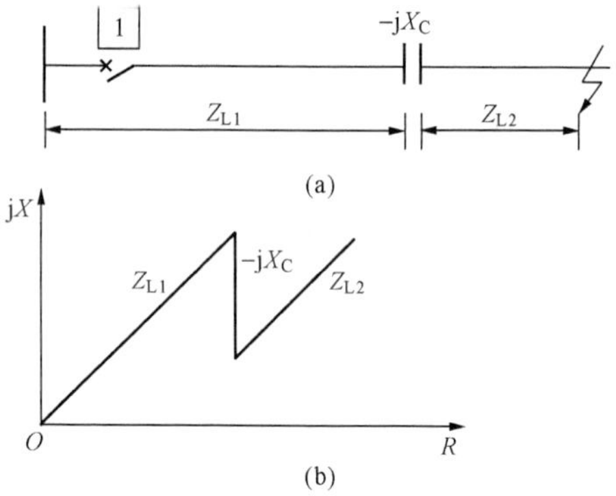

短路阻抗与短路距离线性关系的被破坏，将使距离保护无法正确测量故障距离，对其正确工作将产生不利的影响。由图 7-35 可见，串联补偿电容对阻抗继电器测量阻抗的影响，与串联补偿电容的安装位置和容抗的大小有密切的关系。串联补偿电容一般可安装在线路的中部、线路的两端或中间变电所两母线之间。而串联补偿电容容抗的大小，通常用补偿度 K_{com} 来描述。补偿度的定义为

$$K_{com}=\frac{X_C}{X_L} \qquad (7-77)$$

图 7-35 串联补偿电容对短路阻抗的影响

（a）系统示意图；（b）短路阻抗的变化

式中：X_C 为串联补偿电容器的容抗，Ω；X_L 为被补偿线路补偿前的线路电抗，Ω。

现以串联补偿电容安装于线路一侧的情况为例，说明它对距离保护的影响。在图 7-36 所示的系统中，串联补偿电容安装在线路 NP 的始端。

假定在图 7-36 所示系统的 k 点发生短路，各阻抗继电器采用方向特性。保护 3 感受到的测量阻抗就等于补偿电容的容抗，则测量阻抗将落在其动作区之外，保护 3 将拒动；保护 2 感受到的测量阻抗为反向补偿电容的容抗值，呈正向纯电

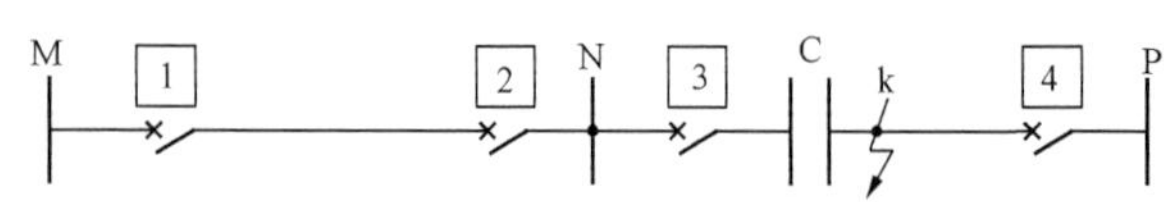

图 7-36 串补电容对距离保护的影响示例图

感性质，落在其动作区域之内，所以保护 2 可能误动作；保护 1 感受到的测量阻抗将是线路 MN 的阻抗与电容容抗之和，总阻抗值减小，也可能会落入其动作区，导致保护 1 误动作；而保护 4 的测量阻抗不受串联补偿电容的影响，所以保护 4 的动作不会受到影响，但如果故障发生在串联补偿电容的左侧，保护 4 也有可能误动。

可见，串联补偿电容的存在会对距离保护产生十分严重的影响，应采取必要的措施，减少和克服这些影响。减少串联补偿电容影响的措施通常有以下几种。

（1）采用直线型动作特性克服反方向误动。当补偿容抗较线路 MN 的感抗较小时，如误动的保护 2 的阻抗继电器，可以采用图 7 - 37 的动作特性，即采用方向圆和直线特性组合躲开反向串补电容的容抗值，在直线以上部分时动作；但将会造成线路 MN 在靠近 N 侧短路时保护 2 的阻抗继电器拒动，这可以附加电流速断保护来切除故障。

（2）用负序功率方向元件闭锁误动的距离保护。系统发生不对称短路后，负序电源在故障点处，负序电流由故障点经线路等流向系统中性点，因为全系统呈感性阻抗，此电流亦为感性电流；保护安装处的负序电压为流过的电流与背侧阻抗的乘积，负序功率方向与零序功率方向的特点一样，可以采用负序功率方向元件闭锁区外故障（k 点故障）靠近故障侧误动的保护 2。这种闭锁方式的缺点是三相对称故障时不能闭锁。

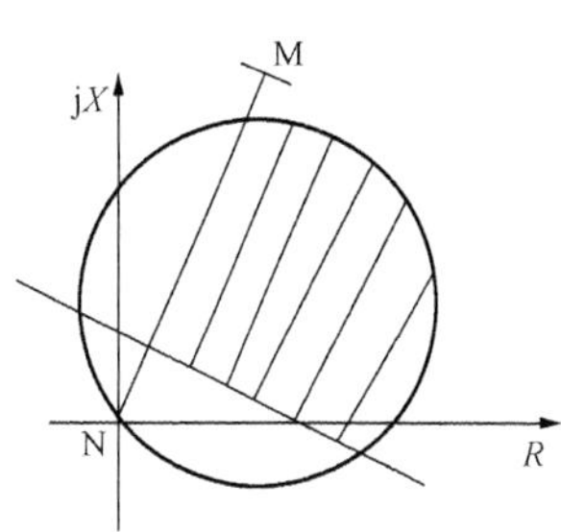

图 7 - 37 具有直线特性的方向阻抗特性

（3）选取故障前的记忆电压为参考电压来克服串联补偿电容的影响。采用记忆电压作为阻抗元件比相的参考电压，其暂态特性和稳态特性如 7.2 节的分析，利用暂态特性可以消除Ⅰ段的拒动区和误动区。当 k 点发生短路时，对于可能拒动的保护 3 而言，是正方向短路，测量阻抗为 $-X_C$，落在暂态特性动作区内［见图 7 - 15（a)］，保护正确动作。对于可能误动的保护 2 而言，是反方向故障，测量阻抗为 X_C，落在反方向初态动作特性圆外［见图 7 - 15（b)］，保护可靠不动作。

（4）通过整定计算来减小串联补偿电容的影响。串联补偿电容的存在，使继电器感受到的测量阻抗变小。为保证继电保护的选择性，防止外部短路时误动作，图 7 - 36 中保护 1 的整定值应按式（7 - 78）进行确定。

$$Z_{set} = K_{rel}(Z_{MN} - jX_C) \tag{7-78}$$

而对保护 3、4 的整定值应为

$$Z_{set} = K_{rel}(Z_{NP} - jX_C) \tag{7-79}$$

式（7 - 78)、式（7 - 79）中：Z_{MN}、Z_{NP}分别为线路 MN 和 NP 的正序阻抗。

按上述公式整定后，可以保证区外短路时不误动作，但减小了内部故障的保护区，即降低了保护的灵敏度。

近年来，补偿度可调的可控串补（TCSC）在系统中逐渐得到应用，它对距离保护的影响比上述的固定串联补偿更复杂，此处不再细述。

7.8 距离保护装置介绍

距离保护广泛应用于 110kV 及以上电压等级的电网，下面对典型的原理框图予以介绍。

7.8.1 距离保护逻辑框图

如图 7-38 所示原理框图为 110kV 线路典型的三段式距离保护框图。由于 110kV 系统采用三相重合闸不需要考虑非全相方式，断路器采用三相联动方式，因此不存在非全相运行情况，在振荡闭锁时不需要考虑非全相振荡中开放保护的问题。

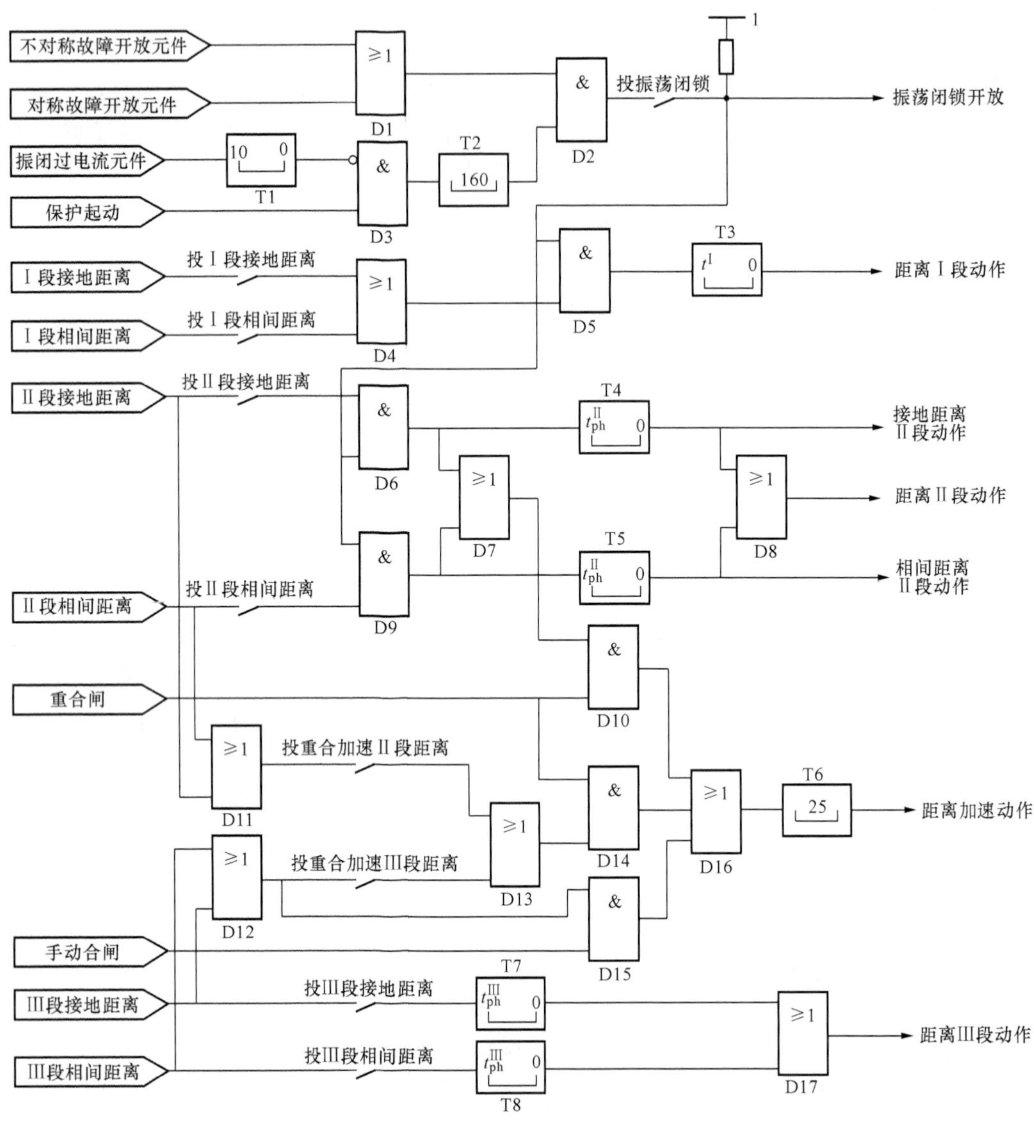

图 7-38 110kV 距离保护框图（时间单位为 ms）

在图中共有 6 个阻抗测量元件（阻抗继电器），分别为Ⅰ、Ⅱ、Ⅲ段的相间与接地阻抗继电器。图中的 5 个时间元件 T3、T4、T5、T7、T8 分别为Ⅰ、Ⅱ、Ⅲ段相间与接地距离保护的动作时间，其中Ⅰ段相间与接地距离保护动作时间相同，Ⅱ、Ⅲ段相间与接地距离保护的动作时间可分开整定。

7.8.2 框图简要说明

1. 振荡闭锁回路

振荡闭锁回路包括保护起动元件（突变量电流或负序加零序电流元件）、振荡闭锁过电流元件（相电流元件，按躲过最大负荷电流考虑）、振荡中不对称故障开放元件（参见振荡闭锁原理）、振荡中对称故障开放元件（参见振荡闭锁原理）、或门D1和与门D2、非门D3、时间元件T1和T2。

当系统静稳定破坏而振荡时，只有振荡闭锁过电流元件动作，经过T1的10ms延时后关闭否门D3，经T2、D2，闭锁距离保护Ⅰ、Ⅱ段，具体原理参见7.4节。

当系统短路时，振荡闭锁过电流元件与保护起动元件同时动作，但由于T1，非门D3开放10ms，T2输出160ms，经D2开放距离保护Ⅰ、Ⅱ段160ms。Ⅲ段不受振荡影响，因此不经振荡闭锁控制。

2. 保护各段跳闸回路

距离保护Ⅲ段动作后不重合，因此Ⅰ、Ⅱ段跳闸出口回路共用，Ⅲ段跳闸出口独立。

保护区内部故障时，保护起动元件起动振荡闭锁回路，开放Ⅰ、Ⅱ段，并开放出口回路。

若故障发生在Ⅰ段范围，Ⅰ段阻抗继电器（相间或接地）动作后，经或门D4、与门D5、Ⅰ段延时T3后出口跳闸。

若故障发生在Ⅱ段范围，Ⅱ段阻抗继电器（相间或接地）动作后，经与门D6（或D9）、Ⅱ段延时T4（或T5）后出口跳闸。

若故障发生在Ⅲ段范围，Ⅲ段阻抗继电器（相间或接地）动作后，经Ⅲ段延时，T7（或T8）、或门D17后出口跳闸。

3. 后加速回路

合闸于故障线路时加速跳闸可由两种方式：一是受振荡闭锁控制的Ⅱ段距离继电器在重合闸过程中加速跳闸；二是在重合闸时，还可选择“投重合加速Ⅱ段距离”、“投重合加速Ⅲ段距离”、由不经振荡闭锁的Ⅱ段或Ⅲ段距离继电器加速跳闸。手合时总是加速Ⅲ段距离。

小　　结

如前所述，电流电压保护的范围受系统运行方式的变化影响很大，对于长线重负荷的线路，电流保护往往不能满足灵敏度的要求，因此考虑装设距离保护。一般规定，35～66kV的线路在装设电流保护灵敏度不能满足要求时，可装设距离保护。110kV及以上电网一般应装设距离保护，作为相间短路和接地短路的主保护或后备保护。

距离保护是测量输电线路故障点到保护安装处短路阻抗的一种保护；而保护所测量的故障点到保护安装处的短路阻抗又与故障点到保护安装处的距离成正比，因此称为距离保护，所以线路的距离保护实质是阻抗保护。

为满足所测量的短路阻抗与故障点到保护安装处的距离成正比，相间距离保护的测量电压选取线电压，测量电流选取相应的线电流；接地距离保护的测量电压选取相电压，测量电流选取相应的相电流加零序补偿电流。

阻抗继电器是组成距离保护的基本元件，该元件通过测量母线电压和线路电流的比值（即测量阻抗）落在一个以整定阻抗建立的一定的动作特性区域内而动作，该动作区域的形状称为阻抗继电器的动作特性，一般做成圆形，也可做成多边形或其他形状。阻抗继电器的动作特性区之所以做成一个平面而不是一条直线，是由于影响阻抗继电器工作的因素很多，使得其测量阻抗并不等于线路的短路阻抗（而故障距离与短路阻抗成正比），为保证保护区内部故障时阻抗元件可靠动作，因而阻抗继电器的动作特性为一平面。

不同动作特性的阻抗继电器实现的算法并不相同，其中圆特性的方向阻抗继电器应用最为普遍，如何消除方向阻抗继电器的死区是方向阻抗继电器的核心内容。此外，要掌握测量阻抗、整定阻抗、动作区、动作阻抗、最大灵敏角、动作特性、死区、极化电压、精确工作电流等物理概念，这对分析距离保护的工作特性有着非常重要的意义。

线路距离保护由三段构成，各段由三个相间与三个接地方向阻抗继电器完成短路阻抗的测量，Ⅰ段不受系统运行方式的影响，保护区稳定；Ⅱ、Ⅲ段会受到分支电流的影响，保护区在各种运行方式下会有所不同，整定计算中要予以考虑。

距离保护由于有电压回路，电压回路断线时保护将被闭锁，防止其误动。高压电网中距离保护需采取措施以防止振荡、过渡电阻、串补电容的影响；为了提高保护的动作速度并与综合重合闸配合，在距离保护中广泛地采用了先选相后计算短路阻抗的方式。

实际应用中的距离保护框图由振荡闭锁部分、断线闭锁部分、三段式距离部分、后加速部分组成。

复习思考题

7-1 为什么要引入距离保护？

7-2 试说明距离保护的测量阻抗、整定阻抗和输电线路故障时的短路阻抗的含义和区别。阻抗继电器的二次阻抗值如何计算？

7-3 在复数阻抗平面上画出全阻抗、方向阻抗、偏移特性、电抗型、四边形阻抗继电器的动作特性，并写出比相形式的阻抗与电压动作方程。

7-4 圆特性方向阻抗继电器 $Z_{set}=4\angle 60°\Omega$，若测量阻抗为 $Z_m=3.6\angle 30°\Omega$，试问该继电器能否动作？为什么？

7-5 距离保护各段中为何要用6个阻抗继电器，在BC两相接地故障时，哪些阻抗继电器能够正确测量？

7-6 在反映接地短路的阻抗继电器接线方式中，为什么要引入零序补偿系数 K？K 如何计算？

7-7 何谓阻抗继电器的最小精确工作电流？它有什么意义？

7-8 方向阻抗继电器为何有死区？又是如何克服的？

7-9 试简述工频变化量阻抗继电器的原理，并说明其有何特点。

7-10 正序电压极化的阻抗继电器是如何消除死区的？

7-11 四边形阻抗继电器是如何消除死区的？

7-12 故障选相的原理有哪些？各自有何特点？

7-13 过渡电阻有何特点？试分析说明三种圆特性阻抗继电器受过渡电阻的影响的

大小。

7-14　阻抗继电器如何提高抗过渡电阻的能力？如何防止由于过渡电阻引起的保护超越？

7-15　振荡对距离保护有何影响？振荡中发生短路如何识别？

7-16　试简述振荡闭锁的原理。

7-17　如图 7-39 所示，断路器 QF1、QF2 均装设三段式相间距离保护（采用圆特性方向阻抗继电器）PD1、PD2，已知 PD1 的一次整定阻抗为 $Z^{\mathrm{I}}_{set.1}=2\Omega$，0s，$Z^{\mathrm{II}}_{set.1}=8\Omega$，0.5s；$Z^{\mathrm{III}}_{set.1}=80\Omega$，2s。M 侧电源系统阻抗 $Z_{SM.min}=1.2\Omega$，$Z_{SM.max}=3\Omega$；N 侧电源系统阻抗 $Z_{SN.min}=0.8\Omega$，$Z_{SN.max}=2\Omega$。MN 线路输送的最大负荷电流为 550A，最大负荷功率因数角为 $\varphi_{L.max}=35°$。试整定距离保护 PD2 的Ⅰ、Ⅱ、Ⅲ段的二次整定阻抗、最灵敏角、动作时间。

7-18　对于全阻抗继电器，当整定阻抗大于测量阻抗时，继电器是否动作？

7-19　助增电流与汲出电流对距离保护的测量阻抗及保护范围有何影响？

7-20　相间 0°接线的阻抗继电器，在线路同一地点发生各种相间短路与两相接地短路时的测量阻抗相同吗？

7-21　系统振荡时，振荡中心的电压有何特点？其到等值电源的阻抗为多少？

7-22　过渡电阻对距离保护的影响与故障点有何关系？

7-23　系统发生故障并伴随振荡时，如保护的整定阻抗大于保护安装处到振荡中心的线路阻抗，保护会误动吗？

7-24　接地距离保护和阻抗选相元件为什么要加入零序补偿？零序补偿系数 K 等于什么？

7-25　电压回路断线时，哪些保护需要闭锁？

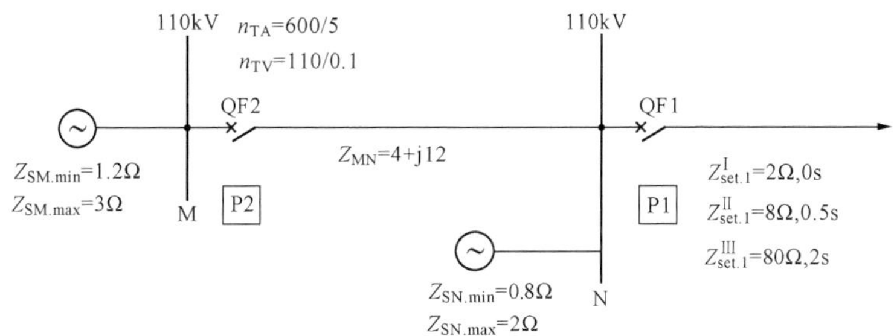

图 7-39　习题 7-17 图

第 8 章

电网的纵联保护

【要　求】掌握电网纵联保护工作原理。

【知识点】全线速动保护概念与双侧测量保护原理；各种通道组成；纵联保护分类及相应保护的工作原理；新型方向元件判据及特点；微机型纵联保护原理框图。

【重点和难点】纵联保护工作原理及基本原则；新型方向元件判据。

8.1　纵联保护的原理与分类

8.1.1　全线速动保护与双侧测量原理

1. 全线速动保护

在高压输电线路上，为了保证电力系统运行的稳定性，需要配置全线速动保护，即要求继电保护无时限地切除线路上任一点发生的故障。

2. 单侧测量保护无法实现全线速动

前面学习的电流保护、电流方向保护、零序电流（方向）保护、距离保护有一个共同的特点，均属于单侧测量保护，保护整定时采用三段式配合原理。所谓单侧测量保护是指保护仅测量线路某一侧的母线电压、线路电流等电气量。单侧测量保护有一个共同的缺点，就是无法快速切除本线路上的所有故障，最长切除时间为 0.5s 左右。由图 8-1 可以看出，本线路末端故障 k1 与下线路始端故障 k2 两种情况下，保护测量到的电流、电压几乎是相同的。如果为了保证选择性，k2 故障时保护不能无时限切除，则本线路末端 k1 故障时也就无法不带时限切除。可见单侧测量保护无法实现全线速动的根本原因是考虑到互感器、保护均存在误差，不能有效地区分本线路末端故障与下线路始端故障。

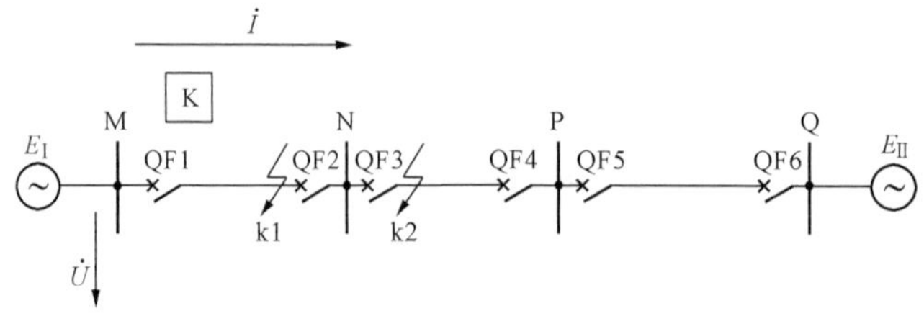

图 8-1　单侧测量保护工作情况

3. 双侧测量保护能够实现全线速动

为了实现全线速动保护，保护需对线路双端的电气量进行测量。通过比较线路首端和末端电气量的差别以判别是保护区内部故障还是外部故障。由于保护安装在线路两端，因此保护区被严格地限制在全线路以内，故可实现全线速动。另外，双侧测量时还需要相应的信息通道进行线路双端电气量特征的交换，故称为纵联保护。线路的纵联保护按所测量电气量的不同主要有以下两种：

1）以基尔霍夫电流定律为基础的纵联电流差动保护；

2）比较线路两侧故障方向的纵联方向保护。

图8-2为纵联电流差动保护原理示意图，保护测量电流为线路两侧电流相量和，也称差动电流 $\dot{I}_d$。将线路看成一个广义节点，流入这个节点的总电流为0，正常运行时或外部故障时，$\dot{I}_d = \dot{I}_M + \dot{I}_N = 0$，线路内部故障时 $\dot{I}_M + \dot{I}_N - \dot{I}_k = 0$，即 $\dot{I}_d = \dot{I}_k$。

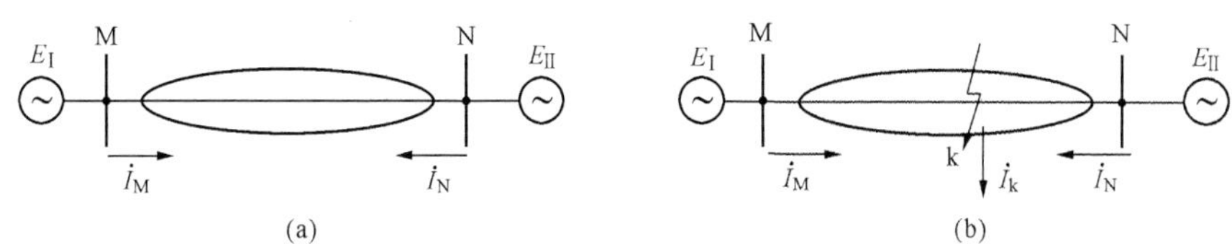

图8-2　纵联电流差动保护原理示意图

(a) 正常运行或外部故障时；(b) 内部故障

纵联电流差动原理的保护不但可应用于线路，还可应用于电力变压器、发电机、电动机等元件保护上。

图8-3为比较线路两侧故障方向的纵联保护原理示意图。外部故障时远故障端保护测量为正向故障，而近故障侧保护测量为反向故障。如果两侧保护均测量为正向故障，则故障在本线路上。故障方向的判别既可以采用独立的方向元件，称纵联方向保护；也可以采用零序电流保护中的零序电流方向元件、距离保护中的方向阻抗元件，故也可称为纵联零序、纵联距离保护。

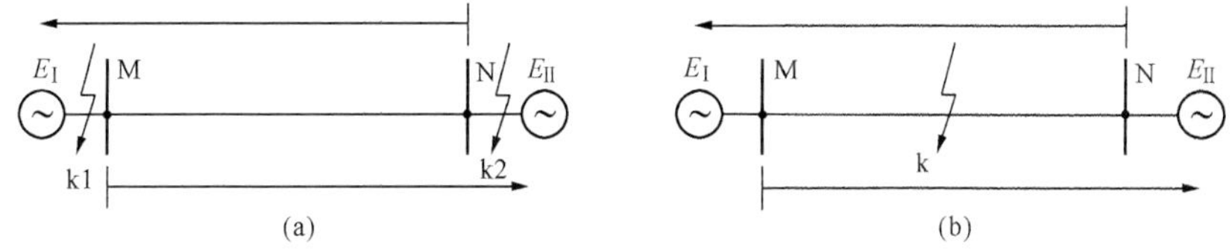

图8-3　比较线路两侧故障方向的纵联方向保护原理示意图

(a) 外部故障时；(b) 内部故障时

综上所述，纵联保护从原理上即可以区分出区内外故障，而不需要保护整定值的配合，因此又称纵联保护具有绝对选择性。但纵联保护不反映本线路以外的故障，不能实现对相邻元件的远后备作用。由于采用双侧测量原理，纵联保护必须两侧同时投入，不能单侧工作。

8.1.2　纵联保护分类

纵联保护按照通道类型、保护原理、信息含义等有多种分类方法。

1. 按通道类型分类

保护通道类型主要有：

1）导引线，两侧保护电流回路由二次电缆连接起来，用于线路纵联电流差动保护；

2）载波通道，将输电线路加工成载波通道，以传送对侧电气量信息，用于纵联方向保护，可称为方向高频保护；

3）微波通道，用于纵联方向保护，可称为微波保护；

4）光纤通道，用于纵联电流差动保护，可称为光纤电流差动保护。

导引线通道由于敷设、维护困难，仅用于特殊的10km以下短线路或元件保护上，实际使用较少。微波通道技术复杂，成本昂贵，只在载波通道应用困难的特殊情况下采用。目前大量的线路纵联保护采用载波通道的高频保护，同时光纤纵联保护占有量也在迅速地增加。

2. 按保护原理分类

如前所述纵联保护按原理分为纵联电流差动保护、纵联方向保护。

3. 按通道传送信息含义分类

纵联方向保护中通道传送的信息反映某一侧保护对故障方向的判断，可以有不同的约定。

如图8-4（a）所示，约定区外故障近故障点处保护判别故障方向为反向时，发出闭锁信号闭锁两侧保护，这就称为闭锁式纵联保护。图8-4（b）则约定区内故障的保护判明为正向故障时向对侧发出允许信号，保护起动后本侧判别为正向故障且收到对侧保护的允许信号时，说明两侧保护均判别故障为正方向，动作于出口跳闸，这种方案为允许式的纵联保护。目前的微机保护中可通过整定控制字（软连接片）来选择采用闭锁式纵联保护或允许式的纵联保护。

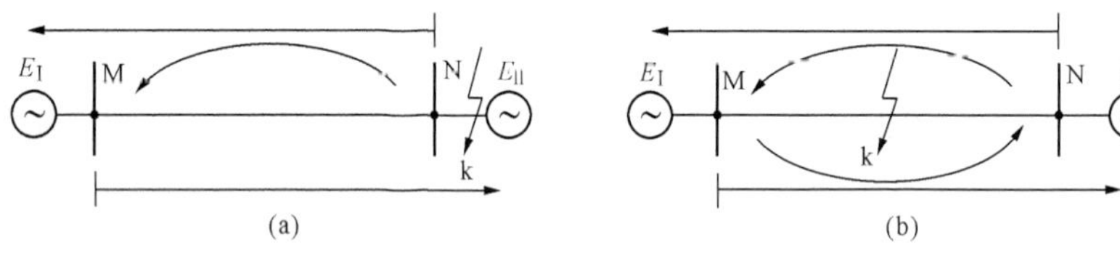

图8-4 闭锁式、允许式纵联保护

（a）闭锁式纵联保护；（b）允许式纵联保护

除了闭锁信号和允许信号，纵联保护还可以在跳闸信号的基础上构成。线路两侧的Ⅰ段保护动作后跳开本侧断路器，同时向对侧保护发出跳闸信号，对侧保护收到跳闸信号后立即跳闸。只要线路两侧的Ⅰ段保护的保护区有重叠，就可以构成全线速动保护。采用跳闸信号方式的主要问题是通道干扰问题，因为收到对侧信号后不加判断立即跳闸，一旦此信号为干扰信号，保护将误动，必须采取措施校验跳闸信号的有效性。实际工作中跳闸信号方式一般不用于纵联保护而在一些远方跳闸装置中采用。

8.2 纵联保护通道

8.2.1 导引线

导引线通道就是用二次电缆将线路两侧保护的电流回路联系起来，主要问题是：导引线通道长度与输电线路相当，敷设困难；通道发生断线、短路时会导致保护误动，运行中检测、维护通道困难；导引线较长时电流互感器二次阻抗过大导致误差增大。因此导引线通道构成的纵联保护仅用于少数特殊的短线路上。

8.2.2 载波通道

载波通道是利用电力线路，结合加工设备、收发信机构成的一种有线通信通道，以载波通道构成的线路纵联保护也称为高频保护。载波信号（又称高频信号）频率为50～400kHz，相地制电力线载波高频通道结构如图8-5所示。

载波信号经调制后送入输电线路，线路除了传送50Hz的工频电流同时还传输高频电流。

传送高频信号可以用电力线路其中一相与大地作为回路，称为相地制；也可用两相电力线路作为回路，称为相相制。相地制高频衰耗大，但简单、经济，目前国内多数高频保护采用相地制载波通道。

1. 载波通道组成

如图8-5所示为相地制载波通道组成，图中只画出了一侧的设备，另一侧设备完全相同。

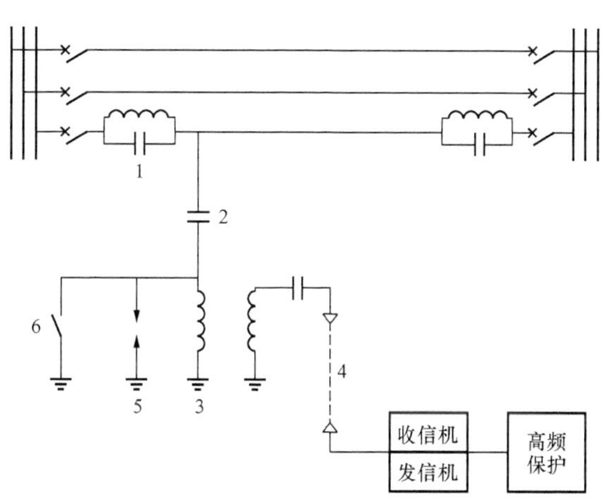

图8-5 相地制电力载波通道结构示意图

1—阻波器；2—耦合电容器；3—结合滤波器；
4—电缆；5—保护间隙；6—接地开关

阻波器、耦合电容器、结合滤波器、电缆、保护间隙、接地开关设备也统称加工结合设备，通道以A相导线构成时，也称加工A相，相应高频保护可称为A相高频保护。

（1）阻波器。阻波器为一个LC并联电路，载波频率下并联谐振，呈现高阻抗，阻止高频电流流出母线以减小衰耗和防止与相邻线路的纵联保护形成相互干扰。对于50Hz工频阻波器则呈现低阻抗（0.04Ω），不影响工频电流的传输。

（2）耦合电容器。耦合电容器为高压小容量电容，与结合滤波器串联谐振于载波频率，允许高频电流流过，而对工频电流呈现高阻抗，阻止其流过。由于电容容量小，呈现容抗大，工频电压大部分降在耦合电容上，耦合电容后的设备承受的工频电压较低。

（3）结合滤波器。结合滤波器的作用是电气隔离与阻抗匹配。结合滤波器将高压部分与低压的二次设备隔离，同时与两侧的通道阻抗匹配以减小反射衰耗。结合滤波器一侧线路等效阻抗应与输电线路的波阻抗匹配，220kV线路波阻抗一般为400Ω；330kV及500kV线路波阻抗为300Ω。电缆一侧等效阻抗则与电缆波阻抗匹配，早期电缆波阻抗为100Ω，目前电缆波阻抗为75Ω。

（4）电缆。高频电缆一般为同轴电缆，电缆芯外有屏蔽层，为减小干扰，屏蔽层应可靠接地。

（5）保护间隙。当高压侵入时，保护间隙击穿并限制了结合滤波器上的电压，起到过电压保护的作用。

（6）接地开关。检修时合上接地开关，保证人身安全，检修完毕通道投入运行前必须打开接地开关。

2. 收发信机

(1) 收发信机原理。发信机由信号源、前置放大、功率放大、线路滤波、衰耗器等组成。图 8-6 为发信机原理框图。信号源产生标准频率的载波信号，多采用石英晶体振荡电路产生基准信号分频后经锁相环（PLL）频率合成输出的方式，锁相环的分频倍率可以根据需要调整。信号源输出的方波信号经滤波送入前置放大电路进行电压放大，前置放大输出送入功率放大。线路滤波抑制发信谐波电平。衰耗器可以根据线路长度等实际情况进行调整，长线路上应保证有足够的发信功率，短线路时适当投入衰耗防止发信功率过大干扰其他高频保护、远动等载波通信设备。

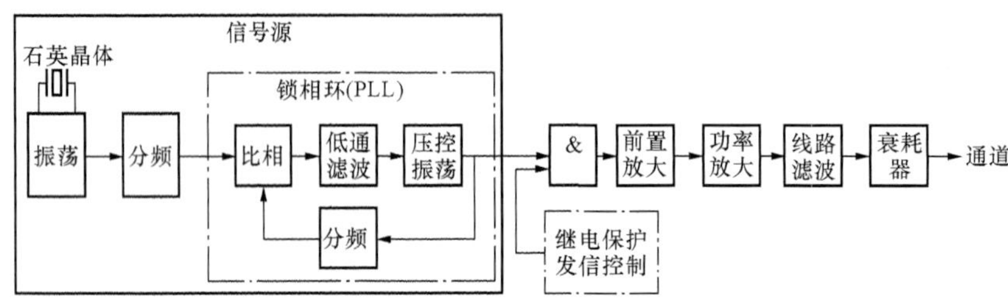

图 8-6 发信机原理框图

收信机由混频电路、中频滤波、放大检波、触发电路等组成，采用超外差方式，如图 8-7 所示。载波信号在混频电路中与本振频率信号混合，本振频率 $f_1=f_0+f_M$，f_0 为收信机标频，f_M 为固定的移频。混频电路输出经带通滤波（中心频率为 f_M）后输出。放大检波电路将解调后的信号送往高频保护。

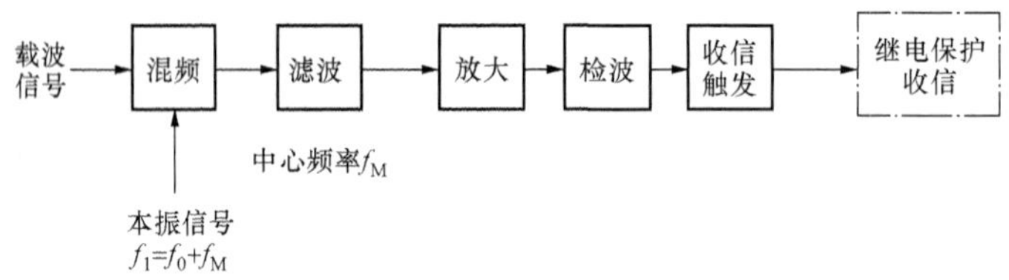

图 8-7 收信机原理框图

(2) 短时发信与长期发信方式。短时发信方式下收发信机在系统正常情况下不发信，系统扰动时继电保护起动，发信机投入工作。短时发信方式由于功率放大器仅短时工作，相对降低对功放的要求、有利于延长发信机寿命、减少对其他载波设备的干扰，但必须定期手动发信以检查通道及收发信机是否完好。

长期发信方式即发信机始终投入工作，对功率放大器、电源等电路要求较高，优点是通道监视方便、能迅速发现通道缺陷。为了减小长期发信造成的干扰，系统正常时发信机以较小的功率发信，系统扰动继电保护起动后发信机加大发信功率以克服高频信号穿越故障线路带来的衰耗。

(3) 单频制与双频制。单频制是指两侧发信机和收信机均使用同一个频率，收信机收到的信号为两侧发信机信号的叠加，如图 8-8 (a) 所示。

双频制则是一侧的发信机与收信机使用不同的频率，收信机只能收到对侧发信机的信号而收不到本侧发信机的信号，如图8-8（b）所示。单频制用于"闭锁式"保护，而"允许式"保护需要采用双频制。

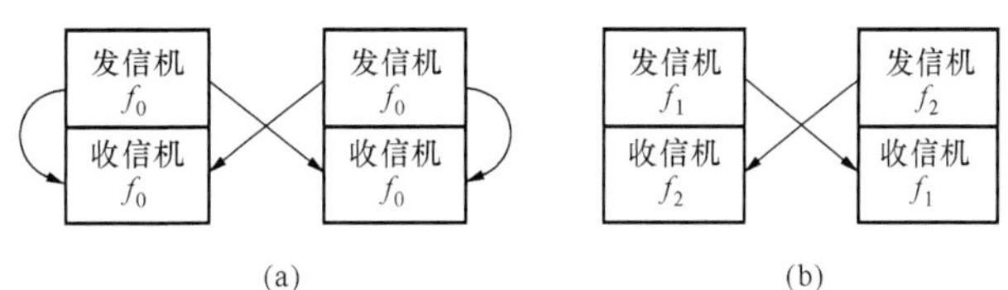

图8-8　单频制与双频制

（a）单频制；（b）双频制

（4）调制方式。收发信机调制方式有调幅与移频键控（FSK）两种。调幅方式以高频电流的"有"、"无"传送信息；FSK方式则以不同的频率传送信息，即正常运行时发出功率较小的监频 f_G 信号监视通道，系统故障时改发功率较大的跳频 f_T 信号。

（5）专用方式与复用方式。高频保护单独使用一台收发信机为专用方式。高频保护也可以采用音频接口接至通信载波机，与远动通信复用收发信机，称复用方式。

3. 高频通道衰耗与通道裕度

（1）电平基本概念。电平 P 是高频信号传输中广泛使用的一种衡量信号强度的物理量，单位为dB。

1）绝对电平。功率绝对电平为

$$P_W = 10\lg \frac{P}{P_0} \tag{8-1}$$

式中：P_0 为基准功率，$P_0=1mW$。

电压绝对电平为

$$P_U = 20Lg \frac{U}{U_0} \tag{8-2}$$

电流绝对电平为

$$P_I = 20Lg \frac{I}{I_0} \tag{8-3}$$

基准电压 U_0、基准电流 I_0 为基准功率加在基准特性阻抗上得到的电压、电流。基准阻抗一般取600Ω，则 $U_0=0.775V$，$I_0=0.00129A$。

例如发信机发信功率常为40～43dB，也就是10～20W。

2）相对电平。衡量功率放大器的增益、通道的衰耗时常使用相对电平。例如发信功率为 P_{W1}，对侧收信功率为 P_{W2}，相对电平 b 为

$$b = 10Lg \frac{P_{W1}}{P_{W2}} = P_{W1} - P_{W2} \tag{8-4}$$

如发信40dB，衰耗15dB，收信电平则为（40－15）dB=25dB。

采用电平作为计量单位，原来数值上相差很多的电气量就很接近了，便于计算。例如1W相当于30dB，10W相当于40dB，20W相当于43dB。另外计算总的增益（衰耗）时原来若干个环节的增益（衰耗）是乘除的关系，使用相对电平后变为各环节相对电平的加减计算，计算十分方便。

旧的电平单位为Np（奈培），现在法定计量单位已不使用，Np与dB（分贝）的换算关系为

$$1Np = 8.686dB$$

（2）通道衰耗。载波通道衰耗主要由电力线上的衰耗、加工设备衰耗、高频电缆衰耗等

构成。

通道总衰耗应该进行实测，估算时可以采用的经验公式为

$$b = k\sqrt{f}l + T + 1.74N + BL \tag{8-5}$$

式中：k 为系数，35kV 线路取 1.22×10^{-2}，110kV 线路取 8.7×10^{-3}，220kV 线路取 6.5×10^{-3}，500kV 线路取 7.2×10^{-3}；f 为频率，kHz；l 为线路长度，km；T 为两侧阻波器、结合滤波器、线路终端衰耗之和，取 6.94dB；N 为通道上并联的载波机台数；B 为高频电缆衰耗系数，1.3～3.9dB/km；L 为两侧电缆长度总和，km。

（3）通道裕度。为了防止干扰，收信机触发回路设有阈值电平（4～5dB），必须保证发信功率减去总衰耗后收信电平高于门槛电平，同时留有裕度，裕度考虑为 8.686dB。通道裕度试验时在收发信机中串入 8.686dB 衰耗，如果通道、收发信机工作正常，则退出衰耗正常运行时就保证有了 8.686dB 以上的通道裕度。

8.2.3 微波通道

微波通道为无线通信方式，采用频率为 2000MHz、6000～8000MHz，主要用于电力系统通信，由定向天线、连接电缆、收发信机组成。微波通道容量大，不存在通道拥挤问题，没有载波通道当线路故障时衰耗加大的问题，但设备昂贵，每隔 40～60km 需加设微波中继站，维护困难，因此微波通道仅在个别载波通道应用确实困难的线路上用于纵联保护。

8.2.4 光纤通道

光纤通道通信容量大，不受电磁干扰，随着光纤通信技术的快速发展，使用光纤通道的纵联保护应用日益广泛。在我国，国家电网公司已经明确应积极推广在纵联保护中使用光纤通道。

光纤通信的原理是将电气量编码后送入光发送机控制发光的强弱，光在光纤中传送，光接收机则将收到的光信号的强弱变化转为电信号，如图 8-9 所示。

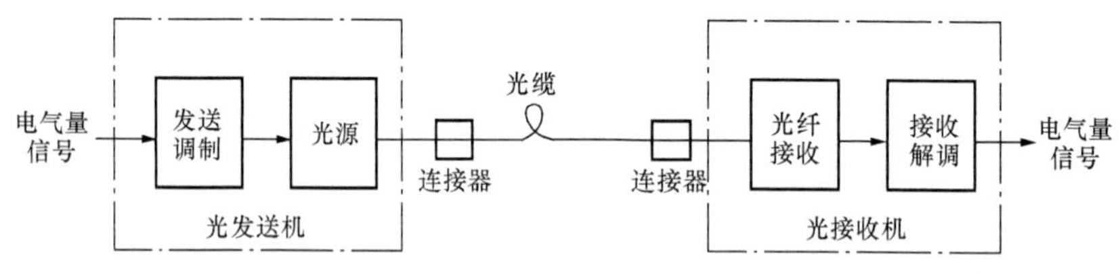

图 8-9 光纤通信原理

光纤通信一般采用脉冲编码调制（PCM）以提高通信容量，信号以编码形式传送，传送率目前一般为 64kb/s，也有采用 2Mb/s 的。继电保护中光纤通道光源采用发光二极管 LED，波长为 0.85、1.3μm 或 1.55μm，寿命可达 3×10^6h。

光缆由多股光纤制成，光纤与光缆结构如图 8-10（a）所示。

纤芯由高折射率的高纯度二氧化硅材料制成，直径仅 100～200μm，用于传送光信号。包层为掺有杂质的二氧化硅，作用是使光信号能在纤芯中产生全反射传输。涂覆层及套塑用来加强光纤机械强度。

光缆由多根光纤绞制而成，为了提高机械强度，采用多股钢丝起加固作用，光缆中还可以绞制铜线用于电源线或传输电信号。光缆可以埋入地下，也可以固定在杆塔上，或置于空心的架空地线中（复合地线式光缆 OPGW）。

图 8-11 及图 8-12 为两种光纤通道连接方式，采用专用光纤方式时两台纵联保护通过光纤直接相连；采用数字复接方式时在通信机房增加一台数字复接接口设备。

目前不加中继设备情况下，继电保护光纤通道传输距离已经达到 100km（64kb/s 速率），使用 2Mb/s 速率时衰耗大些，传输距离为 70km。光纤通道除了逐渐取代载波通道用于纵联保护，更为广泛地用于电力系统通信领域。

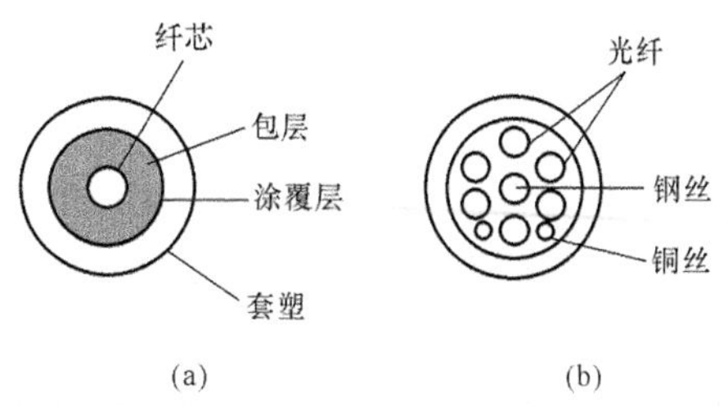

图 8-10 光纤与光缆结构
(a) 光纤结构；(b) 光缆结构

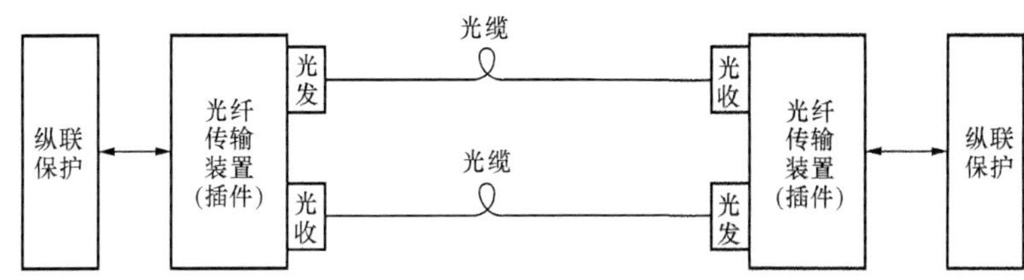

图 8-11 专用光纤方式连接

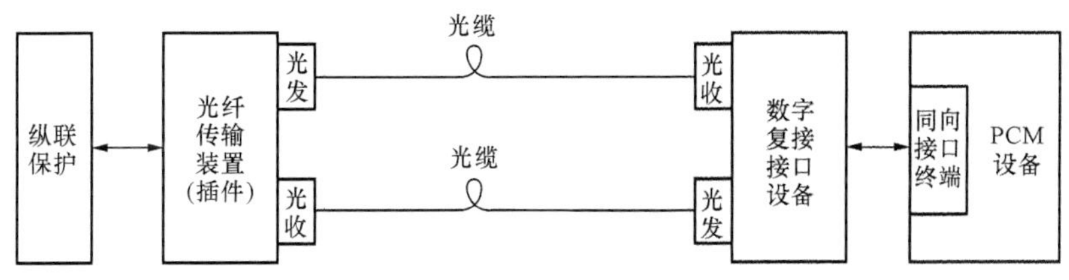

图 8-12 数字复接方式连接（单侧示意图）

8.3 光纤纵联电流差动保护

8.3.1 纵联电流差动保护工作原理

1. 保护工作原理

如图 8-2 所示，线路两侧电流参考方向均以母线指向线路为正，保护测量的电气量为线路两侧电流的相量和，称为差动电流 $\dot{I}_d$，若忽略线路电容电流，则 $\dot{I}_d=\dot{I}_M+\dot{I}_N$，可令保护的动作判据为 $|\dot{I}_d|>I_{op}$。

线路正常运行及外部故障时，理想情况下 $\dot{I}_M$ 与 $\dot{I}_N$ 大小相等，方向相反，则 $\dot{I}_d=0$，但实际上由于电流互感器存在励磁电流，且线路两侧 TA 励磁特性也不完全一致，从而使差动电流并不为零，外部故障导致 TA 饱和时情况更为严重，是一个较小的数值，称为差动保护的不平衡电流。若要保证线路正常运行及外部短路时纵差保护不误动，则要求保护的动作电流 $I_{op}>I_{unb.max}$，$I_{unb.max}$为保护外部故障时最大短路电流下的最大不平衡电流。

线路内部故障时 $\dot{I}_d=\dot{I}_k$，$\dot{I}_k$ 为短路点总的短路电流，其值很大，有 $|\dot{I}_d|=|\dot{I}_k|>I_{op}$，纵差保护能够可靠动作。

2. 不平衡电流的特点

上述分析中，由于电流互感器存在励磁电流，并且两侧电流互感器的励磁特性不完全一致，在正常运行或外部故障时保护的差动电流为不平衡电流，即

$$\dot{I}_d=\dot{I}_{unb}=[(\dot{I}_M-\dot{I}_{Me})-(\dot{I}_N-\dot{I}_{Ne})]=\dot{I}_{Me}-\dot{I}_{Ne} \tag{8-6}$$

式中：$\dot{I}_{Me}$ 与 $\dot{I}_{Ne}$ 分别为两电流互感器的励磁电流，不平衡电流等于两侧电流互感器的励磁电流的相量差。

正常运行时，流过电流互感器（TA）的一次电流为负荷电流，电压互感器（TA）工作在线性区，其励磁电流较小，由此产生的不平衡电流也较小。当发生外部故障时，流过电压互感器（TA）的一次电流为短路电流，使铁心严重饱和，励磁电流急剧增大，励磁特性的差别也急剧增大，此时的不平衡电流要比正常运行时的不平衡电流大很多。

由于差动保护是瞬时动作的，因此，还需进一步考虑在外部短路的暂态过程中保护的不平衡电流。图 8-13（a）表示外部短路电流随时间 t 变化的曲线及暂态过程中的不平衡电流。在外部短路开始瞬间，一次侧短路电流中含有非周期分量，它很难变换到二次侧，大部分成为电流互感器的励磁电流而使铁心饱和；同时由于电流互感器本身具有很大的电感，铁心中非周期分量的磁通不能突变，因此在暂态过程中，励磁电流将大大超过稳态值，并含有大量缓慢衰减的非周期分量，从而使暂态 $\dot{I}_{unb}$ 大为增加。图 8-13（b）为不平衡电流波形，不平衡电流的最大值出现在短路开始稍后的时段，暂态不平衡电流可能是稳态不平衡电流的几倍，且由于两个电流互感器的励磁电流含有很大的非周期分量，从而使不平衡电流偏向时间轴某一侧。

综上所述，在线路正常运行及区外故障时，纵联差动保护中总有不平衡电流产生，且区外故障的暂态过程中，其值可能很大。为了避免在不平衡电流作用下差动保护误动作，需要提高差动保护的整定值，躲开最大不平衡电流。但这样就降低了保护的灵敏度；因此，必须采取措施减小不平衡电流及其影响。例如，可采用 TP 类电流互感器，或采用比率制动特性纵联电流差动保护。

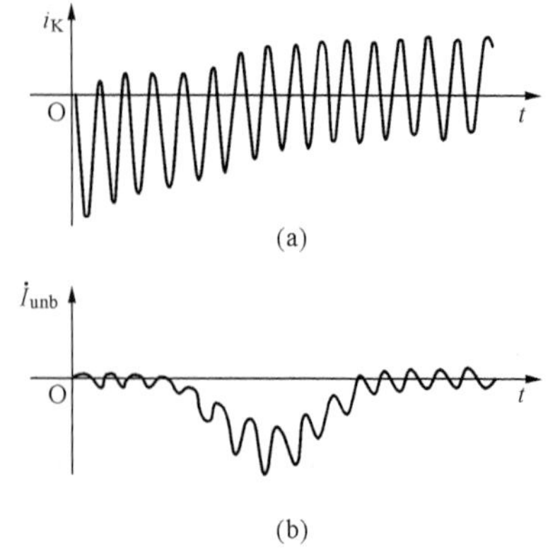

图 8-13 外部故障暂态过程

（a）外部短路电流；（b）不平衡电流波形

3. 不平衡电流计算

不平衡电流的经验公式为

$$I_{unb}=K_{ss}K_{er}I_1/n_{TA} \tag{8-7}$$

式中：I_{unb}为不平衡电流；K_{ss}为电流互感器 TA 同型系数，电流互感器 TA 型号相同时取 0.5，否则取 1；K_{er}为电流互感器 TA 误差，取 10%；I_1 为一次侧穿越电流；n_{TA}为电流互感器 TA 变比。

线路外部故障时穿过保护的电流为外部故障时的

短路电流，其值较正常的负荷电流要大，形成的不平衡电流也大，差动保护整定时应按躲过外部故障情况下最大的短路电流所形成的最大不平衡电流来整定，即

$$I_{unb.max} = K_{ss}K_{er}I_{k.max}^{(3)}/n_{TA} \quad (8-8)$$

$$I_{op} = K_{rel}I_{unb.max} \quad (8-9)$$

上述原则整定的纵联差动保护的动作值较大，降低了纵差保护的灵敏度，为提高区内故障纵差保护的灵敏度，且保证区外故障不误动，需要采用比率制动特性的纵联电流差动保护。

8.3.2 比率制动式电流差动保护原理

1. 比率制动特性

所谓比率制动特性就是指差动元件的动作电流随外部短路电流的增大而自动增大，而且动作电流的增大比最大不平衡电流的增大还要快。这样就可避免由于外部短路电流的增大而造成的差动元件误动作，同时对于内部短路故障又有较高的灵敏度。

2. 构成原理

比率制动电流差动元件动作特性如图8-14所示，差动电流为$I_d = |\dot{I}_M + \dot{I}_N|$，即两侧电流相量和的幅值；引入制动电流$I_{res} = |\dot{I}_M - \dot{I}_N|$，即两侧电流相量差的幅值。图中，$I_{st.0}$为起动电流，阴影部分为动作区，折线的斜率为制动系数K_{res}(0.5～0.75)，动作特性方程为

$$\begin{cases} I_d > I_{st.0},\ I_{res} < I_{st.0}/K_{res} & (8-10a) \\ \dfrac{I_d}{I_{res}} > K_{res},\ I_{res} > I_{st.0}/K_{res} & (8-10b) \end{cases}$$

由于保护引入了制动量，动作判据由两部分组成，式(8-10a)表示当保护制动电流小于$I_{st.0}/K_{res}$时，差动电流要大于保护的起动电流，保护才能够出口，起动电流可按躲过正常运行时保护的不平衡电流来整定，保证纵差保护在线路正常运行时可靠不动作；式(8-10b)表示当保护制动电流大于$I_{st.0}/K_{res}$时，保护的动作电流即差动电流要随着制动电流的增大而增大。制动特性广泛用于各种差动保护，可防止外部故障穿越性电流形成的不平衡电流导致保护误动，现分析如下。

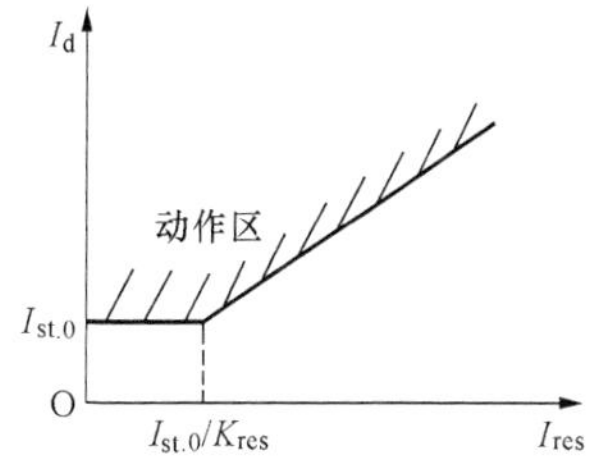

图8-14 比率制动电流差动元件的动作特性

如图8-15(a)所示，外部故障时，由式(8-7)得$I_d = I_{unb} = 0.05I_k$，$I_{res} = 2I_k$，$I_d/I_{res} = 0.025 < K_{res}$，$I_k$为“穿越性”的外部故障电流。差动电流不会进入动作区，保护可靠不动。

内部故障情况如图8-15(b)所示，$I_d = I_k$，$I_{res} = (0\sim1)I_k$，$I_d/I_{res} = (1\sim\infty)I_k > K_{res}$，满足动作判据，$I_d(I_{res})$在图中标注的区间内，保护可靠动作。$I_k$为故障点总的短路电流，制动电流大小与短路电流的分布有关，应取制动系数K_{res}小于1。

电流差动元件取相电流进行差动计算时，称为稳态分相差动元件；取零序电流计算时，称零序电流差动元件；取相电流的工频变化量进行计算，则称变化量分相差动元件。

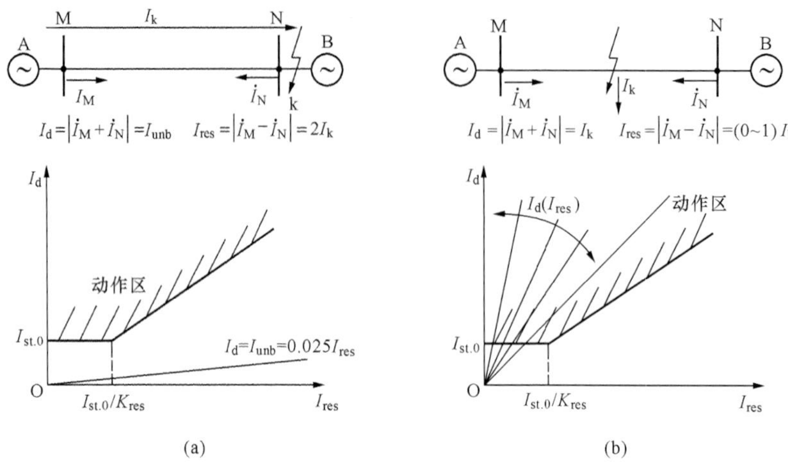

图 8-15 比率制动特性分析

(a) 外部故障；(b) 内部故障

3. 电容电流问题

线路电容电流对于差动保护属于不平衡电流，整定时应躲过实测线路电容电流值。电容电流较大时可以进行电容电流补偿，式（8-11）中 $I_{dph.com}$为补偿后相差动电流，I_{dph}为相差动电流，I_{Cph}为相电容补偿电流。

$$\begin{cases} I_{dph.com}=I_{dph}-I_{Cph} \\ I_{Cph}=\left(\dfrac{U_{Mph}-U_{M.0}}{2X_{C1}}+\dfrac{U_{M.0}}{2X_{C0}}\right)+\left(\dfrac{U_{Nph}-U_{N.0}}{2X_{C1}}+\dfrac{U_{N.0}}{2X_{C0}}\right) \end{cases} \tag{8-11}$$

式中：U_{Mph}、$U_{M.0}$分别为本侧的相电压、零序电压；U_{Nph}、$U_{N.0}$分别为对侧的相电压、零序电压；X_{C1}、X_{C0}分别为线路全长的正序和零序容抗。

8.3.3 光纤分相电流差动保护

光纤分相电流差动保护采用光纤通道、电流差动原理，其性能优越，目前广泛用于高压线路。输电线路两侧电流取样信号通过编码变成码流形式后转换成光信号经光纤送至对侧保护，保护装置收到对侧传来的光信号先解调为电信号再与本侧保护的电流信号构成差动保护。该保护采用分相差动方式，即三相电流各自构成差动保护。

1. 保护构成

（1）保护总起动元件。起动元件可以由反映相间工频变化量的过电流继电器、反映全电流的零序过电流继电器组成，两者构成或逻辑，互相补充。

1）电流变化量起动元件，动作方程为

$$\Delta I_{\varphi\varphi max}>1.25\Delta I_T+\Delta I_{set} \tag{8-12}$$

式中：$\Delta I_{\varphi\varphi max}$为相间电流的半波积分的最大值；$\Delta I_{set}$为可整定的固定门槛；$\Delta I_T$为浮动门槛，随着变化量的变化而自动调整，取 1.25 倍可保证门槛电压始终略高于不平衡输出。

该元件动作并展宽 7s，去开放出口继电器正电源。

2）零序过电流元件起动。当零序电流大于整定值时，零序起动元件动作并展宽 7s，去开放出口继电器正电源。

(2) 比率制动特性的电流差动元件。电流差动元件的动作特性如图8-14所示，内部故障灵敏动作，保护区外故障可靠不动作。

2. 采样同步问题

电流信号由光纤通道传输时会有毫秒级的延时，需考虑两侧保护信息的同步问题。两侧装置一侧作为同步端，另一侧作为参考端。以同步方式交换两侧信息，参考端采样间隔固定，并在每一采样间隔中固定向对侧发送一帧信息。同步端随时调整采样间隔，如果满足同步条件，就向对侧传输三相电流采样值；否则，起动同步过程，直到满足同步条件为止。

由于采用同步数据通信方式，就存在同步时钟提取问题，若通道是采用专用光纤通道，装置的时钟应采用内时钟方式，数据发送采用本机的内部时钟，接收时钟从接收数据码流中提取；若通道是通过同向接口复接PCM通信设备，则应采用外部时钟方式，数据发送时钟和接收时钟为同一时钟源，均是从接收数据码流中提取。

3. 光纤分相电流差动保护逻辑框图

图8-16为光纤分相电流差动保护逻辑框图，主要由起动元件、TA断线闭锁元件、分相电流差动元件、通道监视、收信回路组成。分相电流差动元件可由相电流差动、相电流变化量差动、零序电流差动组成。

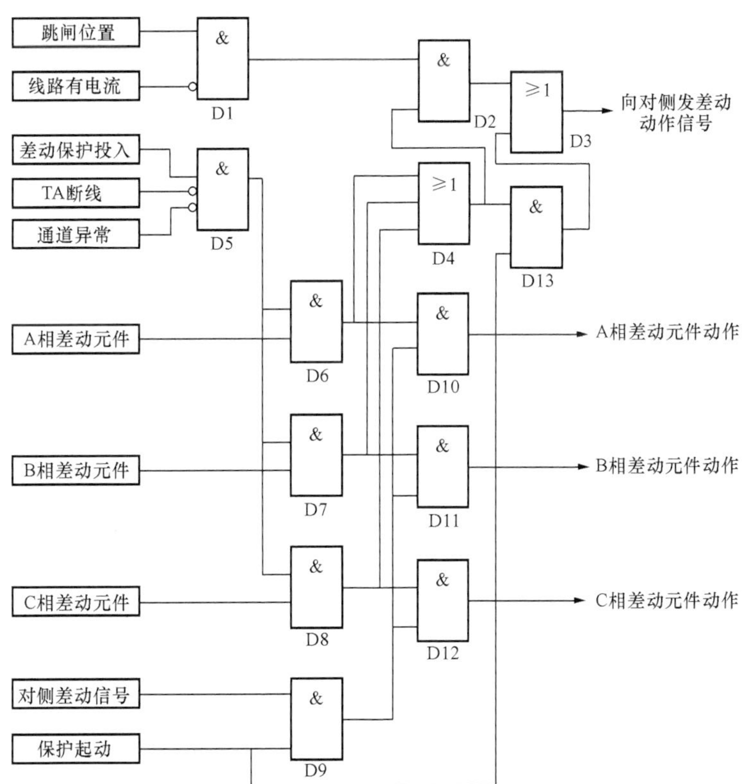

图8-16 分相电流差动保护逻辑框图

(1) 内部故障情况。起动元件开放出口继电器正电源，故障相电流差动元件动作，同时向对侧保护发出“差动保护动作”信号。本侧保护起动且收到对侧“差动保护动作”信号情况下，故障相电流差动元件向跳闸逻辑部分发出分相电流差动元件动作信号。

(2) 外部故障情况。保护起动元件起动，但两侧分相电流差动元件均不会动作，也收不到对侧保护的“差动保护动作”信号，保护不出口跳闸。

(3) TA断线情况。系统正常运行时若TA断线，差动电流大小为负荷电流。TA断线瞬间，断线侧的起动元件和差动继电器可能动作，但对侧的起动元件不动作，不会向本侧发差动保护动作信号，从而保证纵联差动不会误动。电压互感器TA断线元件判据为有自产零序电流（三相电流求和得到的零序电流）而无零序电压，延时10s动作。电流互感器TA断线元件动作后可以闭锁差动保护防止再发生外部故障时保护误动，同时发出“TA断线”告警信号。

(4) 通道异常。通道异常时闭锁各分相电流差动元件出口，防止保护误动。

(5) 本侧三相跳闸情况。本侧三相跳闸时，若分相差动元件动作，或门D4及非门D1经与门D2、或门D3向对侧发出差动保护动作信号，解决本侧断路器未合闸、对侧合闸于故障线路时因本侧保护无电流起动而不发“差动保护动作信号”问题，如图8-17所示。

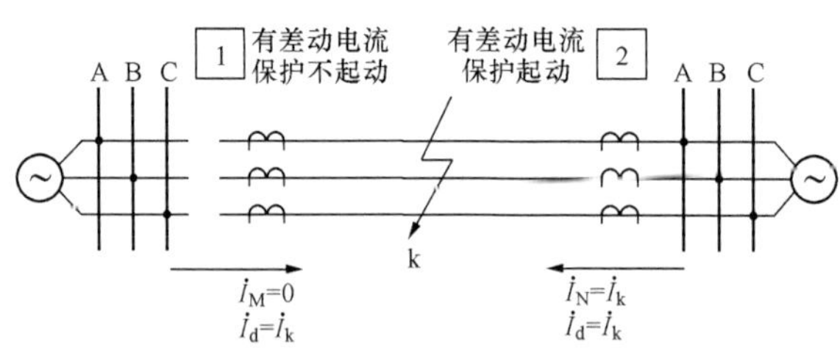

图8-17　手合于故障线路情况

8.4　纵联方向保护

8.4.1　纵联方向保护工作原理

1. 闭锁式纵联方向保护工作原理

纵联方向保护的原理是通过通道判断两侧保护均起动且为正向故障时，判定故障为线路内部故障，立即动作于跳闸。纵联方向保护通道传输的信号反映两侧保护方向元件的动作情况，为逻辑量。信号的“有”、“无”对应于“正向故障”、“反向故障”。纵联方向保护有独立的方向元件，既可以使用载波通道也可以使用光纤通道，既能构成闭锁式保护也能构成允许式保护。

闭锁式纵联方向保护的原理为：区外故障时，近故障侧保护判断短路方向为反向，远故障侧保护判断短路方向为正向，利用高频信号将近故障侧保护的测量方向信息送至对侧，并闭锁远故障点端的保护出口跳闸。高频信号在保护中起到闭锁的作用，因此称其为闭锁式的方向高频。

由于区外故障远故障点的保护判别为正方向短路，仅靠收到对侧（近故障点侧反向端）保护发出的闭锁信号保证不出口跳闸，而高频信号传送至对侧有一个延时，为保证区外故障正方向侧保护不误动，闭锁式方向高频保护采用“短时发信”方式，即系统正常时不发信，故障时起动保护发信，在各侧保护收到高频信号后再比较短路功率方向，即保护先由起动元件在故障时控制发信，然后在判断短路功率方向为正后，方向元件才动作控制发信机停信。在正方向侧停信后，还要通过等待对侧的高频信号消失或继续存在，才能正确判断区内或区外故障。所以闭锁式方向纵联保护动作的逻辑要求为：①起动后收到高频信号，而且收到的高频信号持续时间达 5～7ms；②本侧判短路功率正方向；③收信机在收到上述持续信号后又收不到信号。上述三个条件同时满足，保护才能出口跳闸。满足①②条件控制发信机停信。

区外故障时，发信机被起动发信后，正向端停信，反向端一直发信，保护采用“单频制”，即两侧收信机即收对侧又收本侧的高频信号，则两侧均能收到闭锁信号，不满足保护出口跳闸条件，保护不误动。

区内故障时，发信机被起动发信后，由于正方向元件动作，满足停信条件，两侧保护同时控制发信机停信，通道上无高频闭锁信号，两侧收信机均收不到闭锁信号，两侧保护均满足出口跳闸条件，切除故障。闭锁式纵联方向保护原理如图 8 - 18 所示。

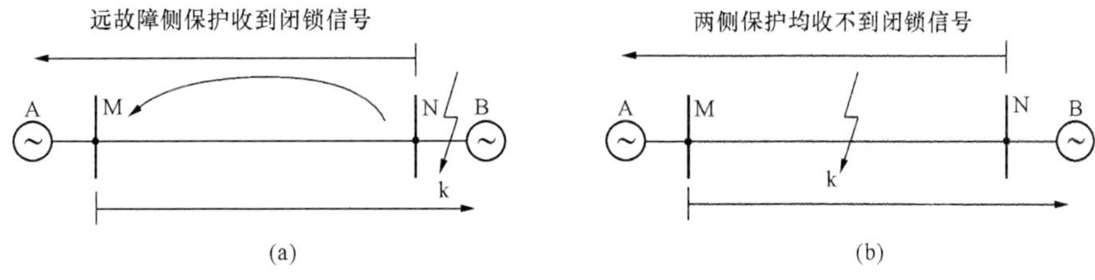

图 8 - 18　闭锁式纵联方向保护原理示意图
(a) 外部故障；(b) 内部故障

使用载波通道的闭锁式纵联方向保护也称方向高频保护或高频闭锁方向保护（简称高闭方向保护）。

2. 允许式纵联方向保护工作原理

纵联方向保护起动后若判明故障为正向故障，发出高频信号，反之则不发高频信号，高频信号是允许保护出口跳闸的必要条件，此为允许式纵联方向保护。

允许式纵联方向保护出口的逻辑要求为：①本侧判短路功率正方向；②起动后收到高频允许信号。上述两个条件同时满足，保护才能出口跳闸。满足①条件控制发信机发允许信号。

允许式纵联方向保护采用故障时起动发信机移频，即正常时通道为 f_1 频率的监频信号，故障时正向端起动发信，控制发信机改发 f_2 频率的允许信号。保护采用双频制，即只能收对侧信号。内部故障时两侧均发允许信号，满足出口跳闸条件，切除故障；外部故障时，近故障侧保护判明故障为反向故障，不发允许信号，两侧保护出口条件均不满足，保护误动作。允许式纵联方向保护原理如图 8 - 19 所示。

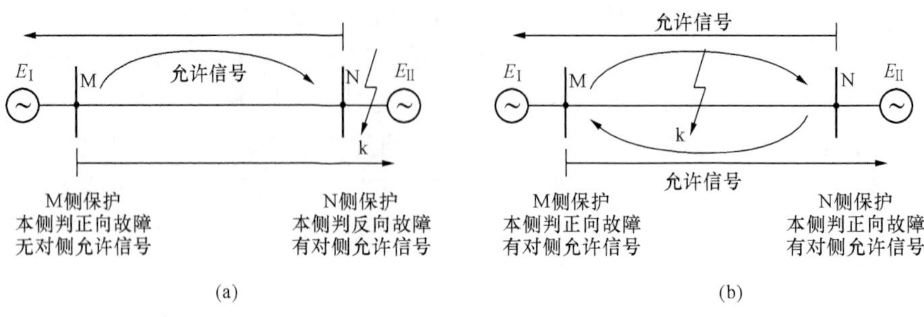

图 8-19 允许式纵联方向保护原理示意图

(a) 外部故障；(b) 内部故障

思考

允许式和闭锁式两种纵联方向保护的优、缺点是什么？

8.4.2 纵联方向保护中的方向判别元件

保护中通常设置两个方向元件，分别为正方向元件 F_+ 和反方向元件 F_-。在闭锁式纵联方向保护中，正方向元件用来控制发信机停信，允许式纵联方向保护中用来控制发信机发允许信号；反方向元件在闭锁式纵联方向保护中用来闭锁正方向元件的停信，允许式纵联方向保护中用来闭锁正方向元件的发信。

常用的方向元件有工频变化量方向元件（ΔF_+、ΔF_-）、零序方向元件（F_{0+}、F_{0-}）、基于暂态分量能量积分的方向元件。

1. 工频变化量方向元件（ΔF_+、ΔF_-）

工频变化量方向元件判别故障分量中的工频成分 $\Delta\dot{U}$ 与 $\Delta\dot{I}$ 的相角来判别故障时的功率方向的。

正方向元件 ΔF_+ 的测量相角为

$$\varphi_+ = \arg\left(\frac{\Delta\dot{U}_{12} - \Delta\dot{I}_{12}Z_{com}}{\Delta\dot{I}_{12}Z_D}\right) \tag{8-13}$$

反方向元件 ΔF_- 的测量相角为

$$\varphi_- = \arg\left(\frac{-\Delta\dot{U}_{12}}{\Delta\dot{I}_{12}Z_D}\right) \tag{8-14}$$

式中：$\Delta\dot{U}_{12}$、$\Delta\dot{I}_{12}$ 分别为电压、电流变化量的正、负序综合分量，无零序分量；Z_D 为模拟阻抗，模值为 1，角度为系统阻抗角；Z_{com} 为补偿阻抗，当最大运行方式下系统、线路阻抗比 $Z_S/Z_L>0.5$ 时，$Z_{com}=0$；否则 Z_{com} 取为“工频变化量阻抗”整定值的一半。

当正方向故障时，如图 8-20（a）所示，Z_S 为系统正序阻抗，并假设系统的负序阻抗等于正序阻抗，将工频变化量电压、电流分解为对称分量，则有

$$\Delta\dot{U}_1 = -\Delta\dot{I}_1 \times Z_S$$
$$\Delta\dot{U}_2 = -\Delta\dot{I}_2 \times Z_S$$

$$\Delta\dot{U}_{12}=\Delta\dot{U}_1+M\times\Delta\dot{U}_2=-(\Delta\dot{I}_1+M\times\Delta\dot{I}_2)\times Z_S=-\Delta\dot{I}_{12}\times Z_S$$

式中：M 为转换因子，根据不同的故障类型，装置可选择不同的转换因子以提高灵敏度。

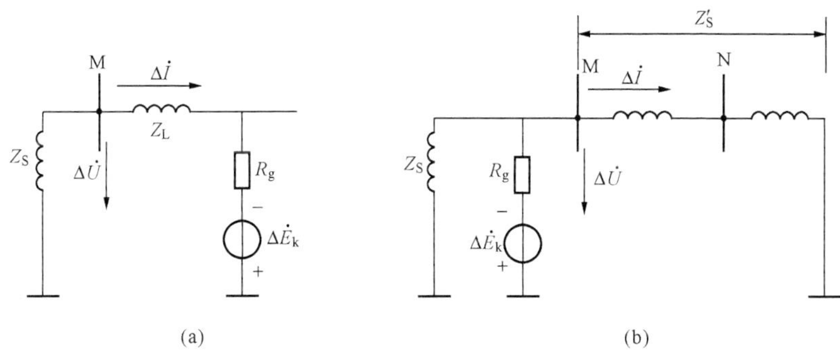

图 8-20　正反向故障分析

（a）正方向故障；（b）反方向故障

设系统阻抗角与 Z_D 的阻抗角一致，则正方向元件的测量相角为

$$\varphi_+=\arg\left(\frac{-\Delta\dot{I}_{12}Z_S-\Delta\dot{I}_{12}Z_{com}}{\Delta\dot{I}_{12}Z_D}\right)=\arg\left(\frac{-Z_S-Z_{com}}{Z_D}\right)=180°$$

反方向元件的测量相角为

$$\varphi_-=\arg\left(\frac{-\Delta\dot{U}_{12}}{\Delta\dot{I}_{12}Z_D}\right)=\arg\left(\frac{Z_S}{Z_D}\right)=0°$$

当反方向故障时，如图 8-20（b）所示，Z'_S为线路至对侧系统的正序阻抗，将电压、电流分解为对称分量，则有

$$\Delta\dot{U}_1=\Delta\dot{I}_1\times Z'_S$$
$$\Delta\dot{U}_2=\Delta\dot{I}_2\times Z'_S$$
$$\Delta\dot{U}_{12}=\Delta\dot{I}_{12}\times Z'_S$$

设系统阻抗角与 Z_D 的阻抗角一致，则正方向元件的测量相角为

$$\varphi_+=\arg\left(\frac{Z'_S-Z_{com}}{Z_D}\right)=0°$$

反方向元件的测量相角为

$$\varphi_-=\arg\left(\frac{-Z'_S}{Z_D}\right)=180°$$

由上可见，发生正方向故障时，φ_+ 接近于 180°，正方向元件可靠动作，而 φ_- 接近于 0°，反方向元件可靠不动作；发生反方向故障时，φ_+ 接近于 0°，正方向元件可靠不动作，而 φ_- 接近于 180°，反方向元件可靠动作。

在大系统长线路 Z_S 较小的情况下，在正方向元件中引入补偿电压 $\dot{I}_{12}Z_{com}$ 不会引起方向元件误动，可以从根本上改善继电器的灵敏度，使该方向继电器不仅适用于短线路，而且适用于任何长距离输电线路。反向故障时 $Z'_S>Z_L$，不需要进行电压补偿。

以上分析中未规定故障类型，因此对各种故障，方向继电器都有同样优越的方向性，且过渡电阻不影响方向元件的测量相角。另外，由于方向元件不受负荷电流影响，因而方向元件有很高的灵敏度；且因为 $Z_C < Z_S$，$Z_C < Z'_S$，方向元件不受串补电容的影响。

2. 零序方向元件（F_{0_+}、F_{0_-}）

与零序电流方向保护中采用的零序方向元件原理一样，只是分别设置了正方向与反方向两个元件，反方向元件的灵敏度更高些。

正方向元件动作条件：$3\dot{U}_0 3\dot{I}_0 Z_D < -1$，其中模拟阻抗 $Z_D = 1\angle 78°$；

反方向元件动作条件：$3\dot{U}_0 3\dot{I}_0 Z_D > 0$，灵敏度高于正方向元件。

3. 基于暂态分量能量积分的方向元件

能量积分方向元件是根据故障附加网络的能量来判别故障方向的，将电压、电流的暂态分量（变化量）$\Delta\dot{U}$、$\Delta\dot{I}$ 乘积进行积分后得到暂态能量，由暂态能量的增加、减少判断故障方向。

8.4.3 纵联方向保护中需要考虑的特殊问题

下面讨论纵联方向保护中的一些特殊问题，以闭锁式纵联方向保护（短时发信，单频制）为例进行，以下的特殊性就允许式纵联方向保护同样适用。

1. 起动元件的设置

纵联保护设置两套起动元件分别起动发信及开放跳闸回路：低定值元件起动发信回路；高定值元件开放跳闸回路，为防止外部故障时仅一侧纵联保护起动导致误动。

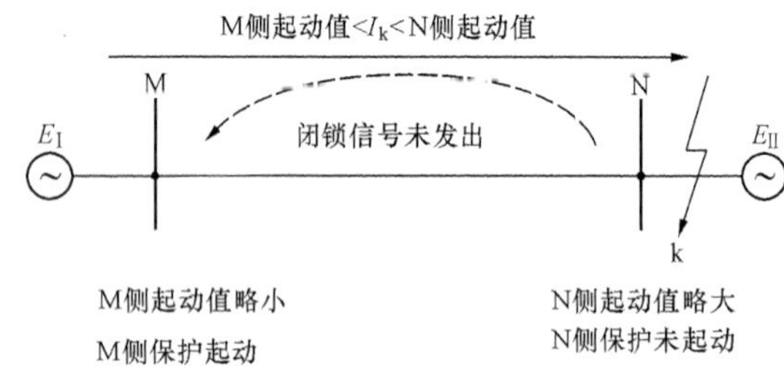

图 8-21 单套起动元件存在的问题

假设只设一个起动元件起动发信及开放跳闸回路，两侧起动定值一致，由于电压互感器 TA 误差、保护误差等因素，两侧保护实际起动值略有差异，外部故障时电流正好介于两侧保护实际起动值之间，如图 8-21 所示，M 侧保护起动而 N 侧保护未起动。N 侧保护由于未起动发信，未发出闭锁信号，M 侧保护起动后因收不到对侧闭锁信号而误跳。

纵联保护采用双侧测量原理，不能单侧工作。采用两套定值起动发信、跳闸回路，当高定值条件满足准备跳闸时，由于高、低定值间考虑足够的配合系数（高定值一般为低定值的 1.5～2 倍），如果低定值元件未损坏，可以认为两侧低定值元件均已起动发信。这样就保证纵联保护准备跳闸时是在两侧保护均已起动的状态下。高低定值元件可整定如下

$$\begin{cases}\text{高定值元件 } \Delta I_{\varphi\varphi\max} > 1.25\Delta I_T + \Delta I_{set} \\ \text{低定值元件 } \Delta I_{\varphi\varphi\max} > 1.125\Delta I_T + 0.5\Delta I_{set}\end{cases} \tag{8-15}$$

一侧纵联保护检修时，另一侧纵联保护还能运行吗？对照图 8-21 考虑一下，N 侧纵联保护检修，M 侧纵联保护继续运行会发生什么问题？

低定值元件起动发信，当外部故障切除后低定值元件返回，此时发信元件不能立即停止

发信，应该延时返回，继续发信一段时间。分析图 8-22 所示情况，假设 N 侧保护先返回并立即停止发信，后返回的 M 侧保护失去闭锁信号而误动，所以 N 侧保护应继续发信至 M 侧保护返回后才能停止发信。

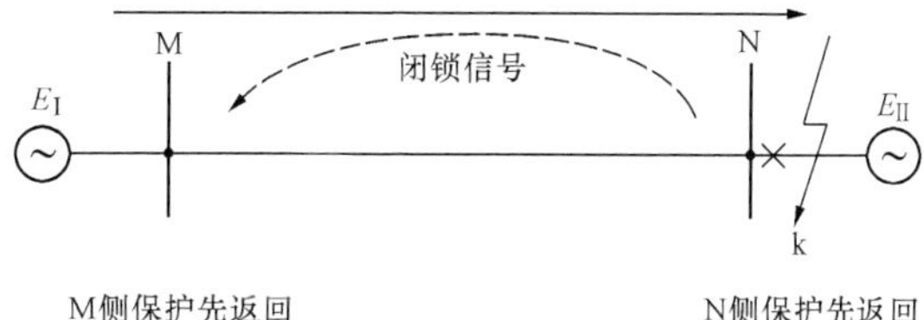

图 8-22 外部故障切除情况

2. 远方起动

远方起动是指收到对侧信号而本侧起动发信元件未起动时，由收信起动本侧发信回路。由于发信是因为收到了对侧信号而起动的，称远方起动。远方起动有如下作用。

（1）更加可靠地防止纵联保护单侧工作，当一侧纵联保护低定值元件损坏时仍能依靠远方起动回路起动发信。

（2）可方便手动通道检查。由于发信机短时发信，平时不起动发信，必须定期手动起动发信以检查通道及两侧收发信机。没有远方起动回路，检查通道时，线路两侧变电所运行人员必须同时在保护柜前，相互配合工作；采用远方起动后，可以由线路任一侧变电所运行人员单独进行通道检查。具体的检查方法见 8.4.4 节中保护未起动情况原理框图分析。

3. 延时保护停信

保护正方向元件动作时，停止发出闭锁信号，这称为保护停信。纵联方向保护要求收到信号 8ms 后才开放保护停信回路，即保护起动后无论方向元件判别为正向故障还是反向故障首先连续发信，收信 8ms 后是否继续发信取决于方向元件行为（正方向元件动作停信，反方向元件动作继续发闭锁信号）。闭锁式纵联方向保护中内、外部故障时收信情况如图 8-23 所示。

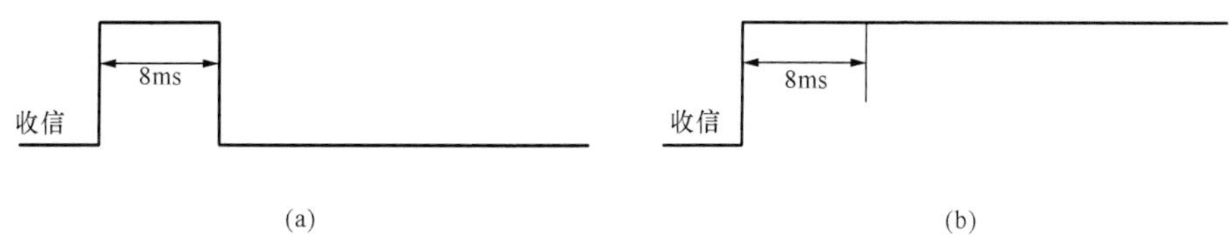

图 8-23 闭锁式纵联方向保护收信示意图

（a）内部故障；（b）外部故障

保护起动后 8ms 的信号不用来传输方向元件的动作情况，用于可靠地远方起动，当然这样保护将延时 8ms 出口。

4. 其他保护停信

纵联保护无后备保护作用，线路上除纵联保护还配有零序电流方向保护、距离保护，同时母线保护动作时也出口于线路断路器。当其他保护动作，发出跳闸命令时，纵联保护应停止发信，保证对侧纵联保护跳闸。

5. 断路器位置停信

本侧断路器跳开时，应该由断路器位置停止发信，称为断路器位置停信。如图 8-24 所示为一侧线路断路器先合闸于故障线路情况。M 侧断路器断开，保护正方向元件不动作，如果没有断路器位置停信，M 侧无法停止发信，将闭锁 N 侧保护。

线路内部故障时，一侧保护跳开断路器后其正方向元件返回，若无断路器位置停信回路，也会发闭锁信号闭锁对侧纵联保护，情况类似图 8-24。

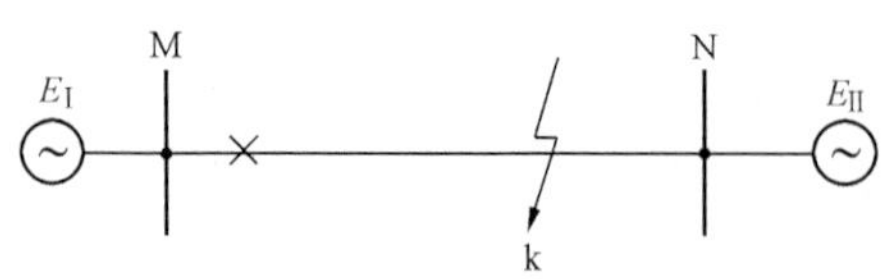

图 8 - 24 一侧先合于故障线路情况

6. 弱馈线路

当线路一侧无电源或电源很弱时，会发生类似图 8 - 24 的情况。线路内部故障时，流过弱电源或无电源侧保护的电流很小，正方向元件可能不动作于停信，闭锁信号将闭锁两侧保护。为了解决这个问题，在弱馈侧投入纵联反方向距离元件，当故障电压低于 30V 且反向元件不动作时，则判为正方向停止发信。

8.4.4 闭锁式纵联方向保护原理框图

1. 程序流程图

闭锁式纵联方向保护原理程序流程图如图 8 - 25 所示。

上电后主程序经初始化后按固定的取样周期接受取样中断进入取样程序，在取样程序中进行模拟量采集与滤波、开关量的采集、装置硬件自检、交流电流断线和起动判据的计算，根据是否满足起动条件而进入正常运行程序或故障计算程序。硬件自检内容包括 RAM、E^2PROM、跳闸出口晶体管的自检等。

正常运行程序中进行取样值自动零漂调整及运行状态检查，运行状态检查包括交流电压断线、检查开关位置状态、变化量制动电压形成、重合闸充电、准备手合判别等。不正常时发告警信号，信号分为两种：一种是运行异常告警，这时不闭锁装置，提醒运行人员进行相应处理；另一种为闭锁告警信号，告警同时将装置闭锁，保护退出。

故障计算程序中进行各种保护的算法计算，跳闸逻辑判断，以及事件报告、故障报告及波形的整理。

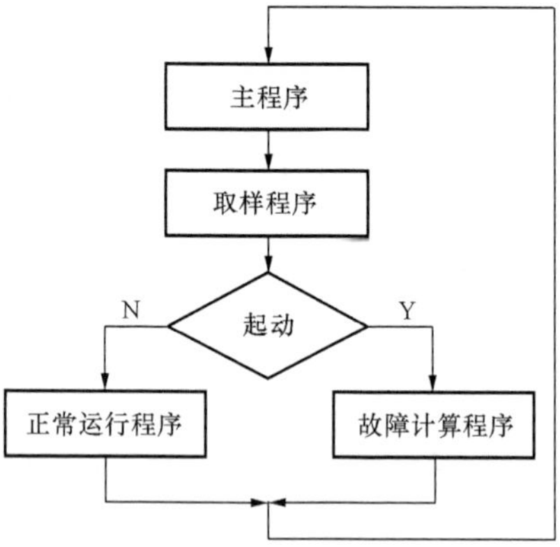

主程序
取样程序
起动
N
Y
正常运行程序
故障计算程序

图 8 - 25 闭锁式纵联方向保护原理程序流程图

2. 保护未起动情况

纵联保护由整定控制字选择是采用允许式还是闭锁式，两者的逻辑有所不同，都分为起动元件动作保护进入故障测量程序和起动元件不动作保护在正常运行程序两种情况。保护未起动时正常运行程序框图如图 8 - 26 所示。

D2 输出至收发信机或光电转换设备起动发信，有 3 种起动发信情况：

1）系统扰动时由保护低定值起动发信；

2）检查通道时手动起动发信；

3）收到对侧信号，由收信远方起动发信，当本侧断路器打开或处于弱电源侧时延时 100ms 远方起动，这样发生如图 8 - 24 所示情况时，对侧保护有足够的时间跳闸。

注意：继电保护框图中未标明单位的时间参数习惯默认单位为 ms。

其中，手动起动 D1、200ms 延时 T1、5s 展宽 T4、否门 D3、10s 延时 T5、或门 D2 构成了手动检查通道逻辑。如图 8 - 27 所示，本侧手动起动后发信 200ms，对侧被远方起动后发信 10s，5s 后本侧远方起动回路投入，也发信 10s。T2 的 2ms 延时为抗干扰措施。在通道试验过程中，若保护装置起动，则结束本次通道试验。

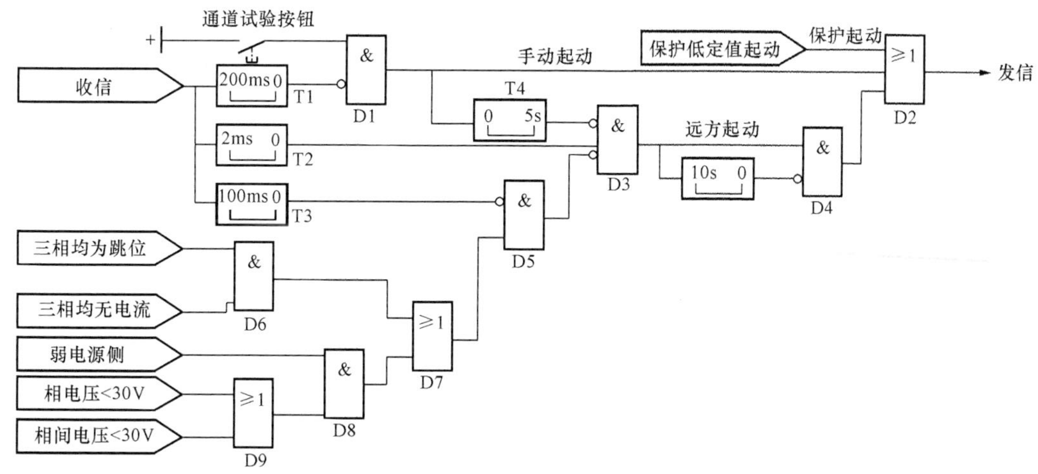

图 8-26 闭锁式纵联方向保护正常运行程序框图

T3、D6、D7、D8、D9、D5、D3 作用是当收到对侧信号后，如断路器为跳闸位置，则延时 100ms 发信；当用于弱电侧，判断任一相电压或相间电压低于 30V 时，延时 100ms 发信。这将保证在线路轻负荷，起动元件不动作的情况下，由对侧保护快速切除故障。

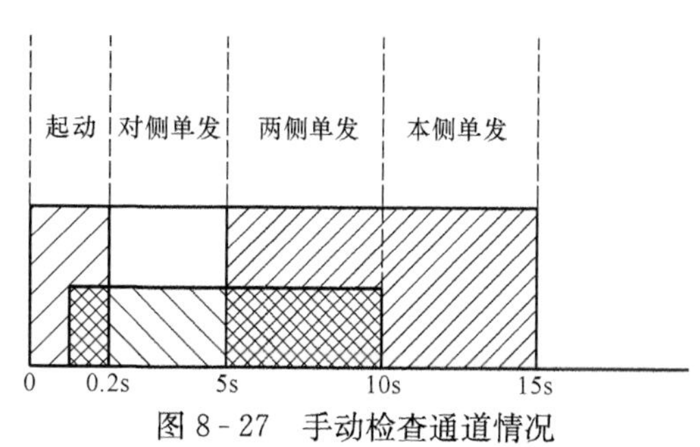

图 8-27 手动检查通道情况

分析图 8-26 时应对照前述方向纵联方向保护需考虑的特殊问题中的断路器位置停信及弱馈线路的情况。

3. 保护起动后情况

保护起动后转入故障测量程序，故障测量程序原理框图如图 8-28 所示。

起动元件动作即进入故障程序，收发信机起动发闭锁信号。纵联方向保护设有两种方向元件：反方向元件动作时发闭锁信号；正方向元件动作时停止发闭锁信号（停信）。考虑保护可靠性，反方向元件动作较正方向元件动作速度快且灵敏度高。

D14 控制发信机，D13 控制起动发信后是否停信。停信有如下 3 种情况。

1）保护停信（D7）：收信 8ms（T1）后才允许正方向元件投入工作，当正方向元件动作且反向件不动作时停信。

2）其他保护停信（T5、D16）：当本装置其他保护（如工频变化量阻抗、零序延时段、距离保护）动作，或外部保护（如母线差动保护）动作跳闸时，立即停止发信，并在跳闸信号返回后，停信展宽 150ms，但在展宽期间若反方向元件动作，立即返回，继续发信。

3）断路器位置停信（D17、D16），断路器为跳闸位置时始终停信。

纵联保护出口为 D5，动作条件为本侧保护起动、本侧保护停信以及无收信闭锁 3 个条

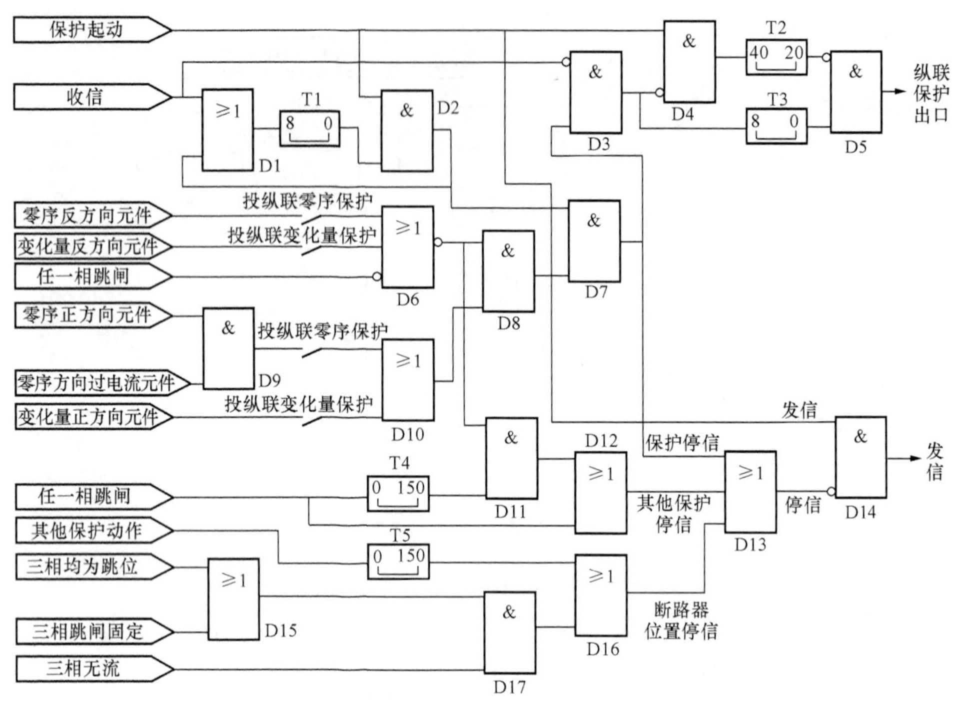

图 8-28 闭锁式纵联方向保护故障测量程序原理框图

件相与。

T2 设置是因为在多电源环网中切除外部故障时可能因为功率倒向导致闭锁信号有一个短暂的间断。功率倒向情况如图 8-29 所示。分析 MN 线保护，假设外部故障时短路电流如图 8-29（a）分布，M 侧保护判故障为反方向，发出闭锁信号，保护不会误动。外部故障切除时，设 Q 端保护先动作跳闸，短路电流分布改变，如图 8-29（b）所示，此时 N 侧保护判反向故障，发闭锁信号，保护仍不会误动。关键是图 8-29（a）、（b）所示两种状态切换时，M 侧保护应由发信改为停止发信；而 N 侧保护则由停信转为发信，两者切换过程中可能产生毫秒级的闭锁信号间断，则会导致区外故障保护误动。

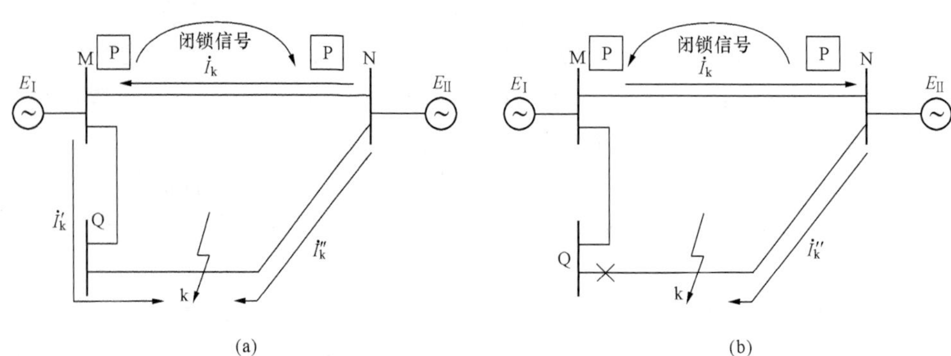

图 8-29 功率倒向情况示意图

（a）外部故障情况；（b）功率倒向

功率倒向是外部故障切除过程中形成的，所以把收信一段时间（40ms）之后出现的短暂闭锁信号间断（20ms 以内）判为功率倒向情况，T2 输出不变，保护不动作。纵联保护反方向元件动作时，立即闭锁正方向元件的停信回路，即方向元件中反方向元件动作优先，且反方向元件灵敏度高于正方向元件，这样有利于防止故障功率倒向时误动作。设置 T3 使保护在两侧停信后延时 8ms 出口。

8.4.5　允许式纵联方向保护原理框图

允许式纵联方向保护原理框图如图 8-30 所示，可自行分析。

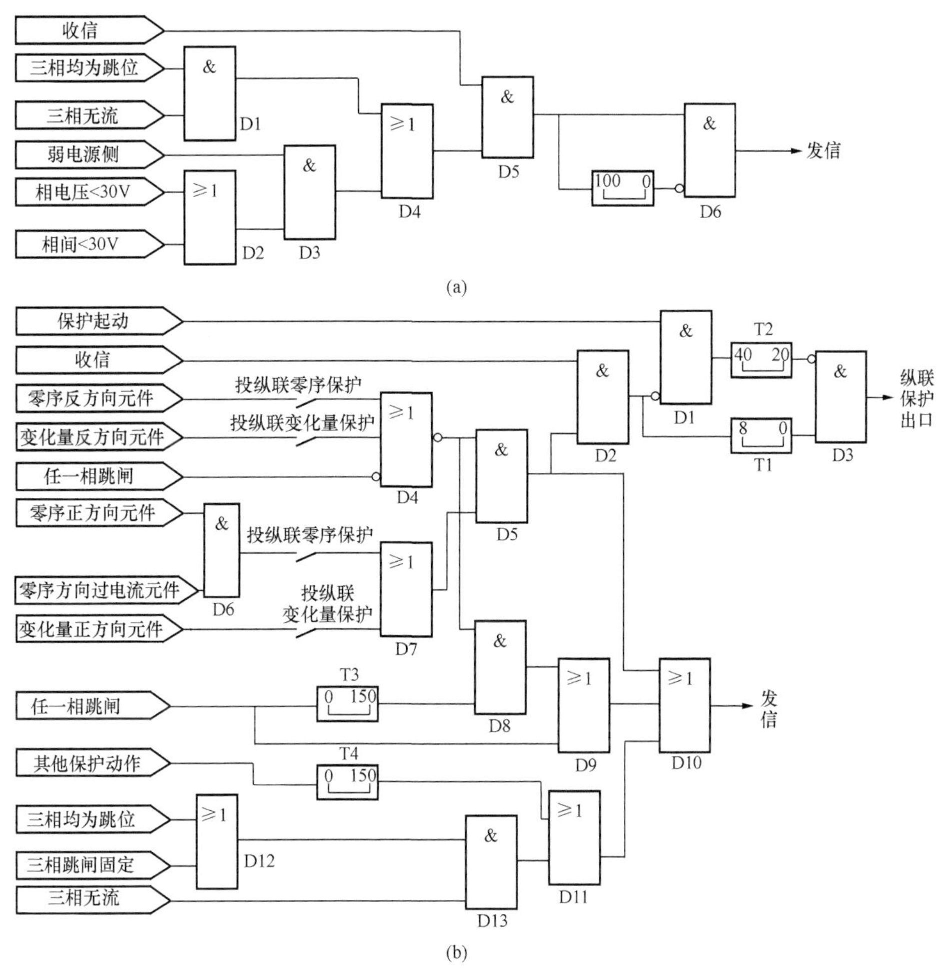

图 8-30　允许式纵联方向保护原理框图

（a）允许式纵联方向保护未起动时框图；（b）允许式纵联方向保护起动后框图

8.4.6　纵联距离、零序方向保护

纵联距离、零序方向保护以距离保护中的带有方向性的阻抗元件（如距离Ⅲ段）、零序电流方向保护中零序方向元件控制停信或发信，相当于用方向阻抗元件、零序电流方向元件

替代纵联方向保护中正方向元件。若采用闭锁式，保护起动后方向阻抗元件或零序电流元件动作于停信，反之继续发闭锁信号。

纵联保护由整定控制字选择是采用允许式还是闭锁式，两者逻辑有所不同，都分为起动元件动作保护进入故障测量程序和起动元件不动作保护在正常运行程序两种情况。起动元件不动作时保护在正常运行程序，与图 8 - 26 完全相同。

纵联距离、零序方向保护一般与专用收发信机配合构成闭锁式纵联保护，闭锁式纵联距离、零序方向保护原理框图如图 8 - 31 所示。其中，断路器位置停信、其他保护动作停信、通道检查逻辑等原则、回路都由与闭锁式纵联方向保护装置类似，只是保护停信部分有所不同。

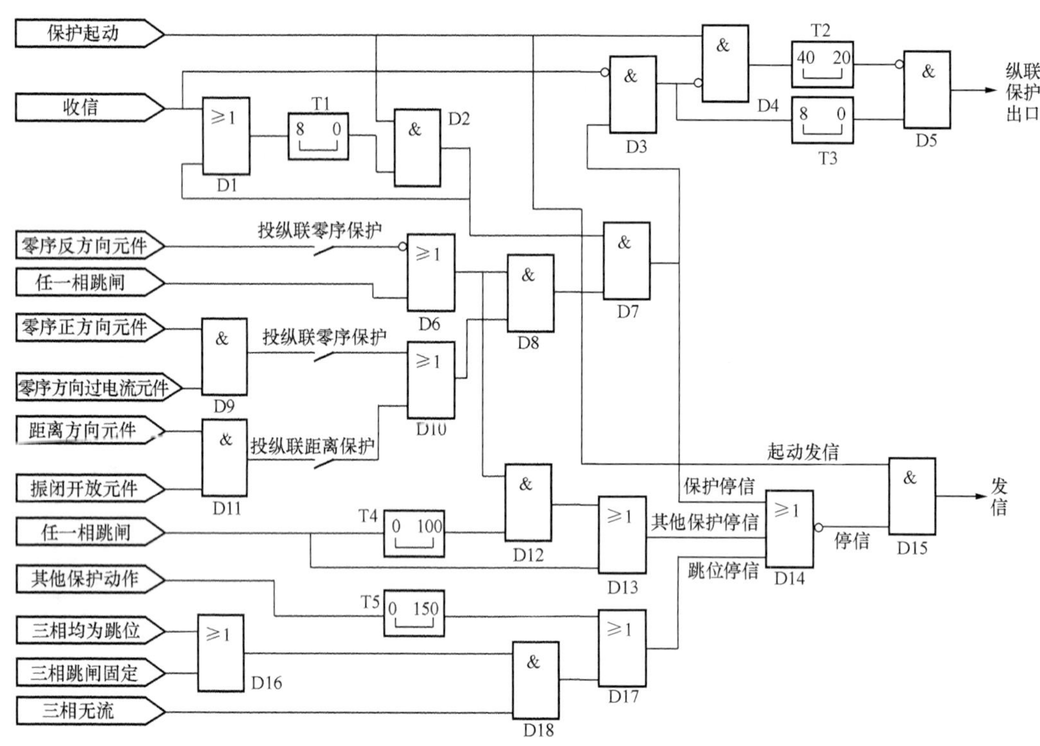

图 8 - 31 闭锁式纵联距离、零序方向保护故障测量程序框图

思 考

分析图 8 - 31 时可与图 8 - 28 对比，除了保护停信回路使用的元件不同，其余部分非常接近。纵联方向保护基本原则同样适用于纵联距离、零序保护。

需要说明的是，纵联距离保护同样需要考虑振荡问题，需要引入振荡闭锁。另外，如果采用母线电压互感器，在单相重合闸过程中非全相运行时零序电流方向元件会误动，非全相运行时应退出纵联零序电流保护。

图 8 - 32 为允许式纵联距离、零序方向保护故障测量程序框图，可以对照图 8 - 30、图 8 - 31 进行分析。

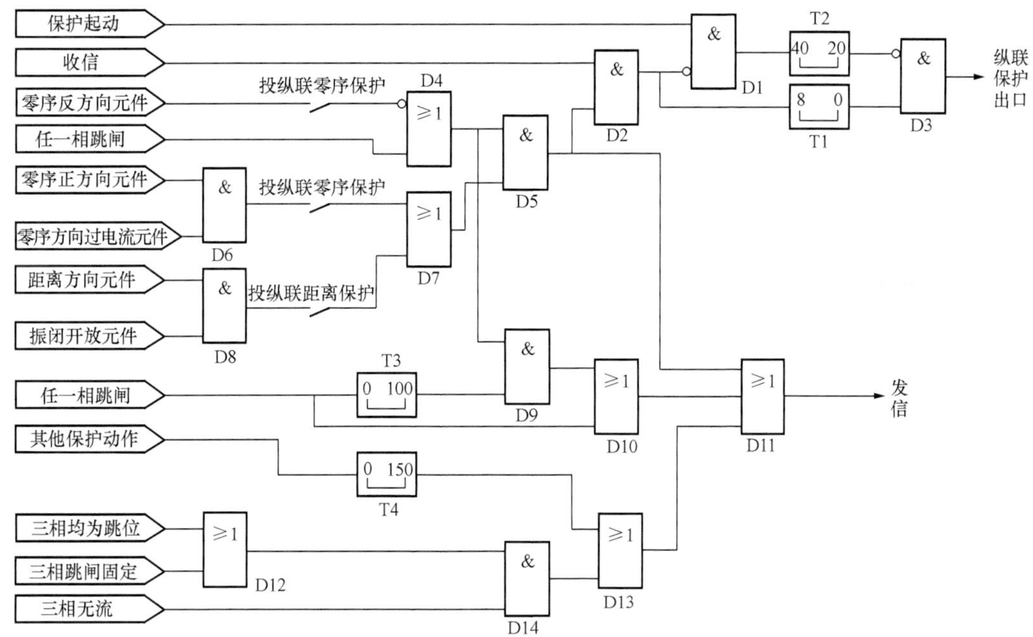

图 8-32　允许式纵联距离、零序方向保护故障测量程序框图

小　　结

(1) 电流保护、零序电流保护、距离保护等单侧测量保护不能快速切除本线路上的所有故障。

(2) 纵联保护采用双侧测量方式，可以实现全线速动，但不具有远后备保护作用。

(3) 纵联保护目前主要采用分相电流差动、纵联方向原理（闭锁式、允许式），纵联距离、纵联零序保护可以看成是纵联方向保护中的一种形式。纵联电流差动保护通过比较线路两侧电流的大小和相位关系来实现全线速动；为提高区内故障保护的灵敏度且保证区外故障保护不误动，采用比率制动特性判据。纵联方向保护通过比较线路两侧的功率方向而实现全线速动。纵联保护一般采用载波通道、光纤通道，广泛用于 220、110kV 线路主保护系统。

(4) 闭锁式方向纵联保护通道的工作方式采用“短时”发信，也称故障时起动发信，收发信机采用“单频制”；允许式方向纵联保护通道的工作方式采用“长期”发信，收发信机采用“双频制”。

(5) 目前要求 220kV 线路保护实现主保护双重化，即配置两套不同原理的纵联保护。目前主要的 220kV 纵联保护产品情况见表 8-1 所列。

表 8-1　220kV 主要纵联保护设备一览表

设备型号	RCS901 PSL601 CSC101	RCS902 PSL602 CSC102	RCS931 PSL603 CSC103
纵联保护原理	纵联方向（闭锁、允许）	纵联距离零序（闭锁、允许）	分相电流差动
通道	载波、光纤	载波、光纤	光纤

(6) 110kV线路当采用距离、零序电流保护灵敏度不满足要求时，也可采用纵联保护。

(7) 纵联保护为全线速动保护，但动作也不是一点没有延时，动作时间为20～50ms。

(8) 导引线通道的电流差动保护较少用于线路，但广泛用于第10、11、12章中的变压器、发电机、母线保护。

复习思考题

8-1 什么是全线速动保护，采用全线速动保护对提高电力系统并列运行的动稳定性有何影响?

8-2 何谓纵联电流差动的不平衡电流? 形成的原因是什么?

8-3 以纵联方向为例，闭锁式保护、允许式保护的停信条件、跳闸条件有什么区别?

8-4 试简述相地制载波通道主要组成及各部分功能。

8-5 为何纵联方向保护要采用两套定值分别起动发信、跳闸? 哪个起动元件灵敏度高?

8-6 构成纵联距离保护时，停信元件能否采用全阻抗特性，为什么?

8-7 什么是远方起动，远方起动回路有什么作用?

8-8 什么是功率倒向，纵联方向保护采取什么措施防止功率倒向导致保护误动?

8-9 什么是断路器位置停信，设置该回路有什么作用?

8-10 为什么短时发信制式的收发信机需要定期检查通道?

第 9 章

线路保护配置原则与实例

【要　求】掌握线路保护配置原则，了解继电保护装置结构及现场实际接线。

【知识点】线路保护配置原则；微机保护装置、微机保护柜构成；变电站综合自动化线路保护主要二次回路。

【重点和难点】线路保护配置原则；综合、总结各种线路保护工作原理及应用范围、特点。

9.1　线路保护配置原则

9.1.1　电网继电保护选择性原则

1. 满足四项基本要求

继电保护和安全自动装置应符合选择性、速动性、灵敏性和可靠性的要求。当确定其配置和构成方案时，应综合考虑以下几个方面。

1）电力设备和电力网的结构特点和运行特点。

2）故障出现的概率和可能造成的后果。

3）电力系统的近期发展情况。

4）经济上的合理性。

5）国内和国外的经验。

(1) 选择性。保护装置的动作应具有选择性，应保证只作用于距故障点最近的断路器跳闸，将停电范围控制在最小。

为此，对相邻设备和线路有配合要求的保护和同一保护内有配合要求的两元件（如起动与跳闸元件或闭锁与动作元件），其灵敏系数及动作时间在一般情况下应相互配合。对于单侧测量原理的保护，选择性由整定值中的灵敏系数及动作时间配合保证；对于双侧测量原理的保护，虽原理上具有绝对选择性，与相邻线路保护没有整定值配合，仍有同一套保护两元件的配合问题，如纵联方向保护低灵敏度元件起动发信，高灵敏度元件起动跳闸；闭锁式纵联方向保护中发闭锁信号的反方向元件灵敏度高于正方向元件。

当重合于本线路故障，或在非全相运行期间健全相又发生故障时，相邻元件的保护应保证选择性。在重合闸后加速的时间内及单相重合闸过程中，发生区外故障时，允许被加速的线路保护无选择性。在某些条件下必须加速切除短路，可使保护无选择性动作，但必须采取自动重合闸或备用电源自动投入来补救的措施。例如，35kV 及以下电压等级线路上采用前加速方式的三相一次重合闸。

(2) 速动性。速动性是指保护装置应能尽快地切除短路故障，其目的是提高系统稳定性，减轻故障设备和线路的损坏程度，缩小故障波及范围，提高自动重合闸和备用电源或备用设备自动投入的效果等。220kV及以上等级电网更多地从保证系统并列运行稳定性角度出发确定保护动作时间，要求保护全线速动、快速切除故障。

制定保护配置方案时，对稀有故障，根据对电网影响程度和后果应采取相应措施，使保护能按要求切除故障。对两种故障同时出现的稀有情况，仅保证切除故障。

(3) 灵敏性。主保护应保证本线末端故障时保护有足够的灵敏度，后备保护则应保证近后备灵敏度（本线路末端故障）及远后备灵敏度（相邻线路、元件末端故障）以满足要求。

当采用远后备方式，变压器或电抗器后面发生短路时，由于短路电流水平低，而且对电网不致造成影响及在电流助增作用很大的相邻线路上发生短路等情况下，如果为了满足相邻保护区末端短路时的灵敏性要求，且当保护过分复杂或在技术上难以实现时，可以缩小后备保护作用的范围。

例如线路作为相邻元件（变压器）保护的远后备时，由于变压器阻抗远大于线路阻抗，可能灵敏度不足，此时可不考虑线路保护在相邻变压器末端短路时的灵敏度，只需要校验相邻线路末端短路时的灵敏度。

(4) 可靠性。为保证可靠性，宜选用可能的最简单的保护方式，应采用由可靠的元件和尽可能简单的回路构成的性能良好的装置，并应具有必要的检测、闭锁和双重化等措施。保护装置应便于整定、调试和运行维护。具体的措施有220kV线路断路器设2个跳闸线圈，主保护双重化，分别接于2个跳闸线圈；500kV线路更要求2套保护的交流电压、直流电源、控制电源双重化，配置完全独立等。

2. 与一次系统运行方式统筹考虑

继电保护和安全自动装置是电力系统的重要组成部分。确定电力网结构、厂（站）主接线和运行方式时，必须与继电保护和安全自动装置的配置统筹考虑，合理安排。继电保护和安全自动装置的配置方式要满足电力网结构和厂（站）主接线的要求，并考虑电力网和厂（站）运行方式的灵活性。对导致继电保护和安全自动装置不能保证电力系统安全运行的电力网结构形式、厂（站）主接线形式、变压器接线方式和运行方式，应限制使用。

为便于运行管理和有利于性能配合，同一电力网或同一厂（站）内的继电保护和安全自动装置的形式，不宜品种过多。

目前有条件的110kV及以下线路尽量解环运行，变电所低压分段母线正常运行时断开分段开关，桥式接线正常运行时断开桥开关等运行方式，均可简化继电保护整定计算工作、降低对继电保护的要求，从而提高了保护性能。而T接分支线路保护实现困难，一次系统建设时应逐步减少其应用。

3. 保护装置选型基本要求

保护装置选型时应保证系统振荡、电弧电阻、电压互感器TV二次回路断线等情况下保护不误动。动作时发出相关信号供运行、检修人员分析。

如由于短路电流衰减、系统振荡和电弧电阻的影响，可能使带时限的保护拒绝动作时，应根据具体情况设置按短路电流或阻抗初始值动作的瞬时测定回路或采取其他措施。但无论采用哪种措施，都不应引起保护误动作。

电力设备或电力网的保护装置，除预先规定的以外，都不允许因系统振荡而引起误动作。

哪些保护需要考虑电压互感器 TV 二次断线问题?

为了分析和统计继电保护的工作情况，保护装置设置指示信号，并应符合下列要求：

1）在直流电压消失时不自动复归，或在直流电源恢复时，仍能重现原来的动作状态；

2）能分别显示各保护装置的动作情况；

3）在由若干部分组成的保护装置中，能分别显示各部分及各段的动作情况；

4）对复杂的保护装置，宜设置反映装置内部异常的信号；

5）用于起动顺序记录或微机监控的信号触点应为瞬时重复动作触点；

6）宜在保护出口至断路器跳闸的回路内，装设信号指示装置。

目前数字化保护应用了大量网络通信技术，除传统的触点输出信号方式，保护的动作情况、故障分析测距报告、录波信息等更为详细的信息以报文形式经网络上传至监控后台，重要信息可以转发至调度中心。报文可以打印、存储，保存可靠、方便。

9.1.2　主保护、后备保护和辅助保护

电力系统中的电力设备和线路，应装设短路故障和异常运行保护装置。根据保护装置作用的不同，保护装置可分为主保护、后备保护和辅助保护。电力系统中的每一个被保护元件都应设置主保护和后备保护，必要时可再增设辅助保护。

主保护是指能以最短的时限，有选择性地切除被保护设备和全线路故障的保护。它既能满足系统稳定和设备安全要求，也能保证系统中其他非故障部分的继续运行。如阶段式保护的Ⅰ段和Ⅱ段、全线速动保护。

后备保护是主保护或断路器拒动时，用以切除故障的保护。后备保护可分为远后备和近后备两种方式。

（1）远后备是当本原件的主保护或断路器拒动时，由相邻上一级电力设备或线路的保护来实现的后备作用。

阶段式保护的Ⅲ段，其保护区为本线路全长及相邻下一线路全长，不但能够实现对本线路主保护拒动的近后备作用，还可实现对相邻下一条线路的保护或开关拒动的远后备作用，如图 9－1 所示。

Ⅰ段与Ⅱ段构成了线路的主保护，Ⅱ段对于本线路的部分区域（Ⅰ段动作区）有近后备的作用，对下一线路也有一些远后备作用，Ⅱ段的后备保护作用并不完备。Ⅲ段保护则具有对本线路保护的近后备作用以及对相邻下一线路、元件的远后备作用。采用远后备方式时，为保证选择性，保护 1 的Ⅲ段的动作时限要与相邻下一元件或线路的保护 2 中最长的时限配合，一旦保护 2 的主保护或断路器拒动，依靠保护 1 的Ⅲ段作用于断路器

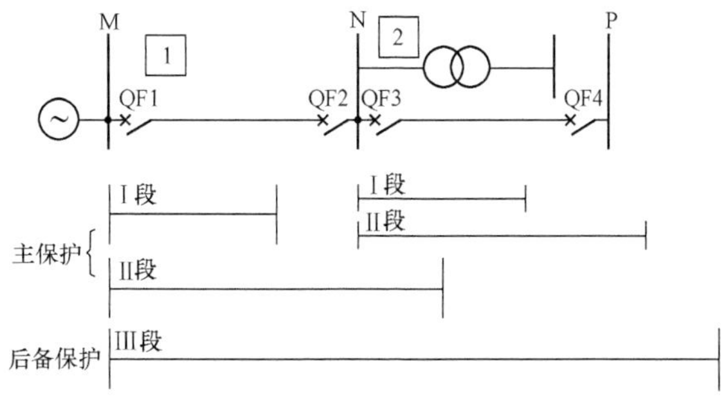

图 9－1　三段式保护区配合

QF1跳闸切除故障，动作时间延长、切除范围扩大。但由于远后备方式保护配置相对简单、成本低，主要用于110kV及以下电压等级的线路。

(2) 近后备是当主保护拒动时，由本电力设备或线路的另一套保护来实现后备作用；当断路器拒动时，由该元件的保护出口起动断路器的失灵保护，断开与该拒动断路器连在同一母线的所有元件的断路器来切除故障。采用近后备方案时，需装设失灵保护，实际工作中往往通过配置双重化保护实现近后备方式。近后备方式保护配置较复杂，成本高但有利于系统运行，主要用于220kV及以上电压等级的线路。

为了便于分别校验保护装置和提高其可靠性，主保护和后备保护应做到回路彼此独立，即保护装置中主保护与后备保护应各设一个出口继电器。

辅助保护是为补充主保护和后备保护的性能或当主保护和后备保护退出运行而增设的简单保护，例如电流速断保护等。

异常运行保护是反映被保护电力设备或线路异常运行状态的保护。保护动作后发出信号，不需要跳闸。

9.1.3 小接地电流电网保护配置

1. 1～10kV电网保护

在小接地电流系统中，电压为1～10kV的电网线路上应装设反映相间故障和单相接地故障的保护。

反映相间故障的保护装置一般选择阶段式电流保护，可以采用两相不完全星形连接，并在同一电网的所有线路上均接于相同的两相上，通常都是接到A、C两相。

对于单侧电源供电的线路，反映相间故障的保护装置应仅装在电源侧，可装设两段过电流保护：第一段为不带时限的电流速断保护；第二段为带时限的过电流保护，可采用定时限或反时限特性的电流保护。

对于由单回线组成的多电源辐射形电网、环形电网等，首先考虑装设一段或两段式电流、电压速断保护和过电流保护。在必要时，保护应具有方向性。在能保证供电前提下，尽量解环运行以简化保护配置。

反映接地故障的保护，其保护装置宜带时限动作于信号，必要时可动作于跳闸。在出线不多时，一般装设反映零序电压的信号装置，发生接地故障时，依次断开出线以寻找故障点。在出线较多时，则应装设有选择性的接地保护装置，动作于信号。只有涉及人身、设备安全的线路（如供给煤矿深井的线路等）才应装设动作于跳闸的单相接地保护。

当保护不能满足选择性、灵敏性和速动性的要求时，或保护的构成过于复杂时，则可采用距离保护。特别短的线路（1～2km的10kV线路或3～4km的35kV线路）也可以考虑采用纵联电流差动保护。

对于可能经常出现过负荷的电缆线路，可以装设过负荷保护。过负荷保护装置一般作用于信号，必要时可动作于跳闸。

2. 35～66kV电网保护

在35～66kV小接地电流系统的电网线路上，应装设反映相间故障和单相接地故障的保护装置，当发生相间故障或两点接地故障时，保护装置应保证动作。

相间保护装置采用两相式接线，在同一网络的线路上均装在相同的两相上（A、C相）。

后备保护采用远后备方式。

对于单侧电源的辐射形单回线路，相间保护可装设一段或两段式电流、电压速断保护和过电流保护。当上述保护不能满足速动性或灵敏性要求时，速断保护可无选择性地动作，但应以自动重合闸来补救。此时，速断保护应按躲开降压变压器低压母线短路整定。

对于由单回线组成的多电源辐射形电网、环形电网等，首先考虑装设一段或两段式电流、电压速断保护和过电流保护。在必要时，保护应具有方向性。当保护不能满足选择性、灵敏性和速动性的要求，或保护的构成过于复杂时，则可采用距离保护。

对于两侧电源供电的单回短线路，如果采用电流、电压保护与自动重合闸装置配合使用皆不能满足技术性能的要求时，则允许采用纵差动保护作为主保护，以带方向或不带方向的电流保护作为后备保护。如果必须敷设专用的辅助电缆时，则线路长度不宜超过3～4km。因线路纵差动保护是配套的，包括监测部分。

对于环形电网，为了简化保护可以在故障时先将环网自动解列，待故障消除后再在解列点实行同步并列，恢复正常运行。

对并列运行的平行线路，应用横联方向差动保护或电流平衡保护作为主保护。另外，再装设接于两回线电流之和的阶段式电流保护或距离保护，作为两回线同时运行的后备保护及一回线断开后单回线运行时的主保护及后备保护。

对于单相接地故障，可根据具体网络接线的繁简及运行要求，装设单相接地保护装置。其装设原则基本上与1～10kV线路接地保护相同。

对于可能经常出现过负荷的电缆线路或架空电缆混合线路，应装设过负荷保护。保护装置宜带时限动作于信号，必要时可动作于跳闸。

9.1.4　大接地电流电网保护配置

1. 110kV线路

一般配置距离保护作为反映相间故障的保护，配置零序电流方向保护或接地距离保护作为接地故障的保护，采用远后备方式。

当距离、零序电流保护灵敏度不满足要求或110kV线路涉及系统稳定运行问题或对发电厂、重要负荷影响较大时，应装设全线路快速动作的纵联保护作为主保护，距离、零序电流（接地距离）保护作为后备保护。

装设全线速动保护的依据如下：

1）当线路上发生故障时，如不能全线快速地切除故障，则系统的稳定运行将遭到严重破坏；

2）当线路上发生三相短路时，发电厂厂用电母线电压或重要负荷电压低于允许值，一般约为60%额定电压，且其他保护不能快速而有选择性地切除故障。

110kV平行双回线可采用相继速动保护快速切除故障。双回线相继速动保护原理如图9-2所示，两条线路中的Ⅲ段距离元件动作或其他保护跳闸时，输出发信继电器KS动作发出闭锁相邻信号分别闭锁另一回线Ⅱ段距离相继速跳元件。与纵联保护不同，闭锁信号发信继电器KS在同一个变电所两套保护装置之间传输，如图9-2中的保护1与3、保护2与4，不需要专门的通道设备。

距离Ⅱ段继电器相继速动的条件是：

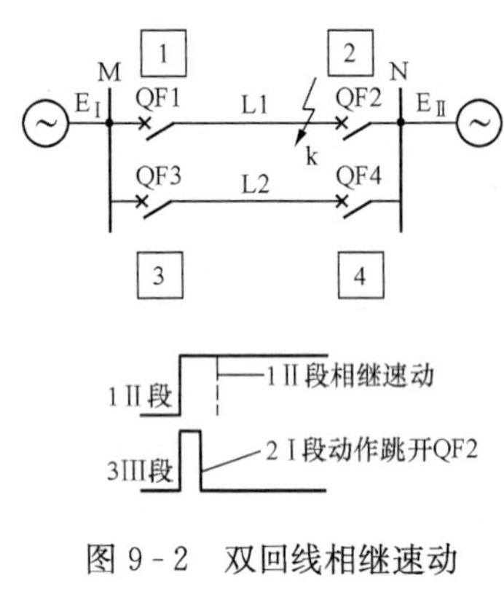

图 9-2 双回线相继速动保护原理示意图

(1) 距离Ⅱ段继电器动作;

(2) 先收到相邻线路来的发信继电器 KS 信号，其后发信继电器 KS 信号消失;

(3) 距离Ⅱ段继电器经小延时不返回。

如图 9-2 所示情况，线路 L1 末端故障，N 侧保护 2 的Ⅰ段快速跳开 QF2。短路初期，M 侧保护 1、3 的Ⅲ段距离元件均动作，分别闭锁另一回线Ⅱ段距离相继速动保护，保护 2 的Ⅰ段跳开 QF2 后，保护 3 的Ⅲ段距离元件返回，发信继电器 KS 的信号返回，保护 1 收不到发信继电器 KS 的信号，同时Ⅱ段距离继电器等待一个短延时不返回，则立即跳闸。

故障发生在线路 L1 靠近 M 变电所时情况类似，保护 1 的Ⅰ段快速动作，保护 2 的Ⅱ段开始被 4 的Ⅲ段闭锁，QF1 跳开后保护 4 的Ⅲ段返回，发信继电器 KS 的信号返回保护 2 的Ⅱ段相继速动出口跳闸。

综上所述，110kV 平行双回线路保护设有相继速动回路后可以达到近似全线速动的效果。

2. 220kV 线路

考虑 220kV 线路目前在我国大部分地区为骨干网架，故障切除时间对于电力系统运行稳定性影响较大，一般情况下要求保护具有全线速动能力，应配置两套纵联保护实现保护双重化、采用近后备方式；同时配有距离、零序电流（接地距离）保护。单端馈电线路也可采用距离、零序电流（接地距离）保护。两套保护测量电流分别由不同的电压互感器 TA 二次绕组引入，跳闸出口回路相对独立。

对于平行双回线，由于 220kV 线路配有纵联保护，每一回线保护具有全线速动能力，不需要像 110kV 平行双回线配置相继速动保护。

220kV 线路断路器具有双跳线圈，保护也具有两个出口跳闸回路。

3. 220kV 以上电压等级线路

220kV 以上电压等级线路配置与 220kV 线路保护基本相同，但对保护装置可靠性要求更高，保护电流、电压回路、直流电源完全独立，即两套保护的电流、电压分别由两个互感器引入，保护电源、控制电源使用两组蓄电池供电。

9.2 线路保护实例

以某综合自动化的变电所 1 条 220kV 线路保护为例，介绍线路保护部分主要相关设备构成与功能。

如图 9-3 所示，一次主接线为双母线接线，电流互感器 TA、电压互感器 TV、断路器、隔离开关、接地开关安装在变电所场地；微机保护柜、测控柜、故障录波器柜等安装在保护室内。

主要相关二次设备之间联系如图 9-4 所示，图中带有箭头的线表示二次电缆，虚线代表网络。变电场地上相关设备有电流互感器 TA、电压互感器 TV 接线箱，引出二次电流、

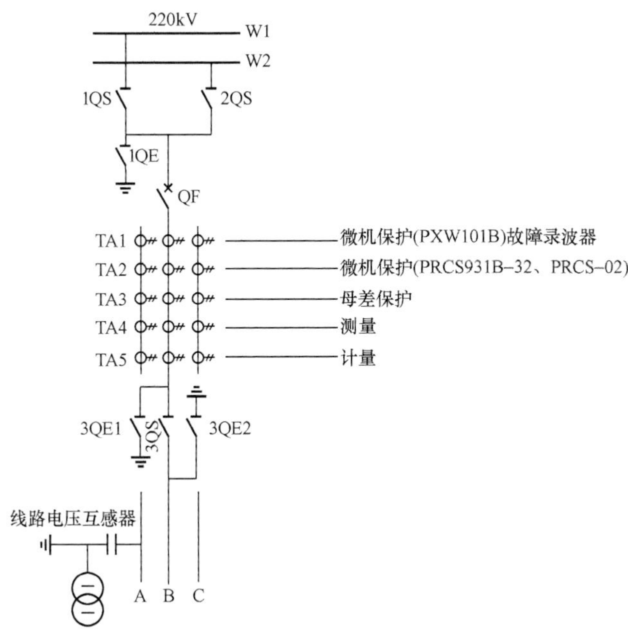

图 9 - 3　一次接线示意图

电压；断路器（QF）机构箱，断路器电源、控制、信号等回路均由其机构箱接入；隔离开关（QS）、接地开关（QE）机构箱，接入隔离开关、接地开关电源、控制、信号；断路器端子箱，汇集了除二次电压外的所有变电场地到保护室的电缆，同时箱内还设有隔离开关防误操作回路。

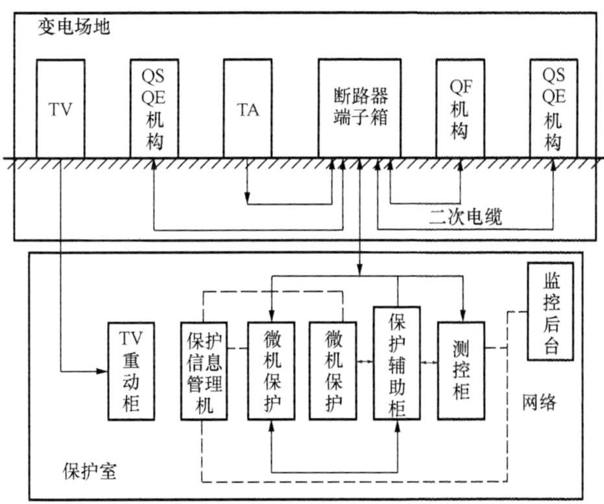

图 9 - 4　主要二次设备连接示意图

9.2.1　主要二次设备

1. TV 重动并列柜

电压互感器 TV 二次电压由电缆送至 TV 并列重动柜后接于柜顶电压小母线，由柜顶电压小母线送至各相关保护柜、电度表柜的柜顶。

2. PRCS-02 型保护辅助装置屏

(1) CZX-12R 装置。CZX-12R 装置为分相操作箱，内部设有操作回路及电压切换回路。保护跳闸、重合命令以及测控柜来的手动分、合闸命令均接入操作回路，线路断路器的分、合控制命令由操作箱经断路器端子箱送入断路器机构箱执行。两路母线二次电压由电压小母线送至 PRCS-02 型保护辅助装置屏屏顶，由屏顶经端子排 4D 接入操作箱，同时母线侧隔离开关 1QS、2QS 的位置信号也经断路器端子箱送入，电压切换回路依据母线侧隔离开关位置判别当前线路接于哪条母线，选出相应的母线二次电压送入保护及测控单元。

(2) RCS-923A 装置。RCS-923A 装置为数字式断路器失灵起动及辅助保护装置，装置功能包括断路器失灵起动、三相不一致保护、充电保护及独立的过电流保护等功能，主要适用于 220kV 及以上电压等级的双母线接线方式。

柜平面布置图如图 9-5 所示。

3. 微机保护柜

线路保护采用双套全线速动主保护配置，有两个保护柜，一套采用光纤电流差动保护，型号为 PRCS931B-32 型；一套采用高频纵联方向保护，型号为 PXW101B-32Q/JS。

(1) PRCS931B-32 型光纤保护柜。PRCS931B-32 保护柜由 RCS-931 BM 线路微机保护装置、打印机、信号复归按钮（1FA)、打印试验按钮（1YA)、重合闸方式选择开关（1QK)、光纤终端盒、电源开关（1K)、连接片（压板)、端子排（1D、JD）组成。PRCS931B-32 型保护柜平面布置图如图 9-6 所示。

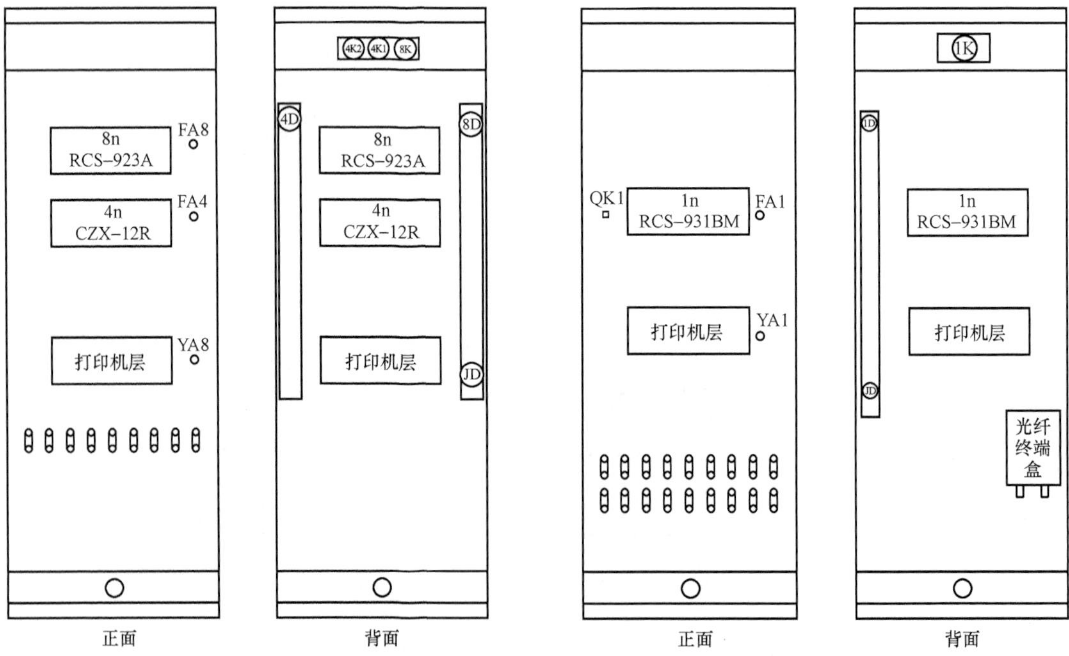

图 9-5　PRCS-02 型保护辅助装置屏布置图　　　图 9-6　PRCS931B-32 型保护柜平面布置图

1) RCS-931B 线路微机保护装置。RCS-931B 装置为由微机实现的数字式超高压线路成套快速保护装置，可用作 220kV 及以上电压等级输电线路的主保护及后备保护。RCS-931B 包括以分相电流差动和零序电流差动为主体的快速主保护，由工频变化量距离元件构成的快速Ⅰ段保护，由三段式相间保护和接地距离保护及四个延时段零序方向过电流保护构成的全套后备保护。

RCS-931B 保护装置正面面板布置有液晶显示屏（汉字显示器）、信号灯、3×3 小键盘、调试通信口、模拟量输入口，如图 9-7 所示。

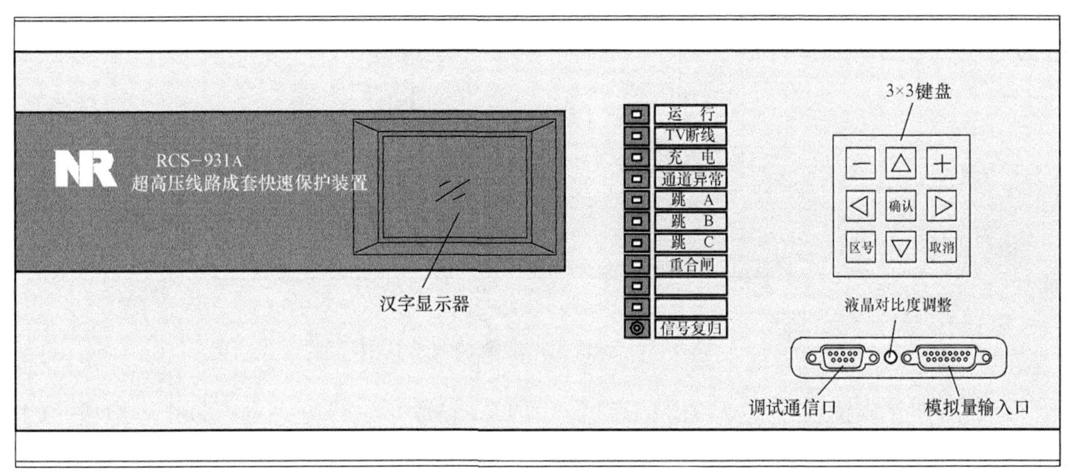

图 9-7　RCS-931B 保护装置正面面板布置

组成装置的插件有电源插件（DC）、交流插件（AC）、低通滤波器（LPF）、CPU 插件（CPU）、通信插件（COM）、24V 光耦插件（OPT1）、高压光耦插件（OPT2，可选）、信号插件（SIG）、跳闸出口插件（OUT1、OUT2）、扩展跳闸出口（OUT，可选）、显示面板（LCD）。RCS-931B 保护背面布置图如图 9-8 所示。

从装置的背面（如图 9-8 所示）看，左边第一个插件为电源插件，输入 220V（110V）直流，输出 5、±12、24V 电源，其中 24V 电源用于光耦回路。

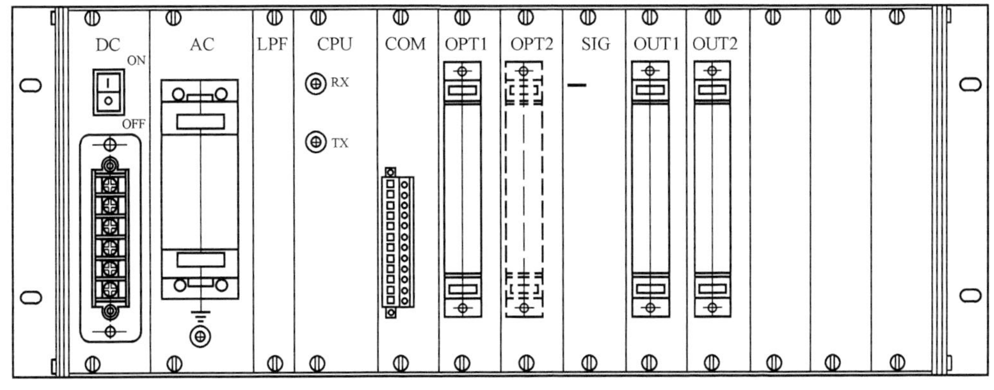

图 9-8　RCS-931B 保护装置背面面板布置

图 9-8 中左边第二个插件为交流输入变换插件（AC），与系统接线图如图 9-9 所示。

交流输入为母线电压、单相线路电压、线路电流，变换器输出至低通滤波（LPF）插件。

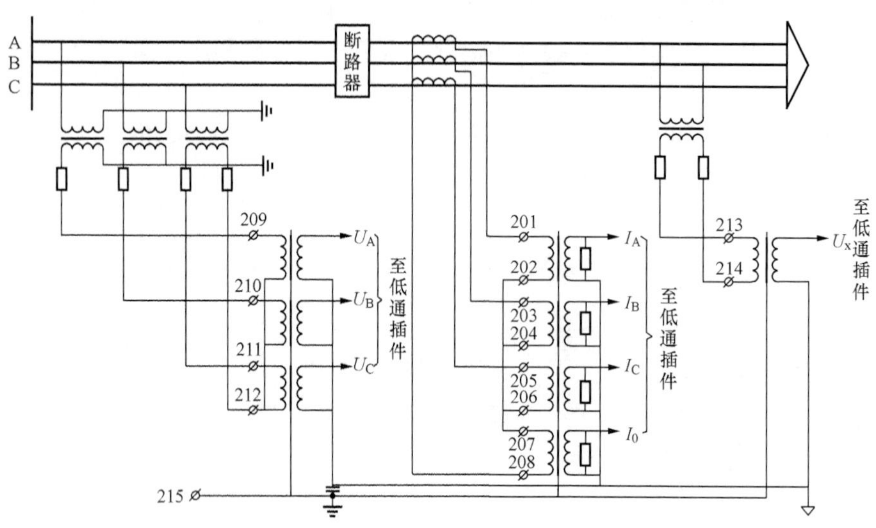

图 9-9　微机保护交流输入示意图

CPU 插件是装置核心部分，由单片机（CPU）和数字信号处理器（DSP）组成，CPU 完成装置的总起动元件和人机界面及后台通信功能，DSP 完成所有的保护算法和逻辑功能。装置取样率为每周期 24 点，在每个取样点对所有保护算法和逻辑进行并行实时计算，使得装置具有很高的可靠性及安全性。

起动 CPU 内设总起动元件，起动后开放出口继电器的正电源，同时完成事件记录及打印、保护部分的后台通信及与面板通信；另外还具有完整的故障录波功能，录波格式与 COMTRADE 格式兼容，录波数据可单独串口输出或打印输出。CPU 插件还带有光端机，它通过 64kb/s 高速数据通道（专用光纤或复用 PCM 设备），用同步通信方式与对侧交换电流取样值和信号。

通信插件（COM）的功能是完成与监控计算机或 RTU 的连接，实现 3 类通信：

①插件设置了两个用于向监控计算机或 RTU 传送报告的 RS485 接口或以光纤接口通过以太网送报告；

②设置了一个用于对时的 RS485 接口，该接口只接收 GPS 发送的秒脉冲信号，不向外发送任何信号；

③一个用于打印的 RS485 或 RS232 接口连接打印机。

24V 光耦插件（OPT1）、高压光耦插件（OPT2）用于开关量输入。保护柜上的一些连接片、选择开关（如重合闸选择开关）、操作箱送来的断路器位置等触点信号经光耦转换为数字信号 0、1 供微机保护使用。GPS 对时信号也可由光耦插件接入，RS485 接口与光耦 GPS 对时方案不能同时使用，只能选用一种。

信号插件（SIG）主要是将 5V 的动作信号经晶体管转换为 24V 信号，从而驱动继电器。

跳闸出口插件 OUT1 以空触点形式输出信号以及开关量供其他保护使用，OUT2 输出分、合闸命令。

2）其他设备。1K 为直流空气开关，直流电源由小母线送至保护柜顶，经 1K 用作保护电源。1FA 为信号复归按钮，复归 1n 单元的信号。1QK 为重合闸方式选择开关。

连接片有的直接串在保护出口回路，可投、退保护，有的接在微机保护开关量输入回路，经光耦电路采集后变为电位信号送入保护装置，实现保护方式的切换。

各单元、开关、按钮、连接片接线均接于柜端子排，其他设备与保护柜的联系也通过柜端子排进行。

（2）PXW101B-32Q/JS 型线路高频保护屏。PXW101B-32Q/JS 型高频保护屏布置如图 9-10 所示，保护屏由微机线路保护 CSL101B、高频收发信机 GSF-6B 及复归按钮，打印机，切换开关，交、直流空气断路器，连接片等构成。

CSL101B 数字式超高压线路保护装置以纵联距离和纵联零序作为全线速动主保护，以距离保护和零序方向电流保护作为后备保护。保护有分相出口，可用作 220kV 及以上电压等级的输电线路的主保护和后备保护。保护功能由数字式中央处理器 CPU 模件完成，其中一块 CPU 模件（CPU1）完成纵联保护功能，另外一块 CPU 模件（CPU2）完成距离保护和零序电流保护功能。

GSF-6B 装置为高频收发信机，通过高频通道传输继电保护的信息，以实现全线速动保护的功能。

对于单断路器接线的线路保护装置中还增加了实现重合闸功能的 CPU 模件（CPU3），可根据需要实现单相重合闸、三相重合闸以及综合重合闸或者退出。

保护柜交流电压由 PRCS-02 型保护辅助装置屏 4n 单元（CZX-12R）电压切换回路送入，出口分、合闸也接至 PRCS-02 型保护辅助装置屏 4n 单元。

信号复归按钮，交、直流空气开关，连接片作用类同 PRCS931B-32 保护柜，微机保护装置结构基本相同，由电源、CPU、光耦、信号、输出等插件组成，不再详细说明。1QK 为重合闸方式选择开关，1QK1、1QK2 为用于旁路代送相关回路的切换开关。

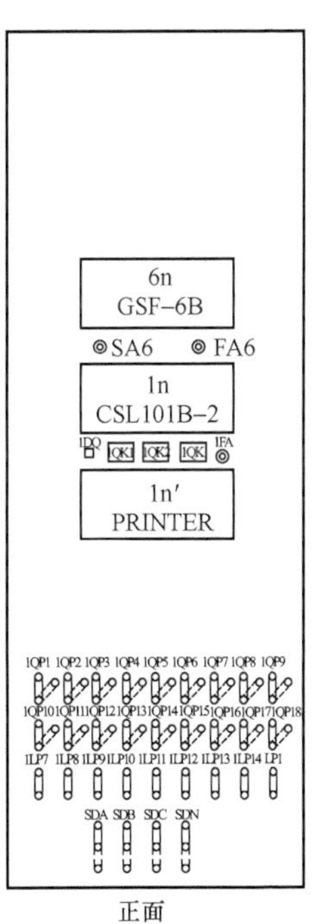

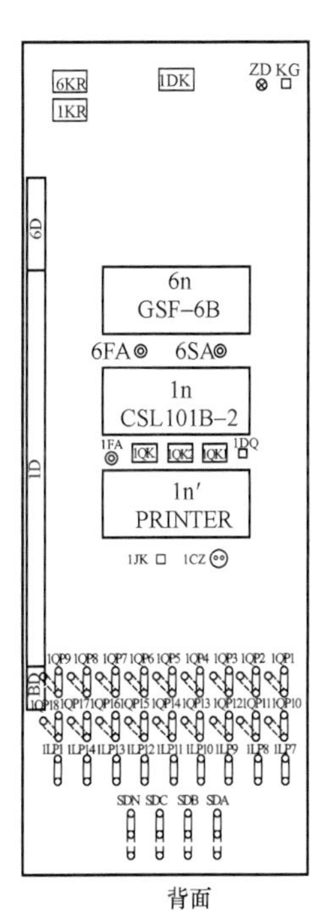

图 9-10　PXW101B-32Q/JS 型保护装置屏布置

4. 测控柜

测控柜中的测控装置负责采集各种数据和输出控制的全部过程，并将采集的数据上送后台监控机，还可将监控后台机的控制命令输出。因此通过测控装置不但可实现就地控制，还可实现遥测和遥控功能。

（1）遥测。遥测量有交流量（线路电流、切换后母线电压）和开关量两类。开关量包括隔离开关位置、断路器位置、断路器信息（如弹簧未储能、SF_6 泄漏等）、保护信息（分、合闸出口、保护动作、保护告警、电压互感器 TV 断线等）。测控单元将采集的信息转为数字信号由网络上传至监控后台机。

（2）遥控。后台遥控分、合断路器命令由网络送入测控单元，转为触点形式后送入操作箱 CZX-12R 执行。遥控命令可在变电所监控后台机上操作发出，也可由上级调度自动化系统经网络发出。

后台遥控分、合使用电动机构的隔离开关命令由网络送入测控单元，经防误闭锁逻辑以触点形式送出，经断路器端子箱送入隔离开关机构执行，同时测控柜还可以输出隔离开关操作闭锁触点供防误回路使用。

5．保护信息管理机柜

微机保护的报文由网络通信接口（如 RS485 接口）送入信息管理机，进行规约转化后，再由网络上传至监控后台机。

信息管理机还有 GPS 对时功能，保证变电所各微机保护等数字化设备统一时钟。

9.2.2　线路保护主要二次回路

1．电流、电压回路

电流回路如图 9-11 所示，电流互感器 TA 二次绕组分配使用情况对照图 9-3，注意电流二次只能一点接地。二次电流先送至断路器端子箱，再送入保护室内的线路保护柜、母线保护柜、测控柜、电能表柜、故障录波器柜。

电压回路如图 9-12 所示，二次电压送入保护室内的电压互感器 TV 重动并列柜，接至电压小母线。操作箱依据母线侧隔离开关位置进行电压切换，切换后电压送入保护、测控装置。

2．控制回路

（1）断路器控制回路。如图 9-13 所示为断路器控制信号回路示意图。断路器机构箱上设有远方/就地切换开关及分、合闸按钮，可进行就地操作。断路器远方控制时由保护操作箱控制；手动操作可使用测控柜分、合断路器切换开关，也可由监控后台或调度中心由综合自动化网络下达命令。

如果是 220kV 以下电压等级线路，分闸回路仅有一路。

（2）隔离开关、接地开关控制回路。图 9-14 为隔离开关、接地开关控制信号回路示意图。

对于电动机构的隔离开关，由测控柜经防误逻辑输出触点控制隔离开关分、合。

对于手动机构的隔离开关，由测控柜根据防误逻辑输出触点控制其电磁锁，不满足操作条件时闭锁手动机构，防止误操作。

隔离开关防误逻辑可以由断路器、隔离开关辅助触点等构成，也可以在测控柜或专门的微机防误装置中以程序形式完成。

3．信号回路

各微机设备由网络通信口送出的报文数字信号，经信息管理机柜转换为统一格式后进入监控系统；其余交流电流、电压以及大量触点信号由测控柜采集并转为数字信号接入监控系统。信号回路如图 9-15 所示，虚线表示变电站综合自动化通信网络，其余信号有二次电缆传送。

PXW101B-32Q
1TAa
A411
1TAb
B411
1TAc
C411
N411
1D9
1D10
1D11
1D12
1D13
1D14
1D15
1D16
A412
B412
C412
N412
故障录波
PRCS931B-32
2TAa
A421
2TAb
B421
2TAc
C421
N421
1D1
1D2
1D3
1D4
1D5
1D6
1D7
1D8
3TAa
A320
3TAb
B320
3TAc
C320
N320
母差保护柜
4TAa
A441
4TAb
B441
4TAc
C441
N441
1D10
1D11
1D12
1D13
1D14
1D15
1D16
测控柜
5TAa
A451
5TAb
B451
5TAc
C451
N451
JH
Wh/VARh
微机保护
故障录波
微机保护
母差保护
测量
计量
交流电流回路

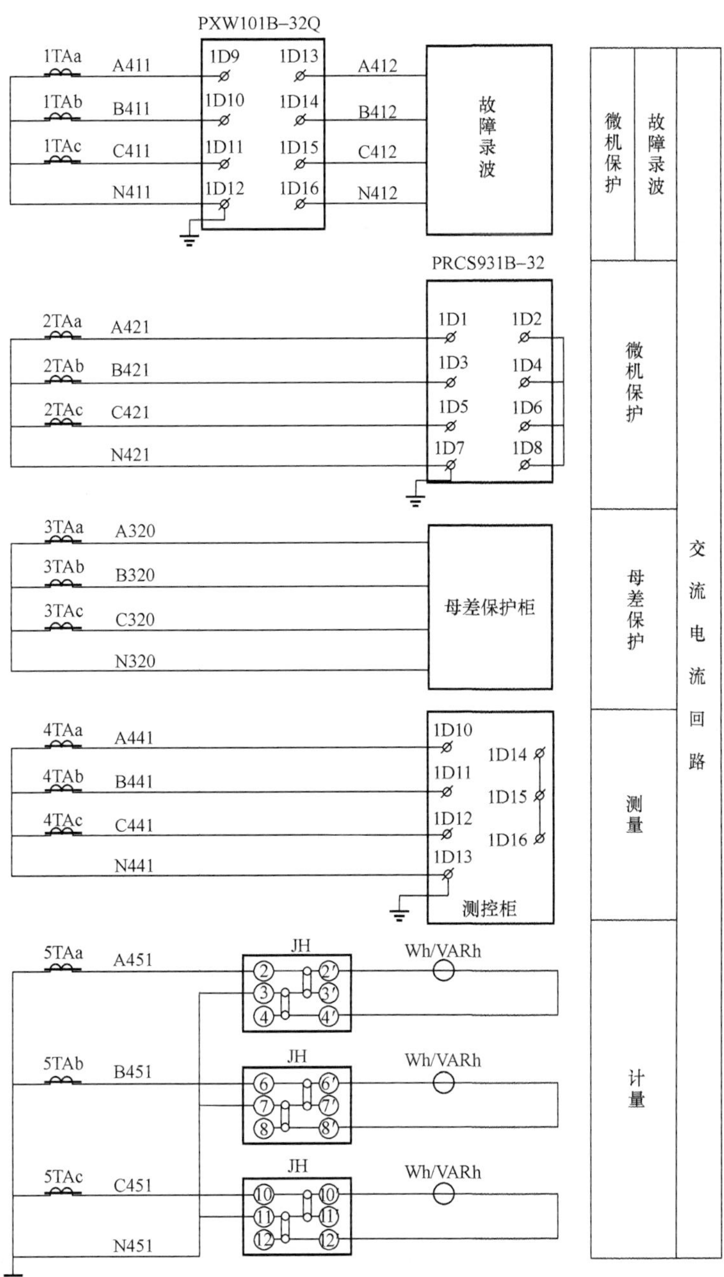

图 9-11　电流回路

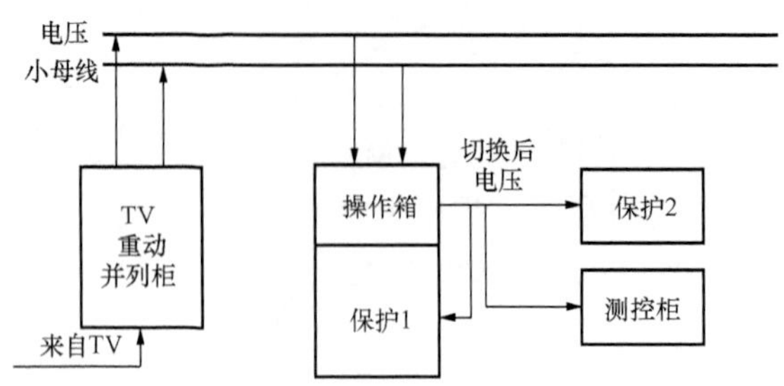

图 9-12　电压回路

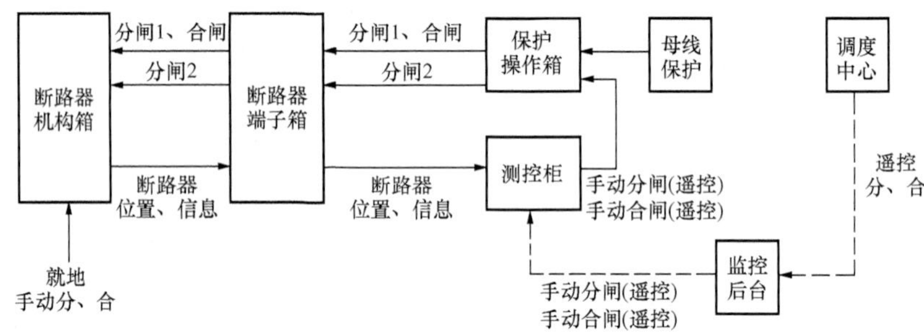

图 9-13　断路器的控制信号回路示意图

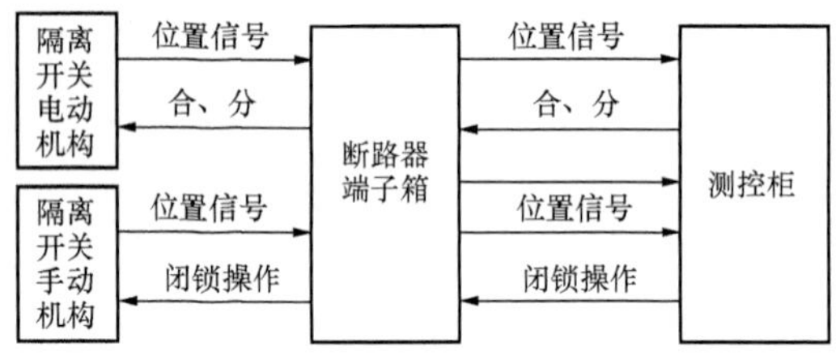

图 9-14　隔离开关、接地开关控制信号回路示意图

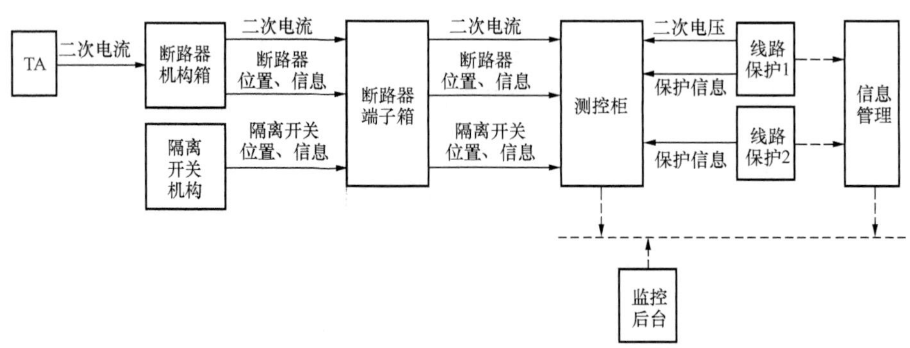

图 9-15　信号回路

小　　结

本章主要介绍了电网不同电压等级线路保护的配置原则，电网继电保护的配置应满足继电保护的“四性”要求，同时考虑经济性。首先考虑选用原理简单的保护，“四性”要求不满足时，再考虑采用原理复杂的保护。随着电压等级的升高，快速性的要求也随之提高，220kV 及以上电网要求装设全线速动保护。

以某一综合自动化变电所的一条 220kV 的线路保护设计实例，介绍了线路保护的典型组柜方案，以及主要的二次回路及其功能，建立了较为完整清晰的线路保护系统的概念。

复 习 思 考 题

9-1　试述 220KV 电网保护的配置。

9-2　试述分相操作箱的组成及作用。

9-3　测控装置的作用是什么?

9-4　试分析测控装置与保护装置是否有信息联系？若有，试举例说明。

第三篇　元件继电保护

第10章　电力变压器保护

【要　求】掌握变压器各保护的原理及作用。

【知识点】变压器的故障、不正常运行状态及相应保护；瓦斯保护的构成原理及特性；变压器差动保护的原理及特性；励磁涌流和不平衡电流的特点及在变压器差动保护中的克服方法；变压器比率制动式纵差动保护的原理及动作特性；中性点经放电间隙接地的分级绝缘变压器各接地保护的配置及相应的配合关系；变压器相间保护的配置、工作原理；三绕组变压器相间后备保护的配置特点。

【重点和难点】比率制动式变压器差动保护的工作原理及特性；中性点经放电间隙接地的分级绝缘变压器各接地保护的配置及相应的配合关系。

10.1　电力变压器的故障、不正常运行状态及保护配置

10.1.1　电力变压器的故障类型和不正常工作状态

电力变压器是电力系统中十分重要的供电元件，它的故障将对供电可靠性和系统的正常运行带来严重的影响。同时大容量的电力变压器也是十分贵重的元件，因此，必须根据变压器的容量和重要程度考虑装设性能良好、工作可靠的继电保护装置。

变压器的内部故障可以分为油箱内和油箱外故障两种。油箱内的故障包括绕组的相间短路、接地短路、匝间短路以及铁心的烧损等。油箱内故障时产生的电弧，不仅会损坏绕组的绝缘、烧毁铁心，还会引起绝缘物质的剧烈气化，从而可能发生油箱爆炸。油箱外部的故障，主要是套管和引出线上发生相间短路和接地短路。上述接地短路均系对中性点直接接地电力网的一侧而言。对于变压器发生的各种故障，保护装置应能尽快地将变压器切除。

变压器的不正常运行状态主要有变压器外部短路引起的过电流，负荷长时间超过额定容量引起的过负荷，风扇故障或漏油等原因引起冷却能力的下降等。这些不正常运行状态会使绕组和铁心过热。此外，对于中性点不接地运行的星形接线变压器，外部接地短路时有可能造成变压器中性点过电压，威胁变压器的绝缘；大容量变压器在过电压或低频率等异常运行工况下会使变压器过励磁，引起铁心和其他金属构件过热。变压器处于不正常运行状态时，继电保护应根据其严重程度，发出告警信号，使运行人员及时发现并采取相应的措施，以确保变压器的安全。

10.1.2　变压器保护的配置

变压器油箱内故障时，除了变压器各侧电流、电压变化外，油箱内的油、气、温度等非电量也会发生变化。因此，变压器保护分电量保护和非电量保护两种。非电量保护装设在变

压器内部。线路保护中采用的许多保护如过电流保护、纵差动保护等在变压器的电量保护中都有应用，但在配置上有区别。

1. 瓦斯保护

针对变压器油箱内的各种故障以及油面的降低，应装设瓦斯保护。它反映油箱内部所产生的气体或油流而动作其中，轻瓦斯保护动作于信号，重瓦斯保护动作于跳开变压器各电源侧的断路器。800kVA 及以上的油浸式变压器和 400kVA 及以上的车间内油浸式变压器，对带负荷调压的油浸式变压器的调压装置，也应装设瓦斯保护。

2. 纵差保护或电流速断保护

对变压器绕组、套管及引出线上的故障，应根据容量的不同装设纵差保护或电流速断保护。纵差保护适用于：并列运行的变压器，容量为 6300kVA 以上时；单独运行的变压器，容量为 10000kVA 以上时；发电厂厂用工作变压器和工业企业中的重要变压器，容量为 6300kVA 以上时。电流速断保护用于 10000kVA 以下的变压器，且其过电流保护的时限大于 0.5s 时。对 2000kVA 以上的变压器，当电流速断保护的灵敏性不能满足要求时，也应装设纵差保护。

上述各保护动作后，均应跳开变压器各电源侧的断路器，将变压器切除。

3. 外部相间短路时应采用的后备保护

对于外部相间短路引起的变压器过电流，应采用下列保护作为后备保护。

(1) 过电流保护：一般用于降压变压器，保护装置的整定值应考虑事故状态下可能出现的过负荷电流。

(2) 复合电压起动的过电流保护：一般用于升压变压器、系统联络变压器及过电流保护灵敏度不满足要求的降压变压器上。

(3) 负序电流及单相式低电压起动的过电流保护：一般用于容量为 63MVA 及以上的升压变压器。

(4) 阻抗保护：对于升压变压器和系统联络变压器，当采用第 (2)、(3) 的保护不能满足灵敏性和选择性要求时，可采用阻抗保护。

4. 外部接地短路时应采用的保护

对中性点直接接地电网内，由外部接地短路引起过电流时，如变压器中性点接地运行应装设零序电流保护。

对自耦变压器和高、中压侧中性点都直接接地的三绕组变压器，当有选择性要求时增设零序方向元件。

当电网中部分变压器中性点接地运行时，为防止发生接地短路，中性点接地的变压器跳开后，中性点不接地的变压器（低压侧有电源）仍带接地故障继续运行，应根据具体情况，装设专用的保护装置，如零序过电压保护、中性点装放电间隙加零序电流保护等。

5. 过负荷保护

变压器长期过负荷运行时，绕组会因发热而受到损伤。对 400kVA 以上的变压器，当数台并列运行或单独运行并作为其他负荷的备用电源时，应根据可能过负荷的情况装设过负荷保护。过负荷保护接于一相电流上，并延时作用于信号。对于无经常值班人员的变电所，必要时过负荷保护可动作于自动减负荷或跳闸。对自耦变压器和多绕组变压器，过负荷保护应能反映公共绕组及各侧过负荷情况。

6. 过励磁保护

对频率减低和电压升高而引起变压器过励磁时，励磁电流急剧增加，铁心及附近的金属构件损耗增加，引起高温。长时间或多次反复过励磁，将因过热而使绝缘老化。高压侧电压为 500kV 及以上的变压器应装设过励磁保护，在变压器允许的过励磁范围内保护作用于信号，当过励磁超过允许值时可动作于跳闸。过励磁保护反映铁心的实际工作磁密和额定工作磁密之比（称为过励磁倍数）而动作。实际工作磁密通常通过检测变压器电压幅值与频率的比值来计算。

7. 其他非电量保护

对变压器温度及油箱内压力升高和冷却系统故障，应按现行有关变压器的标准要求专设可作用于信号或动作于跳闸的非电量保护。

为了满足电力系统稳定方面的要求，当变压器发生故障时要求保护装置快速切除故障。通常变压器的瓦斯保护和纵差动保护（对小容量变压器则为电流速断保护）已构成了双重化快速保护，但对变压器外部引出线上的故障只有一套快速保护。当变压器故障而纵差动保护拒动时，将由带延时的后备保护切除。为了保证在任何情况下都能快速切除故障，对于大型变压器应装设双重纵差动保护。

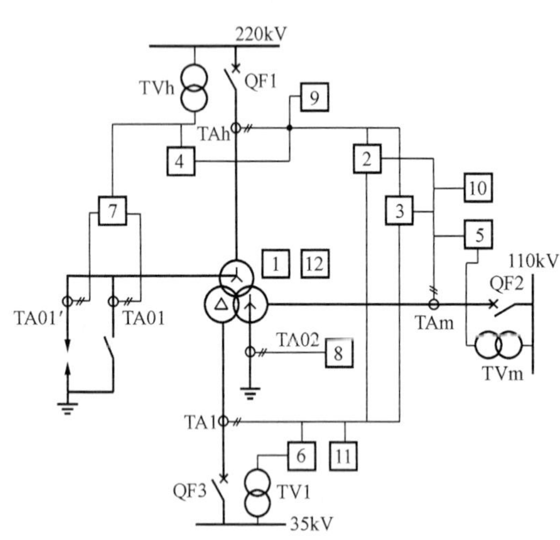

图 10-1　220kV 变压器保护配置图

1—瓦斯保护；2—第一套纵差保护（二次谐波制动原理）；3—第二套纵差保护（间断角鉴别原理）；4、5、6—高、中、低压侧的复合电压起动的过电流保护；7、8—高压侧的零序电流、电压保护；9、10、11—高、中、低压侧的过负荷保护；12—其他非电量保护

8. 配置实例

如图 10-1 所示的是 220/110/35kV 变压器的一种保护配置方案。变压器采用 YNynd 的接线方式，高压侧的中性点装设了放电间隙，中压侧中性点直接接地运行。图中 TAh、TAm、TAl 表示高、中、低压侧的电流互感器；TA01、TA01′、TA02 表示高、中压侧中性线以及放电间隙回路的电流互感器；TVh、TVm、TVl 表示高、中、低压侧的电压互感器；带有数字的小方框表示各种保护，例如方框 7 表示变压器高压侧装设了零序电流电压保护，电压引自 TVh，电流引自 TA01 和 TA01′。

10.2　变压器的非电量保护

10.2.1　变压器的瓦斯保护

1. 瓦斯保护的概念和作用

在变压器油箱内部发生故障（包括轻微的匝间短路和绝缘破坏引起的经电弧电阻的接地短路）时，由于故障点电流和电弧的作用，将使变压器油及其他绝缘材料因局部受热而分解产生气体，因气体比较轻，它们将从油箱流向油枕的上部。当严重故障时，油会迅速膨胀并产生大量的气体，此时将有剧烈的气体夹杂着油流冲向油枕的上部。利用油箱内部故障的上述特点，可以构成反映上述气体而动作的保护装置，称为瓦斯保护。

气体继电器（又称瓦斯继电器）是构成瓦斯保护的主要元件，它安装在油枕之间的连接管道上，如图 10-2 所示，这样油箱的气体必须通过气体继电器才能流向油枕。为了不妨碍气体的流通，变压器安装时应使顶盖与气体继电器的水平面具有 1%～1.5%的升高坡度，通往继电器的部分具有 2%～4%的升高坡度。

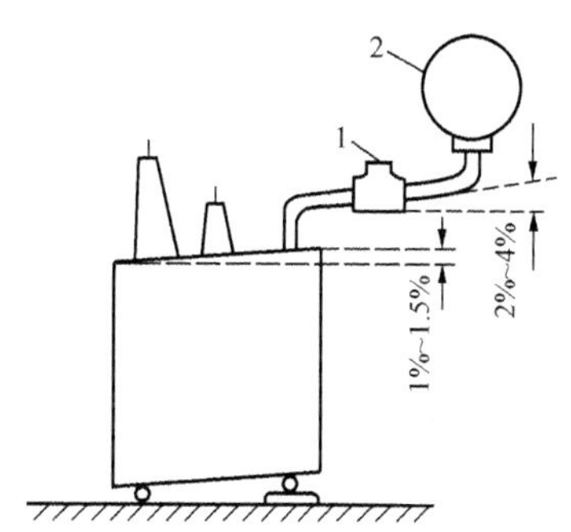

图 10-2　气体继电器的安装示意图

1—气体继电器；2—油枕

2. 气体继电器的构造和工作原理

图 10-3 为 QJl-80 型气体继电器结构示意图，轻瓦斯由开口杯 5 和干簧触点 15 等组成。正常运行时，开口杯 5 浸在油中，开口杯和附件在油内的重力所产生的力矩小于重锤 6 所产生的力矩，因此开口杯向上倾斜，干簧触点 15 断开。当油箱内部发生轻微故障时，少量的气体上升后逐渐聚集在继电器的上部，迫使油面下降，而使开口杯露出油面。此时由于浮力的减小，开口杯和附件在空气中的重力加上杯内油重所产生的力矩大于重锤 6 所产生的力矩，于是上开口杯 5 顺时针方向转动，带动永久磁铁 11 靠近干簧触点 15，使触点闭合，发生轻瓦斯保护动作信号。

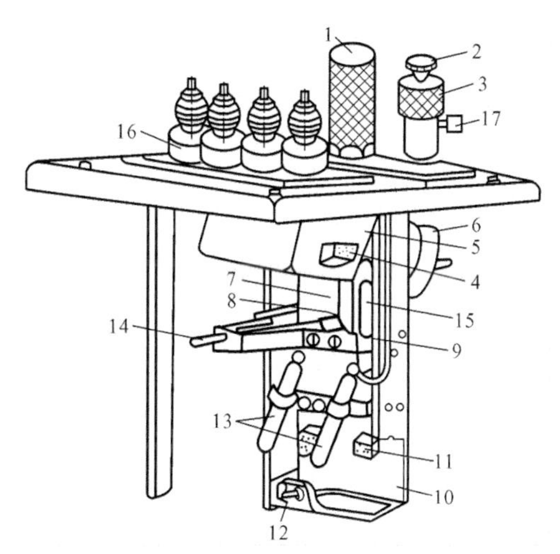

图 10-3　QJl-80 型气体继电器结构图

1—罩；2—顶针；3—气塞；4、11—磁铁；5—开口杯；6—重锤；7—探针；8—开口销；9—弹簧；10—挡板；12—螺杆；13—双干簧触点；14—调节杆；15—干簧触点；16—套管；17—排气口

重瓦斯部分由挡板 10、弹簧 9、双干簧触点 13 等组成。正常情况下，在弹簧 9 作用下，双干簧触点 13（串联使用）处于断开状态。油箱内部严重故障时，油、气流冲击挡板 10，克服弹簧的反作用力而使其倾斜，这时挡板 10 带动磁铁 4 使触点闭合，发出跳闸脉冲。

QJl-80 型气体继电器防震性能好，且调整方便，广泛应用于大型变压器和强迫油循环变压器的瓦斯保护中。

瓦斯保护的原理接线如图 10-4 所示，上面的触点表示轻瓦斯保护，动作后经延时发出报警信号。下面的触点表示重瓦斯保护，动作后起动变压器保护的总出口，使断路器跳闸。当油箱内部发生严重故障时，由于油流的不稳定可能造成干簧触点的抖动，此时为使断路器能可靠跳闸，应选用具有电流自保持线圈的出口中间继电器 KOM，动作后由断路器的辅助触点来解除出口回路的自保持。此外，为防止变压器换油或进行试验时引起重瓦斯保护误动作跳闸，可利用切换片 XS 将跳闸回路切换到信号回路。

3. 气体继电器的构造和工作原理

轻瓦斯保护的动作值采用气体容积表示。通常气体容积的整定范围为 250～300cm^3。对容量在 10MVA 以上变压器的气体容积多采用 250cm^3。气体容积的调整可以通过改变重锤

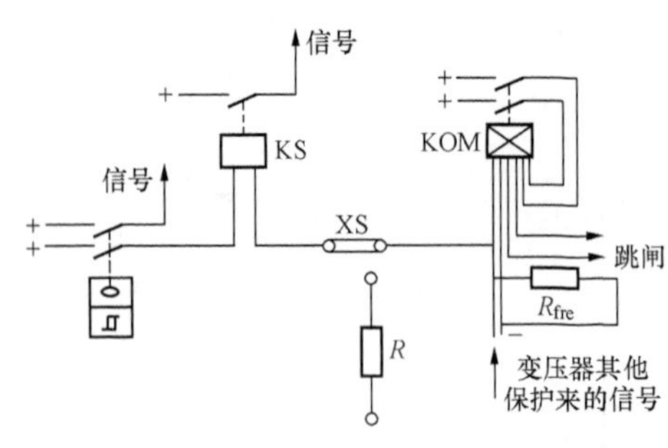

图 10-4 瓦斯保护原理接线图

位置来实现。

重瓦斯保护的动作值采用油流流速表示，一般整定范围在 0.6～1.5m/s，该流速指的是导油管中油流的速度。QJ1-80 型气体继电器进行油流流速的调整时，可先松动调节螺杆 12，再改变弹簧 9 的长度即可，一般整定在 1m/s 左右。

瓦斯保护动作后，应从气体继电器上部排气口收集气体进行分析。根据气体的数量、颜色、化学成分、可燃性等，判断保护动作的原因和故障的性质。

瓦斯保护能反映油箱内各种故障，且动作迅速、灵敏性高、接线简单，但不能反映油箱外的引出线和套管上的故障。故不能作为变压器唯一的主保护，与差动保护配合共同作为变压器的主保护。

10.2.2 变压器的温度保护

变压器油的温度越高，劣化速度就越快，使用寿命就越短，因此，变压器运行规程规定，变压器正常运行上层油温应控制在 60～80℃范围内，不宜超过 85℃，不得超过 95℃。为此，必须对运行中的变压器上层油温进行监视。

用于测量变压器上层油温的测温装置有带电触点的压力式温度计和遥测温度计两种，下面以由带电触点压力式温度计构成的变压器温度信号装置为例进行介绍。其结构示意图如图 10-5 所示，共由受热器、连接细管和温度指示表三部分组成。受热器插在变压器顶盖温度计孔内；连接细管是铜质细管，外面包有蛇皮的保护管，与受热器组成一体，管内充有乙醚或氯甲烷、丙酮等物质；温度指示表是一只灵敏的流体压力计，内有标尺、可动指示指针及两个定位指针等，两个定位指针用于调节给定温度的上限、下限，变压器给定温度的上限一般为 55℃，下限为 45℃。

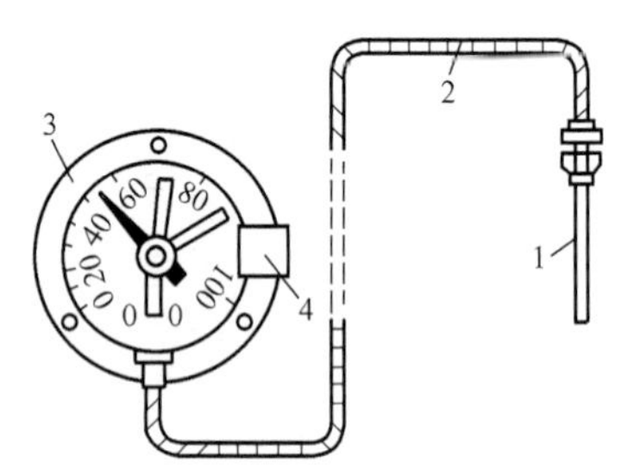

图 10-5 压力式温度计结构示意图
1—受热器；2—连接细管；
3—温度指示表；4—接线盒

在变压器正常运行时，可动指示指针处在两个定位指针之间。当变压器上层油温升高时，受热器中液体膨胀，温度指示表中流体压力计的感应部分所受压力增大，指示表指针的位置相应改变，当指示表指针到达预先放置的红色上限定位指针位置时。定位指针的一对触点闭合，发出变压器油温高信号并起动相应的冷却系统，如冷却风扇；反之，在变压器上层油温下降时，指示表指针的位置也作相应改变，当指示表指针到达预先放置的黄色下限定位指针位置时。定位指针的触点由闭合变为断开，切断相应冷却系统的起动回路。可见，变压器温度信号装置不仅可实时显示变压器的上层油温，还起到了自动控制变压器冷却系统的作用。

10.2.3 变压器压力释放阀动作保护

当变压器温度和油箱内压力升高时，应装设相应的保护动作于发信号或跳闸。

现代变压器都装设有压力释放阀动作保护，变压器压力释放阀的作用相当于早期变压器的安全气道，变压器的主、辅油箱各有一个压力释放阀。当变压器油箱内部发生严重故障或穿越性短路而未及时被切除时，电弧或过电流产生的热量使变压器油和其他绝缘材料分解，产生的大量气体令变压器油箱承受巨大压力，严重时可能使油箱变形甚至破裂，压力释放阀在这种情况下动作，排出高压气体和油，以减轻和解除油箱所承受的巨大压力，从而保证了油箱安全。在压力释放阀动作后，其触点闭合，可瞬时动作于跳开变压器。

【知识链接】

变压器任何形式的电气保护，任何情况都不能代替反映变压器油箱内部故障的温度、油位、油流、气流等非电气量的本体主保护。

变压器本体主保护有本体重瓦斯、有载调压重瓦斯和压力释放。三个本体保护均按开关量光耦隔离输入的方法引入微机保护的输入端来实现保护的出口重动与发信，有的变压器微机保护的本体保护中不含轻瓦斯保护，所以仅需发信的轻瓦斯（本体轻瓦斯和有载调压轻瓦斯）作为遥信开关量，由微机监控系统或者远动 RTU 采集。

10.2.4 冷却器故障保护

当冷却器故障引起变压器温度超过安全限值时，并不是立即将变压器退出运行，常常允许其短暂运行一段时间，以便处理冷却器故障。这期间可以降低变压器负荷运行，使变压器温度恢复到正常水平。若在规定时间内温度不能降至正常水平，才切除变压器。

冷却器故障保护一般由反映变压器绕组电流的过电流继电器与时间继电器构成，并与温度保护配合使用，构成两段时限保护。当变压器冷却器发生故障时，温度升高，超过限值后温度保护首先动作，发出报警的同时开放冷却器故障保护出口。这时变压器电流若超过Ⅰ段整定值，先按继电器固有延时 t_0 动作以减出力，使变压器负荷降低，促使变压器温度下降。若温度保护返回，则变压器维持在较低负荷下运行，以减少停运机会；若温度保护仍不能返回，即说明减输出功率无效。为保证变压器的安全，变压器冷却器故障保护将以Ⅱ段延时 t 动作于跳闸。延时 t 值通常按失去冷却系统后，变压器允许运行时间整定。

10.3 变压器的纵联差动保护

10.3.1 变压器纵联差动保护的基本原理

变压器纵联差动保护（又称变压器的纵差或差动保护）的工作原理与线路纵差保护的原理相同，都是比较被保护设备各侧电流的相位和数值的大小。由于变压器高压侧和低压侧的额定电流不相同，再加上变压器各侧电流的相位往往不相等，因此，为了保证差动保护的正确工作，需适当选择各侧电流互感器的变比及各侧电流相位的补偿，使得正常运行和区外短路故障时两侧二次电流相等。例如图 10-6 所示的双绕组变压器，应使

$$I_{\mathrm{h}} = I_{\mathrm{l}} = \frac{I_{\mathrm{H}}}{n_{\mathrm{TAh}}} = \frac{I_{\mathrm{L}}}{n_{\mathrm{TA}}}$$

或

$$\frac{n_{TA}}{n_{TAh}}=\frac{I_L}{I_H}=n_T \qquad (10-1)$$

式中：n_{TAh}为高压侧电流互感器的变比；n_{TA}为低压侧电流互感器的变比；n_T 为变压器的变比（高、低压侧额定电压之比）。

适当地选择两侧电流互感器的变比，使其比值等于变压器的变比 n_T，这是与前述送电线路的差动保护不同的。

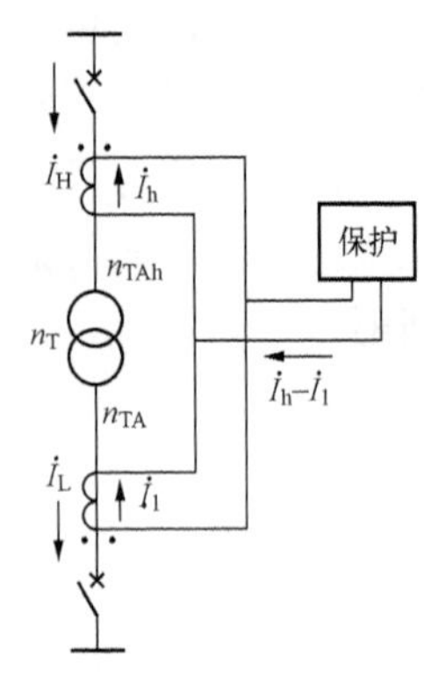

图 10-6 变压器纵差保护的原理接线图

10.3.2 变压器纵差动保护的特殊问题

由于变压器的内部结构、运行方式、电量特征具有其特点，因此变压器的纵差保护在具体构成上与线路纵差保护有很大的不同，产生了一系列特有的技术问题，主要有如下两个方面：

（1）变压器励磁涌流的影响引起差动保护误动；

（2）不平衡电流产生的因素较多，如组别不同、两侧电流互感器 TA 性能不同等产生不平衡电流。

现对励磁涌流和不平衡电流产生的原因和消除方法分别讨论如下。

一、励磁涌流的特点及克服励磁涌流的方法

由变压器的工作原理可知，变压器的励磁电流只流过变压器某一侧绕组。因此，通过电流互感器反映到差动回路中不能被平衡。正常情况下，变压器的励磁电流很小，通常只有变压器额定电流的 2%～10%或更小，故纵差动保护回路的不平衡电流也很小，可忽略不计。在外部短路时，由于系统电压下降，励磁电流也将减小。因此，在稳态情况下，励磁电流对纵差动保护的影响常常可略去不计。但在以下分析的工况中却将产生很大的励磁电流。

下面以单相式变压器为例分析产生励磁涌流的原因。

在电压突然增加的特殊情况下，例如在空载投入变压器或外部故障切除后恢复供电等情况下，就可能产生很大的励磁电流，这是因为在稳态的情况下铁心中的磁通应滞后于外加电压 90°，在电压瞬时值 $u=0$ 瞬间合闸，铁心中的周期分量磁通应为 $-\Phi_m$，但由于铁心中的磁通不能突变，因此将出现一个非周期分量的磁通 $+\Phi_m$。如果考虑剩磁 ϕ_r，这样经过半个周期后铁心中的磁通将达到其幅值 $2\Phi_m+\phi_r$，如图 10-7 所示。由于铁心饱和将产生很大电流，这种暂态过程中出现的变压器励磁电流通常称为励磁涌流，该涌流的数值可达变压器额定电流的 6～8 倍，其涌流的大小相当于变压器内部故障时的短路电流。因此，它必然给差动保护的正确工作带来影响。

利用作图的方法可求得单相变压器的励磁涌流的波形如图 10-8（b）所示。由于励磁涌流的存在，给变压器差动保护的实现带来困难。对于三相变压器，无论在任何瞬间合闸，至少有两相会出现程度不等的励磁涌流。

从大量的实验及励磁涌流的波形可得到励磁涌流的特点如下。

（1）励磁电流数值很大，并含有大量的非周期分量，使励磁电流波形明显偏于时间轴的一侧。涌流衰减的快慢与变压器的容量有关，一般励磁涌流衰减到变压器额定电流的 25%～50% 所需时间，中、小型变压器约为 0.5～1s，大型变压器约 2～3s。励磁涌流完全衰减，大型变压器要经几十秒时间。

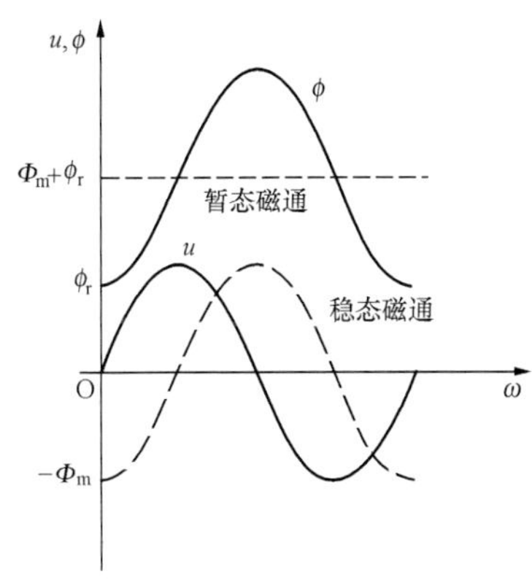

图 10-7 变压器空载投入时的电压和磁通波形图

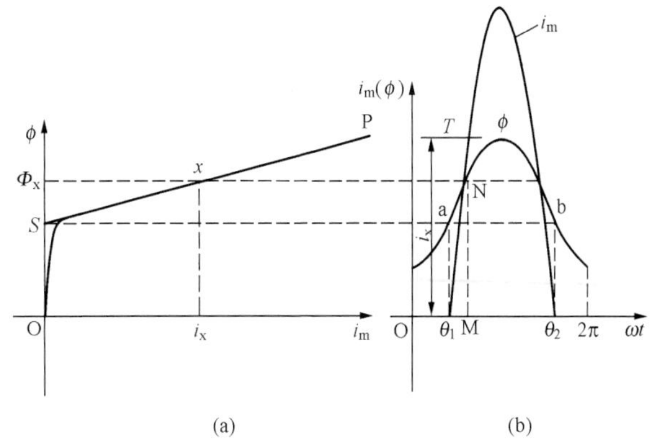

图 10-8 单相变压器励磁电流的图解法

(a) 变压器铁心的磁化曲线；(b) 励磁涌流

(2) 励磁涌流中含有明显的高次谐波，表 10-1 所示为单相变压器励磁涌流和内部短路故障时短路电流的谐波分析结果，其中励磁涌流以 2 次谐波为主，而短路电流中 2 次谐波成分很小。

表 10-1 单相变压器励磁涌流和内部故障时短路电流的实验数据举例

	条件	谐波分量占基波分量的百分数（%）					
		直流分量	基波	2 次谐波	3 次谐波	4 次谐波	5 次谐波
励磁涌流	第一个周期	58	100	62	25	4	2
	第二个周期	58	100	63	28	5	3
	第八个周期	58	100	65	30	7	3
内部短路故障电流	电流互感器饱和	38	100	4	32	9	2
	电流互感器未饱和	0	100	9	4	7	4

(3) 励磁涌流的波形出现间断角，如图 10-8（b）、图 10-9 所示，在一个周期中断角为 α，而短路电流波形不出现间断。纵差保护用的电流互感器在饱和的情况下传变到二次侧的励磁涌流波形间断角可能消失，在实际应用该判别条件时应采取相应的补救措施（如反映二次电流的变化率）。

为了防止励磁涌流造成差动保护的误动，变压器纵差保护中应设置涌流识别元件，若为励磁涌流则闭锁差动保护出口。根据励磁涌流的特点通常采用如下两种原理识别涌流：

(1) 利用 2 次谐波制动原理构成的差动保护；

(2) 利用间断角鉴别原理构成的变压器差动保护。

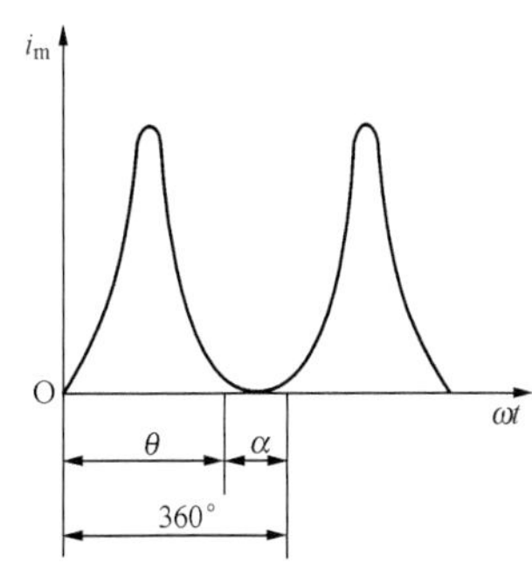

图 10-9 励磁涌流的波形

二、不平衡电流产生的原因及相应的措施

众所周知，产生纵差保护不平衡电流的因素主要是电流互感器的误差。由电流互感器的等值电路可知影响电流互感

器误差的根本原因是励磁电流的存在。因而被保护设备（如线路、变压器、发电机等）各侧电流互感器励磁特性的差异，即励磁电流归算到一侧不相等，则差动回路出现不平衡电流就不可避免。变压器差动保护各侧电流互感器的误差要产生不平衡电流这一根本原因外，还有不同于线路纵差保护产生的不平衡电流的因素，下面就变压器纵差保护不平衡电流产生的原因及相应的技术措施进行论述。

1. 变压器两侧电流相位不同

（1）原因。电力系统中变压器常采用 Yd11 连接方式，因此，变压器两侧电流的相位差为 30°，如图 10-10 所示，Y 侧（又称星形侧）电流滞后△侧（又称三角形侧）电流 30°，若两侧的电流互感器采用相同的接线方式，则两侧对应相的二次电流也相差 30°左右，从而产生很大的不平衡电流。

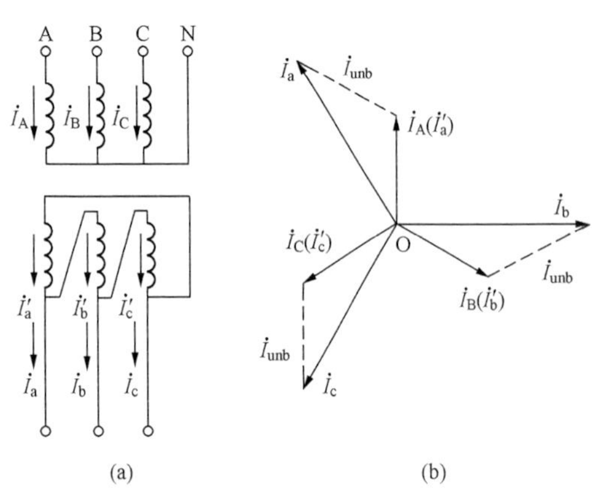

图 10-10 Yd11 连接变压器二次电流相位不同产生不平衡电流示意图
(a) 绕组接线图；(b) 相量图

（2）解决措施为相补偿。由纵差保护构成原理可知，变压器差动保护的二次回路中两侧电流的相位必须基本一致，不能出现相位差；否则，差动回路中将会由于变压器两侧电流相位不同而产生不平衡电流。为了消除这种不平衡电流采用相补偿。相补偿可以通过接线实现，也可以采用软件实现。

接线实现的具体做法是：以 Yd11 连接的变压器为例，将变压器星形侧的电流互感器接成三角形，将变压器三角形侧的电流互感器接成星形，如图 10-11（a）所示，以补偿 30°的相位差。图中 $\dot{I}^{Y}_{A1}$、$\dot{I}^{Y}_{B1}$、$\dot{I}^{Y}_{C1}$ 为星形侧的一次电流，$\dot{I}^{\triangle}_{A1}$、$\dot{I}^{\triangle}_{B1}$、$\dot{I}^{\triangle}_{C1}$ 三角形侧的一次电流，其相位关系如图 10-11（b）所示。采用相位补偿接线后，变压器星形侧电流互感器二次回路侧差动臂中的电流分别为 $\dot{I}^{Y}_{A2}-\dot{I}^{Y}_{B2}$、$\dot{I}^{Y}_{B2}-\dot{I}^{Y}_{C2}$、$\dot{I}^{Y}_{C2}-\dot{I}^{Y}_{A2}$，它们刚好与三角形侧电流互感器二次回路中的电流 $\dot{I}^{\triangle}_{A2}$、$\dot{I}^{\triangle}_{B2}$、$\dot{I}^{\triangle}_{C2}$ 同相位，如图 10-11（c）所示。这样，差动回路中两侧的电流相位相同。但是，采用上述接线以后，在电流互感器三角形侧的每个差动臂中，电流又增大$\sqrt{3}$倍，此时为了保证在正常运行及外部故障情况下差动回路电流接近相等，需进行数值补偿，即星形侧的电流互感器的变比要相应增大$\sqrt{3}$倍。

变压器星形侧电流互感器变比为

$$n_{TA(Y)}=\frac{\sqrt{3}I_{TN(Y)}}{5} \tag{10-2}$$

变压器三角形侧电流互感器变比为

$$n_{TA(\triangle)}=\frac{I_{TN(\triangle)}}{5} \tag{10-3}$$

这样，通过电流互感器的适当连接及变比选择，消除了由于变压器两侧接线方式不同而使电流相位不同所产生的不平衡电流。这种方法通常用于常规的变压器差动保护中，

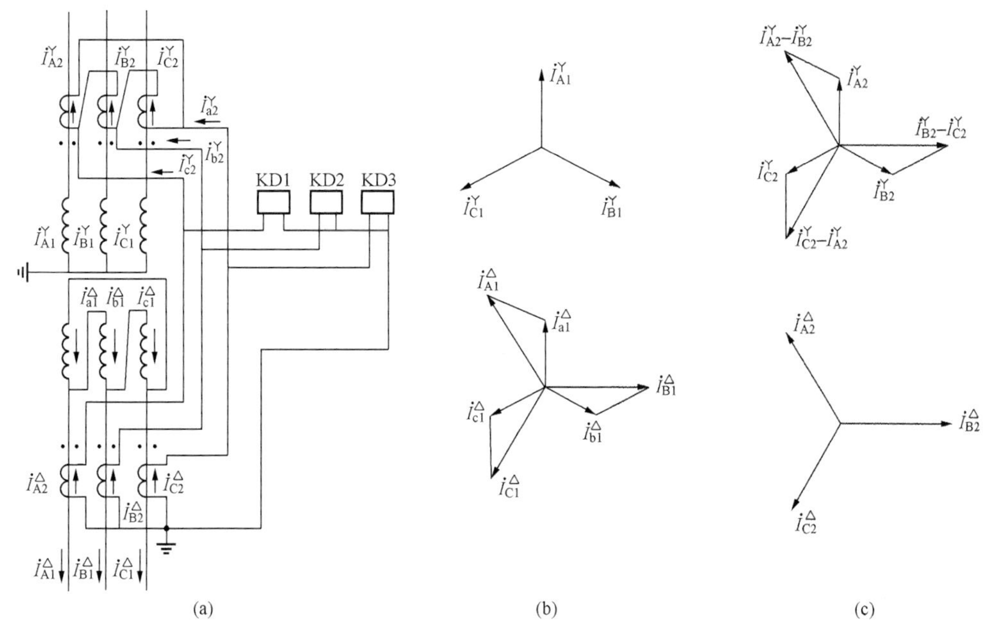

图 10-11　Yd11 连接变压器差动保护接线图和相量图

(a) 原理接线图；(b) 电流互感器；(c) 差动回路电流相量图

而在微机保护中通过软件进行“相补偿”。对于微机型差动保护，变压器各侧电流互感器的二次侧一般均接成星形，这样有利于统一和简化二次接线，便于构成不同形式的差动电流，易于实现电流互感器 TA 断线监视和闭锁，避免在各相电流互感器 TA 饱和不同时形成电流互感器 TA 二次环流而影响差动保护特性，甚至在某些情况还有利于区分涌流和故障，改善差动保护的性能。在这种接线方式下，变压器各侧电流相位和幅值的校正改由软件进行。微机型差动保护的接线形式如图 10-12 所示。

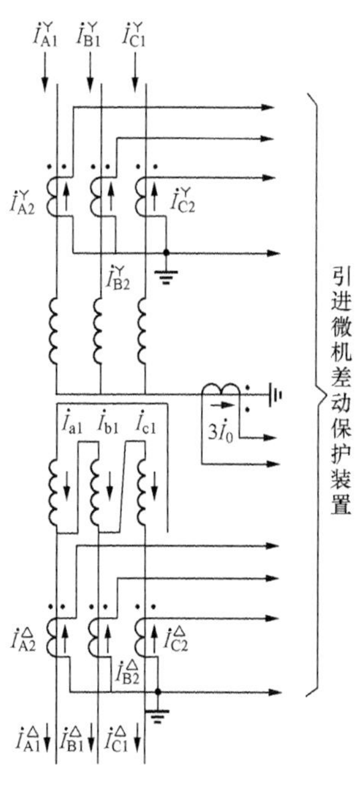

图 10-12　微机变压器差动保护接线

在微机型变压器差动保护中，利用软件通过计算对变压器各侧的输入电流进行相位和幅值校正。最常用的算法是仿照传统保护中常规接线的处理方式，对变压器 Y 侧电流按两相电流差的方法进行相位补偿，补偿算式为

$$\begin{cases}\dot I^{Y}_{a.c}=\dot I^{Y}_{AB2}=\dot I^{Y}_{A2}-\dot I^{Y}_{B2}\\ \dot I^{Y}_{b.c}=\dot I^{Y}_{BC2}=\dot I^{Y}_{B2}-\dot I^{Y}_{C2}\\ \dot I^{Y}_{c.c}=\dot I^{Y}_{CA2}=\dot I^{Y}_{C2}-\dot I^{Y}_{A2}\end{cases}$$

或

$$\begin{cases}\dot I^{Y}_{a.c}=\dot I^{Y}_{AB2}=(\dot I^{Y}_{A2}-\dot I^{Y}_{B2})/\sqrt{3}\\ \dot I^{Y}_{b.c}=\dot I^{Y}_{BC2}=(\dot I^{Y}_{B2}-\dot I^{Y}_{C2})/\sqrt{3}\\ \dot I^{Y}_{c.c}=\dot I^{Y}_{CA2}=(\dot I^{Y}_{C2}-\dot I^{Y}_{A2})/\sqrt{3}\end{cases}\qquad(10-4)$$

对变压器 d 侧电流，不做相位补偿，即有

$$\begin{cases}\dot{I}_{a.c}^{\triangle}=\dot{I}_{A2}^{\triangle}\\ \dot{I}_{b.c}^{\triangle}=\dot{I}_{B2}^{\triangle}\\ \dot{I}_{c.c}^{\triangle}=\dot{I}_{C2}^{\triangle}\end{cases} \tag{10 - 5}$$

则差动保护的实际的差电流可写为

$$\begin{cases}\dot{I}_{da}=\dot{I}_{a.c}^{Y}-\dot{I}_{a.c}^{\triangle}\\ \dot{I}_{db}=\dot{I}_{b.c}^{Y}-\dot{I}_{b.c}^{\triangle}\\ \dot{I}_{dc}=\dot{I}_{c.c}^{Y}-\dot{I}_{c.c}^{\triangle}\end{cases} \tag{10 - 6}$$

式中：$I_{ph.c}^{Y}$、$I_{ph.c}^{\triangle}$（ph 为 a、b、c 相）分别为变压器差动保护 Y 侧、d 侧的计算电流。

在正常负荷状态和外部故障时，校正后的 Y 侧二次电流与 d 侧同各相二次电流恰好反相位（各侧电流的假定正向为指向变压器内部），达到了相位校正的目的。显然，此方法的实际效果与常规模拟式变压器差动保护相同。这种方法称为变压器 Y 侧电流相位合成校正法，即 Y 侧往 d 侧进行相补偿。

在式（10 - 4）中上、下两组变换式对应于两种可能存在的电流互感器 TA 变比为：上式对应于前述变压器 Y 侧电流互感器 TA 变比基于在电流互感器 TA 二次绕组获得额定电流的$\frac{1}{\sqrt{3}}$选择，也可在软件中再进行数值补偿；下式则对应于变压器 Y 侧电流互感器 TA 变比基于在电流互感器 TA 二次绕组获得额定电流来选择。

值得注意的是，对于 Y 侧中性点直接接地的 YNd 连接变压器，当变压器 Y 侧发生区内外单相接地短路时，零序电流能在变压器 Y 侧引线上流通（即流过 Y 侧的电流互感器 TA），而不能在变压器 d 侧引线上流通（即不能流过 d 侧的电流互感器 TA）。因此，当变压器 Y 侧发生区外单相接地短路时，从防止保护误动的角度，应该在差流中扣除变压器 Y 侧电流中的零序分量，前述关于变压器 Y 侧电流的校正处理方法可自动做到这一点。但是，当变压器 Y 侧发生区内单相接地短路时，为提高差动保护单相接地短路灵敏度的角度，应该保留 Y 侧电流中的零序分量。按照上述模仿常规接线的电流校正方法，变压器 Y 侧电流中的零序分量已经被消去（即通过在变压器 Y 侧采用两相绕组电流差的做法来消除零序分量），保证了区外单相接地短路不误动的可靠性，但使得区内单相接地短路的灵敏性有所降低。

下面介绍一种可以兼顾 YNd 连接变压器区内外单相接地短路可靠性与灵敏性的电流相位校正方法。这种电流相位校正方法采用对变压器 d 侧的电流进行“相补偿”来实现相位校正，同时在变压器 Y 侧电流中引入变压器中性点零序电流 $\dot{I}_{N0}$，称为变压器 d 侧电流相位合成校正法，即 d 侧往 Y 侧进行相补偿。

变压器 Y 侧引入差动保护的电流表达式如下（取流入变压器的零序电流为假定正方向）

$$\begin{cases}\dot{I}_{a.c}^{Y}=\dot{I}_{A2}^{Y}-\dot{I}_{N0}\\ \dot{I}_{b.c}^{Y}=\dot{I}_{B2}^{Y}-\dot{I}_{N0}\\ \dot{I}_{c.c}^{Y}=\dot{I}_{C2}^{Y}-\dot{I}_{N0}\end{cases} \tag{10 - 7}$$

而变压器 d 侧电流变换式为

$$\begin{cases} \dot{I}^{\triangle}_{a.c} = \dot{I}^{\triangle}_{AC2} = \dot{I}^{\triangle}_{A2} - \dot{I}^{\triangle}_{C2} \\ \dot{I}^{\triangle}_{b.c} = \dot{I}^{\triangle}_{BA2} = \dot{I}^{\triangle}_{B2} - \dot{I}^{\triangle}_{A2} \\ \dot{I}^{\triangle}_{c.c} = \dot{I}^{\triangle}_{CB2} = \dot{I}^{\triangle}_{C2} - \dot{I}^{\triangle}_{B2} \end{cases} \quad 或 \quad \begin{cases} \dot{I}^{\triangle}_{a.c} = \dot{I}^{\triangle}_{AC2} = (\dot{I}^{\triangle}_{A2} - \dot{I}^{\triangle}_{C2})/\sqrt{3} \\ \dot{I}^{\triangle}_{b.c} = \dot{I}^{\triangle}_{BA2} = (\dot{I}^{\triangle}_{B2} - \dot{I}^{\triangle}_{A2})/\sqrt{3} \\ \dot{I}^{\triangle}_{c.c} = \dot{I}^{\triangle}_{CB2} = (\dot{I}^{\triangle}_{C2} - \dot{I}^{\triangle}_{B2})/\sqrt{3} \end{cases} \qquad (10-8)$$

d 侧往 Y 侧进行相补偿的相量图如图 10 - 13 所示。

由图 10 - 13 可见，在穿越性电流作用时，校正后的变压器 d 侧二次电流与 Y 侧同名相二次电流正好反相位且大小相等，实现了相位和幅值校正。

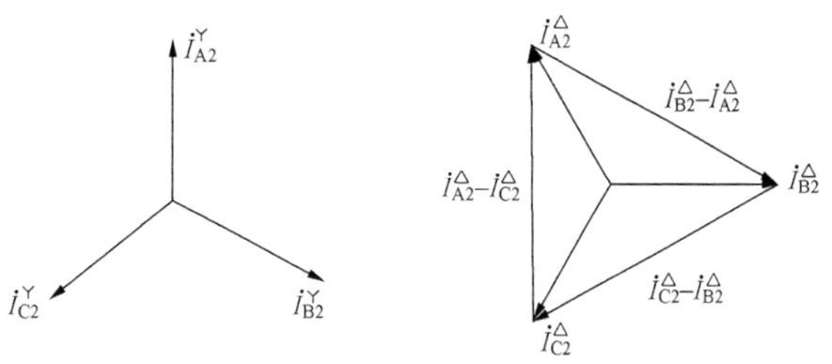

图 10 - 13 软件计算的 YNd11 连接 d 侧往 Y 侧进行相补偿的相量图

当区外发生单相接地短路时，变压器 Y 侧电流中的正、负序分量与 d 侧校正电流中的正、负序分量平衡；Y 侧相电流中的零序分量与中性点零序电流大小相等、极性相反，两者抵消，零序电流的影响被消除，保证了差动保护此时不会误动作。

当区内发生单相接地短路时，变压器 Y 侧相电流中的零序分量与中性点零序电流之和即为接地短路点的零序电流（假设电流互感器 TA 的变比均为 1），从而增大了差动电流，提高了差动保护反应区内单相接地短路的灵敏性。

实际上，上述零序电流的处理方法类似于在普通变压器差动保护中同时引进了零序差动保护的作用，零序差动保护将在本书 10.3.7 节予以介绍。

由于上述方法需要引入变压器中性点电流，增加了变压器差动保护的复杂性；同时由于变压器接地中性线上的电流互感器 TA 的形式通常与变压器相引线上的电流互感器 TA 不同且变比通常较小，因此要特别注意电流标度变换的正确性以及因电流互感器 TA 特性差异引起的不平衡电流（因为变压器中性点电流互感器 TA 因变比较小，当外部接地故障时更容易饱和）等问题，以防止外部接地故障时引起差动保护误动。

在上述方法中，若将变压器 Y 侧中性点获得的零序补偿电流改为由三相电流之和来构成，是否会有提高差动保护反应区内单相接地短路的灵敏性的优点呢？

2. 电流互感器计算变比与实际变比不同

(1) 原因。变压器高、低压两侧电流的大小是不相等的。为了满足正常运行或外部短路时，差动回路的电流为零，则应使高、低压侧（即差动臂）的电流相等，则高、低压侧电流互感器变比的比值应等于变压器的变比。但实际上由于电流互感器的标准化制造，往往选择的是与计算变比相接近且较大的标准变比的电流互感器。这样，由于变比的标准化使得其实际变比与计算变比不一致，从而产生不平衡电流。

以下就电流互感器实际变比与标准变比不等产生不平衡电流进行分析。

在表 10 - 2 中，变压器型号为 SFL1-8000/35、变比为 38.5±2×2.5%/6.3kV、Yd11 联结。计算由于电流互感器的实际变比与计算变比不等所产生的不平衡电流，计算结果如表

10-2所示。可见，由于电流互感器的实际变比与计算变比不等，正常情况下将产生0.21A的不平衡电流电流。

表10-2 计算变压器额定运行时差动保护臂中的不平衡电流

电压侧（kV）	38.5（40.4）	6.3
额定电流（A）	120（114.3）	733
电流互感器的接线方式	△	Y
电流互感器的计算变比	$\sqrt{3}$×120/5=207.8/5	733/5
电流互感器的实际变比	300/5=60	1000/5=200
差动臂的电流（A）	207.8/60=3.46（3.3）	733/200=3.67
不平衡电流（A）	3.67－3.46（3.3）=0.21（0.37）	

注 括号内数值为+2×2.5%抽头电压时的计算值，其不平衡电流将更大。

（2）解决措施为采用数值补偿的方法，可以由硬件接线来实现，也可以由软件来实现。前者用于常规变压器保护中，后者用于微机变压器保护中。

1）常规变压器保护中，可采用自耦变流器或利用BCH型差动继电器中的平衡线圈来补偿。在变压器一侧的电流互感器（三绕组变压器需在两侧）的二次侧，装设自耦变流器，一般接于电流互感器二次电流较大的一侧。如图10-14（a）所示，改变自耦变流器的变比，使 $\dot{I}_2^{Y} = \dot{I}'^{\triangle}_2$，从而补偿了不平衡电流。

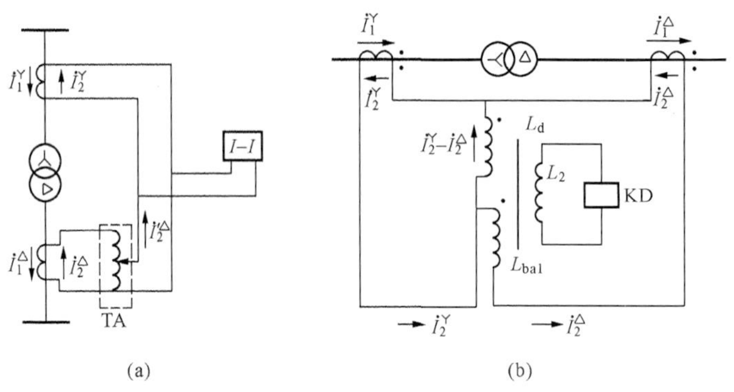

图10-14 不平衡电流的补偿

（a）用自耦变流器；（b）用差动继电器中平衡线圈

利用BCH型差动继电器中的平衡线圈时，通常将平衡线圈接于电流互感器二次电流较小的一侧。适当选择平衡线圈的匝数，使 $L_{bal}\dot{I}_2^{\triangle} = L_d(\dot{I}_2^{Y} - \dot{I}_2^{\triangle})$，这样，在正常运行或外部故障时，二次线圈 L_2 中不会产生感应电动势，继电器KD中没有电流，从而达到了消除不平衡电流影响的目的。实际上，平衡线圈只能按整匝数选择，因此二次线圈中仍有残余不平衡电流，这在计算保护的动作值时应予以考虑。

2）微机变压器保护中，引入平衡系数进行数值补偿，具体做法如下。

具体计算根据变压器各侧一次额定电流、差动保护电流互感器变比，求出电流平衡调整系数 K_b，由软件实现电流自动平衡调整，消除不平衡电流影响。

首先，计算变压器各侧的一次额定电流，I_{NT}为

$$I_{NT}=\frac{S_N}{\sqrt{3}U_N} \tag{10-9}$$

式中：S_N 为变压器额定容量（kVA）应取最大侧的额定容量；U_N 为计算侧额定相间电压，有调压分接点的，应取中间抽头电压。

其次，计算变压器差动保护各侧差动臂电流为

$$I_{2C}=\frac{I_{NT}}{n_{TA}}K_{con} \tag{10-10}$$

式中：n_{TA}为计算侧电流互感器的实际变比，当用于高压侧记为 n_{TAh}，当用于中压侧记为 n_{TAm}，用于低压侧记为 n_{TAl}；K_{con}为接线系数，相位校正侧 $K_{con}=\sqrt{3}$，d 侧 $K_{con}=1$（对应于变压器 Y 侧电流互感器 TA 变比基于在电流互感器 TA 二次绕组获得额定电流来选择）。

最后计算电流平衡调整系数 K_b。

以双绕组变压器为例，取变压器各侧电流的参考方向都以指向变压器为正，则各相的差动电流为

$$I_d=|\dot{I}_{2C.h}K_{bh}+\dot{I}_{2C.l}K_{bl}| \tag{10-11}$$

相补偿后，正常运行时变压器高、低压侧二次计算电流的相位相反，数值补偿后，差动回路不平衡电流应为零，若规定变压器高压侧的二次计算电流 $I_{2C.h}$为基准值 I_j（有的保护以 5A 为基准），则高压侧的平衡系数为

$$K_{bh}=\frac{I_{2C.h}}{I_j} \tag{10-12}$$

低压侧的平衡系数根据 $I_{2C.h}K_{bh}-I_{2C.l}K_{bl}=0$，有

$$K_{bl}=\frac{I_{2C.h}}{I_{2C.l}}K_{bh} \tag{10-13}$$

对于三绕组变压器，中压侧的平衡系数根据 $I_{2C.h}K_{bh}-I_{2C.m}K_{bm}=0$，有

$$K_{bm}=\frac{I_{2C.h}}{I_{2C.m}}K_{bh} \tag{10-14}$$

由于微机保护取值是按二进制方式取值，调整系数取值不是连续的而是分级的，因此按级差取值的调整系数 K_b 不可能使差动保护完全达到平衡。以下结合实例分析微机保护中的数值补偿。

三绕组变压器三侧容量为 31.5/20/31.5MVA，电压比为 110±4×2.5%/38.5±2×2.5%/11kV，连接方式为 YNyd1211，电流互感器 TA 二次额定电流为 5A。

$I_{NTh}=31500/(\sqrt{3}\times110)=165(A)$，电流互感器 TA 变比 $n_{TAh}=200/5=40$

$I_{NTm}=31500/(\sqrt{3}\times38.5)=473(A)$，电流互感器 TA 变比 $n_{TAm}=500/5=100$

$I_{NTl}=31500/(\sqrt{3}\times11.0)=1650(A)$，电流互感器 TA 变比 $n_{TAl}=2000/5=400$

软件相位校正及计算各侧二次计算电流为

$$I_{2C.h}=\sqrt{3}\times165/40=7.14(A)$$

$$I_{2C.m}=\sqrt{3}\times473/100=8.19(A)$$

$$I_{2C.l}=1650/400=4.12(A)$$

若取基准电流为5A，$I_n=5A$，代入式（10-12）计算调整系数K_b为

$$K_{bh}=\frac{I_{2C.h}}{I_j}=\frac{I_{2C.h}}{I_n}=1.428(\text{按}\ 0.0625\ \text{的级差值为}\ 1.4375)$$

$$K_{bm}=\frac{I_{2C.h}}{I_{2C.m}}K_{bh}=\frac{7.14}{8.19}\times1.428=1.245(\text{按}\ 0.0625\ \text{的级差值为}\ 1.25)$$

$$K_{bl}=\frac{I_{2C.h}}{I_{2C.l}}K_{bh}=\frac{7.14}{4.12}\times1.428=2.475(\text{按}\ 0.0625\ \text{的级差值为}\ 2.5)$$

若以高压侧二次计算电流为基准，代入式（10-12）计算调整系数K_b为

$$K_{bh}=\frac{I_{2C.h}}{I_j}=\frac{I_{2C.h}}{I_{2C.h}}=1$$

$$K_{bm}=\frac{I_{2C.h}}{I_{2C.m}}K_{bh}=\frac{7.14}{8.19}=0.87(\text{按}\ 0.0625\ \text{的级差选}\ 0.875)$$

$$K_{bl}=\frac{I_{2C.h}}{I_{2C.l}}K_{bh}=\frac{7.14}{4.12}=1.73(\text{按}\ 0.0625\ \text{的级差选}\ 1.75)$$

微机保护利用上述调整系数求得变压器正常运行及故障时各侧平衡计算后的二次电流，本例相对误差为1%。

3. 变压器各侧电流互感器型号不同

（1）原因。由于变压器各侧电压等级和额定电流不同，所以变压器各侧的电流互感器型号不同，它们的饱和特性、励磁电流（归算至同一侧）也就不同，从而在差动回路中产生较大的不平衡电流。

（2）解决措施。在变压器差动保护整定计算中予以考虑，型号不同时，最大不平衡电流计算值中引入同型系数$K_{ss}=1$，见式（10-15）。

4. 变压器带负荷调节分接头改变

（1）原因。变压器带负荷调整分接头，是电力系统中电压调整的一种方法，改变分接头就是改变变压器的变比。整定计算中，差动保护只能按照某一变比整定，选择恰当的平衡线圈减小或消除不平衡电流的影响。当差动保护投入运行后，在调压抽头改变时一般不可能对差动保护的电流回路重新操作，因此又会出现新的不平衡电流。不平衡电流的大小与调压范围有关。

（2）解决措施。在变压器差动保护整定计算中予以考虑，最大不平衡电流计算值中引入ΔU，见式（10-15）。

根据上述分析，在稳态情况下，为整定变压器的差动保护所采用的不平衡电流$I_{unb.max}$为

$$I_{unb.max}=(K_{ss}\times10\%+\Delta U+\Delta f)\frac{I_{k.max}}{n_{TA}} \tag{10-15}$$

式中：10%为电流互感器容许的最大相对误差；K_{ss}为电流互感器的同型系数，取为1；ΔU为由变压器带负荷调压所引起的相对误差，取电压调整范围的一半；Δf为由所采用的中间互感器变比或平衡线圈的匝数与计算值不同时，所引起的相对误差，初算时取0.05；$I_{k.max}/n_{TA}$为保护范围外部最大短路电流归算到二次侧的数值。

以上分析的是目前变压器差动保护稳态不平衡电流产生的原因及相应措施。差动保护是瞬动保护，它是在一次系统短路暂态过程中发出跳闸脉冲的。因此，暂态过程中不平衡电流对它的影响必须予以考虑。在暂态过程中，一次侧的短路电流含有非周期分量，它对时间的

变化率（di/dt）很小，很难变换到二次侧，而主要成为互感器的励磁电流，从而使互感器的铁心更加饱和。本来按10%误差曲线选择的电流互感器在外部短路稳态时，已开始处于饱和状态，加上非周期分量的作用后，则铁心将严重饱和。因而电流互感器的二次电流的误差更大，暂态过程中的不平衡电流也将更大。其特点如下：

（1）暂态不平衡电流含有大量的非周期分量，偏离时间轴的一侧；

（2）暂态不平衡电流最大值出现的时间滞后一次侧最大电流的时间（根据此特点靠保护的延时来躲过其暂态不平衡电流必然影响保护的快速性，甚至使变压器差动保护不能接受）。

暂态的不平衡电流（励磁涌流和区外短路的暂态不平衡电流）由于都含有大量的非周期分量，减小非周期分量的影响也就在很大程度上减小了暂态不平衡电流。

变压器励磁涌流在差动保护回路中也可认为是一种暂态不平衡电流。不过由于其励磁涌流的特征与区外短路流入差动回路的暂态不平衡电流有所区别，故单独采用前述克服励磁涌流的措施。下面主要分析区外短路的暂态不平衡电流的特点和解决措施。

常规变压器差动保护中采用速饱和变流器，当变流器输入电流中含有大量非周期分量时，铁心迅速饱和，因此变流器的传变特性变得很差。因暂态电流偏于时间轴一侧，从而铁心中的磁感应强度B也偏于时间轴一侧，B的变化率（dB/dt）很小，非周期分量电流很难传变到二次侧，故可减小不平衡电流中非周期分量对差动保护的影响。这是一般速饱和变流器的工作原理。

当差动保护回路中采用了速饱和中间变流器后，由于内部故障起始瞬间的短路电流中含有大量非周期分量，因此差动保护的动作速度减缓（约1～2个周期），直到非周期分量衰减幅度较大时才能正确动作。因此，带速饱和中间变流器的差动保护影响了差动保护的快速性。

微机保护中采用比率制动特性的差动保护来克服区外短路暂态不平衡电流的影响。

此外，以下措施可以减小产生不平衡电流的根本原因（励磁电流）的影响。

（1）变压器差动保护各侧用的电流互感器，选用变压器差动保护专用的D级电流互感器。当通过外部最大稳态短路电流时，差动保护回路的二次负荷要能满足10%误差的要求。

（2）减小电流互感器的二次负荷。这实际上相当于减小二次侧的端电压，相应地减少电流互感器的励磁电流。减小二次负荷的常用办法有减小控制电缆的电阻（适当增大导线截面，尽量缩短控制电缆长度），采用弱电控制用的电流互感器TA（二次额定电流为1A）等。

（3）采用带小气隙的电流互感器。这种电流互感器铁心的剩磁较小，在一次侧电流较大的情况下，电流互感器不容易饱和，因而励磁电流较小，有利于减小不平衡电流，同时也改善了电流互感器的暂态特性。

10.3.3 比率制动式差动保护原理

为减小区外短路暂态不平衡电流对差动保护的影响，变压器纵差保护也采用利用穿越电流的比率制动式差动保护判据。但由于变压器是利用电磁感应传递能量并跨越不同电压等级的设备，各侧电流互感器TA因电压等级不同而不可能同型号。各侧电流互感器TA特性的不一致性往往比较大，由此引起的不平衡电流也会更大一些。另外还常常需要多侧差动保护，因此变压器差动保护判据要更复杂一些。

下面以单相为例，说明双绕组变压器通常采用的和差式比率制动差动保护的工作原理及特性。

1. 动作判据

若以流入变压器的电流方向为正，则差动电流可以用 $\dot{I}_h$ 与 $\dot{I}_1$ 之和表示（如图 10 - 15 所示）。

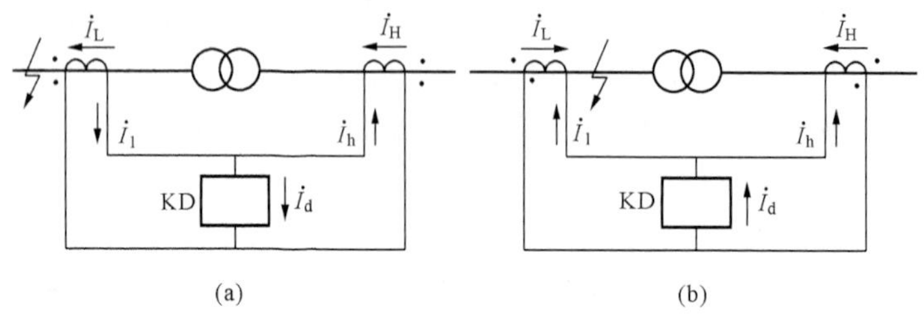

图 10 - 15　变压器差动保护原理接线图

（a）变压器区外短路；（b）变压器区内短路

$$I_d = |\dot{I}_h + \dot{I}_1| \tag{10 - 16}$$

为了使区外故障时获得最大制动作用，区内故障时制动作用最小或等于零，用最简单的方法构成制动电流，就可采用 $\dot{I}_h$ 与 $\dot{I}_1$ 之差表示

$$I_{res} = \frac{|\dot{I}_h - \dot{I}_1|}{2} \tag{10 - 17}$$

假设 $\dot{I}_h$ 与 $\dot{I}_1$ 已经过软件相位变换和电流补偿，在微机保护中流入极性端为正，反之为负，则区外故障 $\dot{I}_h = -\dot{I}_1$，此时制动电流 I_{res} 达到最大，而差动电流 I_d 为最小值，并等于因电流互感器 TA 饱和产生的不平衡电流 I_{unb}。相反，区内故障时 $\dot{I}_h$ 与 $\dot{I}_1$ 相位基本一致，I_{res} 为最小，I_d 达到最大值，所以保护灵敏度较高。但必须指出，这时 I_{res} 虽然为最小值，但不为零，即区内故障时双侧电源的变压器仍带制动量。

由于电流补偿存在一定误差，在正常运行时 I_d 仍然有少量的不平衡电流 I_{unb}。所以差动保护起动必须使 I_d 大于一个起动定值 $I_{st.0}$，差动保护动作的第一判据应满足

$$I_d \geqslant I_{st.0}(I_{res} < I_{res.0}) \tag{10 - 18}$$

外部故障时，由于保护的最大不平衡电流随外部短路电流的增大而增大，见式（10 - 15），为保证外部故障保护可靠不动作，要求比率制动差动元件的动作电流也要随外部短路电流 I_k 的增大而增大，且要比区外故障时的最大不平衡电流变化还要快，又保护的制动电流 I_{res} 是随短路电流 I_k 的增大而增大的，因此保护的第二个判据为

$$I_d = I_{st} > K_{res}(I_{res} - I_{res.0}) + I_{st.0}(I_{res} > I_{res.0}) \tag{10 - 19}$$

2. 动作特性

动作方程所描述的动作特性曲线如图 10 - 16 所示。

曲线 ABC 为动作方程所描述的动作特性，K_{res} 为比率制动系数，即曲线 BC 斜率。曲线 OD 为区外故障时最大不平衡电流变化曲线，其随故障电流 I_k（即制动电流 I_{res}）的增大而增大，其斜率为 S［可由式（10 - 15）决定］，一般小于 0.2。合理整定曲线 BC 的斜率 K_{res}，使其大于 S，可保证区外故障保护可靠不动作，而在区内故障时，差动电流就是总故障电流

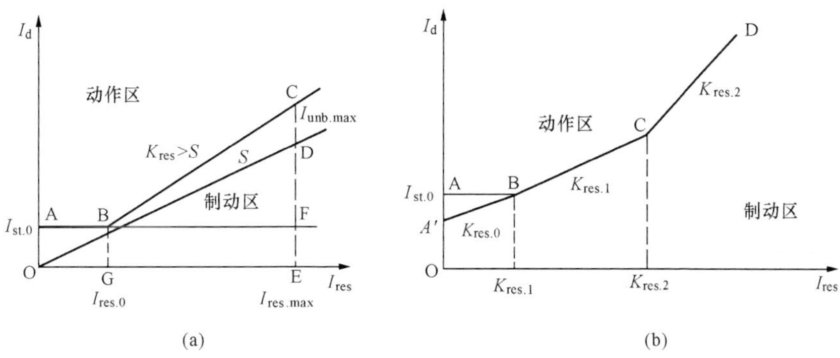

图 10-16 比率制动特性曲线

(a) 两折线比率制动特性；(b) 三折线比率制动特性

的二次值，由 $K_{res}=\dfrac{I_d-I_{st.0}}{I_{res}-I_{res.0}}$ 可知，I_d 远大于 $I_{st.0}$，分子近似为差动电流，即为总故障电流的二次值，而 I_{res} 为两差动臂二次电流之差的一半，近似为零，最不利情况为总的故障电流。因此区内故障时有 $K_{res}\approx 1\sim\infty$，大于整定值，保护可靠动作。

3. 比率制动特性的整定

(1) 最小起动电流 $I_{st.0}$ 为

$$I_{st.0}=K_{rel}[2f_{i(n)}+\Delta U+\Delta m]I_{N.T} \tag{10-20}$$

式中：K_{rel} 为可靠系数，取 1.3～1.5；$f_{i(n)}$ 为电流互感器在额定电流 $I_{N.T}$ 的比值误差 $f_{i(n)}=\pm 0.03$(10P)，± 0.01(5P)；ΔU 为变压器调压偏差，取调压范围偏离额定值的最大值（百分值）；Δm 为由于数值补偿不完全产生的误差，在微机保护中 $\Delta m\approx 0$，为可靠起见仍沿用常规值，$\Delta m=0.05$。

一般情况下 $I_{st.0}=(0.2\sim 0.5)I_{N.T}$。

(2) 拐点制动电流 $I_{res.0}$ 选取

$$I_{res.0}=(0.8\sim 1.0)I_{N.T} \tag{10-21}$$

(3) 动作特性中折线斜率 K_{res} 的整定。整定折线斜率 K_{res} 的原则是保证差动保护的动作电流能够躲开外部故障时流过差动回路的最大不平衡电流。具体步骤如下。

1) 计算最大不平衡电流（基准侧二次值），有

$$I_{unb.max}=(K_{aper}K_{ss}f_i+\Delta U+\Delta m)I_{k.max} \tag{10-22}$$

式中：K_{aper} 为 TA 的非周期分量系数，$K_{aper}=1.5\sim 2.0$(5P、10P) TA 或 $K_{aper}=l$(TP) TA；f_i 为电流互感器 TA 的比值误差，取 0.1；其他参数含义同前。

2) 差动保护的动作电流应躲开的最大不平衡电流，即

$$I_{st.max}=K_{rel}I_{unb.max} \tag{10-23}$$

式中：K_{rel} 为可靠系数，取 1.3～1.5。

3) 折线斜率为

$$K_{res}=\frac{K_{rel}I_{unb.max}-I_{st.0}}{I_{res.max}-I_{res.0}} \tag{10-24}$$

式中：$I_{res.max}$ 为最大制动电流，对于双绕组变压器保护 $I_{res.max}=I_{k.max}$。

通常比率制动系数 K_{res} 不应选得过大，否则将使差动保护灵敏度下降，有损于差动保护对变压器匝间短路的保护作用，一般 K_{res} 取 0.3～0.5。

(4) 内部故障灵敏度校验。在系统最小运行方式下，计算变压器出口金属性短路的最小短路电流 $I_{k.min}$ (周期分量)，同时计算相应的制动电流 I_{res}，由相应的比率制动特性查出对应于 I_{res} 的起动电流 I_{st}，则灵敏系数 K_{sen} 为

$$K_{sen}=\frac{I_{k.min}}{I_{st}} \tag{10-25}$$

要求 $K_{sen}>2.0$。

对于三绕组变压器，比率制动纵差保护的差动电流和制动电流分别为

$$I_d=|\dot{I}_h+\dot{I}_m+\dot{I}_l| \tag{10-26}$$

$$I_{res.1}=|\dot{I}_h+\dot{I}_m-\dot{I}_l|/2$$

$$I_{res.2}=|\dot{I}_h-\dot{I}_m+\dot{I}_l|/2$$

$$I_{res.3}=|\dot{I}_l+\dot{I}_m-\dot{I}_h|/2$$

$$I_{res}=\max\{I_{res.1},\ I_{res.2},\ I_{res.3}\} \tag{10-27}$$

有的变压器差动保护直接取三侧中最大电流为制动电流，即

$$I_{res}=\max\{I_h,\ I_m,\ I_l\} \tag{10-28}$$

最大不平衡电流的计算公式为

$$I_{unb.max}=K_{ss}K_{aper}f_iI_{k.max}+\Delta U_hI_{k.h.max}+\Delta U_mI_{k.m.max}+\Delta m_{\text{I}}I_{k.\text{I}.max}+\Delta m_{\text{II}}I_{k.\text{II}.max} \tag{10-29}$$

在微机保护中电流互感器 TA 变比不完全匹配产生的误差，由于采用数值补偿系数后误差非常小 $\Delta m=0$，则式 (10-29) 为

$$I_{unb.max}=K_{ss}K_{aper}f_iI_{k.max}+\Delta U_hI_{k.h.max}+\Delta U_mI_{k.m.max} \tag{10-30}$$

式中：$I_{k.max}$ 为保护区外部故障时，归算到基本侧的通过变压器的最大短路电流；$I_{k.h.max}$、$I_{k.m.max}$ 为保护区外部故障时，归算到基本侧的通过高（中）压侧的短路电流；ΔU_h、ΔU_m 为高（中）压侧偏离额定电压的最大调压百分数。

其他参数计算方法同双绕组变压器的不平衡电流计算公式。

4. 三折线比率制动特性

三折线比率制动特性如图 10-16 (b) 所示，有两个拐点电流 $I_{res.1}$ 和 $I_{res.2}$，通常 $I_{res.1}$ 固定为 $\frac{0.5I_N}{n_{TA}}$，即 $0.5I_n\left(I_n=\frac{I_N}{n_{TA}}\right)$。当比率制动特性由 AB、BC、CD 直线段组成时，制动特性可表示为

$$\begin{cases}I_d>I_{st.0} & (I_{res}\leqslant I_{res.1})\\ I_d>I_{st.0}+K_{res.1}(I_{res}-I_{res.1}) & (I_{res.1}<I_{res}\leqslant I_{res.2})\\ I_d>I_{st.0}+K_{res.1}(I_{res.2}-I_{res.1})+K_{res.2}(I_{res}-I_{res.2}) & (I_{res.2}<I_{res})\end{cases} \tag{10-31}$$

式中：$K_{res.1}$、$K_{res.2}$ 分别为制动段 BC、CD 的斜率。

此时 $I_{res.1}$ 固定为 $0.5I_n$，$K_{res.1}=0.3\sim0.75$ 可调，$I_{res.2}$ 固定为 $3I_n$ 或 (0.5～3) I_n 可调，$K_{res.2}$ 斜率固定为 1。这种比率特性对降压变压器、升压变压器都适用，且容易满足灵敏度要求。

在大型变压器纵联差动保护中，为进一步提高匝间短路故障的灵敏度，比率制动特性由图10-16（b）中的A′B、BC、CD直线段组成，其中A′B段特性斜率$K_{res.0}$固定为0.2、$K_{res.2}$斜率固定为0.75、$I_{res.1}$固定为$0.5I_n$、$I_{res.1}$固定为$6I_n$，于是制动特性表示为

$$\begin{cases} I_d > I_{st.0} + 0.2I_{res} & (I_{res} \leqslant 0.5I_n) \\ I_d > I_{st.0} + 0.1I_n + K_{res.1}(I_{res} - 0.5I_n) & (0.5I_n < I_{res} \leqslant 6I_n) \\ I_d > I_{st.0} + 0.1I_n + 5.5K_{res.1}I_n + 0.75(I_{res} - 6I_n) & (6I_n < I_{res}) \end{cases} \quad (10-32)$$

式中：$K_{res.1}$为制动段BC的斜率，$K_{res.1}=0.2\sim0.75$。

需要指出的是，由于负荷电流总是穿越性质的，变压器内部短路故障时负荷电流总是起制动作用。为提高灵敏度，特别是匝间短路故障时的灵敏度，纵差动保护可采用故障分量比率制动特性。

10.3.4 变压器差动保护的涌流识别及制动元件

1. 涌流识别原理

如前所述，变压器在正常运行工况和外部故障时的励磁电流很小。当变压器空载投入或者外部故障切除后电压恢复时，由于励磁电压突然升高，励磁电流将骤然大大增加，其值大小与变压器结构形式、绕组参数、铁心材料特性、电压初相（即合闸角）和变化幅度、铁心剩磁以及系统容量等诸多因素相关，最大可达变压器额定电流的6～8倍，并且因含有很大非周期分量而偏于时间轴一侧。然后，随时间推移逐步减小，最终进入变压器正常运行状态。这种由电压突升引起的巨大的暂态励磁电流称为励磁涌流。由于励磁涌流是单侧注入性电流，其幅值又很大，因此会造成因比率制动判据误判而引起差动保护误动作。因此，变压器差动保护需要解决的突出问题就是既能可靠地躲过励磁涌流，又能灵敏、快速和正确地反映内部故障。

为了使差动保护躲过励磁涌流，首先需要根据实际运行条件对励磁涌流波形特征进行分析。如前所述，励磁涌流的产生与很多因素密切相关，另外，由于关心的主要是在差动电流中励磁涌流的特点和表现形式，它还与差动电流的构成方式相关（即与具体差动保护判据相关），故其分析和计算过程比较复杂。为节省篇幅和突出变压器差动保护的构成原理，这里根据变压器的特点，直接给出由理论分析、实验研究及工程实践得出的有关励磁涌流的主要结论。

理想情况下，三相电力变压器空投励磁涌流的波形如图10-17所示。

一般，对于由三个单相变压器构成的或三相五柱式大型三相电力变压器，其励磁涌流有下述特点。

（1）变压器每相绕组励磁涌流中含有较大的2次谐波分量，其含量大小与铁心饱和磁通、剩磁大小及电压突变初相角等因素直接相关，一般2次谐波分量占基波分量的比例不小于20％。对于基于两相绕组电流差构成的差动保护判据的情形，每相差动电流中的涌流均为相应两相绕组中励磁涌流之差形成的合成涌流（以下简称合成涌流），其中某相合成涌流可能表现为对称涌流波形，它的2次谐波分量可能较小，但在三相合成涌流（即相邻两相绕组的涌流之差构成的三相涌流）中至少有一相的2次谐波分量占基波分量的比值超过20％。

（2）理论上，就变压器一次电流而言，每相绕组励磁涌流以及每相合成涌流均会出现波

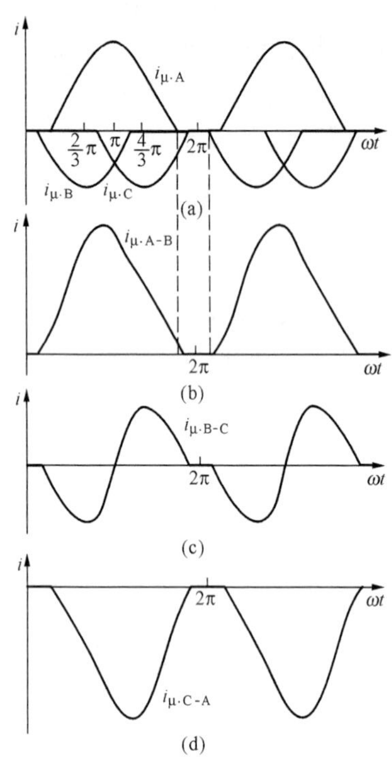

图 10-17　理想情况下三相电力变压器空投励磁涌流的波形

(a) 各绕组的励磁涌流波形；(b)、(c)、(d) 两绕组励磁涌流之差的波形

形间断，形成间断角 θ_d。所谓间断角，即为涌流波形中在一个基频周波内保持为 0°的那一段波形所对应的电角度。对于每相绕组励磁涌流波形，θ_d 一般不小于 65°。对于合成差流出现对称涌流时，θ_d 会进一步减小，但这时波形的宽度（称为波宽 θ_w）比故障波形的波宽要小。所谓波宽，定义为涌流波形在一个工频周期内不为 0°的那一段所对应的电角度，即波宽 θ_w。对称涌流的波宽通常不大于 120°。

(3) 在变压器内、外部短路故障时，差动电流中 2 次谐波分量所占比例较小，低于 15%，一般不会出现波形间断，波宽不小于 180°。

利用特点 (1) 可以构成基于 2 次谐波电流的励磁涌流制动判据，简称为 2 次谐波制动。通常要求对各相（三相）差电流分别求取 2 次谐波对基波的比值，作为判别励磁涌流和对差动保护实施制动的依据。对于目前广泛使用的基于变压器两相绕组电流差构成的差动保护，三相涌流中可能会有一相出现对称涌流使 2 次谐波制动判据失效。为了在某相发生对称涌流时能使差动保护得到可靠制动，多采用统一制动方式，即三相合成差流中只要其中有一相超过预先整定的 2 次谐波制动比，就会制动差动保护总出口（或制动三相差动元件）。对于基于变压器同相绕组差电流构成的差动保护，差流中不会出现对称性涌流，可以采用分相制动方式。涌流判据分相制动的含义是指，任何一相差流满足涌流制动判据时，仅制动本相差动保护元件。这里所谓制动，相当于暂时闭锁差动保护元件，但不允许退出差动元件。随着励磁涌流逐步衰减，当涌流制动判据不再满足时，应适时重新开放差动保护元件，以确保变压器内部绕组轻微匝间短路但伴随有励磁涌流（如变压器空投于绕组小匝数匝间短路）时不会拒动，这一点应加以注意。

利用特点 (2) 可以构成基于间断角原理的励磁涌流制动判据，简称为间断角制动。实际应用中，由于电流互感器等元件暂态过程的影响，会出现间断角消失的现象，因而采用差动电流波形的导数及其他相应的措施恢复间断角，并同时采用涌流导数的间断角和波宽来构成励磁涌流制动判据。

构造基于间断角原理的励磁涌流制动判据的关键在于确定涌流导数可能出现的最小间断角和最大波宽，它们与电压初相角 α、变压器铁心饱和磁通 B_s 以及剩磁大小 B_r 等诸多因素有关。根据计算分析及国内、外测量结果，考虑最大剩磁密度为 $0.5\sim0.7B_m$（B_m 为变压器工作磁通密度最大值）时，间断角原理的涌流制动元件可采用下述判据

$$\theta_d > 65° \cup \theta_w \leqslant 140° \tag{10-33}$$

式中：θ_d 为间断角；θ_w 为波宽。

间断角原理的涌流制动元件与差动元件的配合通常都采用分相制动方式。

2. 涌流制动元件

(1) 2次谐波涌流制动元件。2次谐波制动的含义是利用差动电流中2次谐波分量模值对基波分量模值的比值来构成励磁涌流制动判据。制动判据中任何一相的动作方程可表示为

$$I_{d2.ph} > K_{2ph} I_{d1.ph} \tag{10-34}$$

式中：$I_{d2.ph}$为每相差动电流中的二次谐波；$I_{d1.ph}$为对应相差动电流的基波；K_{2ph}为二次谐波制动系数整定值（即二次谐波对基波的制动比），一般为15%～20%。

当式（10-34）满足时，判别为涌流，闭锁纵差动保护；当式（10-34）不满足时，开放差动保护。差动电流中的基波分量$I_{d1.ph}$也可以用差动电流$I_{d.ph}$来代替。

根据前面的分析，广泛使用的基于变压器两相绕组电流差构成的差动保护（Yd11连接组别变压器常采用这种形式），可能在某相出现对称涌流，使得2次谐波比降低。为了防止在这种情况下发生差动保护误动，需要采用三相差流中只要其中有一相超过预先整定的2次谐波制动比，即制动三相差动元件，这称为统一制动方式，或称为或逻辑制动。而对于基于变压器同相绕组差电流构成的差动保护，在保证不会出现对称涌流并不会因此发生误动的情况下，也可以采用分相制动方式，即任何一相差流满足涌流制动判据时，仅制动本相差动保护元件。

在2次谐波涌流制动判据中采用或逻辑制动，虽可以可靠地防止涌流引起的误动，却存在某些不足。如当空投故障变压器时，差动保护因非故障相的励磁涌流而闭锁，直到涌流衰减后保护才能动作，造成动作时间长，特别是大型变压器涌流衰减很慢，将会造成变压器严重烧损。一种改进的方法是采用所谓“混合逻辑制动方式”，其要点是采用三相差流中最大相的2次谐波值与最大相的基波值之比作为制动依据，涌流制动判据为

$$\max(I_{d2.ph}|_{ph=a,b,c}) > K_{2ph}(I_{d1.ph}|_{ph=a,b,c}) \tag{10-35}$$

当式（10-35）满足时，制动三相差动元件。

(2) 间断角涌流制动元件。电流间断角识别励磁涌流的判别式为式（10-31），满足式（10-31）判为励磁涌流，闭锁差动保护；而当$\theta_d \leqslant 65°$且$\theta_w > 140°$时，判为故障电流，开放纵差保护。

间断角原理由于采用按相闭锁的方法，在变压器合闸于内部故障时，能够快速动作，这是比2次谐波制动（三相或门制动）方法优越的地方。对于其他内部故障，暂态高次谐波分量会使电流波形畸变（微分后畸变更加严重）。波形畸变一般不会产生间断角，但会影响电流的波宽。若波形畸变很严重导致波宽小于整定值（140°），差动保护也将被暂时闭锁而造成动作延缓。显然造成保护动作延缓的因素2次谐波制动与间断角原理是有差异的，对于大型变压器可以同时采用两种原理的纵差动保护，能够起到优势互补，加快内部故障的动作速度，不失为一种好的配置方案。

10.3.5 差动速断元件

一般情况下比率制动原理的差动保护能作为电力变压器主保护，但是在严重内部故障，短路电流很大的情况下，电流互感器TA严重饱和使交流暂态传变严重恶化，电流互感器TA的二次侧基波电流为0，高次谐波分量增大，波形畸变严重，使得反映2次谐波及波形间断角的涌流识别判据误将比率制动差动元件闭锁，只有当暂态过程经一定时间电流互感器TA退出暂态饱和，比率制动原理的差动保护才会动作，从而影响了比率差动保护的快速动

作。而当变压器内部发生严重故障时，差流可能大于最大励磁涌流，此时便不需进行涌流判别，可由差动速断元件直接出口，加快纵差保护的动作速度。差动速断元件的动作值按如下两个原则整定。

（1）躲过变压器空载合闸或外部短路切除后电压恢复时的励磁涌流为

$$I_{op.s} = K_{rel}(4 \sim 8)I_{NT} \tag{10-36}$$

式中：K_{rel}为可靠系数，一般取1.3；I_{NT}为变压器基本侧的额定电流。

（2）躲过外部短路时的最大不平衡电流为

$$I_{op.s} = K_{rel}I_{unb.max} \tag{10-37}$$

式中：K_{rel}为可靠系数，取1.3；$I_{unb.max}$为保护范围外部故障时的最大不平衡电流，计算式见式（10-15）。

根据以上计算结果，其中最大值为差动速断元件动作值。

10.3.6 变压器差动保护的各种辅助元件

1. 电流互感器TA断线闭锁元件

变压器带有一定负荷时，若电流互感器二次回路断线，将可能造成纵差动保护起动元件、差动元件动作，从而引起纵差动保护误动作。即使变压器负荷电流很小情况下断线，但当区外发生短路故障时，必然造成纵差动保护的误动作。

微机纵差动保护一般设有起动元件，起动元件未动作时，保护工作在正常运行程序。起动元件起动后，保护立即转入故障测量程序。因此，电流互感器二次回路断线判据分起动元件未起动和起动元件动作两种情况。

起动元件未起动时满足下列条件之一，就判为电流互感器二次断线：

（1）任一相差动电流大于整定值；

（2）任一相差动电流中负序电流大于整定值，该整定值随最大相差动电流而浮动；

（3）任一相差动电流大于整定值，且$I_d > kI_{res}$（k=15%～20%），判断线后延时发出告警信号，但不闭锁纵差动保护。

起动元件动作时满足下列条件之一，就判为电流互感器二次断线。

（1）变压器某一侧只有一相电流为0，其他两相电流与起动前的电流相等；

（2）起动元件动作后，某相电流减小而不是增大，本侧三相中一相无电流，其他各侧三相电流无变化；

（3）起动元件动作时均不满足：任一侧负序相电压大于6V，起动后任一侧任一相电流比起动前增加，起动后最大相电流大于1.1倍额定电流，任一侧任一相间工频变化量电压元件起动。

但是，有些微机变压器纵差动保护中，当起动元件动作前最大相电流小于整定值（如$0.2I_n$），不进行该侧电流互感器断线判别；起动元件动作后最大相电流大于整定值（如$1.2I_n$），不闭锁纵差动保护；起动元件动作后，任一侧电流比起动前增加，不闭锁纵差动保护。

2. 电流互感器TA饱和闭锁元件

变压器差动保护中，发生电流互感器TA饱和将对变压器差动保护的选择性和速动性产生较大影响。变压器区外故障电流互感器TA饱和，使相关电流互感器TA的特性差异增大，变压器差动回路感受到的不平衡电流增大，可能导致变压器差动保护误动；变压器区内故障时，电流互感器TA饱和引起故障电流波形畸变，使谐波含量较大，容易造成谐波涌流制动元件误闭锁而导致差动保护延时，甚至较长延时动作。

（1）变压器区内故障时的电流互感器TA饱和。对于区内故障，最严重的情况在于单侧电源的三相短路，此时电流互感器TA可能严重饱和，波形完全畸变，依靠带2次谐波的比率差动元件无法实现速切。如前所述的做法是利用具有高定值的差动速断元件来解决这个问题，由于电流互感器TA在故障开始的短时间内不会饱和（不出现饱和的最短时间的经验值为一般不小于10ms，极端情况不小于4～5ms），利用短窗算法，可以保证在较短的时间内正确切除内部故障。这种做法已应用数十年，未见因电流互感器TA饱和而差动无法出口的事例，是可以信赖的。实际上，采用快速差动速断元件解决这种电流互感器TA饱和延时动作问题是具有充分的理论依据的，因为若要使电流互感器TA在5ms内饱和，其短路电流至少达到或超过电流互感器TA额定电流的20倍以上，并且同时伴随有相当大的衰减直流分量（即直流暂态偏移）。此时通过短窗算法计算5ms之内的内部故障短路电流值（在此期间为正确传变），一定能超过变压器差动速断定值（一般为6～8倍额定电流，对超高压大型变压器，还会略小一些），可以保证快速切除故障。

（2）变压器区外故障时电流互感器TA饱和。一般情况下，变压器区外故障引起的电流互感器TA饱和不会太严重，因为变压器本身具有电抗（尤其是超高压变压器短路电抗较大），从而对短路电流起到较大的限制作用。对于穿越变压器的短路电流，这种情况一般很少会引起电流互感器TA严重饱和，比率制动式差动判据可以防止误动，实际上比率制动式差动判据就是针对这个问题而设计的（具体效果与整定有关）。但发生电流互感器TA严重饱和，尤其是变压器单侧电流互感器TA发生电流互感器TA严重饱和的情况。如当与变压器相连的主接线采用3/2断路器接线方式且变压器差动保护某侧直接取自3/2断路器处的两组电流互感器TA，在某些运行方式下，外部故障穿越这两组电流互感器TA的短路电流可能极大而引起电流互感器TA严重饱和。当出现这种电流互感器TA严重饱和时，仅靠比率制动往往不够，容易造成差动保护误动。另外，由于变压器各侧处于不同的电压等级，各侧电流互感器TA不可能同型，甚至有的现场高压侧选用TP级，而中、低压侧选用P级电流互感器TA；加上各侧电流互感器二次回路时间常数相差较大，所有这些情况都有可能导致在区外故障时，由于各侧电流互感器TA饱和不同造成暂态特性严重差异而导致变压器差动保护误动。为了克服上述问题，需要引入专门的电流互感器TA饱和判别措施和闭锁元件。

目前国内外已经提出很多判别电流互感器TA饱和的方法，如时差法、波形识别法、谐波制动法、静态最大值保持法、利用小波变换或形态学识别的方法等。下面仅简介比较常用且简单可靠的时差（又称同步识别）法抗电流互感器TA饱和原理。

用于差动保护的抗电流互感器TA饱和的时差法，利用一个高灵敏的差动保护起动元件和比率制动式差动元件之间的动作时差，来对因电流互感器TA饱和在外部故障时引起差动保护误动作出判断。当发生区外短路故障时，高灵敏的差动保护起动元件首先动作，若区外短路故障引起电流互感器TA饱和，则可能导致差动保护误动，但由于电流互感器TA饱和是需要时间的，则这种误动必在达到电流互感器TA饱和时间后发生，即差动保护动作与差动保护起动之间必然存在时间差Δt。而发生区内短路故障时，差动保护起动与差动保护动作是基本同时的。因此，通过测定差动保护动作和差动保护起动的时间差Δt可以判别电流互感器TA饱和。通常认为，当$\Delta t>3.75\text{ms}$，可判定为电流互感器TA饱和，闭锁差动保护150～200ms，以躲过暂态电流中衰减直流分量的影响；当$\Delta t<3.75\text{ms}$，可判定为内部故障，允许差动保护动作出口。

3. 过励磁闭锁元件

变压器正常运行时电压一般不会超过额定电压的10%，铁心不会饱和。但对于有些工况，例如超高远距离输电线路由于突然失去负荷而使变压器的过电压时，会造成铁心饱和，使励磁电流大大增加，这个现象称为变压器的过励磁。显然，变压器过励磁时纵联差动保护中会产生不平衡电流。与变压器空载合闸时不同，过励磁时变压器铁心的饱和是对称的，励磁电流中有较大的5次谐波等奇次谐波分量，但没有间断、没有偶次谐波分量，上述各种方法并不能区分励磁电流与故障电流。因此，对于有可能产生过励磁的大型变压器，通常采用5次谐波制动的方法，来防止纵差动保护的误动，其判据为

$$I_{d5} > K_{5res} I_{d1} \tag{10-38}$$

式中：I_{d5}、I_{d1}分别为每相差动电流中的5次谐波和基波；K_{5res}为5次谐波制动系数，一般根据运行经验取0.35。差动速断元件不经过励磁5次谐波闭锁。

10.3.7 变压器差动保护的构成与逻辑

综上所述，完整的变压器差动保护主要由比率制动式差动元件、差动速断元件、励磁涌流制动元件及其他辅助元件等多个部分构成。上述元件的构成原理及特性已分别介绍完毕，变压器的纵差动保护的逻辑框图如图10-18所示。

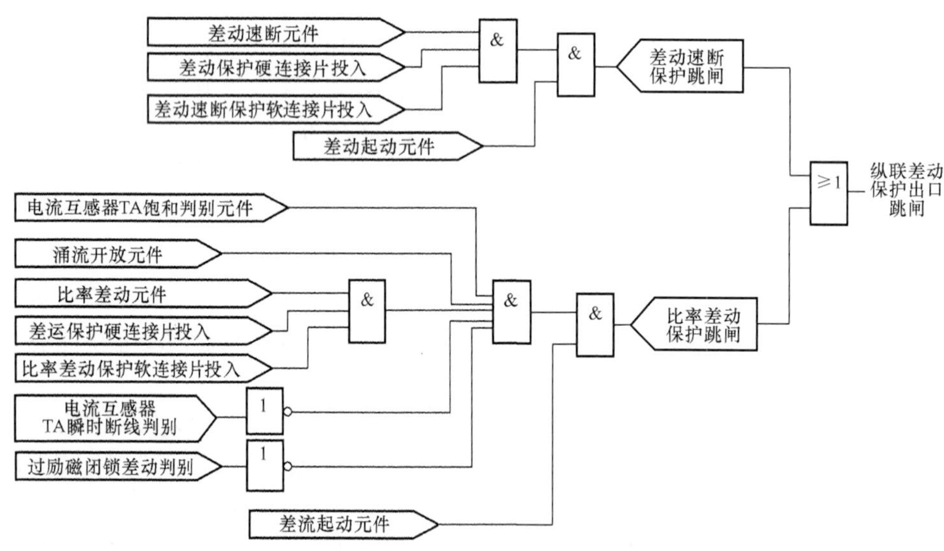

图10-18 变压器纵联差动保护逻辑框图

10.3.8 变压器的故障分量差动保护

1. 零序差动保护

超高压大型变压器相间短路的可能性较小，主要的故障类型是绕组对铁心的绝缘损坏，

即单相接地短路。而通常差动保护应用在Y侧中性点直接接地的YNd接线方式的变压器中时，可能存在保护灵敏度不高的问题，尤其是自耦变压器，更需要对此加以考虑。

在超高压大容量系统中，自耦变压器得到了广泛应用。与普通同容量变压器相比，自耦变压器具有用料少、造价低、损耗小、便于运输、极限制造容量大等优点。自耦变压器高中压侧中性点均直接接地，单相接地是其主要的故障形式之一，其短路电抗较同容量的普通变压器小，单相接地时短路电流大，如果不解决内部单相接地保护灵敏度的问题，对设备本身和系统都将构成很大的威胁。

零序差动保护可以提高变压器接地侧内部单相接地故障的灵敏度，现介绍其基本原理。

图10-19给出了变压器（YNd11）的零序差动保护接线。

保护区外发生故障时，如图10-19（a）中的k1点，取流入变压器的零序电流方向为正方向，则零序差动继电器KDZ电流为

$$\dot{I}_{0d}=3(\dot{I}_{0.2}+\dot{I}_{01})=3\left(\frac{\dot{I}_{0n}}{n_{TA}}+\frac{\dot{I}_{01}}{n_{TA1}}\right) \tag{10-39}$$

当电流互感器变比$n_{TA}=n_{TA1}$时，$\dot{I}_{0d}=0$，KDZ不动作。一般情况$n_{TA}\neq n_{TA1}$，应由装置来进行电流平衡的调整，令电流平衡调整系数K_b为

$$K_b=\frac{n_{TA}}{n_{TA1}}$$

则加入KDZ的电流为

$$\dot{I}_{0d}=3(K_b\dot{I}_{02}+\dot{I}_{01})=\frac{3}{n_{TA1}}(K_b\dot{I}_{0n}+\dot{I}_{01}) \tag{10-40}$$

此时当区外发生接地短路时，仍有$\dot{I}_{0d}=0$。

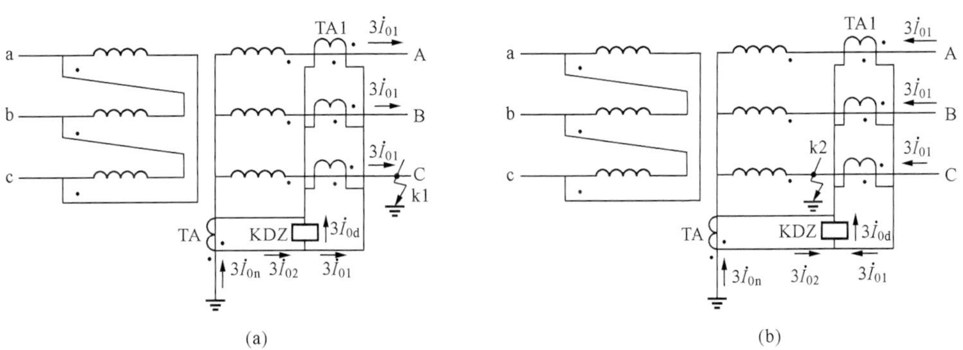

图10-19　YNd11变压器零序纵差动保护接线及工作原理图

（a）k1点故障时；（b）k2点故障时

保护区内k2点发生接地故障时，零序电流的分布如图10-19（b）所示，因$\dot{I}_{k0}=\dot{I}_{01}+\dot{I}_{0n}$，由式（10-40）得

$$\dot{I}_{0d}=3(K_b\dot{I}_{02}+\dot{I}_{01})=\frac{3\dot{I}'_{k0}}{n_{TA1}} \tag{10-41}$$

式中：$\dot{I}'_{k0}$为电流平衡后的一次零序电流值。

由式（10-41）可知KDZ可靠动作。

零序差动保护的动作特性也需采用比率制动特性，因为在区外短路故障等情况下，同样会导致各电流互感器 TA 暂态特性差异（如饱和不一致）而在二次回路产生虚假的零序差电流，造成零序差动保护的误动。另外，在需要时，零序差动保护也应采取防止电流互感器 TA 断线以及电流互感器 TA 饱和的闭锁措施。

2. 工频变化量比率差动保护

变压器内部轻微故障时，稳态差动保护由于负荷电流的影响不能灵敏反应。利用工频变化量比率差动能提高变压器内部故障的灵敏度。

（1）工频变化量比率差动保护的动作方程为

$$\begin{cases}\Delta I_{d} > 1.25\Delta I_{dt} + I_{op.0} \\ \Delta I_{d} > 0.6\Delta I_{res} & (\Delta I_{res} < 2I_{N.T}) \\ \Delta I_{d} > 0.75\Delta I_{res} - 0.3I_{N.T} & (\Delta I_{res} > 2I_{N.T})\end{cases}$$

$$\Delta I_{res} = |\Delta\dot{I}_1| + |\Delta\dot{I}_2| + |\Delta\dot{I}_3| + |\Delta\dot{I}_4|$$

$$\Delta I_{d} = |\Delta\dot{I}_1 + \Delta\dot{I}_2 + \Delta\dot{I}_3 + \Delta\dot{I}_4| \tag{10-42}$$

式中：ΔI_{d} 为差动电流的工频变化量；ΔI_{res} 为制动电流的工频变化量；$I_{op.0}$ 为固定门槛值；ΔI_{dt} 为浮动门槛，随变化量输出增大而自动增大，取 1.25 倍可保证门槛电压始终高于不平衡输出，保证在系统振荡和频率偏移情况下，保护不误动；$\Delta\dot{I}_1$、$\Delta\dot{I}_2$、$\Delta\dot{I}_3$、$\Delta\dot{I}_4$ 分别为变压器 Ⅰ 侧、Ⅱ 侧、发电机出口、高压厂变压器高压侧电流的工频变化量。

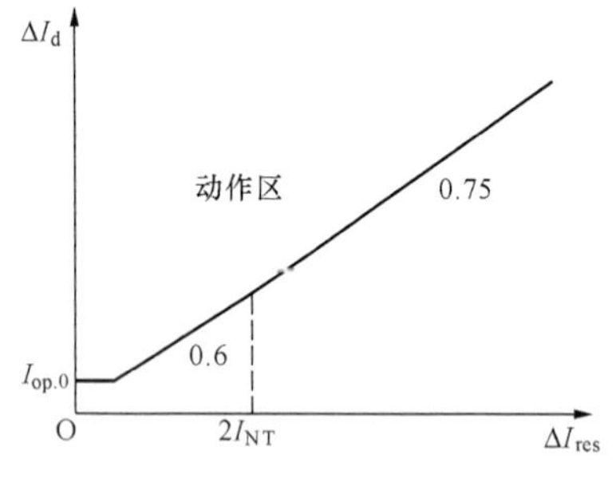

图 10-20　工频变化量比率差动保护动作特性

工频变化量比率差动动作特性如图 10-20 所示。

（2）工频保护量比率差动保护的逻辑框图如图 10-21 所示。上述三折线的比率制动式差动保护和工频变化量比率制动式差动保护在发电机—变压器组上同样适用。

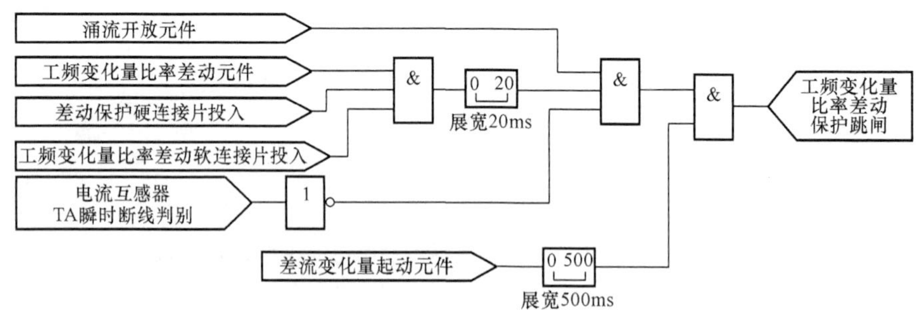

图 10-21　工频变化量比率差动保护的逻辑框图

10.4　变压器相间短路的后备保护及过负荷保护

为了防止外部短路引起的过电流和作为变压器纵联差动保护、瓦斯保护的后备，变压器还应装设后备保护。变压器相间短路的后备保护既是变压器主保护的后备保护，又是相邻母线或线路的相间短路故障的后备保护。根据变压器容量和保护灵敏度的要求，相间后备保护的方式有过电流保护、低电压起动的过电流保护、复合电压起动的过电流保护、负序电流保护或阻抗保护。

10.4.1 过电流保护

变压器过电流保护的单相原理接线如图 10-22 所示。保护装置的起动电流 I_{st} 按躲过变压器的最大负荷电流 $I_{L.max}$ 整定，有

$$I_{st}=\frac{K_{rel}}{K_r}I_{L.max} \tag{10-43}$$

式中：K_{rel} 为可靠系数，一般取为 1.2～1.3；K_r 为返回系数，取为 0.85。

变压器的最大负荷电流应按下列情况考虑，取其中的较大值作为最大负荷电流代入式（10-43）计算过流保护的起动电流。

（1）对并列运行的变压器应考虑切除一台变压器后的负荷电流。当各台变压器的容量相同时，可按式（10-43）计算，即

$$I_{L.max}=\frac{n}{n-1}I_{NT} \tag{10-44}$$

式中：n 为并联运行变压器的最少台数；I_{NT} 为每台变压器的额定电流。

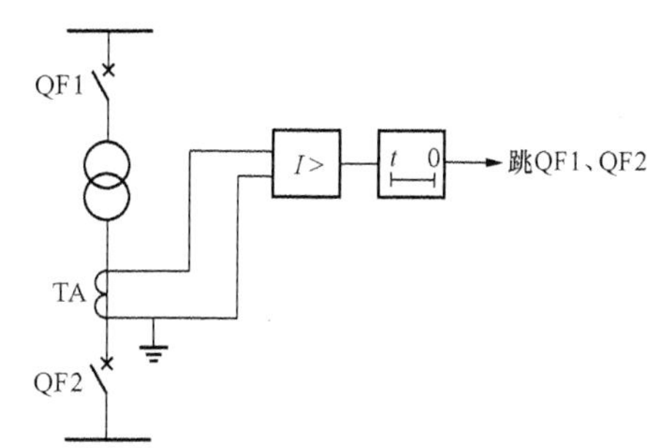

图 10-22 变压器过电流保护单相原理接线图

（2）对降压变压器，应考虑负荷中电动机自起动时的最大电流，即

$$I_{L.max}=K_{ast}I_{NT} \tag{10-45}$$

式中：K_{ast} 为自起动系数，其值与负荷性质及用户与电源间的电气距离有关；对 110kV 降压变电所的 6～10kV 侧取 $K_{ast}=1.5\sim2.0$，35kV 侧取 $K_{ast}=1.5\sim2.0$。

保护的灵敏系数按式（10-46）校验，即

$$K_{sen}=\frac{I_{k.min}^{(2)}}{I_{st}} \tag{10-46}$$

式中：$I_{k.min}^{(2)}$ 为灵敏系数校验点最小两相短路电流。

作为近后备保护，取变压器低压侧母线为校验点，要求 $K_{sen}=1.5\sim2.0$；作为远后备保护，取相邻线路末端为校验点，要求 $K_{sen}\geqslant1.2$。

保护的动作时限应比相邻元件保护的最大动作时限大一个阶梯时限 Δt。

按以上条件选择的起动电流，其值一般较大，往往不能满足相邻元件后备保护的灵敏度要求，为此必须采取其他保护方案以提高灵敏度。

10.4.2 低电压起动的过电流保护

低电压起动的过电流保护原理接线如图 10-23 所示。只有当电流元件和电压元件同时动作，才能起动时间继电器经预定的延时后出口跳闸。

低电压元件的作用是保证在上述一台变压器突然切除或电动机自起动时不动作，因而电流元件的起动电流就可以不再考虑可能出现的最大负荷电流，而是按躲过变压器的额定电流整定，即

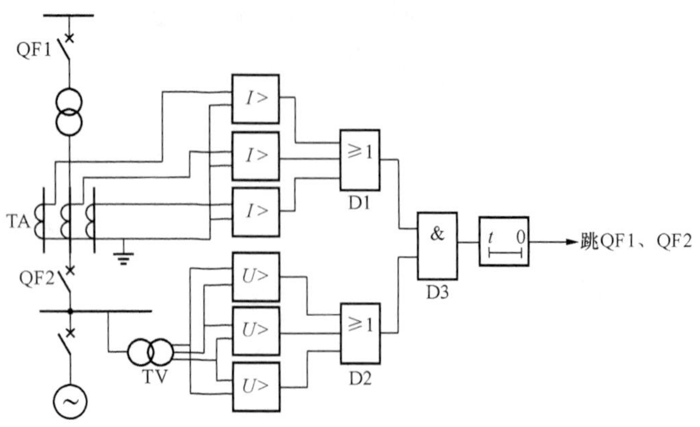

图 10-23 低电压起动的过电流保护原理接线图

$$I_{st} = \frac{K_{rel}}{K_r} I_{NT} \tag{10-47}$$

由于其起动电流比过电流保护的起动电流小，从而提高了保护的灵敏性。

低电压元件的定值按以下原则整定。

(1) 应躲过电动机的影响。当低电压元件由变压器低压侧电压互感器供电时，应躲过正常运行时可能出现的最低电压，即

$$U_{set} = \frac{U_{L.min}}{K_{rel} K_r} \tag{10-48}$$

式中：K_{rel}为可靠系数，取 1.2；K_r为返回系数，取 1.05；$U_{L.min}$为变压器正常运行时可能出现的最低相间电压，取 $0.9U_{NT}$，U_{NT}为额定相间电压。

(2) 当低压元件由变压器高压侧互感器供电时，整定电压为

$$U_{set} = 0.7U_{NT} \tag{10-49}$$

(3) 对发电厂的升压变压器，当低电压元件由发电机侧电压互感器供电时，还应躲过发电机失磁运行时出现的低电压，整定电压为

$$U_{set} = 0.5 \sim 0.6U_{NT} \tag{10-50}$$

电流元件的灵敏系数按式 (10-46) 校验，电压元件的灵敏系数按式 (10-51) 校验

$$K_{sen} = \frac{U_{st}}{U_{k.max}} \tag{10-51}$$

式中：$U_{k.max}$为最大运行方式下，校验点三相短路时，保护安装处的最高残余相间电压。

要求近距离灵敏系数 $K_{sen.n} \geqslant 2$；远距离灵敏系数 $K_{sen.f} \geqslant 1.5$。

对升压变压器，如低电压继电器只接在一侧电压互感器上，则当另一侧短路时，灵敏度往往不能满足要求。为此，可采用两套低电压元件分别接在变压器高、低压侧的电压互感器上，并将其触点并联，以提高灵敏度。

为防止电压互感器二次回路断线后保护误动作，还需配置电压回路断线闭锁功能，具体逻辑在此不赘述。

10.4.3 复合电压起动的过电流保护

若低电压起动的过电流保护所用的低电压继电器灵敏系数不满足要求时，为提高不对称短

路时电压元件的灵敏度，可采用复合电压起动的过电流保护，其原理接线如图 10 - 24 所示。

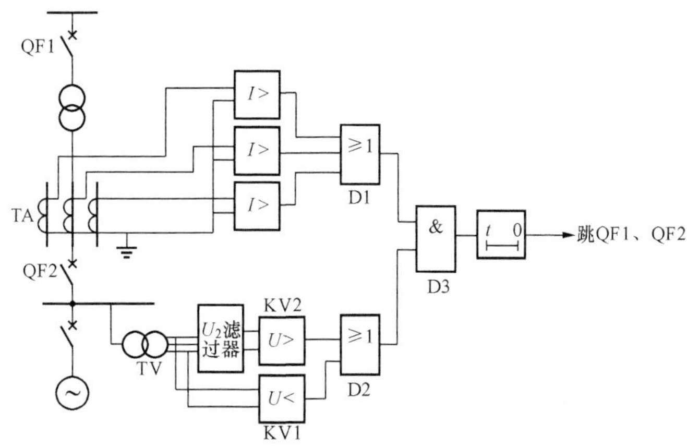

图 10 - 24　复合电压起动的过电流保护原理接线图

它将原来的三个低电压继电器改由一个负序过电压继电器 KV2（电压继电器接于负序电压滤过器上）和一个接于线电压上的低电压继电器 KV1 组成。发生各种不对称故障时，会出现负序电压，故负序过电压继电器 KV2 作为不对称故障的电压保护，而低电压继电器 KV1 则作为三相短路故障时的电压保护。过电流继电器和低电压继电器的整定原则与低电压起动过电流保护相同。负序过电压继电器的动作电压按躲过正常运行时的负序电压滤过器出现的最大不平衡电压来整定，根据运行经验，取

$$U_{2.set} = (0.06 \sim 0.12)U_{NT} \tag{10-52}$$

由此可见，复合电压起动过电流保护在不对称故障时电压继电器的灵敏度高，并且接线比较简单，因此应用比较广泛。

图 10 - 24 是数字式复合电压起动过电流保护的接线方式，三相短路时其灵敏度与低电压起动过电流保护相同。对于模拟式保护，由于技术上的原因，电压继电器的返回系数比较大，通常利用三相短路故障瞬间会出现短时负序电压的特征，采用在负序过电压继电器动作时强制使低电压继电器动作的技术措施，来消除返回系数的影响，以提高保护的灵敏度，其模拟式复合电压起动的过电流保护原理接线方式如图 10 - 25 所示。

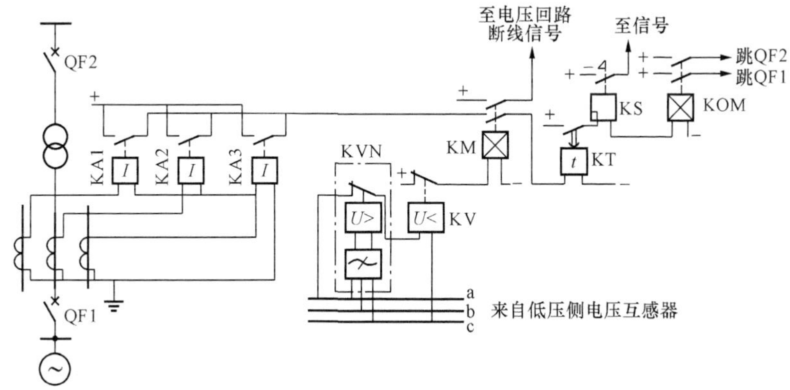

图 10 - 25　模拟式复合电压起动的过电流保护原理接线图

装置动作情况如下：当发生不对称短路时，故障相电流继电器动作，同时负序电压继电器动作，其动断触点断开，致使低电压继电器 KV 失压，动断触点闭合，起动闭锁中间继电器 KM。相电流继电器通过 KM 动合触点起动时间继电器 KT，经整定延时起动信号和出口继电器，将变压器两侧断路器断开。当发生对称短路时，由于短路初始瞬间也会出现短时的负序电压，KVN 也会动作，使 KV 失去电压。当负序电压消失后，KVN 返回，其动断触点闭合，此时加于 KV 线圈上的电压已是对称短路时的低电压，只要该电压小于低电压继电器的返回电压，KV 不至于返回。而且 KV 的返回电压是其起动电压的 K_r（大于 1）倍，因此，电压元件的灵敏度可提高 K_r倍。复合电压起动的过电流保护在对称短路和不对称短路时都有较高的灵敏度。数字式电压继电器的返回系数可以达到接近于 1，故通常不采用这种方法。

对于大容量的变压器和发电机组，由于额定电流很大，而相邻元件末端两相短路故障时的故障电流可能较小，因此复合电压起动的过电流保护往往不能满足作为相邻元件后备保护时对灵敏度的要求。在这种情况下，可采用负序过电流保护，以提高不对称故障时的灵敏度。

10.4.4　负序过电流保护

变压器负序单相式低压起动的过电流保护的原理接线如图 10-26 所示。保护装置由电流继电器和负序电流滤过器等组成。由于它不能反映三相对称短路，所以必须加装一套低电压起动的过电流保护来反映三相对称短路，它由电流继电器和低电压继电器组成。

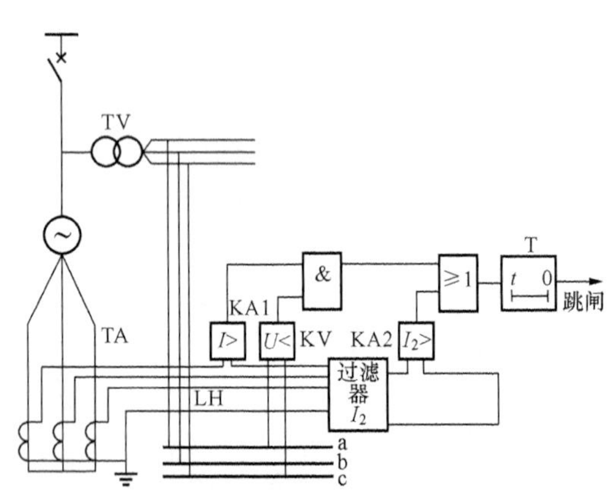

图 10-26　变压器负序单相式低电压起动的过电流保护原理接线图

负序电流保护的起动电流按以下条件选择：

（1）躲开变压器正常运行时负序电流滤过器输出的最大不平衡电流，其值一般为（0.1～0.2）I_{NT}，通常这不是整定保护装置的决定条件；

（2）躲开线路一相断线时引起的负序电流；

（3）与相邻元件上的负序电流保护在灵敏度上配合。

由于负序电流保护的整定计算比较复杂，实用上允许根据下列原则进行简化计算。

（1）当相邻元件后备保护对其末端短路具有足够的灵敏度时，变压器负序电流保护可以不与这些元件后备保护在灵敏度上相配合；

（2）进行灵敏度配合计算时允许只考虑主要运行方式；

（3）在大接地电流系统中，允许只按常见的接地故障进行灵敏度配合，例如只与相邻线路零序电流保护相配合。

为简化计算，可暂取

$$I_{2.st}=(0.5\sim0.6)I_{NT} \tag{10-53}$$

然后直接校验保护的灵敏度为

$$K_{sen}=\frac{I_{k2.min}}{I_{2.st}}\geqslant1.2 \tag{10-54}$$

式中：$I_{k2.min}$为负序电流最小的运行方式下，远后备保护范围末端不对称短路时，流过保护的最小负序电流。

如果灵敏度不能满足要求时，再进行灵敏度配合的计算，以便降低保护的动作值，提高其灵敏度。

负序电流保护的灵敏度较高，且在Yd11连接变压器的另一侧不对称短路时，灵敏度不受影响，接线也较简单。但因其整定计算比较复杂，所以通常在63MVA及以上容量的升压变压器和系统联络变压器上应用。

当采用上述各种后备保护灵敏度不能满足要求时，必须采用低阻抗保护。用作后备保护的低阻抗保护一般由两段构成，第Ⅰ段的保护范围包括变压器受电侧的母线，第Ⅱ段的保护范围为变压器受电侧引出线的末端。保护的阻抗元件可以采用简单的全阻抗继电器，或偏移阻抗继电器。接线方式为三相式，电压回路设有断线闭锁装置，但一般不装设振荡闭锁装置，而用延时躲过振荡。

10.4.5　过负荷保护

变压器的过负荷电流在大多数情况下都是三相对称的，因此只需装设单相过负荷保护。变压器的过负荷保护反映变压器对称过负荷引起的过电流。保护只用一个电流继电器，接于任一相电流中，经延时动作于信号。

过负荷保护的安装侧，应根据保护能反映变压器各侧绕组可能的过负荷情况来选择。

(1) 对双绕组升压变压器，装于发电机电压侧。

(2) 对一侧无电源的三绕组升压变压器，装于发电机电压侧和无电源侧。

(3) 对三侧有电源的三绕组升压变压器，三侧均应装设。

(4) 对于双绕组降压变压器，装于高压侧。

(5) 仅一侧电源的三绕组降压变压器，若三侧绕组的容量相等，只装于电源侧；若三侧绕组的容量不等，则装于电源侧及绕组容量较小侧。

(6) 对两侧有电源的三绕组降压变压器，三侧均应装设。

装于各侧的过负荷保护，均经过同一时间继电器作用于信号。过负荷保护的动作电流应按躲开变压器的额定电流整定，即

$$I_{op}=\frac{K_{rel}}{K_r}I_{NT} \tag{10-55}$$

式中：K_{rel}为可靠系数取1.05；K_r为返回系数取0.85。

为了防止过负荷保护在外部短路时误动作，其时限应比变压器的后备保护动作时限大一个Δt，一般取5～10s。

另外，过负荷保护可动作于报警、起动风冷、闭锁有载调压三种。过负荷报警和起动风冷可分别通过整定控制字来控制其投退。起动风冷动作后输出两副动合触点，闭锁有载调压动作后输出一副动合一副动断触点。

10.4.6 三绕组变压器相间短路后备保护的特点

三绕组变压器一侧断路器跳开后，另外两侧还能够继续运行。其相间短路后备保护可选用的形式与双绕组变压器的相同，但其动作结果却不一样，即作为相邻元件的后备时，只动作于跳开变压器故障点侧断路器，使另两侧继续运行；作为变压器内部故障的后备时，应动作跳开变压器三侧的断路器，使变压器退出运行。因此，三绕组变压器相间短路后备保护的配置比较复杂。下面以图 10-27 为例加以说明。

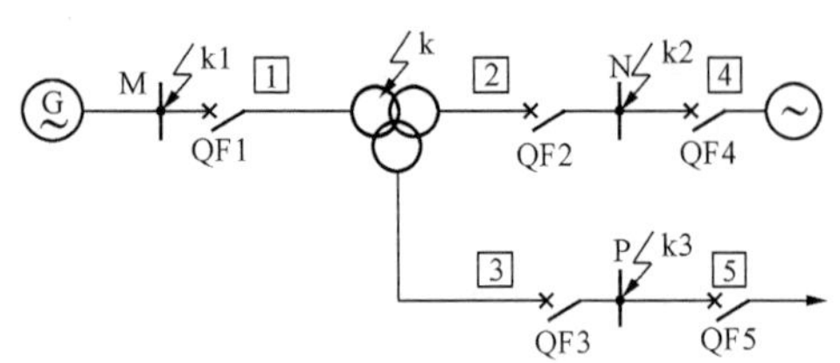

图 10-27 三绕组变压器相间后备保护配置说明图

1. 单侧电源三绕组变压器

对于单侧电源（如 M 侧有电源）的三绕组变压器应设置两套后备保护。一套装在负荷侧（如 N 侧），即保护 2，作为本侧相邻元件的后备保护，保护的动作结果是跳本侧断路器 QF2，动作时间为 t_2。t_2 与本侧相邻元件的后备保护按阶梯原则整定，即 $t_2=t_{4.\max}+\Delta t$。另一套装在电源侧，即保护 1，具有两个动作时限，分别作为变压器另一负荷侧（H 侧）外部故障的后备及变压器本身故障的后备，保护以较短的延时 t_1 动作于跳开变压器负荷侧的断路器 QF3，短延时 t_1 应与 t_2 及该负荷侧相邻元件的后备保护 5 按阶梯原则整定，即 $t_1=\max\{t_2,\ t_{5.\max}\}+\Delta t$，保护以较长的延时 t_1' 动作于跳开变压器三侧的断路器 QF1～QF3，长延时 $t_1'=t_1+\Delta t$，即 $t_1'>t_1>t_2$。

当变压器 N 侧外部 k2 点短路时，两套后备保护均起动，经最小延时 t_2 后，N 侧保护 2 动作于跳开 QF2，故障切除，变压器 M、P 侧继续运行。当变压器 P 侧外部 k3 点短路时，后备保护中只有电源侧保护起动，经 t_1 延时后跳开 QF3，故障切除，变压器 M、N 侧继续运行。而当变压器内 k 点短路时，两套后备保护同样只有电源侧后备保护起动，经 t_1 延时后跳开 QF3，但故障依然存在，因此，再经 t_1' 长延后保护跳开变压器三侧 QF1～QF3，变压器退出运行。

2. 多侧电源的三绕组变压器

对于多侧电源的三绕组变压器，其后备保护的配置情况有下面两种不同方式。

(1) 三侧均装设有本侧相邻元件的后备保护，每套保护的动作时间与本侧相邻元件的后备保护按阶梯原则整定，动作结果为只跳本侧断路器，对于反方向故障时会误动的保护，加装方向元件，动作方向由变压器指向本侧母线。其次，在变压器电源侧装设一套变压器本身故障的后备，其动作时间比三侧外部故障的后备保护的最大时限大一个时限级差 Δt，在保护动作后，跳开变压器三侧断路器。该保护一般装设在上述保护中带有方向元件的这一侧。因为在变压器内部故障时，方向由该侧母线指向变压器，该方向电流保护不会动作，应增设不带方向的电流保护跳开变压器三侧断路器。如图 10-27 所示，设变压器 M、N 侧均有电源，三侧相邻元件后备保护动作时间分别为 t_1、t_2、t_3，且有 $t_1>t_2>t_3$，由于 N 侧后备保护在变压器 M 侧、P 侧相邻元件故障时会误动作，故必须加装方向元件，若灵敏度足够，变压器本身的后备可装设在 N 侧。

k1 点短路时，P 侧后备保护 3 因为没有短路电流通过无法起动，N 侧相邻元件后备保护因为方向元件闭锁，也无法起动，经 t_1 延时后，M 侧后备保护 1 动作于跳开本侧断路器

QF1 切除故障，变压器 N、P 侧继续运行。同理，当 k2 或 k3 点短路时，N 侧或 P 侧后备保护经 t_2 或延时 t_3 跳开 QF2 或 QF3，其余两侧仍可继续运行；而当变压器内部短路时，t_1 延时后 M 侧后备保护首先动作于跳开 QF1，由于故障依然存在，再经过一个时限级差 Δt 后，N 侧不带方向的保护动作于跳开变压器三侧 QF1～QF3。

(2) 现在的电力系统中，为了确保在各种运行方式下变压器本身都有后备保护，多侧电源三绕组变压器三侧可以仍然都装设相间后备保护，但电源侧的都带方向元件，动作方向由母线指向变压器，保护带有两个动作时限，其中，较小的延时动作于跳开变压器相邻侧断路器，较大的延时跳开变压器三侧断路器。

后备保护中方向元件的动作方向指向变压器后，该侧方向过电流保护能否反应变压器本侧的外部故障？试以图 10 - 27 说明 M 侧的方向过流保护 1 反应的是哪一侧的外部故障？其短延时的动作时限应如何整定？以短延时出口作用于哪个断路器跳闸？

10.5　变压器接地短路的后备保护

接地故障是电力系统中最常见的故障形式。中性点直接接地系统中的变压器，要求在变压器上装设接地后备保护，作为变压器主保护和相邻元件接地保护的后备。发生接地故障时，变压器中性点将出现零序电流，母线将出现零序电压，通常通过反映这些电气量来构成变压器的接地后备保护。

10.5.1　变电所单台变压器的零序电流保护

1. 零序电流保护的配置

变压器中性点直接接地运行时，发生接地故障，中性点会出现零序电流，因此采用零序过电流保护作为变压器接地后备保护。零序过电流保护通常采用两段式。零序电流保护Ⅰ段与相邻元件零序电流保护Ⅰ段相配合；零序电流保护Ⅱ段与相邻元件零序电流保护后备段相配合。根据需要每段可设两个时限，通常以较短时限动作于母联解列，即断开母联断路器或分段断路器，以缩小故障影响范围，以较长的时限断开变压器各侧断路器。

如图 10 - 28 所示的是双绕组变压器零序过电流保护的系统接线和保护逻辑。零序过电流取自变压器中性点电流互感器的二次侧。由于是双母线运行，在另一条母线故障时，零序电流保护应该跳开母联断路器 QF，使变压器能够继续运行。所以零序电流

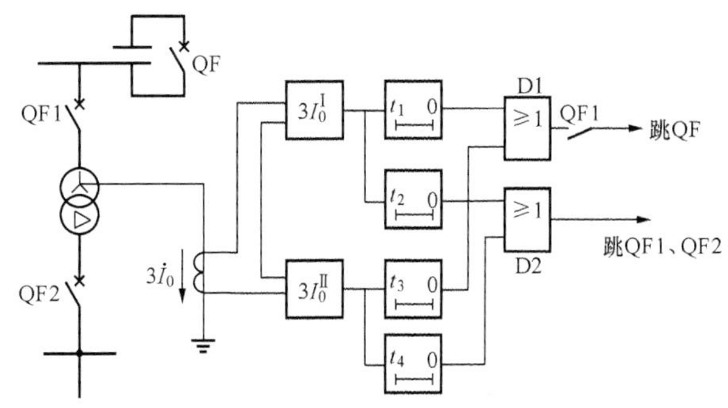

图 10 - 28　双绕组变压器零序过电流保护系统接线和保护逻辑图

保护Ⅰ段和Ⅱ段均采用两个时限，短时限 t_1、t_3 跳开母联断路器 QF，长时限 t_2、t_4 跳开变压器两侧断路器。

为防止变压器与系统并列之前，在变压器高压侧发生单相接地而误将母线联络断路器断开，所以在零序电流保护动作于母线解列的出口回路中，串入变压器高压侧断路器辅助触点 QF1。当断路器 QF1 断开时，QF1 的辅助触点将把该辅助触点所串联接入的出口回路—母线解列回路闭锁。

2. 零序电流保护的整定计算

零序Ⅰ段动作电流按与相邻元件零序电流Ⅰ段配合整定，即

$$I_{0.op}^{\mathrm{I}} = K_{rel}K_{br}I_{0.op.L}^{\mathrm{I}} \tag{10-56}$$

式中：K_{rel}为可靠系数，取 1.2；K_{br}为零序电流分支系数，其值等于最大运行方式下在相邻元件Ⅰ段保护范围末端发生单相接地短路时，流过本线路的零序电流与流过相邻元件的零序电流之比；$I_{0.op.L}^{\mathrm{I}}$为相邻元件零序电流Ⅰ段动作电流。

零序电流Ⅰ段的动作时限为

$$t_1 = 0.5 \sim 1\text{s} \tag{10-57}$$

$$t_2 = t_1 + \Delta t$$

零序电流Ⅱ段的动作电流按与相邻元件零序后备保护动作电流配合整定，即

$$I_{0.op}^{\mathrm{II}} = K_{rel}K_{br}I_{0.op.L}^{\mathrm{II}} \tag{10-58}$$

式中：K_{rel}为可靠系数，取 1.2；K_{br}为零序电流分支系数，其值等于最大运行方式下在相邻元件零序电流后备保护范围末端发生单相接地短路时，流过本线路的零序电流与流过相邻元件的零序电流之比，$I_{0.op.L}^{\mathrm{II}}$为相邻元件零序后备保护的动作电流。

零序电流Ⅱ段的动作时限为

$$t_3 = t_{max} + \Delta t \tag{10-59}$$

$$t_4 = t_3 + \Delta t$$

式中：t_{max}为相邻元件保护后备段时限。

零序电流保护Ⅰ段的灵敏系数按变压器母线处故障校验，Ⅱ段按相邻元件末端故障校验，校验方法与线路零序电流保护相同。

对于三绕组变压器，往往有两侧的中性点直接接地运行，应该在两侧的中性点上分别装设两段式的零序电流保护。各侧的零序电流保护作为本侧相邻元件保护的后备和变压器主保护的后备。在动作电流整定时要考虑对侧接地故障的影响，灵敏度不够时可考虑装设零序电流方向元件。若不是双母线运行，各段也设两个时限，短时限动作于跳开变压器的本侧断路器；长时限动作于跳开变压器的各侧断路器。若是双母线运行，也需要按照尽量减少影响范围的原则，有选择性的跳开母联断路器、变压器本侧断路器和各侧断路器，具体配置在此不再赘述。

10.5.2 多台变压器并联运行时的接地后备保护

对于多台变压器并联运行的变电所，通常采用一部分变压器中性点接地运行，而另一部分变压器中性点不接地运行的方式。这样可以将接地故障电流水平限制在合理范围内，同时也使整个电力系统零序电流的大小和分布情况尽量不受运行方式的变化，从而保证零序保护有稳定的保护范围和足够的灵敏度。

如图 10-29 所示，变压器 T2 和 T3 中性点接地运行，变压器 T1 中性点不接地运行。k2 点发生单相接地故障时，变压器 T2 和 T3 由零序电流保护动作而被切除，变压器 T1 由于无零序电流仍将带故障运行。此时由于接地中性点失去，变成了中性点不接地系统单相接地故障的情况，将产生接近额定相电压的零序电压，危及变压器和其他电力设备的绝缘，因此需要装设中性点不接地运行方式下的接地保护将变压器 T1 切除。中性点不接地运行方式下的接地保护根据变压器绝缘等级的不同，分别采用如下的保护方案。

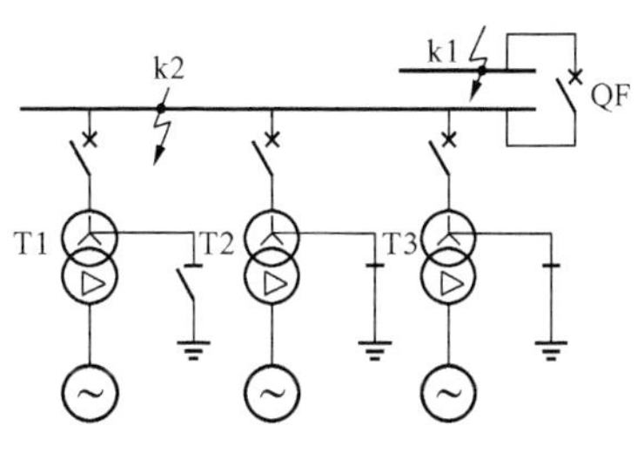

图 10-29 多台变压器并联运行的变电所

1. 全绝缘变压器的接地后备保护

全绝缘变压器在所连接的系统发生单相接地故障，所有接地变压器已跳闸，系统失去接地中性点（即图 10-29 中变压器 T2、T3 先跳闸）时，绝缘不会受到威胁，但此时产生的零序过电压会危及其他电力设备的绝缘，需装设零序电压保护将变压器切除。接地保护的原理接线如图 10-30 所示。

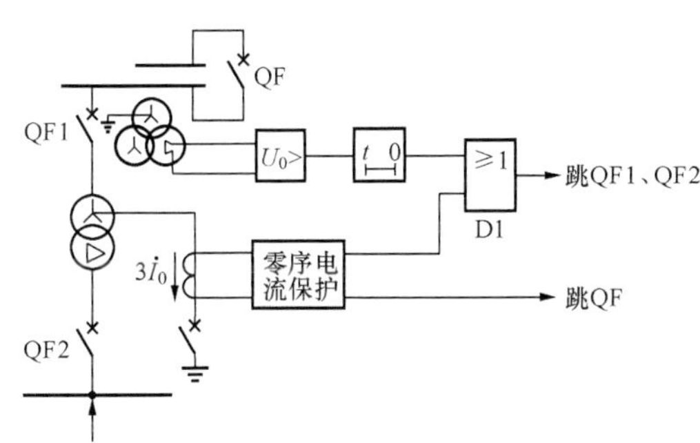

图 10-30 全绝缘变压器接地保护原理接线图

零序电流保护作为变压器中性点运行时的接地保护，与图 10-28 的单台变压器接地保护完全一样。零序电压保护作为中性点不接地运行时的接地保护，零序电压取自电压互感器二次侧的开口三角绕组。零序电压保护的动作电压要躲过在部分中性点接地的电网中发生单相接地时，保护安装处可能出现的最大零序电压；同时要在发生单相接地且失去接地中性点时有足够的灵敏度。考虑两方面的因素，动作电压 $3U_{0.op}$ 一般取 $1.8U_N$。采取这样的动作电压是为了减少故障影响范围。例如图 10-29 所示的 k1 点发生单相接地故障时，变压器 T1 零序电压保护不会起动，在变压器 T2 和 T3 的零序电流保护将母联断路器 QF 跳开后，各变压器仍能继续运行；而 k2 点发生故障时，断路器 QF 和变压器 T2、T3 跳开后，接地中性点失去，变压器 T1 的零序电压保护动作。由于零序电压保护只有在中性点失去，系统中没有零序电流的情况下才能够动作，不需要与其他元件的接地保护相配合，故动作时限只需躲过暂态电压的时间，通常取 0.3～0.5s。

2. 分级绝缘变压器接地后备保护

220kV 及其以上电压等级的大型变压器，为了降低造价，高压绕组采用分级绝缘，中性点绝缘水平较全绝缘水平的变压器低，在单相接地故障且系统失去中性接地点时，其绝缘将受到破坏。但可在系统不失去中性接地点的情况下不接地运行。

对于中性点可能接地或不接地运行的分级绝缘的变压器，其中性点接地的形式可采用如图 10-31 所示的形式。变压器高压侧中性点与地之间有隔离开关 QS、放电间隙或同时装设避雷器和放电间隙。其中，放电间隙的设置目的是当间隙上的电压超过动作电压时迅速放电，形成中性点对地的短路，从而保护变压器中性点的绝缘。因放电间隙不能长时间通过电流，故在放电间隙上装设零序电流元件，在检测到间隙放电后迅速切除变压器，该保护称为间隙零序电流保护，作为变压器中性点不接地运行时的接地后备保护。但是，放电间隙是一种比较粗糙的设施，因气象条件、连续放电的次数的影响都可能会出现该动作而不能动作的情况，因此还需装设零序电压元件，作为间隙不能放电时的后备，动作于切除变压器，动作电压和时限的整定方法与全绝缘变压器的零序电压保护相同。放电间隙零序电流保护的起动电流根据间隙击穿电流的经验数据整定，一般一次值为 100A。具体分级绝缘变压器接地后备保护原理接成如图 10 - 31 所示。

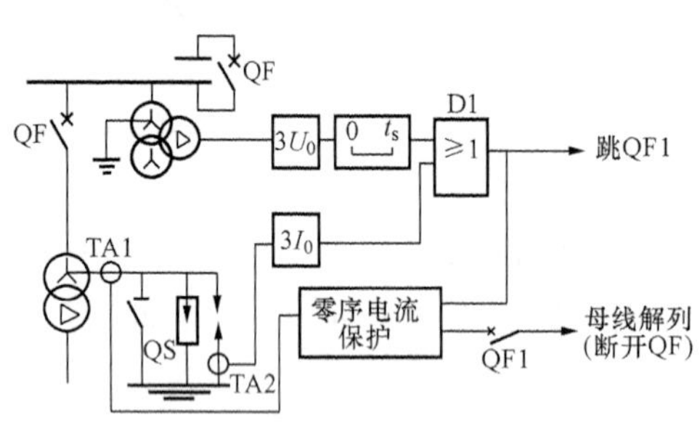

图 10 - 31 分级绝缘变压器接地后备保护原理接线图

当系统发生一点接地短路时，中性点接地运行的变压器由其零序电流保护动作于切除。若高压母线上已没有中性点接地运行的变压器，而故障仍然存在时，中性点电位将升高，发生过电压而导致放电间隙击穿，此时中性点不接地运行的变压器将由反映间隙的放电电流的间隙零序电流保护瞬时动作切除。如果中性点过电压值不足以使放电间隙击穿，则可由零序电压保护带 0.3～0.5s 的延时将中性点不接地运行的变压器切除。

可见，在发生单相接地故障时，具有中性点放电间隙的变压器接地故障的零序电压、零序电流后备保护，首先切除中性点接地的变压器，然后根据故障实际情况再切除中性点不接地变压器。当系统中没有中性点接地时，依靠放电间隙保护变压器的中性点绝缘十分简单方便。但是应当注意的是：放电间隙的击穿电压受众多因素的影响，可能动作特性不稳定，如果放电间隙拒动，变压器完全靠零序过电压保护，后者有 0.5s 左右延时，因此变压器中性点可能在 0.5s 期间承受内部过电压。对于间歇性弧光接地故障，此内部过电压值可达相电压的 3～3.5 倍，有可能损坏变压器绝缘。

若变压器中性点只装避雷器，不装设放电间隙时，对于冲击过电压，用避雷器可保护变压器中性点绝缘。但是，当单相接地且电网失去中性点接地时，在弧光接地或断路器非同期跳、合闸等原因引起工频过电压作用下，避雷器放电后将不能灭弧，因而不能保证变压器中性点绝缘。此时，变压器零序保护的任务是设法防止电网失去接地的中性点，即当发生接地短路后，必须先切除中性点不接地运行的变压器，后切除中性点接地运行的变压器。

10.6 变压器的过励磁保护

10.6.1 变压器的过励磁

变压器的感应电动势可表示为

$$E = 4.44fNBS \times 10^{-4} \tag{10-60}$$

当不计绕组漏阻抗上的压降时，有 $E \approx U$，于是磁感应强度 B 可写成

$$B = K\frac{U}{f} \tag{10-61}$$

式中，$K=\frac{10^4}{4.44NS}$。式（10 - 61）表明，磁感应强度 B 与 U/f 成正比，电压升高和频

率降低都将使磁感应强度增加。

对于现代大型变压器，额定运行时铁心中的 $B_N=1.7\sim1.8T$，而饱和磁感应强度 $B_{sat}=1.9\sim2T$，二者很接近，容易产生饱和现象。过励磁时，励磁电流呈尖顶波形，除基波分量外，还有其他奇次谐波，其中以 3 次和 5 次谐波为主。因铁心损耗和涡流损耗与频率平方成正比，因此使铁心发热更为严重，过励磁较大时容易发生严重过热。过励磁倍数高、持续时间长，变压器容易遭到损坏。考虑到现代大型电力变压器额定工作时的磁感应强度高，容易发生过励磁，并且检修难度较大，故应装设过励磁保护。

与系统并列运行的变压器和升压变压器的过励磁情况有所不同。并列运行的变压器，电压不会大幅度升高，同时当系统有功功率缺额较大时借助按频率自动减负荷装置限制了频率下降的程度，因此与系统并列运行的变压器发生过励磁的可能性较小。

10.6.2　过励磁保护

由式（10-61）可得到升变压器额定磁感应强度 B_N、变压器额定电压 U_N、系统额定频率 f_N 间的关系为

$$B_N = K\frac{U_N}{f_N} \tag{10-62}$$

过励磁倍数 n 表示为

$$n = \frac{B}{B_N} = \frac{U}{U_N}\frac{f_N}{f} = \frac{U_*}{f_*} \tag{10-63}$$

式中：U_*、f_* 分别为变压器电压 U 和系统频率 f 的标幺值。

过励磁时，变压器电压呈正弦波形，可将式（10-63）表示为

$$n = \frac{\sum_{k=1}^{N/2}|u(k)|}{U_N}\frac{T}{T_N} \tag{10-64}$$

式中：$u(k)$ 为变压器电压 $u(t)$ 的采样值；U_N 为变压器额定电压值；T_N 为额定工频周期；T 为电压 $u(t)$ 的周期。

因变压器额定电压 U_N 是常数，故可用式（10-64）测得变压器的过励磁倍数 n。

1. 定时限过励磁保护

定时限过励磁保护分成两段，一般过励磁倍数 $n=1.1$ 时，经一定延时，发告警信号。当过励磁倍数 $n=1.3$ 时，经延时 120s 发跳闸信号。过励磁保护起动倍数取 $n=1.05$。

2. 反时限过励磁保护

因变压器有一定的过励磁能力，过励磁倍数越高允许的时间越短，即具有反时限特性，所以采用反时限过励磁保护。因过励磁倍数的整定值在 1.0～1.5 之间，时间延时最大可达 3000s。反时限过励磁保护通过对给定的反时限曲线进行线性化处理，在计算得到过励磁倍数后，采用分段查值求出对应的动作时间，实现反时限。

小　　结

本章的重点是介绍变压器的纵差动保护的实现原理及其相应解决的问题。

（1）变压器差动保护的两个特殊问题：

1）励磁涌流对纵差的影响及解决措施；

2）不平衡电流产生的因素及其解决的措施。

（2）为解决上述两个特殊问题分析了励磁涌流的特点及目前克服励磁涌流的方法。

对于励磁涌流，根据其特点采用涌流识别元件，主要采用2次谐波制动、间断角原理和波形判别原理的涌流识别元件。

分析了引起不平衡电流增大的因素，相应提出减小稳态不平衡电流的方法：相位补偿、数值补偿、采用比率制动的特性。特别是在微机比率差动保护中利用软件分别实现了数值和相位补偿，而且补偿的精度很高。

（3）变压器的纵差动保护由比率制动部分、谐波制动部分（2次和5次谐波制动）、差动速断部分。比率制动部分作用于克服区外短路的不平衡电流，提高内部故障的灵敏度。谐波制动部分克服励磁涌流对差动保护的影响。差动速断的作用是防止变压器内部严重故障时，TA可能严重饱和，2次电流波形畸变产生高次谐波误将比率差动保护闭锁。利用差动速断来保护变压器内部的严重故障。

（4）故障分量变压器纵差保护包括零序差动和工频变化量纵差保护，故障分量比率差动保护可进一步提高变压器差动保护反映内部轻微故障的灵敏度。

（5）中性点经放电间隙接地的变压器接地保护的配置及配合关系。由于有放电间隙接地，在变压器低压侧有电源的变压器在失去中性点后也不会出现危急变压器中性点绝缘的情况，因而保护的配合原则是先跳中性点接地的变压器，如故障未切除，再跳变压器中性点经放电间隙接地的变压器。

（6）三绕组变压器相间后备保护的配置原则及特点。

复习思考题

10-1　电力变压器可能出现哪些故障和不正常工作状态？应装设哪些保护？

10-2　何谓变压器的内部故障和外部故障？变压器差动保护与瓦斯保护的作用有何不同？为什么说两者不可互相取代？

10-3　变压器瓦斯保护的出口中间继电器为什么要带自保持线圈？

10-4　试说明变压器励磁涌流的产生原因和主要特征。为减少或消除励磁涌流对变压器保护的影响，目前采取的措施有哪些？

10-5　关于变压器纵差动保护中的不平衡电流，试问：

（1）哪些是由测量误差引起的？哪些是由变压器结构和参数引起的？

（2）哪些属于稳态不平衡电流？哪些属于暂态不平衡电流？

（3）减小不平衡电流的措施有哪几种？

10-6　Yd11连接变压器差动保护用的电流互感器应如何连接？试用外部故障来分析这种连接方式的必要性。

10-7　为什么具有制动特性的差动继电器能够提高灵敏度？何谓比率制动系数、最小工作电流、拐点电流？

10-8　变压器差动保护由哪些部分组成？各部分的作用如何？

10-9　变压器相间后备保护可采用哪些方案？各有何特点？

10-10　三绕组变压器相间后备保护的配置原则是什么？

10-11　零序电流保护为什么在各段中均设两个时限？

10-12　多台变压器并联运行时，全绝缘变压器和分级绝缘变压器对接地保护的要求有何区别？

10-13　为什么说复合电压起动的过电流保护具有较高的灵敏度？

10-14　变压器复合电压闭锁的方向过电流保护，方向元件指向变压器和指向系统的作用是什么？

10-15　中性点经放电间隙接地的变压器接地保护是如何配置的？试分析在不同方式下保护的配置及保护之间是如何配合的。

第 11 章

发 电 机 保 护

【要　求】 熟悉针对发电机故障和异常工况所设置各种保护的原理。

【知识点】 发电机基本故障和异常工况；发电机保护的典型配置；发电机定子故障保护基本原理；发电机转子故障保护基本原理；发电机异常工况的其他保护；发电机—变压器组保护配置方案与特点。

【重点和难点】 汽轮发电机不完全差动与横差保护；100%定子接地保护构成与原理；励磁回路一点、两点接地保护原理；失磁与失步的判断与保护的构成；大型发电机保护配置与评价。

11.1 概　　述

发电机的安全运行对保证电力系统的正常工作和电能质量起着决定性的作用，同时发电机本身也是一个十分贵重的电器元件，因此，应该针对各种不同的故障和不正常运行状态，装设性能完善的继电保护装置。一旦发电机发生故障，保护装置能够有选择的快速将其从系统中切除，并将发电机励磁开关跳开并灭磁。当同步发电机处于异常工况状态时，保护装置应及时发出信号，以便运行人员快速处理。在电力系统中运行的发电机，由于容量相差悬殊，在设计、结构、工艺、励磁乃至运行等方面都有很大差异，这就使得发电机及其励磁回路发生的故障、故障的几率和异常工作状态有所不同，因而所装设的保护也有差异。

11.1.1 故障类型及异常工况

1. 故障类型及危害

发电机主要由转子与定子两大部分组成，因而发电机故障包括定子与转子故障。其故障类型主要有：

(1) 定子绕组相间短路；

(2) 定子绕组匝间短路；

(3) 定子绕组单相接地；

(4) 转子绕组一点接地或两点接地；

(5) 低励或失磁。

发电机故障对发电机本身与系统都有相当大的危害：定子绕组相间短路会破坏绝缘，烧坏铁心，以致毁坏机组；定子绕组匝间短路会破坏绝缘，进而发展为单相接地或相间短路；定子绕组单相接地时，接地点的电流将使铁心局部熔化，给检修工作带来很大的困难。转子回路一点接地虽然对发电机没有直接危害，但如果不及时处理，再发生另外一点接地就造成两点接地，不但会烧坏励磁绕组和转子铁心，而且由于转子磁通对称性被破坏，将引起发电机的振动，对于水轮发电机和同步调相机，危害更大；发电机低励磁或失磁时，发电机要从系统吸取大量的无功功率，引起定子过电流，同时发电机可能失去同步而进入异步运行，若系统无功储备不足，将引起电压下降，严重时会危及系统的稳定运行。

2. 异常工况

异常工况状态主要分为以下几种。

(1) 由于外部短路引起的定子绕组过电流。

(2) 由于负荷等超过发电机额定容量而引起的三相对称过负荷，过电流与过负荷将造成定子温度升高、绝缘加速老化、机组寿命缩短。

(3) 由于外部不对称短路或不对称负荷而引起的发电机负序过电流和过负荷；在转子中感应出100Hz的倍频电流，可使转子局部灼伤或使护环受热松脱，而导致发电机重大事故，引起发电机的100Hz的振动等。

(4) 由于突然甩负荷引起的定子绕组过电压；调速系统惯性较大的发电机，在突然甩负荷时，可能出现过电压，造成发电机绕组绝缘击穿。

(5) 由于励磁回路故障或强励时间过长而引起的转子绕组过负荷。

(6) 由于汽轮机主汽门突然关闭而引起的发电机逆功率；当机炉保护动作或调速控制回路故障以及某些人为因素造成发电机转为电动机运行时，发电机将从系统吸收有功功率，即逆功率。

11.1.2 发电机保护类型

针对上述故障类型及不正常运行状态，发电机应装设以下继电保护装置。

(1) 对于1MW以上发电机的定子绕组及其引出线的相间短路，应装设纵联差动保护(简称纵差保护)。

(2) 对于直接连于母线的发电机定子绕组单相接地故障，当发电机电压网络的接地电容电流大于或等于5A时（不考虑消弧线圈的补偿作用），应装设动作于跳闸的零序电流保护；当接地电容电流小于5A时，则装设作用于信号的接地保护。

对于发电机—变压器组，一般在发电机电压侧装设作用于信号的接地保护；当发电机电压侧接地电容电流大于5A时，应该装设消弧线圈。

容量在100MW及以上的发电机，应装设保护区为100%的定子接地保护。

(3) 对于发电机定子绕组的匝间短路，当绕组接成星形且每相中有引出的并联支路时设单继电器式的横联差动保护（简称横差保护）。

(4) 对于发电机外部短路引起的过电流，可采用下列保护方式：

1) 负序过电流及单相式低电压起动过电流保护，一般用于50MW及以上的发电机；

2) 复合电压（负序电压及线电压）起动的过电流保护；

3) 过电流保护，用于1MW以下的小发电机。

(5) 对于由不对称负荷或外部不对称短路而引起的负序过电流，一般在50MW及以上的发电机上装设负序电流保护。

(6) 对于由对称负荷引起的发电机定子绕组过电流，应装设接于一相电流的过负荷保护。

(7) 对于水轮发电机定子绕组过电压，应装设带延时的过电压保护。

(8) 对于发电机励磁回路的接地故障，应采用以下保护措施：

1）水轮发电机一般装设一点接地保护，小容量机组可采用定期绝缘检测装置；

2）对汽轮发电机励磁回路的一点接地，一般采用定期检测装置；对大容量机组则可以装设一点接地保护；对两点接地故障，应装设两点接地保护，在励磁回路发生一点接地后投入。

（9）对于发电机励磁消失的故障，在发电机不允许失磁运行时，应在自动灭磁开关断开时联锁断开发电机的断路器；对采用半导体励磁以及 100MW 及其以上用同轴直流励磁机的发电机，应增设直接反映发电机失磁时电气参数变化的专用失磁保护。

（10）对于转子回路的过负荷，在 100MW 及以上并采用半导体励磁系统的发电机上应装设转子过负荷保护。

（11）对于汽轮发电机主汽门突然关闭，为防止汽轮机遭到损坏，对大容量的发电机组可考虑装设逆功率保护。

（12）其他的异常工况保护。

如当电力系统振荡影响机组安全运行时，在 300MW 及以上机组上宜装设失步保护；当汽轮机低频运行造成机械振动，叶片损伤对汽轮机危害极大时，可装设低频保护；当水内冷发电机断水、漏水时，可装设断水或漏水保护；防止输出断路器断口闪络而装设断路器断口闪络保护等。

为了快速消除发电机内部的故障，在保护动作于发电机断路器跳闸的同时，还必须动作于自动灭磁开关，断开发电机励磁回路，使定子绕组中不再感应出电动势，继续供给短路电流。

11.2 发电机的纵联差动保护

发电机定子绕组相间短路是发电机内部最严重的故障，要求装设快速动作的保护装置。当发电机中性点侧有分相引出线时，可装设纵差动保护作为发电机定子绕组及其引出线相间短路的主保护。

发电机纵联差动保护（又称为发电机纵差保护或发电机差动保护）是发电机内部及引出线上短路故障的主保护。根据接入发电机中性点电流的份额（即接入全部中性点电流或只取一部分电流接入），分为完全纵差保护和不完全纵差保护。完全纵差保护能反映发电机内部及引出线上的相间短路，但不能反映发电机内部匝间短路及分支开焊，对于大电流系统侧的单相接地短路故障，灵敏度有所下降。不完全纵差保护，适用于每相定子绕组为多分支的大型发电机。它除了能反映发电机相间短路故障，还能反映定子线棒开焊及分支匝间短路。另外，根据算法不同，可以构成比率制动特性差动保护和标积制动式差动保护。

11.2.1 保护接线与构成原理

发电机纵差保护作为发电机定子相间故障的主保护，其构成原理与前面章节介绍的差动保护相同，是通过比较被保护发电机定子绕组两端电流的大小和相位而实现的。因此，在发电机中性点侧与靠近发电机输出断路器处各装一组型号、变比相同的电流互感器，其二次侧电流作为纵差动保护的差动臂电流，送入微机保护中。其原理示意图以一相差动保护为例，并设两侧电流的方向以指向发电机内部为正，如图 11-1 所示。其中图 11-1（a）为发电机完全纵差保护的交流接入回路示意图；图11-1（b）为发电机定子绕组每相二分支的不完全纵差保护的交流接入回路示意图。

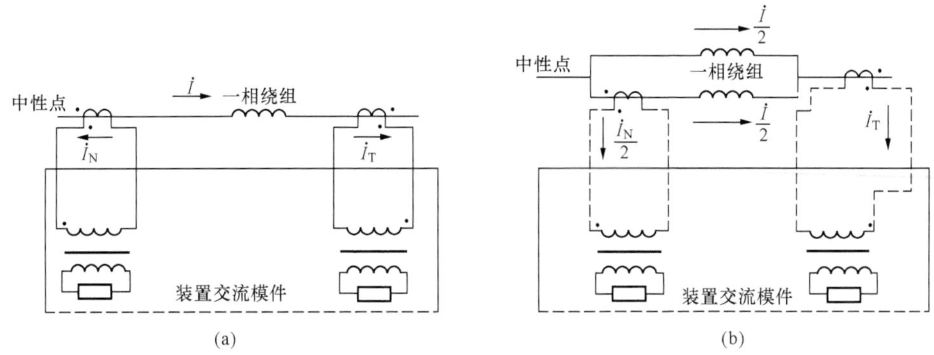

图11-1 发电机差动保护原理示意图

（a）完全差动保护；（b）不完全差动保护

11.2.2 完全差动保护动作值整定

1. 保护起动电流整定

对于中、小容量的发电机完全差动保护的整定原则按以下条件进行。

保护装置的起动电流按避开外部故障时的最大不平衡电流整定。此时，纵差保护的起动电流应为

$$I_{st} = K_{rel} I_{unb.max} \tag{11-1}$$

式中：$I_{unb.max}$为最大不平衡电流，按式（11-2）计算

$$I_{unb.max} = 0.1 K_{rel} K_{aper} K_{ss} I_{k.max} / n_{TA} \tag{11-2}$$

式中：0.1为电流互感器10%误差；$I_{k.max}$为外部短路时发电机提供的最大短路电流；K_{aper}为非周期分量影响系数，当采用措施去掉非周期分量影响时$K_{aper}=1$；K_{ss}为电流互感器同型系数，当电流互感器型号相同时$K_{ss}=0.5$；K_{rel}为可靠系数，一般取为1.3；n_{TA}为电流互感器变比。

对于汽轮发电机，其出口处发生三相短路的最大短路电流约为$I_{k.max} \approx 8I_{NG}$（发电机额定电流），代入式（11-1）和式（11-2），则差动保护的起动电流为

$$I_{st} = (0.5 \sim 0.6) I_{NG} / n_{TA} \tag{11-3}$$

对于水轮发电机，由于电抗X''_d的数值比汽轮发电机的大，其出口处发生三相短路的最大短路电流约为$I_{k.max} \approx 5I_{NG}$，则差动保护的起动电流为

$$I_{st} = (0.3 \sim 0.4) I_{NG} / n_{TA} \tag{11-4}$$

对于水内冷的大容量发电机组，其电抗数值也较上述汽轮发电机大。因此，差动保护的起动电流也较汽轮发电机小。

按避开不平衡电流条件整定的差动保护，在正常运行情况下发生电流互感器二次回路断线时，在负荷电流的作用下差动保护就可能误动作，故必须足够重视严加防范如采用断线闭锁等措施。

2. 发电机差动保护灵敏度校验

发电机纵差保护的灵敏性以灵敏系数来衡量，其值为

$$K_{sen} = I_{k.min}/I_{st} \tag{11-5}$$

式中：$I_{k.min}$为发电机内部故障时流过保护装置的最小短路电流。

实际上短路电流应考虑下面两种情况：

1）发电机与系统并列运行以前，在其出线端发生两相短路时，差动回路中只有由发电机供给的短路电流；

2）发电机采用自同期并列运行时（此时发电机先不加励磁，因此发电机的电动势 $E\approx0$），在系统最小运行方式下，发电机出线端发生两相短路，此时差动回路中只有由系统供给的短路电流。

对于灵敏系数的要求一般不应低于 2。

应该指出，上述灵敏系数的校验，都是以发电机出口处发生两相短路为依据的，此时短路电流较大，一般都能满足灵敏系数的要求。但当内部发生轻微的故障，例如经绝缘材料过渡电阻短路时，短路电流的数值往往较小，差动保护不能起动，此时只有等故障进一步发展以后，保护方能动作，而这时可能已对发电机造成了很大的危害。因此，尽量减小保护装置的起动电流，以提高差动保护对内部故障的反应能力，具有重大的意义。

发电机的纵差保护可以无延时地切除保护范围内的各种故障，同时又不反映发电机的过负荷和系统振荡，且灵敏系数一般较高。因此纵差保护毫无例外地用作容量在 1MW 以上发电机的主保护。

为提高发电机差动保护的灵敏度，减小其死区，目前普遍采取的措施如下。

对 100MW 及以上大容量发电机，一般采用比率制动式纵差保护，即利用外部故障时的穿越电流实现制动，这样可保证发生区外故障时可靠地避开最大不平衡电流的影响。因此其动作值可只按躲过发电机正常运行时的不平衡电流来整定，和前面介绍的变压器比率制动式差动保护一样提高了区内故障时的灵敏性。

11.2.3　发电机比率制动式差动保护的动作方程与动作特性

1. 动作方程

发电机比率制动式差动保护的动作方程为

$$\begin{cases} I_d \geqslant I_{op.0} & I_{res} < I_{res.0} \\ I_d \geqslant K_{res}(I_{res} - I_{res.0}) + I_{op.0} & I_{res} > I_{res.0} \\ I_d \geqslant I_s \end{cases} \tag{11-6}$$

式中：I_d 为动作电流（即差动电流）（电流的参考方向如图 11 - 1 所示）。

完全纵差时

$$I_d = |\dot{I}_T + \dot{I}_N| \tag{11-7}$$

$$I_{res} = \frac{|\dot{I}_T - \dot{I}_N|}{2} \tag{11-8}$$

不完全纵差时

$$I_d = |\dot{I}_T + K\dot{I}_{NF}| \tag{11-9}$$

$$I_{res}=\frac{|\dot{I}_{T}-K\dot{I}_{NF}|}{2} \tag{11-10}$$

式中：K 为分支系数，发电机中性点全电流与流经不完全纵差电流互感器 TA 一次电流之比，如果两组电流互感器 TA 变比相同，则 $K=2$；I_s 为差动速断电流定值；I_{res}为制动电流；$\dot{I}_{NG}$ 为发电机机端中性点分支电流互感器 TA 二次电流。

2. 动作特性

由式（11-6）作出比率制动式发电机纵差保护的动作特性，如图 11-2 所示。其动作特性由两部分组成，即无制动部分和比率制动部分。这种动作特性的优点是在区内故障电流小时，它具有较高的动作灵敏度，而在区外故障时，它具有较强的躲过暂态不平衡差动电流的能力。

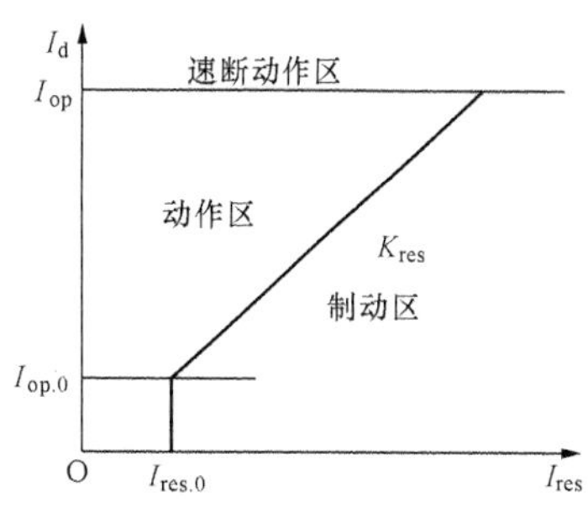

图 11-2　发电机比率制动式纵差动保护动作特性

长期运行实践表明，只要正确的整定保护的各定值，如图 11-2 所示动作特性的发电机纵差动保护能够完全满足灵敏度及可靠性的要求。

3. 保护动作逻辑框图

发电机纵差保护的出口方式有单相出口方式及循环闭锁出口方式两种设置，逻辑框图分别如图 11-3 和图 11-4 所示。

当采用循环闭锁出口方式时，为提高发电机内部及外部不同相同时接地故障（即两相接地短路）时保护动作的可靠性，采用负序电压解除循环闭锁（即改成单相出口方式）。单相出口方式，设置专门的 TA 断线判别，并具有当差动电流大于解除 TA 断线闭锁差流 I_{pht}倍数时可解除 TA 断线判别功能。

注意：在图 11-3 和图 11-4 括弧内的数值用于不完全纵差保护。

发电机完全纵差保护推荐使用循环闭锁出口方式。发电机不完全纵差保护一般使用单相出口方式。对于 100MW 及以上的大容量发电机，我国目前均推荐采用有制动特性的差动保护，即利用外部故障时的穿越电流实现制动，这样既能保证区外故障时可靠地避开最大不平衡电流的影响，又能提高区内故障时的灵敏度。

4. 比率制动式发电机纵差保护定值整定

（1）比率制动系数 K_{res}。K_{res}应按躲过区外三相短路时产生的最大暂态不平衡差流来整定。通常，对发电机完全纵差保护，取 K_{res}为 0.3～0.5；对于不完全纵差保护，当两侧差动电流互感器 TA 型号不同时，取 $K_{res}=0.5$，以躲过区外故障因两侧电流互感器 TA 暂态特性不同及转子偏心而造成的不平衡差流等。

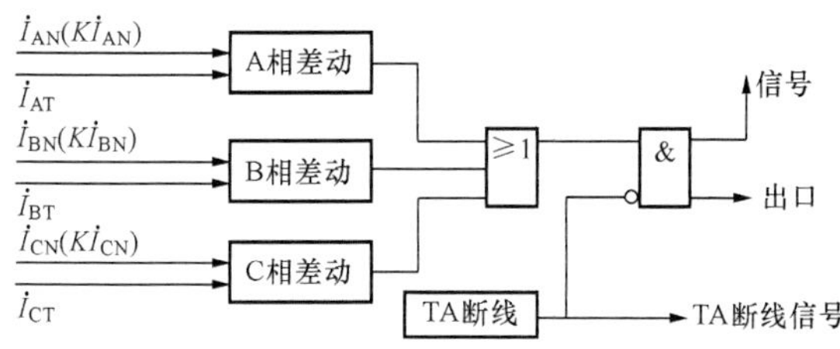

图 11-3　发电机纵差动保护的单相出口方式逻辑框图
$\dot{I}_{AT}$、$\dot{I}_{BT}$、$\dot{I}_{CT}$— 发电机机端电流互感器 TA 三相二次电流；
$\dot{I}_{AN}$、$\dot{I}_{BN}$、$\dot{I}_{CN}$— 发电机中性点电流互感器 TA 三相二次电流；

（2）起动电流 $I_{st.0}$。$I_{st.0}$应按躲过正常工况下最大不平衡差流来整定。不平衡差流产生的原因主要是差动保护两侧电流互感器 TA 的变比误差，保护装置中通道回路的调整误差。对于不完全纵

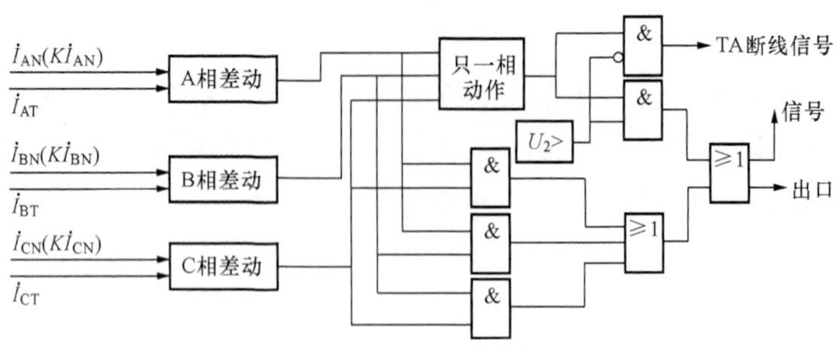

图 11 - 4 发电机纵差动保护的循环闭锁出口方式逻辑框图
U_2— 机端电流互感器 TV 二次负序电压

差，则需考虑发电机每相各分支电流的不平衡。

一般取

$$I_{st.0} = (0.2 \sim 0.3) I_{NG} \tag{11 - 11}$$

(3) 拐点制动电流 $I_{res.0}$。$I_{res.0}$的大小，决定保护开始产生制动作用的电流大小，建议按躲过外部故障切除后的暂态过程中产生的最大不平衡差流来整定。不完全纵差取值要大一点，一般取 $I_{res.0}=(0.5\sim0.8)I_{NG}$。

(4) 负序电压U_2。解除循环闭锁的负序电压（二次值）可取U_2=(9～12) V。

(5) 差动速断定值 I_S。对于发电机的差动速断，其作用相当于差动高定值，应按躲过区外三相短路时产生的最大不平衡差流来整定， 般取 $I_S-(4\sim8)I_{NG}$。

(6) 解除 TA 断线功能差流 I_{pht}。通常取 $I_{pht}=(0.8\sim1.2)I_{NG}$。其中，发电机额定电流$I_{NG}$计算式为

$$I_{NG} = \frac{P_N}{\sqrt{3}U_{NG}n_{TA}\cos\varphi} \tag{11 - 12}$$

式中：P_N 为发电机额定功率，kW；U_{NG}为发电机额定电压，kV；n_{TA}为差动保护电流互感器 TA 的变比；$\cos\varphi$ 为发电机的额定功率因数。

(7) 差动保护灵敏度校验。按有关技术规程，发电机纵差保护的灵敏度必须满足机端两相金属性短路时，差动保护的灵敏系数，即 $K_{sen}\geqslant2$。灵敏系数 K_{sen}定义为机端两相金属性短路时，短路电流与差动保护动作电流之比值，K_{sen}越大，保护动作越灵敏，可靠性越高。

11.2.4 标积制动式纵差保护原理

所谓标积就是发电机两侧电流的绝对值 $|\dot{I}_N|$、$|\dot{I}_T|$ 和它们之间的相位差 φ 的余弦之积，即

$$|\dot{I}_N||\dot{I}_T|\cos\varphi \tag{11 - 13}$$

式 (11 - 13) 为制动量即标积制动式（其电流的参考方向为穿越发电机的电流方向）。

标积制动式差动保护可作为发电机内部相间短路故障的主保护，是差动保护的又一种形式。利用基波电流相量的标量积构成比率制动特性，由于其制动量与发电机两侧电流的相位有关，故发电机区内故障几乎无制动量，区外短路有很大的制动量。

标积制动式完全差动时的制动电流为（电流的参考方向如图 11 - 1 所示）

$$I_{res} = \sqrt{I_N I_T \cos(180° - \varphi)}$$

标积制动式不完全差动时的制动电流为

$$I_{res} = \sqrt{K I_{NF} I_T \cos(180° - \varphi)}$$

标积制动式差动保护的判据为

$$|\dot{I}_T + \dot{I}_N|^2 \geqslant s|\dot{I}_N||\dot{I}_T|\cos(180° - \varphi) \tag{11 - 14}$$

式中：I_T、I_N、I_{NF}分别为发电机机端电流互感器 TA、中性点电流互感器 TA 及中性点分支电流互感器 TA 二次电流；K 为分支系数，发电机中性点全电流与流经不完全纵差电流互感器 TA 一次电流之比，如果两组电流互感器 TA 变比相同，则 $K=2$；φ 为发电机两侧电流 $\dot{I}_N$ 和 $\dot{I}_T$ 的相角差；s 为标积制动系数，一般可取为 1。

标积制动原理的动作量和比率差动保护一样，区外故障时该原理的表现行为与比率制动原理也完全一样。但是在区内故障时，由于标积制动原理的制动量反映电流之间相位的余弦，当相位小于 90°时，制动量就变为负值，负值的制动量从物理意义上讲就是动作量，而前面介绍的几种比率制动原理的制动量在区内故障时总是大于 0 的，因此可以大大提高发生内部故障时保护的灵敏度。当发电机内部发生相间短路时，两相或三相差动同时动作。根据这一特点，在保护跳闸逻辑上设计了循环闭锁方式的出口方式。为了防止一点在区内，另外一点在区外的两点接地故障的发生，当有一相差动动作且同时有负序电压时也出口跳闸。同理，其保护逻辑图如图 11 - 4 所示。

标积制动式不完全纵差保护和比率制动式不完全纵差保护一样也可作为发电机变压器组的纵差保护。当作为发变组纵差保护时，均应增设防涌流误动的 2 次谐波闭锁判据，标积制动式差功保护具有表达式简单、便于整定调试等优点。

11.3　同步发电机定子绕组匝间短路保护

大型发电机由于额定电流大，定子绕组每相都由两个或以上的并联支路组成，如图 11 - 5 所示。同一支路或同相不同支路绕组之间的短路称为匝间短路。发生匝间短路时，被短接线匝内通过的电流可能超过机端三相短路电流，而纵差动保护又不能反应，所以必须装设专用匝间短路保护。

发电机定子匝间短路保护可以有多种方案，应根据发电厂一次设备接线情况进行选择。

11.3.1　发电机横联差动保护（简称横差保护）

1. 裂相横差保护

（1）构成原理。正常运行时，各绕组中的电动势相等，流过相等的负荷电流。当同相内非等电位点发生匝间短路时，各绕组中的电动势就不再相等，因而会出现因电动势差而在各绕组间产生的环流。利用这个环流，可以实现对发电机定

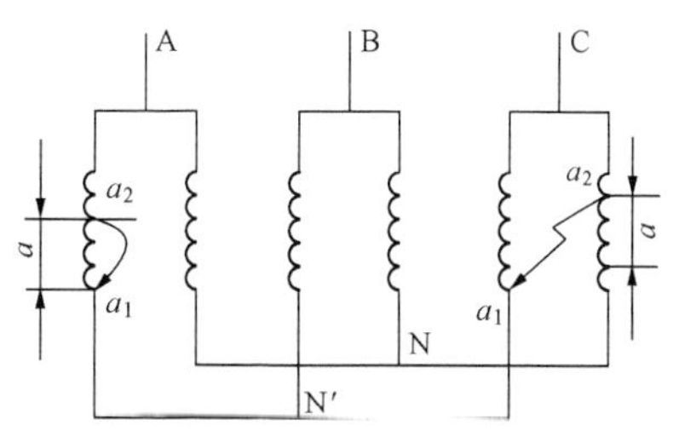

图 11 - 5　发电机定子绕组匝间短路示意图

子绕组匝间短路的保护，构成裂相横差动保护。以一个每相具有两个并联分支绕组的发电机为例，发生不同性质的同相内部短路时，裂相横差动保护的原理可由图 11－6（a）、（b）来说明。

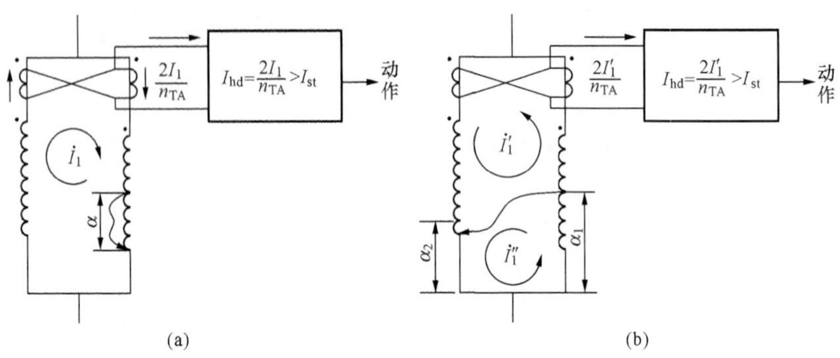

图 11－6 裂相横差保护构成原理示意图

（a）分支绕组内部发生匝间短路；（b）并联分支绕组间发生匝间短路

如图 11－6（a）所示一个分支绕组内部发生匝间短路时，两个分支绕组的电动势将不等，出现环流 I_1，这时在差动回路中将会有 $I_d=\frac{2I_1}{n_{TA}}$（n_{TA}为电流互感器 TA 变比），当此电流大于起动电流时，保护可靠动作。但是当短路匝数 α 较小时，环流也较小，有可能小于起动电流，所以保护有死区。

如图 11－6（b）所示同相的两个并联分支绕组间发生匝间短路时，只要这两个分支绕组短路点存在电动势差（即 $\alpha_1\neq\alpha_2$），分别产生两个环流 $\dot{I}'_1$、$\dot{I}''_1$，此时差动电流 $I_d=\frac{2I'_1}{n_{TA}}$。

（2）装置接线及比率制动式横差保护。以每相定子绕组有两分支的发电机为例，发电机裂相横差保护的交流输入回路示意图如图 11－7 所示。

保护的动作特性，可采用比率制动特性，也可采用标积制动特性。具有比率制动特性的动作特性如图 11－8 所示，其动作方程为

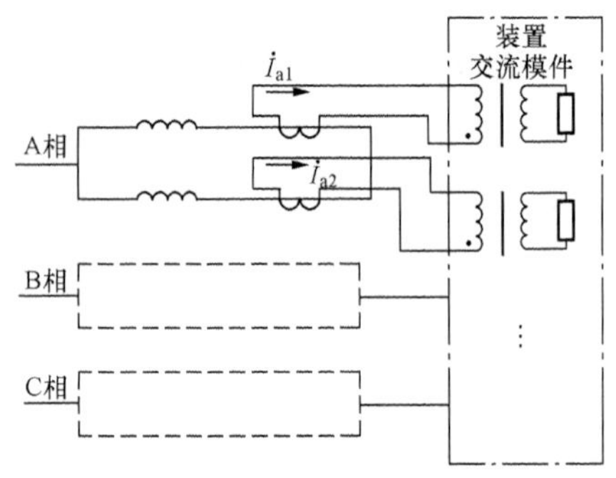

图 11－7 裂相横差保护交流输入回路示意图

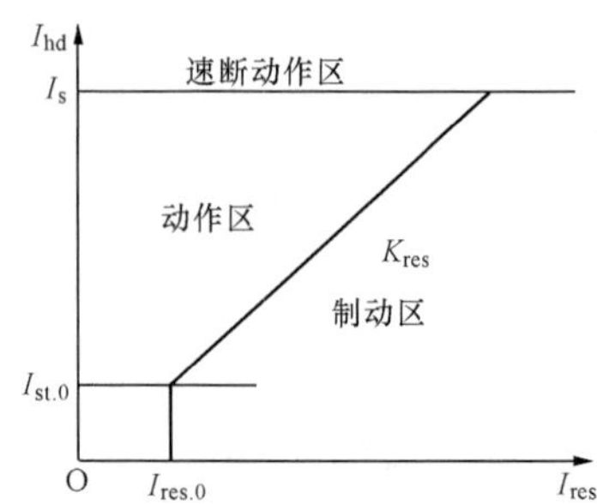

图 11－8 比率制动式裂相横差保护的动作特性

$$\begin{cases} I_{hd} \geqslant I_{st.0} & I_{res} < I_{res.0} \\ I_{hd} \geqslant K_{res}(I_{res} - I_{res.0}) + I_{st.0} & I_{res} > I_{res.0} \\ I_{hd} \geqslant I_{s} \end{cases} \tag{11-15}$$

式中：I_{hd} 为动作电流（即横差电流），$I_{hd} = |\dot{I}_{a1} + \dot{I}_{a2}|$；$I_{res}$ 为制动电流，$I_{res} = \frac{|\dot{I}_{a1} - \dot{I}_{a2}|}{2}$。其中，$\dot{I}_{a1}$、$\dot{I}_{a2}$ 分别为某相 1 分支和 2 分支的电流。

裂相横差保护的逻辑框图如图 11 - 9 所示。

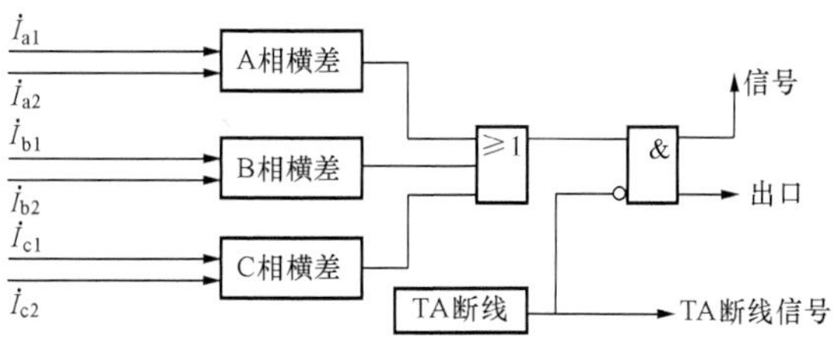

图 11 - 9　裂相横差保护逻辑框图

$\dot{I}_{a1}$、$\dot{I}_{b1}$、$\dot{I}_{c1}$—分别为 A、B、C 三相第 1 分支（或第 1 组）电流互感器 TA 二次电流；

$\dot{I}_{a2}$、$\dot{I}_{b2}$、$\dot{I}_{c2}$—分别为 A、B、C 三相第 2 分支（或第 2 组）电流互感器 TA 二次电流

（3）参数整定。

1）动作电流 $I_{op.0}$ 按躲过正常工况下不平衡差流来整定。在正常工况下，差动回路中的不平衡电流产生的原因有差动电流互感器 TA 变比误差，两分支（或两组分支）参数有差异或通道调整误差。其一般应大于纵差保护的 $I_{op.0}$，即

$$I_{op.0} = (0.3 \sim 0.5)I_{NG}$$

式中：I_{NG} 为发电机的额定相电流（电流互感器 TA 二次值）。

2）拐点电流 $I_{res.0}$ 按躲过发电机失磁、失步运行时由于转子偏心产生的不平衡差流来整定，即

$$I_{res.0} = (0.2 \sim 0.5)I_{NG}$$

3）比率制动系数 K_{res} 按躲过区外故障时产生的最大暂态差动电流来整定，即

$$K_{res} = 0.4 \sim 0.5$$

2. 单元件式横差保护

（1）构成原理。单元件横差保护适用于具有多分支的定子绕组且有两个以上中性点引出端子的发电机，反应定子绕组匝间短路、分支线棒开焊及机内绕组相间短路。其原理图如图 11 - 10 所示。

理想发电机正常时中性点连线上不会有电流产生。实际上发电机不同中性点之间存在不平衡电流，可能的原因有：

1）定子同相而不同分支的绕组参数不完全相同，致使两端的电动势及支路电流有差异；

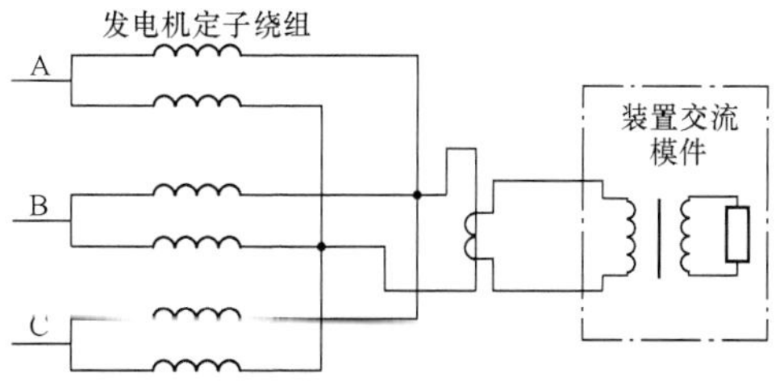

图 11 - 10　单元件横差保护构成原理示意图

2）发电机定子气隙磁场不完全均匀，在不同定子绕组中产生的感应电动势不同；

3）转子偏心，在不同的定子绕组中产生不同电动势；

4）存在3次谐波电流。

因此单元件横差保护动作电流必须要克服这些不平衡量，整定式为

$$I_{op} = K_{rel}(I_{unb1} + I_{unb2} + I_{unb3}) \tag{11-16}$$

式中：I_{unb1}为额定工况下，同相不同分支绕组由于绕组之间参数的差异产生的不平衡电流，由于是三相之和，一般可取$3\times2\%I_{NG}$；I_{unb2}为磁场气隙不平衡产生的不平衡电流，一般可取$5\%I_{NG}$；I_{unb3}为转子偏心（包括正常和异常工况）产生的不平衡电流，一般可取$10\%I_{NG}$；K_{rel}为可靠系数，取1.2～1.5。

将各参数代入式（11-16）中，得$I_{op}=(0.25\sim0.31)I_{NG}$，一般可以选取经验数据$(0.2\sim0.3)I_{NG}$。但必要时应采取实测值进行整定。

式（11-16）中未考虑3次谐波电流的影响，而经验表明在很多情况下存在较大的3次谐波不平衡电流。因此，单元件横差动保护需要具有性能良好的3次谐波滤过器。则整定计算中可不再需要考虑3次谐波电流的影响。

（2）逻辑框图。横差保护是发电机内部故障的主保护，动作应无延时。但考虑到在发电机转子绕组两点接地短路时发电机气隙磁场畸变可能致使保护误动，故在转子一点接地后，使横差保护带一短延时动作。单元件横差保护的逻辑框图如图11-11所示。

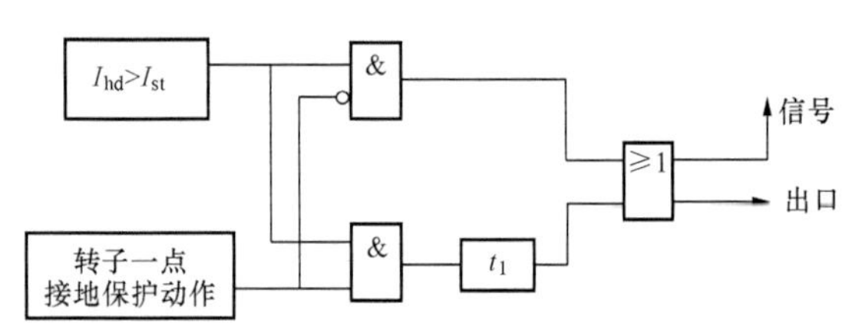

图11-11　单元件横差保护逻辑框图

图中动作时间t_1与转子两点接地保护动作延时配合，一般取$t_1=0.5\sim1.0s$。

11.3.2　纵向零序电压式匝间保护

发电机纵向零序电压式匝间保护，是发电机同相同分支匝间短路及同相不同分支之间匝间短路的主保护。

1. 构成原理

该保护反映的是发电机纵向零序电压的基波分量，为提高保护的灵敏度，采用其3次谐波增量作为制动量。

发电机正常运行或相间短路时，无零序电压。定子绕组单相接地时，故障相对地电压等于0，中性点对地电压为相电压，三相定子绕组对中性点电压仍然对称，不出现机端对绕组中性点的零序电压。当定子绕组发生匝间短路时，便出现机端三相对中性点电压不对称。

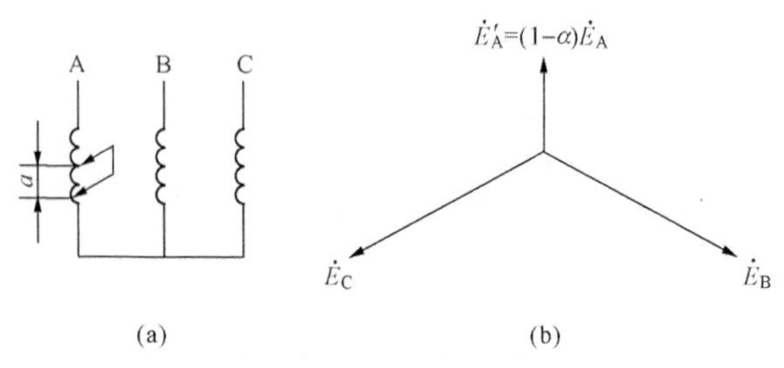

图11-12　发电机定子绕组匝间短路及其相量图

（a）匝间短路；（b）三相电动势相量图

如图11-12（a）所示的A相绕组发生匝间短路，设被短路的绕组匝数与每相总绕组匝数之比为α，则故障相电动势为$\dot{E}'_A=(1-\alpha)\dot{E}_A$，而未发生匝间

短路的其他两相电动势不变［如图 11 - 12 (b) 所示］。因此，机端对中性点的零序电压为纵向零序电压，取自机端专用电压互感器 TV 的开口三角形输出端。电压互感器 TV 应全绝缘，其一次中性点不接地，而是通过高压电缆直接与发电机的中性点相连，如图 11 - 13 所示。

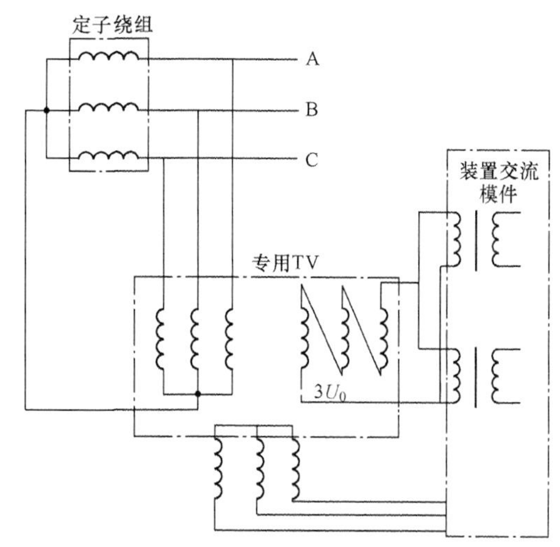

图 11 - 13　纵向零序电压式匝间保护构成原理示意图

零序电压基波通道与 3 次谐波通道相互独立，并采用硬件滤波回路和软件傅里叶滤波算法滤去零序电压基波通道的 3 次谐波分量，滤去 3 次谐波电压通道的基波分量，保护的交流接入回路如图 11 - 13 所示。

纵向零序电压式匝间保护采用两段式：Ⅰ段为次灵敏段，Ⅱ段为灵敏段。其动作方程为

$$\begin{cases} 3U_0 > 3U_{0h} & \\ 3U_0 > 3U_{0l} & 3U_{03\omega} < 3U_{03\omega n} \\ 3U_0 > 3U_{0l} + K_{res}(3U_{03\omega} - 3U_{03\omega n}) & 3U_{03\omega} > 3U_{03\omega n} \end{cases} \tag{11 - 17}$$

式中：$3U_0$、$3U_{03\omega}$分别为零序电压基波和 3 次谐波计算值；$3U_{0h}$、$3U_{0l}$、K_{res}分别为纵向零序电压式匝间保护Ⅰ段高定值、Ⅱ段低定值、制动系数。

式 (11 - 17) 所描述的动作特性如图 11 - 14 所示。

2. 电压互感器 TV 断线闭锁与功率方向闭锁

为防止专用电压互感器 TV 一次断线时保护误动，引入专用电压互感器 TV 断线闭锁；另外，为防止区外故障或其他原因（例如，专用电压互感器 TV 回路有问题）产生的纵向零序电压使保护误动，引入负序功率方向闭锁。负序功率方向判据采用开放式（即“允许式”）闭锁。

纵向零序电压式匝间短路保护的逻辑框图如图 11 - 15 所示。

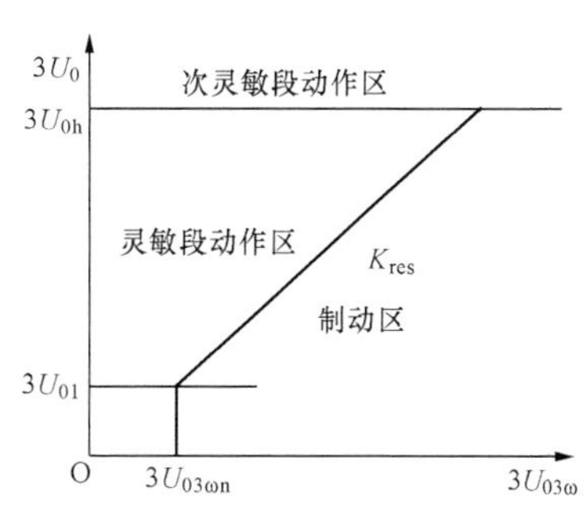

图 11 - 14　3 次谐波制动式纵向零序电压匝间短路保护动作特性

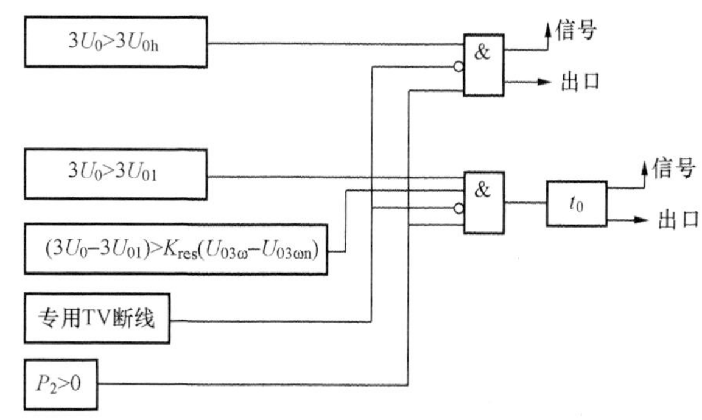

图 11 - 15　纵向零序电压式匝间短路保护逻辑框图
P_2—负序功率方向判据；t_0—短延时

若采用电压平衡式原理构成的专用 TV 断线判别，其逻辑框图如图 11 - 16 所示。

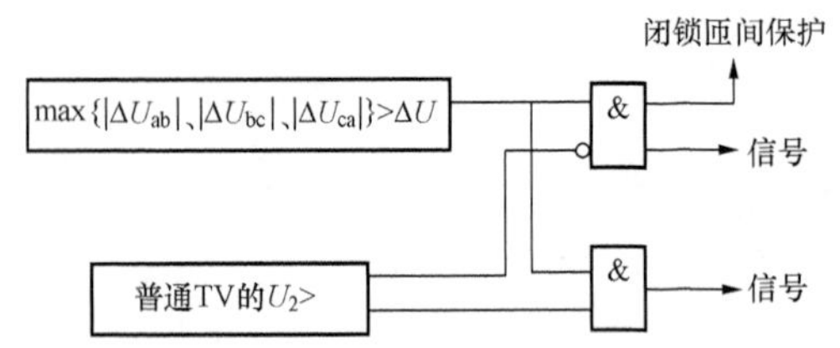

图 11-16　电压平衡式专用 TV 断线逻辑框图
ΔU_{ab}、ΔU_{bc}、ΔU_{ca}—分别为专用电压互感器 TV 与普通电压互感器 TV 二次同名相间电压之差；$\max\{|\Delta U_{ab}|、|\Delta U_{bc}|、|\Delta U_{ca}|\}$—取 ΔU_{ab}、ΔU_{bc}、ΔU_{ca} 中的最大者；ΔU—整定压差；U_2—普通电压互感器 TV 负序电压

$3U_0$ 回路应满足有关“反措”要求：回路中不能有熔断器及辅助触点；不能有多点接地；更不能与电压互感器 TV 二次的 B 相（指 B 相接地系统）公用电缆芯线。

若有负序功率方向判据，在机组起动试验过程中应校验电流互感器 TA、电压互感器 TV 的极性是否正确。可模拟机端外部发生两相短路故障装置，计算出的负序功率 P_2 应为负，从而闭锁匝间短路保护。而当机组内部发生匝间短路时，保证计算出的 P_2 为正，开放匝间短路保护。

11.3.3　反映转子回路 2 次谐波电流的匝间短路保护

反映转子回路 2 次谐波电流的匝间短路保护的原理框图如图 11-17 所示。当发电机定子绕组发生匝间短路或线棒开焊故障时，三相定子电流中便出现负序分量。该负序分量电流产生负序旋转磁场在发电机励磁绕组 WEG 中感应出 2 次谐波电流（100Hz）。因此，可利用转子回路出现 2 次谐波电流为判据，构成发电机匝间短路保护。但是，当发电机内部或外部发生不对称相间短路时，三相定子电流中也有负序分量。WEG 中也会出现 2 次谐波电流。为防止这种情况下匝间短路保护误动，采用了负序功率方向元件闭锁保护的出口回路。当发电机定子绕组外部或内部发生不对称短路时，负序功率方向元件动作，将禁止门 NG 闭锁，保护不动作；当定子绕组发生匝间短路或线棒开焊时，负序功率方向元件不动作，禁止门 NG 开放，允许保护动作。

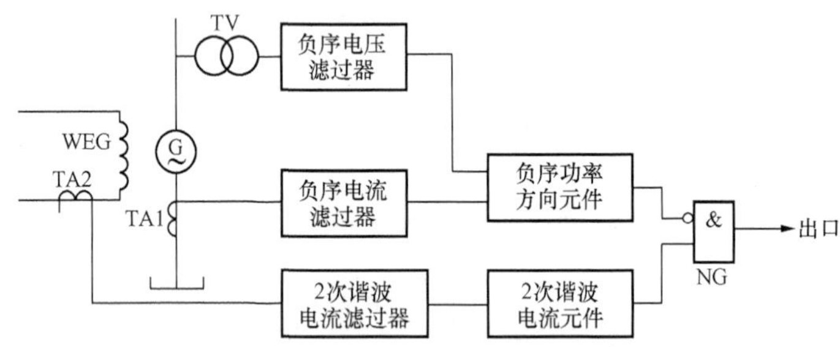

图 11-17　反映转子 2 次谐波电流的匝间短路保护原理示意图

由于该保护是反映负序分量而动作的，因此在正常运行、外部三相短路及系统振荡时，该保护不会动作。故保护的动作值只需按躲过与发电机正常负荷时允许的最大不对称度（一般取 5%左右），相对应的在励磁绕组中感应的 2 次谐波电流整定，所以保护的灵敏性较好。

11.4　发电机定子绕组的单相接地保护

根据安全要求，发电机的外壳都应是接地的，因此，定子绕组因绝缘破坏而引起的单相接地故障比较普遍。当接地电流比较大，能在故障点引起电弧时，将使绕组的绝缘和定子铁心烧坏，并且也容易发展成相间短路，造成更大的危害。我国规定，当接地电容电流等于或大于5A时，应装设动作于跳闸的接地保护；当接地电流小于5A时，一般装设作用于信号的接地保护。

过去认为发电机为全绝缘的设备，在正常运行中中性点电压低，不容易发生接地故障，即使发生，由于接地电流较小，不会对铁心造成故障。因此，允许单相接地保护在中性点附近一定的死区。但随着单机容量的增大，特别是大型水内冷机组，要求在保护区内任何一点发生故障时均能反应。

11.4.1　发电机定子绕组单相接地的特点

现代的发电机中性点都是不接地或经消弧线圈接地的，因此，当发电机内部单相接地时，流经接地点的电流仍为发电机所在电压网络（即与发电机直接电联系的各元件）对地电容电流之总和，而不同之处在于故障点的零序电压将随发电机内部接地点的位置而改变。

1. 单相接地时零序电压的特点

如图11-18（a）所示，假设A相在定子绕组距中性点α处发生接地短路，α表示中性点到故障点的绕组占A相全部绕组的百分数，则机端各相对地电动势近似为

$$\begin{cases}\dot{U}_{Ak}=(1-\alpha)\dot{E}_A\\ \dot{U}_{Bk}=\dot{E}_B-\alpha\dot{E}_A\\ \dot{U}_{Ck}=\dot{E}_C-\alpha\dot{E}_A\end{cases}\tag{11-18}$$

则故障点的零序电压为

$$\dot{U}_{k0}=\frac{1}{3}(\dot{U}_{Ak}+\dot{U}_{Bk}+\dot{U}_{Ck})=-\alpha\dot{E}_A\tag{11-19}$$

式（11-19）表明，故障点的零序电压将随着故障点的位置不同而改变。其变化关系可如图11-18（c）所示。

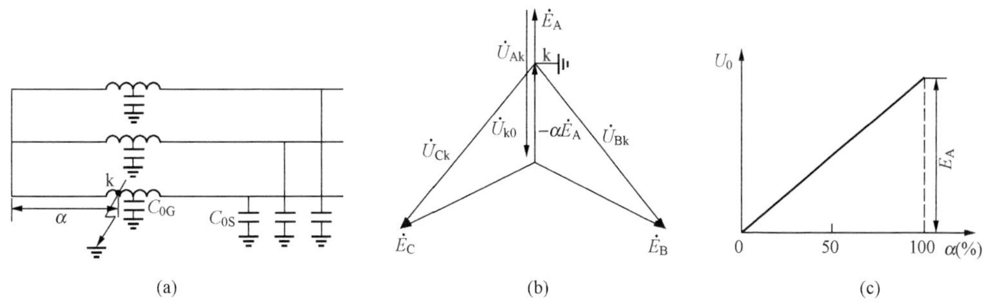

图11-18　发电机定子绕组单相接地时的电路图和相量图

（a）电路图；（b）相量图；（c）零序电压变化图

2. 单相接地时零序电流的特点

发电机内、外部A相接地故障时的零序等值电路及零序电流分布如图11-19所示。图中C_{0G}为发电机每相对地电容；C_{0S}为发电机电压网络中除发电机外其他各元件的每相对地电容和。内部接地时，如图11-19（a）所示，发电机为故障元件，在$\dot{U}_{k0}=-\alpha\dot{E}_A$的作用下，流过机端电流互感器TA的零序电流$3\dot{I}_{0S}$为整个系统所有非故障元件的零序电流之和，且该

电流随接地点位置 α 变化而变化，即

$$3\dot{I}_{0S}=j3\omega C_{0S}\dot{U}_{k0(\alpha)}=-j3\omega C_{0S}\alpha\dot{E}_A \tag{11-20}$$

而外部接地时，如图 11-19（b）所示，发电机为非故障元件，流过电流互感器 TA 的零序电流 $3\dot{I}_{0G}$ 仅为发电机自身的零序电容电流，其数值为发电机本身正常运行时的相对地电容电流，即

$$3\dot{I}_{0G}=-j3\omega C_{0G}\dot{E}_A \tag{11-21}$$

可见，在发电机外部和内部单相接地时，流过机端电流互感器 TA 的电流是有区别的。

根据上述特点，可以构成反应零序电压或零序电流的发电机定子接地保护，但保护都存在有死区。

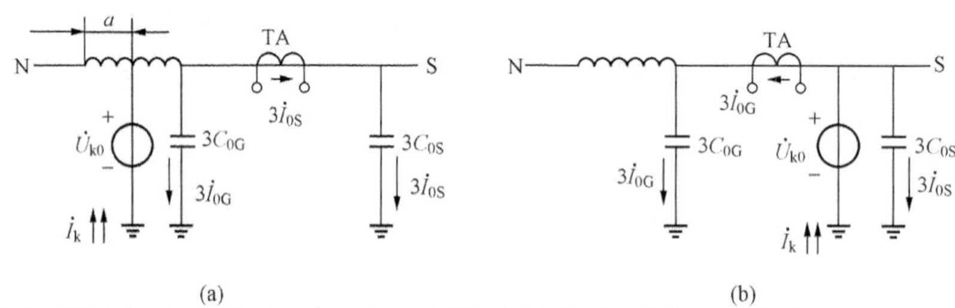

图 11-19 发电机定子绕组接地时零序电流分布图
（a）发电机故障；（b）外部接地

11.4.2 利用零序电流构成的定子接地保护

对于并联在母线上运行的发电机组，由于所在系统的连接元件比较多，定子绕组内部接地流过机端电流互感器 TA 的零序电流比外部接地时大，而利用零序电压难以保证选择性，故通常采用零序电流保护，且保护动作于跳闸。

当发电机电压网络接地电容电流大于表 11-1 所示的允许值时，不论该网络是否装有消弧线圈，均应装设动作于跳闸的接地保护。当接地电容电流小于允许值，则装设作用于信号的接地保护。

表 11-1 **发电机单相接地电流允许值**

发电机额定电压（kV）	发电机额定容量（MW）	接地电流允许值（A）
6.3	<50	4
10.5	50～100	3
13.8～15.75	125～200	2（2.5）
18～20	300	1

注 对于氢冷发电机，允许值为 2.5A。

接于零序电流互感器上的发电机的零序电流保护，其整定值的选择原则如下。

（1）避开外部单相接地时发电机本身的电容电流，以及由于零序电流互感器一次侧三相导线排列不对称而在二次侧引起的不平衡电流。

（2）保护装置的一次动作电流应小于表 11-1 所规定的允许值。

(3) 为防止外部相间短路产生的不平衡电流引起的接地保护误动作，应在相间保护动作时将接地保护闭锁。

(4) 保护装置一般带有 1～2s 的时限，以避开外部单相接地瞬间，发电机暂态电容电流（其数值远大于稳态时电容电流）的影响。因为，如果不带时限，则保护装置的起动电流就必须按照大于发电机的暂态电容电流来整定。

当发电机定子绕组的中性点附近接地时，由于接地电流很小，保护将不能起动，因此零序电流保护不可避免地存在一定的死区。为了减小死区的范围，应该在满足发电机外部接地时有选择性的前提下，尽量降低保护的起动电流。

11.4.3　利用基波零序电压构成的定子接地保护（可用于发电机—变压器组）

大、中型发电机在电力系统中大都采用发电机—变压器组的接线方式。对于与主变压器采用单元接线的发电机，由于所在系统的连接元件只有主变压器低压侧与厂用变压器高压侧，因此，在发电机内部和外部单相接地时，流过机端电流互感器 TA 的零序电流差别不大，都比较小，故一般装设反映零序电压的接地保护，且保护动作于发信。

如图 11-18（c）所示为发电机定子发生单相接地时零序电压 $3U_0$ 随故障点位置 α 的变化曲线，越靠近机端，故障点的零序电压就越高，可以利用基波零序电压构成定子单相接地保护。零序电压的获取见图 11-20。

图 11-20 中的机端电压互感器变比为 $\frac{U_{NG}}{\sqrt{3}}/\frac{100}{\sqrt{3}}/\frac{100}{3}$，中性点单相电压互感器变比为 $\frac{U_{NG}}{\sqrt{3}}/100$。如果机端发生金属性单相接地故障，从机端或者中性点电压互感器得到的基波零序电压二次值为 100V。距离中性点 α 处发生单相金属性接地故障时，基波零序电压二次值为 100α。

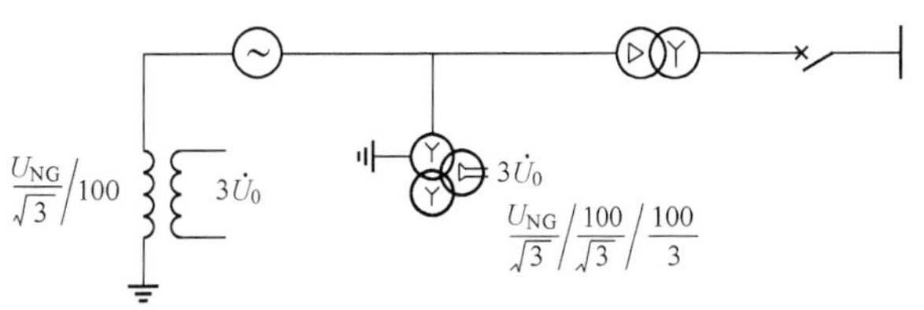

图 11-20　发电机定子绕组单相接地时零序电压获取

在正常运行时，发电机相电压中含有 3 次谐波，因此，在机端电压互感器接成开口三角形的一侧也有 3 次谐波电压输出。此外，当变压器高压侧发生接地故障时，由于变压器高、低压绕组之间有电容存在，因此在发电机机端也会产生零序电压。为了保证动作的选择性，保护装置的整定值应避开正常运行时的不平衡电（包括 3 次谐波电压），以及变压器高压侧接地时在发电机机端所产生的零序电压。根据运行经验，保护的起动电压一般整定为 15～30V 左右。

按以上条件的整定保护，由于整定值较高，因此，当中性点附近发生接地时，保护装置不能动作，因而出现死区。

由此可见，利用基波零序电流和基波零序电压的接地保护，对定子绕组都不能达到 100%的保护范围。对于大容量的机组而言，由于振动较大而产生的机械损伤或发生漏水（指水内冷的发电机）等原因，都可能使靠近中性点附近的绕组发生接地故障。如果这种故障不能及时发现，则一种可能是进一步发展成匝间或相间短路；另一种可能是如果又在其他地点发生接地，则形成两点接地短路。这两种结果都会造成发电机的严重损坏。因此，对大型发电机组，特别是定子绕组用水内冷的机组，应装设能反映100%定子绕组的接地保护。

目前，100%定子接地保护装置一般由两部分组成：第一部分是基波零序电压保护，如上所述它能保护定子绕组的85%以上；第二部分保护需由其他原理（如3次谐波原理或叠加电源方式原理）的保护共同构成100%定子接地保护。

11.4.4 利用基波零序电压和3次谐波电压构成的100%定子接地保护

1. 发电机3次谐波电动势的分布特点

由于发电机气隙磁通密度的非正弦分布和铁磁饱和的影响，在定子绕组中感应的电动势除基波分量外，还含有高次谐波分量。其中，3次谐波电动势虽然在线电动势中可以将它消除，但在相电动势中依然存在。因此，每台发电机总约有百分之几的3次谐波电动势，设以 E_3 表示。

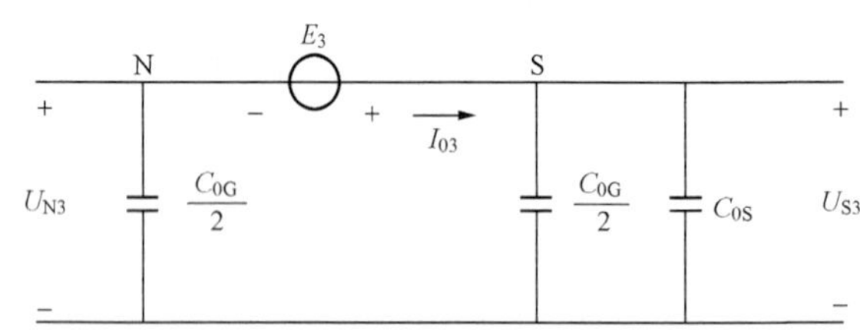

图11-21 发电机3次谐波电动势和对地电容的等值电路图

如若把发电机的对地电容等效地看作集中在发电机的中性点N和机端S处，每端为 $1/2C_{0G}$，并将发电机机端引出线、升压变压器、厂用变压器以及电压互感器等设备的每相对地电容 C_{0S} 也等效地放在机端，则正常运行情况下的等效网络如图11-21所示，由此即可求出中性点及机端的3次谐波电压分别为

$$\begin{cases} U_{N3} = \dfrac{C_{0G}+2C_{0S}}{2(C_{0G}+C_{0S})}E_3 \\ U_{S3} = \dfrac{C_{0G}}{2(C_{0G}+C_{0S})}E_3 \end{cases} \tag{11-22}$$

机端3次谐波电压与中性点3次谐波电压之比为

$$\frac{U_{S3}}{U_{N3}} = \frac{C_{0G}}{C_{0G}+2C_{0S}} < 1 \tag{11-23}$$

由式（11-23）可见，在正常运行时，发电机中性点侧的3次谐波电压 U_{N3} 总是大于发电机机端的3次谐波电压 U_{S3}。极限情况是当发电机出线端开路时（$C_{0S}=0$），有

$$U_{S3} = U_{N3} \tag{11-24}$$

当发电机中性点经消弧线圈接地时，其等效电路如图11-22所示，假设基波电容电流得到完全补偿，则

$$\omega L = \frac{1}{3\omega(C_{0G}+C_{0S})} \tag{11-25}$$

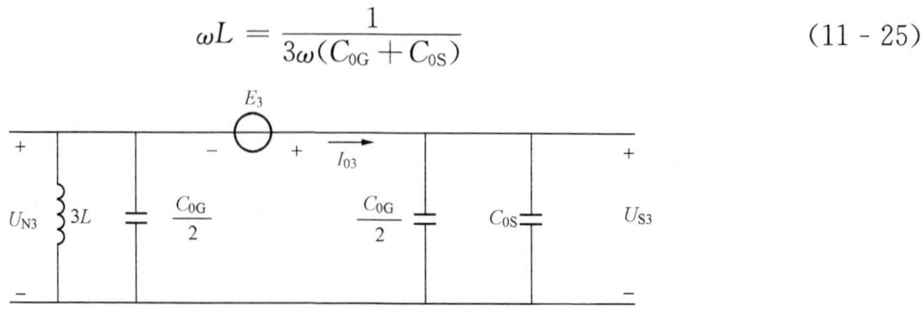

图11-22 中性点经消弧线圈接地的发电机3次谐波电动势及对地电容的等效电路图

基波电容电流完全补偿在电力系统中可行吗？

此时发电机中性点侧对 3 次谐波的等值电抗为

$$X_{N3}=\frac{3\omega(3L)\left(\frac{-2}{3\omega C_{0G}}\right)}{3\omega(3L)-\frac{2}{3\omega C_{0G}}} \tag{11-26}$$

将式（11-25）代入式（11-26），整理后可得

$$X_{N3}=-\frac{6}{\omega(7C_{0G}-2C_{0S})} \tag{11-27}$$

发电机机端对 3 次谐波的等值电抗为

$$X_{S3}=-\frac{2}{3\omega(C_{0G}-2C_{0S})} \tag{11-28}$$

因此，发电机机端 3 次谐波电压和中性点 3 次谐波电压之比为

$$\frac{U_{S3}}{U_{N3}}=\frac{X_{S3}}{X_{N3}}=\frac{7C_{0G}-2C_{0S}}{9(C_{0G}+2C_{0S})} \tag{11-29}$$

式（11-29）表明，接入消弧线圈以后，中性点的 3 次谐波电压 U_{N3} 在正常运行时比机端 3 次谐波电压 U_{S3} 更大。在发电机出线端开路时，$C_{0S}=0$，则

$$\frac{U_{S3}}{U_{N3}}=\frac{7}{9} \tag{11-30}$$

在正常运行情况下，尽管发电机的 3 次谐波电动势 E_3 随着发电机的结构及运行状况而改变，但是其机端 3 次谐波电压与中性点 3 次谐波电压的比值总是符合以上关系的。

当发电机定子绕组发生金属性单相接地时，设接地发生在距中性点 α 处，其等值电路如图 11-23 所示。此时不管发电机中性点是否接有消弧线圈，恒有

$$\begin{cases}U_{N3}=\alpha E_3\\U_{S3}=(1-\alpha)E_3\\\dfrac{U_{S3}}{U_{N3}}=\dfrac{1-\alpha}{\alpha}\end{cases} \tag{11-31}$$

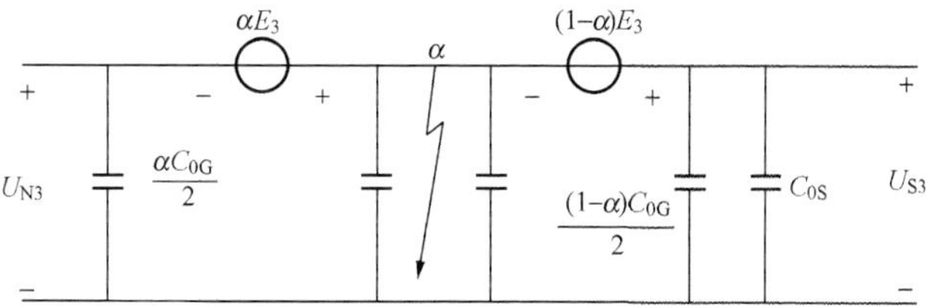

图 11-23　发电机内部单相接地时 3 次谐波电动势分布的等值电路图

U_{S3}、U_{N3} 随 α 而变化的关系如图 11-24 所示。当 $\alpha<50\%$时，恒有 $U_{S3}>U_{N3}$。

因此，如果利用机端 3 次谐波电压 U_{S3} 作为动作量，而用中性点侧 3 次谐波电压 U_{N3} 作为制动量来构成接地保护，即当 $U_{S3}>U_{N3}$ 时保护动作，则在正常运行时保护不可能动作，而当中性点附近发生接地时，则具有很高的灵敏性。利用这种原理构成的接地保护，可以反

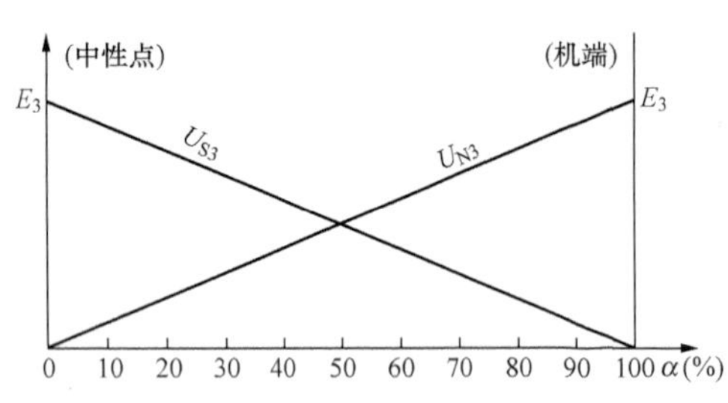

图 11-24 U_{S3}、U_{N3}随α而变化的关系图

映定子绕组中性点侧约 50%范围以内的接地故障。

利用3次谐波构成的接地保护可以反映发电机定子绕组中$\alpha<50\%$范围内的单相接地故障，并且当故障点越靠近中性点时，保护的灵敏性就越高；利用基波零序电压构成的接地保护，则可以反映$\alpha>15\%$范围内的单相接地故障，且当故障点越靠近发电机机端时，保护的灵敏性就越高。因此，利用3次谐波电压比值和基波零序电压的组合可以构成100%的定子绕组单相接地保护。

2. 反应3次谐波电压比值的定子绕组单相接地保护

利用反应3次谐波电压比值$\left|\frac{U_{S3}}{U_{N3}}\right|$和基波零序电压可以构成100%定子绕组单相接地保护。反应3次谐波电压比值的定子绕组接地保护的动作判据为

$$\left|\frac{U_{S3}}{U_{N3}}\right|>K \tag{11-32}$$

式中：K为整定比值。

需要指出，发电机中性点不接地或经消弧线圈接地与发电机经配电变压器高阻接地，两者的整定比值K是有区别的。

3. 改进的反映3次谐波电压比值的定子绕组单相接地保护

动作判据$\left|\frac{U_{S3}}{U_{N3}}\right|>K$可以改写为$|U_{S3}|>KU_{N3}$，即$U_{S3}$为动作量，$U_{N3}$为制动量。该判据的动作灵敏度仍不够高，尤其是当中性点经5～10kΩ过渡电阻发生接地故障时，保护会拒动。改进的措施是采用如下改进的判据

$$|\dot{K}_1\dot{U}_{S3}-\dot{K}_2\dot{U}_{N3}|>K_3|\dot{U}_{N3}| \tag{11-33}$$

正常运行时，$|\dot{U}_{S3}|<|\dot{U}_{N3}|$，且两电压相位不一致。适当选取系数$\dot{K}_1$和$\dot{K}_2$，使得$|\dot{K}_1\dot{U}_{S3}-\dot{K}_2\dot{U}_{N3}|\approx 0$。这样制动电压$K_3|\dot{U}_{N3}|$选很小值即可保证$|\dot{K}_1\dot{U}_{S3}-\dot{K}_2\dot{U}_{N3}|<K_3|\dot{U}_{N3}|$，保护装置不动作。当发电机中性点附近发生单相接地时，U_{S3}增大而U_{N3}减小，动作量显著增大，制动量明显减小，充分满足式（11-33），保护灵敏动作。式（11-33）表达的动作判据加大了故障后动作量与制动量的差，大大提高了保护的灵敏度，有效地克服了接地点过渡电阻的影响。

11.4.5 利用零序电压和叠加电源构成的发电机100%定子绕组单相接地保护

叠加电源方式的发电机100%定子绕组单相接地保护采用叠加低频电源，叠加电源频率主要是12.5Hz和20Hz两种，由发电机中性点变压器或发电机端电压互感器TV开口三角绕组处注入一次发电机定子绕组。这种方式能够独立地检测接地故障，与发电机的运行方式无关；不仅在发电机正常运行的状态下可以检测，而且在发电机静止或是起动、停机的过程中同样能够检测故障。更重要的是，这种方式对定子绕组各处故障检测的灵敏度相同。叠加20Hz低频电源方式的发电机100%定子绕组单相接地保护原理图如图11-25所示。

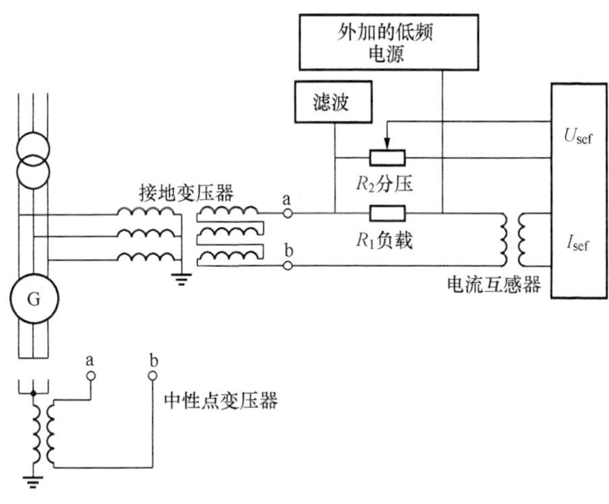

图11-25　叠加20Hz低频电源方式的发电机100%定子绕组单相接地保护原理图

11.5　发电机相间短路后备保护

11.5.1　发电机相间后备保护的作用

发电机的相间后备保护应在发电机内部发生相间故障且主保护拒动时，起到近后备的作用；在相邻元件发生故障且相邻元件保护或断路器拒动时，起到远后备的作用。因此，发电机的相间后备保护，应在下列情况下动作：

(1) 发电机外部故障，而故障元件的保护或断路器拒动时；

(2) 发电机电压母线上发生短路，而该母线又未装设专用保护时；

(3) 发电机内部发生相间短路，纵差保护拒动时。

11.5.2　发电机相间后备保护的方案配置

发电机的最大负荷电流通常比较大。采用一般过电流保护时，保护的动作电流较大，致使保护反映外部故障时的灵敏系数往往不能满足要求。为了提高保护的灵敏性，可采用低电压或复合电压起动的过电流保护或负序电流保护（兼作转子表层过热的主保护）。当对灵敏系数与时限的配合要求更高时，也可采用阻抗保护。

对于100MW及以下机组，一般主保护只有一套，当保护或出口断路器拒动时，应装设近后备和远后备保护。常用的保护方案有过电流保护（容量1MW及以下）、复合电压起动的过电流保护（1～50MW）、负序电流和单相式低电压起动的过电流保护（50～100MW），但对于200～600MW及以上的发电机，由于一般均采用单元接线，主保护都是双重化甚至多重化，因此就近后备保护来讲大型发电机已没有必要装设，但作为相邻元件（如母线、线路）的后备还是有必要的，保护一般利用复合电压过电流保护或低阻抗保护。

11.5.3 大机组相间后备保护的构成原理

同步发电机的相间短路后备保护原理与接线与变压器相间短路后备保护相同，其整定计算也与变压器相间短路后备保护完全相同，这里不再重复。现主要介绍大型单元机组的后备保护。

（1）同步发电机复合电压过电流保护。复合电压过流保护反映发电机电压、负序电压和电流大小。电流电压一般取自发电机的同一侧电流互感器TA和电压互感器TV，发电机—变压器组电流互感器TA取自发电机中性点侧。

复合电压过电流保护的逻辑框图如图11-26所示。

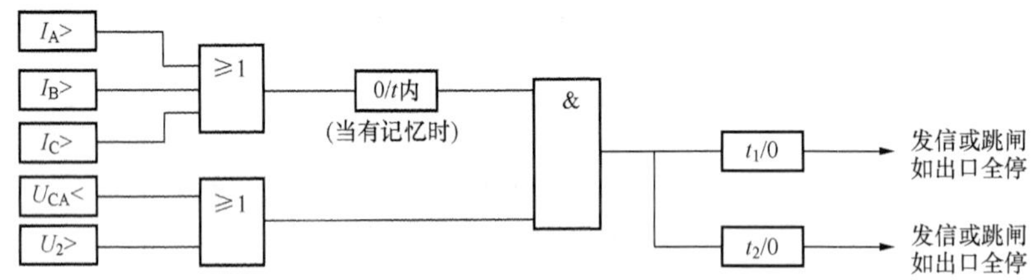

图11-26 发电机复合电压过电流保护逻辑框图

（2）低阻抗保护。当电流、电压保护不能够满足灵敏度要求或根据网络保护间配合要求，发电机—变压器组相间故障后备保护可采用低阻抗保护。保护原理与第10章变压器阻抗保护完全相同，保护反映测量阻抗的大小，测量阻抗落在整定阻抗特性圆内，保护动作。

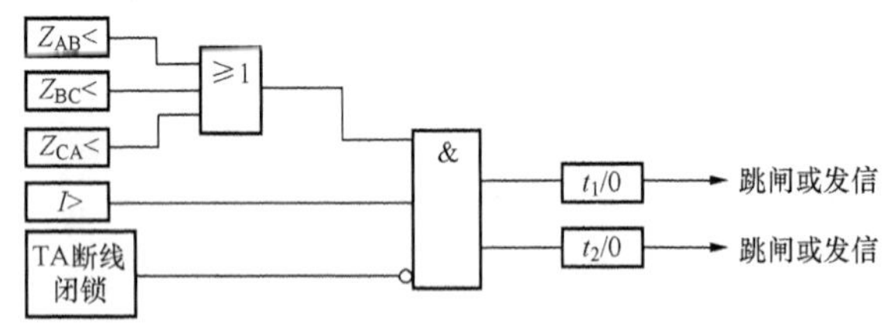

图11-27 发电机阻抗保护的动作逻辑框图

发电机阻抗保护动作逻辑框图如图11-27所示。

11.6 同步发电机的负序过负荷与过电流保护

11.6.1 问题的提出

当电力系统中发生不对称短路或在正常运行情况下三相负荷不平衡（例如电气化机车、冶炼电炉等单相负荷多）时，发电机定子绕组中将出现负序电流。此电流在发电机空气隙中建立的负序旋转磁场相对于转子为两倍的同步转速，在转子表面感应倍频电流，使转子表层（特别是端部、护环内表面、槽楔与小齿接触面等）过热，进而烧伤及损坏转子。

此外，负序气隙旋转磁场与转子电流之间，以及气隙旋转磁场（由转子电流产生）与定子负序电流之间所产生的100Hz交变电磁转矩，同时作用在转子大轴和定子机座上，引起机组振动。

因此，装设发电机负序过电流保护的主要目的，是保护发电机的转子，可作为转子表层过热的保护。有时，还可以作为发电机变压器组内部或系统不对称短路故障的后备保护。

对于大型汽轮发电机，其承受负序电流的能力主要取决于转子的发热条件。负序电流在转子中所引起的发热量，正比于负序电流的平方及所持续时间的乘积。在最严重的情况下，假设发电机转子为绝热体（即不向周围散热），即不使转子过热。所允许的负序电流和时间的关系为

$$\int_0^t i_{2*}^2\,\mathrm{d}t = I_{2*}^2 t = \mathrm{A} \tag{11-34}$$

$$I_{2*} = \sqrt{\frac{\int_0^t i_{2*}^2\,\mathrm{d}t}{t}} \tag{11-35}$$

式中：i_{2*} 为流经发电机的负序电流（以发电机额定电流为基准的标幺值）；t 为 i_{2*} 所持续的时间；I_{2*}^2 为在时间 t 内 i_{2*}^2 的平均值（以发电机额定电流为基准的标幺值）；A 为与发电机形式和冷却方式有关的常数。

A 的数值应采用制造厂所提供的数据。其参考值为：对凸极式发电机或调相机可取 A=40；对于空气或氢气表面冷却的隐极式发电机可取 A=30；对于导线直接冷却的 100～300MW 汽轮发电机可取 A=6～15 等。

随着发电机组容量的不断增大，它所允许承受负序过负荷的能力也随之下降（A 值减小）。例如取 600MW 汽轮发电机 A 的设计值为 4，其允许负序电流与持续时间的关系如图 11-28 中的曲线 abcde 所示，这对于保护的性能提出了更高的要求。

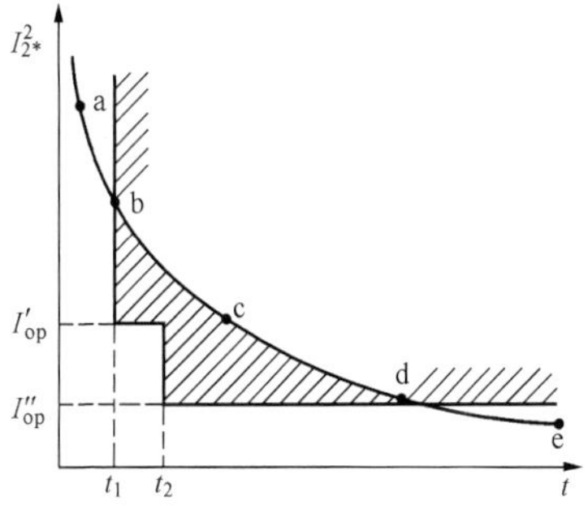

图 11-28 发电机允许负序电流与持续时间的关系曲线

针对上述情况应装设能与负序电流曲线配合的反时限负序电流保护，即其动作时间随负序电流的增大而减小的保护。

水轮发电机在负序电流作用下，转子过热程度比汽轮机小得多，约为汽轮发电机的 1/10。但是，由于水轮发电机的直径较大，焊接件较多，X_d 与 X_q 的差值较大，其承受负序电流的能力应由 100Hz 的振动条件限制。因此，水轮发电机的负序过电流保护可不具有反时限特性，其动作应较快。

11.6.2 保护的构成原理

一、保护构成

保护由负序过负荷及负序过电流两部分构成。过负荷保护动作于信号，过电流保护作用于切机。

中小型发电机及水轮发电机通常采用定时限负序过电流保护。而大型汽轮发电机的负序过电流保护具有反时限特性。该动作特性通常由三部分组成，即反时限部分及上限和下限定时限部分。反时限部分用以防止由于过热而损伤发电机转子，上限和下限定时限主要作为发变组内部短路及相邻元件的后备保护。

在有些保护装置中，负序过电流保护下限定时限部分，兼作为该保护的起动元件。

保护的接入电流，应为发电机中性点电流互感器 TA 二次三相电流。

大型汽轮发电机负序过负荷及过电流保护的逻辑框图如图 11-29 所示。其中 $\dot{I}_A$、$\dot{I}_B$、

$\dot{I}_C$、$\dot{I}_N$ 分别为发电机中性点侧电流互感器TA二次三相电流；I_{2op}表示负序过负荷元件动作值；$I_{2op.1}$为负序过电流下限动作值；$I_{2op.h}$为负序过电流上限动作值；k为负序过电流反时限元件；t_{11}、t_s、t_{up}分别为负序过负荷、反时限过电流下限定时限、上限定时限的动作延时。其动作特性如图11-30所示。

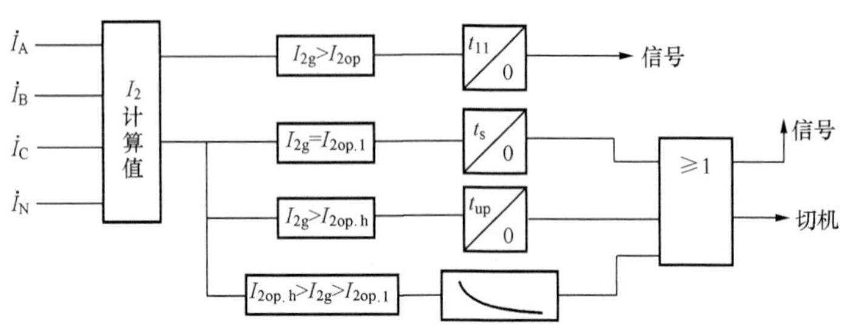

图11-29　汽轮发电机负序过负荷及过电流保护逻辑框图

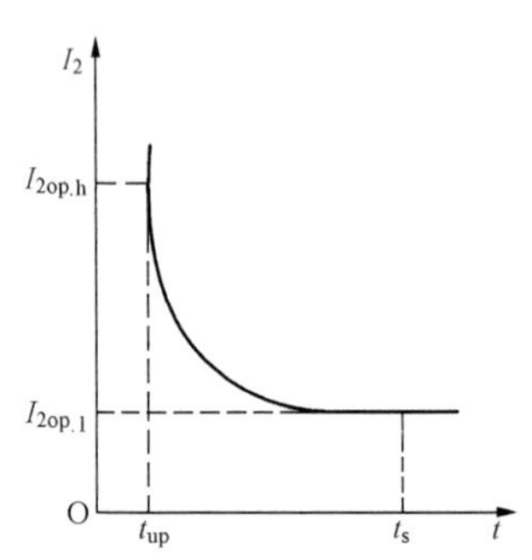

图11-30　反时限负序过电流保护的动作特性

二、动作特性方程

(1) 负序过负荷元件的动作特性方程为

$$I_{2g} > I_{2op},\ t = t_{11} \tag{11-36}$$

(2) 过电流元件的动作特性方程为

$$\begin{cases} I_{2g} = I_{2op.1},\ t = t_s \\ I_{2g} \geqslant I_{2op.h},\ t = t_{up} \\ I_{2op.h} > I_{2g} > I_{2op.1},\ t = \dfrac{A}{I_{2g*}^2 - \alpha} \end{cases} \tag{11-37}$$

式中：I_{2g}、I_{2g*}分别为发电机负序电流及其标幺值（以发电机额定电流为基准值）；t为反时限保护的动作延时；$I_{2op.1}$、$I_{2op.h}$分别为负序过电流下限及上限整定值；α为与发电机转子冷却方式有关的散热常数；A为转子允许热值常数；t_{up}、t_s分别为上限、下限动作时间。

三、整定原则及取值建议

1. 定时限过负荷保护

(1) 动作电流。在电力系统中，由于三相不可能完全对称，总是有负序电流存在。当发电机的负序电流小于某一值，而长期运行对发电机无危害，则将该某一值的负序电流定为发电机长期允许的负序电流，用$I_{2\infty}$来表示。

发电机负序过负荷元件的动作电流，应按发电机长期允许的负序电流$I_{2\infty}$来整定，即

$$I_{2op} = K_{rel}\frac{I_{2\infty}}{K_r} \tag{11-38}$$

式中：K_{rel}为可靠系数，取1.05；K_r为返回系数，取0.95；$I_{2\infty}$为发电机长期允许的负序电流，一般为(8%～10%)I_N。

式(11-38)为什么要有返回系数？

(2) 发电机长期允许的负序电流。各国大型发电机长期允许的负序电流见表11-2。

表 11-2　**各国大型发电机长期允许的负序电流 $I_{2\infty}$（标幺值）**

国家名称	机组容量（MW）	$I_{2\infty}$（标幺值）
中国	300～600	5%～8%
日本、瑞典		8%
法国	≥500	6%～8%
德国	300～400	6%～8%
	≥400	4%～6%
意大利	320	6%
英国		10%～15%
前苏联		5%～6%
美国	960～1500	5%～8%
	≤900	10%

(3) 取值建议。动作电流 I_{op} 取 (8%～10%)I_N(I_N 为发电机额定电流，二次值)。动作延时 t_{11} 取 6～9s。

2. 反时限过电流保护

反时限下限起动电流 $I_{2op.1}$，可按定时限动作电流的 1.05～1.1 倍来整定，即

$$I_{2op.1} = K_{rel} I_{2op} \tag{11-39}$$

式中：K_{rel} 为可靠系数，取 1.05～1.1；I_{2op} 为定时限过负荷电流动作值。

动作延时 t_s 为

$$t_s = 300 \sim 600s \tag{11-40}$$

另外，在确定动作延时时，还应将下限动作电流代入式 (11-37) 中的反时限时间计算式中进行校验。实际动作时间应小于按其所计算的值。

3. 反时限上限电流 $I_{2op.h}$ 及延时 t_{up}

上限动作电流 $I_{2op.h}$，应按发电厂主变高压侧母线上发生两相短路时发电机所提供的负序电流的 1.05 倍来整定。而上限动作时间 t_{up} 应按与电厂高压母线出线纵联保护或距离保护Ⅰ段的动作延时配合来整定，通常 t_{up} 取 0.3～0.5s。上限动作电流的计算式为

$$I_{2op.h} = 1.05 \frac{1}{X_{G2} + X''_d + 2X_T} \frac{S_B}{\sqrt{3}U_B n_{TA}} \tag{11-41}$$

式中：X_{G2} 为发电机负序电抗标幺值；X''_d 为发电机次暂态电抗标幺值；X_T 为变压器电抗标幺值；S_B 为基准容量；n_{TA} 为负序过电流保护接入电流互感器 TA 的变比；U_B 为发电机电压系统的基准电压，通常为发电机额定电压。

4. 反时限动作特性

对反时限动作特性的整定，实际上是确定式 (11-27) 中的同步发电机的热值系数 A 和散热系数 α 的值。发电机材料及结构不同，或冷却方式不同，A 的取值亦不相同。间接冷却方式的汽轮发电机，A 值可取 30；间接冷却的水轮发电机，A 的取值更大，一般情况下应由发电机制造厂家提供。

直接冷却式汽轮发电机的 A 值要小得多，其参考值见表 11-3。

表 11-3　各国直接冷却方式的大型汽轮发电机热值系数 A 的取值一览表

国家	机组容量（MW）	热值系数 A
中国	≤300	8
	600	7
美国	≤800	10
前苏联	500	8
意大利	320	10
法国	330	10
日本	600	6
	350	≤10

11.7　发电机励磁回路接地保护

11.7.1　发电机励磁回路故障原因及危害

发电机转子在生产、运输及起停机过程中，可能会出现转子绕组绝缘或匝间绝缘被破坏，从而引起转子绕组匝间短路和励磁回路接地故障。

发电机励磁回路一点接地故障，是常见的故障形式之一，两点接地故障也时有发生。发电机正常运行时，发电机转子电压（直流电压）仅有几百伏，且转子绕组及励磁系统对地是绝缘的。因此，当转子绕组或励磁回路发生一点接地时，不会构成对发电机的危害。但是，发电机转子一点接地后励磁回路对地电压将有所升高。在正常情况下，励磁回路对地电压约为励磁电压的一半。当励磁回路的一端发生金属性接地故障时，另一端对地电压将升高为全部励磁电压值，即比正常电压值高出一倍。在这种情况下运行，当切断励磁回路中的开关或一次回路的主断路器时，将在励磁回路中产生暂态过电压，在此电压作用下，可能将励磁回路中其他绝缘薄弱的地方击穿，从而导致第二点接地。所以在转子一点接地保护动作后，经延时自动投入转子两点接地保护。

当发电机转子绕组出现不同位置的两点接地或匝间短路时，很大的短路电流可能烧伤转子本体。另外，由于部分转子绕组被短路，使气隙磁场不均匀或发生畸变，从而使发电机转动时所受的电磁转矩不均匀并造成发电机振动，损坏发电机。

为确保发电机组的安全运行，当发电机转子绕组或励磁回路发生一点接地后，应立即发出信号，告知运行人员进行处理；若发生两点接地时，应立即切除发电机。因此，对发电机组装设转子一点接地保护和转子两点接地保护是非常必要的。

相关规程规定，对于汽轮发电机，在励磁回路出现一点接地后，可以继续运行一定时间（但必须投入转子两点接地保护），同时要转移负荷，安排停机；而对于水轮发电机，在发现转子一点接地后，应立即安排停机。因此，水轮发电机一般可不设置转子两点接地保护。

11.7.2　励磁回路一点接地保护

一、转子一点接地保护的构成方案

转子一点接地保护的构成方案较多，主要有叠加直流式、乒乓式及测量转子绕组对地导纳式（实质是叠加交流式）。目前，在国内叠加直流式转子一点接地保护及乒乓式转子一点接地保护得到了广泛应用，下面对这两种保护予以介绍。

1. 叠加直流电压式一点接地保护

（1）构成原理。在发电机转子绕组的一极（正极或负极）对大轴之间加一个直流电压，如图11-31所示，通过计算直流电压的输出电流来测量转子绕组或励磁回路的对地绝缘。

图中，E_0 为外加直流电压；I_m 为测量电流；S为电子开关；转子接地保护装置中设置的电阻为30kΩ，R_e 为转子的对地电阻。

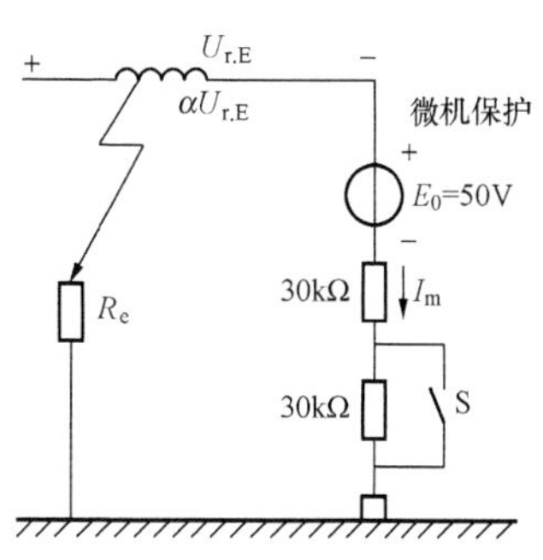

图11-31　叠加直流电压式转子一点接地保护原理图

正常运行时，电子开关受保护控制S不断地打开、闭合，设当S打开时测量电流 I_m 为 I_{mo}；当S闭合时测量电流为 I_{mc}。保护根据所测量的 I_{mo} 及 I_{mc} 的值来计算转子绕组对地的电阻 R_e。

在正常工况下，转子绕组不接地，被测量回路开路，计算出的接地电阻非常大（即 $R_e=\infty$）；当转子某一部位发生接地，接地电阻为 R_e，接地点距转子负极的电气位置为 α，转子电压为 $U_{r.E}$，此时测量元件的测量电流值为

$$\begin{cases} I_{mo}=\dfrac{\alpha U_{r.E}+50}{R_e+60} \\ I_{mc}=\dfrac{\alpha U_{r.E}+50}{R_e+30} \end{cases} \tag{11-42}$$

式（11-42）中，有两个未知数 R_e 及 α。联立解上述方程组，根据测得的 I_{mo}、I_{mc} 可求出接地电阻 R_e 及接地点距负极位置 α。当计算值 $R_e \leqslant R_{set}$ 时，保护动作。

（2）整定电阻 R_{set} 的整定。目前，发电机转子电压最高只有500～600V。从希望转子两点接地时对发电机的损坏程度低来考虑，则转子一点接地保护定值可整定得很低。但是，考虑到保护动作的高灵敏度，通常按下述原则取值。

对于转子非水内冷的发电机，$R_{set}=5\sim8$kΩ；对于双水内冷发电机，$R_{set}=1\sim2$kΩ；对于汽轮发电机，转子一点接地保护应只投信号。

转子一点接地保护的动作延时，可取6～9s。转子一点接地保护动作后，除自动投入转子两点接地保护之外，还要对单元件式横差保护（若设置该保护时）增加动作延时。最后强调：对于300MW以上的发电机转子一点接地保护是否投切机，建议由发电机制造部门提出主导意见。

（3）叠加直流电源。转子一点接地保护采用的叠加直流电源，可以采用外加电源，也可以采用由保护装置自产直流电源。

外加直流电源，通常是将发电机机端电压互感器TV二次某一相间电压通过单相桥式整流后取得。

在 DGT801 系列发电机变压器保护装置中，将保护装置的外加直流电源，通过逆变变成高频交流，再将该高频交流通过整流及滤波后产生 50V 左右的直流电压，供转子一点接地保护用。

叠加直流电源由装置自产的转子一点接地保护主要优点是转子一点接地保护的工况不受发电机运行工况的影响，在发电机停运时也能正确地检测转子绕组及励磁回路的对地绝缘。

(4) 逻辑框图。微机型转子一点接地保护动作后，除发信号外，还自动投入转子两点接地保护，并给单元件横差保护加延时，其逻辑框图如图 11 - 32 所示。

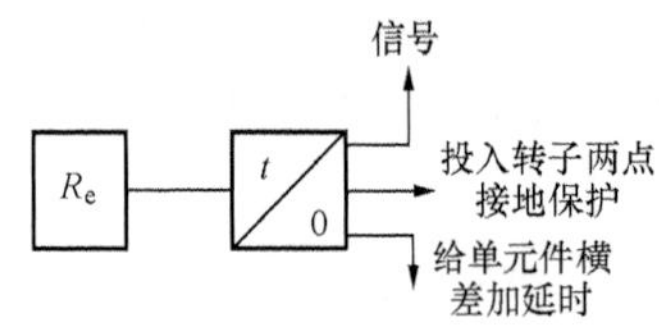

图 11 - 32 微机型转子一点接地保护逻辑框图

2. 切换采样式转子一点接地保护

常见的一种切换式励磁回路一点接地保护的原理如图 11 - 33所示。图中 AB 代表励磁绕组两端，由于励磁绕组流过直流故对其电感不予考虑，且绕组电阻数值很小也予以忽略，而直流回路的电动势记为 $E_{r.E}$。现假设 k 点为接地点，它离正极性端距离的百分比为 α，这样把直流电动势分为了 $\alpha E_{r.E}$和 $(1-\alpha)E_{r.E}$两部分。由四个等阻值的分压电阻 R（高阻，如 10～20kΩ)、一个测量电阻 R_m（低阻，如 200～400Ω）以及两个联动电子开关 S1 和 S2 构成保护的测量回路。工作中电子开关 S1 和 S2 在微机控制下按给定周期不停地交替进行开合切换操作（即任何时候只有一个开关闭合，而另一个开关断开，交替轮换，故又称为乒乓式)，开关完成一次开合（含两种状态）动作称为一个测量周期。在每一个测量周期中，对应于开关两种状态下分别测量两次转子电压 $E_{r.E}$和测量电阻 R_m 两端的测量电压 U_m（它反映的实际上是流过 R_m 的接地电流 $I_m=I_1+I_2$)。

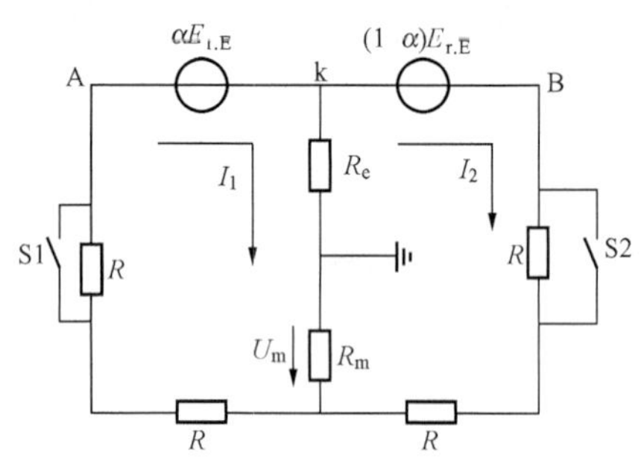

图 11 - 33 切换采样式转子一点接地保护原理图

当转子绕组没有发生接地时，测量电阻 R_m 上电压为零，表示转子回路绝缘良好。当转子绕组在 k 点发生接地时，按上述切换测量方法获得两次关于 $E_{r.E}$和 U_m 的测量值，再根据图 11 - 33 所示网络计算接地点的接地电阻 R_e 和位置 α。

当 S1 闭合、S2 打开时，设当前励磁绕组的测量电压为 $E_{r.E}$，测量电阻 R_m 两端的测量电压为 U_m，则有

$$(R+R_e+R_m)I_1-(R_m+R_e)I_2=\alpha E_{r.E} \tag{11-43}$$

$$-(R_e+R_m)I_1+(2R+R_m+R_e)I_2=(1-\alpha)E_{r.E} \tag{11-44}$$

$$U_m=R_m(I_1-I_2) \tag{11-45}$$

当 S1 打开、S2 闭合时，设当前励磁绕组的测量电压为 $E'_{r.E}$，测量电阻 R_m 两端的测量电压为 U'_m，则有

$$(2R+R_e+R_m)I'_1-(R_m+R_e)I'_2=\alpha E'_{r.E} \tag{11-46}$$

$$-(R_e+R_m)I'_1+(R+R_m+R_e)I'_2=(1-\alpha)E'_{r.E} \tag{11-47}$$

$$U'_m=R_m(I'_1-I'_2) \tag{11-48}$$

将式 (11 - 43) 至式 (11 - 48) 六个方程式联立求解，可得

$$R_e=\frac{E_{r.E}}{3\Delta U}-R_m-\frac{2}{3}R \tag{11-49}$$

$$\alpha = \frac{1}{3} + \frac{U_{\rm m}}{3\Delta U} \tag{11-50}$$

式中，$\Delta U = U_{\rm m} - \frac{E_{\rm r.E}}{E'_{\rm r.E}} U'_{\rm m}$。

当计算值 $R_{\rm e} \leqslant R_{\rm set}$ 时，保护动作。同理，其逻辑框图如图 11 - 32 所示。

3. 两种接地保护的比较

理论分析及运行实践表明，上述两种接地保护均能正确检测转子绕组及励磁回路的对地绝缘电阻，且无有死区，在不同位置接地故障时保护的动作灵敏度均匀。

经比较，叠加直流电压式转子一点接地保护有如下优点：

（1）机组停运行时也能检测转子绕组及励磁系统的对地绝缘，具有较高的经济意义。

（2）受转子电压中高次谐波的影响相对小，不受转子过电压的影响。

（3）可用于无刷励磁的发电机。

切换采样式转子一点接地保护的优点是可近似估算出接地点的电气位置，但不适用于无刷励磁，且在发电机停运时无法测量转子回路的对地绝缘。

11.7.3　励磁回路两点接地保护

一、转子两点接地保护的构成方案

转子两点接地保护的方案主要有：电桥平衡原理的两点接地保护、反映定子 2 次谐波电压式转子两点接地保护和反映接地位置变化式的转子两点接地保护。

在国内生产的微机型保护装置中，已不提供电桥平衡原理的转子一点接地保护功能，其原理不予介绍。

二、反映定子 2 次谐波电压式转子两点接地保护

1. 构成原理

发电机正常运行时，定子电压中只有量值很小的奇次谐波分量。这是由于气隙磁通的空间分布完全对称于横轴，将其按傅里叶级数展开，其中没有偶次谐波。因此，不会在定子绕组中产生偶次谐波电动势。

当发电机转子绕组发生两点接地短路或匝间短路时，气隙磁通分布均匀性被破坏，在三相定子绕组中会感应出 2 次谐波负序分量电动势，由此可构成定子 2 次谐波电压式的转子两点接地保护。

2. 逻辑框图

在 DGT801 系列装置中，转子两点接地保护的逻辑框图如图 11 - 34 所示。其中，$U_{2\omega2}$ 和 $U_{2\omega1}$，分别为 2 次谐波电压的负序和正序分量，$U_{2\rm set}$ 为 2 次谐波电压元件的整定电压。

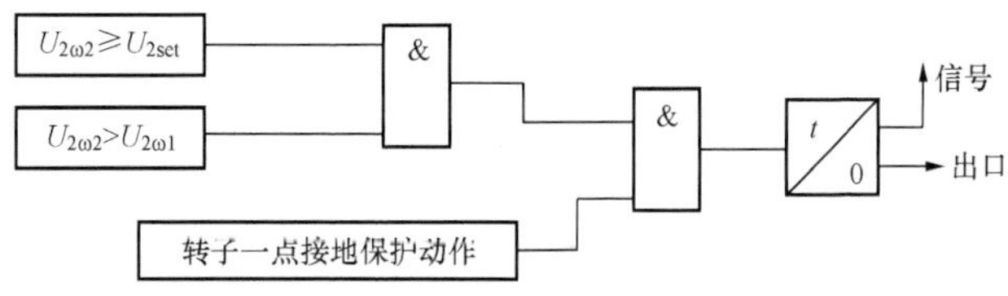

图 11 - 34　转子二点接地保护逻辑框图

正常运行时，该保护退出运行。当转子绕组或励磁系统发生一点接地故障时自动投入运行。其优点是不受外部故障或其他机组转子两点接地时在定子绕组中出现 2 次谐波电压的影响。

3. 定值的整定

(1) 整定原则。2 次谐波动作电压可按实际测量值整定，可取

$$U_{2set} = K_{rel}U_{2\omega 2g} \tag{11-51}$$

式中：K_{rel}为可靠系数，取 10～15；$U_{2\omega 2g}$为空载额定电压时 2 次谐波电压负序分量的测量值。

对于多数发电机，通常U_{2set}=1.5～2V。

动作延时可取 0.3～0.5s，以躲过外部故障时在定子绕组中产生的暂态 2 次谐波电压及瞬间的转子两点接地。

(2) 正常运行时定子绕组中的 2 次谐波电压。理论分析表明，正常运行时发电机定子电压中不含有 2 次谐波分量，但实际上由于转子偏心等原因，定子绕组中会出现 2 次谐波电压。测量表明，定子线电压中只含有 0.03%～0.1%的 2 次谐波电压分量，另外，2 次谐波只与发电机电压的高低有关，而与发电机负载无关。

在运行工况下，对 100～300MW 发电机定子绕组中 2 次谐波电压的测量结果见表11-4。

表 11-4 发电机 2 次谐波电压实测值

容量（MW）	冷却方式	U_{ab}(mV)	U_{bc}(mV)	U_{ca}(mV)
100	氢内冷	60.5	66	60
100	氢内冷	52	52	52
100	氢内冷	80	76.5	55
100	氢内冷	70	70	62.5
100	氢内冷	30	27	30
125	双水内冷	95	90	105
125	双水内冷	100	85	90
125	双水内冷	90	90	105
200	双水内冷	43	41.5	38.5
300	双水内冷	115	105	95

三、反映接地位置变化式的转子两点接地保护

1. 构成原理

这种两点接地保护是基于前面介绍的切换采样式励磁回路一点接地保护之上构成的，其硬件结构相同，所不同的只是动作判据。假设在励磁绕组 k1 处（即离正极 α 处）发生一点接地故障后，相继在 k2 处（即离 k1 点 β 处）又发生第二点接地，并设接地故障电阻分别为 R_{e1} 和 R_{e2}，原理说明的电路如图 11-35 所示。

设已在一点接地故障后解出了第一点接地电阻 R_{e1} 和距离 α，则可根据图 11-35 列出回路方程求解两故障点间的距离 β 和第二点接地电阻 R_{e2}，读者可自行列出，在此不再赘述。

但是，采用联立方程组进行求解的计算相当烦琐，通常采用另一种方法。当发生一点接地故障后，可由式（11-49）和式（11-50）计算得到 R_{e1} 和 α 的数值。如果此后再发生两点接地故障，仍由式（11-49）和式（11-50）计算得到的 α 值将发生变化。当变化值 $\Delta\alpha$ 值超过设定值 α_{set} 时，则判定发生了两点接地故障，发电机立即动作于停机。因此有励磁回路两点接地保护的动作判据为

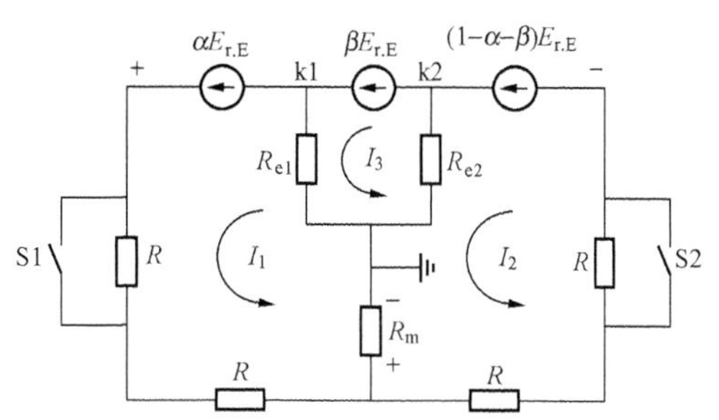

图 11-35　切换式励磁回路两点接地故障原理图

$$|\Delta\alpha| > \alpha_{set} \tag{11-52}$$

保护的整定：α_{set} 可整定为 1%～2%；为防止瞬间转子两点接地故障时保护误动，可取 0.3s 的动作延时。

该保护有如下缺点：

（1）在转子绕组或励磁系统中发生不稳定的一点接地故障时，保护容易误动；

（2）不适用于无刷励磁的发电机。

2. 逻辑框图

反应接地位置变化（切换式励磁回路）的两点接地保护的逻辑如图 11-36 所示。由图可见，励磁回路两点接地保护受一点接地保护闭锁，在发生励磁回路一点接地故障后经延时 t_1 将两点接地保护自动投入。

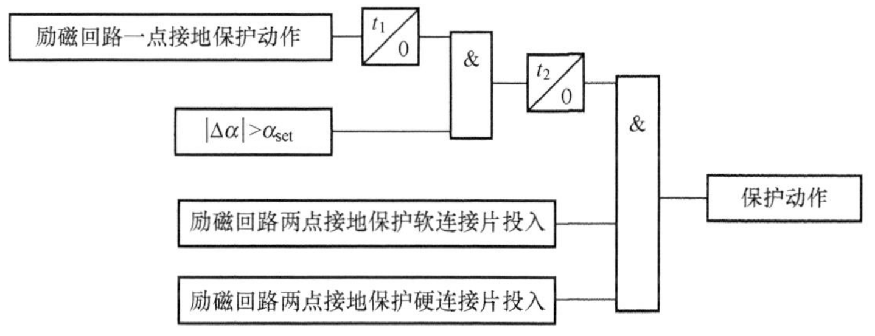

图 11-36　反映接地位置变化的两点接地保护逻辑框图

11.8　同步发电机失磁保护

11.8.1　发电机失磁原因及其产生的影响

失磁故障指励磁突然全部消失或部分消失（低励磁）使励磁电流低于静稳极限所对应的励磁电流。

1. 失磁原因

发电机的失磁原因主要有三种：

（1）励磁回路开路，励磁绕组断线，灭磁开关误动作，励磁调节装置的自动开关误动，晶闸管励磁装置中部分元件损坏等；

(2) 励磁绕组由于长期发热，绝缘老化或损坏引起短路；

(3) 运行人员调整等。

发电机失磁后，它的各种电气量和机械量都会发生变化，将危及发电机和系统的安全。

11.8.2　并网运行发电机失磁后的物理过程

1. 并网运行发电机的功角特性

设发电机通过主变及输电线路与无穷大系统连接，如图 11-37 所示，其等值网络可用图 11-38 来表示。其中，$\dot{E}_d$ 为发电机电动势；$X_{d\Sigma}$ 为发电机与系统连接的等值阻抗，$X_{d\Sigma}=X_d+X_T+X_L$（X_d 为发电机的同步电抗，X_T 和 X_L 分别为主变压器及线路的电抗值）；P 为发电机发出的有功功率；Q 为发电机向系统送出的无功功率；$\dot{I}$ 为发电机电流；$\dot{U}_S$ 为无穷大系统的等效电压。

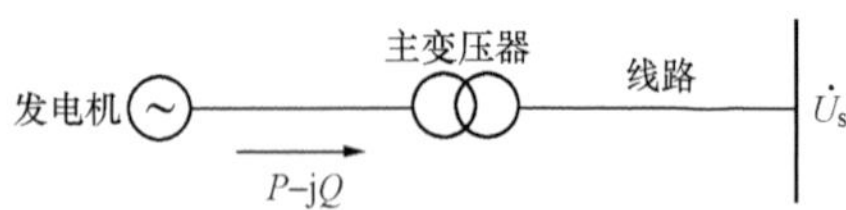

图 11-37　并网发电机系统图

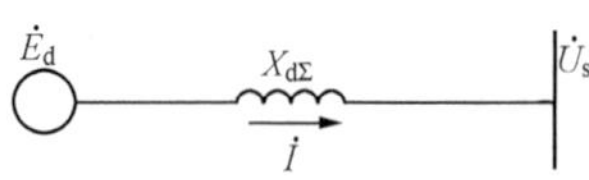

图 11-38　并网发电机等值网络图

由图 11-38 得出并网发电机电动势 $\dot{E}_d$ 与无穷大系统电压 $\dot{U}_S$ 的相量关系如图 11-39 所示。其中，φ 为功率因数角；δ 为发电机电动势与无穷大系统电压之间的夹角，称为功角；其他符号的物理意义同图 11-38。

由图 11-39 可得出

$$E_d\sin\delta = IX_{d\Sigma}\cos\varphi \tag{11-53}$$

将式（11-53）两边同乘 U_S 得

$$E_dU_S\sin\delta = U_SIX_{d\Sigma}\cos\varphi = PX_{d\Sigma}$$

$$P=\frac{U_SE_d}{X_{d\Sigma}}\sin\delta \tag{11-54}$$

式中：P 为发电机发出的有功功率。式（11-54）为并网运行发电机的功角方程。

忽略发电机的损耗，由式（11-54）可得出并网运行发电机的功角特性曲线如图 11-40 所示。其中 P_m 为功率极限，$P_m=\dfrac{U_SE_d}{X_{d\Sigma}}$；$P_T$ 为原动机输出功率；P_μ 为发电机向系统送出的功率，$P_\mu=P_T$；δ_0 为发电机运行功角。

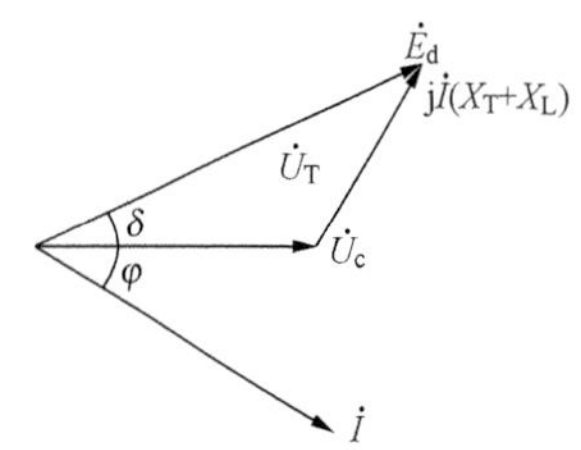

图 11-39　并网发电机电动势与无限大系统电压相量图

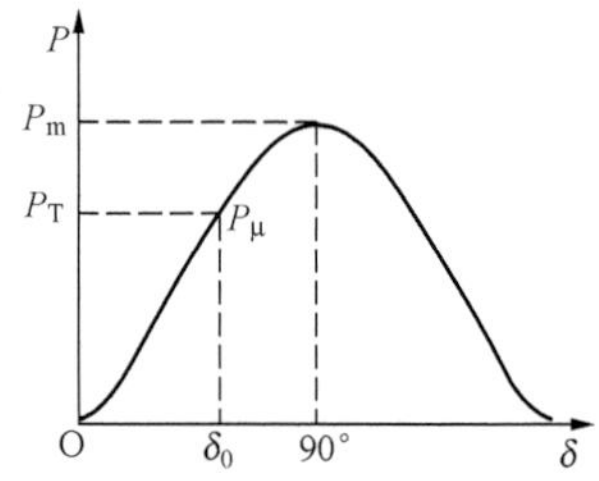

图 11-40　并网运行发电机的功角特性曲线

由图 11 - 40 可知，发电机的功角特性为半个周期的正弦曲线。当 $\delta=90°$时达到功率极限。

2. 并网运行发电机失磁后的物理过程

（1）从失磁到失步。发电机正常运行时，由励磁系统提供转子电流，产生气隙磁场，称转子磁场。发电机以同步速旋转，转子磁场成为旋转磁场。旋转磁场切割定子绕组，在定子绕组中产生感应电动势，向系统送出有功功率及无功功率。设原动机对发电机输入的有功功率为 P_T，它与功角特性的交点便是发电机向系统送出的电磁功率，其所对应的功角为 δ_0。此时，发电机稳定运行。

发电机失磁后，发电机转子电流及气隙磁通按指数衰减，发电机电动势 $\dot{E}_d$ 也按指数减少，功角特性曲线逐渐降低，如图 11 - 41 所示，功角特性由曲线 1 向曲线 2、曲线 3、曲线 4 等变化。此时，由于原动机输入的功率未变，发电机的功角必须增大，以满足其输入—输出功率平衡。因此，当功角曲线向低变化时，功角 δ 必须逐步增大（由 δ_0 增大至 δ_1……），才能满足发电机输入与输出功率之间的平衡。

上述变化一直持续到 $\delta=90°$。由图 11 - 41 可以看出，当功角增大到 90°之后，功角的增大反而使电磁功率减少，发电机输入功率大于输出功率，转子加速运行，很快使功角达到 180°。此后，发电机便转入失步运行。

（2）发电机失步运行。发电机失步之后，发电机转子的转速大于同步速，与定子旋转磁场之间产生滑差 s_0。定子旋转磁场将切割转子，在转子上产生涡流。转子的涡流磁场使发电机产生异步转矩，发电机发出异步功率。

发电机失磁失步运行时，输出的异步功率与转差的关系如图 11 - 42 所示，其中 P_{as}为发电机的异步功率；P_T 为发电机输入功率；s 为发电机的转差。

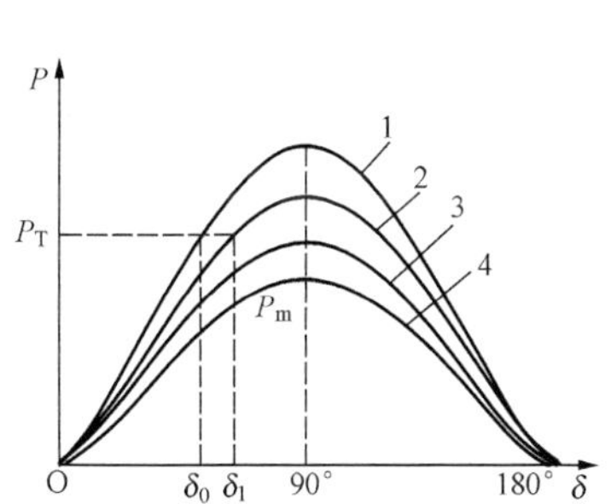

图 11 - 41　发电机失磁后功角特性的变化

1，2，3，4—功角特性曲线

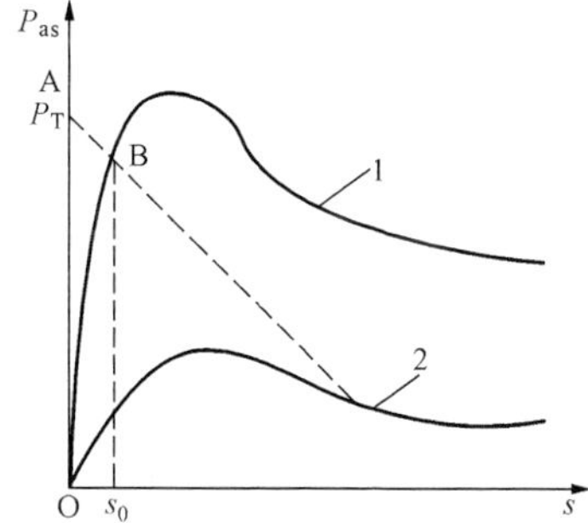

图 11 - 42　发电机异步功率随转差 s 的变化

1—汽轮发电机 $P_{as}=f(s)$ 曲线；

2—水轮发电机 $P_{as}=f(s)$ 曲线

发电机失磁失步之后，发电机加速运行，转速升高。调速器开始作用，使原动机的输出功率降低（即由图 11 - 42 中的 A 点降到 B 点）；另外，由于发电机滑差的增大，其异步转矩急剧增大，当异步转矩达到 B 点之后，发电机的输入与输出达到了平衡，所对应的滑差为 s_0。发电机进入稳定异步运行状态，此时发电机向系统输出异步功率。

但是，由于发电机转子有剩磁，而剩磁产生同步转矩及同步功率。失磁失步运行发电机的同步功率忽而正、忽而为负，其平均值等于零。因此，同步功率的存在使发电机的所有电量（有功、无功、电压及电流）呈周期性的摆动，运行时的转差也忽大忽小，但向系统输出的同步功率的平均值等于零。

由图 11-42 还可以看出，水轮发电机的异步功率与滑差关系的特性曲线低，即当发电机失磁失步之后，在很大的转差下（即转子转速很高）只能带很小的功率。

11.8.3 并网运行汽轮发电机失磁后各电量的变化

并网运行的汽轮发电机，失磁失步运行时，定子电流、定子电压、有功功率、无功功率及转子电流均按一定的规律变化。理论分析及真机试验表明，发电机定子量（定子电压、电流、有功功率及无功功率）的变化周期与滑差变化周期相同，而转子电流的变化速度快，即在一个滑差周期内，转子电流变化两个周期。

1. 有功功率

并网运行的汽轮发电机在失磁失步运行时，有功功率基本不变（略有减少）。

发电机从失磁到功角为 90°时，靠功角的不断增大，使发电机的有功功率维持不变；发电机失步运行时，发出异步功率维持发电机输入、输出功率平衡。但在调速器的作用下使有功功率略有减小。

2. 无功功率

由图 11-39 可得

$$E_d\cos\delta = U_S + IX_{d\Sigma}\sin\delta \tag{11-55}$$

将式（11-55）两边同乘以 U_S，得

$$E_dU_S\cos\delta = U_S^2 + U_SIX_{d\Sigma}\sin\delta = U_S^2 + QX_{d\Sigma} \tag{11-56}$$

则

$$Q = \frac{U_SE_d}{X_{d\Sigma}}\cos\delta - \frac{U_S^2}{X_{d\Sigma}} \tag{11-57}$$

式中：Q 为发电机输出的无功功率。

由式（11-57）绘得的发电机输出无功功率随功角变化曲线如图 11-43 所示。

由图 11-43 可以看出，发电机失磁后，无功功率很快（在 $\delta=90°$之前）减小到零，然后向负变化到较大值，失步后，按照滑差周期有规律地摆动。理论分析表明：失磁发电机维持的有功功率越大及滑差越大，失磁后从系统吸收的无功功率越大。

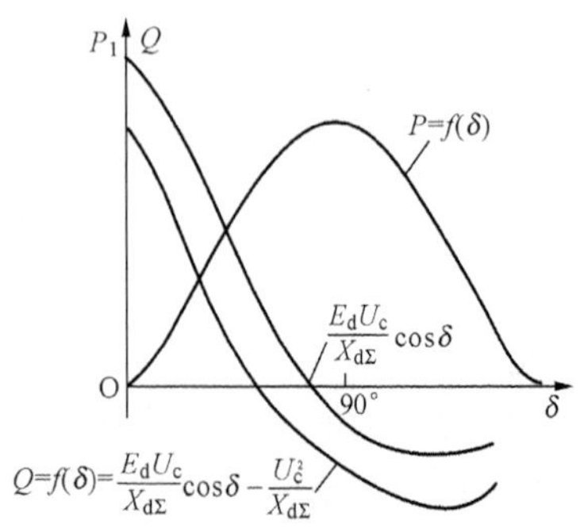

图 11-43 发电机无功功率随功角变化的曲线

3. 定子电流

运行发电机的定子电流 $I=\frac{S_N}{\sqrt{3}U_N}$（式中，$S_N$ 为额定视在功率，U_N 为额定电压）。发电机失磁后，有功功率基本不变，而无功功率先减小到零，故定子电流先减少到某一值。此后，由于发电机吸收无功功率增大及定子电压降低，因此定子电流增大。在发电机失步后，其定子电流也作周期性的摆动。

失磁运行汽轮发电机定子电流与发电机维持的有功功率 P 及滑差 S 的关系曲线如图 11-44 所示。

由图 11-44 可以看出，失磁失步运行发电机维持的

有功越大，定子电流越大；失步后滑差越大，定子电流越大。

当有功功率小于 $0.4P_N$ 时，发电机定子电流不会超过额定值，但当有功功率接近额定功率时，定子电流可达到 2.6～2.8 倍的额定电流。

4. 定子电压

发电机失磁后，定子电压降低。原因是此时的机端电压等于系统电压减去发电机电流在发电机与系统联系电抗上的电压降。当定子电压下降到某一值之后，将按滑差周期作有规律地摆动。

发电机无励磁运行时维持的有功功率越大，定子电压降低得越多；与系统联系电抗越大，机端电压越低，发电机的最低电压可能降到 0.75 倍的额定电压。

5. 机端测量阻抗

发电机在不同的工况下，其机端测量阻抗的轨迹不同。

(1) 等有功阻抗圆。正常运行时，若维持发电机的有功功率不变，当无功变化时机端测量阻抗随无功功率变化的轨迹为阻抗复平面上的一个圆。通常将该圆称为等有功阻抗圆，如图 11-45 中所示的曲线 1。在图 11-45 中，X_S 为发电机与系统联系的等值电抗（含主变压器的电抗值）；X_d 为发电机同步电抗；X_d'为发电机暂态电抗。

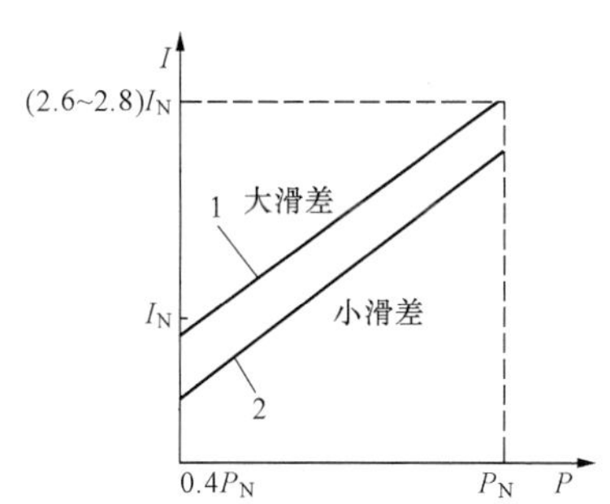

图 11-44 汽轮发电机失磁运行定子电流随发电机维持的有功功率及滑差变化曲线

1—维持大滑差时定子电流随有功功率的变化曲线；2—维持小滑差时定子电流随有功功率的变化曲线

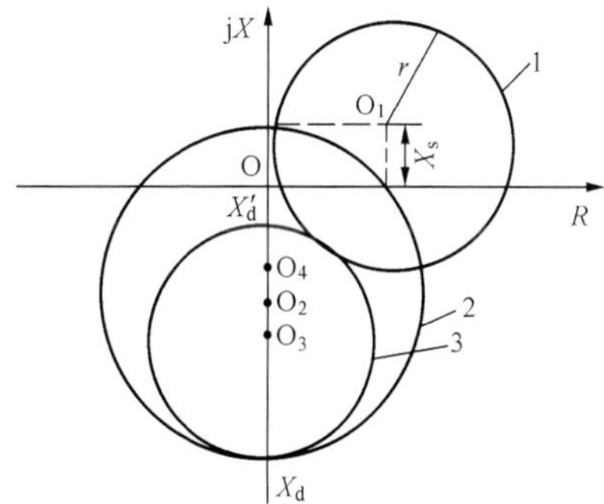

图 11-45 汽轮发电机机端测量阻抗的轨迹

1—等有功阻抗圆；2—静稳极限阻抗圆；3—异步边界阻抗圆

由图 11-45 可以看出，对于同步发电机，等有功阻抗圆位于阻抗复平面上的第Ⅰ象限与第Ⅳ象限上，其圆心坐标及半径分别为

$$\begin{cases}\left[\dfrac{U_S^2}{2P},\ \mathrm{j}X_S\right]\\ r=\dfrac{U_S^2}{2P}\end{cases} \tag{11-58}$$

式中：U_S 为无限大系统电压；P 为发电机维持的有功功率；X_S 为系统等值阻抗（含主变电抗）；r 为等有功阻抗圆半径。

由式（11-58）及图 11-45 可知，发电机维持的有功越大，等有功阻抗圆的半径越小，与系统联系电抗越大，等有功阻抗圆向 jX 方向移动的距离越大。

(2) 静稳极限阻抗圆。在不同工况下，若维持发电机功角等于 90°，则机端测量阻抗随运行工况变化的轨迹为阻抗复平面上的一个圆，如图 11-45 中所示的曲线 2。该圆的右半圆为发电机工况，而左半圆为同步电动机工况，该阻抗圆称为静稳极限阻抗圆。

可以看出静稳极限阻抗圆，通过阻抗复平面上的[0，X_S]及[0，$-X_d$]两点，其圆心坐标及半径分别为

$$\begin{cases}\left[0, -\mathrm{j}\dfrac{X_d - X_S}{2}\right] \\ r = \dfrac{X_d + X_S}{2}\end{cases} \tag{11-59}$$

式中：r 为静稳极限阻抗圆的半径。

其他符号的物理意义同图 11-45。

(3) 异步边界阻抗圆。发电机或同步调相机失磁失步后，机端测量阻抗的轨迹必然进入一个圆内，将该圆称为异步边界阻抗圆，如图 11-45 中所示的曲线 3。

该圆通过阻抗复平面上的[0，$-\mathrm{j}X_d$]及[0，$-\mathrm{j}X_d'$]两点，其圆心坐标及半径分别为

$$\begin{cases}\left[0, -\mathrm{j}\dfrac{X_d + X_d'}{2}\right] \\ r = \dfrac{X_d - X_d'}{2}\end{cases} \tag{11-60}$$

式中：r 为异步边界阻抗圆的半径。

其他符号的物理意义同图 11-45。

6. 发电机失磁后机端测量阻抗的轨迹

发电机失磁后，由于有功功率维持不变而无功功率由送出向吸收变化，故机端测量阻抗一定沿着在阻抗复平面上的等有功阻抗圆由第Ⅰ象限向第Ⅳ象限变化；发电机失步后便进入异步阻抗圆内。

另外，由于发电机有剩磁或发电机部分失磁时，在失磁失步运行时，发电机除发出异步功率之外，尚有正、负变化的同步功率，从而使机端的测量阻抗不断的变化（忽大、忽小）。在某些工况下可能忽而进入阻抗圆内，忽而又跑至圆外。

11.8.4 发电机失磁运行的危害

理论分析及运行实践证明，发电机失磁失步运行，对电力系统、对相邻机组、对失磁机组本身及厂用电系统均可能造成危害。

1. 对电力系统的危害

发电机失磁之后，由向系统送出无功变成从系统吸收无功，且发电机维持的有功越大，失磁运行时从系统吸收的无功越多。大机组带大有功失磁运行时，将从系统吸收的无功很多。如果系统无功储备不足，大机组的失磁运行可能破坏系统的稳定性。

2. 对相邻机组的危害

发电机失磁运行（特别是大机组失磁运行），从系统吸收无功。造成的无功缺额要由其他机组（特别是相邻机组）补充，可能使相邻机组过负荷或过电流。

3. 对厂用系统的影响

发电机失磁后，机端电压降低，厂用电压降低，电动机惰转，电动机电流增大，进而引起厂用电压更低，电动机电流更大，如此恶性循环下去，可能导致厂用系统瓦解。

4. 对发电机组本身

发电机失磁运行对机组本身的危害是定子过电流、转子过热。

失磁发电机的过电流倍数，与发电机维持的有功有关，与失步后发电机的转差 s 有关。当发电机维持满载运行时，最大过电流将达额定电流的 2.6～2.8 倍。

发电机失磁失步后，定子旋转磁场切割转子，在转子上产生涡流，使转子表面过热，可能烧伤转子。

发电机失磁失步运行时，转子过热值可按式（11-61）计算，即

$$K = sP \tag{11-61}$$

式中：K 为热值；s 为滑差；P 为有功功率。

由式（11-61）可以看出，失磁发电机维持的有功越大及滑差越大，转子过热程度越大。

总之，发电机失磁运行的危害，主要由三个因素决定，即发电机有功功率、发电机的类型及系统中的无功储备。对于汽轮发电机，当失磁后维持的有功较小（小于额定功率的40%），短时（例如 30min）失磁运行对发电机危害较小；当系统无功储备很多时，发电机失磁运行对系统并无多大的危害。

水轮发电机不允许失磁运行。其主要原因有水轮发电机异步转矩小，失磁之后滑差很大，对发电机的危害很大；机组振动大，危及发电机组本体。

发电机部分失磁失步运行，对发电机及系统的影响比完全失磁失步运行大。其主要原因是部分失磁失步运行时，正、负交变的同步功率很大，使发电机电流、电压及功率波动范围大，不利于重新拖入同步运行。

11.8.5 对失磁保护的要求及判据

1. 对失磁保护的要求

由前所述，发电机失磁运行对机组本身及系统均有影响。因此，发电机失磁保护既是机组保护又是系统保护。另外，在对发电机及系统无危害的情况下，汽轮发电机可以带一定的有功功率（例如 40%的发电机额定功率）无励磁运行 30min 左右，这对发电厂及系统的经济运行很有利。

根据上述情况对失磁保护提出以下要求：

（1）需有快速、可靠的失磁检测元件，当发电机失磁后能快速检查出失磁；

（2）具有失磁危害判别元件，以判断发电机失磁运行对系统对机组的影响；

（3）具有自动处理功能，能根据失磁运行的危害程度自动选择出口方式，例如作用于减有功功率、切厂用系统，或作用于跳灭磁开关、切除失磁机组；

（4）躲系统不正常运行（例如故障）的能力强。

2. 失磁检测元件

据分析表明，能够检测发电机失磁运行的元件有转子欠电流元件、转子低电压元件、异步阻抗元件及逆无功和过电流元件等。

（1）转子欠电流元件。因灭磁开关误跳，励磁调节系统故障及转子回路开路等引起的发电机失磁的主要特点是转子电流呈指数规律衰减。因此，用转子欠电流元件可以反映发电机失磁。但是，由于运行时转子电流变化范围很大（例如，由空载的 100A 到满载的 1500A），

确定整定值极为困难，因此，在大机组失磁保护中不能采用。

(2) 转子低电压元件。用转子低电压元件可以反映发电机失磁，但是转子电压低时不一定是失磁故障。另外，与转子电流一样，发电机运行时转子电压变化范围很大，无法确定合理的整定值。因此，不能单独由转子低电压元件来检测及判断发电机失磁。

(3) 异步边界阻抗元件。发电机失磁失步之后，机端测量阻抗的轨迹将进入异步边界阻抗圆内。因此，用异步边界阻抗元件可以检查发电机失磁失步运行。

(4) 逆无功和过电流元件。发电机失磁及励磁降低到不允许程度的唯一标志是逆无功及过电流同时出现。并网运行发电机失磁之后，无功将很快进相（功角在90°之前便进相），此时，若发电机维持的有功较大，定子必然过电流。因此，由无功方向元件与定子过负荷元件构成的检测元件，能较好地检测发电机失磁或励磁降低至不允许的运行。

3. 危害判别元件

(1) 危害系统的判别元件。目前，国内外广泛采用的发电机失磁运行对系统危害的判别元件是系统低电压元件。低电压元件的接入电压通常取发电厂高压母线电压。

(2) 危及厂用系统的判别元件。发电机正常运行时，该机组的厂用电源由发电机供给，因此采用机端低电压元件，作为发电机失磁运行时对厂用电危害的判别元件。该低电压元件的接入电压为机端变压器 TV 二次电压。

(3) 危害机组的判别元件。由于发电机失磁运行对机组的主要危害是转子过热及定子过电流，失磁运行发电机维持的有功越大，转子过热越严重，定子过电流倍数越大，因此用功率元件可以间接判别失磁运行对机组本身的危害。另外，失磁的发电机滑差越大，转子过热越严重，定子过电流倍数越大，故可以用滑差元件作为对机组危害的判别元件。

(4) 躲系统异常运行元件。对发电机失磁保护而言，系统异常运行方式主要有系统振荡、系统故障。在失磁保护中，采用一定的出口延时，可躲过系统振荡；采用负序电压元件可躲系统故障及故障切除后系统振荡对失磁保护的影响。另外，对阻抗型失磁保护，还应有电压互感器 TV 断线闭锁元件。

11.8.6 失磁保护典型方案

目前，在国内阻抗型失磁保护特别由低阻抗元件及转子低电压元件构成的失磁保护应用较多。

1. 阻抗型失磁保护

(1) 构成框图。由低阻抗元件及转子低电压元件构成的失磁保护的逻辑框图示意图如图 11-46 所示。

由图 11-46 可以看出，当低阻抗元件及转子低电压元件同时动作时，即判断出发电机失磁。发电机失磁后，机端低电压元件必定动作，经延时 t_2 作用于切换厂用电。如果发电机失磁后系统低电压元件也动作，则经过延时 t_1 作用于切除发电机。

当机端 TV 断线时，将失磁保护闭锁。

(2) 低阻抗元件。低阻抗元件的动作特性，为阻抗复平面上的一个圆。根据现场要求，该圆可以整定成静稳边界圆，也可整定为异步边界圆或过坐标原点的下抛圆，如图 11-47 所示。其中，X_S 为系统等值电抗（含变压器的阻抗）；X'_d为发电机的暂态电抗；X_d 为发电机的同步电抗。圆内为低阻抗元件的动作区。

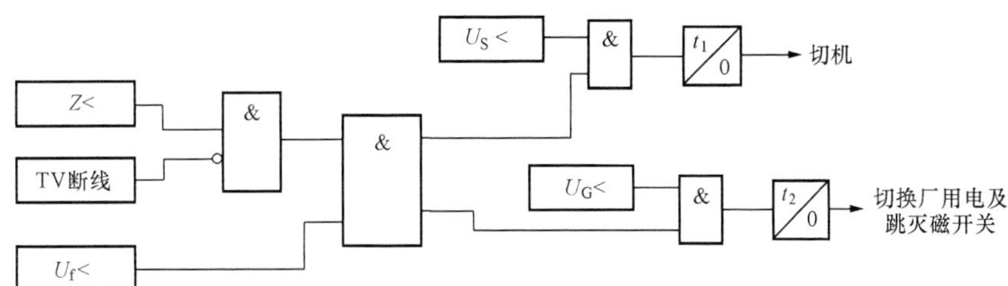

图 11-46　阻抗型失磁保护逻辑框图

$Z<$—低阻抗元件；$U_S<$—系统低电压元件；$U_f<$—转子低电压元件

(3) 转子低电压元件。目前，国内采用较多的转子低电压元件，其动作判据是维持发电机功 $\delta=90°$时转子电压的变化曲线。通常该曲线取与发电机有功功率有关的Ⅰ段折线式或Ⅱ段折线式的曲线。其动作方程为

$$\begin{cases} U_r \leqslant U_{rop}, P \leqslant P_t \\ U_r \leqslant U_{rop} + S(P-P_t), P > P_t \end{cases} \tag{11-62}$$

式中：U_r 为转子电压；U_{rop}为转子低电压元件的最小动作电压，一般低于发电机空载时转子电压；P 为发电机的有功功率；P_t 为发电机的反应功率，又称为凸极功率；对于汽轮发电机，$P_t=0$；对于水轮发电机，$P_t=\frac{1}{2}\left(\frac{1}{X_q}-\frac{1}{X_d}\right)s_N$($X_q$ 为交轴同步电抗，s_N 为发电机的额定视在功率)；s 为特性曲线斜率，$s=\frac{X_{d\Sigma}U_{rx}}{s_N}$($X_{d\Sigma}$ 为含系统电抗在内的发电机同步电抗标幺值，U_{rx} 为发电机空载转子电压)。

根据式 (11-62) 可作出的转子电压元件的动作特性如图 11-48 所示。在曲线 1 或曲线 2 的下边为低电压元件的动作区。

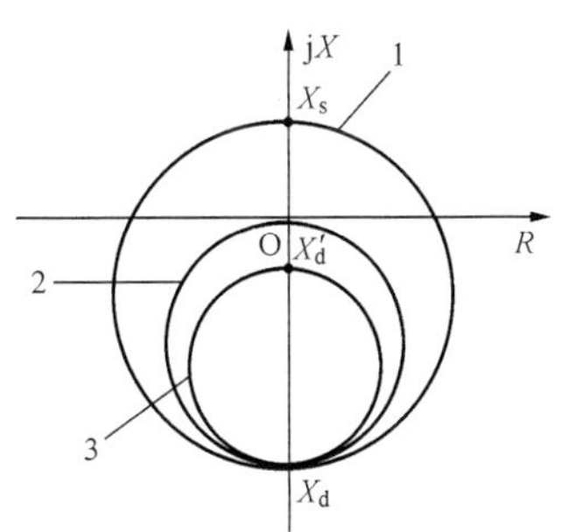

图 11-47　阻抗元件动作特性

1—静稳边界阻抗圆；2—过坐标原点下抛阻抗圆；3—异步边界阻抗圆

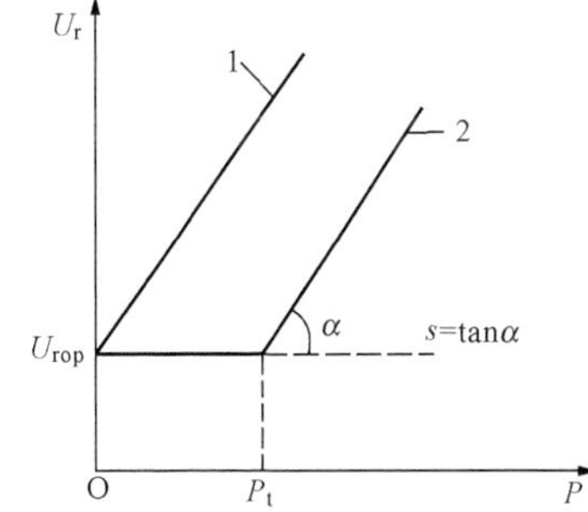

图 11-48　转子电压元件的动作特性

1—汽轮发电机转子电压元件的动作特性曲线；2—水轮发电机转子电压元件的动作特性曲线

应当指出，式 (11-62) 第二项中的 $s(P-P_t)$ 是按照并网运行发电机的功角等于 90°(即静稳极限) 的条件下导出的，故转子电压元件的动作电压，随有功功率的增大而增大。

(4) 定值的整定。

对阻抗型失磁保护的整定，主要是确定低阻抗元件、系统低电压元件、机端低电压元件、转子低电压元件及时间元件的整定值。

1）低阻抗元件：当按静稳边界阻抗圆来整定时，其圆心坐标及圆半径，应按式（11-59）计算，当按异步边界圆来整定时，其圆心坐标就为$\left[0,\ \dfrac{-j\left(\frac{1}{2}X'_d+1.2X_d\right)}{2}\right]$，圆半径$r=\dfrac{\left(1.2X_d-\frac{1}{2}X'_d\right)}{2}$；当按过圆点的下抛圆进行整定时，其圆心坐标为［0，$-j0.6X_d$］，圆半径$r=0.6X_d$。

2）系统低电压元件：按发电机失磁运行不破坏系统稳定性整定取值，通常

$$U_{S.set}=85\sim 90V$$

3）机端低电压元件：机端低电压元件的动作值，应按照以下条件来整定，躲过发电机强行励磁起动电压及不破坏厂用电系统的安全，一般有

$$U_{G.set}=85V$$

4）动作延时：当低阻抗元件按静稳边界圆来整定时，保护出口动作延时可取1.5s；当低阻抗元件按下抛阻抗圆来整定时，各动作延时，不应超过1s（通常取0.8s）。

5）转子低电压元件有$U_{rop}=0.8U_{rx}$，特性曲线斜率为$s=\dfrac{U_{rx}X_{d\Sigma}}{s_N}$（$X_{d\Sigma}$为阻抗标幺值）。

（5）阻抗型失磁保护存在的问题。

运行实践表明，阻抗型失磁保护存在一些问题。

1）当阻抗元件按静稳边界的条件整定时，为防止误动，必须由转子低电压元件闭锁。但是，转子低电压元件的动作电压也是按静稳边界确定的，因此，当系统出现问题时，两个元件同时误动的可能性是存在的。

在失磁保护中采用转子低电压元件存在无刷励磁的发电机无法取得转子电压的问题。

现代的励磁系统中均采用可控硅整流，励磁电流中的高次谐波分量很大。特别是大型发电机，励磁电压（转子电压）中的高次谐波分量很大，有的高达1～2kV。这么高的电压引到保护装置中，对装置的安全运行威胁很大。

2）阻抗元件按异步边界整定，若失磁发电机维持的有功功率较大且与系统的联系电抗也较大时，则等有功阻抗圆距异步边界圆较远，可能两者无交点或相交部分很小。失磁发电机在失步前，机端阻抗的测量轨迹不会进入异步阻抗圆内；而发电机失步之后，虽机端测量轨迹能进入圆内，但由于同步功率的存在，机端测量阻抗在不断地变化，特别是发电机维持有功功率很大及部分失磁或剩磁很大时，使机端测量阻抗变化很大，其忽而进入圆内，忽而又跑出圆外，又由于失磁保护动作有延时，故有拒动的可能性。在20世纪70年代初，我国某水电厂一台225MW水轮发电机曾因此发生失磁保护拒动的故障。

在发电机维持很小有功功率失磁运行时，由于等有功阻抗圆很大，失磁保护将很快动作。特别是发电机空载失磁，机端测量阻抗轨迹直接沿纵轴向下进入异步阻抗圆内，动作更快。

总之，发电机失磁运行时，维持的有功功率越大，对发电机及系统的危害越大。同时，发电机维持较小的有功功率或空载失磁运行时，对机组及系统没有危害。可以看出，上述失磁保护难以满足保护发电机及系统的要求，同时，还可能造成不必要的切除发电机的故障。

2. 逆无功＋过电流型失磁保护

（1）构成原理。

逆无功＋过电流型保护中，检测发电机失磁运行的主判据为逆无功功率和定子过电流。失磁运行的危害判据有系统低电压和机端低电压。用于判断失磁对系统及厂用电的影响。另外，为衡量失磁运行对机组的危害程度，采用有功功率判据。

保护的输入量有机端三相电压、发电机三相电流及主变压器高压侧三相电压（或某一相间电压）。

采用负序电压元件来躲过系统故障及故障切除后系统振荡对保护的影响。

（2）逻辑框图。

以DGT801系列保护装置为例，其逻辑框图如图11-49所示。

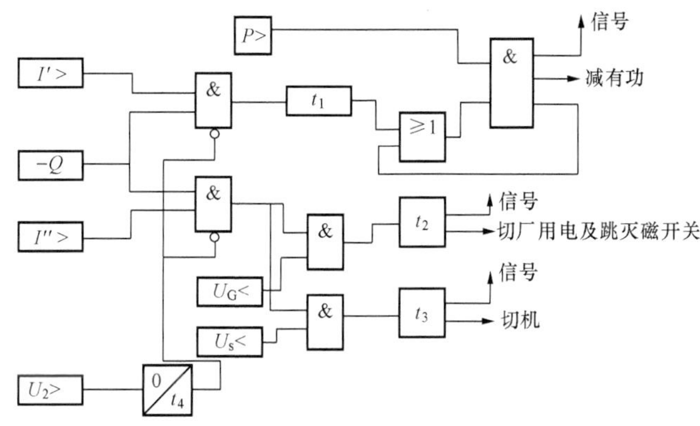

图11-49 逆无功＋过电流型失磁保护逻辑框图

$I'>$、$I''>$—定子过负荷元件和定子过电流元件；$U_2>$—负序电压元件

发电机失磁后，无功功率倒流，定子过电流。此时，逆无功功率元件、定子过负荷元件、定子过电流元件动作。

由图11-49可以看出，逆无功功率元件及过负荷元件动作后，起动时间元件t_1开始计时。此时，若发电机的有功功率较大，保护发出减有功指令，自动减小发电机有功功率。

发电机失磁后，若逆无功功率元件、过电流元件及机端低电压元件均动作，则经延时t_2发出切换厂用电及跳灭磁开关的指令。

若发电机失磁运行危及电力系统的稳定性，此时，逆无功元件、定子过电流元件及系统低电压元件同时动作，经延时t_3发出切机指令。

当系统发生故障时，短时会出现负序电压，负序电压元件动作，闭锁失磁保护，且在故障切除后，失磁保护仍被闭锁t_4时间，以确保故障切除后系统短时振荡时保护不会误动。

在装置发出减有功命令的同时，对或门返送出一个信号，防止发电机失步后，由于电流波动幅度过大，致使减有功元件不断返回，影响减载速度及效果。

（3）定值的整定。

1）系统低电压及机端低电压的整定原则及取值同阻抗型失磁保护。

2）逆无功元件按发电机额定无功功率的10%～15%来整定，即

$$Q_{op}=-(10\%\sim15\%)Q_N \tag{11-63}$$

式中：Q_{op}为逆无功元件的动作功率；Q_N 为发电机的额定无功功率。

3）过电流元件的低定值（即过负荷元件）可取

$$I_{opl} = (1.1 \sim 1.15)I_N \tag{11-64}$$

式中：I_{opl}为过电流元件低定值；I_N 为发电机额定电流。

4）过电流元件高定值可取

$$I_{op \cdot h} = (1.15 \sim 1.2)I_N \tag{11-65}$$

式中：$I_{op \cdot h}$为过电流元件高定值。

5）有功功率元件。按照发电机允许无励磁运行条件来整定，可取

$$P_{op} = 0.4P_N \tag{11-66}$$

式中：P_{op}为功率元件的动作功率整定值；P_N 为发电机额定功率。

6）为提高保护躲过不正常运行方式的能力，负序电压元件电压 U_2 可按照发电厂高压母线出线末端两相短路时机端出现的最小负序电压来整定，通常

$$U_{2op} = 8 \sim 10\text{V}$$

式中：U_{2op}为负序电压元件动作电压整定值。

7）时间元件主要有：保护减载延时 t_1，切换厂用电延时 t_2 及切机延时 t_3 均取（0.7～0.8)s；动作延时 t_4，为使保护能可靠躲过系统故障切除后的振荡过程，可取 6～8s。

11.9 同步发电机的失步保护

并网运行发电机，当受到系统的大扰动后，可能失去同步运行，即与电力系统产生振荡。对于远距离送电的大型发电机，由于其同步电抗大，振荡中心可能落在主变压器以下或发电机端。

11.9.1 振荡中心在大型汽轮发电机机端或发变组内部的危害

(1) 可能引起锅炉灭火及炉膛爆炸。当振荡中心在发电机机端时，将造成厂用电系统电压周期性的严重降低，从而导致锅炉辅机的转速大幅度摆动，使给粉系统工作不正常，可能造成锅炉灭火及炉膛爆炸。

(2) 可能造成锅炉爆管。在振荡过程中，由于汽轮机转速波动，调速器作用使进气量波动，使锅炉的水位波动，压力及温度大幅度变化，可能致使锅炉爆管。

(3) 损坏发电机。振荡电流很大，使发电机定子过热及遭受机械损伤。

(4) 损坏汽轮机使发电机定子过热及遭受机械损伤。在振荡过程中，汽机轴系统受一脉振转矩，可能致使汽轮机大轴损伤。

(5) 可能破坏系统的稳定性。发电机因失磁失步运行时，失步保护应不动作。

综合上述危害，在大型发电机组上设置失步保护是有必要的。

11.9.2 对失步保护的要求

(1) 在第一个振荡周期内应可靠动作。

(2) 能判断失步特点，即可以判断加速失步还是减速失步，并作相应处理。

(3) 能判断出振荡中心所在，当振荡中心落在机组外部的输电线路上时，应可靠不

动作。

(4) 能鉴别短路故障和非稳定性振荡，短路故障时应可靠不动作。

(5) 当动作于跳闸时，应使断路器在远离功角等于180°。或流过断路器的电流远小于其允许遮断电流时断开。

11.9.3 失步保护的类型及其动作特性

目前，国内生产并广泛应用的失步保护有两种类型，即由三元件阻抗继电器构成的双透镜型失步保护和双遮挡器原理的失步保护。两种失步保护均是反映机端测量阻抗轨迹变化的。它们的动作特性分别如图11-50和图11-51所示。

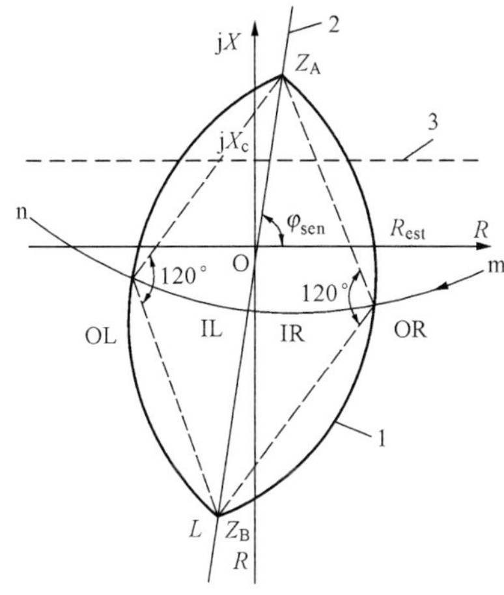

图11-50 双透镜失步保护动作特性

1—透镜特性；2—遮挡器；3—电抗线；

mn—失步后机端测量阻抗轨迹

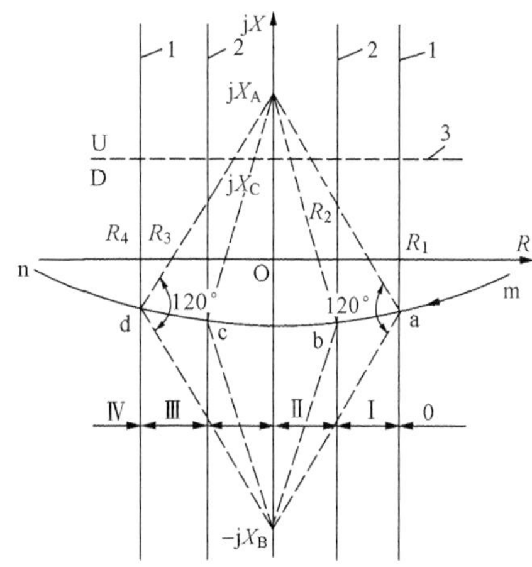

图11-51 双遮挡型失步保护

1、2—遮挡器；3—电抗线；

mn—失步后机端测量阻抗轨迹

保护的接入电流为机端或发电机中性点电流互感器TA二次三相电流，而接入电压为机端电压互感器TV二次三相电压。

由图11-50可以看出，由透镜1及遮挡器2将阻抗复平面分成OR、IR、IL及OL四个区域。发电机失步后，若测量阻抗依次由OR→IR→IL→OL→OR变化，则判为加速失步；反之，由OL→IL→IR→OR→IL，变化时为减速失步。

由图11-51可以看出，双遮挡器将阻抗复平面分成Ⅰ、Ⅱ、Ⅲ、Ⅳ四个区域。当机端阻抗测量轨迹由Ⅰ→Ⅱ→Ⅲ→Ⅳ→Ⅰ变化时，判为加速失步，反之判为减速失步。

在图11-50及图11-51中，设置电抗线的目的是：若机端阻抗的变化轨迹不穿过电抗线（即始终在电抗线以下）变化时，则判为振荡中心在发变组之内或机端，失步保护应可靠动作，否则闭锁失步保护。

失步保护利用机端测量阻抗轨迹变化的快慢来区分故障和非稳定性振荡的。如图11-50、图11-51所示，当机端阻抗轨迹mn缓慢由Ⅰ区向Ⅱ区、Ⅲ区、Ⅳ区变化时，即在各区停留时间较长时，判为振荡，开放失步保护；否则被判为短路故障，闭锁失步保护。

为防止失磁后失步保护误动，采用失磁保护动作后闭锁失步保护。

另外，为防止失步保护在$\delta=180°$去跳断路器，在失步保护中采用过电流闭锁失步保护

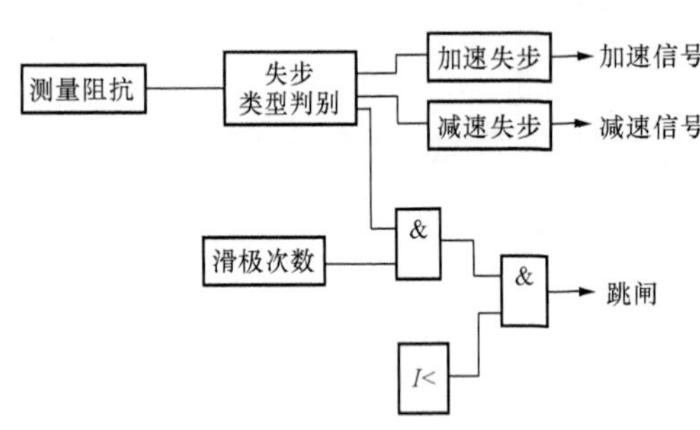

图 11-52 发电机失步保护动作逻辑示意图

跳闸出口。

11.9.4 逻辑框图

发电机失步保护动作逻辑示意图，如图 11-52 所示。其中，滑极次数为经过的振荡周期次数；$\boxed{I<}$ 为低电流元件。

为防止小功率进相运行时失步保护误动，在失步保护中应设置低功率闭锁元件。发电机失步保护的出口方式为程序跳闸。

11.9.5 整定计算

1. 透镜型失步保护的整定

透镜型失步保护需整定的参数有 Z_A、Z_B、φ_{sen}、透镜的内角 α、电抗线 X_c 及滑极次数。

(1) Z_A 取发电机与系统联系的最大联系电抗（包含变压器的电抗）。

(2) Z_B 取发电机的暂态电抗 X'_d。

(3) 阻抗角 φ_{sen}取 85°。

(4) 透镜内角 α 取 120°。

(5) 电抗线 X_c 取 0.9 倍变压器的电抗，即 $X_c=0.9X_T$。

(6) 滑极次数 N 取 1～2。

另外，还要确定断路器跳闸时的允许电流。失步保护跳闸时电流应小于断路器的允许遮断电流。可取为 0.6～0.7 倍的允许遮断电流，当电流大于此值时不允许跳闸。

2. 双遮挡器型失步保护的整定

双遮挡器型失步保护，要整定的参数有电抗线 X_c 遮挡器参数 R_1、R_2、R_3、R_4，测量阻抗轨迹在各遮挡区停留的时间及滑极次数及发出跳闸脉冲的时间。

(1) 电抗线 $X_c=0.9X_T$（0.9 倍变压器电抗值）。

(2) $R_1=|R_4|$，当 $\delta_1=120°$、$\delta_4=240°$时，有

$$R_1=|R_4|=\frac{1}{2}(X_A+X_B)\cot 60°=\frac{X_A+X_B}{2\sqrt{3}}$$

(3) $R_2=|R_3|=\frac{1}{2}R_1$。

(4) 在各区停留的时间。整定原则为躲过故障穿过各区的时间，按最小振荡周期来整定。当图 11-51 所示 δ_a（即 a 点的内角）等于 120°时，则 b 点的内角 $\delta_b=2\mathrm{crctan}2\sqrt{3}$。

在Ⅰ区停留的时间 $$t_1=0.8\frac{\delta_b-120°}{360}t_{smin}$$

在Ⅱ区停留的时间 $$t_2=2\frac{180°-\delta_b}{360}t_{smin}$$

在Ⅲ区停留时间 $$t_3=t_1$$

在Ⅳ区停留时间 $$t_4=t_2$$

式中：t_{smin}为最小振荡周期。

(5) 跳闸断路器允许电流为

$$I_{op} \leqslant (0.6 \sim 0.7) I_{max}$$

式中：I_{max}为断路器允许的最大遮断电流。

11.10　同步发电机的其他保护

11.10.1　汽轮发电机逆功率保护及程跳逆功率

1. 逆功率保护及程跳逆功率的作用

发电机是向系统送出有功功率的，如果出现系统向发电机倒送有功功率，即发电机变成电动机运行，这就是逆功率的异常工况。

作为汽轮发电机，当转入逆功率异常运行状态时，汽轮机主汽门已关闭。汽轮机尾部叶片内由于与残留蒸汽产生摩擦而形成鼓风损耗，因过热而损坏。燃气轮机的大压缩机负荷很大，逆功率数值可达发电机额定容量 P_{NG}的 50%，逆功率工况可能损坏机组的齿轮。柴油发电机的汽缸熄火，逆功率值可达 25%P_{NG}。灯泡式和斜流式等低水头水轮机在逆功率工况下，低水流量的微观水击作用会产生汽蚀现象，导致损伤叶轮。这些发电机组均在逆功率运行状态下对原动机有害，宜装设逆功率保护。

我国目前在 200MW 及以上汽轮发电机组上装设逆功率保护，燃气轮发电机组也需装设此保护。对于其他发电机组，有关继电保护技术规程尚未作出装设逆功率保护的规定。

目前，大型汽轮发电机将发电机主汽门关闭作为一种联锁跳闸方式，称为程跳逆功率，即当过负荷保护、过励磁保护、低励失磁保护等动作后，应保证先关主汽门，等出现逆功率状态时就确信主汽门已经关闭，这时程跳逆功率动作，允许主断路器跳闸，这种程序跳闸就可避免因主汽门未关而断路器先断开引起灾难性的“飞车”事故。

2. 逻辑框图

逆功率保护与程跳逆功率的逻辑框图分别如图 11-53 和图 11-54 所示。

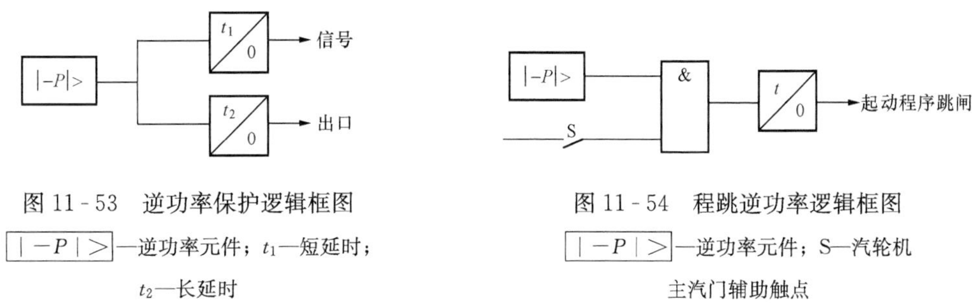

图 11-53　逆功率保护逻辑框图

|-P|>—逆功率元件；t_1—短延时；t_2—长延时

图 11-54　程跳逆功率逻辑框图

|-P|>—逆功率元件；S—汽轮机主汽门辅助触点

3. 整定计算

(1) 逆功率保护为

$$|-P|_{set} = 1\% P_{NG}$$

P_{NG}为发电机额定功率，二次值。当 t_1=3～5s 时发信号；当 t_2=3～5min 或 5～10min 时跳闸。

（2）程跳逆功率为

$$|-P|_{set}=0.9\%P_{NG}$$

P_{NG}为发电机额定功率，二次值。$t=2\sim3s$。

11.10.2　发电机过电压保护

水轮发电机在突然甩负荷时，水轮机的引水管和蜗壳的水压上升，特别是由导叶的急速关闭引发水锤效应，会造成严重的破坏性事故。所以水轮发电机的调速系统不能单纯为限制转速上升而动作过快，应该在水压上升和转速上升两个矛盾的要求下，选取适当的调节速度，使水压和转速均在安全界限以内。转速上升必然导致定子绕组过电压，所以水轮发电机都装设过电压保护，其动作电压应根据定子绕组的绝缘状况决定，一般情况下整定为$U_{set}=1.5U_N$，$t=0.5s$，解列灭磁。对于晶闸管整流励磁的水轮发电机，其过电压保护整定为$U_{set}=1.3U_N$，$t=0.3s$。

中、小型汽轮发电机一般不装过电压保护。但是200MW及以上汽轮发电机，由于它们的转动惯量相对较小，在甩负荷时，即使调速系统和调压系统完全正常，转速仍将上升，过电压可达$1.3\sim1.5U_N$，持续几秒钟。由于发电机的工频耐压试验水平为$1.3U_N$、60s，可见大型汽轮发电机的甩负荷过电压对定子绕组主绝缘仍有威胁。因此200MW及以上汽轮发电机宜装设过电压保护，其定值一般取$U_{set}=1.3U_N$，$t=0.5s$，动作于解列灭磁。汽轮发电机如已装过励磁保护，可不再装设过电压保护，因为大多数情况下过励磁保护反映的过电压倍数保护动作时限比过电压保护要求更严格，所以过励磁保护已同时完成过电压保护的任务。

11.10.3　汽轮发电机频率异常保护

汽轮机主要由汽缸、大轴及大轴上的叶片构成。汽轮机的叶片很多，不同的叶片有不同偏离工频的自振频率。

当并网运行发电机的转速发生变化时，其输出电量的频率也偏离工频频率。此时，可能致使某些汽轮叶片发生自振，若长期运行，将损坏汽轮机叶片。

与逆功率保护相同，发电机频率异常保护是保护汽轮机的。

过频保护的定值应低于危及保安器的动作频率，低频保护的动作频率应在满足系统稳定运行情况下，应按汽轮机的低频特性来确定。

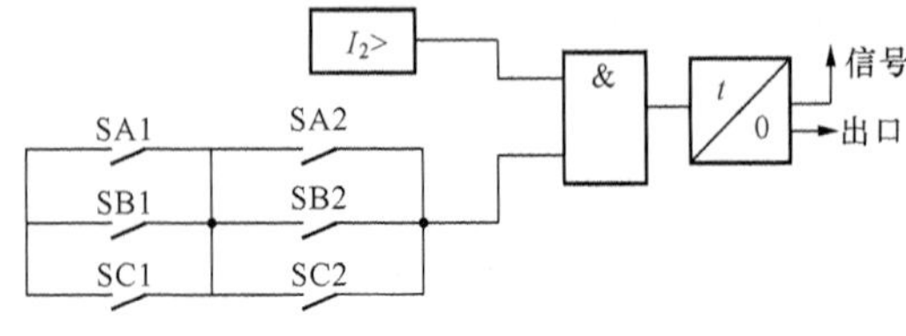

图11-55　非全相运行保护构成框图

$I_2>$—负序过电流元件；SA1、SB1、SC1—发电机或发电组断路器三相动合辅助触点（断路器合闸时其应闭合）；SA2、SB2、SC2—发电机或发电机—变压器组断路器三相动合触点（断路器跳闸时，其闭合）

11.10.4　非全相运行保护

发电机非全相运行时，将产生负序电流，从而产生与转子转向相反的定子旋转磁场，在发电机转子上产生涡流，烧坏发电机转子。因此，大型发电机组应设置非全相运行保护。

1. 逻辑框图

非全相保护逻辑框图如图11-55所示。

2. 定值整定

（1）负序电流的动作值$I_{2op}=0.2I_N$，

I_N 为保护安装处的额定电流，电流互感器 TA 的二次值。

(2) 非全相运行保护的动作延时，动作延时 t_{op} 应大于断路器三相合闸不同时的时间间隔，即 $t_{op}=0.3s$。

11.10.5 发电机轴电流保护

发电机在运行中，交变的轴向磁通产生轴电压。在轴电压的作用下，可能会产生轴电流。当轴电流较大时（超过 0.2A/cm^2）可能损害大轴表面及轴瓦，为此应设置轴电流保护。轴电流保护的动作电流，即为电流互感器 TA 的一次电流值

$$I_{op} = (0.25 \sim 0.8)\text{A}$$

11.10.6 发电机起停机保护

在发电机起动及停机的过程中，可能发生故障。发电机在起动过程中，由于频率较低，故一般有关保护的性能不能满足要求。为此，需设置专用的起停机保护。

1. 对起停机保护的要求

发电机在低速运行时，各电量的频率将偏离工频频率，故要求保护的测量元件及变换元件对电量的频率反应不敏感，只反映电量的有效值。在发电机并网后该保护应能自动退出运行。

2. 定值的整定

(1) 定子接地保护的整定值动作电压和动作延时。保护的输入电压为机端电压互感器 TV 开口三角电压，动作电压的整定值为

$$U_{op} = (5 \sim 8)\text{V}$$

动作延时整定值为

$$t_{op} = (2 \sim 3)\text{s}$$

(2) 发电机纵差动保护动作电流的整定值为 0.3 倍的发电机额定电流（电流互感器 TA 二次电流），即

$$I_{op} = 0.3I_N$$

11.10.7 发电机误上电保护

发电机的误上电分为两种情况：第一种是发电机在盘车或升速过程中突然接入电网；第二种是非同期合闸。

发电机在盘车或升速过程中突然接入电网，将产生很大的定子电流，损害发电机。另外，当发电机转速很低时，定子旋转磁场将切割转子，造成转子过热，损伤转子。

发电机非同期合闸，将产生很大的冲击电流及转矩，可能损坏发电机或汽轮机大轴及引起系统振荡。

因此，对大型发电机应装设误上电保护。误上电保护的接入电流为发电机电流互感器 TA 二次三相电流，接入电压为发电机机端电压互感器 TV 二次三相电压；或接入主变压器高压侧电流互感器 TA 二次三相电流，接入电压为高压母线电压互感器 TV 二次三相电压。

1. 误上电保护的构成

为消除发电机在盘车或升速过程中误上电的危害，误上电保护应在灭磁开关断开及发电

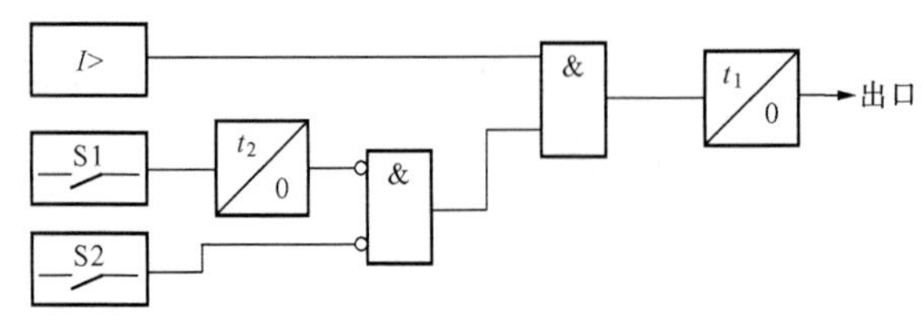

图 11-56 防止发电机在盘车或升速过程误上电保护的逻辑框图

机定子有电流时动作，去切除发电机（或发电机—变压器组高压侧）断路器。

对此，误上电保护的逻辑框图如图 11-56 所示。图中，I> 为定子过电流元件；S1 为发电机出口断路器或发电机—变压器组高压侧断路器的辅助触点；S2 为发电机灭磁开关辅助触点。

S1 闭合后加延时的目的，是确保发电机误上电时保护能可靠动作并作用于出口。

发电机非同期合闸，相当于在并列点发生三相短路故障，因此，可用一个低阻抗元件检测非同期并列。非同期并列的误上电保护的逻辑框图如图 11-57 所示。图中，S1 为发电机出口开关或发电机—变压器组高压侧断路器的辅助触点；Z< 为低阻抗元件；S2 为灭磁开关辅助触点。

时间 t_2 的作用是确保非同期合闸时，保护能可靠跳闸；t_4 为保证正常合闸时，保护不会误出口所加的延时；t_3 的作用是保证非同期并列后的振荡过程中，低阻抗元件不会误返回。

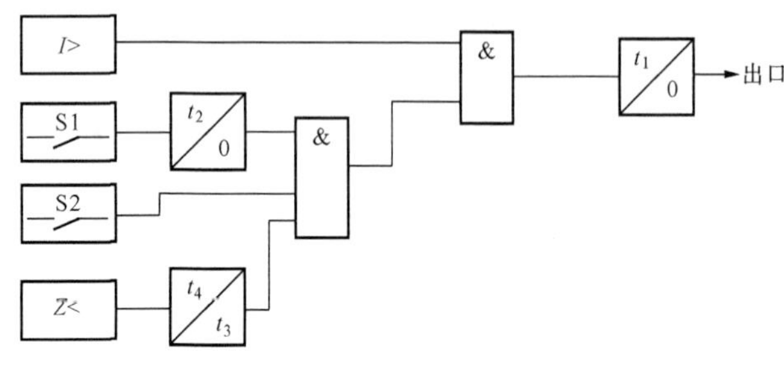

图 11-57 非同期并列的误上电保护逻辑框图

误上电保护在发电机并网之后应退出运行。

2. 整定计算

（1）过电流元件的整定。过电流元件的整定值，可按 20% 的发电机的额定电流来整定。当误上电保护设在主变压器高压侧时

$$I_{op} = 0.2 \sim 0.3 \frac{I_N}{K_T n_{TA}}$$

式中：I_N 为发电机额定电流；K_T 为主变压器的变比；n_{TA} 为接误上电保护的电流互感器 TA 变比。

当电流取机端电流互感器 TA 二次时有

$$I_{op} = 0.2 \frac{I_N}{n_{TA}}$$

式中：n_{TA} 为机端电流互感器 TA 变比；I_N 为发电机额定电流。

（2）阻抗元件的整定。阻抗元件设置在主变压器高压侧时，若正方向系指向系统，则

$$Z_n = K_{rel}(X_T + X'_d)$$
$$Z_p = 0.1K_{rel}(X_T + X'_d)$$

式中：K_{rel} 为可靠系数，取 1.2～1.3；X'_d 为发电机暂态电抗；X_T 为主变压器电抗。

若阻抗测量元件的输入电压和电流取自机端，则

$$Z_n = K_{rel} X'_d$$
$$Z_p = (1.05 \sim 1.1) X_T$$

（3）各时间元件的整定。

1）t_1，一般取0.5s，使保护能可靠跳闸。

2）t_2可整定为2～3s。

3）t_3＝1s，防止非周期合闸后由于振荡使阻抗元件误返回。

4）t_4＝0.3s，防止正常合闸阻抗元件误动。

在整定计算中需要说明，机组并网后应退出误上电保护，同时出口方式为解列。

11.10.8　断路器闪络保护

随着电力系统的发展，电网的电压等级越来越高，在发电机—变压器组准备并网的过程中某相断路器触头击穿的可能性越来越大。设置断路器闪络保护，是防止因断路器两触头击穿而损害断路器的有效措施。

1. 构成框图

发电机—变压器组断路器闪络保护的构成框图如图11-58所示。在图11-58中，当发电机—变压器组开关没合而发电机定子回路出现负序电流时，保护动作去起动开关失灵保护。

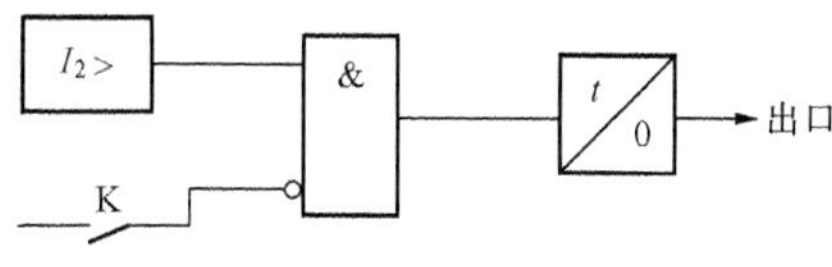

图11-58　发电机—变压器组断路器闪络保护逻辑框图

$I_2>$—负序过电流元件；K—断路器辅助触点

2. 定值整定

对断路器闪络保护的整定计算，就是确定动作电流I_{2op}和动作时间t_{op}。通常$I_{2op}=0.2I_N$（I_N为折算到保护安装处的发电机额定电流），为防止三相非同期合闸保护误动，t_{op}＝0.5～0.8s。

11.11　发电机—变压器组继电保护

11.11.1　发电机—变压器组继电保护的特点

随着大容量机组和大型发电厂的出现，发电机—变压器组的接线方式在电力系统中获得了广泛的应用。大型发电机一变压器组结构复杂，可能发生类型繁多的故障和异常运行工况，需要装设的继电保护功能多达几十种，并要求这些保护既有明确的职责范围，又能相互配合。目前，国内外均已提出各种不同的保护功能配置方案，尤其是国内有关电力部门形成了不少典型设计方案，这些方案大同小异，又各具特点，它们普遍遵守下列基本规则。

（1）各项保护功能配置完备，以确保能反映各种故障和不正常运行状态。

（2）选用的保护原理应性能优良，有成熟的运行经验，满足技术要求。

（3）整套发电机—变压器组保护系统要求实现完全的双重化，以确保保护不拒动的可靠性。完全双重化是指应配置两套可单独运行的功能配置完全的保护系统，它们相互独立、互不影响。这就要求两套保护系统的相关保护装置、传感器回路、出口回路、操作回路（如断路器跳闸线圈）及供电电源等配置应完全独立，并且要求基于非电气量的保护相对于基于电气量保护配置独立、出口独立。同时还要求每一套保护系统内部能充分地满足不误动的可靠性要求。

(4) 组屏合理。双重化的两套保护系统应分屏设置，非电气量保护与电气量的保护也应分屏设置，以保证在发电机—变压器组不停运状况下可对其中任何一套保护系统进行检修、调整和调试。同时要求二次回路设计正确简明，接线安全可靠。

(5) 保护系统应尽可能结构简单，具备友好的人机界面和合理的通信组网功能，各项保护功能投退和整定操作清晰便捷，支持现场调试和调整功能，易于使用和维护。

(6) 保护出口设计合理，配置灵活，以满足紧急状态下不同的动作要求和允许根据实际运行条件方便地进行调整。

发电机—变压器组保护功能可按设备故障性质分为故障保护和异常运行保护两大类，又可按输入量性质分为电气量保护和非电气量保护两大类，还可按保护对象分为电气设备保护和动力机械设备保护两大类。

故障保护用以反映保护区域（含设备和设备引线）内发生的各种相间短路、匝间短路和接地短路等各种类型的短路故障，这些故障会对发电机—变压器组造成直接破坏，而这类保护构成了发电机—变压器组的保护主体，通常称为主保护。另外，还需要考虑发电机—变压器组主保护失效，辅机和外部相连系统的故障对发电机—变压器组损坏问题，也需要配置相应的保护，通常称为后备保护。因此故障保护可分为主保护和后备保护。

异常运行保护用以反映各种可能对发电机—变压器组造成危害的异常运行工况，包括可能不利于动力机械设备的异常工况，不过这些工况可能不会很快或直接造成对机组的破坏，为异常工况配置的保护通常也归于后备保护范畴。

11.11.2 汽轮发电机—变压器组成套保护配置实例

一种典型的大型汽轮发电机—变压器组保护配置与接线图如图 11-59 所示，图中标出了主要电气设备、保护配置以及电力传感器的位置及其与保护的连接关系。下面对图中与发电机、变压器的特点和保护配置相关的问题做相关说明。

(1) 主变压器高压侧为 3/2 断路器接线方式，这是 500kV 变电所常用的主接线方式。与 220kV 变电所通常采用的双母线主接线方式略有不同。

(2) 发电机端除连接高压厂用变压器和励磁变压器外，无其他机端负荷。对于采用同轴励磁机的场合则没有励磁变压器。

(3) 发电机端和主变压器、高压厂用变压器、励磁变压器之间均未装设断路器，保护的跳闸命令将动作于主变压器高压侧主断路器和其他低压侧相关断路器（厂用变压器分支断路器）。

(4) 主变压器高压侧中性点可直接接地运行，也可在系统不失去中性点的情况下不接地运行。

(5) 大型发电机中性点一般可经消弧线圈接地（欠补偿）或经接地变压器二次电阻（高阻）接地。目前大型火电厂多采用后者。

(6) 汽轮发电机变压器组高压厂用变压器容量较大，一般一台机组配置一台高压厂用变压器；为改善厂用电的可靠性，也有采用两台高压厂用变压器或一台低压侧具有两分裂绕组的高压厂用变压器，此处以后者中采用一台具有两分裂绕组的高压厂用变压器为例。

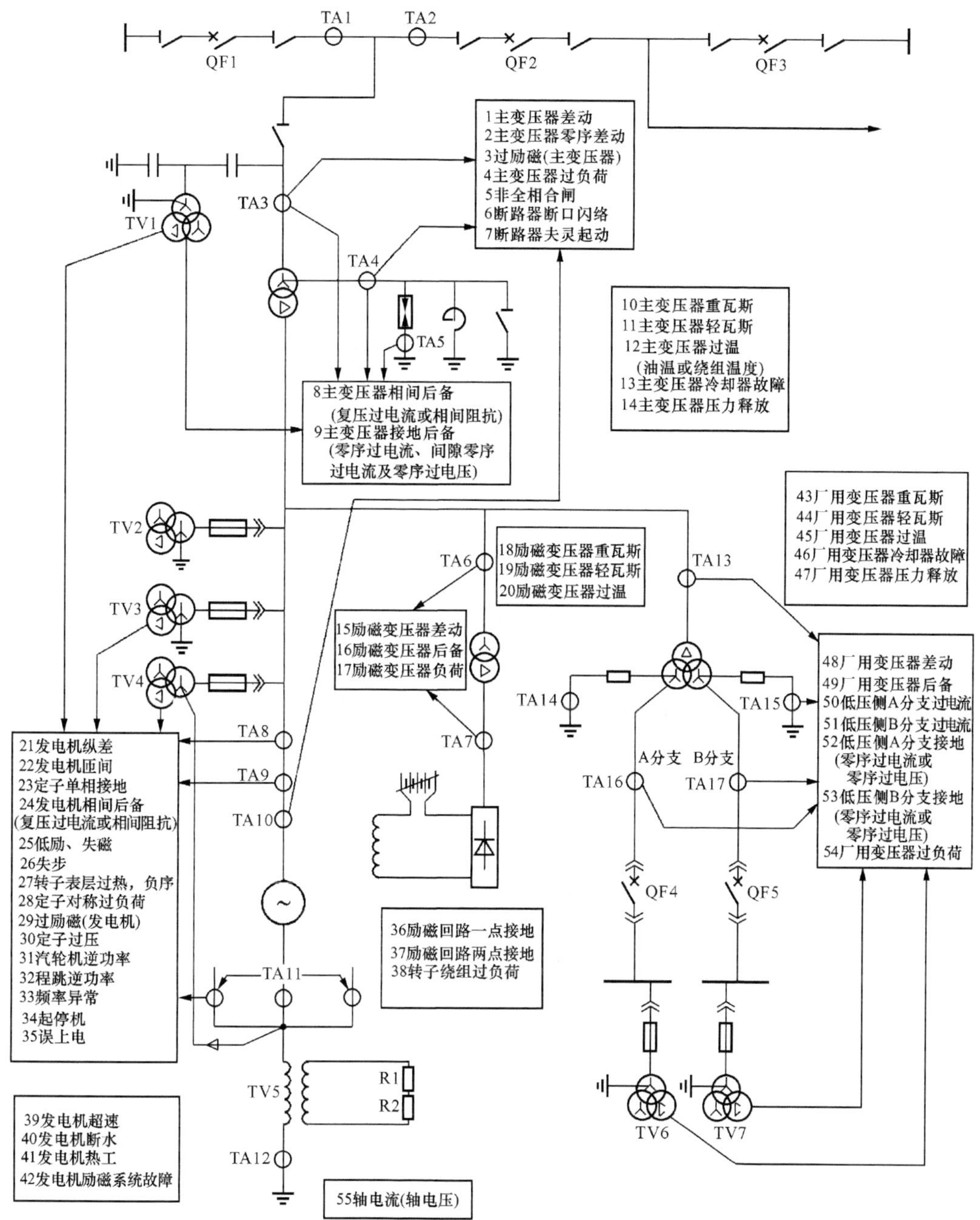

图 11-59 大型汽轮发电机—变压器组保护典型配置与接线图

(7) 根据大型发电机组继电保护的配置要求，整套发电机—变压器组继电保护装置采用完全双重化设置，因此图 11-59 中未设置发电机—变压器组差动保护，采用双套发电机保护和主变压器保护，且发电机主保护区和变压器主保护区相互重叠。同时，保护配置应遵循加强和完善主保护、简化后备保护的原则。

发电机—变压器组差动保护是指由于发电机和变压器的成组连接，相当于一个工作元

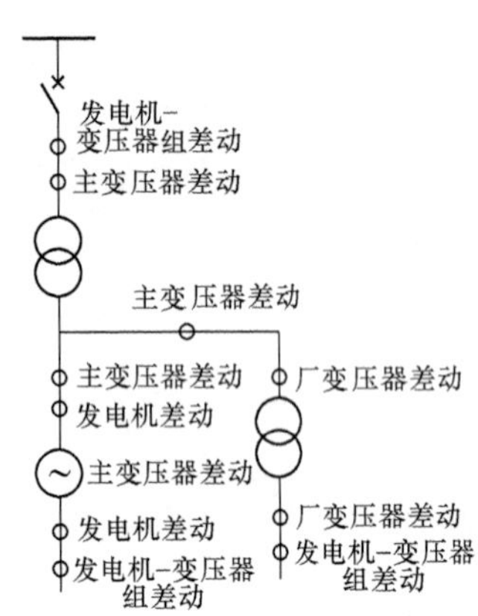

图 11-60　发电机—变压器组组差动保护配置图

件，则某些类型相同的保护可以全组共用。因此可装设全组公共的纵差保护，其保护范围为发电机、主变压器和厂用变压器整组，称为发电机—变压器组差动保护，可简称“大差”，而原来的发电机、变压器差动保护可称简称为“小差”。发电机—变压器组组差动保护配置如图 11-60 所示。

(8) 目前大型汽轮发电机定子绕组大多为每相两并联分支，需要根据中性点侧三相绕组的不同引出方式来选择主保护的配置方案。原则上有两种情况。

1) 中性点具有 3 个引出端（每相一个），这是大型汽轮发电机最普遍的情况。这种情况下，无法装设单元件式横差保护、裂相横差保护和不完全纵差保护。因此配置完全纵差保护实现针对定子绕组相间短路故障的保护，配置经负序功率方向元件闭锁的纵向基波零序电压保护实现针对匝间短路、分支开焊故障的保护。

2) 中性点具有 6 个引出端（每分支一个，每相两个），大型汽轮发电机少有此情况。这种情况下，原则上可装设发电机完全纵差保护、单元件式横差保护、裂相横差保护和不完全纵差保护，应根据实际要求选择。其中由完全纵差保护实现针对定子绕组相间短路故障的保护，由后三种保护实现针对定子绕组匝间短路、分支开焊故障的保护。

11.11.3　发电机—变压器组保护动作的控制对象

所谓控制对象，是指保护动作时所作用的断路器、调节设备及声光信号等。

各保护装置动作后所控制的对象，依保护装置的性质、选择性要求和处理方式的不同而异，通常按发电机—变压器组全套保护综合考虑。常用的有以下几种处理方式。

(1) 全停：停锅炉、汽轮机（包括锅炉、汽轮机甩负荷，关主汽门）及相应辅机，断开主变压器高压侧断路器，跳灭磁开关，跳厂用变压器分支断路器，同时起动断路器失灵保护。为了运行检修的方便，全停又可再分为全停Ⅰ、全停Ⅱ、全停Ⅲ等方式，由不同的保护分组控制。

(2) 解列灭磁：断开高压侧断路器，跳灭磁开关，锅炉、汽轮机甩负荷，同时起动断路器失灵保护。

(3) 解列：断开高压侧断路器，锅炉、汽轮机甩负荷，同时起动断路器失灵保护。

(4) 程序跳闸：按规定程序自动跳闸停机，通常保护动作可切换到此项操作。

(5) 母线解列：跳开双母线主接线的母联断路器。

(6) 减出力：减少原动机输出功率。

(7) 厂用变压器分支跳闸：分别作用使厂用变压器 A 分支或 B 分支跳闸。

(8) 发信号：所有保护装置动作的同时均应按要求发声光信号，并可根据运行要求打开跳闸连接片，仅发声光信号。有些保护或保护阶段则要求发出预告信号。

(9) 另外还有降低励磁电流，切换励磁及起动通风等处理方式。

发电机—变压器组保护的配置情况及其在不同处理方式下的出口形式见表 11-5。

表 11-5 发电机—变压器组保护配置及出口形式表

序号	保护名称和类型	出 口 形 式
1	定子绕组相间短路（纵差）	全停
2	定子绕组匝间短路	全停
3	定子绕组单相接地（95%，100%）	全停（95%），全停/信号（100%）
4	励磁回路一点接地	信号/解列灭磁
5	励磁回路两点接地	全停
6	发电机相间后备（复压过电流或阻抗）	母线解列（t_1），解列灭磁（t_2）
7	低励、失磁	减出力，切换励磁（t_1），解列/程序跳闸（t_2）
8	转子表层过热（负序电流）（定、反）	信号（t_1）（定），解列/程序跳闸（反）
9	定子绕组过电压	解列灭磁/程序跳闸
10	失步	信号，解列
11	定子对称过负荷（定、反）	信号（t_1）、减出力（t_2）（定），解列/程序跳闸（反）
12	转子绕组过负荷（定、反）	信号（t_1）、减励磁（t_2）（定），程序跳闸（反）
13	发电机过励磁（定、反）	减励磁（定），解列灭磁/程序跳闸（反）
14	发电机逆功率 1（汽轮机）	信号（t_1），解列（t_2）
15	发电机逆功率 2（程序跳闸）	解列灭磁（由程序跳闸命令投入）
16	频率异常（低频/过频，延时/积累）	（分段）信号/程序跳闸
17	起停机	全停
18	误上电	全停
19	轴电流（轴电压）	全停
20	发电机超速	关主汽门/全停
21	发电机断水	解列灭磁/程序跳闸
22	热工保护	解列灭磁
23	励磁系统故障	解列灭磁
24	主变压器内部故障（纵差）	全停
25	主变压器内部接地（零差）	全停
26	主变压器相间后备（复压过电流或阻抗）	全停
27	主变压器接地后备（零序过电流，间隙零序过电流，零序过电压）	母线解列（t_1，t_3）；解列灭磁（t_1，t_2，t_4）
28	主变压器过负荷（相电流过电流）	信号（定），解列/程序跳闸（反）
29	主变压器过励磁（定、反）	信号（定），解列灭磁/程序跳闸（反）
30	主变压器瓦斯	信号（轻瓦斯），全停/信号（重瓦斯）
31	主变压器过温（油温、绕组温度）	信号
32	主变压器冷却系统故障	减出力（t_1），解列/程序跳闸（t_2）
33	主变压器压力释放	信号
34	高压厂用变压器内部短路（纵差）	全停
35	高压厂用变压器后备（复合或低压过电流）	A 或 B 厂用分支断路器跳闸（t_1），解列灭磁（t_2）
36	高压厂用变压器 A 分支过电流	厂用 A 分支断路器跳闸

续表

序号	保护名称和类型	出 口 形 式
37	高压厂用变压器B分支过电流	厂用B分支断路器跳闸
38	高压厂用变压器A分支接地（零序过电压/过电流）	厂用A分支跳闸（t_1），解列灭磁（t_2）
39	高压厂用变压器B分支接地（零序过电压/过电流）	厂用B分支跳闸（t_1），解列灭磁（t_2）
40	高压厂用变压器过负荷	信号（定），解列/程序跳闸（反）
41	高压厂用变压器瓦斯	信号（轻瓦斯），全停/信号（重瓦斯）
42	高压厂用变压器过温	信号
43	高压厂用变压器冷却系统故障	起动通风，信号
44	高压厂用变压器压力释放	信号
45	励磁变压器内部短路（纵差）	全停
46	励磁变压器后备（过电流）	全停
47	励磁变压器/励磁机过负荷	信号（t_1），解列灭磁（t_2）
48	励磁变压器瓦斯	信号（轻瓦斯），全停/信号（重瓦斯）
49	励磁变压器过温	信号
50	主断路器非全相合闸	解列
51	主断路器断口闪络	灭磁（t_1），起动失灵保护（t_2）
52	断路器失灵起动	起动失灵保护

注 1. 表中，1～6为发电机短路性质故障的保护；7～19为发电机异常状态的电气量保护；20～23为机组故障及异常状态的非电量保护；24～27为主变压器短路性质故障的保护；28、29为主变压器异常状态的电气量保护；30～33为主变压器故障及异常状态的非电量保护；34～39为高压厂用变压器短路性质故障的保护；40为高压厂用变压器异常状态保护；41～44为高压厂用变压器非电量保护；45、46为励磁变压器短路性质故障的保护；47为励磁变压器异常状态保护；48、49为励磁变压器非电量保护；50～52为高压断路器异常保护。

2. 过励磁保护通常在发电机和主变压器上均有装设，但是在保护现场，一般可仅对过励磁能力相对较低的主设备投入该项保护功能。我国除自耦变压器，很少使用变压器零差保护。

3. 方式说明中符号“/”表示“可选择至”。

4. 表中（定）表示“定时限”；（反）表示“反时限”。

11.11.4 发电机—变压器组保护装置的组柜方案

根据上述所给出的发电机—变压器组的保护功能配置，在此给出一种典型的大型汽轮发电机—变压器组保护的组柜方案，如图11-61所示。

图11-61中，整套发电机—变压器组保护装置组成三个柜。其中，A柜和B柜配置的保护功能完全相同，都配有一套发电机—变压器组成套保护装置和励磁变压器/励磁机保护装置，实现包含有发电机—变压器组所有的电气量保护功能。A柜和B柜配置的两套相同的电气量保护装置，实现或门逻辑的完全双重化配置。这种双重化配置是防止因保护装置拒动而导致系统事故的有效措施，同时又可大大减少由于保护装置异常、检修等原因造成的一次设备的停运，但这种双重化配置也增加了保护误动的几率。两个柜之间应遵循相互独立的原则，并且对于其中每一套保护装置，都应选用安全性高的继电保护装置。具体要求如下。

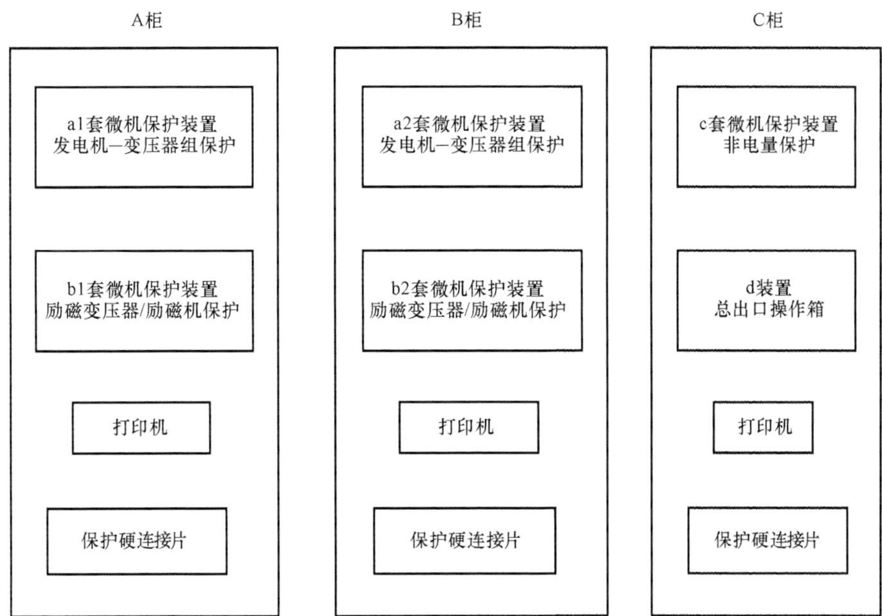

图 11-61 大型汽轮发电机—变压器组保护典型组柜方案示意图

(1) 双重化配置的保护装置之间不应有任何电气联系。

(2) 保护装置双重化配置还应充分考虑运行和检修时的安全性。当运行中的一套保护因异常需要退出或需要检修时，应不影响另一套保护正常运行。

(3) 每套保护装置的输入电压、电流应分别取自独立的互感器及传感器。

(4) 与保护装置双重化配置相适应，应选用具备双跳闸线圈的断路器，并且与保护配合的相关回路（如断路器、隔离开关的辅助触点等）均应遵循相互独立的原则按双重化配置。

图 11-61 中，C 柜上配置有非电量保护和所有保护操作的出口合成（操作继电器箱）。各柜的微机保护装置均可对双重化保护系统实现统一的高级管理功能，又可完成保护与电厂信息系统的网络通信。

图 11-61 中所示的仅仅是一种比较紧凑的装置功能配置和组柜方案，所需要保护装置和保护柜的数量较少。但对于每个保护装置而言，需要较多的模拟量和开关量输入、输出通道，需要 CPU 处理的数据量较大，对保护装置的硬件性能要求较高，而且每个保护柜需要装设的接线端子数量较多。根据不同厂商的设计理念和现场实际条件，保护装置功能配置和组柜方案可能会与图 11－61 中的方案有所不同。例如：有些场合要求将保护装置 a1、a2、b1、b2 各自单独组成一个柜；还有些场合将 A 柜和 B 柜中的保护装置的保护功能配置重新进行调整，每个保护柜配置三个保护装置，第一个保护装置配置发电机电气量保护，第二个保护装置配置主变压器电气量保护，第三个保护装置配置高压厂用变压器、励磁变压器电气量保护等。

在保护应用现场，非电量保护元件（含传感器）一般仅配置一套，通常只能提供一路触点，因此在图 11-61 中的组柜方案中，仅采用了一个非电量保护装置，但是非电量保护装置内部必须配置有两套独立的动作出口设备，当然也可配置两套非电量保护装置。如果非电量保护元件可以提供两路触点，更可靠的做法是采用两套独立的非电量保护装置。对于总出口操作继电器箱，根据保护现场的实际需要可以采用配置一个或两个，但如果像图 11 - 61 中只配置一个，其内部也需要配备两套独立的出口操作回路并分别使用独立的操作电源。

小 结

发电机是电力系统中最重要的设备，本章分析了发电机可能发生的故障及应装设的保护。

反映发电机相间短路故障的主保护采用纵差保护。纵差保护应用十分广泛，其原理与输电线路基本相同，但实现起来要比输电线路容易得多。但是，应注意的是，保护存在动作死区。在微机保护中，广泛采用比率制动式纵差保护。

反映发电机匝间短路故障，可根据发电机的结构，采用横差保护、纵向零序电压保护、转子 2 次谐波电流保护等。

反映发电机定子绕组单相接地，可采用基波零序电压保护、基波和 3 次谐波电压构成的 100%接地保护等，保护分别作用于跳闸或发信号。

转子一点接地保护只作用于信号，转子两点接地保护作用于跳闸。

对于小型发电机，失磁保护通常采用失磁联动跳闸，中、大型发电机要装设专用的失磁保护。失磁保护可利用失磁后机端测量阻抗的变化轨迹或逆无功原理为主要判据来构成发电机的失磁保护方案。

对于中、大型发电机，为了提高相间不对称短路故障的灵敏度，应采用负序电流保护。为了充分利用发电机热容量，负序电流保护可根据发电机形式采用定时限或反时限特性。

发电机—变压器组单元接线，在电力系统中获得广泛应用，由于发电机、变压器相当于一个元件。因此，可根据其接线的特点配置保护方式。

发电机相间短路后备保护的其他形式可参见变压器保护。

本章分析了发电机的和差式比率制动纵差保护原理，为了提高纵差保护的灵敏度，分析了反映故障分量标积制动式纵差保护原理。

为了提高接地保护的灵敏度、分析了 3 次谐波电压接地保护和 3 次谐波电压比突变量式接地保护，克服了由于 $\dot{U}_{3N}/\dot{U}_{3T}$ 随励磁电流和输出功率发生变化而变化的影响。

本章给出了大型发电机变压器组保护的特点，出口形式及其控制对象，以及典型的发变组保护配置方案及其组屏方案。

复习思考题

11 - 1 发电机可能发生哪些故障和不正常工作方式？应配置哪些保护？

11 - 2 发电机的纵差保护的方式有哪些？各有何特点？

11 - 3 发电机纵差保护有无死区？为什么？

11 - 4 试简述发电机的匝间短路保护几个方案的基本原理、保护的特点及适用范围。

11 - 5 试述双频式定子 100%接地保护的构成原理。

11 - 6 转子一点接地、两点接地有何危害？

11 - 7 试述发电机励磁回路一点接地保护、两点接地保护几种构成方案的基本原理及特点。

11-8 试述发电机失磁后的电气量的特点及危害。

11-9 如何构成失磁保护?

11-10 为何装设发电机的负序电流保护?为何要采用反时限特性?

11-11 发电机—变压器组保护有何特点?

11-12 发电机—变压器组保护的出口形式有哪些?试画图说明各出口形式的控制对象,以主变压器高压侧主接线形式为3/2接线、厂用变压器采用分裂绕组变压器为例。

第 12 章

母　线　保　护

【要　求】掌握母线故障的保护方式以及母线差动保护的基本原理。

【知识点】母线故障原因以及危害；切除母线故障的方法；母线完全差动保护的构成及基本原理；双母线连接方式对母线保护的要求；双母线完全电流差动保护的构成原理；比率制动式母线差动保护原理；断路器的失灵保护及构成原理。

【重点和难点】母线保护判断母线故障的原理；双母线完全电流差动保护的构成原理；比率制动式电流差动保护原理。

12.1　概　　述

母线发生故障的几率较低，但故障的影响面很大。这是因为母线上通常连接有较多的电气元件，母线故障将使这些元件停电，从而造成大面积停电事故，并可能破坏系统的稳定运行，使故障进一步扩大。可见母线故障是最严重的电气故障之一，因此利用母线保护清除和缩小故障造成的影响是十分必要的。

母线短路故障的主要原因有断路器套管及母线绝缘子的闪络，母线电压互感器的故障，运行人员的误操作（如带负荷拉隔离开关、带接地线合断路器等）。

切除母线故障的方法有两种：①利用供电元件的保护来切除母线故障；②装设专用的母线保护来切除母线故障。

12.1.1　利用供电元件的保护来切除母线故障

如图 12 - 1 所示，变电所 N 处的母线故障，可由 QF1 处的Ⅱ或Ⅲ段及 QF2 和 QF3 处的发电机、变压器的过电流保护切除。

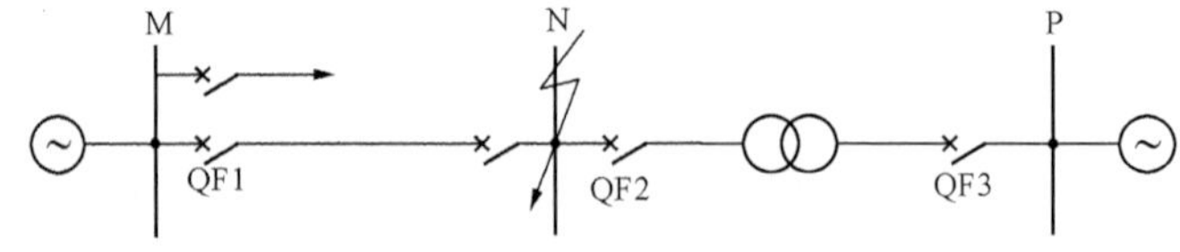

图 12 - 1　利用供电元件保护切除故障母线

利用供电元件的保护可以切除母线故障，这种保护方式的优点是简单经济；缺点是故障切除时间太长，一般在 0.5～1.1s 以上，而且当双母线发生故障时无选择性。

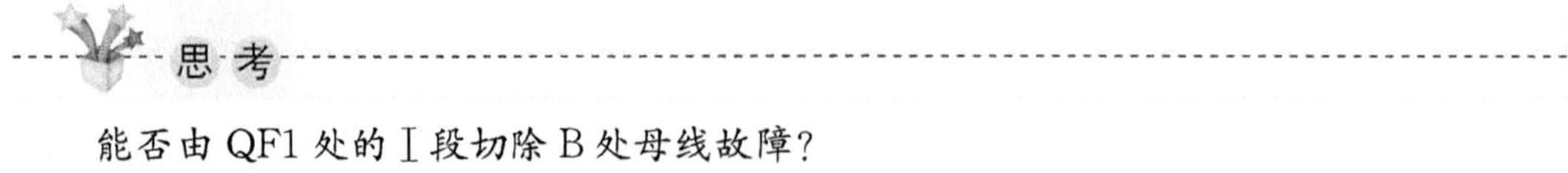

能否由 QF1 处的Ⅰ段切除 B 处母线故障？

12.1.2 专用母线保护

母线保护应特别强调其可靠性，并尽量简化装置。对电力系统的单母线和双母线保护采用差动保护一般可以满足要求，所以得到了广泛应用。

母线上连接元件较多，因此母线差动保护的基本特点如下。

（1）幅值特点。正常运行和区外故障时，根据基尔霍夫第一定律，有

$$|\sum \dot{I}_i| = 0$$

其中：$i=1$，2，…，为母线上各连接元件序号。

母线故障时，有

$$|\sum \dot{I}_i| = \sum \dot{I}_k > \dot{I}_{op} \quad 动作$$

式中：$\sum \dot{I}_k$ 为母线上连接的所有有源元件提供的短路电流之和。

（2）相位特点。正常运行和母线区外故障时，母线上各支路流入、流出的电流相位相反。

母线故障时，与母线相连的所有支路电流相位基本一致。

因此母线差动保护可分为：

1）基于幅值特点的母线完全差动保护；

2）基于电流相位比较式的母线电流差动保护。

在下述情况下应考虑装设专用的母线保护。

1）在双母线同时运行或具有分段断路器的双母线或分段单母线，由于供电可靠性要求较高，要求快速而又有选择性地切除故障母线时应考虑装设专用母线保护。

2）由于电力系统稳定的要求，当母线上发生故障必须快速切除时应考虑装设专用母线保护。

3）当母线发生故障，主要电站厂用电母线上的残余电压低于额定电压的50％～60％时，为保证厂用电及其他重要用户的供电质量则应考虑装设专用母线保护。

对母线保护的基本要求是能快速、灵敏而有选择地将故障部分切除。对于中性点直接接地电网的母线保护，应采用三相式接线，以便反映相间短路和单相接地短路；对于中性点非直接接地电网的母线保护，可采用两相式接线，因为此时不需要反映单相接地故障。

12.2 母线差动保护原理

母线保护广泛采用差动原理构成，一般常见有母线完全差动保护和母线不完全差动保护等类型。母线完全差动保护（区外故障）的原理接线图如图12-2所示。

12.2.1 母线完全差动保护工作原理

母线完全差动保护的工作原理和线路差动保护原理相同。为了构成母线完全差动保护，就必须将母线的连接元件都包括在差动回路中，因此需在母线的所有连接元件上装设具有相同变比和相同特性的专用电流互感器TA，如图12-2所示。

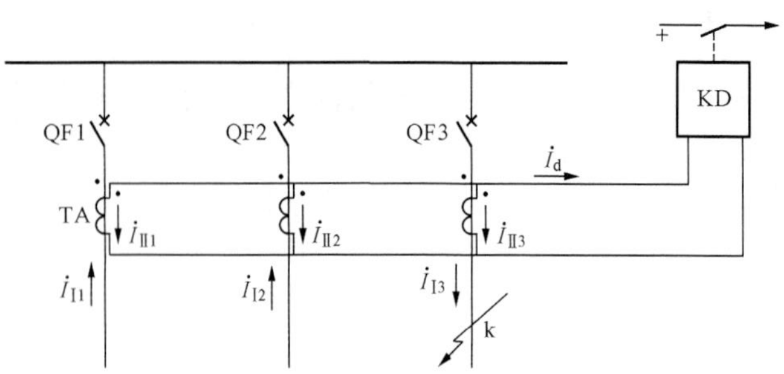

图 12-2　母线完全差动保护（区外故障）原理接线图

思考

为什么要求电流互感器 TA 的变比和特性相同呢？

保护测量的电气量为差动电流为

$$I_{\mathrm{m}} = I_{\mathrm{d}} = |\sum \dot{I}_i|$$

即为与母线相连各支路电流二次值相量和的大小。

（1）正常运行或外部故障时

$$\sum \dot{I}_{\mathrm{in}} = -\sum \dot{I}_{\mathrm{out}}$$

所以，一次侧有

$$\sum \dot{I} = \dot{I}_{\mathrm{I}1} + \dot{I}_{\mathrm{I}2} - \dot{I}_{\mathrm{I}3} = 0$$

二次侧有

$$I_{\mathrm{d}} = |\dot{I}_{\mathrm{II}1} + \dot{I}_{\mathrm{II}2} - \dot{I}_{\mathrm{II}3}| = 0$$

实际上，考虑电流互感器的特性不完全一致，因此，在正常运行或外部故障时保护的差动电流为不平衡电流，即

$$\begin{aligned} I_{\mathrm{d}} &= |\dot{I}_{\mathrm{II}1} + \dot{I}_{\mathrm{II}2} - \dot{I}_{\mathrm{II}3}| \\ &= \left|\frac{\dot{I}_{\mathrm{I}1} + \dot{I}_{\mathrm{I}2} - \dot{I}_{\mathrm{I}3}}{n_{\mathrm{TA}}} - \frac{\dot{I}_{\mathrm{e1}} + \dot{I}_{\mathrm{e2}} - \dot{I}_{\mathrm{e3}}}{n_{\mathrm{TA}}}\right| \\ &= \left|-\frac{\dot{I}_{\mathrm{e1}} + \dot{I}_{\mathrm{e2}} - \dot{I}_{\mathrm{e3}}}{n_{\mathrm{TA}}}\right| = |\dot{I}_{\mathrm{unb}}| = I_{\mathrm{unb}} \end{aligned} \tag{12-1}$$

式中：$\dot{I}_{\mathrm{e1}}$、$\dot{I}_{\mathrm{e2}}$、$\dot{I}_{\mathrm{e3}}$ 分别为各电流互感器的励磁电流；$\dot{I}_{\mathrm{unb}}$ 为电流互感器特性不一致而产生的不平衡电流。

式（12-1）表明，当发生区外故障时，流过差动继电器的不平衡电流 $\dot{I}_{\mathrm{unb}}$ 等于所有非故障线路电流互感器换算到二次侧的励磁电流与故障线路电流互感器换算到二次侧的励磁电流的相量差。考虑到流过故障线路的短路电流最大，因此假设只有故障线路电流互感器有饱和现象，而其他非故障线路的电流互感器饱和现象可以忽略不计，流过差动继电器的不平衡电流可写成

$$\dot{I}_{d}=\dot{I}_{unb}=\frac{\dot{I}_{Ⅰ3}}{n_{TA}}-\dot{I}_{Ⅱ3} \tag{12-2}$$

由式（12-2）可知：在母线区外故障时如果故障线路电流互感器饱和，而其他非故障线路的电流互感器不饱和，则差动电流为故障线路归算到二次侧的短路电流 $\frac{\dot{I}_{Ⅰ3}}{n_{TA}}$ 与电流互感器饱和二次电流 $\dot{I}_{Ⅱ3}$ 的差值。此差值即为故障线路电流互感器的励磁电流 $\dot{I}_{e3}$，其相位滞后于该线路二次电流的相位，小于或接近于 90°，波形完全偏向时间轴的一侧，含有大量的非周期分量。

为保证母线差动保护的选择性，保护的起动电流必须大于最大不平衡电流，即

$$I_{st}>I_{unb.max}$$

（2）母线故障时，所有有电源的支路，都向故障点供给短路电流，如图 12-3 所示，则一次侧有

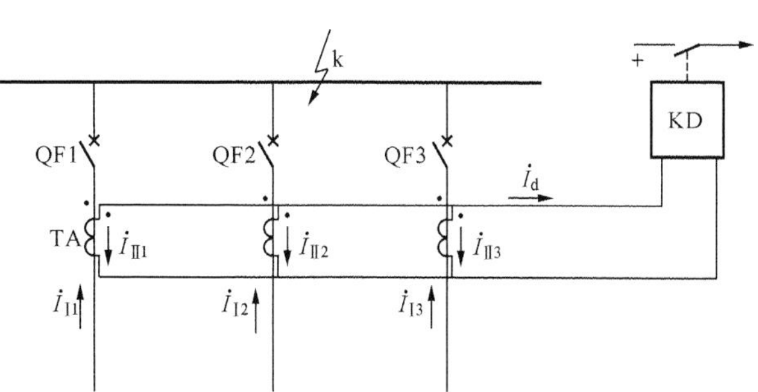

图 12-3　母线完全差动保护（母线故障）原理图

$$|\sum\dot{I}_{i}|=|\dot{I}_{Ⅰ1.k}+\dot{I}_{Ⅰ2.k}+\dot{I}_{Ⅰ3.k}|=|\dot{I}_{k}|=I_{k}$$

二次侧有

$$I_{d}=\left|\frac{\dot{I}_{k}}{n_{TA}}\right|$$

式中：$\dot{I}_{k}$ 为故障点的总短路电流。

该电流数值很大，足以使差动元件动作，从而跳开与母线相连的所有断路器。

12.2.2　母线完全差动保护整定计算

母线完全差动保护按以下两个条件整定。

（1）躲过外部短路可能产生的 $I_{unb.max}$，则有

$$I_{st}=K_{rel}I_{unb.max}=K_{rel}f_{i}\frac{I_{k.max}}{n_{TA}} \tag{12-3}$$

式中：K_{rel}为可靠系数，一般取 1.3；f_{i} 为电流互感器的变比误差，取 0.1；$I_{k.max}$为区外故障支路的最大短路电流；$I_{unb.max}$为母线外部短路时，流过差动回路的最大不平衡电流；n_{TA}为母线保护用电流互感器的变比。

思考

f_{i} 为什么要取 0.1?

（2）电流互感器二次回路断线时不误动，则有

$$I_{st}=\frac{K_{rel}I_{L.max}}{n_{TA}} \tag{12-4}$$

式中：$I_{L.max}$为母线连接元件中，最大负荷支路上的最大负荷电流。

取上述两者中较大者为整定值。

灵敏度校验

$$K_{sen}=\frac{I_{k.min}}{I_{K.st}n_{TA}}\geqslant 2 \tag{12-5}$$

式中：$I_{k.min}$为连接元件最少时，母线内部短路的最小短路电流。

为什么要求动作电流要按此条件整定？区外故障时，最大不平衡电流与故障支路最大短路电流的比值为多少？

12.2.3 比率制动式电流差动保护原理

按上述条件整定的母线差动保护动作电流值较大，会降低保护的灵敏度，因此母线差动保护也可采用比率制动式，以减小外部短路时不平衡电流对母线差动保护的影响。

所谓比率制动特性就是指差动保护的动作电流随外部短路电流的增大而自动增大，而且动作电流的增大比最大不平衡电流的增大还要快。这样就可避免由于外部短路电流的增大而造成差动保护误动作，同时对内部短路故障又有较高的灵敏度。如前面介绍的变压器和发电机的比率制动式电流差动保护。

母线差动保护的基本原理为母线在正常工作或其保护范围外部故障时所有流入及流出母线的电流之和为一不平衡电流，而在内部故障情况下所有流入及流出母线的电流之和为短路电流。基于此，差动保护可以正确地区分母线内部和外部故障。

具有比率制动特性的母线差动保护除了引入差动电流 I_d 作为保护的动作量，还引入了反映外部短路时的穿越电流为制动量，记作 I_{res}。

动作量 I_d 和制动量 I_{res}的计算式分别为

$$I_d=|\sum\dot{I}_i|=|\dot{I}_1+\dot{I}_2+\cdots+\dot{I}_n| \tag{12-6}$$

$$I_{res}=\sum|\dot{I}_i|=|\dot{I}_1|+|\dot{I}_2|+\cdots+|\dot{I}_n| \tag{12-7}$$

保护的动作判据为

$$I_d\geqslant I_{st.0} \tag{12-8}$$

$$\frac{\dot{I}_d}{\dot{I}_{res}}\geqslant K \tag{12-9}$$

式中：$\dot{I}_1$，$\dot{I}_2$，…，$\dot{I}_n$ 分别为与母线相连的各支路的电流；K 为制动系数；$I_{st.0}$为母线差动保护的起动值。

式（12-8）中的动作条件是由正常运行时不平衡差动电流决定的，一般根据经验取0.2～0.3倍的母线额定电流。制动系数 K 的取值范围为0.6～0.75。式（12-9）的动作条件是由母线所有元件的差动电流和制动电流的比率决定的。比率制动式电流差动的动作特性曲线如图12-4所示。

在外部故障短路电流很大时，不平衡电流虽然较大，式（12-8）容易满足，但母线差动保护的动作电流随制动电流的增大而增大，因而式（12-9）不会满足，动作条件由上述两判据式（12-8）、式（12-9）与门输出，所以当外部短路故障电流较大时，由于式（12-9）使得保护不会误动，而内部故障时式（12-9）易于满足。

采用比率制动式母线差动保护提高了内部故障的灵敏度，并能可靠防止外部故障时由于不平衡电流造成的误动。

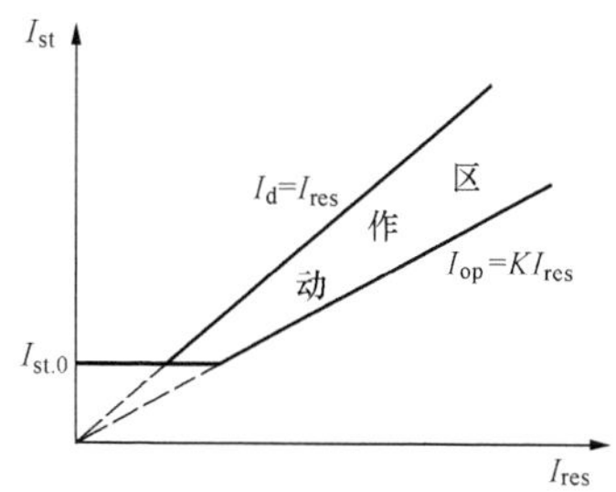

图12-4 比率制动式电流差动保护动作特性曲线

思 考

为何要设起动电流值 $I_{st.0}$？母线完全电流差动保护与比率制动式母线电流差动保护在性能上有何区别？区外故障时，差动电流与制动电流的比值为多少？讨论区内故障时，比率制动母差保护差动电流和制动电流的比值为多少？

12.3 双母线的完全差动保护

12.3.1 对双母线保护的要求

对于母线上各连接元件只有一台断路器的高压双母线系统，为了提高其供电的可靠性，通常要求两组母线通过母线联络断路器并列运行，每组母线上各接有一部分供电元件和一部分受电元件。母线故障时，除要求母线保护能够准确地判断出故障是否发生在双母线上外，还要求母线保护能够准确判断出故障发生在双母线的哪一段母线上，使母线保护能够有选择性地切除故障母线，保留非故障母线继续运行。

12.3.2 双母线保护的完全电流差动保护的构成原理

为了实现上述两个要求，双母线完全差动保护通常由起动元件、选择元件和电压闭锁元件组成。

1. 大差起动元件

（1）大差元件构成原理。大差起动元件的作用是判别母线内部故障还是母线外部故障，用来起动双母线完全差动保护。其计算式为

$$I_d = \left|\sum \dot{I}_i\right|$$

式中：i 为除去母联支路，与两组母线相连的所有元件支路序号，即 $i=1，2，\cdots$。

大差元件计算的是与两组母线相连的除去母联支路的所有支路电流的相量和的大小，即除去母联支路的两组母线所有支路的差动电流，因此称为大差电流。

（2）大差元件性能分析。如图12-5所示为一双母线系统，两组母线各有两个连接元件，两组母线外部k1点短路时，$I_d=\left|\sum \dot{I}_i\right|=0$，考虑到电流互感器TA误差，大差电流为

不平衡电流 $I_{unb}<I_{st}$，大差元件不动作，保护不起动；当两组母线任一组故障时，有 $I_d=|\sum\dot{I}_i|=I_k$，I_k 为与两组母线相连的有源支路向故障点提供的短路电流之和，有 $I_k>I_{st}$，可靠动作，起动整套保护。

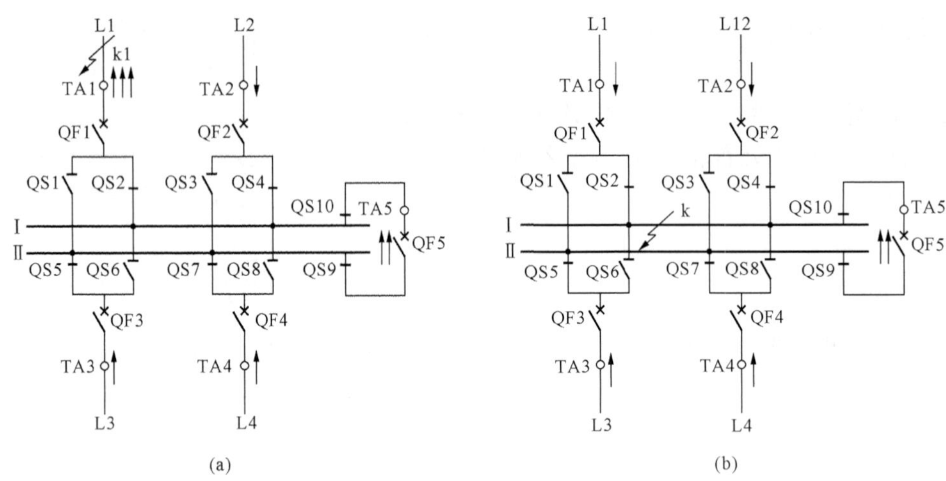

图 12-5　大差元件性能分析

(a) 双母线外故障；(b) 双母线内部故障

2. 小差选择元件

(1) 小差元件构成原理。小差选择元件的作用是判断哪一段母线发生故障，然后有选择性跳开故障母线。其计算式为

$$I_{d\text{I}(\text{II})}=|\sum\dot{I}_{i\text{I}(\text{II})}|$$

式中：$i_{i\text{I}(\text{II})}$为与Ⅰ组（或Ⅱ组）母线相连的所有元件支路序号，包括母联支路，即 $i=1$ (2)，3 (4)，…，母联。

小差元件计算的是与该组母线相连的所有支路电流的相量和的大小，包括母联支路，因此称为小差电流。

(2) 小差元件性能分析。根据图 12-5 分析，应能得出以下结论：两组母线区外发生故障时，大差和两个小差元件均不动作；区内Ⅰ组母线发生故障时，大差元件 I_d 和Ⅰ母小差元件 $I_{d\text{I}}$ 动作，跳开Ⅰ组母线；同理，区内Ⅱ组母线发生故障时，大差元件 I_d 和Ⅱ母小差元件 $I_{d\text{II}}$ 动作，跳开Ⅱ组母线。

母线外部故障及双母线内部Ⅰ母或Ⅱ母故障时母联回路电流有何特点？为何大差元件不计入母联回路电流，而小差元件计入母联回路电流？若比较母联回路电流相位，能否选出故障母线？

3. 保护出口逻辑

目前，微机母线保护的工作原理广泛采用比率制动式电流差动保护原理。比率制动式电流差动保护中设有大差起动元件、小差选择元件和电压闭锁元件。大差起动元件和小差选择元件中有反映任意一相电流突变或电压突变的起动元件，它和差动动作判据一起在每个取样中断中实时进行判断，以确保内部故障时电流保护正确动作，同时在满足电压闭锁开放条件时跳开故障母线上所有断路器，其出口逻辑如图 12-6 所示。

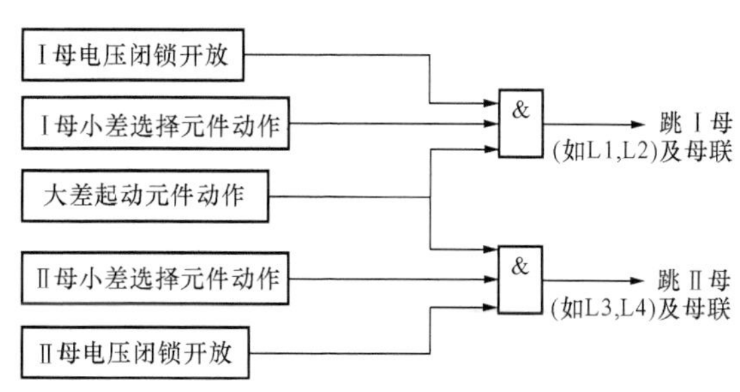

图 12-6　双母线方式的出口逻辑图

12.3.3　双母线完全电流差动保护需要考虑的问题

1. 母线运行方式字的识别原理

所谓母线运行方式字的识别又称“方式识别”，即要求双母线完全差动保护能够识别一次系统的运行工况，即知道与母线相连的各条支路是运行在Ⅰ组母线上还是Ⅱ组母线上，以便将该支路电流计入Ⅰ母线小差电流运算还是Ⅱ母线小差电流运算中去，以实现双母线差动保护的功能。一般采用将各支路母线侧隔离开关的辅助触点或反映隔离开关位置状态的电压切换继电器的触点，开入至母差保护中，以跟踪一次系统的运行工况，如图 12-7 所示。

图 12-7 中，L 为连接在双母线上的一条支路，QS1、QS2 为 L 的母线侧隔离开关，将 QS1、QS2 辅助触点的状态送到母线保护的开关量输入端子，若用高电平 1 表示开关合上，低电平 0 表示开关断开，则可将 L 的运行状态表述见 12-1。

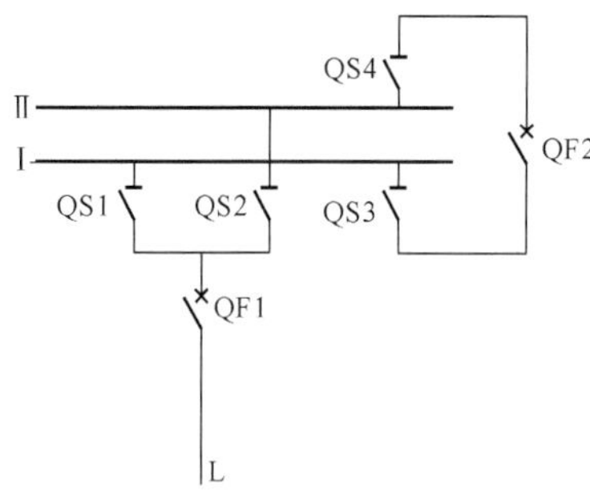

图 12-7　双母线运行方式示意图

表 12-1　L 的运行状态表

QS1	QS2	说　明
0	0	L 停运
0	1	L 运行在Ⅱ母
1	0	L 运行在Ⅰ母
1	1	L 同时运行在Ⅰ、Ⅱ母

微机母线保护通过其开关量输入读取各支路状态，形成Ⅰ母运行方式字和Ⅱ母运行方式字，实时跟踪母线运行方式。

2. 电流互感器变比的自动调整

依据母线完全电流差动保护的构成原理，需在母线上所有引出支路上装设变比相同的电流互感器。若引出支路很多，则每条支路上的功率往往不等，在这样的母线上实现完全电流差动保护，不但要求在每一个连接元件上装设相同变比的电流互感器，且其变比应按最大功率元件来选取，这样会很不经济。

若考虑到经济性，则母线上各支路的电流互感器变比应各按其所连接的负荷功率大小来选择。但这样选择之后，对母线完全电流差动保护而言，与母线相连的各支路二次电流无法满足基尔霍夫电流定律，即正常运行时各支路电流互感器的二次电流之和不等于零。

微机母线保护采用内部经电流互感器变比折算的方式来解决上述问题。

假设支路1的电流互感器TA变比为n_{TA1}，支路2的电流互感器TA变比为n_{TA2}，…，支路n的电流互感器TA变比为n_{TAn}，则电流互感器TA变比的折算方法如下。

首先，计算出所有支路电流互感器的最大变比为

$$n_{TAmax} = \max\{n_{TA1}, n_{TA2}, \cdots, n_{TAn}\}$$

然后，再计算出各条支路电流互感器二次电流的折算系数K_{nr}分别为

$$K_{1r} = \frac{n_{TA1}}{n_{TAmax}}$$

$$K_{2r} = \frac{n_{TA2}}{n_{TAmax}}$$

$$\cdots$$

$$K_{nr} = \frac{n_{TAn}}{n_{TAmax}}$$

最后，将各支路电流互感器的二次电流乘以折算系数K_{nr}，得到折算后的二次电流，折算后的二次电流就相当于各条支路均是以n_{TAmax}为变比的电流互感器的二次电流。从而使得电流互感器的变比在微机母线保护内部折算为相同变比，解决了上述问题。

在微机母线保护内部的差动电流和制动电流均是基于变换后的二次电流计算得来的，即

$$I_d = |\sum K_{nr} I_{i2}|$$

式中：I_{i2}为各支路电流互感器TA二次侧电流。

3. 双母线运行时差动电流和制动电流的处理方法

双母线联结方式接线图如图12-8所示。

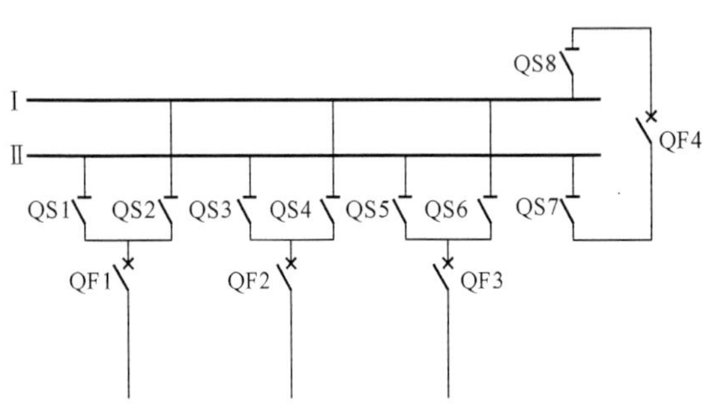

图12-8 双母线联结方式接线图

图12-8中，所有支路的Ⅰ母隔离开关和Ⅱ母隔离开关均作为确定母线运行方式字的输入量，大差起动元件的差动电流和制动电流均不计母联回路电流，而Ⅰ母和Ⅱ母的小差选择元件的差动电流和制动电流均应根据母联回路的隔离开关辅助触点状态、母联断路器跳位和母联回路电流互感器的极性计算母联回路电流，具体表述为

$$I_d = |K_{m1} i_{m1} + K_1 i_1 + K_2 i_2 + \cdots + K_{N-1} i_{N-1}| \tag{12-10}$$

$$I_{res} = (K_{m1}|i_{m1}| + K_1|i_1| + K_2|i_2| + \cdots + K_{N-1}|i_{N-1}|) \tag{12-11}$$

式中：K_{m1}为母联支路系数；K_1、…、K_{N-1}分别为非母联各支路系数；i_{m1}、i_1、i_2、…、i_{N-1}分别为各支路的电流。

计算大差起动元件的差动电流和制动电流时，$K_{m1}=0$，$K_1=\cdots=K_{N-1}=1$。

大差动起动元件的 K_{ml} 为什么要取 0?

计算Ⅰ母小差选择元件的差动电流和制动电流时，K_1，…，K_{N-1} 根据对应支路运行情况确定，若运行于Ⅰ母取 1，不运行于Ⅰ母取 0。当母联的Ⅰ母隔离开关辅助触点合上且母联断路器跳位不存在时，若母联电流互感器极性与Ⅰ母一致，如图 12-9（a）所示，则 $K_{ml}=1$；若母联电流互感器极性与Ⅱ母一致，如图 12-9（b）所示，则 $K_{ml}=-1$。否则当母联的Ⅰ母隔离开关辅助触点开或母联断路器跳位存在时，$K_{ml}=0$。

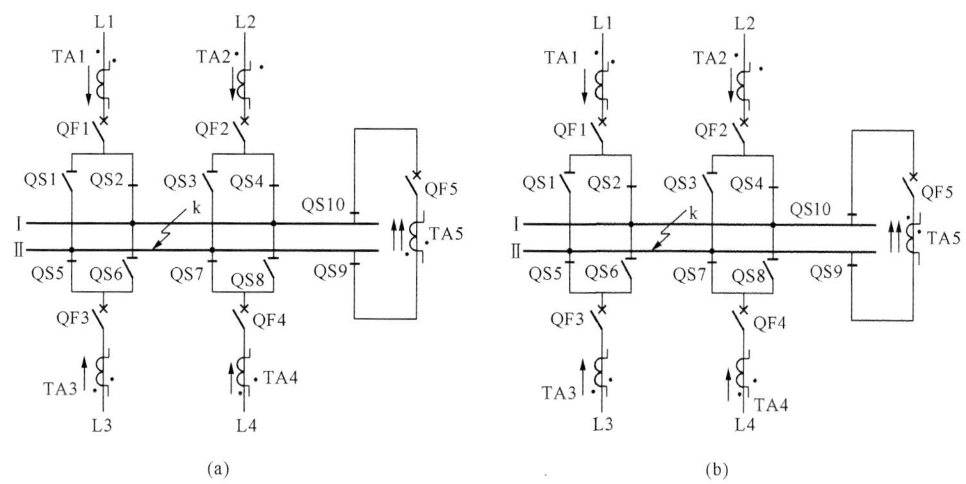

图 12-9 母联支路电流互感器极性说明

（a）与Ⅰ母一致；（b）与Ⅱ母一致

而计算Ⅱ母小差选择元件的差动电流和制动电流时，K_1，…，K_{N-1} 根据对应支路运行情况确定，若运行于Ⅱ母取 1，不运行于Ⅱ母取 0。当母联的Ⅱ母隔离开关辅助触点合上且母联断路器跳位不存在时，若母联电流互感器极性与Ⅱ母一致，则 $K_{ml}=1$；若母联电流互感器极性与Ⅰ母一致，则 $K_{ml}=-1$。否则当母联的Ⅱ母隔离开关辅助触点开或母联断路器跳位存在时，$K_{ml}=0$。

双母线专用母联兼旁路接线方式中制动电流和差动电流如何处理?

通过以上方法，可以让微机母线保护准确跟踪双母线的运行方式，使大差起动元件、Ⅰ母和Ⅱ母的小差选择元件的差动电流和制动电流准确反映实际连接在母线上的各支路的电流的变化，然后，再根据比率制动特性准确反映发生在双母线上的故障。从而，满足前述两点要求，实现故障判断和故障母线的选择。

4. 电流互感器饱和判别

为了防止母线保护在母线近端发生区外故障时，由于电流互感器严重饱和形成的差动电流而引起的母线保护误动作，根据电流互感器饱和发生后二次电流波形的特点，微机母线保护装置设置了电流互感器饱和检测元件，用于区分区外故障时电流互感器的饱和与母线区内的故障。

区外故障时，电流互感器饱和后虽然会产生差动电流，但是即使最严重的电流互感器饱和，在电流的过零点附近和故障初始阶段，仍然存在线性传变区。在该线性传变区内差动电流为0，过了该区就会产生差动电流。电流互感器饱和检测元件就是利用该特点，通过实时处理线性传变区内的各种变量关系，包括电压突变量、差动电流、制动电流突变量、差动电流变化率、制动电流变化率等，形成几个并行的电流互感器饱和判据。根据不同饱和判据的特点，赋予不同的同步因子。通过同步因子和时间变量的关系来准确地判断电流互感器饱和发生的时刻，加上差动电流谐波分量的谐波分析，使得电流互感器饱和检测元件具有极强的抗电流互感器饱和能力，能够鉴别2ms电流互感器的饱和。

上述分析可见，由于双母线运行的灵活性，因此其对母线保护的要求高于单母线对母线保护的要求。在双母线的母线保护装置中采用大差起动元件来判断双母线系统是否发生故障，小差判别元件来判断故障属于哪一段母线，同时通过检测隔离开关的状态来准确跟踪与母线相连的各支路的运行工况，并利用电流互感器饱和检测元件来进行电流互感器的饱和检测，使得母线保护装置能够很好地符合双母线保护的要求。

12.4　断路器失灵保护

在电力系统中，有时会出现某个元件发生故障，该元件的继电保护动作发出跳闸脉冲后，断路器却拒绝动作的现象，这种情况称为断路器的失灵。断路器失灵会导致扩大事故范围、烧毁设备，甚至使系统的稳定运行遭受破坏。

相邻元件的远后备方案是最简单、合理的后备方式，既是保护拒动的后备，又是断路器拒动的后备。但是在高压电网中，由于各电源支路的助增作用，使后备保护的灵敏度往往得不到满足，动作时间也较长，对系统稳定性不利。因此，对于比较重要的高压电网，应装设专门有反应断路器失灵拒动的失灵保护。

断路器失灵保护又称为后备接线，是一种后备保护。在同一发电厂或变电所内，当断路器拒绝动作时，它能够以较短时限，切除与拒动断路器连接在同一母线上的所有有电源支路断路器，使停电范围限制到最小的程度，如图12-10所示。

例如：k处发生故障时，QF5拒动，装设于变电所N的断路器失灵保护动作，以尽可能短的时限断开QF2、QF3，可使故障范围不至于影响到变电所M和P（QF1、QF4的远后备保护动作亦可达到同样的目的，但因为动作时间太长满足不了系统稳定性的要求）。

根据DL400—1991《继电保护和安全自动装置技术规程》规定，在220～500kV电力网中以及110kV电力网的个别重要部分，可按下列规定装设断路器失灵保护。

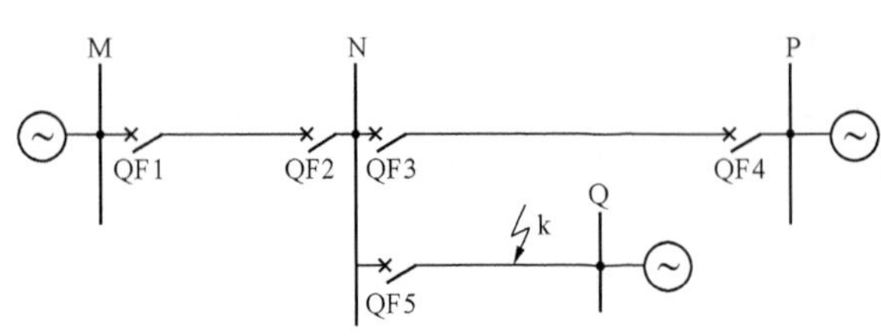

图12-10　断路器失灵保护示意图

（1）线路保护采用近后备方式且断路器确有可能发生拒动时；对于220～500kV分相操作的断路器，可只考虑断路器单相拒绝动作的情况。

（2）线路保护采用远后备方式且断

路器确有可能发生拒动时。如果由其他线路或变压器的后备保护切除故障，将扩大停电范围并引起严重后果时。

(3) 如断路器和电流互感器之间距离较长，在其间发生故障不能由该回路主保护切除，而由其他线路和变压器后备保护切除又将扩大停电范围并引起严重后果时。

1. 失灵保护构成原理

如图 12-10 所示，当 k 点发生故障，变电所 N 的线路 NQ 的保护动作发出跳闸脉冲，保护的出口继电器动作，同时故障判别元件（一般采用电流元件）动作，经延时 t（t 为断路器的跳闸时间和保护的返回时间之和）作用于 QF2、QF3 跳闸。

上述逻辑说明，变电所某一元件的保护动作发跳闸脉冲后，经过断路器的跳闸时间则故障仍未切除，故判别为该元件的断路器失灵拒动，由失灵保护再出口跳相关断路器以切除故障。断路器失灵保护的构成原理框图如图 12-11。

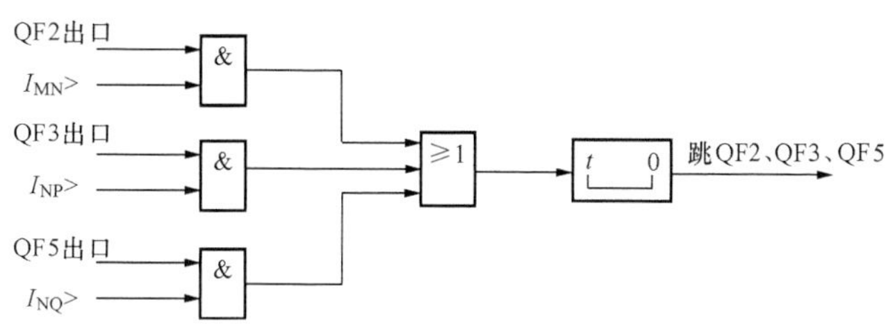

图 12-11 断路器失灵保护原理方框图

2. 失灵保护的组成

(1) 失灵起动回路：由该组母线上所有连接设备（线路、发电机—变压器组等）的保护装置出口继电器和故障判别元件（一般为电流元件）构成与的逻辑，其作用是起动失灵保护；其中故障判别元件的作用是为了防止保护的出口继电器误动作而造成误起动失灵保护。

(2) 时间元件 t：失灵保护被起动后，经该元件的延长的时间作用于失灵保护的出口继电器，跳开相关断路器，即失灵保护被起动后，通过该延时来判别断路器是否失灵，该延时为断路器的跳闸时间。

3. 断路器失灵保护的动作条件

由于断路器失灵保护要跳开一组母线上的所有断路器，为了提高其可靠性，只有具备下列条件才允许保护装置动作。

(1) 故障引出线的保护装置出口继电器动作后不返回。

(2) 在保护范围内故障仍然存在。当母线上引出线较多时，故障判别元件可采用检查母线电压的低电压元件；当母线上引出线较少时，鉴别元件采用检查故障电流的电流元件。

图 12-10 中的鉴别元件采用过电流元件，其动作电流应按最小运行方式下线路末端短路时有足够的灵敏度来校验。

(3) 延时元件在引出线保护动作以后才开始计时，因此，它的动作时间不需要与其他保护的动作时限配合，仅仅需要躲过断路器跳闸时间和保护返回时间之和。对于 220kV 断路器，其跳闸时间约为 40～60ms，保护返回时间约为 100ms，所以延时元件动作时间可整定为 0.3～0.5s。

小 结

（1）母线故障采用两种保护方式：利用供电元件的保护来保护母线或装设母线保护专用装置。前一种方式简单、经济，但是切除故障时间过长，不能满足高压电网的需求；后一种方式投资大、但是能快速切除母线故障。

（2）单母线系统一般采用完全电流差动保护，简单经济。

（3）双母线系统运行灵活，但要求母线保护不仅能够判断出故障是否发生在双母线上，而且还要求能判断是双母线上哪一段母线的故障，即要求母线保护要有选择性。其采取的措施是利用大差动起动元件来判断故障是否发生在双母线上，而用两段母线各装设一套小差动选择元件来选择是哪一段母线故障。因此，这种方式既能够满足双母线的要求，同时又不会限制双母线系统运行灵活的特点。

（4）断路器失灵保护主要作为断路器失灵时的后备保护，能在断路器失灵时，快速切除故障，使停电范围限制在最小范围之内。其主要用于高压电网断路器。

复 习 思 考 题

12-1 母线故障的原因有哪些？对系统有哪些危害？母线故障的保护方式有哪些？

12-2 试简述完全电流差动保护的基本原理。

12-3 双母线联结方式的母线保护如何实现母线故障判断和故障母线的选择？

12-4 试简述比率制动差动保护的原理。

12-5 微机母线保护采取什么方法来跟踪双母线系统的运行方式？

12-6 微机母线保护的差动电流和制动电流计算时所用的各支路的二次电流为什么要进行折算？采用什么方法进行折算？

12-7 大差动起动元件的差动电流和制动电流计算时，为什么 K_{ml} 取 0？

12-8 双母线系统母联兼旁路接线方式中制动电流和差动电流如何处理？

12-9 什么是断路器失灵保护？为什么在高压电力系统中，断路器拒动时，不采用远后备保护切除故障，而必须采用断路器失灵保护切除故障？

12-10 为什么断路器失灵保护动作要带 0.3～0.5s 的延时？何时开始计时？

第 13 章

电动机和并联电容器组保护

【要　求】熟悉电动机和并联电容器组的故障和不正常运行状态及相应保护配置；掌握电动机、电容器各种保护的构成原理及特性。

【知识点】电动机的故障及不正常运行状态及相应保护配置；电动机的相间短路保护；电动机单相接地保护；电动机的其他保护；电动机的异常工况保护；并联电容器组保护。

【重点和难点】电动机保护配置及各种保护的构成原理；并联电容器组保护。

13.1　电动机的故障、不正常运行状态及相应保护

13.1.1　概述

1. 电动机的作用和种类

与发电机的作用相反，电动机的作用是将电能转换成机械能，即电动机消耗电能拖动机械设备转动。高压电动机是指额定电压为 3～6kV 的电动机。

除直流电动机之外，在发电厂及用电企业应用的电动机主要有同步电动机和异步电动机两大类。异步电动机又分为绕线式异步电动机和鼠笼式异步电动机。目前以鼠笼式异步电动机应用最为广泛。

2. 电动机的基本结构

电动机与发电机相同，主要有两大部分构成，即转子和定子。旋转的为转子，静止的为定子。

(1) 同步电动机的基本结构。

同步电动机的定子由定子绕组和铁心两部分构成。定子铁心由电工钢片（硅钢片）叠成。整个定子铁心呈圆筒形，圆筒内环上有槽，定子三相对称绕组放入槽中，槽口由槽楔封住。

所谓三相对称绕组，是指三个绕组完全相同（匝数和阻值），空间位置彼此相距 120°。

同步电动机的转子，通常由特种合金钢构成圆柱形。转子的磁极由硅钢片叠成，在极芯上套有绕组，称之为转子绕组，也称为激磁绕组。

总之，同步电动机的结构与同步发电机有相似之处。

(2) 异步电动机的基本结构。

异步电动机定子铁心是一个在内圆周上冲有齿和槽的空心圆筒形铁心。该定子铁心是由硅钢片叠成。三相对称的定子绕组布置在铁心槽内。

异步电动机的转子由铁心和绕组两部分组成。铁心材料与定子铁心相同。转子绕组的型式有鼠笼式和绕线式两种。转子绕组放置转子铁心槽内。

绕线式异步电动机，是在转子的铁心上绕有一组对称绕组（三个对称绕组），三个对称绕组按 Y 形连接，转子的一端设置有三个集电环，每个集电环上均有电刷，通过电刷可与外接的三个变阻器连接。提刷装置可将集电环短路。

13.1.2 电动机的故障、不正常运行状态及相应保护

分析及运行实践证明，电动机常见的故障及不正常运行方式主要有：

（1）电动机定子绕组及输入电缆线路上的相间短路；

（2）定子绕组匝间短路；

（3）鼠笼式异步电动机的鼠笼断条；

（4）电动机定子绕组及输入回路单相接地；

（5）电动机过负荷及过电流；

（6）电动机堵转、起动时间过长、缺相运行或相序接反运行；

（7）电动机过热；

（8）同步电动机的失磁及失步运行；

（9）电动机低电压运行。

定子绕组的相间短路不仅会引起绕组绝缘损坏、铁心烧毁，甚至会使供电网络电压明显降低，破坏其他设备的正常工作，故应装设相间短路保护。容量在 2MW 以下的电动机装设电流速断保护（保护宜采用两相式）；容量在 2MW 以上或容量小于 2MW 但灵敏度不满足要求的电动机装设纵差保护。保护装置动作于跳闸，同时对同步电动机还应进行灭磁。

单相接地短路对电动机的危害取决于供电网络中性点的接地方式。在 380/220V 三相四线制电网中，由于电源变压器的中性点是接地的，所以电动机应装设单相接地短路保护，并动作于跳闸。对 3～6kV 电动机因电网中性点不接地，只有当接地电流大于 5A 时，才装设单相接地保护装置，动作于跳闸或信号。

一相绕组匝间短路破坏电动机的对称运行，并使相电流增大。最严重的情况是电动机的一相绕组全部短接，此时，非故障相的两个绕组承受线电压，可能引起电动机严重损坏。由于目前还没有完善而简单的反映匝间短路的保护装置，所以在电动机上未装设专门的匝间短路保护。

电动机的不正常运行状态有过负荷、相电流不平衡、低电压、堵转，同步电动机还有异步运行和失磁等。

引起过负荷的原因有电动机的机械过负荷，一相熔断器熔断造成两相运行引起过负荷，系统电压和频率降低造成过负荷，电动机起动和自起动时间过长等。较长时间过负荷的直接后果是使电动机温升超过允许值，加速绝缘老化、降低寿命甚至使电动机烧毁。规程规定，对于生产过程中容易发生过负荷的电动机，可装设过负荷保护。保护应根据负荷特性，带时限动作于信号或跳闸。

为反映相电流的不平衡，对容量为 2MW 及以上的电动机，可装设负序过电流保护，动作于信号或跳闸。

电网电压降低时，电动机的输出转矩随电压平方降低，电动机汲取电流随之增大，供电网络阻抗上压降相应增加。为保证重要电动机的正常运行，在次要电动机上应装设低电压保护。此外，在运行中不允许自起动的电动机也应装设低电压保护。低电压保护动作于跳闸。

因电网电压降低、励磁电流减小或消失，同步电动机可能失去同步而转入异步运行，严重时将产生机械共振，使电动机损坏。因此，同步电动机需装设失步保护和失磁保护。

电压在 500V 以下的电动机，特别是容量为 0.075MW 及以下的电动机，广泛采用熔断器或自动空气开关作为相间短路和单相接地短路保护；用磁力起动器或接触器中的热继电器作为过负荷和两相运行的保护。只有对不能采用熔断器保护的较大容量高压电动机，才装设专用的保护装置。

电动机或输入电缆线路上发生短路故障时，必须迅速切除电动机及回路。电动机不正常运行时，也必须尽早发现并即时处理。上述工作需由继电保护来完成。

电动机保护的配置主要有：

(1) 电动机纵差保护；

(2) 电流速断或延时速断保护；

(3) 电动机过负荷及过电流保护；

(4) 负序过负荷及负序过电流保护；

(5) 电动机过热保护；

(6) 单相接地保护；

(7) 电动机低电压保护；

(8) 电动机堵转保护。

思考

讨论电动机的故障和不正常运行状态有哪些，相应装设哪些保护？

13.2 电动机的相间短路保护

13.2.1 电动机的电流速断或延时速断保护

在大中型电动机上均设置有电流速断保护或延时电流速断保护。电动机的电流速断保护是电动机及输入回路中相间短路的主保护。

1. 保护构成原理

(1) 交流接入回路。电流速断保护的输入电流，通常为电动机输入回路电流互感器 TA 二次 A、C 两相电流。为了在电动机内部及电动机与断路器之间的连接电缆上发生故障时保护均能动作，电流互感器尽可能安装在断路器侧。

(2) 逻辑框图。微机型电动机的电流速断保护中，为了使保护能躲过电动机的起动电流及在内部故障时有较高的动作灵敏度，电流速断定值设置为两段整定值，即高定值和低定值。其中高定值在电动机起动时投入运行，而低定值在电动机正常运行时投入运行。其逻辑框图如图 13-1 所示。

关于高低定值的切换，在国内生产的电动机微机型保护装置中通常采用两种方式：①按照电动机的电流值进行切换；②按照电动机起动时间进行切换。

第一种切换方式的切换过程是：电动机起动时，电流速断保护投入高定值运行；当电动

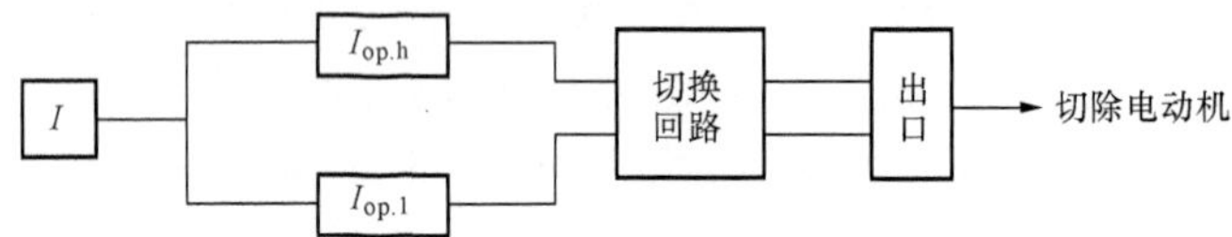

图 13-1　电动机电流速断保护的逻辑框图

I—电动机电流（电流互感器 TA 二次值）；$I_{op.h}$—电流速断保护的高定值；
$I_{op.l}$—电流速断保护的低定值

机的电流下降到 1.2 倍额定电流以下时，切换回路自动断开高定值回路而投入低定值回路。

第二种切换方式的切换过程是：电动机起动时，电流速断保护投入高定值运行，经20～25s 后，切换回路将其切至低定值运行。

电动机在由起动到正常运行的全过程中，电流速断保护只能按其中一套定值运行，而无两套定值同时运行的情况。

2. 定值的整定

（1）高定值 $I_{op.h}$。其整定原则是躲过电动机起动电流。电动机起动电流通常为其额定电流的 6～8 倍。

定值计算式为

$$I_{op.h}=\frac{K_{rel}(6\sim8)I_N}{n_{TA}} \tag{13-1}$$

式中：K_{rel}为可靠系数，取 1.3；I_N 为电动机额定电流；n_{TA}为电流速断保护用电流互感器 TA 的变比。

将可靠系数代入式（13-1），得 $I_{op.h}=(7.8\sim10.4)I_N/n_{TA}$，建议取 $I_{op.h}=(8\sim10)I_N/n_{TA}$。

（2）低定值 $I_{op.l}$。电动机电流速断保护的低定值整定原则为：

1）躲过电动机的自起动电流；

2）躲过高压母线或其他支路出线端三相短路时电动机反送电流；

3）电动机内部相间短路有灵敏度。

电动机的自起动是指厂用电源切换或出线故障被切除后，厂用电压恢复过程中电动机由低速升速的过程。在此过程中电动机的电流较大，且随着电动机转速的升高电流逐渐减小。分析及测量表明，电动机的自起动电流，最大电流可达 4 倍的电动机额定电流。

高压母线出线出口三相短路时，电动机反送电流的暂态值通常为电动机额定电流的 5～6 倍。但是考虑到电流速断保护动作有一定的延时（一般为 50ms），因此，由于该电流衰减很快，至保护动作时的反送电流不会大于 4～5 倍电动机的额定电流。对于延时电流速断保护，由于动作延时长，可不考虑本原则。

根据上述情况，电流速断保护的低定值，可以这样整定。

（1）经真空断路器（该断路器能切除短路电流）供电的电动机，则有

$$I_{op.l}=5I_N$$

（2）经熔断器—接触器（即 FC 回路）供电的电动机，则有

$$I_{op.l}=4I_N$$

在国内生产及应用的微机型保护装置中，有的采用 $I_{op.1}=\frac{1}{2}I_{op.h}$，也认为是合理的。

动作时间的整定：经真空断路器供电的电动机，动作延时为装置的固有延时 50ms，建议整定为 0.1s。而经 FC 供电的电动机，由于开关灭弧能力差，故需在熔断器熔断后方可跳闸，所以动作延时按 0.3～0.4s 整定。

13.2.2　电动机的纵差保护

容量在 2000kW 及以上的电动机，或容量虽然小于 2000kW，但电流速断保护的灵敏度不满足时，要配置电动机纵差保护。电动机纵差保护是电动机及接入电缆线路相间短路故障的主保护。

1. 保护构成原理

(1) 保护的交流接入回路。接入差动保护的电流为设置在电动机三相电缆输入端（在开关柜上）及电动机中性点的两组电流互感器 TA 二次三相电流。电动机的纵差保护由三个分相差动元件组成。

(2) 差动元件的动作方程及动作特性。目前，在国内生产及广泛应用的电动机差动保护中，差动元件的动作特性，多为二段折线式。其动作方程为

$$\begin{cases} I_d \geqslant I_{op.0} & I_{res} \leqslant I_{res.0} \\ I_d \geqslant I_{op.0}+K_Z(I_{res}-I_{res.0}) & I_{res} > I_{res.0} \end{cases} \tag{13-2}$$

式中：I_d 为差流，$I_d=|\dot{I}_N+\dot{I}_S|$（$\dot{I}_N$ 为电动机中性点电流互感器 TA 二次电流；$\dot{I}_S$ 为电缆输入端 TA 二次电流，方向以指向电动机为正）；I_{res} 为制动电流，$I_{res}=\frac{|\dot{I}_N-\dot{I}_S|}{2}$ 或 $I_{res}=\max\{I_N,I_S\}=\max\{I_N,I_S\}$；$I_{op.0}$ 为最小动作电流；$I_{res.0}$ 为拐点电流，即开始制动作用时的制动电流；K_Z 为比率制动系数，即动作特性曲线的斜率。

动作方程式（13-2）所描述的曲线即为差动元件的动作特性曲线，如图 13-2 所示。

2. 差动元件定值的整定

(1) 最小动作电流 $I_{op.0}$。$I_{op.0}$ 的整定原则是：躲过电动机在额定工况下在差动元件中产生的最大差流。

可整定计算式为

$$I_{op.0}=\frac{K_{rel}(K_{er}+K_2)I_N}{n_{TA}} \tag{13-3}$$

式中：K_{rel} 为可靠系数，取值范围 1.5～2；K_{er} 为正常工况下两侧电流互感器的比误差，通常取 0.06；K_2 为差动保护装置两侧通道的传输及调整误差，通常取 2×0.05=0.1；I_N 为电动机的额定电流；n_{TA} 为电动机差动保护电流互感器 TA 的变比。

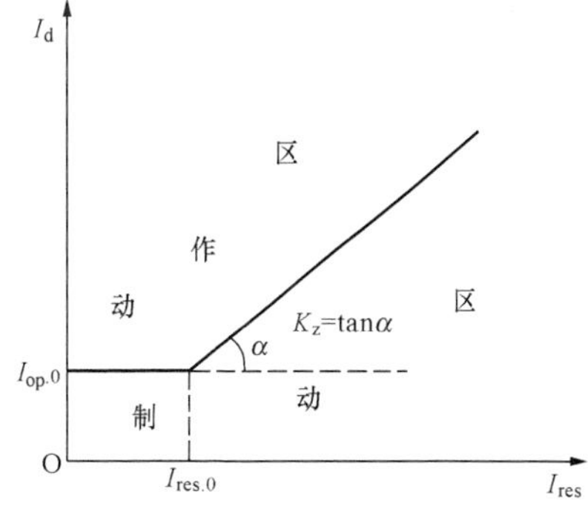

图 13-2　差动元件的动作特性

将各值代入式（13-3），可得

$$I_{op.0}=\frac{(0.24\sim 0.32)I_N}{n_{TA}}\text{，建议取}\frac{0.4I_N}{n_{TA}}$$

(2) 拐点电流 $I_{res.0}$。其整定原则为保证差动元件能可靠地躲过区外故障切除时在差动

元件中产生的不平衡电流，其建议取值为

$$I_{res.0}=\frac{(0.6\sim0.8)I_N}{n_{TA}}$$

（3）比率制动系数 K_Z。其整定原则为比率制动系数的确定应使电动机起动时差动元件不误动，即差动元件应能可靠躲过电动机起动时在差动元件产生的最大差流。

设电动机的起动电流为 I_{st}，则在差动元件产生的最大差流应为

$$I_{d.max}=\frac{(K_{er}+K_2+K_3)I_{st}}{n_{TA}}$$

式中：K_{er}为两侧电流互感器比值误差，取 0.1；K_2 为差动保护装置两通道的传输入调整误差，取 0.1；K_3 为暂态特性误差，取 0.1；n_{TA}为差动保护电流互感器 TA 的变比。

在电动机起动时，由于 $I_{st}=I_{res}$，若用$\frac{I_{d.max}}{I_{st}}$近似代表 $\tan\alpha$，则 $\tan\alpha=0.3$。在实际计算比率制动系数 K_Z 时，应乘以 1.4～1.5 可靠系数，即 $K_Z=0.42\sim0.45$，建议 $K_Z=0.5$。

以下举例对电动机纵差保护的差动元件进行整定。

某电动机的容量为 2000kW，机端电压为 6.3kV，电动机额定功率因数 $\cos\varphi_N=0.8$，差动保护电流互感器 TA 的变比 600/5。对其纵差保护的差动元件进行整定计算。

电动机额定二次电流为

$$I_{N2}=\frac{2000}{\sqrt{3}\times6.3\times600/5\times0.8}=1.9(\text{A})$$

最小动作电流为

$$I_{op.0}=0.4\times1.9=0.76(\text{A})$$

拐点电流为

$$I_{res.0}=(0.6\sim0.8)\times1.9=1.14\sim1.52(\text{A})$$

比率制动系数为

$$K_Z=0.5$$

3. 电动机纵差保护在实际运行中的几个问题

运行实践表明，与发电机纵差保护相比，电动机差动保护动作可靠性较差，在电动机起动瞬间容易误动，其主要原因有两个。

（1）两侧差动电流互感器 TA 的二次负载相差很大。

由上述构成原理可知，电动机一侧差动电流互感器 TA 装在高压开关柜上，另一侧的差动电流互感器 TA 装在电动机的中性点处（即电动机的安装处），而差动保护装置设置在高压开关柜上。因此，一组差动电流互感器 TA 二次电缆的长度不大于 5m，而另一组差动电流互感器 TA 二次电缆的长度长达数百米。这样，差动元件两侧差动电流互感器 TA 二次负载相差很大。

两侧差动电流互感器 TA 二次负载相差很大，致使两组电流互感器 TA 暂态特性相差很大。在电动机起动瞬间，由于起动电流大，两侧电流互感器 TA 暂态特性相差很大，致使差动元件两侧的电流相位差不是 180°。从而产生大的差流，致使差动保护误动。

录波测量表明，在电动机起动的瞬间，差动元件两侧电流的相位差可能为 160°～165°，而不是 180°。

（2）电动机差动电流互感器 TA 的质量欠佳，饱和倍数较小。

设计部门在对电动机差动电流互感器 TA 选型时不像对大型发电机差动电流互感器 TA 选型时那么严格，而是通常选择饱和倍数不大的电流互感器 TA。这样，由于电动机中性点差动电流互感器 TA 二次负载大，在电动机起动瞬间又由于电动机起动电流很大，致使中性点差动电流互感器 TA 瞬间出现饱和现象（轻微饱和），从而在差动元件的差回路中出现很大的差流，差动保护误动。

为解决上述问题，可以采用以下措施。

（1）给差动元件增加动作延时。录波表明，在电动机起动瞬间，差动两侧电流的相移时间一般很短，只有 2～3 个周波，若给差动元件增加 80～100ms 的动作小延时，则完全可以保证差动保护不误动。另外，在电动机起动时，中性点差动电流互感器 TA 饱和的持续时间不会超过 60ms。因此，若给差动保护增加 80～100ms 的动作延时，则在电动机起动时差动保护不会误动作。

（2）在保护装置中设置谐波制动。在设置谐波制动后，为防止在输入回路上发生故障因电流互感器饱和致使差动保护拒动，增设差动速断保护。

在电动机差动保护中，差动速断的整定值不宜过大，可按 2～3 倍的额定电流整定。

13.3　电动机的单相接地保护

高压厂用电动机供电系统，属于中性点不接地的小电流系统。在该系统中，由于电缆线路众多，且线路较长及电缆截面大，故全系统的对地分布电容大。

在该电力系统中，当电动机或电缆线路上发生单相接地时，非接地相对地电压升高（最大升至$\sqrt{3}$倍的相电压），容易造成相间短路。另外，流过接地点有电流（电容电流），虽然该电流不大，但其危害很大（因为电压高），且具有电弧性质，容易烧伤电动机定子铁心或致使电缆爆炸。因此，当电动机或其输入回路上发生单相接地时，应能及时发出信号或切除电动机回路。

13.3.1　电动机接地保护的构成原理

一、电动机接地判据的选择

发电厂或供电、用电部门的厂用高压系统，是支路数多、结构复杂的小电流系统。由本书 6.3 节可知，在小电流电力系统中，可采用的接地判据的种类有零序电压、零序电流或注入信号法等。

理论分析及实践表明，由于故障定位问题（即保护动作选择性问题），在上述网络中不能采用零序电压式、注入信号法等接地保护装置。而只能采用由零序电流作为判据的保护方案。

二、零序电流的测量原理

在小电流电力系统中，由于中性点不接地，发生单相接地时流过接地点的电流很小，只有几安培，最多几十安培。如此小的电流，给保护用零序电流测量接地故障造成了困难（零序电流难测）。为此，在高压电动机或厂低变高压侧的接地保护中，必须采用专用的零序电流互感器来测量单相接地时的零序电流。

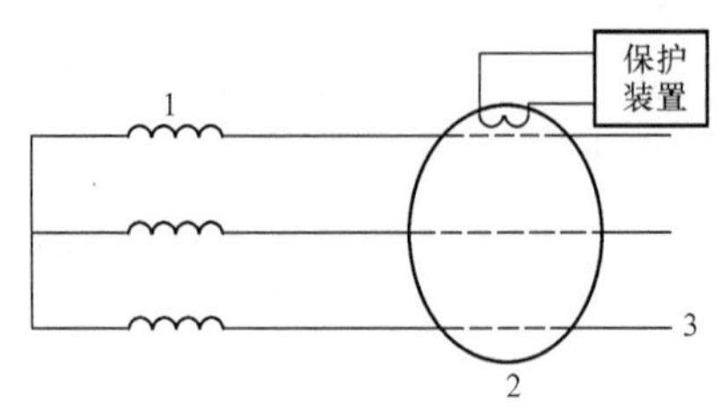

图 13-3 零序电流互感器 TA 安装位置及保护接入回路

1—电动机定子绕组；2—零序电流互感器；3—高压电缆

三、保护的交流接入回路

在电动机或厂低变接地保护中采用的零序电流互感器，多为一环形电流互感器，运用时套在三相电缆上。其二次绕组为均匀分布绕在环形铁心上的两个线圈。零序电流互感器 TA 的安装位置及保护接入回路如图 13-3 所示。

专用零序电流互感器安装在对电动机供电的电缆线路始端。

四、零序电流式接地保护的工作原理

在正常运行或电动机及供电线路的内部或外部发生相间短路时，由于通过零序电流互感器 TA 的一次三相电流的相量和总是等于零，即 $\dot{I}_A+\dot{I}_B+\dot{I}_C=0$，故零序电流互感器 TA 二次无输出电流（实际零序电流互感器 TA 输出为不平衡电流）。

当电动机回路或其他支路上发生单相接地时，在接地点出现零序电压，零序电压通过分布电容产生零序电流。此时，通过零序电流互感器 TA 的电流除正常三相负荷电流之外，还有三相零序电流。而三相负荷电流的相量和等于零，三相零序电流之相量和等于 $3\dot{I}_0$，故三相零序电流在电流互感器 TA 二次产生电流。

设电动机所在高压厂用电系统的每相对地总电容为 C_Σ，而电动机定子绕组及供电电缆每相对地的总电容为 C_1。当电动机端或输入电缆上发生单相接地时，其等值网路如图 13-4 所示。

由图 13-4 可以看出，当电动机回路单相接地时，流过零序电流互感器 TA 一次的电流为接地点 $3U_0$ 电压通过该厂用系统电容（除电动机支路之外）的电容电流。而由 $3U_0$ 电压通过 C_1 的零序电流不流过零序电流互感器 TA 一次。

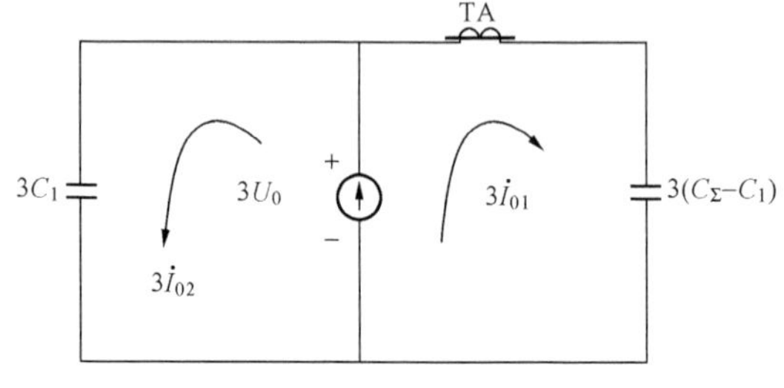

图 13-4 电动机回路单相接地时零序等值网路

若该高压系统的额定电压为 U_N，则流过零序电流互感器 TA 一次的电流为

$$3I_{01}=\omega(C_\Sigma-C_1)3U_N$$

当该高压系统中其他支路上发生单相接地时，流过该零序电流互感器 TA 的电流，应为电动机及其电缆输入回路对地的电容电流，即 $3I_{02}=\omega C_1 3U_N$。

由于 $C_\Sigma-C_1\gg C_1$，故当电动机或其输入回路上发生单相接地时，流过电流互感器 TA 的一次零序电流远远大于当其他支路上接地故障时流过该零序电流互感器的零序电流，若保护的动作值按躲过其他支路上接地故障时流过该零序电流互感器 TA 的零序电流，则保证电动机的零序电流保护在外部接地故障时可靠不动作，而在电动机回路单相接地时可靠动作。

五、对零序电流式接地保护的评价

该保护的优点是简单可靠，可分区内及区外的接地故障，选择性强。其缺点是零序电流互感器通常无变比，校验比较麻烦，不宜直接通电流给保护装置来校验其动作电流，而是要带着电流互感器 TA 且在电流互感器 TA 的一次侧加单相电流校验动作电流。

另外，零序电流互感器TA二次电流是反映三相一次电流分别产生的磁通在二次侧感应电流的相量和的，如果互感器的二次绕组在铁心圆周上的分布不均匀，且由于三相电缆导体在互感器内位置的偏移，使在正常工况下或短路故障时，互感器二次会有较大的不平衡电流，影响保护动作的可靠性。

六、逻辑框图及整定计算

1. 逻辑框图

零序电流式接地保护构成逻辑框图如图13-5所示。

2. 定值整定

对零序电流式接地保护的定值计算整定，实际上是确定其动作电流及动作延时。

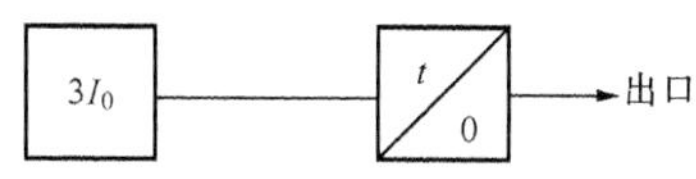

图13-5 零序电流式接地保护逻辑框图

(1) 动作电流。

1) 整定原则：被保护电动机及其供电线路上发生单相接地故障时，该保护应可靠动作，而在高压母线上或其他支路上发生接地故障时，该保护应可靠不动作。

2) 定值计算：当发电厂的厂用高压变压器及起动备用变压器低压侧的中性点不接地时，零序电流式接地保护的动作电流定值为

$$3I_{0.op}=K_{rel}\omega C_1 3U_N \qquad (13-4)$$

式中：K_{rel}为可靠系数，取2～3；U_N为电动机额定相电压；C_1为电动机及供电线路每相的对地电容之和。

(2) 灵敏度校验。设电动机定子绕组中间部位发生单相接地，则灵敏度系数为

$$K_{sen}=\frac{\omega(C_{\Sigma}-C_1)3U_N}{K_{rel}\omega C_1 3U_N}=\frac{C_{\Sigma}-C_1}{K_{rel}C_1} \qquad (13-5)$$

式中：C_{Σ}为电动机所在系统每相对地电容；C_1为电动机及其供电线路每相对地电容。

当电动机或供电线路上发生接地故障时，若接地电流大于10A跳闸，小于5A时发信号。

当厂用高压变压器或起动备用变压器低压侧中性点经电阻接地时，零序电流式接地保护的动作电流定值为

$$3I_{0.op}=\frac{U_N}{3\sqrt{3}Rn_T} \qquad (13-6)$$

式中：U_N为变压器低压侧额定电压；R为变压器中性点接地电阻；n_T为变压器中性点电流互感器TA变比。

动作后，作用于跳闸。

(3) 动作延时。当厂用高压变压器或起动备用变压器低压侧中性点不接地时，动作延时

$$t_{op}=2\sim3s$$

当厂用高压变压器或起动备用变压器低压侧中性点经电阻接地时，动作延时

$$t_{op}=t_1-\Delta t$$

式中：t_1为起动备用变压器或厂用高压变压器低压侧接地保护的动作延时；Δt为时间级差0.5s。

13.3.2 提高保护动作可靠性措施

实践表明，电动机接地保护误动的概率较大，其原因是动作电流小或二次回路接线

有误。

接地保护动作电流的整定值较小，其电流互感器的一次动作电流只有几安（例如 5A），反映到保护装置的动作电流只有几十毫安，若正常时电流互感器 TA 二次不平衡电流较大，很容易造成保护误动。

因此，为减小正常运行工况下的电流互感器 TA 二次的不平衡电流，应将其二次的两个绕组串联或并联应用。这样，可以减小由于电流互感器 TA 二次绕组在环形铁心周围布置不均匀产生的不平衡电流。

另外，在电缆外层接地时，应按图 13-6（a）接线，不能按图 13-6（b）接线。就是说电缆外层应穿过零序电流互感器 TA 后再回穿过电流互感器 TA 接地，不允许像图 13-6（b）那样，电缆外层穿过电流互感器 TA 后就直接接地，否则若在电动机输入回路上电缆外层其他部位再出现接地，保护将误动。

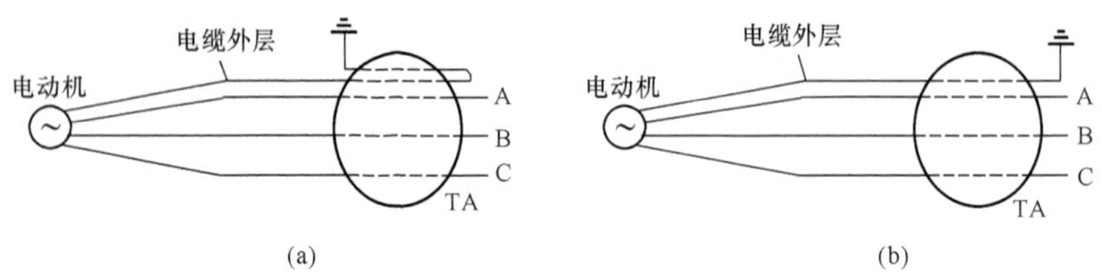

图 13-6　电缆外层接地

（a）电缆外层穿过零序电流互感器 TA 再穿回后接地；（b）电缆外层穿过零序电流互感器 TA 直接接地

13.4　电动机的异常运行保护

13.4.1　过负荷及过电流保护

电动机过负荷保护是电动机异常运行保护，其动作后经延时发信号；而过电流保护是电动机短路故障的后备保护，它动作后经延时切除电动机。

1. 交流接入回路

电动机过负荷及过电流保护的接入电流，取自高压开关柜上的该电动机输入回路电流互感器 TA 二次 A、C 两相电流（与电流速断保护取同电流互感器 TA 二次电流）。

2. 过负荷保护定值的计算

过负荷保护的动作电流可按式（13-7）计算，即

$$I_{op.L}=\frac{K_{rel}I_N}{K_r n_{TA}} \tag{13-7}$$

式中：K_{rel}为可靠系数，取 1.05；K_r 为返回系数，对于微机型保护取 0.95，而对于电磁型保护取 0.85；I_N/n_{TA}为电动机额定电流二次值。

将各值代入式（13-7），对于微机型保护

$$I_{op.L}=\frac{1.1I_N}{n_{TA}}$$

过负荷保护的动作延时，一般取 6～9s。

3. 过电流保护

过电流保护动作电流的整定原则是躲过电动机正常运行时的最大负荷电流，即

$$I_{op}=K_{rel}I_{op.L} \tag{13-8}$$

式中：I_{op}为动作电流；K_{rel}为可靠系数，取 1.3；$I_{op.L}$为过负荷保护的动作电流。

代入式（13-8）得

$$I_{op}=1.3\times\frac{1.1I_N}{n_{TA}}=1.43\frac{I_N}{n_{TA}}$$

建议取 $1.4\sim1.5\frac{I_N}{n_{TA}}$。动作延时，应根据电动机的电气特性取值，通常取 20s，躲过电动机起动时间。

13.4.2 负序过电流

负序过电流保护是电动机定子绕组匝间短路、电动机缺相运行或相序接反的保护，也是电动机不对称短路的后备保护，保护动作后作用于跳闸。

电动机负序过电流保护的接入电流，与电动机的过负荷及过电流保护取自同一组电流互感器 TA 二次。

目前，在国内生产及应用的微机型综合保护装置中，负序过电流的动作特性，有定时限的，也有反时限的。定时限负序过电流保护通常提供Ⅱ段，也可提供Ⅲ段的。

1. 反时限负序过电流保护

（1）动作方程。

在不同厂家生产的保护装置，所提供的反时限负序过电流保护动作方程各异。多采用以下三种类型的动作方程中的一种，即

$$t_{op}=\frac{80T_2}{\left(\frac{I_2}{I_{2.st}}\right)^2-1} \tag{13-9}$$

$$t_{op}=\frac{T_2}{I_2/I_{2.st}} \tag{13-10}$$

$$\begin{cases}t_{op}=\min\left(20s,\dfrac{T_2}{I_2/I_{2.st}-1}\right) & 1\leqslant\dfrac{I_2}{I_{2.st}}\leqslant 2\\ t_{op}=T_2 & 2<\dfrac{I_2}{I_{2.st}}\end{cases} \tag{13-11}$$

式中：t_{op}为反时限过电流保护动作延时；I_2 为通过保护装置的负序电流；$I_{2.st}$为负序电流起动值；T_2 为负序电流的时间常数。

实际上，式（13-9）为真正的反时限特性，而式（13-10）只是反比例特性，即负序过电流保护的动作时间与流过保护的负序电流成反比，式（13-11）是限制性反时限特性。

（2）动作特性。

按照式（13-9）及式（13-11）画出的动作特性分别如图 13-7 及图 13-8 所示。

2. 定值的整定计算

对于反时限负序过电流定值的整定，实际是要对负序电流启动值及负序电流时间常数进行整定计算。整定计算的步骤如下。

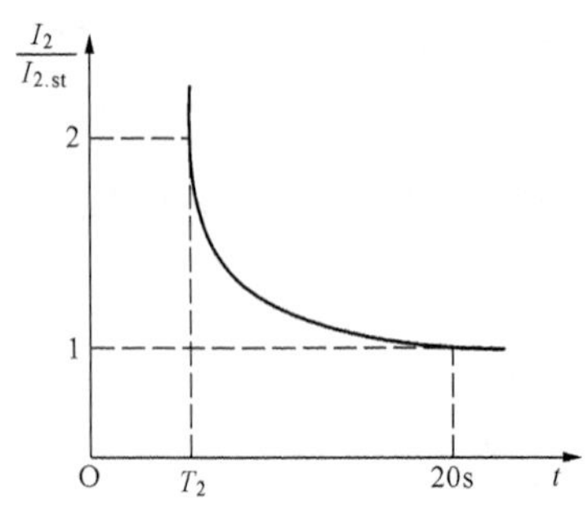

图 13-7　式（13-9）的特性曲线

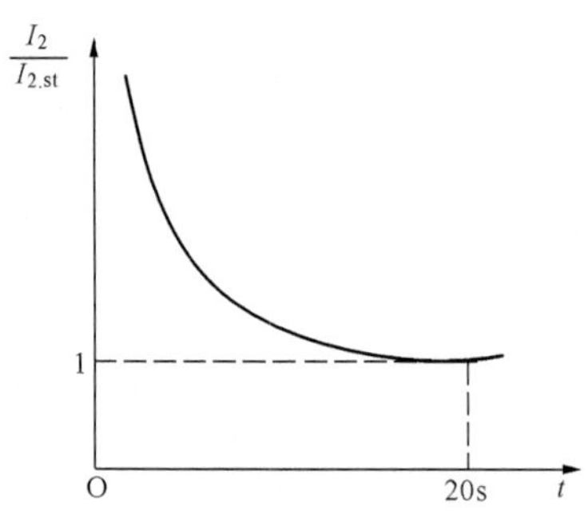

图 13-8　式（13-11）的特性曲线

（1）负序最小动作电流 $I_{2.op}$的整定计算。负序最小动作电流的整定原则为在电动机缺相（即二相）运行时，负序过电流保护应可靠动作。另外，对于设置有过热保护的电动机，负序过电流保护的动作值又不宜过小。

对于具有两相电流式负序过滤器保护装置的电动机，当 A 相或 C 相断线时，保护装置计算出的负序电流为 $I/\sqrt{3}$（I 为电动机相电流），而当 B 相断线时，计算出的负序电流为 $\dot{I}_c+\dot{I}_a e^{-j60°}/\sqrt{3}$ 。

在微机型电动机保护中，用 A、C 两相电流计算电动机的负序电流及正序电流，其计算公式为：

正序电流
$$I_1=\frac{|(\dot{I}_c e^{-j60°}+\dot{I}_a)|}{\sqrt{3}}$$

负序电流
$$I_2=\frac{|(\dot{I}_c+\dot{I}_a e^{-j60°})|}{\sqrt{3}}$$

式中：I_a、I_c 分别为电动机输入回路电流互感器 TA 二次 A、C 相电流。

反时限负序过电流保护的最小动作电流，应在输入回路 A 相或 C 相一相断线时，可靠动作，并有 1.3 的灵敏度系数。为此，$I_{2.st}$应为

$$I_{2.st}=\frac{I_N}{\sqrt{3}\times 1.3n_{TA}} \tag{13-12}$$

式中：I_N 为电动机额定电流；n_{TA}为电流互感器 TA 变比。

$I_{2.st}$建议取 $0.4I_N/n_{TA}$。

（2）时间常数 T_2的整定。时间常数 T_2的整定原则是在高压母线或其他支路上发生两相短路时，该电动机的负序反时限过电流保护应不误动，即在 T_2整定之后，保护的动作时间应大于高压厂用系统短路保护的最长动作时间。

定值的整定计算为

$$t_{op}=t_{op.max}+\Delta t \tag{13-13}$$

式中：$t_{op.max}$为高压厂用系统短路保护最长动作延时，一般为 1.6s；Δt 为时间级差，$\Delta t=0.3\sim0.5$s。

代入式（13-13），得 $t_{op}=1.9\sim2.1$s。

另外，当高压母线两相短路时，流过电动机的最大负序电流 3 倍的额定电流，将 t_{op}及 $3I_N/n_{TA}$分别代入式（13-9）及式（13-10）可求出 T_2，分别等于 1.5s 和 15s。当负序过电

流保护有区外故障负序电流闭锁时，式（13－13）中的 t_{op}取 1s。

（3）外部故障负序电流闭锁判据。分析表明，当高压母线上或其他支线上发生两相短路时，电动机的负序电流将大于正序电流。当电动机的负序电流大于或等于 1.2 倍的正序电流时，即

$$I_2 \geqslant 1.2I_1 \tag{13-14}$$

表征外部故障。

在微机电动机保护装置中通常采用式（13－14）作为外部故障负序电流闭锁的判据。此时，当满足式（13－14）时，将电动机负序电流保护闭锁。

需要指出，当采用外部故障负序电流闭锁判据时，若电动机输入回路的相序接反时，负序过电流保护将拒绝动作，这是其缺点。

3. 定时限负序过电流保护

在微机型电动机保护装置中，定时限过电流保护通常设置Ⅱ段，也有设置Ⅲ段的：负序过电流保护的Ⅰ段作为电动机相间短路故障的后备保护；负序过电流保护的Ⅱ段应能保护电动机的缺相运行；负序过电流的Ⅲ段通常用于发出告警信号。

（1）两段式负序过电流保护定值的整定计算。

1）动作电流，其中：

Ⅰ段负序动作电流定值为

$$I_{2.op}^{\mathrm{I}} = I_N$$

式中：I_N 为电动机额定电流，电流互感器 TA 二次值。

Ⅱ段负序动作电流定值为

$$I_{2.op}^{\mathrm{II}} = 0.4I_N$$

2）动作延时的整定。当电动机负序过电流保护具有外部两相短路负序电流闭锁判据且电动机的断路器为真空断路器时，负序电流Ⅰ段动作延时为

$$t_{op}^{\mathrm{I}} = 0.05\mathrm{s}$$

负序电流Ⅱ段的动作延时为

$$t_{op}^{\mathrm{II}} = 0.4\mathrm{s}$$

当电动机负序过电流保护具有外部两相短路负序电流闭锁判据，而电动机经 FC 回路供电时，负序电流Ⅰ段动作延时为

$$t_{op}^{\mathrm{I}} = 0.4\mathrm{s}$$

负序电流Ⅱ段动作延时为

$$t_{op}^{\mathrm{II}} = 0.8\mathrm{s}$$

当电动机负序过电流保护没有设置外部两相短路负序电流闭锁判据时，在整定该保护的动作时间时应考虑躲过外部故障。故负序电流Ⅰ段的动作延时为

$$t_{op}^{\mathrm{I}} = 1.9\mathrm{s}$$

负序电流Ⅱ段的动作延时为

$$t_{op}^{\mathrm{II}} = 2.2\mathrm{s}$$

（2）三段式负序过电流保护定值的整定中，其Ⅰ段及Ⅱ段的动作电流及动作时间的整定与上述Ⅱ段式完全相同。而Ⅲ段的定值计算如下：

动作电流

$$I_{2.op}^{\mathrm{III}} = (0.15 \sim 0.2) I_N$$

动作延时

$$t_{op}^{\mathrm{III}} = 6 \sim 9\mathrm{s}$$

通常，负序过电流保护的Ⅲ段只发信号。

13.5 电动机的其他保护

13.5.1 电动机过热保护

1. 过热保护构成原理及动作特性

当电动机电流过大，或出现负序电流，均会致使电动机过热甚至烧坏电动机。在电动机保护中均设置过热保护。

最早的电动机过热保护，采用的是热耦继电器。它是利用一种特殊金属的金属片构成。当流过电动机的电流过大而使电动机过热时，金属片热膨胀伸长，触点闭合，切除电动机。

在现代的微机保护装置中，采用等效过热模型构成过热保护。该等效过热模型是根据电动机正序和负序电流引起的发热特征计算出等效发热电流。该等效发热电流为

$$I_{eq} = \sqrt{K_1 I_1^2 + 6 I_2^2} \tag{13-15}$$

式中：I_{eq}为发热模型的等效发热电流；I_1 为电动机正序电流的标幺值（以电动机额定电流为基准值）；I_2 为电动机负序电流的标幺值（以电动机额定电流为基准值）；K_1 为电动机的状态常数，电动机由冷态起动时 $K_1=0.5$，正常运行时 $K_1=1$。考虑到电动机的发热及散热，电动机过热保护动作特性方程为

$$t = \frac{\tau}{I_{eq}^2 - I_{\infty}^2} \tag{13-16}$$

式中：τ 为允许过热时间常数；I_{eq}为等效发热电流；I_{∞}为电动机长期运行所允许的最大电流，它与电动机散热状况有关；t 为保护的动作延时。

另外，过热保护还可采用另一种动作特性方程，如

$$t = \tau \ln \frac{I_{eq}^2 - I_{L.0}^2}{I_{eq}^2 - I_{\infty}^2} \tag{13-17}$$

式中：t 为保护的动作延时；I_{eq}为等效发热电流；I_{∞}为电动机长期运行所允许的最大电流；$I_{L.0}$为过负荷前的负荷电流；τ 为过热时间常数。

2. 定值的整定

（1）过热时间常数 τ 应由电动机制造厂家提供，也可以根据制造厂家提供的过负荷能力曲线、允许堵转时间、电动机的温升等计算出来。对于式（13-16）所示的动作特性方程，当厂家没提供数据时可取

$$\tau = 500\mathrm{s}$$

（2）长期运行允许最大负荷电流。电动机长期运行允许的最大负荷电流 I_{∞}等于电动机的过负荷保护的动作电流，即

$$I_{\infty} = K_{rel} I_N \tag{13-18}$$

式中：K_{rel}为可靠系数取 1.05；I_N 为电动机额定电流（二次值）。将 K_{rel}值代入式（13-18）

得 $I_{\infty}=1.05I_N$

（3）过热保护的出口方式为过热信号跳闸及禁止再起动。

13.5.2　电动机堵转保护

电动机在起动或运行过程中发生了堵转，使起动电流不能减小或使电流急剧增大，时间过长将烧坏电动机，故应设置堵转保护。

1. 电动机堵转的判据

电动机在启动或运行过程中发生了堵转，将使电动机的转速降低，电动机电流增大。电动机堵转保护只用于在运行中电动机堵转。

为使躲过电动机起动或自起动过程中堵转保护误动，堵转保护的判据应为长时间电动机过电流及转速降低。

2. 电动机堵转保护的逻辑框图

目前在微机型电动机综合保护装置中，堵转保护有两种构成方式。

（1）不反映电动机转速的堵转保护，其逻辑框图如图 13－9 所示。

（2）有转子转速触点闭锁时，堵转保护的逻辑框图如图 13－10 所示。在图 13－9 及图 13－10 中，$\boxed{I>}$为电动机过电流；t 为动作延时；KM 为转速触点，当转速低时闭合。

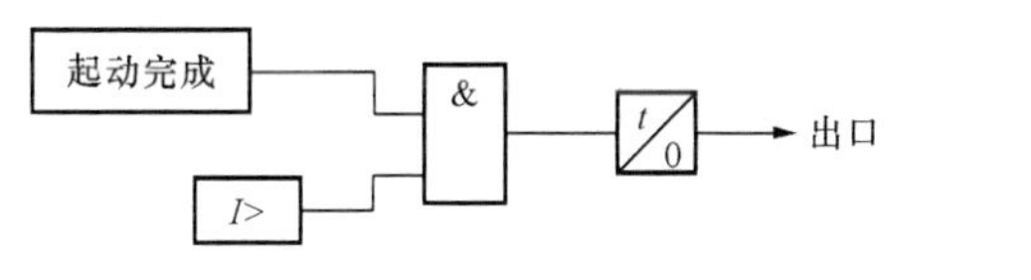

图 13－9　堵转保护逻辑框图 1

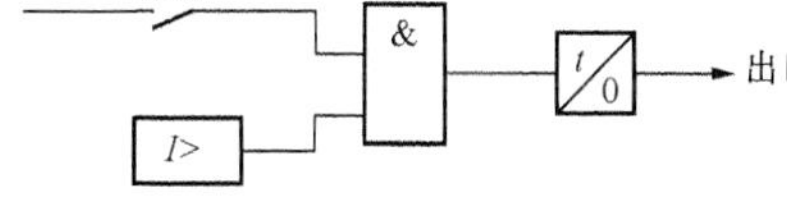

图 13－10　堵转保护的逻辑框图 2

3. 定值的整定

堵转保护的整定，要确定其起动电流和动作延时。

（1）动作电流为

$$I_{op}=(1.5\sim2)I_N$$

（2）动作延时为

无转速触点闭锁

$$t_{op}=1.2\times(20\sim25)=24\sim30\text{s}$$

有转速触点闭锁

$$t_{op}=0.8\times(20\sim25)=16\sim20\text{s}$$

13.5.3　电动机低电压保护

当电源电压降低或在备用电源投入后电动机群自起动的过程中，为防止电源电压大幅度降低致使重要电动机自起动困难或起动不起来，首先要切除一些对安全运行影响较小的电动机，以确保重要电动机（例如锅炉的吸风机）快速恢复正常运行。

为此，需要在一些次重要或根本不需要自起动的电动机上设置低电压保护。

对不同的电动机，低电压保护的动作电压与动作时间亦不同。通常，厂用电动机低电压保护的整定值有两轮动作电压及两轮动作时间。

1. 第一轮低电压保护

第一轮低电压保护的动作电压较高，而动作时间较短，通常在不需要自起动的电动机（例如磨轧机、碎轧机、灰渣泵、冲洗水泵、热网凝结水泵等）上装置。

（1）动作电压定值为

$$U_{op.1} = (0.65 \sim 0.7)U_N$$

式中：U_N 为高压厂用系统额定电压，二次值。

（2）动作延时为

$$t_{op.1} = 0.5s$$

2. 第二轮低电压保护

第二轮低电压保护的动作电压低，而动作时间长。通常在次重要的电动机（例如循环水泵、凝结水泵等）上设置。

动作电压为

$$U_{op.2} = (0.45 \sim 0.5)U_N$$

动作延时为

$$t_{op.2} = 9 \sim 10s$$

13.6 并联电容器组保护

13.6.1 概述

在变电所的中、低压侧通常装设并联电容器组，以补偿系统无功功率的不足，从而提高电压质量，降低电能损耗，提高系统运行的稳定性。并联电容器组可以接成星形，也可接成三角形。在大容量的电容器组中，为限制高次谐波的放大作用，可在每组电容器组中串接一只小电抗器。

1. 电容器组常见的故障和异常运行情况

（1）电容器组和断路器之间的连接线短路。

（2）电容器内部极间短路。

（3）电容器组中多台电容器故障。

（4）电容器组过负荷。

（5）电容器组的母线电压升高。

（6）电容器组失压。

2. 电容器组保护配置

（1）单台电容器应设置专用熔断器组，不同接线方式采用不同的保护方式。星形连接的电容器组可采用开口三角形电压保护；多段串联的星形连接电容器组也可采用电压差动保护或桥式差动电流保护；双星形连接的电容器组可采用中性线不平衡电压保护或不平衡电流保护。

（2）对电容器组的过电流和内部连接线的短路，应设置过电流保护。当有总断路器及分组断路器时，电流速断作用于总断路器跳闸。

（3）电容器装置组设置母线过电压保护，带时限动作于信号或跳闸。在设有自动投切装置时，可不另设过电压保护。

（4）电容器组宜设置失压保护，当母线失压时自动将电容器组切除。

13.6.2　并联电容器组的通用保护

单台并联电容器的最简单、有效的保护方式是采用熔断器。这种保护简单、价廉、灵敏度高、选择性强，能迅速隔离故障电容器，保证其他完好的电容器继续运行。但由于熔断器抗电容充电涌流的能力不佳，不适应自动化要求等原因，对于多台串并联的电容器组保护必须采用更加完善的继电保护方式。

图 13 - 11 为并联电容器组的主接线图。电容器组通用保护方式有如下几种。

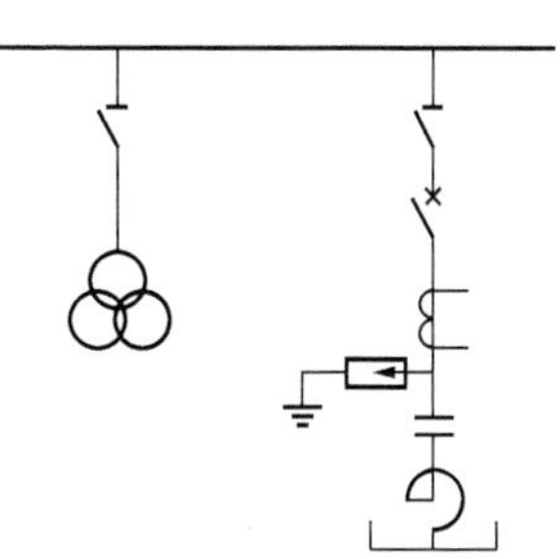

图 13 - 11　并联电容器组的主接线图

（1）电抗器限流保护。与电容器串联的电抗器，具有限制短路电流、防止电容器合闸时充电涌流及放电电流过大损坏电容器等优点。除此之外，电抗器还能限制对高次谐波的放大作用，防止高次谐波对电容器的损坏。

（2）避雷器的过电压保护。与电容器并联的避雷器用于吸收系统过电压的冲击波，防止系统过电压，损坏电容器。

（3）电容器组的电压保护。电容器电压保护是利用母线电压互感器 TV 测量和保护电容器。电容器电压保护主要用于防止系统稳态过电压和欠电压。

微机电容器电压保护的逻辑框图如图 13 - 12 所示，SW3 为软开关。过电压和欠电压保护均通过延时鉴别稳态过电压和欠电压。低电压保护需经过电流闭锁，以防止电压互感器 TV 断线造成低电压保护误动。

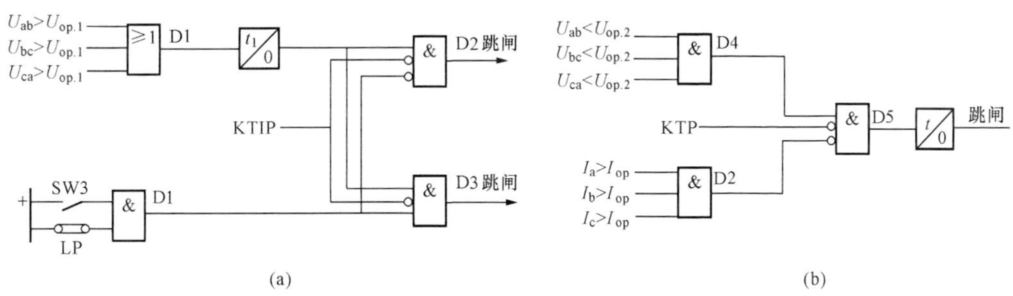

图 13 - 12　微机电容器电压保护逻辑框图

（a）过电压保护；（b）低电压保护

在系统故障过压或低压电容器保护动作跳闸后，为了使保护能立即复位，要求保护在跳位时（KTP=1）能自动退出运行，待母线电压恢复正常后断路器可重新投入运行。在图 13 - 12 中，KTP=1 时去闭锁过电压保护的 D2 和 D3、低压保护的 D5，使电容器保护自动退出运行。

（4）电容器组的过电流保护。电容器组的过电流保护用于保护电容器组内部短路及电容器组与断路器之间引起的相间短路，采用两段式，每段一个时限的保护方式，保护逻辑框图如图 13 - 13 所示。

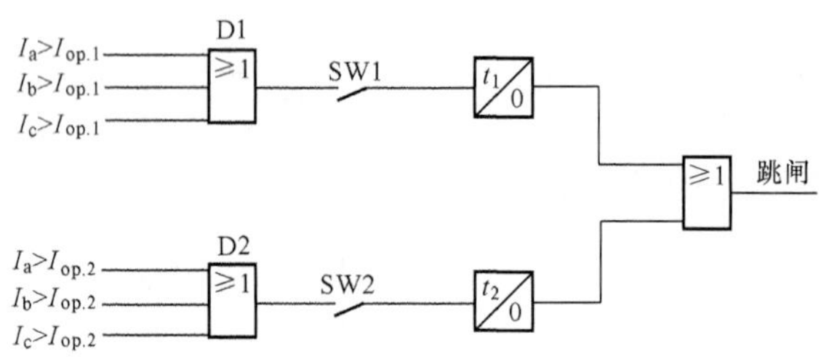

图 13-13 电容器过电流保护

12.6.3 电容器组内部故障的专用保护

电容器组是由许多单台电容器串联组成，个别电容器故障由其他相应的熔断器切除，对整个电容器组无多大影响。但是当电容器组中多台电容器故障被熔断器切除后，就可能使继续运行的剩余电容器严重过载或过电压，因此必须考虑如下专用的保护措施。

(1) 单星形连接的电容器组保护。单星形连接的电容器组如图 13-14 (a) 所示，一般采用零序电压保护。保护采用电压互感器的开口三角形电压以形成不平衡电压。电压互感器的一次绕组兼作电容器放电线圈，可防止母线失压后再次送电时因剩余电荷造成的电容器过电压。

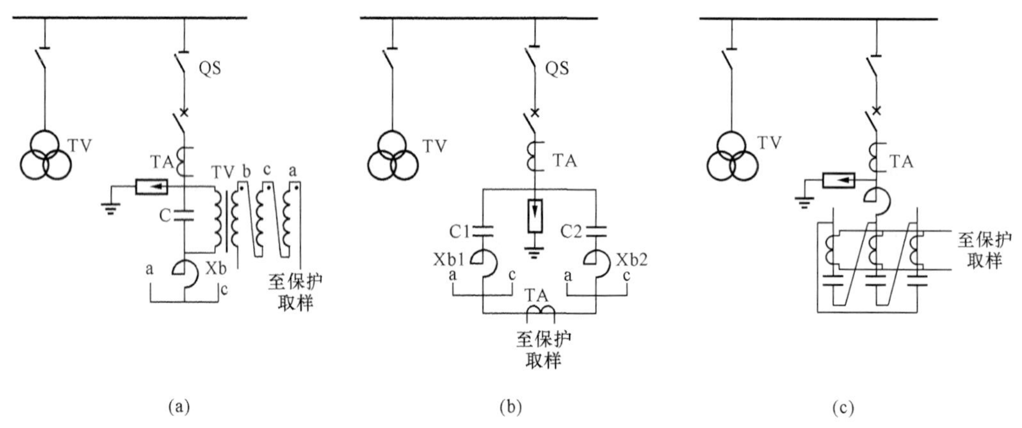

图 13-14 三种简单的电容器组保护方式

(a) 单星形连接电容器组保护；(b) 双星形连接电容器组保护；(c) 三角形连接电容器组保护

如电容器组中多台电容器发生故障，电容器组的电纳将发生较大变化，引起电容器组端电压改变，在开口三角形出口随即产生零序电压。单星形连接电容器组微机保护逻辑框图如图 13-15 所示，t_0 为零序电压保护的延时，SW 为控制字软开关。

(2) 双星形连接的电容器组保护。双星形连接的电容器组保护可采用不平衡电流或电压保护方式。

双星形连接的电容器的主接线如图 13-14 (b) 所示，图中的电流互感器 TA 是测量中性线不平衡电流的零序电流互感器。

双星形连接的电容器组保护采用中性线不平衡电流，当同相的两电容器组 C1 或 C2 中发生多台电容器故障时，即 $X_{C1} \neq X_{C2}$，此时流过 C1 和 C2 的电流不相等，因此在中性线中

流过不平衡电流 I_{unb}。当 $I_{unb}>I_{0.op}$时保护动作。双星形连接电容器的不平衡电流保护逻辑框图如 13 - 16 所示。

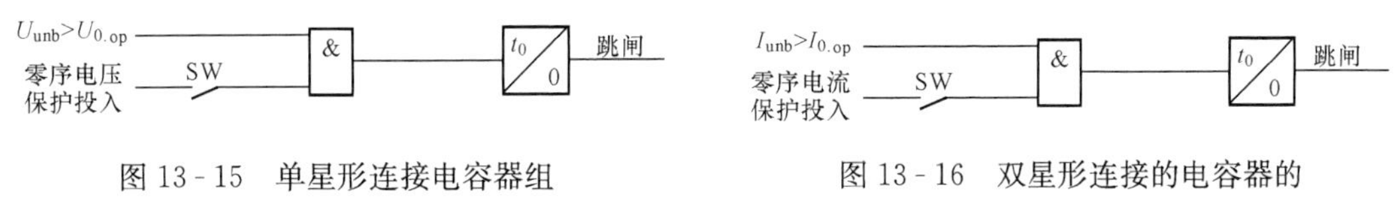

图 13 - 15　单星形连接电容器组微机保护逻辑框图

图 13 - 16　双星形连接的电容器的不平衡电流保护逻辑框图

双星形连接的电容器采用不平衡电压保护时，可用电压互感器 TV 改换电流互感器 TA。即将电压互感器 TV 一次绕组串在中性线中，当某电容器组发生多台电容器故障时，故障电容器组所在星形的中性点电位发生偏移，从而产生不平衡电压。

当 $U_{unb}>U_{op}$时，保护动作，其逻辑框图与图 13 - 16 相似。

(3) 三角形连接的电容器组保护。电容器组为三角形连接时，通常用于较小容量的电容器组，其保护采用零序电流保护，其接线如图 13 - 14 (c) 所示，其逻辑框图与图 13 - 16 类似。

(4) 桥式差流的保护方式。电容器组为单星形连接，而每相接成 4 个平衡桥的桥路时，可以采用桥差接线的保护方式，其一次接线如图 13 - 17 (a) 所示，正常运行时 4 个桥臂容抗平衡，$X_{C1}=X_{C2}$，$X_{C3}=X_{C4}$ (或 $C_1/C_2=C_3/C_4$)，因此桥差接线的 M 和 N 之间无电流流过。当 4 个桥臂中有一个电容器组存在多个电容器损坏时，因桥臂之间不平衡，在差接线 MN 中就流过不平衡差流。不平衡差流超过定值时保护动作。桥式差动电流保护方式的逻辑框图如图 13 - 17 (b) 所示。图中 SW 控制字，1 为投入，0 为退出运行。

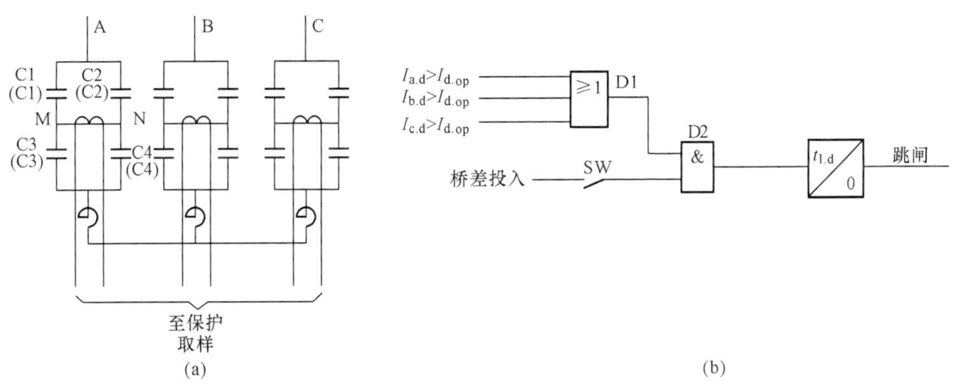

图 13 - 17　桥式连接电容器组保护方式

(a) 接线图；(b) 逻辑框图

(5) 电压差动保护方式。电容器组为单星形连接，而每相为两组电容器组串联组成时，可用电压差动保护方式，其一次接线如图 13 - 18 (a) 所示，图中只画出一相电压互感器 TV 接线，其他两相也是相似的。电压互感器 TV 的一次绕组可以兼作电容器组的放电回路，电压互感器 TV 二次绕组接成压差式即反极性相串联。正常运行时电容值 $C_1=C_2$，压差为零；当电容器组 C1 或 C2 中有多台电容器损坏时，由于 C_1 和 C_2 容抗不等，因两只电压互感器 TV 一次绕组的分压不等，压差接线的二次绕组中将出现差动电压。当压差超过定值时保护动作。压差保护方式的逻辑框图如图 13-18（b）所示。图中 SW 为控制字，1 为投入，0 为退出。

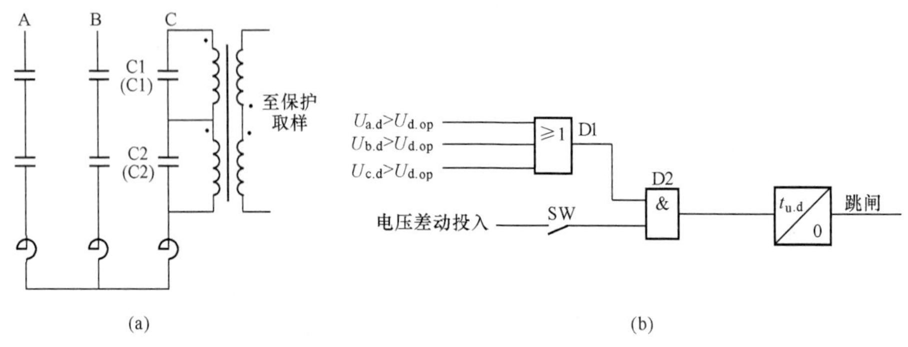

图 13-18 电容器组压差保护方式

（a）压差接线；（b）电压差动保护逻辑框图

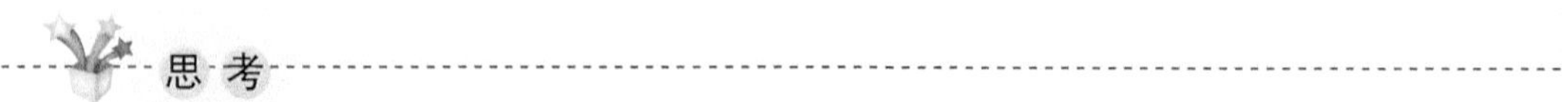

比较单星形连接，双星形连接及三角形连接的电容器组保护有哪些不同？

小 结

本章主要分析了电动机和并联电容器组的常见故障及不正常运行状态，对电动机装设的各保护的构成原理及定值整定作了详细介绍。电动机主要装设了相间短路保护、单相接地保护、过负荷保护、低电压保护、堵转保护、过热保护等。电容器组主要配置了过电压和欠电压的电压保护、限时过电流保护以及防止电容器内部故障的电容器组专用保护。

复习思考题

13-1 电动机故障有什么危害？应配置哪些保护？

13-2 电动机纵差保护有何特点？如何提高电动机纵差保护的可靠性？

13-3 电动机装设低压保护的目的是什么？

13-4 系统异常对电力电容器有何危害？电容器内部故障时电力电容器有何危害？

13-5 电力电容器组内部故障的专用保护如何选用？电力电容器通用保护是如何配置的？

参 考 文 献

1 郭光荣．电力系统继电保护．北京：高等教育出版社，2006.

2 李玉海，等．电力主设备继电保护的理论实践及运行案例．北京：中国水利水电出版社，2009.

3 李丽娇，齐云秋．电力系统继电保护．北京：中国电力出版社，2005.

4 张保会，等．电力系统继电保护．2 版．北京：中国电力出版社，2010.

5 罗士萍．微机保护实现原理及装置．北京：中国电力出版社，2001.

6 杨新民，等．电力系统微机保护培训教材．北京：中国电力出版社，2000.

7 涂光瑜，等．300MW 火力发电机组丛书第三分册 汽轮发电机及电气设备．北京：中国电力出版社，2007.

8 许建安，等．电力系统继电保护整定计算．北京：中国水利水电出版社，2007.

9 孙宝成，等．继电保护．北京：中国电力出版社，2005.

10 李火元，等．电力系统继电保护与自动装置．2 版．北京：中国电力出版社，2009.

11 能源部西北电力设计院编．电力工程设计手册 电气二次部分．北京：中国电力出版社，1991.

12 王维俭，等．大型机组继电保护理论基础．北京：水利电力出版社，1981.

13 南京：南京南瑞继保电气公司．RCS-900 系列超高压线路微机保护装置培训教材．

14 国家电网公司南京自动化股份有限公司．DGT-801 发变组成套保护技术说明书，2006.